# ÉTUDE

## DES

# VIGNOBLES DE FRANCE

## PARIS.

### VICTOR MASSON ET FILS, ÉDITEURS,

PLACE DE L'ÉCOLE-DE-MÉDECINE.

# ÉTUDE

## DES

# VIGNOBLES DE FRANCE

POUR SERVIR À L'ENSEIGNEMENT MUTUEL

DE LA VITICULTURE ET DE LA VINIFICATION FRANÇAISES

PAR

## LE D<sup>R</sup> JULES GUYOT

---

### TOME III

RÉGIONS DU CENTRE-NORD, DU NORD-EST ET DU NORD-OUEST

# PARIS

IMPRIMÉ PAR AUTORISATION DE SON EXC. LE GARDE DES SCEAUX

## A L'IMPRIMERIE IMPÉRIALE

---

M DCCC LXVIII

# ÉTUDE

### DES

# VIGNOBLES DE FRANCE.

## RÉGION DU CENTRE-NORD

### OU

## RÉGION DE LA BOURGOGNE ET DE L'ORLÉANAIS.

## DÉPARTEMENT DU RHÔNE.

### (LYONNAIS ET BEAUJOLAIS.)

Le département du Rhône compte aujourd'hui 33,000 à 34,000 hectares de vignes, dont la moyenne production est supérieure à 4o hectolitres à l'hectare, et dont le vin s'élève toujours, à une valeur moyenne, au-dessus de 25 francs l'hectolitre : c'est ainsi un produit brut d'au moins 33 millions de francs créé par la vigne dans un département qui présente une superficie totale de 279,039 hectares, superficie dont elle occupe environ la neuvième partie. Ces 33 millions constituent près de la moitié, plus du tiers, du revenu total agricole, évalué à 72 millions, et entretiennent 132,000 individus sur 678,648 habitants, le cinquième de la population totale du département.

Le Rhône comprend deux régions viticoles, tout à fait différentes quant aux cépages et à la nature des vins, celle des côtes du Rhône et celle du Beaujolais. Cette dernière est de beaucoup la plus étendue; on y peut rattacher toutes les cultures des variétés de gamays, qui couvrent 27,000 ou 28,000 hectares, tandis que la première compterait à peine 5 à 6,000 hectares consacrés à d'autres cépages que le gamay, et notamment au vionnier, à la sérine et au persaigne ou mondeuse.

Le sol du Rhône est composé de roches granitiques, et spécialement de gneiss, aux environs de Lyon et jusqu'à Condrieu. L'élément calcaire, absent du Haut-Beaujolais, existe au contraire dans les alluvions à Villefranche et, à l'état de roches, au Bois-d'Oingt et aux environs. Tarare est placé sur les terrains supérieurs de transition. L'oxyde de fer, très-propre à la vigne, et les feldspaths, si favorables aux prairies, entrent dans une grande proportion dans la composition du sol arable. Certaines roches granitiques, mises en contact de l'air par le minage ou le défonçage, s'effritent et tombent en fragments graveleux pulvérulents, appelés improprement *grès* dans le pays; ce terrain de grès donne les vins les plus délicats. Les schistes, désignés sous le nom de terres pourries ou de morgon (nom de la commune où les schistes dominent), sont appréciés comme étant très-fertilisants; ils donnent des vins de corps et de garde.

Dans tout le Beaujolais et dans une grande partie du Lyonnais, les cépages sont presque exclusivement les différentes variétés de gamays: petit gamay, gamay picard, gamay Nicolas, gamay des gamays, etc.

Partout la vigne est plantée sur un minage ou un défonçage d'au moins 50 centimètres de profondeur; partout on s'efforce de niveler la vigne et de lui faire une tête en pente dans les terrains plats; partout le terrain est divisé, avant ou pendant la pousse de la vigne, en planches ou *razes* de 4 à 5 mètres de largeur, séparées par des fossés de 5o centimètres de profondeur, fossés qu'on creuse d'année en année, en rejetant la terre sur les razes; exceptionnellement, on draine en outre les terrains humides, à deux razes de distance; chaque planche ou raze comporte cinq à sept chaponnières ou rangs de chapons (plants).

On plante en lignes parallèles aux fossés des razes, à 66, 7o et 8o centimètres de distance; on plante, au pal ou à la pioche, les boutures droites ou recourbées sous terre, avec ou sans amendement ni fumier. On plante quelquefois en plants enracinés; la meilleure profondeur de plantation est à 15 centimètres seulement. J'ai vu des vignes ainsi plantées donnant 15 à 2o hectolitres à la seconde année, et 75 à 1oo hectolitres à la troisième, au domaine de Longsard.

A deux ou trois ans, la vigne est dressée sur deux, trois ou quatre cornes; elle est taillée en général sur un crochet

Fig. 1.

Souche du Beaujolais échalassée.  Souche taillée du Beaujolais.

à deux yeux francs, sur chaque corne. Un échalas est mis à chaque souche, à la troisième année seulement, et les vignes sont échalassées, relevées et attachées jusqu'à deux liens le long de l'échalas pendant huit ou dix années (fig. 1); après quoi on ôte les échalas.

Lorsque les vignes sont privées de leurs échalas, on en attache les souches, deux à deux ou trois à trois, par le sommet des pampres (fig. 2), et trop souvent on ne les attache même pas. Ainsi la fructification est diminuée dans

Fig. 2.

Souches du Beaujolais, n'ayant plus d'échalas, relevées et attachées par le sommet de leurs pampres.

une grande proportion par la coulure, par la pourriture, par la verdeur du raisin, privé de circulation d'air, d'insolation et de soutien.

On ébourgeonne (on cure) la vigne avant la fleur, là où les vignes sont très-soignées; mais cette opération se fait mal et souvent ne se fait pas dans beaucoup de localités; on ne pince pas, on ne rogne pas entre les deux séves, on n'effeuille pas au mois de septembre.

On donne deux ou trois cultures, l'une aux mois de mars et d'avril, à plat dans les terrains légers, perméables et en

pente, ou bien en petits ados ou billons, et en petites pyramides entre quatre ceps, pyramides appelées *darbons* ou *tau-
pinières*, dans les terrains argileux tenant l'eau et peu inclinés (le darbonnage et le régalage des darbons constituent
deux façons); l'autre en juin et juillet, moins compliquée
et moins profonde, appelée *binage* ou *rebinage*. Rarement
un troisième binage est donné à la véraison.

On fume tous les trois ans quand on le peut, l'été en
couverture et l'hiver en jauge, où l'on enterre le fumier. Ce
fumier est le produit des vaches nourries par les prairies
attachées à chaque vigneronnage; souvent on achète encore
des fumiers dans la vallée de la Saône.

Lorsqu'on fume l'été, en couverture ou paillis, on évite
en grande partie la brûlure des raisins.

La vendange se fait quand le raisin est mûr, mais on
semble être d'accord pour ne pas attendre une maturité
extrême.

Les uns foulent le raisin à la benne, les autres ne le
foulent pas; tout le monde s'accorde à ne pas fouler à la
cuve et à ne pas prolonger la fermentation au delà de la
cuvaison tumultueuse. Aussitôt que cette fermentation cesse
et que le marc descend, on se hâte de tirer la cuve. On se
sert souvent du gleuco-œnomètre pour fixer le moment de
la décuvaison, qui est celui où le vin donne le zéro de l'instrument.

Les vins sont généralement tirés en tonneaux neufs de
214 litres, ou frais vides et de bon goût, lesquels se vendent avec les vins.

Sauf la réserve du propriétaire, qui fait faire ses vignes
par domestiques, ou à la journée et à la tâche, la plus
grande partie des vignes, en Beaujolais, sont exploitées à

moitié fruits entre le propriétaire et le vigneron, sans autre contrat que la coutume et la bonne foi, qui ne sont jamais violées. Sous ce rapport, le Rhône offre le vrai modèle de l'association de la propriété et du travail; les propriétaires sont unis par des intérêts communs et par la communauté des satisfactions ou des peines.

Les récoltes moyennes varient de 4o hectolitres, pour les terrains médiocres ou en coteaux élevés, à 8o hectolitres, pour les terrains fertiles des alluvions. Les prix moyens sont de 25 à 35 francs pour le Bas-Beaujolais et de 4o à 5o francs pour les meilleurs crus. Ces prix sont à peu près les mêmes pour les Côte-Rôtie, Sainte-Foy et autres fins crus du Lyonnais.

Le système de culture des vignes des côtes du Rhône, depuis Sainte-Colombe jusqu'à Ampuis et Condrieu, est tout à fait différent, et pour ainsi dire opposé, par sa taille à longue branche à fruit et par son système d'échalassage très-luxueux, de celui du Beaujolais et de la plus grande partie du Lyonnais.

La préparation du sol et la plantation ne diffèrent que par l'espacement. Les lignes de ceps sont à 1 mètre et les ceps à 66 centimètres dans le rang; la plantation se fait aussi sur un minage de 45 centimètres, au moins, de profondeur.

Mais, une fois la plantation faite, les souches sont dressées d'une façon assez compliquée en branche à fruit et en branche à bois.

Une souche $A$ (fig. 3 et 4) est taillée à un crochet, à deux yeux francs, engendrant les sarments $BCC$ et sur un archet, arçon, courgée ou long bois $BLMO$. Cette courgée est attachée sur un petit échalas $MNL$, piqué en terre en

*M* et fixé en *L* au grand échalas *PC*, fortement lié lui-

Fig. 3.

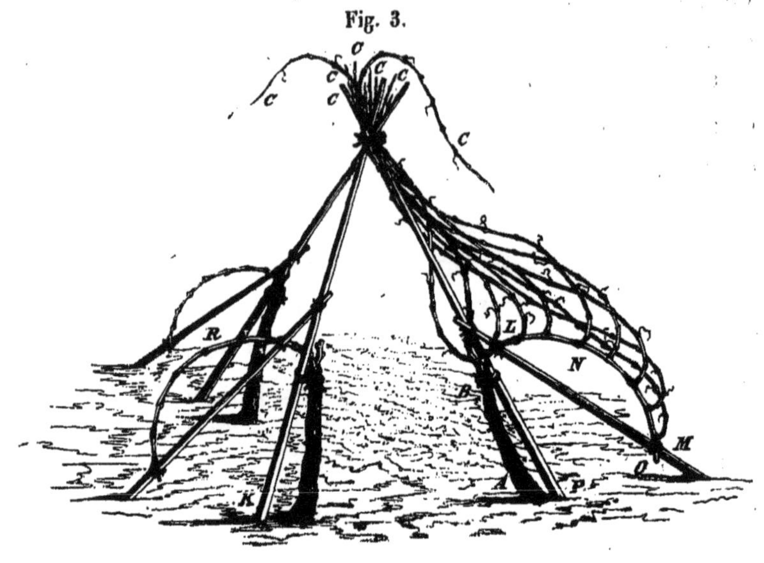

Fig. 4.

même, en faisceau, à deux autres échalas pareils, partant en triangle de deux autres souches *CR* et *CK*. Le petit échalas *MNL* se nomme une *engarde*.

Chaque souche est munie d'un grand échalas de 2ᵐ,30 et souvent de 3 mètres et d'un petit échalas attaché en contre-fort ou en pied de chèvre, ainsi que le montre la figure 3. Mais les souches ainsi attachées et soutenues sont réunies par faisceaux de trois grands échalas, comme le représente la figure 4 (on n'arrache jamais les échalas). Cette figure donne en même temps l'aspect des trois souches réunies avec leurs raisins et leurs feuilles.

Cette charpente, solidement fixée dans le sol et liée par le sommet, est indispensable pour résister à l'action des vents de la vallée du Rhône, qui sont parfois si violents qu'ils arrachent les feuilles des pampres flottants.

Les pyramides à triple souche, à trois grands échalas et à trois petits, forment des lignes parfaites, très-bien aérées

Fig. 5.

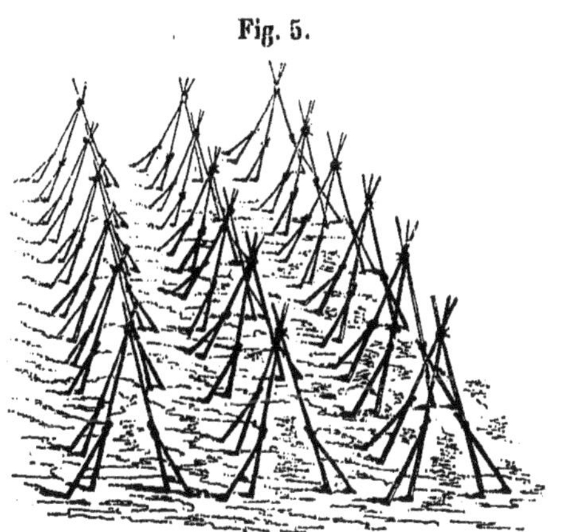

Disposition des échalas des vignes des Côtes-Rôties, au 100ᵉ.

et très-bien insolées, comme j'essaye de le montrer dans la figure 5.

Autrefois on voyait et l'on voit encore aujourd'hui des vignes à 66 et à 80 centimètres de distance entre les lignes. Les vignes sont entretenues par des provins ou chavons. On donne deux cultures, l'une en billons et en darbons, l'autre en abattant les billons et les darbons. On ébourgeonne souvent, on relève et on attache; on ne rogne pas et l'on n'effeuille pas.

Les pentes des côtes du Rhône sont tellement escarpées que la plupart sont cultivées en terrasses, soutenues par des murailles; les terrasses n'ont souvent que trois rangs de ceps. Les murailles trouvent leurs matériaux de construction dans le défonçage des terres, qui toutes reposent immédiatement sur la roche. Les vignes ainsi cultivées sont d'un aspect étrange, qui frappe tous les voyageurs.

Les cépages principaux de Condrieu et d'Ampuis sont, en rouge : la sérine, raisin à grains un peu ovales et ayant un goût parfumé particulier; le persaigne ou mondeuse et le persan. La sérine est caractéristique des Côtes-Rôties. En blanc, le vionnier est le plant des vins blancs des côtes; on le vendange très-tard et souvent après la Toussaint.

Les vins blancs de Condrieu ont un goût spécial agréable, mais singulier; ces vins, qui moussent légèrement, sont bus de très-bonne heure et sont fort bons.

Les vins rouges de sérine, dans lesquels il entre le plus souvent d'un dixième à un tiers de vionnier, ont un bouquet très-développé et très-suave, une saveur analogue à celle de la sérine. Ils ont beaucoup de corps, de spiritueux, une couleur foncée de grenat, et ils se gardent un temps indéfini en s'améliorant. C'est à juste titre que les vins de Côte-Rôtie jouissent d'une très-grande réputation. Trois montagnes d'Ampuis fournissent surtout ces bons vins : la côte Turque, la moins estimée; la côte Blonde, qui vient ensuite; la côte Brune, la plus au sud d'Ampuis, qui donne les premières cuvées des Côtes-Rôties.

Les vignobles de la banlieue de Lyon et des environs, notamment Sainte-Foy et Saint-Julien, produisent des vins aussi bons que ceux du Haut-Beaujolais; leur culture et leur vinification rentrent tout à fait dans les pratiques de Villefranche et du Haut-Beaujolais.

Les vignes en Beaujolais sont assolées de vingt-cinq à quarante ans. Après cette durée, elles sont généralement arrachées. Le sol est livré pendant cinq à six ans aux cultures de céréales, de fourrages et de plantes sarclées; puis les vignes sont replantées sur un nouveau minage ou défonçage, qui coûte naturellement moins cher que le premier, quoiqu'on le descende un peu plus profondément.

L'oïdium ne fait pas de ravages en Beaujolais; la seule maladie qu'on y observe aujourd'hui est le rouge ou *rougin*, qui décèle plutôt un appauvrissement du sol qu'une maladie.

La pyrale (ou le ver) a ravagé et presque anéanti les récoltes des vignes, dans le Beaujolais, pendant dix à douze ans, de 1840 à 1852, époque où le fléau a disparu sous l'action d'un traitement inventé par M. Raclet, de Romanèche, de l'eau bouillante versée sur le vieux bois de chaque cep par le bec allongé et effilé d'une cafetière. Le vigneron promène l'orifice du bec de la cafetière au contact du cep, en montant et en descendant alternativement d'un seul côté. La capillarité suffit à faire envelopper toute la circonférence du cep par l'eau du jet. L'opération de l'échaudage réussit à merveille; elle doit être pratiquée au mois de mars, àvant la pousse, par un temps calme et doux. L'eau bouillante ne doit toucher ni les bourgeons ni le bois de l'année qui les porte.

L'exploitation des vignes dans tout le Beaujolais se fait, comme je l'ai dit, à moitié fruits entre le propriétaire et le vigneron, par lots dont l'ensemble porte le nom de *vigneronnage*.

Un vigneronnage comporte de 3 à 5 hectares de vignes, autant ou la moitié de prairies, autant ou moins ou pas du tout de terres labourables, suivant que les prairies et les terres sont plus ou moins étendues, relativement aux vignes de la localité.

L'importance de l'habitation du vigneron, de sa famille et de son bétail est proportionnée à l'étendue de l'exploitation; mais elle se compose toujours au minimum de deux à trois chambres, dont une seulement à feu pour la cuisine, d'un grenier au-dessus, d'une grande écurie pour trois vaches et un élève, plus l'espace nécessaire pour la famille, qui passe les soirées d'hiver à la chaleur de l'étable. (Le bois, très-rare en Beaujolais, se réduit à quelques branchages d'arbres tondus le long des ravins, aux vieilles souches et aux vieux échalas de la vigne; il est le plus souvent réservé pour la préparation des aliments.) L'habitation comporte encore un cellier, une cave, un fenil, un hangar ou remise, un toit à porcs, un poulailler et une cour pour fumier, amendements, etc. de plus un puits ou une source à proximité.

Plusieurs vigneronnages réunis forment un domaine. Il y a des domaines de vingt et de trente vigneronnages.

Les conditions du métayage de la vigne sont extrêmement simples, et de temps immémorial elles s'exécutent religieusement de part et d'autre, le plus souvent, comme je l'ai dit, sans bail écrit.

Le propriétaire donne le vigneronnage complet au vigneron; il paye la moitié des impôts, la moitié de la paille et des échalas à acheter; il répare et entretient les bâtiments; il fournit les baignoires, les cuves, les pressoirs et la moitié des tonneaux.

Le vigneron, de son côté, a la charge de toutes les cultures et façons des vignes, des vendanges, des pressurages, des mises en tonneau, de tous les transports de terre, paille, fumier, échalas, raisins et matériaux de réparation et d'entretien, de la moitié des impôts, des pailles achetées, des échalas et de sa part des tonneaux. Il apporte sa part de bétail (une vache au moins par hectare de prairies) et tout le matériel d'exploitation. Il doit aux terres tous les fumiers, terreaux et pailles du vigneronnage.

Moyennant ces obligations respectives, tous les produits sont partagés par égale moitié à la récolte. Les premières herbes des prairies sont fauchées et récoltées en foin; les secondes herbes sont pâturées par les vaches, et les foins de la part du vigneron servent à les nourrir l'hiver : aussi les produits de ses vaches, de son porc, de sa volaille, lui appartiennent-ils sans partage, sauf une redevance minime en argent, beurre, fromages ou poulets, redevance qu'on appelle *une basse-cour.* Les prairies du Beaujolais se créent facilement partout où l'on peut avoir un moyen d'irrigation, soit par des dérivations des ruisseaux torrentiels, dont les pentes rapides permettent de tirer des filets d'eau, même au flanc des montagnes, soit par des caniveaux ou des drainages.

Ces prairies fournissent une très-bonne nourriture aux

vaches, qui dans ce pays servent d'animaux de trait, sans que la production de leur lait en soit trop diminuée : ce sont les vaches qui cultivent les terres arables, transportent les pailles, les fumiers, les échalas, la vendange, les matériaux de construction; elles nourrissent en partie la famille, qu'elles chauffent pendant l'hiver, et donnent à peu près tout le fumier nécessaire aux vignes. Ces excellentes bêtes ne sont pas aussi malheureuses qu'on pourrait le supposer d'après ce qu'on exige d'elles; elles sont très-apprivoisées et travaillent avec intelligence et satisfaction pour la famille qui vit avec elles. Le travail, même extrême, est une satisfaction pour les animaux comme pour les hommes quand il est compensé par les bons soins et l'attachement; d'ailleurs les vaches ont aussi leurs loisirs et leurs satisfactions journalières, soit à l'étable en famille, soit dans leurs beaux et bons pâturages.

Dans le plus grand nombre des cas, tous les raisins des divers vigneronnages d'un même domaine sont apportés, au fur et à mesure de leur récolte, dans le cuvier central du propriétaire. On appelle *cuvier*, en Beaujolais, la partie des bâtiments d'exploitation où sont groupés à la fois les cuves destinées à la fermentation des raisins et les pressoirs qui doivent pressurer les marcs après le tirage des vins.

Là, chaque vigneronnage emplit séparément des cuves jaugées et marquées avec soin par un régisseur. Chaque cuve est tirée en son temps, son marc pressuré, et les vins qui en résultent sont placés dans des tonneaux marqués et inscrits au nom du vigneron, pour le partage en être fait entre lui et le propriétaire aussitôt que la fermentation complémentaire en permettra le transport. Plus tard les marcs seront distillés, pour en extraire l'eau-de-vie, et bouillis, pour en extraire le tartre. L'eau-de-vie sera partagée, et une plus-value convenue, ainsi que le prix du tartre, payera les frais faits par le propriétaire pour leur extraction. Quant au résidu, c'est un engrais qui, comme tous les autres fumiers, appartiendra et retournera à la vigne.

La vendange (après les vins faits) est, en réalité, le seul décompte sérieux entre le vigneron et le propriétaire; la plupart des produits des prairies et des terres, par les vaches et les fumiers, sont venus se fondre dans les produits de la vigne. Le vigneron a toujours son compte et le propriétaire le sien. Le propriétaire possède à la fois son revenu et son gage en nature chez lui; et s'il a dû faire des avances à son vigneron par suite de circonstances calamiteuses, il garde le vin, qui le couvre à la vendange, soit à un prix convenu immédiatement, soit au prix auquel il sera vendu plus tard, si le vigneron en espère un plus grand profit.

Un vigneronnage moyen, en Beaujolais, soit qu'il se compose de 4 hectares de vignes et de 2 à 4 hectares de prairies seulement, ou qu'il soit augmenté de 2 à 4 hectares de terres arables, occupe et nourrit de six à dix individus : le père, la mère, trois ou quatre enfants, un aïeul, un ou deux domestiques et une bergère ou vachère.

Tout ce personnel vit à l'aise sur ces 6 à 12 hectares de sol et se complaît dans un travail opiniâtre, mais animé par la vigueur physique et la satisfaction morale que donne un intérêt réel et considérable dans les produits du sol.

En effet, il ne s'agit plus là d'exécuter un travail de journalier à prix fixe : il s'agit, avec un peu d'intelligence et beaucoup de force et d'activité, de réaliser une récolte dont la moitié appartient sans conteste à la famille du vigneron;

et cette moitié en vaut la peine, car elle est rarement moindre de 25 hectolitres de vin à l'hectare, 25 autres hectolitres appartenant au propriétaire. Or, si chaque hectolitre vaut 30 francs, il s'agit d'atteindre, pour 4 hectares de vignes, une valeur totale de 3,000 francs. Sans doute les deux tiers ou les trois quarts de cette valeur brute sont déjà dépensés en nourriture, entretien, fournitures, gages, maladies, accidents, etc.; mais le tiers ou le quart s'accumule sous forme d'économies, et la plupart des pères de famille peuvent donner, à leurs fils et à leurs filles de 3 à 4,000 francs de dot en les établissant, pour qu'ils puissent prendre à leur tour d'autres vigneronnages.

Le métayage, dirigé par le propriétaire lui-même, doublera toujours son revenu et celui de ses métayers. Mais si les coutumes et les conditions du métayage ne pouvaient exister dans un pays, il sera toujours possible et il sera toujours très-avantageux au propriétaire de donner au journalier, prix-faiteur ou tâcheron, outre le prix fixe de son travail, une fraction de la récolte de la vigne ou une prime proportionnelle à cette récolte; et plus cette fraction sera importante, plus le propriétaire verra augmenter ses produits.

Le Beaujolais est un des pays les plus riches et les mieux peuplés de France, et c'est de la bonne culture de la vigne qu'il tire sa grande richesse et sa bonne population; c'est par la vigne qu'il a pu se créer une organisation d'exploitation rurale modèle, en intéressant chacun de ses habitants, propriétaire ou vigneron, aux émotions, aux succès et aux revers du drame agricole, et en partageant, dans une mesure équitable et lucrative, les produits de son sol entre le capital et le travail.

Pour donner une idée approximative du rapport des produits de la vigne à ceux de la terre en Beaujolais, je reproduis ici les chiffres qui m'ont été fournis par M. le vicomte de Saint-Trivier, sur sa terre du Thil, communes de Vauxrenard et de Fleurie, depuis 1832 jusqu'à 1861.

Le domaine du Thil offre une superficie d'environ 400 hectares. Sur ces 400 hectares on comptait seulement en 1832 24 hectares de vignes, lesquels ont été portés à 46 hectares dans l'intervalle de 1832 à 1861.

Voici les résultats moyens obtenus sur ces bases :

| ANNÉES. | RECETTES TOTALES du domaine. | RECETTES provenant de la vente des vins. |
|---|---|---|
| | Moyenne par an. | Moyenne par an. |
| De 1832 à 1840............... | 21,463$^f$ 00$^c$ | 12,631$^f$ 50$^c$ |
| De 1840 à 1850............... | 25,560 00 | 13,780 00 |
| De 1850 à 1860............... | 30,480 00 | 17,460 00 |

| | | |
|---|---|---|
| Moyenne générale des produits totaux du domaine, en 30 ans............................... | 25,834$^f$ | par an. |
| Moyenne générale de la vente des vins du propriétaire, en 30 ans............................. | 14,950 | |
| Le produit moyen des vins résulte de l'exploitation de 35 hectares de vignes. Le produit moyen des 365 hectares de terre reste donc de........... | 10,884 | |

Ainsi chaque hectare de terre a produit, en moyenne de trente ans, 29 fr. 76 cent. par an, et chaque hectare de vigne a produit, en moyenne de la même période, 427 fr. 30 cent. quatorze fois plus, à surface égale, au propriétaire.

Mais ce n'est pas tout : le vigneron a eu la même part

pour nourrir, entretenir, lui, sa famille, son bétail, et pour réaliser ses économies ; on voit par là quelles ressources la vigne présente aux exploitations agricoles : dans soixante de nos départements, la vigne est le vrai banquier de l'agriculture, en même temps qu'elle y constitue sa plus riche cité ouvrière.

En effet, les 35 hectares de vignes, en moyenne, ont formé huit vigneronnages au moins, comportant chacun huit à dix individus, hommes, femmes, enfants, c'est-à-dire soixante-quatre à quatre-vingts habitants, qui, joints aux quinze à vingt autres cultivateurs des terres, présentent, à un moment donné, quatre-vingts ou cent paires de bras capables de répondre à tous les besoins pressants de la culture de 365 hectares.

A ces faits et déductions je joindrai des détails qui m'ont été donnés par M. le baron de Glavenas, au château de Longsard, commune d'Arnas, près de Villefranche (Bas-Beaujolais).

Parmi les fermes de M. de Glavenas, il en est une de 3o hectares qu'il loue 3,ooo francs par an à son fermier, et qui, comme on peut le voir par le prix du fermage, se compose de terrains de première fertilité.

Dans ces 3o hectares de terre est compris 1 1/2 hectare de vigne jeune et créée avant le bail par M. de Glavenas seul. En joignant la vigne à la ferme, il n'a pas jugé équitable de la comprendre dans le prix du bail et il a donné cette vigne à moitié fruits à son fermier.

Or, depuis la location faite il y a trois ans, cet hectare et demi de vigne a rendu quatre-vingts pièces de vin par an, soit quarante pièces pour le propriétaire, qui les a vendues 75 francs chacune et en a retiré 3,ooo francs,

juste autant que son prix de ferme de 28 1/2 hectares,
d'aussi bonnes terres sinon meilleures que celle de la vigne ;
mais, de son côté, le fermier en a pu retirer autant et
payer sa ferme chaque année avec le produit de la même
vigne.

Je dois dire ici que M. le baron de Glavenas se livre tout
entier, avec une activité extraordinaire et une supériorité
incontestable, à toutes les opérations de l'agriculture proprement dite, opérations qu'il préfère, par goût, à la viticulture. Mais les 60 à 80 hectares de vignes qui sont dans ses
domaines aujourd'hui sont les banquiers commanditaires
de son agriculture : c'est là sa caisse agricole ; c'est aussi
son magasin de bras, de têtes, de cœurs dévoués à son agriculture.

Sa méthode pour avoir des vignerons, et pour les avoir
bons, est tout à fait patriarcale, et je la cite comme le
meilleur exemple à donner à tous les agriculteurs, grands
et petits. M. de Glavenas garde, en vignes et en terres, une
fraction de ses propriétés, qu'on appelle une réserve : cela
se fait dans le midi, dans le centre et dans le nord de la
France ; cela se fait partout où les propriétaires sont restés
au milieu de leurs cultures et y mènent la vie du vrai patriarche. Mais ce qui se fait moins et ce que M. de Glavenas
s'impose comme un devoir et un plaisir, c'est de prendre
autant de domestiques qu'il en faut pour mettre cette réserve
en valeur, de les attacher à sa maison et de s'instituer leur
initiateur à la vie intérieure et à la vie rurale, en les formant lui-même aux travaux domestiques comme aux travaux de l'agriculture et de la viticulture ; et lorsqu'ils sont
bons sujets et qu'ils répondent à sa sollicitude toute paternelle, il les établit et leur donne un vigneronnage à moitié

fruits, celui-là même, le plus souvent, qu'il leur a fait créer. C'est là une riche dot, très-enviable et très-enviée dans tout le Beaujolais, mais surtout là où le propriétaire a su apprendre à son vigneron à faire sortir de la vigne toute une fortune.

Propriété oblige plus que noblesse; l'homme naît de la terre : celui qui possède la terre doit y faire pousser des hommes avec lui et pour lui, ou bien les hommes y pousseront sans lui et contre lui. Ce n'est pas là l'école anglaise, c'est l'école française, et c'est la bonne.

Sous le régime économique de la viticulture en Beaujolais, l'intérêt du vigneron est d'avoir de nombreux enfants, qui partagent ses travaux et remplacent, avec profit réel, le travail indifférent des journaliers et des domestiques, étrangers aux bénéfices et aux pertes d'une bonne ou d'une mauvaise récolte. Ses enfants sont autant d'éléments actifs et intéressés du succès de la culture. S'il n'a point à les payer annuellement, il les pourvoira en proportion de la prospérité développée par le travail de la famille, et les enfants le savent, au moment de leur mariage.

Aujourd'hui, la grande, la véritable plaie sociale réside dans le travail agricole transformé en travail industriel. Le journalier, le domestique agricoles, ont le prix de leur journée ou de leurs gages fixe, sans que la qualité ni la quantité des récoltes y changent rien, pas plus qu'au salaire de l'ouvrier de l'industrie. Ils restent donc indifférents aux émotions si puissantes de la vie rurale, et ne songent qu'à comparer le taux des prix du travail des champs à celui des villes, pour se diriger vers ces dernières si les prix du travail journalier y sont plus élevés. S'ils se marient, leur intérêt est d'avoir peu ou point d'enfants, car leurs enfants sont une charge considérable jusqu'à ce que ces enfants puissent gagner leur journée ou se mettre en service ; et dans l'un et l'autre cas, les enfants, aujourd'hui, savent le plus souvent garder le produit de leur travail. Les parents n'ont donc aucune compensation à attendre de leurs sacrifices et de leurs peines.

# DÉPARTEMENT DE LA LOIRE.

Le département de la Loire, sous le rapport géologique et climatérique et sous le rapport de la viticulture et de la vinification, est véritablement analogue en tous points à celui du Rhône.

Ainsi, sauf la vaste plaine du Forez, qui appartient tout entière aux terrains tertiaires moyens et aux dépôts postérieurs, coupés dans leur milieu par des terrains supérieurs de transition, et dont la position basse, l'humidité et la froidure excluent naturellement la vigne, tout le surplus de la Loire est composé de terrains et de roches qui lui sont favorables. Rive-de-Gier et Saint-Étienne, placés sur les terrains de transition, sont entourés au loin par les gneiss et les vieux grès rouges qui commencent à Lyon; Montbrison est adossé aux roches granitiques et basaltiques; Boën touche à la fois aux collines granitiques et porphyriques; enfin Roanne, assise au centre des terrains tertiaires et des dépôts postérieurs silico-argileux et alluvionnaires, a ses vignobles de la rive droite sur les mêmes terrains que ceux de Tarare, de transition supérieure, avec mamelons porphyriques, et ceux de la rive gauche de la Loire sur granit, basaltes et vieux grès rouges, comme ceux du Haut-Beaujolais.

Les vignobles n'offrent pas moins de similitude que les

terrains. De Burel à Saint-Chamond les cultures de Condrieu en vionnier, sérine et persaigne, à trois échalas en faisceau et à taille longue, sont mélangées aux cultures des gamays avec et sans échalas à taille courte; dans les cultures du canton de Pélussin, les cépages et la conduite des côtes du Rhône dominent (fig. 3, 4 et 5); de Saint-Chamond à Saint-Étienne et à Montbrison, on n'observe plus que les cultures de la banlieue de Lyon; enfin, de Montbrison à Boën et de Boën à Roanne, la viticulture du Beaujolais est exclusivement pratiquée avec plus ou moins de perfection (fig. 1 et 2).

Le département de la Loire compte aujourd'hui environ 14,000 hectares de vignes, dont la moyenne production est de 40 hectolitres à l'hectare et la valeur moyenne de 25 francs l'hectolitre. La vigne y donne ainsi une valeur de 14 millions de francs, c'est-à-dire le quart de la production végétale totale du sol du département, qui est de 56 millions, sur la trente-quatrième partie de ce sol, dont l'étendue est de 475,962 hectares; et cette production entretient 56,000 habitants sur 537,108, c'est-à-dire la dixième partie de la population, dont les trois cinquièmes sont exclusivement absorbés par les travaux des mines et de l'industrie.

Aussi je ne doute pas un instant que la viticulture prenne bientôt une grande extension dans le département de la Loire. Une immense quantité de terrains et d'expositions, d'où la vigne est parfaitement absente, lui sont aussi propices que dans le Beaujolais. C'est ainsi que depuis Saint-Chamond jusqu'à Saint-Étienne et de Saint-Étienne à la Fouillouse les vignes ont entièrement disparu. Cet abandon est d'autant plus regrettable, que ces terres des sommets et des rampes, prédestinées pour la vigne, ne donnent absolument aucun produit rémunérateur en céréales, fourrages et en cultures quelconques; que leur nudité en amphithéâtre attriste les regards, et que la cendre de houille de la vallée, jointe aux fumiers de Saint-Étienne, qui se vendent 6 francs les 1,000 kilogrammes, transformeraient leurs maigres surfaces en vignes de première qualité, pour l'abondance et la valeur de leurs produits.

Mais ce n'est pas seulement vers Saint-Étienne que les vignes pourraient s'établir et s'étendre; tout le long de la plaine du Forez, à droite et à gauche, sont des rampes, des sites et des terres magnifiques à vignes.

A Montbrison, et à peu près dans tout le département,

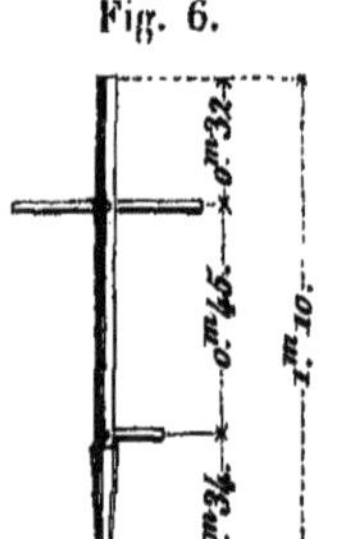
Fig. 6.

les plantations se font sur un bon minage, et elles s'exécutent à plein et à la barre (*taravelle*, fig. 6), à 66 ou 80 centimètres de distance au carré, en lignes bien gardées.

Chaque souche est soutenue presque en permanence par des échalas de 1$^m$,50 à 2 mètres, le long desquels on relève et on lie jusqu'à deux fois les pampres, qui poussent très-vigoureusement et très-haut dans l'excellent sol de Montbrison. Malheureusement on ne pince pas, on ne rogne pas; pourtant la récolte moyenne est de 45 hectolitres à l'hectare.

On met plusieurs jours à remplir une cuve; on cuve de six à dix jours, et les vignes se font plus à journée et à façon qu'à partage de fruits, ce que j'attribue au voisinage de villes industrielles (Saint-Étienne).

J'ai visité, aux environs de Montbrison, le vignoble de M. de Lescure, tout jeune planté et composé de gros et de

petit gamay, de troyen, dit troy-cep. Le vignoble de Champ-
dieu est tout à fait en troy-cep, troyen ou foirard : c'est un
cep des plus plats, qui donne très-abondamment des grappes
à grains ronds, à pellicule mince, à rafle molle. Ce raisin
est laxatif et fournit un vin aqueux; mais il donne si abondamment, que le vigneron le propage avec énergie : M. de
Lescure en a peu. On trouve aussi dans ses vignes la mondeuse et le persan, un peu de mescle ou pulsart.

Dans le pays, les vins sont tirés dans de grands et vieux
fûts : aussi ont-ils tous des goûts divers de champignon, de
moisi, de pique, qu'on appelle goûts de terroir. Il n'y a pas
plus de goût de terroir dans la Loire que dans le Beaujolais; il y a des goûts de fûts. Les vignes et les tonneaux,
chez M. de Lescure, sont jeunes et neufs; il nous a fait
goûter ses vins au tonneau : ils étaient d'une droiture parfaite et valaient les deuxièmes crus de Fleurie (Beaujolais);
s'il suit les errements du pays, avant dix ans ses vins auront
un goût de terroir, parce que ses futailles ne seront plus
neuves.

A Roanne, nous avons visité d'abord les vignes du château de Chervé. M. Roë, son digne propriétaire, m'a appris
que la plupart de ses vignes étaient plantées immédiatement, et sans cultures intermédiaires, sur défrichement
de bois taillis de chênes, et que, contrairement à une opinion généralement admise, les vignes y prospéraient, comme
j'ai pu le voir de mes propres yeux.

A Chervé et à Perreux, on rentre tout à fait dans la viticulture et la vinification beaujolaises. On ne met d'échalas
que pendant quatre à cinq ans, et on ne fait aucune opération d'épamprage; on relève et on attache les pampres
de deux ou trois souches ensemble.

La moyenne récolte est de 20 à 24 pièces, 45 à 50 hectolitres à l'hectare. Les vignes sont exploitées à moitié dans l'arrondissement de Roanne.

A Perreux, M. Chaverondier, président du tribunal de commerce de Roanne, a déjà fait des essais de viticulture comparative à longs bois et à courson. L'intervention d'un praticien aussi précis et aussi éclairé promet des études solides et pleines d'intérêt.

A Villeret, M. Pellion avait appliqué cette année le principe des longs bois, à taille tardive, à une vigne d'environ deux hectares. Cette vigne, ainsi que les vignes voisines, a été gelée le 6 mai 1862, et la récolte, que nous sommes allés voir avec M. le comte de Vougy, président de la Société d'agriculture, M. Auloge, secrétaire, et plusieurs autres membres de la Société, promettait d'être d'une pièce et demie à l'œuvrée, 75 hectolitres environ à l'hectare, tandis que les vignes à côté, à courson, ne présentaient pas l'espoir d'une demi-pièce à l'œuvrée.

Presque toutes les vignes des environs de Roanne, à Lentigny, Saint-André-d'Apchon, Saint-Alban, Renaison, Saint-Haon et Ambierle, sont divisées en razons (razes ou planches du Beaujolais), bombés dans le milieu, à fossés parallèles de 50 centimètres de profondeur et de 1 mètre de

Fig. 7.

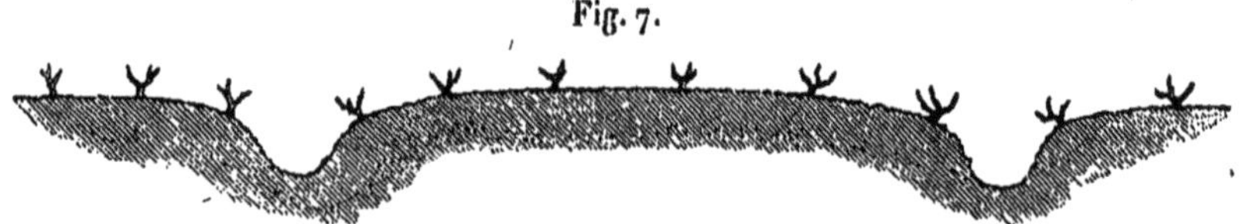

Vignes en razes ou razons (au 100ᵉ).

large en haut, dont les terres sont relevées d'année en année et rejetées pour terrer la vigne et bomber les razons (fig. 7).

En somme, le département de la Loire pourrait être presque aussi riche et aussi heureux dans ses vignobles et dans ses vins que le département du Rhône ; mais ici la viticulture est considérée comme un accessoire à l'agriculture : aussi la vigne et les vins n'y sont-ils pas traités aussi bien que dans le Lyonnais et le Beaujolais.

# DÉPARTEMENT DE SAÔNE-ET-LOIRE.

Le département de Saône-et-Loire joue un des premiers rôles dans la viticulture et dans l'œnologie françaises, non par l'étendue de ses vignes, car leur superficie totale ne le place qu'au vingtième rang de nos départements vignobles, non par les qualités originales et suprêmes des produits qui distinguent la Côte-d'Or, le Médoc, l'Hermitage, les Côtes-Rôties, le Sauterne, les côtes de Reims et de la Marne, etc., mais parce qu'il offre les meilleurs types des vins ordinaires de table, en rouge et en blanc, toujours identiques à eux-mêmes, toujours agréables, toujours sains, et s'associant merveilleusement à une bonne et bienfaisante alimentation.

Le département de Saône-et-Loire présente à la consommation élevée et moyenne un aliment d'autant plus précieux pour les familles, qu'il n'aspire à aucun des prix extraordinaires des vins exceptionnels; car j'ai lieu de penser que, depuis les thorins et les mercurey jusqu'aux saint-léger et aux verdun, tous les vins *nouveaux* du Mâconnais et de la côte chalonnaise, pris sur place et nus, au décuvage, seraient vendus entre 57 et 170 francs la pièce de 214 litres, c'est-à-dire de 25 à 75 centimes le litre.

Dans de pareilles conditions, il n'est pas étonnant que la ville de Mâcon soit devenue un centre puissant du commerce des vins; il est moins étonnant encore que les vins qui s'y groupent aient joui, depuis des siècles, d'une grande faveur et d'une solide réputation.

Le département de Saône-et-Loire ne compte que 36,000 hectares de vignes sur sa superficie totale, qui est de 850,174 hectares : la vigne occupe donc seulement la vingt-troisième partie de sa surface.

La production moyenne, établie sur mes enquêtes à Tournus, Chardonnay, Nancelles, Mâcon, Pouilly, Vinzelles, la Chapelle-de-Guinchay, les Thorins, Chalon-sur-Saône, Verdun, Givry, Mercurey, Rully, Saint-Léger, Chagny, la Loyère et Demigny, s'élève un peu au-dessus de 36 hectolitres à l'hectare. La moyenne des prix, recueillie aux mêmes lieux, porte à 28 francs à peu près la valeur de l'hectolitre.

Chaque hectare donne donc un revenu brut de 1,000 fr. en nombre rond ; et les 36,000 hectares produisent une valeur de 36 millions de francs, plus du quart du revenu total agricole, sur la vingt-troisième partie du sol.

Ces 36 millions représentent le budget annuel de 36,000 familles moyennes de quatre personnes chacune, ou de 144,000 habitants, à peu près le quart de la population, qui est de 600,000 individus.

Le climat de l'arrondissement de Mâcon, dans sa partie orientale, bornée par la Saône et abritée à l'ouest par des chaînes de montagnes courant du sud au nord, à la suite de celles du Beaujolais, est des plus favorables à la viticulture. Aussi est-ce dans cette zone, comprenant les cantons de la Chapelle-de-Guinchay, de Mâcon, de Saint-Sorlin, de Lugny et de Tournus, que se sont installés les plus riches, les plus beaux et les plus fins vignobles du Mâconnais, sur une étendue de près de 12,000 hectares, soit les trois quarts des

16,000 que contient l'arrondissement. Au bas des coteaux, et
à mesure qu'on approche des bords de la Saône, les gelées
de printemps et la coulure, causée par les brumes, deviennent fort redoutables : aussi a-t-on souvent recours à la
culture de la vigne en hautains, pour conjurer ces fléaux,
dans les parties les plus basses ou sur les plateaux trop dé-
couverts. Ces sites et des abris excellents, mais plus limités,
se montrent encore dans la vallée de la Grosne et de ses
affluents. Dans l'arrondissement de Chalon-sur-Saône, à
Buxy, Givry, Mercurey, Touches et Chagny, les vignes en
coteaux ont également moins à redouter les gelées de printemps et les brumes à coulure que les vignes des rampes
inférieures et des plaines de Chalon et de Verdun, toutes
constituées par des alluvions modernes et les alluvions
anciennes de la Bresse. C'est à la froidure et à l'humidité
de ces alluvions que l'arrondissement de Louhans doit de
ne posséder que 200 à 300 hectares de vignes ; c'est
aussi à cette même fraîcheur des argiles du calcaire à gryphées arquées et des grès infraliassiques, si propres aux
prairies, que le Charollais a dû la nécessité de reléguer ses
4,000 hectares de vignes sur ses relèvements oolithiques.
Les altitudes de l'arrondissement d'Autun et ses terrains
de transition, porphyriques et granitiques, ont également
restreint ses cultures de vignes à 4,000 hectares, dont la
plus grande partie est sur la rive droite de la Dheune,
dans le canton de *Couches* (arrondissement d'Autun), limi-
trophe aux cantons de Givry et de Chagny (arrondissement
de Chalon-sur-Saône).

Les terrains granitiques et porphyriques de Romanèche,
des Thorins, de la Chapelle-de-Guinchay, sont très-favorables au développement des qualités des petits gamays,

comme à Chenas et à Fleurie; les argilo-calcaires, qui viennent ensuite, à Davayé, Pouilly, Fuissé, sont excellents pour le chardenet ou pineau blanc. Les coteaux calcaires de Mercurey et de Chagny sont également favorables aux pineaux noirs et blancs; mais malgré le rôle important du sol et des sites, si le Mâconnais voulait planter toutes ses vignes en gouais, en liverdun, en gros gamay, en cot rouge ou vert, il ne ferait plus du vin de Mâcon.

Donc, pour établir et conserver le commerce et la consommation des vins d'un pays, il faut, avant tout, les faire avec un cépage déterminé, deux au plus, bien choisis, et, s'ils sont bons, n'en plus changer. C'est là ce qu'ont fait le Beaujolais et le Mâconnais; c'est ce qu'a fait aussi, malheureusement avec un peu moins de constance, la côte chalonnaise.

Le petit gamay à grains ronds, qui compte plusieurs variétés, est la seule base des meilleurs vins rouges du Beaujolais comme du Mâconnais, des vins des Thorins et de son fameux Moulin-à-Vent, comme des vins de Chenas, de Romanèche et de Fleurie, de Brouilly, de Morgon, comme du Clos-Carquelin. Voilà le grand secret du Beaujolais et du Mâconnais, le secret qui a fondé et conservé la légitime réputations de leurs vins rouges.

Le pineau noir des côtes chalonnaises a été longtemps la seule base des bons vins de cette partie du département; puis on lui a associé le petit gamay, ensuite le grossier giboudot: mais, dans beaucoup de clos, le pineau noir domine encore et parfois est seul cultivé; c'est là ce qui a fait et ce qui soutient la réputation des vins des côtes chalonnaises.

Le pineau blanc ou chardenet est la seule base des vins

blancs de Pouilly, de Fuissé, de Solutré, de Davayé et autres bons crus, à vins blancs, du département de Saône-et-Loire; voilà ce qui a fait et ce qui soutient la réputation légitime des vins blancs de ces pays. Changez le chardenet en meslier, en gamay blanc, en giboudot blanc, en muscadet, en folle blanche, et, dans dix ans, Pouilly, Fuissé, Davayé, auront perdu toute leur réputation et toute leur valeur; les vins de 40 et 60 francs l'hectolitre tomberaient à 15 francs; une richesse française serait escomptée à 75 p. o/o et puis perdue à tout jamais.

C'est donc à ces trois cépages, le petit gamay, le pineau noir et le pineau blanc, et c'est à la prédominance de chacun de ces cépages dans chaque sorte de vin, que le département de Saône-et-Loire doit, par-dessus tout, sa réputation et sa belle position dans le commerce.

Chacun de ces cépages comporte un mode de taille et de conduite différent.

Tous les gamays sont tenus aussi près de terre que possible et dressés sur une petite souche à deux, à trois et à quatre bras ou cornes, surmontés d'un courson taillé à deux yeux, rarement à trois. Trois bras et deux yeux au courson sont la règle et la moyenne la plus générale.

Tous les pineaux noirs sont taillés à un courson de retour, à deux, trois et quatre yeux, et à une *verge*, *plaine*, *archelot* ou long bois de cinq à dix yeux, plié en courbe, attaché deux fois à un échalas éloigné de la souche; parfois un autre échalas reste à la souche pour le courson de retour.

Tous les pineaux blancs sont dressés à deux ou trois cornes, terminées par une, le plus souvent par deux, parfois par trois *queues* ou longs bois, avec ou sans courson de retour, repliés en trajectoires rentrantes et attachés.

deux fois à autant d'échalas, maintenus pendant quinze à seize ans, puis attachés seulement à la souche elle-même ou à ses cornes, quand celles-ci ont acquis assez de force pour se soutenir et pour supporter leurs queues sans échalas.

A ces trois dressements divers, à ces trois conduites différentes, il faut ajouter le dressement et la conduite en hautains des vignes à raisins blancs et rouges, soit en jouelles, soit en vignes pleines.

Dans tout le canton de la Chapelle-de-Guinchay, comprenant Romanèche, les Thorins et son Moulin-à-Vent, Saint-Amour, Pruzilly, Saint-Vérand, Leyne, Chasselas, qui produisent les vins les plus délicats du Mâconnais et font suite au Beaujolais, pour planter la vigne, on *mine*, c'est-à-dire qu'on défonce, de 4o à 5o centimètres, tout le terrain, qu'on dispose ensuite en planches de sept ou dix rangées de ceps. Si le défoncement a lieu dans un terrain vierge de vignes, on plante dès le printemps qui suit le travail; s'il succède à l'arrachement d'une vigne, on cultive deux ans en blé et pommes de terre, puis on replante, sans laisser plus de repos au sol.

On plante par fosses, en simples chapons, recueillis sur des vignes de quatre à six ans, coudés à une profondeur de 25 à 3o centimètres; on relève verticalement le sarment; Fig. 8. on remplit la fosse en pressant la terre du pied, puis on rogne la bouture à deux yeux au-dessus du sol. Les plants sont disposés en lignes, en quinconce, les lignes à 52 centimètres et les ceps à 88 centimètres, au moyen d'une équerre à trois pointes (fig. 8) qui donne la distance des lignes, celle des ceps dans la ligne et le point exact du quinconce.

A la première taille, on réduit le sarment le plus près de terre à deux yeux *b* (fig. 9 *A*), et on laisse souvent l'onglet ou petit œil du sarment supérieur *c*, de façon que

Fig. 9.

Fig. 10.

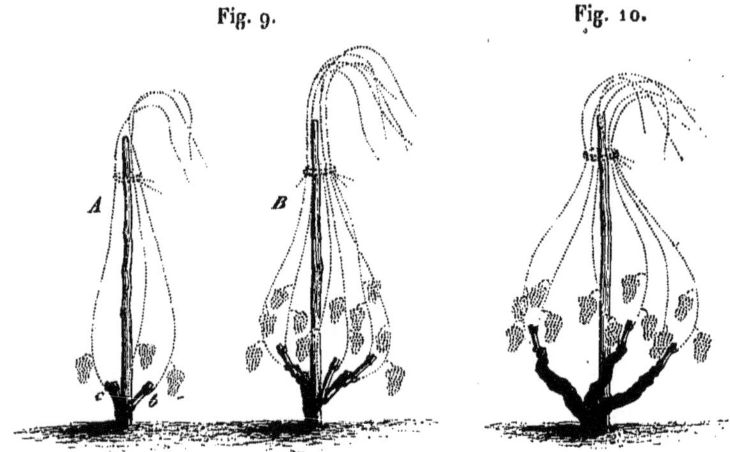

dès l'année suivante, la troisième, on peut tailler sur trois cornes (fig. 9 *B*). La figure 10 est prise sur une souche de cinq ans, dernière année de l'échalas; et la figure 11 reproduit une souche de vingt ans relevée aux Thorins, dans le clos de feu M^me Pommier (soutenue jusqu'à l'âge de cent deux ans moins quatre mois par l'usage de ses vins). L'habile vigneron régisseur du clos de M^me Pommier, M. Pasquier, nous a fait voir ses cultures, dont presque toutes les souches ont quatre cornes, comme celles de la figure 11, et portent le rende-

Fig. 11.

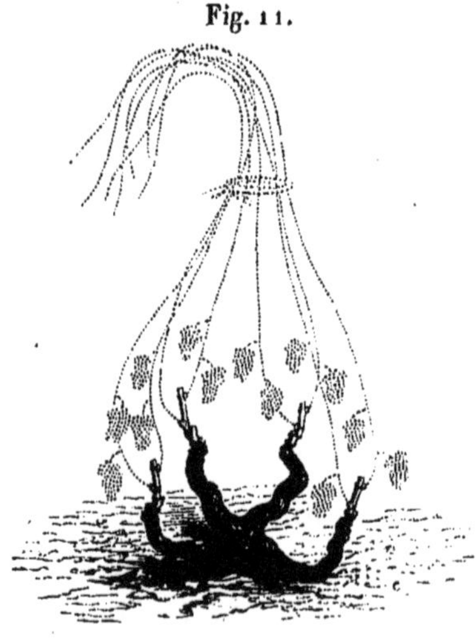

ment moyen à 50 hectolitres à l'hectare; il nous a également montré une plante en chapons (fig. 9 *A*) qui fait espérer 20 hectolitres à l'hectare pour sa seconde année. Au Moulin-à-Vent, à Romanèche, les vignes sont dressées et conduites de la même façon, avec un soin extrême, sur une tradition invariable.

Chez M. Desvignes, maire de la Chapelle-de-Guinchay. des études pratiques sont instituées sur une grande échelle pour apprécier les qualités spéciales et respectives de la plupart des variétés du petit gamay.

M. Taperin, dans sa magnifique propriété de Vinzelles, a fait porter des jeunes vignes de deux cornes, ne donnant que de longs sarments et pas de raisin, à quatre et à cinq cornes par souche; dès lors la fougue de la végétation ligneuse a diminué et la production fruitière s'est développée en proportion.

Donner deux, trois et quatre cornes, aussitôt qu'elles peuvent être assises sur de bons sarments, dès la deuxième, troisième et quatrième année; tailler sur la première pousse et mettre à fruit dès que la nature le permet : telle est la règle de la circonscription. C'est là une excellente méthode, qui peut donner, quand la plantation a été bien faite, 20 hectolitres dès la seconde année, 40 et 50 à la troisième, et plus encore à la quatrième, où commence la pleine production.

J'insiste sur l'excellence de cette méthode, qu'on peut appeler *méthode beaujolaise*, parce qu'elle fait contraste, surtout au début, avec la méthode suivante, plus spécialement mâconnaise, et qui commence au canton de Mâcon, où elle règne traditionnellement, pour ne finir qu'après le canton de Tournus, où elle n'est pas moins ancienne.

Dans le Mâconnais, on ne défonce pas le sol; on plante sur simple culture, à la pioche, à jauge ouverte, à 25 et 30 centimètres; souvent c'est le sous-sol qui limite la profondeur; et quand ce sous-sol est de roche et peu profond, lss souches, en s'appuyant dessus, prennent une fécondité remarquable. Sur culture générale, la bouture ou le plant enraciné sont coudés au fond d'une petite fosse de 33 centimètres carrés; à jauge ouverte, chaque plant est mis en place, toujours coudé, à mesure que le piochage arrive au point où il doit être placé. Le sol est généralement disposé en planches comme dans le Beaujolais, mais moins uniformément; elles sont bordées d'un sentier, dont la terre a été enlevée par des curages successifs et rejetée sur la planche.

Ainsi plantées, beaucoup de boutures manquent; on remplace les manquants, soit en plant enraciné, soit par d'autres boutures, pendant deux et trois ans : on appelle cela recourir la vigne. En général, on remplace peu par la sauterelle ou par le provignage. Le principe dominant encore, comme dans la partie beaujolaise, est de maintenir la vigne de franc pied.

Pour tailler et dresser la vigne, deux systèmes se présentent : les uns taillent la pousse de première année sur un sarment, le plus bas, à un ou deux yeux (fig. 12, *A*, *a*, *a'*, tailles); les autres ne taillent pas du tout.

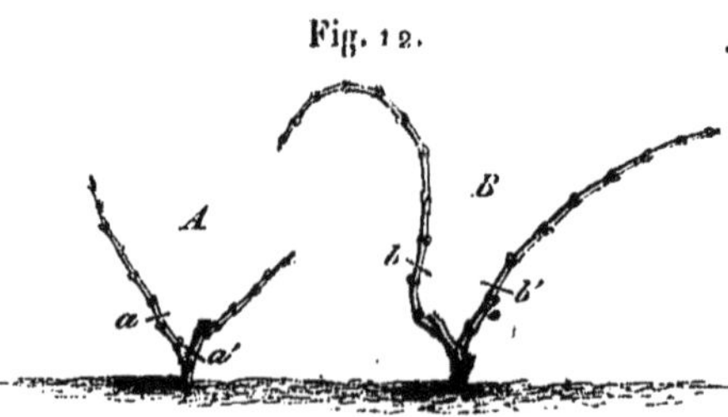


A la deuxième taille, les premiers laissent un ou deux sarments rabattus à deux yeux (fig. 12, B, *b*, *b'* tailles), les derniers s'abstiennent encore de tailler. Cet abandon de la vigne à elle-même pendant deux et quelquefois trois ans s'appelle élever la vigne en *péloussier* (nom patois du petit prunellier) : voir plus loin fig. 17 et 18.

Parmi ceux qui élèvent la vigne en péloussier, les uns·préparent, à la troisième année, la taille de la quatrième, en choisissant la branche la mieux placée du péloussier (fig. 18, *c′ n*, taille), et en la taillant court pour en faire jaillir un ou deux beaux sarments; mais ils laissent tout le reste du buisson. Les autres rasent simplement le petit buisson. A la troisième taille ou à la quatrième année, quel qu'ait été le dressement primitif, le vigneron choisit le sarment le meilleur et le mieux placé comme centre de souche;

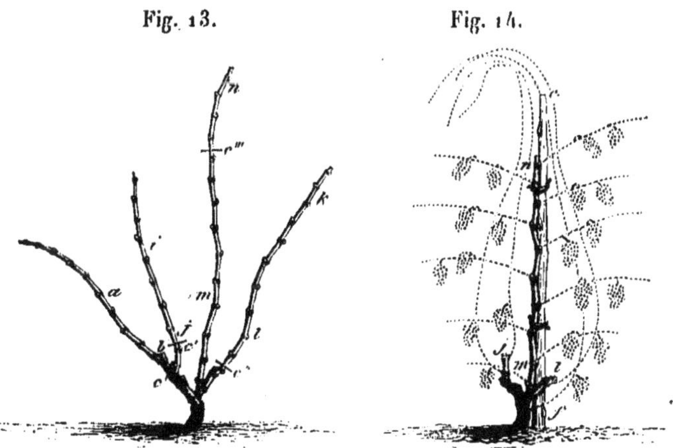

Fig. 13.                         Fig. 14.

il l'élève et l'attache verticalement le long d'un échalas *f e* et le rogne à 40 ou 60 centimètres de hauteur, lui laissant ainsi de huit à douze yeux (fig. 14, *m n*); puis il coupe tout le reste rez de la souche, ou bien il laisse encore un ou deux billons (coursons) à chacun des yeux (fig. 14), résultant de la taille de *a i n k*, en *c, c′ b′, c‴* et *c″* (fig. 13). Le long bois attaché verticalement s'appelle *la baguette* et caractérise le premier dressement traditionnel de la souche mâconnaise. Je dis *dressement*, et non pas *taille*, car la baguette ne se met qu'une fois : c'est une pratique essentiellement transitoire et critique; on met la baguette à trois ou quatre ans, ou on ne la met pas. Cette baguette a pour objet principal, dans l'esprit du vigneron, d'augmenter les racines et de fortifier le pied, et, comme accessoire, de donner beaucoup de vin (de 60 à 100 hectolitres à l'hectare). Je dois dire tout de suite que ce vin est inférieur au vin ordinaire, et que les deux ou trois années qui suivent l'année de la baguette sont presque stériles ou d'une fécondité plus que médiocre.

Quoi qu'il en soit, la baguette, qui a pris beaucoup de diamètre, beaucoup de force, par ses pampres et ses raisins

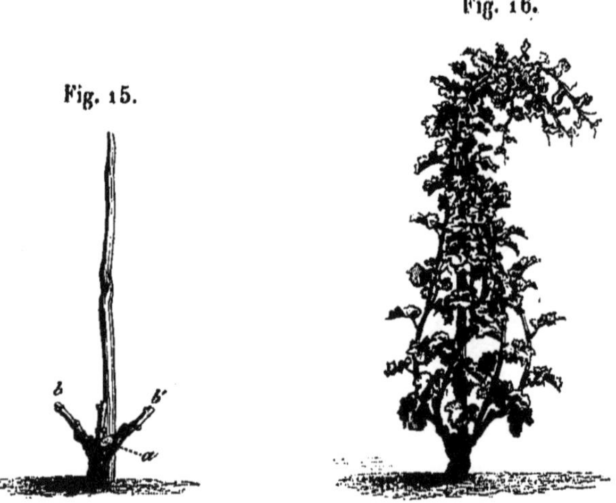


nombreux, est coupée rez la souche à la taille suivante (*a*, fig. 15); de beaux et nombreux sarments ont jailli sur la souche au-dessous d'elle, et ce sont ces sarments, gardés au nombre de deux ou de trois parmi les mieux placés, et taillés chacun à deux yeux, qui vont former les deux ou trois billons ou cornes de la souche définitivement constituée (*b, b'*, fig. 15), représentée au mois d'août, fig. 16.

On arrive au même résultat par la conduite en pélous-

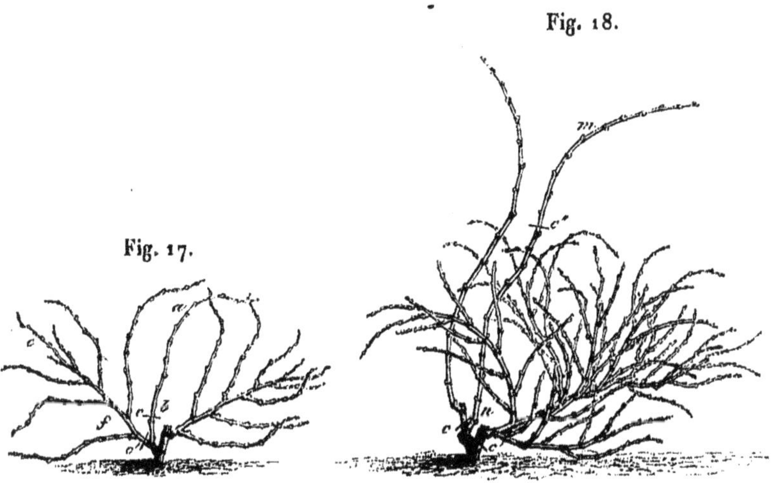

Fig. 18.

Fig. 17.

sier, mais d'une façon moins régulière, moins sûre et moins avantageuse.

La souche représentée fig. 18 étant taillée l'année suivante en *c* et *c'*, et le sarment *m n* étant rogné en *c''* pour former la baguette, on arrivera ainsi à produire la taille de la figure 19, qui engendrera la végétation indiquée au pointillé dans la même figure, laquelle montre quatre pampres *a, a', a'', a'''*, qui ont jailli autour de la souche, et d'où l'on tirera facilement la taille définitive de la figure 20.

La taille de la figure 20, semblable à peu près à celle de la figure 15, montre comme elle, en *a*, l'énorme plaie qui résulte de la section de la baguette; et de plus ses trois coursons *d, d, d*, pris sur des sarments sortis du vieux bois, sont encore moins fertiles que ceux de la taille 15, qui offre deux coursons *b*, *b'*, taillés sur sarments sortis du bois d'un an, et par conséquent dans de meilleures conditions de fructification.

Si l'on compare le dressement à la baguette et ses effets

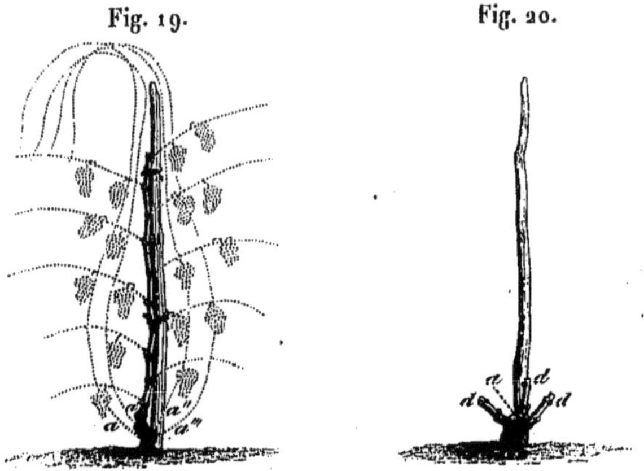


aux effets du dressement beaujolais à deux, à trois et à quatre cornes, aussitôt que les sarments convenables se présentent, on est obligé de reconnaître que ce dernier mode est plus promptement, plus régulièrement et plus abondamment producteur que le premier, même lorsque l'emploi de la baguette est précédé des tailles régulières des figures 12 et 13.

Le dressement des gamays, dans le canton de la Chapelle-de-Guinchay, est excellent; je ne lui adresse qu'un seul reproche, c'est d'être trop réservé sur le nombre de bras.

Ce reproche serait encore plus mérité dans la culture des gamays et des giboudots blancs et noirs de la côte chalonnaise, qui, au lieu de trois et de quatre cornes, n'en admet généralement que deux.

Dans le Chalonnais, on défonce seulement les terrains forts pour les planter; on ne défonce pas les autres; à Mercurey, par exemple, à Saint-Léger, à Chardonnay, où l'expérience a montré que le défonçage donnait des vignes peu durables.

On plante en fossés parallèles, en coteau surtout; en plaine, on préfère la fosse isolée ou le fichon. On remplace les manquants par boutures ou par chevelus pendant la première et la seconde année; mais c'est par le provignage qu'on remplace ensuite. A Saint-Léger et dans plusieurs autres vignobles, non-seulement on remplace par le provignage, mais encore on provigne un rang pour en faire deux, c'est-à-dire que la plantation est faite avec un rang d'intervalle, qui n'est garni que par le provignage ultérieur: on appelle cette opération *avigner*, compléter la vigne.

La vigne étant plantée et complétée, tous les gamays, noir, blanc et giboudot, sont dressés à deux coursons, sur

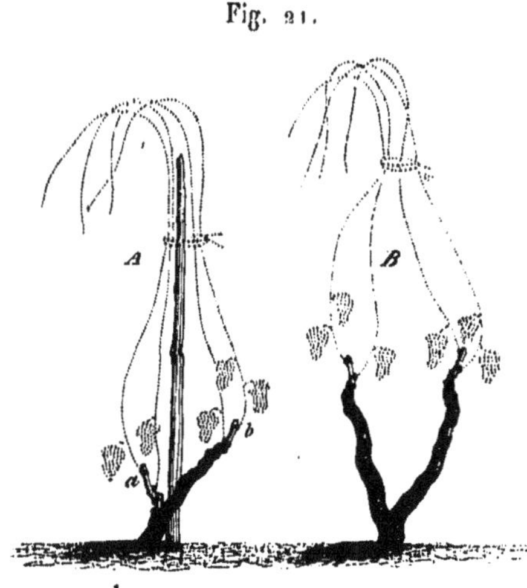


une ou deux cornes, rarement sur trois à Demigny, Chagny, Saint-Léger, Rully, la Loyère, Melay, Buxy, etc. La fig. 21 donne les deux dispositions principales de cette dernière conduite : *A*, deux coursons *a, b*, sur même tige; *B*, deux billons surmontés de deux coursons à deux ou trois yeux.

La moyenne récolte paraît notablement affaiblie par ce mode de taille, excepté quand un provignage plus ou moins fréquent vient doubler et quadrupler la souche originelle,

en cachant les rameaux sous terre à grands frais; c'est
ainsi que *B,* de la figure 21, doublé par le provignage

Fig. 22.

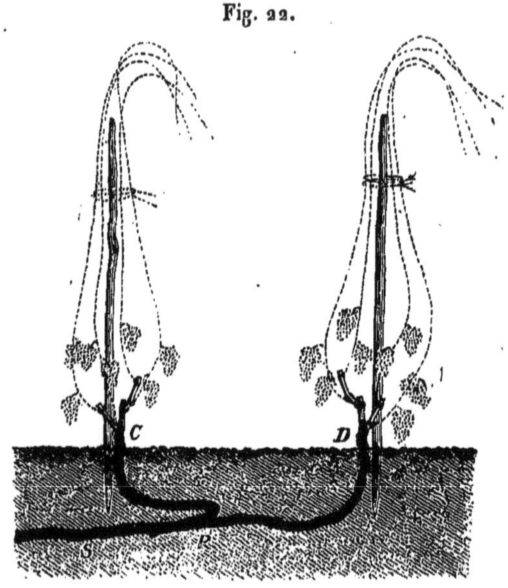


(fig. 22), sera transformé en une souche à quatre coursons
sur deux cornes *C D.*

N'est-il pas curieux de constater que tout le Rhône cultive
en ligne et de franc pied, que toute la Côte-d'Or est cultivée en foule et par provignage éternel, et que le Mâconnais, qui suit le Rhône, a les pratiques du Rhône, tandis
que le Chalonnais perd ses lignes et son franc pied pour
prendre les pratiques de la Côte-d'Or qui l'avoisine!

La culture des pineaux, noirs et blancs, diffère essentiellement de celle des gamays dans tout le département.
Celle des pineaux blancs ou chardenets est beaucoup plus
étendue que celle des pineaux noirs, qui ne se continue
plus guère qu'à Mercurey, à Givry et à Rully, où j'ai pu le
mieux étudier cette culture spéciale.

Les plantations des pineaux ont lieu sans défoncer le sol. On plante en fossés longitudinaux, à 1 mètre entre les lignes et à 60 centimètres dans le rang ; mais le provignage et les traînes ont bientôt rompu les lignes. On appelle *traîne* le prolongement de la souche qui porte la couronne, la *plaine*, l'*archelet* ou l'*archelot*, noms différents, suivant les localités, désignant une même chose, c'est-à-dire la branche à fruit courbée en deux tiers ou en trois quarts de cercle à une extrémité, tandis qu'à l'autre extrémité est placé le courson de retour.

Voici, d'ailleurs, un cep de pineau noir dessiné à Rully

Fig. 23.

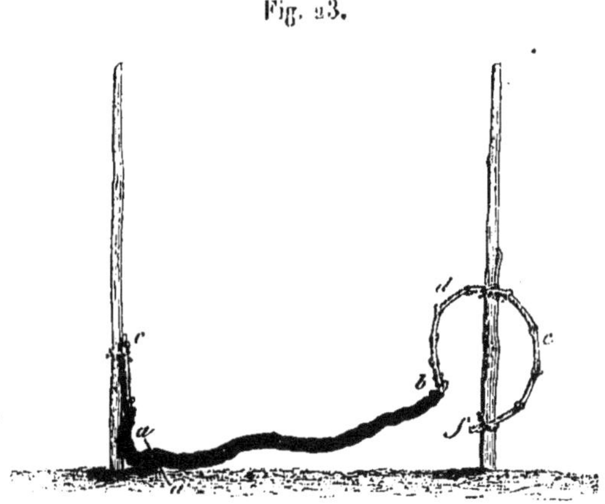

(fig. 23) : *a b* est la traîne, portant la couronne *b d e f ; a c* est le courson sur la souche.

Au début de la taille, la traîne n'existe pas ; elle se forme successivement par les reprises annuelles du sarment de la couronne, sur la couronne elle-même en *b* ou en *d*. Ce n'est que faute de beau bois sur la couronne, ou par un allongement excessif de la traîne, que le vigneron se décide à reprendre la couronne sur le courson *a c*.

Le vigneron dresse d'abord son cep sur deux membres,
l'un destiné au billon-courson, l'autre au billon de la couronne. Cette séparation rend les deux cours de séve indé-
pendants, en sorte que, quand on vient retrancher *a b*
(fig. 23) en *a a'*, les racines qui alimentent *a b* sont perdues
pour *a c*, ou à peu près.

En jetant un coup d'œil sur la figure 24, type de la
taille du pineau en Lorraine, il sera facile

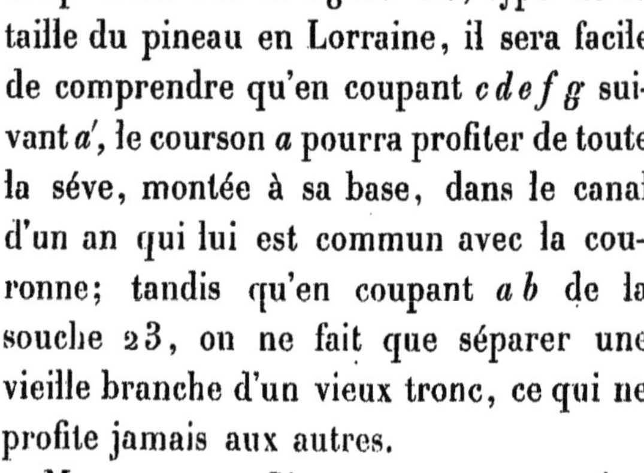

Fig. 24.

de comprendre qu'en coupant *c d e f g* suivant *a'*, le courson *a* pourra profiter de toute
la séve, montée à sa base, dans le canal
d'un an qui lui est commun avec la couronne; tandis qu'en coupant *a b* de la
souche 23, on ne fait que séparer une
vieille branche d'un vieux tronc, ce qui ne
profite jamais aux autres.

Mercurey et Givry ne mettent qu'un
échalas à la couronne et n'en mettent point
au membre du courson, ce qui augmente encore la confusion.

On laisse ordinairement de deux à quatre yeux au cour-

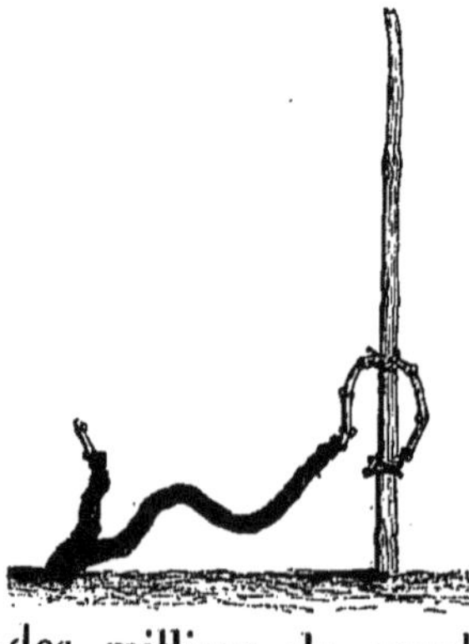

Fig. 25.

son et de neuf à douze yeux à la
couronne; mais il y a toujours des
vignerons timorés qui s'imaginent
que toute végétation est une charge
pour la vigne, et qui croient la
soulager en ne mettant que cinq
à six yeux à la couronne; j'ai vu
beaucoup de ces archelots ridi-
cules, qui sont misérables en fruits
et en bois. La figure 25 représente
des milliers de souches ainsi traitées. La courbe de la

figure 25 donnera 20 hectolitres, en moyenne, et celle de la figure 23 en donnera 40 à 50.

A Givry on arrache les pineaux à quinze ou vingt ans; et pourtant on provigne à la plantation. Cette courte durée ne peut être attribuée qu'à la mutilation : si les pineaux noirs étaient traités à deux queues ou couronnes, comme le sont, à Pouilly, les chardenets, ils vivraient fertiles pendant cinquante et cent ans.

Malgré toutes ces imperfections, je constate ici que la moyenne récolte des vignes de pineaux de la côte chalonnaise est de plus de 25 hectolitres, dans les mêmes terrains où les vignes taillées à un seul courson, à deux ou trois yeux, dans la Côte-d'Or, ne donnent que 10 à 12 hectolitres en moyenne. Je ferai la même constatation pour les chardenets ou pineaux blancs, à la culture spéciale desquels j'arrive.

C'est à Pouilly, l'honneur des vins blancs du Mâconnais, que j'ai vu les plus grandes et les plus belles cultures de vignes tout en chardenets ou pineaux blancs; et c'est là que j'ai le mieux étudié le type de leur culture.

A Pouilly, on plante à jauge ouverte ou en fosse, à un mètre au carré. On couche le pied du nord au sud et l'on presse la terre sur la bouture; on ne taille pas la première pousse (voir la fig. 12, *A*), qui, la seconde année, donne à peu près la végétation de la figure 17, dont elle subit la taille en *c c'*. Au commencement de la quatrième année, en février, la souche est taillée de façon à ne laisser que le sarment *m n*, lequel est piqué en terre par son extrémité libre, ainsi que l'indique la figure 26, s'il est assez beau pour faire une *queue* : c'est le nom que l'on donne dans le département aux longs bois du chardenet. S'il est trop faible on le taille à deux yeux; et ce n'est que l'année suivante qu'on établit la queue piquée en terre (fig. 26), sans courson de retour. A la taille qui suit, on laisse sur la queue deux sarments : l'un, le plus bas, est taillé à deux yeux en $a$ pour donner le cot de retour; l'autre, plus haut, est taillé en $a'$ pour faire la queue; il présente l'aspect de la figure 27 ou celui de la figure 28 : la queue est souvent ramenée devant

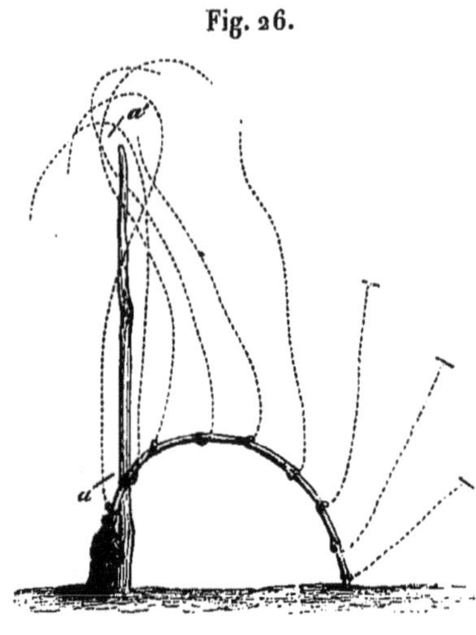

Fig. 26.

l'échalas, qui la fixe et la soutient par un lien d'osier, comme l'indique la figure 28.

Plus tard, et dès que l'accroissement de la vigueur de la

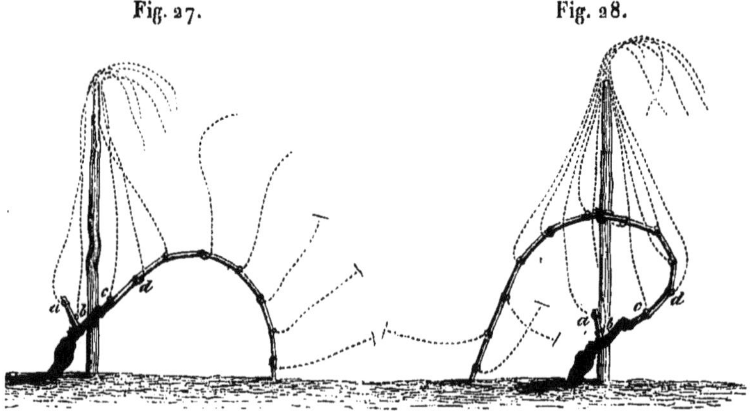

Fig. 27.                    Fig. 28.

souche le permettra, on tirera du cot $a\,b$ (fig. 27 et 28) une queue en $a$ et un courson de retour en $b$; de la queue $c\,d$ on tirera un courson de retour de $c$ et une queue de $d$,

ce qui munira chaque souche de deux queues et de deux
cots de retour : la souche est alors complète.

On voit beaucoup de souches à une et à trois queues,
mais deux queues sont le taux moyen et normal; la constitution définitive de la souche, ainsi que son palissage le plus
général, est représentée par la figure 29. Deux échalas,
fichés obliquement et attachés par le sommet, servent à
fixer les deux queues et à recevoir les pampres qui y sont

Fig. 29.                      Fig. 30.

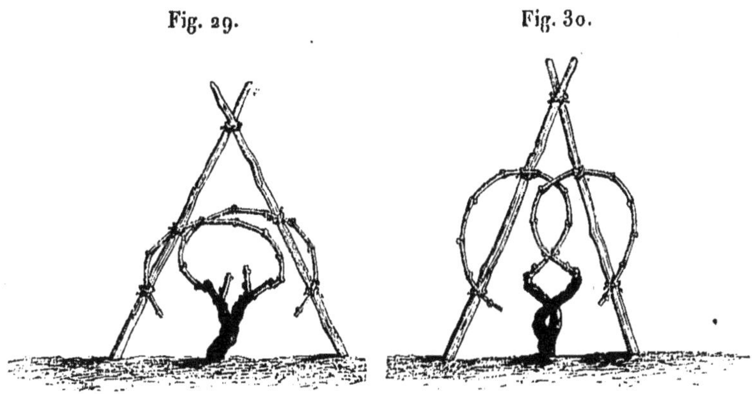

accolés avec un lien de paille vers la fin de juin, sauf les
trois derniers pampres des queues qui sont mouchés ou
rognés au-dessus des raisins, comme je l'indique, au pointillé, dans les figures 26, 27 et 28, après un ébourgeonnage fait avec le plus grand soin dès le commencement
et dans le courant de mai.

A Buxy, tous les raisins blancs et les pineaux noirs sont
souvent munis de deux couronnes, avec un seul échalas à
la souche. Les queues ne sont pas toujours précédées d'un
courson de retour; c'est le second ou le troisième bourgeon
de la queue qui sert à le remplacer. J'ai vu de belles jeunes
vignes blanches chez M. Taperin, sans cot de retour (fig. 30),

Les échalas, qui ne sont mis et laissés aux cépages rouges, dans presque tout le département, que pendant les premières années, sont maintenus pendant quinze à seize ans aux cépages blancs, ou plutôt aux pineaux blancs. A cette époque et au delà, la souche est assez forte pour qu'on puisse y attacher les queues et pour qu'elles supportent la charge des pampres et des raisins. Je donne dans la figure 31 une souche sans échalas, dont j'ai relevé le croquis entre mille analogues. Les souches ainsi traitées vivent très-longtemps de franc pied : cinquante, quatre-vingts et cent ans.

Fig. 31.

J'ai vu de magnifiques vignes de chardenet chez M. le

Fig. 32.

baron de Chapuys-Montlaville, à son domaine de Chardonnay, dont toutes les souches pouvaient compter soixante

à quatre-vingts ans; les unes étaient à une, la majorité à
deux, et un grand nombre à trois queues. Leur vigueur
était remarquable, bien que les ceps ne fussent qu'à un
mètre (quatre rangs par planches de cinq mètres). Beaucoup de souches montraient leurs maîtresses racines rampant à la surface du sol et ne s'en portaient pas moins bien;
ce qui prouve une fois de plus que les bonnes et vraies
racines de la vigne, comme chez la plupart des arbres,
sont celles qui commencent à fleur de terre.

Le rendement moyen des pineaux blancs est d'une feuil-
lette à l'œuvrée ou de 25 à 30 hectolitres à l'hectare. La
bonne moyenne des vignes, bien tenues et en bon âge,
peut aller jusqu'à une pièce à l'œuvrée, 50 à 55 hectolitres à l'hectare.

Il me reste à parler de la dernière méthode de conduite
de la vigne dans Saône-et-Loire : c'est le dressement et la
conduite en hautains, particulièrement appliquée aux vignes
blanches. C'est à M. Georges de Parceval que je dois spécialement les renseignements sur cette culture, dont j'ai vu
les plus beaux spécimens à son château des Perrières, qui
est entouré des vignobles les plus variés et les mieux tenus.

Les vignes en hautains, quoique assez répandues entre
les coteaux et les bords de la Saône, sont néanmoins peu
étendues, relativement aux vignes basses, et ne peuvent
être considérées que comme un accessoire dans les cultures caractéristiques du département; elles sont à cultures
pleines, et alors les rangs sont à 2 mètres, ou à cultures avec céréales, racines et fourrages intercalaires, c'est-
à-dire en jouelles, dont la largeur varie depuis 6 mètres
jusqu'à 10 et plus.

Des palis consistant en poteaux de chêne ou en bornes

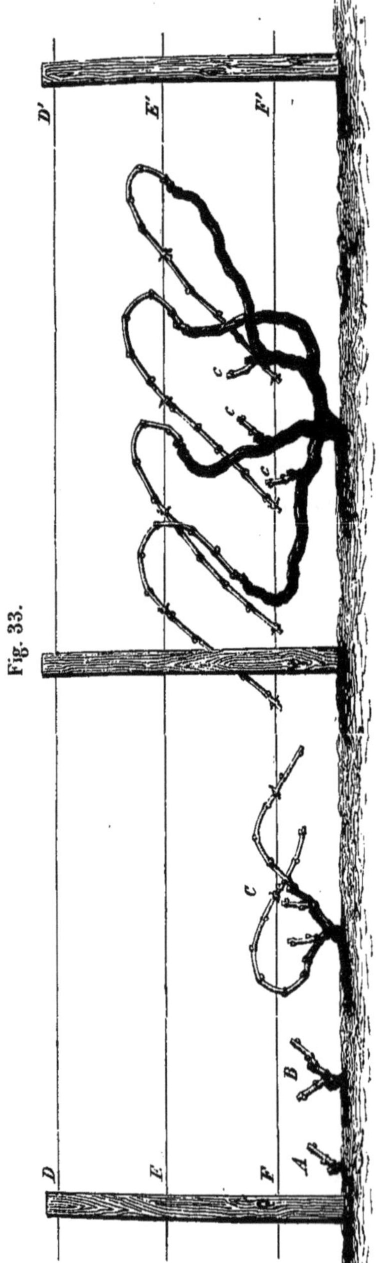


de pierre solidement fixés dans le sol, à 3 mètres au moins, et le plus souvent à de beaucoup plus grandes distances les uns des autres, s'élevant à $1^m,30$ ou $40$ centimètres au-dessus du sol, supportent deux ou trois lignes de fil de fer, la plus basse à $20$ centimètres du sol, la seconde à $50$ centimètres au-dessus et la dernière à la même distance au-dessus de la seconde ; ces palis sont disposés de façon à soutenir les ceps et les pampres, qui sont conduits et développés en véritables treilles de contre-espaliers (fig. 33).

Les pieds de vignes sont généralement plantés à $1^m,80$ le long des palis.

La pousse de première année est rabattue sur le sarment le plus bas, à deux yeux, comme l'indique la figure 33 *A*. La deuxième taille est indiquée par la figure *B*, et déjà, la troisième année, on dresse les souches blanches à une ou deux queues (fig. *C*); on porte bientôt chaque souche à quatre ou cinq membres, qu'on surmonte d'autant de queues rabattues en cercles ou en trajectoires, attachées au fil de fer le plus bas *FF'*, en passant par-dessus le second fil de fer *EE'*, aussitôt que les membres de la treille sont assez haut montés, comme l'indique la figure 33. On laisse des coursons *c c c* (même figure) pour rabattre les membres trop allongés. On ébourgeonne dans le courant de mai, les pampres grimpent et s'attachent seuls aux fils de fer par leurs vrilles; on épointe ceux qui font saillie entre les rangs, mais ceux qui surmontent le troisième fil de fer *D D'* ne sont point rognés; on les couche, à la fin d'août ou au commencement de septembre, sur le plus haut fil de fer.

Les vignes blanches ainsi conduites donnent, en moyenne, de 60 à 80 hectolitres à l'hectare; mais le vin est moins bon que dans les vignes basses, quoique ce soit le même cépage (le chardenet) et qu'on attende sa parfaite maturité, en le vendangeant quinze jours plus tard que celui des vignes basses.

Dans le département de Saône-et-Loire, tant dans le Mâconnais que dans le Chalonnais, les opérations faites sur les pampres verts de la vigne sont réduites à leur plus simple expression.

Dans Saône-et-Loire l'ébourgeonnage se pratique à peine ou se pratique mal. Le pincement y est inconnu.

Tous les vignobles relèvent les pampres et les lient avec un lien de paille à la Saint-Jean, que les vignes aient ou n'aient pas d'échalas; mais, excepté à Verdun, à Rully, à Saint-Léger et à Chagny, personne ne rogne après l'accolage.

On donne en moyenne trois cultures à la terre : la première, en mars, après la taille, est faite à la pioche à dents; la seconde, au courant de mai, à la pioche plate, et la troisième à la fin de juin ou au courant de juillet, avant la moisson. A Pouilly on donne quatre cultures dans les premières années seulement.

Dans tout le Mâconnais, le provignage n'est pratiqué que pour remplacer les ceps morts; la durée moyenne de la vigne de franc pied varie de trente à cinquante ans; dans certains sols on en voit de cent ans et plus.

Dans le Chalonnais, le provignage de garniture et d'entretien de la vigne joue un rôle beaucoup plus considérable. A Demigny, à Chagny, à Saint-Léger, à Rully, la vigne est entretenue indéfiniment par les provins; je crois qu'il en est de même à Couches et à Verdun. A Mercurey, on entretient la vigne par une singulière méthode : dans les places vides, on sème un sainfoin, on le laisse deux ou trois ans, puis on replante; ces renouvellements sont faits par très-petites parcelles.

Les vignes sont fumées assez irrégulièrement dans Saône-et-Loire. On terre très-rarement.

Les vendanges sont faites à peu près comme partout, en paniers, hottes, bennes et belons sur voiture. Dans la partie beaujolaise on ne foule point à la cuve; on laisse fermenter dix-huit à vingt-quatre heures, deux jours au plus aux Thorins, deux et trois jours à la Chapelle-de-Guinchay, quatre jours au maximum pour tous les vins fins du canton.

On tire en vaisseaux neufs d'expédition. On presse de suite, on répartit avec soin les vins de presse dans les vins de goutte. On laisse fermenter au cellier en tonneau, en ouille dès que le tonneau cesse de rejeter, et l'on ne met en cave que deux ou trois semaines après le tirage.

Un fait digne de remarque, c'est que plus les vins ont de qualité et de réputation, moins on les laisse cuver. Ainsi le moulin-à-vent, les carquelins et les autres vins les plus estimés des Thorins ne cuvent souvent que dix-huit heures. Les vins fins de la Chapelle-de-Guinchay cuvent le double, trente-six à quarante-huit heures; à Saint-Amour, Leynes, Davayé, la cuvaison est également très-courte, et partout la couleur et le spiritueux sont aussi développés que dans les vins soumis aux plus longues cuvaisons; dans les bonnes années, la couleur se fait et augmente considérablement au tonneau.

Aussitôt qu'on entre dans le Mâconnais, bien que le cépage soit le même, le petit gamay, la cuvaison est immédiatement portée à six et huit jours, avec foulages à la cuve, répétés deux et trois fois à un jour de distance, à Nancelles, par exemple; à Tournus, on foule trois jours à la cuve et l'opération totale de la cuvaison dure dix jours. Enfin, si l'on arrive dans le Chalonnais, le vin est cuvé et foulé de même; seulement la cuvaison est prolongée de douze à quinze jours, toujours pour les gamays, le giboudot noir et le plant d'Arcenant; car, pour ce qui est des pineaux de la côte, leur cuvaison est comprise entre six et huit jours au plus. On pourrait tarifer leur valeur par la durée de la cuvaison des vins depuis les Thorins, où l'on cuve vingt-quatre heures, jusqu'à Tournus, où l'on cuve huit jours, et depuis Tournus jusqu'à Demigny, où l'on cuve quinze à seize jours.

Nous retrouverons plus loin, dans la Côte-d'Or et l'Yonne, les mêmes faits constatés à l'égard des pineaux, dont le vin est d'autant moins bon que leur cuvaison est plus prolongée.

La fermentation lente et prolongée doit être acceptée, dans les années froides et sans maturité, comme une fatalité qu'il faut subir, mais non comme une pratique avantageuse qu'on doit ériger en précepte. Il faut que l'esprit des viticulteurs s'ingénie à faire fermenter vite et vigoureusement tous les raisins, par tous les temps, pour en tirer le meilleur vin possible, parce que c'est la fermentation très-chaude et très-rapide (trois à six jours) qui donnera toujours le plus de couleur, le plus de spiritueux et le meilleur vin, toutes choses égales d'ailleurs.

Si donc les raisins sont mûrs et froids, il faut les réchauffer avant de les mettre en cuve, à plus forte raison s'ils sont verts ou de nature flegmatique à la fermentation; si l'atmosphère ou la saison sont froides, il faut préparer une atmosphère et faire une saison artificielle chaude pour faire fermenter fort et vite. C'est surtout l'air chaud qui est nécessaire à la fermentation. Or, rien n'est plus facile que de disposer des vinées pour être chauffées et maintenues chaudes, à vingt ou vingt-cinq degrés. Dès qu'on aura compris et constaté toute la puissance d'une atmosphère chaude pour faire de bons vins à la cuve et même au tonneau, toutes les vinées seront munies d'un bon calorifère et suffisamment closes pour être chauffées dans les circonstances défavorables.

Par une température de vingt degrés, le vin fait sa couleur au tonneau; il n'en fait point à dix degrés. Par une température de vingt degrés, la cuve fait sa couleur en vingt-quatre ou quarante-huit heures; elle n'en prend point à dix degrés en un mois.

La plus grande partie des vignes du département de Saône-et-Loire est cultivée à moitié vins entre le propriétaire et le vigneron, ou bien elle est travaillée directement par le vigneron propriétaire. Les vignes travaillées à façon et à prix fait sont très-rares ; et, dans ce cas, le taux moyen des façons s'élève à 250 francs l'hectare, vendanges et travaux d'hiver non compris. Mais c'est là une exception, du moins dans les vignobles que j'ai parcourus. Là où cette exception apparaît le plus, c'est dans le Chalonnais, à mesure surtout qu'on approche de la Côte-d'Or, où toutes les vignes de propriétaire sont faites à la tâche, sans participation du vigneron aux produits : aussi n'est-ce que dans cette partie de Saône-et-Loire qu'on se plaint amèrement de l'insuffisance et de la cherté de la main-d'œuvre, qui s'y paye parfois 3 et 4 francs la journée.

Le Mâconnais, par ses bonnes cultures de la vigne, par la religion de ses bons cépages à bons vins d'ordinaire, par son heureux climat et son sol suffisant, offre toutes les conditions d'un métayage de la vigne bien assis et prospère.

M. le vicomte de la Loyère s'est mis à la tête d'une réforme des plus importantes et qui aura chez lui les mêmes résultats heureux qu'elle amène partout : c'est la substitution des animaux de trait et des instruments aratoires à la main-d'œuvre de l'homme pour les grosses cultures de la vigne.

Toutes les vignes de M. de la Loyère sont plantées en lignes de 90 centimètres à 1$^m$,30 de distance, les ceps à 60 centimètres dans le rang ; les ceps y sont essayés partie à longs bois, partie à coursons. La charrue fonctionne à merveille entre ces lignes, cultive un hectare avec un cheval et un homme dans une demi-journée, de façon qu'il suffit de quatre journées, à un seul vigneron, pour en compléter la culture entre les ceps dans la perfection. C'est une économie de temps et d'argent d'au moins quarante-huit journées d'hommes par hectare et par an.

Toutes les vignes sont palissées sur fil de fer galvanisé n° 11, porté sur simples mais solides échalas, ce qui réduit à moins de 5oo francs par hectare l'avance du palissage et son entretien à moins de 25 francs par an.

Des logements de familles vigneronnes sont élégamment disposés dans le vignoble même. Grâce aux labours aux animaux de trait, une famille vigneronne peut tenir cinq à six hectares de vignes au lieu de deux ou de trois.

Parmi les installations du vendangeoir de M. le vicomte de la Loyère, une des plus curieuses et des plus impor-

Fig. 34.

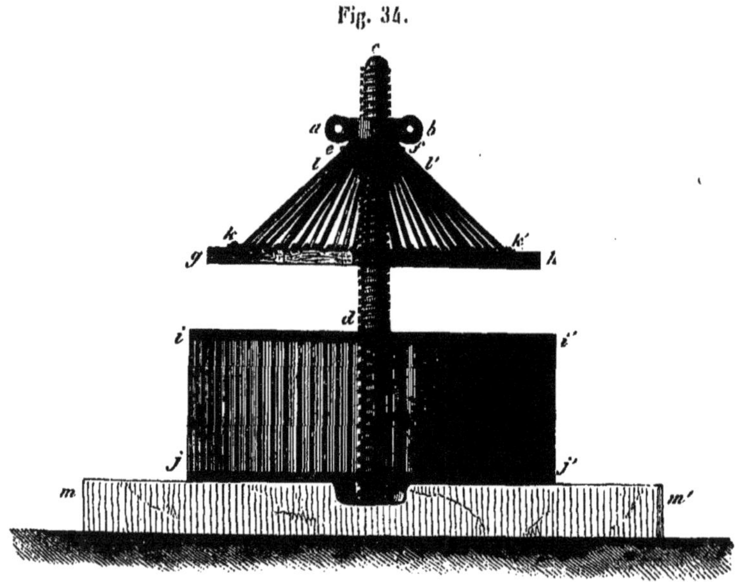

tantes consiste dans des pressoirs dits *à crinoline*, parce que le blin ou mouton qui descend et qui presse sur des ma-

driers superposés, est remplacé par un plateau circulaire en
fortes planches, en chêne, assemblées, taillées en disque rond
horizontal et contre-boutées par des barres de fer obliques,
partant de la surface du plateau pour aller se fixer contre
et sur la virole d'appui de l'écrou de la vis centrale. *a b*
(fig. 34), écrou destiné à recevoir un long levier en bois
dans les trous *a* et *b; c* et *d*, vis centrale scellée dans et
sous la maie *mm'; ef*, virole sous l'écrou; *g h*, plateau en
planches de chêne devant descendre, par la pression, dans
la cage *ii' jj'*, où sont placés les marcs; *kk', ll'*, barres de
fer, boulonnées haut et bas, transmettant la pression de la
virole *ef* au plateau *gh*. Les barres de fer *kk', ll'*, disposées
en cercle double et triple, sont calculées de façon à empêcher toute déformation du plateau *gh :* c'est ce qu'on
appelle la *crinoline*. Ces pressoirs, dont je donne ici l'idée,
sont installés sur une maie *mm'* carrée, de 4 mètres sur 35
à 4o centimètres d'épaisseur, en pierre de taille dure, qui
leur donne une assiette inébranlable.

La prime d'honneur régionale de 1866 a été attribuée
aux belles créations et installations vignobles de M. le vicomte de la Loyère.

# DÉPARTEMENT DE LA CÔTE-D'OR.

Ce département est tellement connu dans le monde entier, et depuis tant de siècles, pour l'excellence de ses grands vins, le nom de chacun des heureux pays qui les produisent jouit d'une telle notoriété et brille d'un tel éclat parmi les œnologues et les gourmets de toutes les contrées civilisées, que tout ce que je pourrais dire et écrire à cet égard ne serait qu'un écho bien affaibli de la commune renommée ou qu'une bien pâle photographie des vigoureuses pages tracées bien avant moi par d'éminents artistes, plus habiles, plus expérimentés et plus autorisés que je ne saurais jamais l'être dans cette grande appréciation des vins de France.

Le département de la Côte-d'Or doit son nom à une chaîne de coteaux abrités contre le nord-ouest par des montagnes plus élevées, dont ils constituent les contre-forts et les rampes inférieures : cette chaîne, qui s'étend depuis Dijon, par Nuits et Beaune, jusqu'à Santenay, à l'exposition générale du sud-est, se déroule aux yeux étonnés sur une étendue de plus de 60 kilomètres, avec une largeur moyenne d'environ 450 mètres. C'est ce vaste panorama, presque tout couvert de vignes fines, qu'on appelle *côte d'Or*, à cause de la richesse de ses produits.

C'est surtout dans l'arrondissement de Beaune et un peu dans celui de Dijon qu'on récolte ces vins célèbres connus sous le nom de *grands vins de la Haute-Bourgogne.*

Les vins des premiers crus de la Côte-d'Or, lorsqu'ils proviennent d'une bonne année, réunissent, dans de justes proportions, toutes les qualités qui constituent les vins parfaits : ils n'ont besoin d'aucun mélange, d'aucune préparation, pour atteindre leur plus haut degré de perfection. Ces opérations, que l'on qualifie, dans certains pays, de *soins ou coupages qui aident à la qualité,* sont toujours nuisibles aux vins de la Côte-d'Or : ils ont, dans chaque cru, un bouquet et une saveur qui sont propres à ce cru, et qui ne se développent souvent qu'au bout de trois ou quatre ans. C'est les altérer que d'y introduire d'autres vins, quelle qu'en soit la qualité, et même de les mêler entre eux; car la réunion de deux vins de Bourgogne de première classe est suivie de la perte de leur bouquet distinctif et les fait descendre à la deuxième ou à la troisième classe.

Les vins rouges de la Côte-d'Or joignent à une belle couleur beaucoup de parfum et un goût délicieux : ils sont à la fois corsés, fins, délicats et spiritueux, sans être fumeux. Bus avec modération, ils donnent du ton à l'estomac et facilitent la digestion. J'ajouterai qu'ils donnent la force du corps, la chaleur du cœur et la vivacité de l'esprit au plus haut degré. C'est en ces trois points que les grands vins de Bourgogne l'emportent de beaucoup sur les grands vins du Médoc, lesquels se distinguent surtout par les qualités digestives, sensuelles et hygiéniques.

Sauf ces cinq dernières lignes, j'ai emprunté les deux paragraphes qui précèdent, parce qu'ils disaient exactement ce que je voulais dire, à la *Topographie de tous les vignobles connus*, de Jullien, excellent ouvrage d'appréciation et de classification des vins.

Le département de la Côte-d'Or compte environ 3o,ooo hectares de vignes, dont le rendement moyen est, pour les vins fins, de 15 hectolitres, et pour les vins communs, de 5o hectolitres à l'hectare.

Sur les 3o,ooo hectares, 3,ooo environ donnent les trois classes de vins fins qui sont le cachet distinctif de la Côte-d'Or, lesquelles valent, en moyenne, 8o francs l'hecto-litre et donnent un produit brut total de 3,6oo,ooo francs, calculé sur les moyennes des rendements et des prix mini-mum; les 27,ooo autres hectares produisent les vins com-muns, à 25 francs l'hectolitre, et rendent un produit brut de 33,75o,ooo francs : au total, les 3o,ooo hectares de vignes produisent au moins 37 millions de francs, plus du tiers du revenu total agricole du département, sur la vingt-neuvième partie de la superficie totale du sol, qui est de 876,ooo hectares.

Ces 37 millions de francs fournissent le budget de 37,ooo familles, ou de 148,ooo individus, beaucoup plus du tiers de la population, qui est de 382,762 habitants.

Le climat de la Côte-d'Or est bon sans doute, mais il n'a rien de privilégié. La vigne y gèle souvent en avril et en mai, elle y coule également en juin, elle y est parfois grê-lée; c'est là ce qui s'observe dans la plupart des contrées situées sous la même latitude, au voisinage des montagnes et des bois. Son sol des coteaux, essentiellement calcaire et argilo-calcaire, à fond de roches oolithiques, ou de gravier lacustre, ou de marnes glaiseuses, est un sol commun à tous les coteaux et à toutes les formations oolithiques qui font la base d'un grand tiers des cultures de France. Le sol de la plaine, qui appartient aux alluvions anciennes de la Bresse, est plus argileux, plus fort et plus humide naturellement que celui des coteaux; mais, dans tout cela, rien de bien différentiel ne se présente, avec les formations analogues, pour expliquer la différence énorme dans la qualité des vins.

Les expositions au sud-est et à l'abri des vents du nord-ouest sont en général excellentes; mais il en existe beaucoup de pareilles en France, aux mêmes latitudes et avec un même sol, sur des surfaces moins étendues et moins continues sans doute, mais suffisantes pour asseoir de très-grands vignobles. Quant aux inclinaisons des rampes, elles ne peuvent être présentées comme causes principales de l'excellence des vins de la Côte-d'Or, car les rampes sont à peine accusées et pourraient passer pour des plans presque horizontaux dans les crus le plus justement rangés en première classe, tels, entre autres, que le clos de Vougeot. Ce n'est point encore là ce qui constitue, en principe, les grands vins de Bourgogne; le climat, le sol, le sous-sol et l'exposition sont les compléments nécessaires et efficaces de la perfection, de la richesse et de la réputation de ces vins, mais ils n'en sont pas les bases principales ni essentielles.

L'essence des vins fins de la Côte-d'Or, c'est le cépage; c'est le pineau noir ou *noirien* pour les vins rouges, c'est le pineau blanc ou chardenet pour les vins blancs.

Ce premier point est si positif et si évident pour tout le monde, qu'il n'y a pas un propriétaire, pas un vigneron qui espérerait tirer de tout le clos de Vougeot et des quatorze climats qu'on y distingue une seule pièce de vin qui vaille plus de 100 francs, si tout le clos de Vougeot était planté en plant d'Arcenant, en plant rouge de Bouze ou en gros gamay quelconque.

C'est donc au *choix* de son cépage d'abord et à son *unité*
ensuite que la Côte-d'Or doit sa grande réputation : le
pineau seul constitue depuis le vii<sup>e</sup> siècle les vins fins de la
Bourgogne. Enfin, *le choix et l'unité* ont été soutenus par
*l'étendue* considérable d'une culture et d'une production
identiques, dans le meilleur sol et sous le meilleur climat
qui puissent convenir au pineau.

L'étendue des vignobles n'est point indifférente à leur
réputation : sur un vaste champ de production distinguée,
chacun peut se pourvoir; plus on le sait, plus on accourt,
et c'est à ce concours que sont dues les classifications des
différents crus, et qu'on se dispute, à tout prix, les plus
faibles nuances entre les qualités : chacun veut avoir le *pri-
mum inter pares.*

C'est ce que les vignerons ont parfaitement compris. Ils
ont compris qu'en plantant de gros cépages, les gamays,
dans leurs petites terres, autour des grands crus à fins
cépages, ils obtiendraient des récoltes plus faciles et plus
abondantes, et que les amateurs, et surtout le commerce,
leur payeraient leurs vins communs plus cher que leur
valeur réelle, à cause du voisinage. C'est ce qui est arrivé
en effet.

Les vignerons se sont peu souciés que ces vins communs,
devenant prédominants dans les crus et fournissant ainsi au
commerce l'occasion d'altérer les fins crus ou d'inspirer
des doutes sur leurs vraies qualités, les produits de ces derniers finissent par décroître dans l'estime publique et dans
leurs prix légitimes. Cette insouciance s'explique parfaitement chez eux; mais ce qui a lieu de surprendre, c'est que
les grands propriétaires eux-mêmes, oubliant que la prospérité générale venait des fins cépages, se soient pris à

croire qu'il était plus avantageux de cultiver en grand les cépages communs, dans les terres distinguées ou communes, dans les terres de plaine comme dans celles de montagnes.

Cette tendance à planter des gamays, et les plus grossiers, pourvu qu'ils donnent beaucoup, même ceux qui ne mûrissent pas toujours, comme les plants d'Arcenant et les liverduns, est d'autant plus extraordinaire chez les grands et riches propriétaires, que l'examen de la question et le calcul prouvent que la culture du gamay est moins profitable que celle du pineau, dans les terres d'élite comme dans les terres communes.

Ainsi la récolte moyenne des fins crus, en pineau, est de 15 hectolitres par hectare, à 80 francs, soit 1,200 francs de produit brut; la récolte moyenne des vignes à cépages communs est de 50 hectolitres à 25 francs, soit 1,250 francs par hectare. Les frais de récolte, de préparation, de logement et de soins des vins sont proportionnés à la quantité et à peu près égaux pour le pineau et pour le gamay; vingt-quatre pièces de gamay coûteront donc quatre fois autant que six pièces de pineau. Les frais de culture étant les mêmes, il faut donc reconnaître que l'hectare de pineau est une meilleure propriété et qui rend plus que l'hectare de gamay.

Mais le gamay, à 50 ou 60 hectolitres à l'hectare, est à sa haute moyenne de production, et le pineau, à 15 hectolitres, est au tiers de sa moyenne, facile à atteindre sans altérer le moins du monde la qualité. Le gamay n'a donc plus rien à gagner, et le pineau a tout l'avenir pour lui. Si sa moyenne est portée seulement à 30 hectolitres, il pourra rendre le double du gamay, ou subir une baisse de 40 francs par hectolitre et donner encore un produit égal à celui du vin commun.

Je ne crains pas de l'affirmer, l'intérêt du propriétaire comme celui du vigneron de la Côte-d'Or, c'est-à-dire des arrondissements de Beaune et de Dijon, est de planter le pineau partout où la terre n'est pas trop commune et où le prix du vin descendrait à 4o francs l'hectolitre; leur intérêt est que le pineau domine dans toute leur production et à tous les étages des qualités.

La culture de la vigne dans la Côte-d'Or se présente sous deux modes assez différents pour être examinés à part : le mode de culture des pineaux et le mode de culture des gamays.

Culture des pineaux. Les pineaux sont éternisés dans leur culture, sur le même sol, par des provignages annuels; c'est-à-dire qu'on recouche dans des fosses, pratiquées là où les ceps sont morts ou trop affaiblis, les souches voisines les plus vigoureuses et les plus fertiles (marquées avant la vendange ou après l'hiver), pour en faire deux, trois et jusqu'à quatre ceps nouveaux, par autant de beaux sarments qu'on a laissés sur la souche enfouie, et dont on fait sortir les pointes au-dessus de la terre, en les taillant à deux ou à trois yeux, suivant la vigueur de la souche et de ses sarments : ces fosses sont au nombre de trois cent soixante à quatre cents, quelquefois de six à sept cents par hectare. La vigne est ainsi rajeunie par quinzièmes, en moyenne, et les ceps environnants sont en même temps engraissés par une partie de la terre sortie des fosses, fosses qu'on fume et qu'on remplit complétement à la deuxième année.

Ce provignage, qui rend éternels les ceps originels, s'il a de graves inconvénients, a au moins eu un grand mérite pour la Côte-d'Or, celui d'avoir conservé le même cépage, le pineau, qui aurait peut-être disparu depuis longtemps si l'on tenait la vigne de franc pied, et qu'on la replantât de ceps neufs tous les quarante ou soixante ans.

Mais, à part ce bienfait inappréciable, le provignage de la Côte-d'Or a brisé toute espèce d'alignement, rendu les courants d'air et l'insolation beaucoup moins énergiques, et entraîné des dépenses de main-d'œuvre et d'argent bien supérieures aux dépenses d'un arrachement et d'une replantation opérés tous les quarante ou soixante ans; car le provin coûte au moins 10 centimes par quatre saillies ou pointes, c'est-à-dire de 180 à 200 francs par hectare et par an, qui, épargnés pendant quarante ans seulement, formeraient un capital quadruple de celui nécessaire à la plus riche replantation.

Mais ici se présente une double question. La récolte sur franc pied serait-elle aussi abondante que la récolte sur provignage ?

Le vin obtenu dans la vigne de franc pied serait-il aussi bon que le vin obtenu de la vigne provignée ?

Sur les deux questions, je réponds affirmativement sans la moindre hésitation : pour ce qui est de l'abondance, le provignage n'étant qu'une extension souterraine de la tige, et cette extension rendant le moins possible (quartaut à l'hectare), le franc pied, sagement étendu dans sa taille, produit et produira toujours avec plus d'abondance dans les pineaux noirs comme dans les pineaux blancs. Mercurey et Rully en donnent la preuve pour les pineaux noirs, Pouilly et Fuissé en donnent la preuve pour les pineaux blancs. En

ce qui touche la qualité, je ne saurais en citer de plus élevée
que celle de la Côte-d'Or; mais je suis assuré, par les faits,
qu'un cep à deux membres, à trois membres, à quatre
membres, au lieu d'un seul, taillés de la même façon que
le membre unique, donne une qualité de vin parfaitement identique : j'irai plus loin, je soutiens que la vendange où le produit des provins d'un an et de deux ans
entre toujours pour plus d'un septième, puisqu'à deux ans
ce sont les provins qui donnent le plus de récolte, est de
qualité inférieure à celle qui résulterait de tous francs pieds,
à partir de six ans d'âge. Chacun sait que les produits des
provins, notables la première année, et très-abondants la
seconde, sont des produits inférieurs. A moins donc de les
séparer, ce qu'on ne fait pas, car ils constituent souvent la
moitié de la récolte, on a là, tous les ans, une cause certaine d'abaissement dans la qualité, cause qui n'existe pas
pour le franc pied.

Quoi qu'il en soit, on plante très-rarement des vignes en
pineaux dans la Côte-d'Or; on se borne à entretenir perpétuellement les crus par le provignage. Mais quand on plante,
on plante en fossés transversaux à la pente, de 33 centimètres carrés, en plants enracinés ou en chapons coudés;
les fossés à 1<sup>m</sup>,66 de distance, pour deux rangs; le second
rang devant être obtenu par le provignage des premiers
plants vers trois, quatre ou cinq ans, lorsqu'ils sont assez
vigoureux pour se prêter à ce travail.

Quelle que soit l'origine du jeune cep, d'un plant ou
d'un provin, il est toujours conduit à un seul sarment,
taillé à deux ou à trois yeux, suivant sa force; et ce sarment conservé est toujours le plus vigoureux et souvent le
plus haut, lequel est en effet plus fructifère : la figure 35

représente la taille d'un sarment de provin, d'une *jeunesse*, comme on dit souvent dans le pays. La figure 36 donne

Fig. 35.          Fig. 36.          Fig. 37.

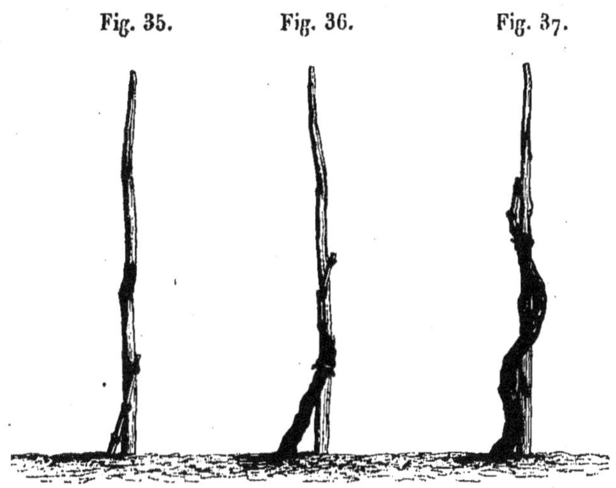

une souche de six à sept ans de provignage; et la figure 37 est une souche de quatorze ou quinze ans, c'est-à-dire bientôt bonne à provigner, autant par sa trop grande hauteur, le long de l'échalas, que pour sa maigreur et sa stérilité.

Ces souches sont attachées, après la taille, à un échalas de 1$^m$,33 à 1$^m$,50 de hauteur; elles sont au nombre de dix-neuf à vingt-trois mille à l'hectare, toujours pêle-mêle, à la distance moyenne (mais avec de grandes variations) de 60 à 66 centimètres les unes des autres.

Tels sont le dressement et la taille de tous les pineaux de la Côte-d'Or, blancs et noirs, à Meursault et à Puligny, comme à Pommard et à Vougeot.

Comment les pineaux noirs et blancs peuvent-ils résister à un pareil traitement, alors que leur nature est la plus expansive? C'est que tout provignage est une longue taille et en même temps une extension de tige; le vigneron cache

sous la terre ce qu'il n'ose pas faire sur terre. Je montre,
dans la figure 38, le fait de l'extension en treille par la
développée imaginaire d'une souche provignée.

Le cep *o* sera d'abord seul sur la racine *rrrrr*; puis, à

Fig. 38.

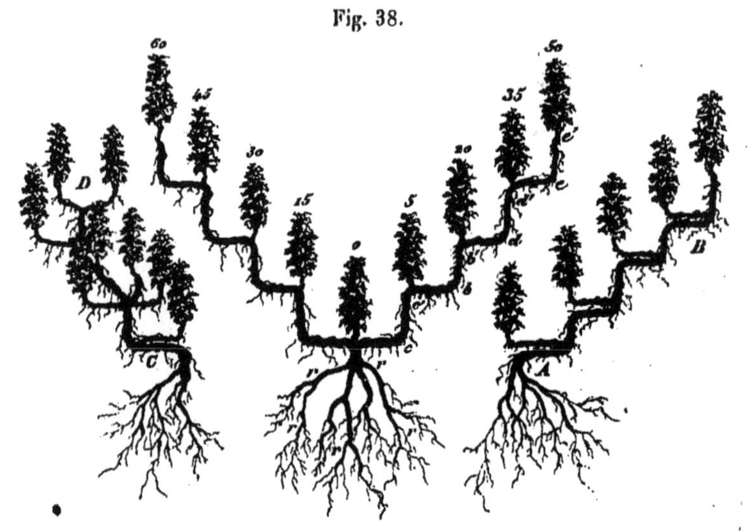

quatre ou cinq ans, le cordon provigné *r cc'* portera le cep
5 en *c'*, qui sera provigné à quinze ans, en *c'bb'*, et portera
en *b'* le cep 2*o*, qui, provigné à quinze ans, engendrera le
cep 35 en *d'*; et celui-ci, à cinquante ans, donnera, par le
cordon *d'ee'*, le cep 5*o*. Le cep *A B*, même figure, montre
que chaque cep est l'extrémité d'une longue taille, et le cep
*CD* fait comprendre à la fois l'expansion en cordon et les
longues tailles cachées sous terre.

Les cordons et les longues tailles font-ils mieux étant
enfouis que restant à l'air libre? en d'autres termes, les racines *cc' bb' dd' ee'* sont-elles utiles ou nuisibles? Les treilles
prouvent qu'elles ne sont pas utiles, et l'expérience directe
prouve qu'elles sont nuisibles. Les deux souches imaginaires

de la figure 39 portent autant d'yeux que les neuf ceps de
la souche développée fig. 38, et donneraient un gobelet *A*
ou une palmette *B* beaucoup plus fertiles.

Mais en admettant la supériorité des cultures de franc

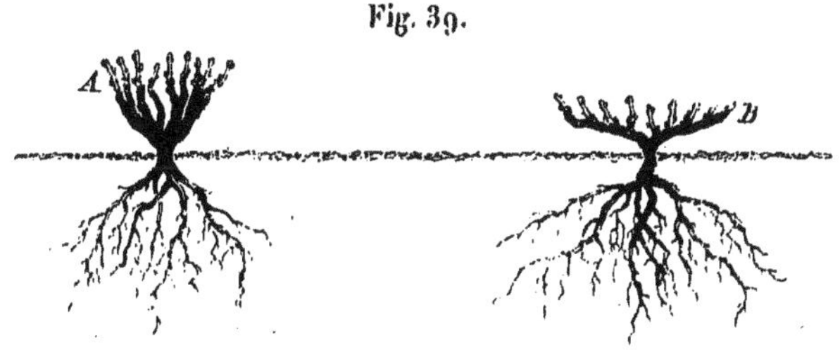

Fig. 39.

pied sur les cultures à provignage, vaut-il mieux répartir
douze yeux sur six coursons à deux yeux ou sur quatre coursons à trois yeux que sur un courson à deux yeux et sur
un long sarment à dix? Oui pour les gamays et analogues,
non pour les pineaux et autres cépages à grande expansion;
ceux-ci exigent un courson pour avoir du bois, et un long
bois pour avoir du fruit.

M. de Laistre dans la Vienne, M. Fleury-Lacoste dans
la Savoie, M. Gaudais à Nice, cent praticiens habiles et distingués, ont constaté ce fait dans vingt départements. Enfin,
pour citer un exemple immédiat et plus topique de la transformation de la taille courte à la taille longue, puisqu'il
s'applique aux pineaux noirs de la Côte-d'Or et aux vignes
en foule, séculairement provignées, je dois rappeler ici que
M. le comte de la Loyère a recouché, en lignes, 6 hectares
sur 20 de ses vieilles vignes en pineau, par fractions successives; qu'il leur a donné, depuis six ans, les longs bois au
lieu des coursons et que depuis six ans il a porté ces 6 hectares, d'une production moyenne de 12 hectolitres, à une
moyenne production au-dessus de 40 hectolitres; que ses

vignes visitées par moi m'ont paru très-belles en bois, très-vertes en feuilles, très-riches en fruits aussi mûrs que ceux d'aucun autre vignoble, et triples en abondance.

Je donnerai ici, par des figures, l'aspect des vignes fines traditionnelles et celui des vignes transformées par M. de la Loyère.

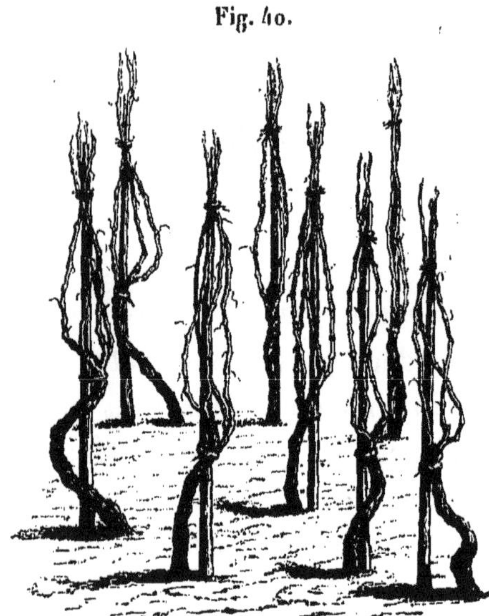

Fig. 40.

La figure 40 représente exactement toutes les vignes fines en noirien ou franc pineau et par conséquent les vignes du château de Savigny, près Beaune. M. de la Loyère fit recoucher ses vignes semblables en lignes à 90 centimètres, les ceps à 70 centimètres dans le rang. La figure 41 reproduit exactement la transformation de la figure 40 : je l'ai dessinée au moment de la vendange au trente-troisième, et la

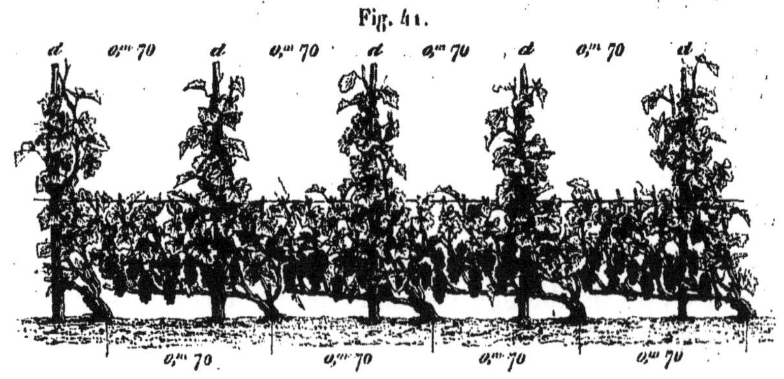


Fig. 41.

figure 42 donne une vue d'ensemble des vignes réformées au centième.

Quoique les lignes soient à 90 centimètres seulement, et malgré la hauteur des échalas de $1^m,50$, M. de la Loyère fait

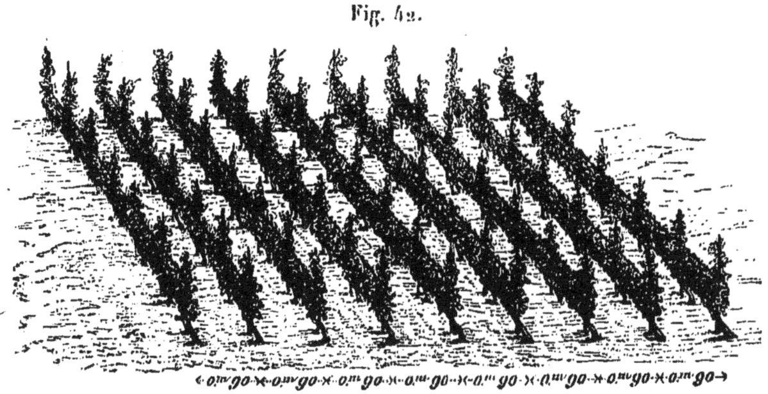



exécuter toutes ses cultures par un fort cheval, conduisant des instruments aratoires de son invention, parfaitement adaptés aux diverses façons de labour, de binage, de sarclage et de rigolage pour enfouir les engrais dans le milieu des rayons.

Depuis six ans les récoltes moyennes ont dépassé 40 hecto-litres à l'hectare dans les nouvelles vignes, au lieu de 12 que les vignes anciennes continuent à donner. La maturité est au moins aussi parfaite, et le degré glucométrique des moûts égal. A 80 francs l'hectolitre, c'est une récolte de 3,200 francs par hectare dans un cas et de 960 francs dans l'autre.

La question est donc parfaitement tranchée dans la Côte-d'Or, comme ailleurs, en faveur de la taille à courson de retour et à verge, pour le pineau et pour une foule d'autres fins cépages.

Si l'on taille court le *pulsart*, disent les vignerons du Jura, il est stérile; si l'on taille court le *bouchet* (carbenet-sauvignon), disent les vignerons de Saint-Émilion, il est mort. Les pineaux sont entre les deux inconvénients : taillés courts, ils ne sont pas toujours tout à fait stériles et ils ne meurent pas toujours ni tout à fait.

Mais la grande opposition faite à la taille longue des pineaux noirs et blancs, c'est la prétendue perte de la qualité du vin. Rien au monde n'est moins démontré que cette altération dans la qualité.

Toutes les fois qu'un arbre ou une branche d'arbre portent plus de fruits qu'ils n'en peuvent nourrir, ces fruits sont moins sucrés, moins parfumés et moins parfaits que lorsqu'il y en a seulement une quantité à laquelle l'arbre ou la branche pourront donner toutes les qualités possibles. Voilà la vérité. En deçà et au delà tout est faux.

Or, 15 hectolitres sont une haute moyenne des grands crus de la Côte-d'Or; deux grappes par cep, de 50 grammes chacune, sont donc la moyenne récolte. Cette moyenne suppose zéro grappe dans les minimums et quatre grappes dans les maximums. Si donc quatre grappes par cep ne nuisent pas à la qualité, pourquoi ne les aurait-on pas toujours? Pourquoi même, si cinq et six grappes peuvent être amenées à la perfection, par chaque cep, n'emploierait-on pas les moyens de les y fixer? Eh bien! les longues tailles ne doivent pas avoir d'autre objet que celui d'obtenir, dans les grands crus, le maximum de la quantité compatible avec la plus irréprochable qualité.

Les longs bois ou les longues tailles à quatre, à dix et à quinze yeux ont la propriété d'assurer toujours une assez bonne récolte. C'est au propriétaire de faire jeter bas tout ce qui pourrait nuire à la qualité, comme on le fait aux pêchers de Montreuil, comme on le fait aux figuiers d'Argenteuil.

Je suis profondément convaincu que le salut des grands, des bons crus et des crus ordinaires de la Côte-d'Or est dans le rétablissement et le maintien de la ligne, par le recouchage en fossés des vieilles vignes; dans les plantations nouvelles toutes en pineaux; dans l'application intelligente des longs bois; dans les binages fréquents à la charrue; et surtout, au fur et à mesure de leur décadence, dans le remplacement des vieilles vignes par de jeunes vignes de franc pied, après cinq à six ans de repos, sans jamais provigner. Le Médoc ne fait pas autre chose depuis des siècles, et ses 20,000 hectares d'élite lui rendent plus de 60 millions de francs.

Je reviens aux façons de la vigne. On taille, en février et en mars, toutes les souches à un seul courson, à trois, deux et même un seul œil, excepté celles qui doivent être provignées, auxquelles on laisse au moins deux sarments, les plus beaux. Pourtant il se fait aussi des provignages, mais peu, dits de rajeunissement, dans lesquels les souches n'ont qu'un sarment.

Après le provignage a lieu le bêchage, première culture en mars; puis le fichage ou plantation des échalas, auxquels on attache la souche avec un lien de paille. Dès la fin d'avril et au commencement de mai, on ébourgeonne avec soin, c'est-à-dire qu'on jette bas tous les gourmands sortis du pied ou de la souche. Ce sont les femmes qui fichent, lient et ébourgeonnent : les vignerons accomplissent alors la seconde culture ou premier binage; puis, à la fleur, les femmes relèvent et attachent les pampres à l'échalas avec plusieurs liens de paille; elles font l'accolage. C'est après cette opération que commence la troisième culture, ou deuxième binage, jusqu'à la fin de juillet. Vers la fin du mois d'août, on relève encore et on rogne. On donne parfois un troisième binage à la véraison; quelques-uns, au clos de Vougeot, par exemple, donnent une culture d'hiver à la mi-novembre : c'est là une excellente pratique.

On ne fume les vignes en pineaux qu'au provin, mais on terre à l'occasion, et surtout on remonte les terres du pied au haut des vignes tous les six ou huit ans.

Je n'ai pas besoin de dire ici que les vignes en pineaux, et généralement toutes les vignes, sont tenues dans la perfection dans la Côte-d'Or. Partout où la vigne donne de bons vins, les vignobles sont l'objet de soins très-grands et très-intelligents; ici donc plus que partout ailleurs.

Il est à regretter que dans la taille à un seul courson par souche on n'ait pas recours au pincement.

Je rendrai ma pensée sensible par des figures : *A B* et

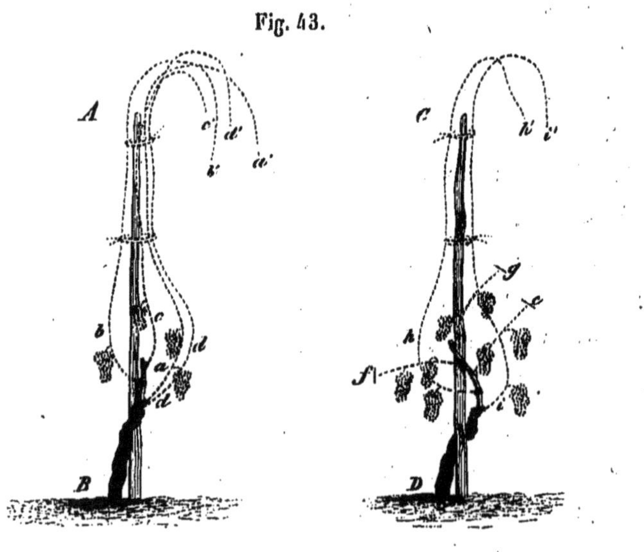

Fig. 43.

*C D* (fig. 43) sont deux ceps, dont l'un, *A B*, est taillé à un courson à trois yeux. Les trois bourgeons sortis des trois yeux, *a, b* et *c*, ont été relevés et liés selon la coutume, et ils ont librement végété. Souvent même un des trois yeux aura fait sortir deux bourgeons, *d d'*, et la séve employée sera estimée par les quatre sarments et par les raisins produits. Tandis que, sur les cinq bourgeons sortis des cinq yeux de *CD*, les trois supérieurs *e, f, g* ont été pincés à deux feuilles au-dessus de la deuxième grappe, les deux bourgeons *h h'*, *i i'*, ayant seuls poussé librement, la séve totale employée ne sera pas plus considérable dans *CD* que dans *A B*, mais elle aura donné plus de raisins et moins de bois inutile. C'est là une pratique consacrée par un succès complet, depuis des siècles, par les quatre départements lorrains : pourquoi la Côte-d'Or n'en ferait-elle pas l'essai ? M. Roux, maire de Vougeot et directeur du clos, a bien compris cette pratique et m'a promis de la mettre immédiatement en expérience ; il ajoutera ainsi un nouveau service à ceux qu'il a déjà rendus à la viticulture et surtout à la vinification et à la manutention des vins fins de la Côte-d'Or.

C'est à ses données précises sur la vinification du clos de Vougeot, réunies à celles de M. Tartois, maire de Pommard, à celles de M. Méline, maire d'Aloxe, et à celles de M. Truchetet, maire de Gevrey-Chambertin, que je dois la plupart des détails de la vinification des fins crus de la Côte-d'Or. C'est au clos de Vougeot que la préparation de la vendange, la cuvaison et les soins des vins au tonneau, en celliers et en caves, sont accomplis suivant les belles et simples créations et traditions des abbés et des moines de Cîteaux, propriétaires du clos depuis le treizième siècle ; et ces pratiques sont et resteront les meilleures.

Au clos de Vougeot on n'entre dans les vignes, pour vendanger, qu'à neuf heures du matin, et l'on cesse la récolte avant que la fraîcheur du soir soit établie. La vendange se fait en grands paniers appelés *benatons*, qu'on porte à la balonge sur l'épaule.

Le nombre des vendangeurs est ordinairement calculé pour produire au moins une cuvée complète, de 4o à 5o hectolitres, dans la journée de vendange. Au clos de Vougeot, on emplit jusqu'à quatre cuves (les cuves y sont de douze pièces) dans un jour. Au fur et à mesure que la vendange est apportée à la vinée (ou cuvier), elle est déposée sur la maie des pressoirs; c'est le soir seulement qu'elle est foulée aux pieds, et qu'en une heure on remplit chaque cuve. On n'égrappe que dans les années où la maturité laisse beaucoup à désirer, et en proportion de la verdeur des raisins. La cuve étant remplie seulement jusqu'à 15 ou 2o centimètres du bord supérieur, le dessus est égalisé, nivelé et couvert d'un fond mobile, en planches non jointives, laissant une distance de 2 ou 3 centimètres entre le cercle qu'elles forment et le cercle intérieur des parois de la cuve. Ce couvercle laisse donc accès à l'air et il monte et descend avec le marc. On ne foule point pendant la fermentation; aussitôt qu'elle diminue d'intensité, on goûte le vin à des temps très-rapprochés : dès que la saveur du sucre vient à disparaître, on enlève le couvercle; on entre à corps nu dans la cuve et on foule à fond, en mélangeant le marc avec le vin sous-jacent. Six à huit heures après ce premier foulage, on en donne un second, et, six heures après ce dernier, on tire la cuve : le vin est mis aussitôt en tonneaux neufs ou en foudres anciens parfaitement conservés. Quand un foudre est vidé, M. Roux le laisse sécher; puis, après l'avoir lavé et rincé à l'eau-de-vie, il le mèche fortement; et, tous les trois mois, il brûle de nouveau de la mèche soufrée. Après chaque soufrage, le foudre est fermé hermétiquement. Les vaisseaux ainsi conservés n'altèrent jamais les vins qu'on leur confie, et ils ne leur donnent jamais de mauvais goût.

Aussitôt que le vin est tiré de la cuve, on porte le marc sur le pressoir, où il subit successivement quatre pressées : les jus des trois premières pressées sont mêlés également, et avec soin, aux vins tirés de la cuve; ceux de la quatrième pressée sont seuls écartés et mis à part.

Le vin travaille en fûts, où il complète sa fermentation. Dans les magnifiques celliers du clos de Vougeot, dont les murailles sont tellement épaisses que leur température est exactement celle des meilleures caves, on a ménagé des ouvertures et des courants d'air qui les échauffent pour le temps de la fermentation. Grâce à ces dispositions, on peut ne pas user de la vaste salle située sous les toits au-dessus des celliers, salle que les moines avaient fait disposer afin de compléter la fermentation des vins au tonneau. Les tonneaux, rangés dans cette salle d'achèvement des vins, n'étaient descendus aux celliers qu'à la Saint-Martin.

La fermentation au tonneau est en effet le complément nécessaire de toute cuvaison rapide : elle doit s'accomplir dans un lieu plus chaud que la température moyenne des caves et celliers; dans le Beaujolais, dans le Mâconnais, comme dans la Côte-d'Or et partout où l'on fait bien les vins, on a soin de ne mettre les vins en caves ou en celliers frais que quand cette fermentation secondaire est terminée.

On ouille, c'est-à-dire qu'on remplit tous les jours pendant la fermentation au tonneau, de sorte que l'écume et les impuretés flottantes se répandent au dehors.

On a beaucoup agité la question de l'ouillage en dedans du tonneau, c'est-à-dire avec un vide qui empêche toute expulsion d'écume au dehors, et celle de l'ouillage au dehors, c'est-à-dire avec le remplissage qui fait rejeter au dehors les produits flottants de la fermentation. La question n'est point jugée encore; mais ce qui me paraît démontré, c'est que le vin qui achève sa fermentation au tonneau est plus généreux, plus brillant de couleur, plus limpide et plus bouqueté que celui qui achève sa fermentation en cuve et que l'on met en tonneau lorsqu'il est clair et froid. Plus la température est chaude autour des tonneaux en travail, mieux le vin se fait et s'installe solidement dans son vase pour l'avenir; moins les fermentations morbides, la pousse et là pique, peuvent se manifester plus tard.

Le temps de la cuvaison n'est que de quatre à cinq jours au clos de Vougeot, dans les années chaudes et de bonne maturité; mais elle doit se prolonger parfois jusqu'à huit et dix jours dans les années froides, ce qui n'arriverait jamais si les vinées et les celliers pouvaient être portés à une température moyenne de 20 degrés.

Dans toute la Côte-d'Or, les principes de la cuvaison sont les mêmes; à peine pourrait-on signaler quelques légères variantes sans portée. Quelques-uns égrappent encore, mais la majorité n'égrappe plus. La plupart foulent le raisin dans la balonge; très-peu mettent un couvercle mobile sur le chapeau, quelques-uns couvrent la cuve d'une toile ou d'un simple canevas.

Pour fixer le moment des foulages qui précèdent de très-près la décuvaison, on emploie fréquemment encore le gleuco-œnomètre. A Corton, par exemple, on donne le premier foulage lorsque le gleuco-œnomètre marque encore un degré de sucre, le second foulage vingt-quatre heures après le premier, et l'on tire douze heures ensuite. A Pommard, les deux foulages sont également à vingt-quatre heures de distance, et le tirage de la cuve se fait douze heures après. Partout on cuve à marc flottant, partout on tire trouble et chaud. Je ne veux pas dire qu'il ne se rencontre pas des propriétaires qui se font un mérite d'avoir leurs procédés à eux; je crois même qu'il s'en trouve qui enfoncent le marc sous le vin et ferment hermétiquement leurs cuves, moins un trou garanti par bonde hydraulique, et qui cuvent très-longtemps; mais j'affirme que ce ne sont pas ceux-là qui font les vins types et les grands vins fins de la Côte-d'Or.

Les vraies cuvaisons, les meilleures et les plus rationnelles que j'aie rencontrées, sont celles du *Beaujolais*, du *Mâconnais*, de la *Côte-d'Or* et du *Médoc*; elles se font toutes à marcs flottants sur les jus, toutes dans le plus bref délai possible, toutes avec l'accès de l'air libre ou suffisamment libre. Toutes admettent dans les jus de cuve, comme étant leur complément utile et même nécessaire, les premières parties au moins des vins de pressoir; tous les vins de ces cuvaisons sont tirés troubles et chauds, tous achèvent leur fermentation au tonneau neuf ou parfaitement purifié.

CULTURE DES GAMAYS. Les cépages communs, qui sont désignés en général dans la Côte-d'Or sous le nom de gamays, divisés en bons gamays et en gros gamays, sont absolument exclus des vignes à vins fins et généralement de tous les coteaux qui peuvent être occupés par ces derniers. Les gamays constituent spécialement les vignes de la plaine et des bas de la côte; mais leur vogue est telle qu'ils menacent de tout envahir.

Des vignes intermédiaires, partie en pineau, partie en gamay de Mâlain, donnent un vin ordinaire d'excellente qualité, très-recherché, d'un prix relativement élevé, connu sous le nom de passe-tout-grain; ces vignes sont elles-mêmes envahies par les gamays et leur produit diminue d'année en année sur le marché.

Le mode de plantation le plus adopté à Marsannay et à Couchey, qui sont deux communes devenues puissamment riches par la culture des gamays, est la plantation sur un seul rang, à fossés de 33 centimètres de profondeur sur 25 centimètres de largeur, distants de 1ᵐ,25 à 1ᵐ,30. La plantation à deux rangs se pratique encore, mais elle est généralement reconnue mauvaise et elle est abandonnée d'année en année.

Les plants sont tantôt des boutures coupées au mois de mars, plongées dans l'eau pendant quelques jours, puis enfoncées dans un trou, les pieds en haut, pour en être tirées et plantées dans les premiers jours de mai; tantôt des boutures à crossettes ou de simples chapons, plantés après la taille; tantôt enfin des plants enracinés : tous sujets provenant des souches fertiles marquées avec soin à l'avance.

Les plants sont toujours coudés au fond, et en travers des fossés de plantation, sur une longueur de 25 à 30 centi-

Fig. 44.       Fig. 45.

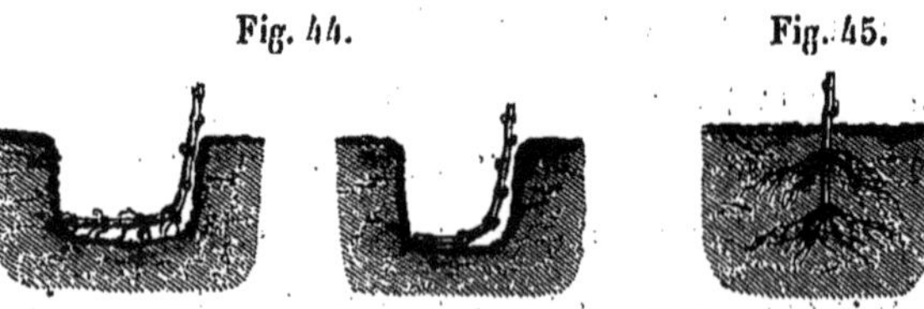

mètres (fig. 44). Cette coudaison, qui se pratique dans les

deux tiers des plantations des vignobles de France, a-t-elle sa raison d'être? Non : la plantation verticale (fig. 45), à 20 centimètres au plus de profondeur, produit plus vite et plus; elle engendre un cep plus vigoureux et plus durable que la plantation coudée. Le Languedoc, l'Aude et le Beaujolais mettent d'ailleurs cette vérité hors de doute.

Quoi qu'il en soit, la vigne est taillée d'abord sur un seul sarment à deux yeux, puis l'année suivante sur deux coursons à deux yeux également. Le plus généralement les gamays sont conduits à deux coursons par cep, mais souvent on ne laisse qu'un courson, et souvent aussi, sur le courson, on ne laisse qu'un œil, jamais trois, surtout sur le plant d'Arcenant, qui a la singulière faculté de faire sortir deux et jusqu'à trois bourgeons fructifères du même nœud. Le plant d'Arcenant, dans un fort terrain, offre cette propriété au plus haut degré. Le plant de Bouze, à jus rouge et à feuilles rougissantes à l'automne, présenterait le même avantage. Mais ces avantages sont plus qu'atténués par une infériorité marquée, dans leur spirituosité en vin, à l'égard des autres gamays et surtout du gamay de Mâlain.

M. Lefèvre-Trouvé, maire de Couchey, a constaté, à conditions parfaitement égales, entre les moûts du gamay de Mâlain et ceux du plant d'Arcenant une différence d'un degré et demi pendant une période de dix ans.

Les lignes, plantées d'abord à 1$^m$,25, sont généralement doublées par le provignage à la troisième, quatrième ou cinquième année; mais on ne provigne qu'une souche sur deux, en sorte que le rang intermédiaire ne présentera qu'un cep tous les mètres, tandis que les rangs primitifs auront leurs ceps à 50 centimètres. Plus tard, par les provignages annuels, qui s'élèvent à plus de 100 fosses à 4 et

6 pointes par journal, 300 à l'hectare, ou 12 à 1,800 ceps renouvelés par an, les lignes sont brisées et les distances des ceps approximativement égalisées.

Quoique entretenues par un provignage énergique, les vignes de gamay sont arrachées tous les trente ou quarante ans, puis replantées après une série de cultures diverses de cinq à six ans.

La vigne est ainsi garnie, en définitive, de 20 à 24,000 ceps, ayant chacun un paisseau de 1$^m$,33 à 1$^m$,50.

Les provignages, la taille et les cultures, au nombre de trois ou de quatre, sont faits par les hommes, dont le prix de journée est de 2 et 3 francs et nourris très-bien, avec deux et trois litres de vin. La première culture, plus profonde que les autres, est donnée, après la taille, avec la pioche à dents (fig. 46, $A$) : elle exige en moyenne dix-huit

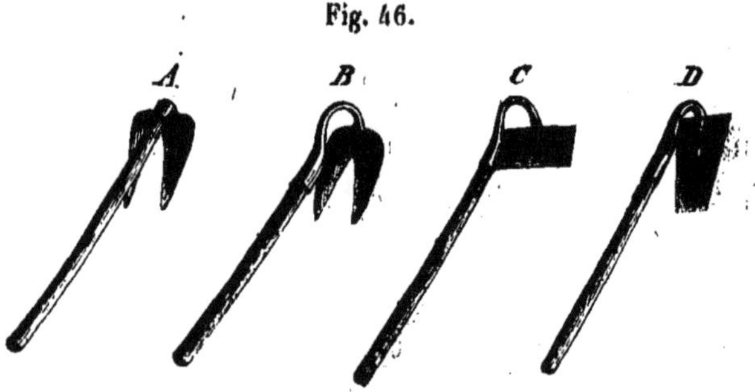

Fig. 46.



journées d'homme au moins; la seconde, à la fin de mai, et la troisième, en juillet, sont données avec le fessou à dents $B$ ou avec le fessou plein $D$, et ne sont que des binages, le second plus léger que le premier, qui s'accomplissent en neuf ou douze journées d'homme; enfin, le quatrième binage, ou raclage, se donne à la véraison, avec la ratissoire $C$.

Les journées de femme, avec bonne nourriture, sont de 1 fr. 5o cent. Les femmes ébourgeonnent (ébroussent), et une bonne ouvrière fait un demi-journal (un sixième d'hectare) en un jour, très-facilement, et en pratiquant l'opération dans la perfection. Les femmes de Marsannay, de Couchey, de Cissey, et en général de tous les vignobles de la Côte-d'Or, sont très-laborieuses, très-actives et très-intelligentes.

Généralement ce n'est point à la journée que les vignes sont travaillées, c'est au prix fait de 24o à 3oo francs l'hectare. A ce dernier prix, le vigneron doit quatre-vingts fosses au journal, ou deux cent quarante à l'hectare; mais le nombre des fosses est porté beaucoup plus haut, à quatre cent quatre-vingts par hectare au moins, et le surplus se paye à part. La vigne est très-divisée; elle appartient pour la plus grande partie aux vignerons mêmes, et ce sont eux qui payent le prix des journées le plus élevé à leurs aides.

A la troisième année de plantation, le vigneron récolte du vin pour ses frais; mais dans les années précédentes, au moyen des haricots et des pommes de terre qu'il plante, il tire à peu près la même rémunération; à la quatrième année, il paye ses frais et sa rente largement.

Pour le bourgeois, la récolte moyenne est de 4o à 5o hectolitres à l'hectare; le vigneron récolte moitié en sus, c'est-à-dire 6o et 8o hectolitres.

Les vignerons de Marsannay, de Couchey, de Cissey, et généralement de toutes les localités à gamays des arrondissements de Beaune et de Dijon, sont extrêmement riches; ils achèteraient entre eux, dit-on, toute la Côte-d'Or. Aussi ne travaillent-ils les vignes d'autrui qu'avec prière et à des prix qui s'élèvent de plus en plus.

Les vendanges en gamay se font toujours trop tôt : aussi

les vins de Marsannay, de Cissey, de Couchey, très-droits,
très-sains et se gardant bien d'ailleurs, sont-ils toujours, si
ce n'est dans les très-grandes années, un peu verts. Leur
cuvaison est aussi un peu trop prolongée : elle n'est pas
moindre de huit à dix jours; elle se fait en cuves ouvertes, à
marcs flottants, mais renfoncés et foulés quatre et cinq fois
à partir du cinquième jour. Les vins sont bien faits, du
reste; ils travaillent encore au tonneau et reçoivent le mélange des jus de goutte et de presse. Ils sont pour la plupart mis en tonneaux neufs d'expédition; toutefois, depuis
l'abondance, ils sont plus souvent mis en vaisseaux vieux
fournis par les marchands.

En allant de Dijon à Marsannay, noùs avons traversé
une plaine d'un à deux milliers d'hectares qui n'était garnie, il n'y a pas plus de quinze ans, que de maigres cerisiers et de quelques groseilliers de cassis venant pauvre-
ment : on appelait cette plaine *la Champagne pouilleuse de la
Côte-d'Or;* aujourd'hui elle est cultivée en belles vignes de
gamay, valant de 6 à 10,000 francs l'hectare, au lieu de 4
à 500 francs. Le sol de cette plaine, formé d'une terre
rouge mêlée de pierres effritées, n'a que 15 à 20 centimètres d'épaisseur, reposant sur un gravier marneux. Ce
sol était impropre tout à fait à la culture des céréales et des
racines et à plus forte raison des fourrages. Des vignerons
y ont risqué quelques ceps de vignes, dont la fécondité a
ouvert les yeux des autres viticulteurs, qui se sont empres-
sés d'acquérir la terre et de la planter : aujourd'hui cette
grande surface, délaissée jusque-là, est la base d'une riche
production et donne la vie à de nombreuses familles. Il y a
en France 2 millions d'hectares, produisant peu ou complétement abandonnés, qui recèlent la même richesse.

Les comparaisons des rendements de la vigne et des autres cultures sont sous les yeux de tout le monde dans la Côte-d'Or. Les terres, aux environs de Dijon, sont louées par les cultivateurs 60 francs l'hectare pour fermes et pour cultures ordinaires, et par bail de dix-huit et vingt-quatre ans, les vignerons louent les terres 300 francs l'hectare, pour y planter la vigne; à ce taux, les vignerons s'enrichissent, tandis que les autres vivent péniblement.

Devant les difficultés et les impossibilités d'une main-d'œuvre absente ou trop chère et trop peu dévouée à leur intérêt, un grand nombre de riches propriétaires s'efforcent de planter ou de transformer leurs vignes de façon à ce qu'elles puissent être cultivées aux instruments et aux animaux de trait.

A la tête de ces hommes de progrès est, sans contredit, M. le comte de la Loyère, président du Comité d'agriculture de Beaune.

Il est impossible d'établir et de suivre des améliorations de viticulture avec plus de sûreté, avec plus de succès que ne le fait M. de la Loyère, au milieu des critiques les plus ardentes et les moins fondées. Des hommes bien posés m'affirmaient que les moûts de ses vignes de pineau réformées marquaient quatre et jusqu'à cinq degrés glucométriques au-dessous des moûts de ses vignes restées sous la conduite générale, alors qu'en 1862 j'avais constaté moi-même, en recueillant les raisins à comparer et en en exprimant les jus, un demi-degré de plus en faveur de ses vignes réformées; alors qu'en 1864 je venais de constater l'identité la plus parfaite entre la maturité des raisins des vignes anciennes et des raisins des vignes en lignes, maturité égale à celle des meilleurs crus que je venais de visiter.

M. de la Loyère m'a fait passer en revue tous les vignobles fameux, depuis Volnay et Pommard jusqu'à Morey,
où M. Ferdinand Marey nous a fait voir, annexés à son fameux clos du Tard et créés par lui, deux berceaux de caves
superposés et surmontés des cuviers et celliers, qui seraient
les plus beaux que j'eusse vus dans la Bourgogne si les magnifiques et solides caves et celliers de M. de Grancey, à
son vendangeoir de Corton, à trois rangs de voûtes com-
muniquant entre piliers de retombée, à trois étages semblables, avec terrasses et escaliers correspondant à chacun,
ne m'avaient présenté un spécimen des constructions colos-
sales du passé, constructions qu'on ne ferait plus aujour-
d'hui. Les celliers, les pressoirs et les cuviers du clos de Vougeot du xvie siècle, ainsi que le vaste pavillon du xie siècle
au pied duquel ils sont placés, rappellent également les dispositions les plus grandes et les plus habilement calculées
pour le service, la confection et la garde des vins.

M. de la Loyère est le premier et peut-être le seul encore qui, dans la Côte-d'Or, ait donné à ses vignerons une
prime par hectolitre de vin récolté; à cette initiative de
l'intérêt accordé au vigneron sur la quantité et la qualité du
fruit, M. de la Loyère vient de joindre celle d'une réforme
importante dans le mode de rétribution des vendangeurs :
il ne les paye plus à la journée, il les paye à forfait, au
panier (benaton) mis sur voiture, 4o centimes le panier de
gamay et 5o centimes le panier de pineau. Chaque panier
contient le huitième du raisin nécessaire pour fournir une
pièce de vin, en sorte que le prix de la récolte du raisin
équivalent à une pièce de vin est de 3 francs pour le gamay et de 4 francs pour le pineau. Les vendangeurs gagnent
ainsi d'excellentes journées, proportionnées à leur travail

utile, et l'on n'a pas à redouter le scandale des hausses et des baisses subites des journées, des défections ou des grèves instantanées des vendangeurs.

C'est parmi les vignerons *de manu* de la Côte-d'Or qu'il faut voir l'énergie et l'intelligence du travail, la force et la franchise de caractère; c'est chez eux aussi qu'on voit la richesse et la puissance de la vigne. Les hommes et les femmes rivalisent d'activité et d'adresse; leurs enfants se forment de bonne heure au travail, à l'exemple et à côté de leurs parents, et l'émulation et l'orgueil du *travail bien et vite fait* constituent la véritable, la plus solide éducation agricole. On oublie trop, à notre époque, qu'il existe une double éducation, celle de la pensée et celle de l'action, et que l'éducation de l'action doit commencer dès l'enfance, pour y constituer le corps et transformer en un jeu ce qui paraît un labeur impossible à l'homme élevé pour la pensée. L'éducation théorique ne donnera jamais l'adresse, la force ni l'amour de la pratique. Or la pratique est la base la plus essentielle de toute production.

Semur. — Les vignobles, à Semur et à Montbard, sont en lignes, à 70 centimètres de distance. Leur aspect est charmant par sa régularité et sa propreté, autant que par les dispositions pittoresques des collines qui les portent. On voit que les ceps sont ébourgeonnés avec soin, relevés, liés et rognés après la fleur, et deux fois encore fin juillet et fin août; car, à cette époque, on distingue parfaitement le sol entre les lignes, malgré leur rapprochement, ce qui prouve un soin extrême dans les épamprages.

Mais on est bientôt frappé d'une différence notable entre les cultures sur plateaux ou au pied des coteaux et les cultures aux flancs de ces mêmes coteaux. Les premières sont en lignes, mais en lignes moins nettes, la moitié avec des échalas et l'autre sans échalas; les secondes, celles des coteaux, sont en lignes très-tranchées, toujours parfaitement échalassées, les échalas étant même reliés entre eux par un cours de traverses, à 50 centimètres de terre.

Cette différence de conduite tient surtout à la différence des cépages cultivés.

Les plaines et les plateaux, parfois calcaires, mais surtout granitiques, sont en effet plantés en gamays (gamays à grains ronds), pour lesquels on ne renouvelle plus les échalas quand ils sont usés, ce qui explique les vignes sans paisseaux; tandis que sur les coteaux, essentiellement calcaires, c'est le pineau noir seul qui est cultivé en perches. Le cheignot ou chinot, que je crois être le gouais noir, est aussi cultivé en perches dans l'arrondissement de Semur; le melon y est cultivé, tantôt à perches, tantôt à taille courte.

On plante beaucoup de gamay dans l'arrondissement de Semur, bien qu'il ne dure que vingt-cinq à trente ans au plus, malgré le provignage d'entretien commencé à quinze ans et même à douze, tandis que le pineau est entretenu par un provignage éternel. Loin de planter ce dernier, la tendance serait plutôt à le faire disparaître, parce qu'il ne donne que 20 à 25 hectolitres, en moyenne, par hectare, tandis que le gamay donne de 40 à 50 hectolitres au moins.

Autrefois la vigne était plantée sans défoncement préalable, en fossés distants de 1<sup>m</sup>,33 à 2 mètres, en boutures coudées au fond du fossé; et lorsque, à quatre ou cinq ans, les ceps plantés étaient assez forts, on garnissait l'intervalle par leur provignage, ce qui complétait la culture du champ et la garniture de la vigne.

Aujourd'hui l'on défonce le sol à 5o ou 7o centimètres de profondeur, surtout les terrains granitiques, destinés à recevoir les gamays : les uns plantent les rangs de plants coudés à la défonce, par fossés pelleversés; les autres plantent les boutures à la cheville, verticalement à la profondeur de la défonce. Dans les deux méthodes, on met tous les ceps de vigne à leur place, sans attendre le provignage pour compléter la vigne, et quand il manque des ceps, pendant deux ans on en met de nouveaux; au delà de ce temps, on remplace les manquants par un provin.

Pour les gamays, on dresse la souche dès la deuxième taille sur deux cornes nommées *becs* dans le pays, avec un courson à deux ou trois yeux; plus tard, on ajoute un troisième et un quatrième membre, également surmontés cha-

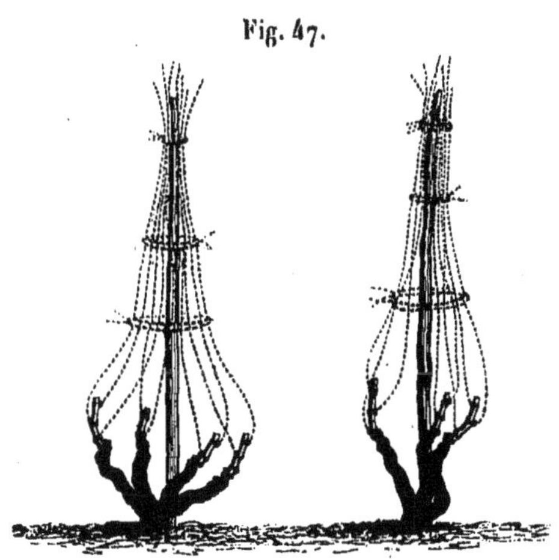

Fig. 47.

cun d'un sarment à deux ou trois yeux (fig. 47); et à mesure que chaque souche a besoin d'être soutenue, on lui met un échalas de 1$^m$,3o à 1$^m$,4o. Ces échalas sont plantés l'hiver et ne sont plus arrachés; on ne les renouvelle pas. Trois cultures sont de règle, une entre la taille et la pousse, l'autre après la fleur et la troisième à la fin d'août; mais cette dernière est rarement donnée.

Les vignes en perches existent de temps immémorial dans l'arrondissement de Semur.

De la tige provignée, dont on a laissé sortir seulement trois yeux hors de terre (fig. 48, *A*), on tire d'abord deux coursons taillés à trois ou quatre bourres (yeux), comme

Fig. 48.

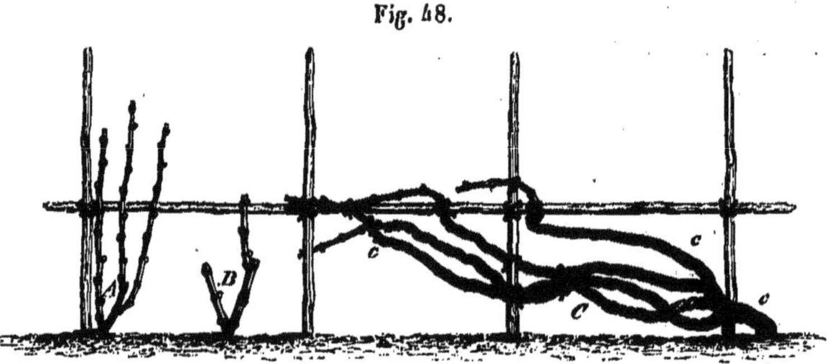

le montre *B*; on prend le sarment le plus haut pour lui faire gagner la perche. Puis, les années suivantes, on tire de la souche successivement trois, quatre, cinq et jusqu'à six membres, toujours terminés par une taille de quatre, cinq et six yeux, sur un sarment terminal. Ces membres s'allongent ainsi indéfiniment. J'en ai vu de 5 mètres et plus; ils sont attachés ensemble au moyen d'osiers, sous la perche et à la perche. J'ai pris sur place une de ces souches moyennes et je la donne dans le croquis *C*, à la suite de *A* et de *B*. Toutes les perches sont ainsi garnies en dessous par les vieux bois, qu'on appelle ici des *courants*. L'aspect de ces vignes est curieux; mais ce qu'il offre de plus remarquable, c'est que le pineau, provigné sans fin, est assez vigoureux pour former, au bout de la branche unique de provignage, quatre membres et plus, portant chacun trois et quatre yeux terminaux; tandis qu'à la côte d'Or, dans des conditions meilleures, chaque pointe de provin, devenant cep, ne porte jamais qu'un, deux ou trois yeux au plus, au lieu de douze à seize qu'il pourrait porter : ce qui prouve que dans les vignes réformées en lignes, recouchées en pineaux, on peut parfaitement installer une taille à dix ou douze yeux, sans affaiblir le cep.

Les cuvaisons à Semur se font en cuves ouvertes et à marcs flottants; elles durent dix jours pour le moins, et se prolongent généralement quinze à dix-huit jours. Dès que la cuve est chaude, on entre dedans et on la foule en grand; on répète ces foulages jusqu'à trois et quatre fois; on tire en vaisseaux vieux et on ne mêle pas les vins de presse avec les vins de goutte.

Quant à la culture des gamays, elle est évidemment tout à fait empruntée au Beaujolais, et celle des pineaux se rattache, comme nous le verrons, aux pratiques de l'Yonne; il n'y a rien là de la Côte-d'Or.

En allant de Semur à Montbard, j'ai vu beaucoup de vignes en perches et en gouais. Le gouais a toujours été le plant grossier, contemporain et voisin du pineau, pour produire les gros vins, qu'il donne âpres, verts, mais robustes et durables; il se prête à la taille longue et supporte la taille courte.

Montbard. — A Montbard, les vignes, soit en perches, soit à paisseaux isolés, sont, comme à Semur, parfaitement tenues. Leurs cépages dominants sont également le gamay, le cheignot et le pineau noir; le gamay blanc et le pineau blanc s'y cultivent aussi. Un raisin qu'on appelle *chasselas noir* m'a été signalé comme existant dans les vignes de Montbard. Chaque souche a quatre membres; quand il manque un membre, on en tire un autre du pied. On ne laisse que deux ou trois bourres (yeux) à chaque membre le long de la perche. Les lignes sont espacées de 90 centimètres à 1 mètre, et la perche est fixée sur des échalas de $1^m,30$ à 50 centimètres de terre, le tout à demeure. Les vendanges et les cuvaisons se font comme à Semur.

Montbard est très-sujet aux gelées de printemps. Cette année, la récolte en était à peu près détruite : aussi ai-je trouvé un peu de découragement et pas d'enthousiasme pour la viticulture. C'est ce que j'ai remarqué partout où l'on éternise les vignes par le provignage.

Je dois signaler ici, en terminant, un procédé de conservation des vins de Bourgogne à l'expédition : ce procédé m'a été indiqué comme excellent pour les envois les plus lointains et à travers les plus chaudes latitudes par M. Forest aîné, gérant de la Compagnie des grands vins de Bourgogne.

S'il s'agit de vins en fûts, le tonneau, étant bien rempli et solidement scellé, est roulé sur la terre et mieux sur le pavé pour développer l'élasticité des parois; on le remplit de nouveau et on le scelle définitivement, puis on rabat les cercles avec force. Le vin ainsi mis en pression et privé d'air demeure inaltérable.

S'il s'agit de vins en bouteilles, le bouchage à l'aiguille, inventé et employé depuis longtemps à Bordeaux, réussit parfaitement aussi pour les vins de Bourgogne, en expurgeant la bouteille de toute bulle d'air.

J'ajouterai encore une observation d'un tout autre ordre

qui m'a été communiquée : la côte d'Or présente trois zones qu'on appelle la *côte*, la *plaine* et le *dévers*; la côte et la plaine sont occupées par les vignes, et le dévers par les fermes et les cultures du même genre : on m'a assuré, à Dijon, qu'un mois de vacation de la cour d'appel suffirait à juger tous les procès de la plaine et de la côte et que l'année suffit à peine pour juger ceux du dévers. Sans garantir l'exactitude du fait local, je puis dire que dans la plupart des grands vignobles les procès sont très-rares en comparaison des autres pays : l'usage habituel et alimentaire des vins porte essentiellement à la conciliation.

# DÉPARTEMENT DE L'AUBE.

Le département de l'Aube ne passe pas pour un des plus importants dans la culture des vignes, et pourtant il possède un vignoble assez renommé pour ses bons vins de pineaux blancs, noirs et gris : ce vignoble est celui des Riceys. Le département produit aussi quelques vins blancs agréables dans le vignoble de Bar-sur-Aube; mais c'est surtout par l'abondance des vins ordinaires, fournis par les gamays, les gouais et les troyens des vallées de l'Ource à Essoyes, Loches, Landreville, Celles; de la Seine, à Gyé, Neuville, Buxeuil, Bar-sur-Seine et Troyes, qu'il constitue sa plus grande prospérité viticole.

Le département de l'Aube possède 23,000 hectares de vignes, dont la moitié, 11,500 hectares, existe dans le seul arrondissement de Bar-sur-Seine; cet arrondissement, relativement à la vigne, fait essentiellement partie de la Basse-Bourgogne, dont il possède les cépages, les terrains et le climat, produisant des vins fins et ordinaires tout à fait analogues. Bar-sur-Aube, situé, comme Bar-sur-Seine, sur les étages supérieurs et moyens des terrains oolithiques, compte 5,000 hectares pour sa part; l'arrondissement de Troyes en compte 5,500, assis sur les terrains crétacés supérieurs, inférieurs, et sur les terres à meulières. L'arrondissement de Nogent cultive environ 1,000 hectares de vignes, et Arcis-sur-Aube 500 seulement, sur les terrains crayeux supérieurs.

Les 23,000 hectares du département de l'Aube sont très-variables dans leurs rendements moyens : les vignes fines des Riceys donnent 15 hectolitres à l'hectare, mais les vignes communes y donnent au moins le double; celles de la vallée de l'Ource produisent 50 hectolitres; celles de Bar-sur-Aube, 30; celles de Verrières, Clercy, Villemoyenne, produisent la même quantité; celles de Villery, Bouilly, Laines-aux-Bois, Javernant, Montgueux, en produisent au moins 40; enfin les vignes en treilles des environs de Troyes élèvent leur moyenne beaucoup au-dessus de 50 hectolitres à l'hectare.

Je crois donc être au-dessous de la vérité si je fixe le produit moyen de tout le département, pour chaque hectare, à 30 hectolitres, et le prix moyen de chaque hectolitre à 25 francs.

Sur ces données, le produit brut total des vignes de l'Aube s'élève un peu au-dessus de 17 millions de francs pour les 23,000 hectares, représentant la vingt-sixième partie du sol total, qui est de 600,139 hectares et dont le revenu brut se monte à 85 millions. Les 17 millions de la vigne forment donc précisément le cinquième du revenu. Ces 17 millions représentent le budget de 17,000 familles moyennes de quatre membres, ou de 68,000 individus, plus du quart de la population, qui est de 261,951 habitants.

Pourtant, malgré ce riche bilan, la viticulture est en souffrance dans l'Aube par l'insuffisance et la cherté de la main-d'œuvre, mais surtout par le défaut d'une entente et d'un accord satisfaisants entre le travail et la propriété. Le vigneron n'a aucun intérêt aux produits; tout se fait à la façon, au prix moyen de 150 à 200 francs l'hectare pour les façons d'été; les vendanges, les provins, les terrages et toutes les façons d'hiver se payent à part. Les prix moyens des journées d'hommes sont de 2 francs l'hiver et de 3 francs l'été, avec fourniture de vin dans beaucoup de localités.

Ces conditions ne seraient point trop onéreuses pour la culture de la vigne, si cette culture était faite avec tout le soin et toute l'attention nécessaires; mais ces soins et ces attentions font absolument défaut par l'absence d'intérêt au fruit; et à aucun prix d'argent on ne pourra les obtenir, sans que le vigneron puisse être même accusé de mauvais vouloir. L'attrait au travail, l'espoir dans la récolte, ne s'achètent pas et ne s'achèteront jamais; pas plus qu'on n'achèterait le cœur d'un père pour un enfant qui ne serait pas le sien.

Une autre cause de décadence de la vigne, surtout entre les mains bourgeoises, c'est l'absence d'assolement et l'occupation permanente de la même terre par la même plante, perpétuée par un provignage qui coûte fort cher et que le vigneron exagère le plus qu'il peut.

Les vignes fines des Riceys et de Bar-sur-Aube sont déso-lées par le système de perpétuité, comme celles de Tonnerre, d'Auxerre et d'Avallon, comme celles de la Côte-d'Or. Il semble qu'on ne doive pas toucher aux vignes fines plantées par nos aïeux; mais nos aïeux ont eu raison de planter des vignes fines : ils en ont profité dans leur jeunesse, et, à leur exemple, nous devrions en replanter et nous en profiterions encore plus qu'eux.


Bar-sur-Aube. — En arrivant dans la vallée de l'Aube par Bossancourt, Arsonval, Montier-en-l'Ile, on voit des vignes garnissant les coteaux à droite et à gauche, en foule, mal rognées, mal tenues en général, et garnies de beaucoup d'arbres fruitiers; mais, dès qu'on approche de Bar-sur-Aube, on est frappé de la beauté des vignes occupant les vastes flancs des coteaux qui environnent la petite plaine étalée devant cette ville jolie, coquette et riante, assise au milieu de sites délicieux.

A Bar-sur-Aube, on plante parfois à la broche, en terrains vierges, et à boutures enfoncées à 3o ou 35 centimètres; mais le mode préféré est la plantation en fossés de 35 à 4o centimètres de section, pratiqués en travers des pentes, distants de 1$^m$,2o pour les gamays et de 1$^m$,4o pour les pineaux, les chasselas et les gouais. Le plant enraciné est employé de préférence dans ce genre de plantation : on traîne horizontalement sa racine d'un bord à l'autre du fossé, on relève le sarment, on remplit le fossé et l'on rogne à deux yeux hors de terre. Les plants sont à 4o centimètres les uns des autres dans le fossé.

La première taille consiste à rabattre le sarment le plus bas sur un œil ou deux; à la deuxième taille, on laisse deux ou trois yeux sur un seul sarment; à la troisième on laisse trois yeux, et quatre à la quatrième, sur le brin du milieu, toujours seul conservé. Pour les gamays, on allonge ainsi la souche jusqu'à 3o, 4o et 5o centimètres, mais on a laissé au bas un courson de rabattage; chaque souche est munie d'un échalas de 1$^m$,4o, auquel on attache le haut de la taille avec un osier (fig. 49 et 5o).

Ce premier genre de taille s'applique exclusivement aux gamays et au troyen, qu'on appelle ici *gammeri*.

Mais la taille des pineaux noirs, blancs et gris, celle de l'arbanne, raisin blanc donnant de jolis vins secs ou mousseux, du noirien, du gouais noir et blanc, du fromenté rose et blanc, du françois noir et blanc, est toujours à un cour-

son de retour à deux yeux, entretenu au bas ou au milieu
du cep, et à une couronne terminale de la souche. Ce mode

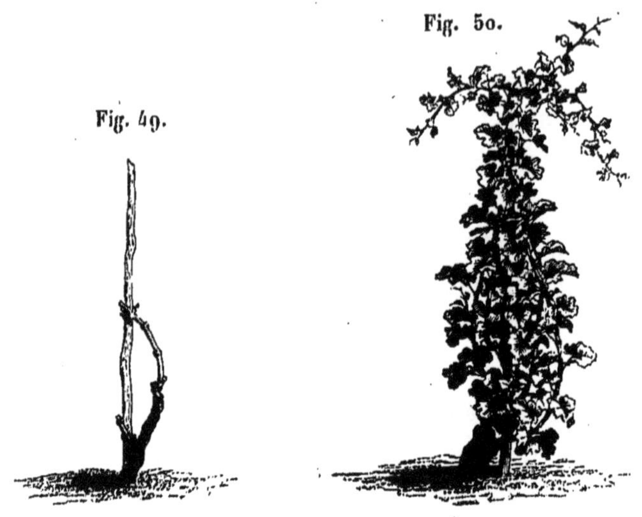

Fig. 49.　　　Fig. 5o.

de taille des pineaux prend en peu d'années un allongement considérable, comme l'indique la figure 5₁, dont

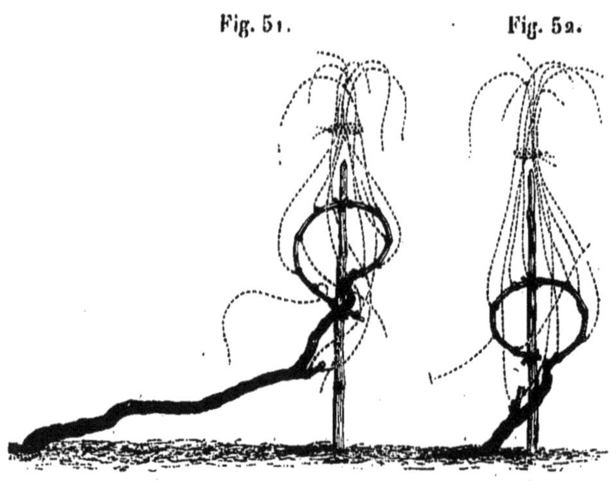

Fig. 5₁.　　　Fig. 5₂.

la souche avait plus de $1^m,5o$ de développement; mais la
majeure partie des souches est disposée comme la figure 5₂.

Ce qui allonge les souches si rapidement, c'est la reprise de la couronne nouvelle sur le deuxième et même sur le troisième sarment de la couronne de l'année précédente.

Fig. 52 *bis.*

Il en serait tout autrement si la couronne était toujours fournie par le courson de retour, comme en Lorraine (fig. 52 *bis*).

On n'ébourgeonne pas dans la vigne du propriétaire; mais le vigneron a bien soin d'ébourgeonner la sienne. On commence à pincer les pampres de la couronne les plus éloignés de la souche.

On fiche les échalas en mai, on relève et on accole, avec de l'osier, à la Saint-Jean, et une seule fois; on ne rogne pas en juillet, mais seulement à la fin d'août ou au commencement de septembre.

On donne à la vigne deux ou trois cultures : l'une après la taille, l'autre après le paisselage, et la troisième à la véraison, quand on la donne, ce qui est rare.

La vigne est entretenue éternellement par le provignage; toutefois, on commence à remplacer par des jeunes plants.

On fume peu, mais on terre beaucoup, soit en remontant la terre du pied des vignes au chevet, soit en creusant des fosses dans la vigne, lesquelles sont replantées en provins.

M. le docteur Carlot donne, en sus du prix des façons, la vingt et unième pièce de vin à ses vignerons : et il déclare s'en trouver fort bien; c'est de sa part à la fois une bonne action et un bon calcul que tous les propriétaires devraient faire : ce serait mieux encore de donner la onzième pièce.

La récolte moyenne dans les vignes bourgeoises est de 20 hectolitres à l'hectare; elle est de 40 hectolitres dans les vignes de vignerons.

On vendange en paniers vidés en hottes, portées à dos d'homme et versées dans des balonges; on écrase les raisins et l'on emplit trop les cuves; avant et pendant le bouillon, on foule sept à huit fois la cuve, à une ou deux fois par jour. La cuvaison dure quinze jours à trois semaines. Le vigneron tire clair et froid; mais quelques propriétaires, et entre autres M. Masson de Morfontaine, ne font cuver que six à huit jours et tirent trouble et chaud. On ne mêle pas les vins de presse avec les vins de goutte et l'on tire en vaisseaux vieux.

Les vins rouges, très-cuvés, de Bar-sur-Aube se gardent peu. Ceux dans lesquels les fins cépages dominent sont fort agréables. Si les bons coteaux à vignes de Bar-sur-Aube étaient tous successivement replantés en pineaux noirs pour trois quarts et en pineaux et morillons blancs de Meursault ou de Chablis pour le surplus; si ces pineaux étaient traités en couronne ou à longs bois horizontaux, en lignes, sans provignage, et avec assolement demi-séculaire, il y aurait peu de crus donnant d'aussi bons vins que les côtes *est* et *sud* qui entourent Bar-sur-Aube.

M. Fellans, propriétaire à Bar-sur-Aube, a perfectionné l'instrument ficheur ou planteur d'échalas inventé par M. Dugué, d'Argenteuil près Paris; il a fait la clef ficheuse, qui est adoptée depuis longtemps par tous les vignerons du pays pour planter leurs paisseaux, et qui me semble le dernier terme de la perfection dans ce genre.

Cette clef ficheuse, figure 53 *A*, est formée d'une seule lame de fer *abcdefghi*, dont *bcdi* correspond à la semelle

du soulier du vigneron, à laquelle elle s'applique comme
un étrier, et dont les côtés *cba*, *dih*, emboîtent le pied en

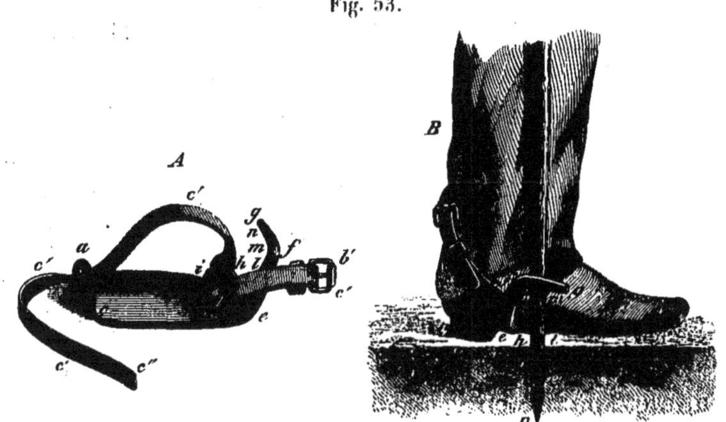

Fig. 53.

dedans et en dehors. Le côté *cab* laisse passer la courroie
en cuir *c'c'c'c'c"*, qui traverse de l'autre côté *dih* un œil *ih*
pratiqué en dedans de la clef proprement dite *gfeh*. La clef
*gfe*, qui consiste dans un vigoureux crochet résultant d'une
échancrure *hlmn* pratiquée dans la partie remontante opposée à *abc*, doit être placée en dedans du pied, entre les
deux jambes. Ainsi armé, le vigneron saisit son échalas par
le haut, en place l'extrémité dans l'échancrure *hlmn*, de
façon que toute la partie de la pointe *po* qu'il veut enfoncer en terre soit au-dessous de *hl*; et, d'une seule pression
du pied, l'échalas est planté.


**Bar-sur-Seine.** — Dans l'arrondissement de Bar-sur-
Seine, la vigne est cultivée partout en foule, ou, si l'on veut,
en alignement rompu complétement par un genre spécial
de provignage, à la quatrième ou à la cinquième année.
Ce provignage, qui consiste à étaler sous terre de trois

à cinq bras, quatre en moyenne, tirés d'une même souche, est exécuté avec plus ou moins de perfection, et avec quelques variantes, à Bar-sur-Seine, aux Riceys, à Essoyes, et l'on peut dire dans tout l'arrondissement : ce genre de provignage est pour moi le fait dominant de la viticulture locale.

La vigne est plantée, sans défoncement préalable, en trous isolés que l'on approfondit à 3o et 4o centimètres, même en attaquant avec le pic, quand il le faut, la pierre qui est au fond. Les trous ou fosses ont généralement 5o centimètres de long sur 33 de largeur, et les terres extraites sont accumulées en mamelon à une extrémité, toujours dans le même sens. Les fosses sont généralement à 1 mètre de distance en quinconce; on plante aussi parfois en fossés.

Les plants enracinés, provenant de marcottes faites dans les vignes, sont préférés aux boutures. Ils sont plantés soit au fond des trous, soit au fond des fossés, leur extrémité piquée dans le sol inférieur, puis traînés horizontalement au fond de la fosse, puis relevés verticalement et recouverts de 15 à 20 centimètres de terre, ensuite taillés, au-dessus du sol, à deux yeux. La fosse ou le fossé ne sont pas remplis totalement; ils restent à moitié ou aux deux tiers au-dessous du niveau du sol. A Bar-sur-Seine, quelques-uns laissent passer deux ans sans tailler, mais le plus généralement on taille dès la première année; aux Riceys, un seul sarment est laissé et taillé à un ou deux yeux; à Essoyes, on rabat ce sarment à un seul œil. L'année suivante, à Essoyes, on taille tous les sarments sortis à un œil; aux Riceys, on réduit encore à un sarment à deux yeux. A la troisième année, si l'on a trois brins, on les taille à deux ou trois

yeux et l'on commence à les écarter; à Essoyes, on commence à tailler trois ou quatre sarments à deux yeux, dans
les deux cas, pour former les membres. En somme, les
efforts tendent au même but : former de trois à cinq
membres, ou beaux sarments, qu'on puisse enfouir sous
terre la quatrième ou la cinquième année, quelquefois
beaucoup plus tard : tel est le dressement adopté.

Lorsque, soit par négligence, soit par infraction volon-
taire aux principes du pays, on n'enfouit pas tout d'abord
les membres formés en gobelet, on a alors.la souche de
franc pied à trois, quatre, cinq bras et plus, comme celle

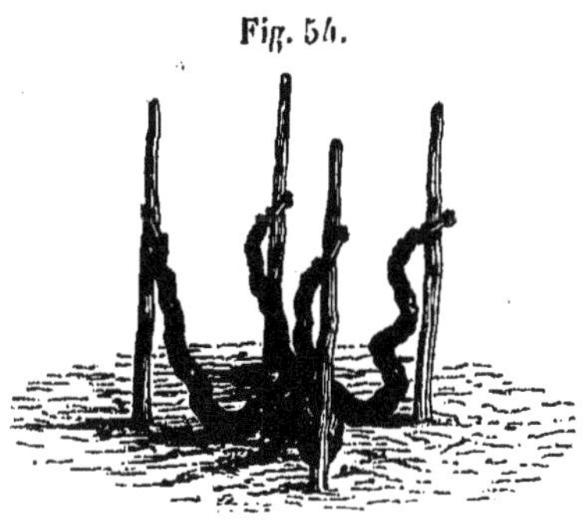

Fig. 54.

que j'ai relevée au milieu
de mille pareilles aux Riceys
(fig. 54).

Lorsque au contraire les
principes traditionnels sont
observés, on écarte les membres ou les sarments en gobelet, en les abaissant avec
des paisseaux auxquels ils
sont fixés; et quand, à la quatrième, cinquième ou sixième
année, la souche se présente convenablement, on distance
les membres et l'on abat entre eux le monticule de terre; ou
bien, ce qui est mieux, comme cela se pratique aux Riceys,
on verse au centre du gobelet une ou deux hottées de terre
neuve rapportée; en sorte qu'au lieu de la figure 54 on
obtient la disposition de la figure 55, c'est-à-dire quatre
jeunes membres qui paraissent quatre jeunes ceps, et pourtant ils ne font qu'une seule et même souche, comme celle
de la figure 54; seulement, la souche est souterraine au
lieu d'être apparente sur terre.

Chacun des jeunes membres *a b c d* est ensuite conduit comme cep isolé; il a son échalas, sa taille et ses façons, en

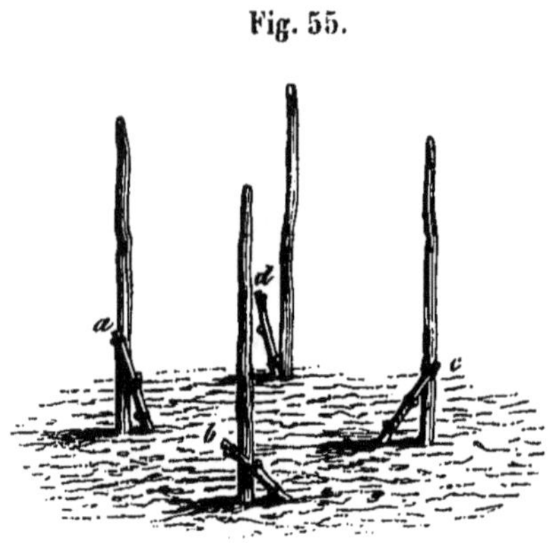

Fig. 55.

sorte que celui qui regarderait les vignes sans les connaître pourrait croire facilement qu'il y a eu autant de ceps plantés qu'il aperçoit de souches et d'échalas. Non: les vingt-huit à trente mille ceps par hectare de l'arrondissement supposent à peine neuf à dix mille souches originelles à Bar, sept à huit mille aux Riceys et cinq à six mille à Essoyes; ce qui revient à dire, par exemple, qu'à Essoyes on n'a pas plus de souches que dans le Languedoc, pas plus de bras aux souches, pas plus d'yeux par hectare.

Le provignage fait ici, sous terre, ce que d'autres pays font dessus, c'est-à-dire qu'il donne assez de bras et de tiges à une seule souche pour qu'elle puisse entretenir de belles et fortes racines correspondantes; si la vigne était réduite à une seule branche, elle se stériliserait et mourrait promptement.

Je dois parler ici d'un autre genre de provignage qui se pratique à Bar-sur-Aube, à Bar-sur-Seine, dans la Côte-d'Or, dans le Jura, lequel n'a presque rien de commun avec celui que je viens de décrire, et qu'on peut appeler le *fossoyage*.

Le fossoyage remplit toujours deux indications : la première est de refaire les plants là où il en manque; la seconde est d'extraire le plus de terre possible des fosses pratiquées, pour amender les ceps environnants, en mettant entre eux et à leur pied les terres extraites.

Dans le provignage, qui n'a pour objet que de remplacer des bras ou des ceps manquants, plus le provignage est superficiel et restreint à un, à deux ou à trois bras, mieux il réussit, et son succès consiste à produire beaucoup la première année, plus encore la seconde, et ainsi pendant quatre ou six ans.

Dans le fossoyage, on arrache les mauvais ceps de la fosse, qui est presque toujours un carré long; on en ôte toute la terre; on rapporte, au besoin, des pierres pour en remplir le fond si la fosse est trop profonde; on recouvre ces pierres d'une couche de terre et l'on regarnit la fosse de plants nouveaux, ou, le plus souvent, en y abattant une ou plusieurs souches voisines, dont on divise les sarments en autant de pointes que la fosse doit contenir de plants.

Dans le fossoyage, le plant, loin de donner toujours la première année, comme dans le provin, met ordinairement deux, trois et quatre ans avant de produire du fruit; c'est une véritable replantation.

A égalité de bras et à égalité d'yeux sur ces bras, la vigne vit-elle plus longtemps, est-elle plus fertile sous terre que sur terre? Tous les faits observés montrent que la tige de la vigne sur terre est plus fertile et plus vivace, à conditions égales, que sous terre. L'expérience prouve de plus que les racines adventices qui poussent le long des bras enfouis sont autant de causes destructives des racines mères, tout comme les gourmands, venant le long des tiges, sont autant de causes d'affaiblissement et de mort des têtes des arbres et des arbres eux-mêmes. Ces racines adventices devraient donc être détruites à tous les printemps. C'est ce que font les bons vignerons, dans les pays les plus producteurs de cette contrée, au premier labour profond, particulièrement à Essoyes.

Là, M. Garnier et son gendre, M. Rouvre, excellents propriétaires viticulteurs, m'ont expliqué et montré que chacune de leurs souches comportait quatre, cinq et jusqu'à six bras et plus, rayonnant autour d'un pied commun. Ces bras, représentant chacun un cep muni de son échalas, sont peu enfoncés dans la terre, 15 à 20 centimètres; c'est une condition importante. A la première culture de printemps, on déchausse tous les bras d'une même souche et l'on fait tomber toutes leurs racines adventices avant de les recouvrir. Lorsque cette opération est omise, les ceps sont moins vigoureux et moins fertiles, selon tous les bons vignerons du pays.

La culture, dans l'arrondissement de Bar-sur-Seine, a une grande analogie avec la culture en cuveau de la Moselle, fig. 56; elle en diffère en ce que les membres de la souche mère sont moins nombreux et en ce qu'ils sont enfouis sous le sol au lieu d'être dessus.

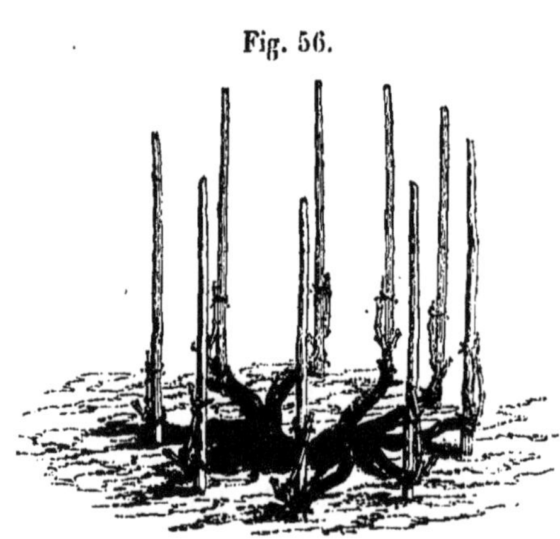

Fig. 56.

Chacun des jeunes membres de la figure 55 est taillé tous les ans sur un seul courson, à deux ou trois yeux pour le gamay, à trois ou quatre pour le pineau, jamais plus.

La figure 57 donne l'aspect et la disposition la plus générale des ceps ou membres représentant un cep isolé, aussi bien à Essoyes qu'aux Riceys et à Bar-sur-Seine.

Fig. 57.

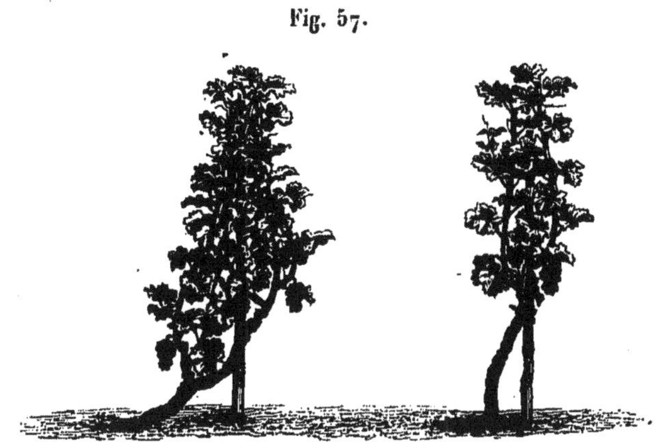

Partout on pratique l'ébourgeonnage, du 15 mai au 15 juin; on relève et on lie à la fleur, et l'on rogne avec soin, au-dessus de l'échalas, après la fleur; on étête et on lie rarement deux fois; on rogne de nouveau après la séve d'août.

On donne toujours deux labours, le premier après la taille, le second en juin; mais le troisième, fin juillet ou fin août, à la véraison, est souvent négligé.

Les pineaux diminuent de jour en jour dans les vignes de Bar, et les gamays et les troyens tendent à y dominer de plus en plus. On ne fume pas, mais on terre autant qu'on le peut. La terre est ce qui manque le plus.

A Essoyes, on va chercher des terres à six ou huit cents mètres de distance; jamais on ne fume, et en effet, pour la vigne, les bons terrages valent mieux que le fumier. C'est un fait curieux à constater que là où il n'y a pas de terres disponibles pour amender la vigne, comme dans la plus grande partie des vignobles de l'arrondissement de Bar, on connaît parfaitement tout le prix de la terre rapportée, et que dans les pays comme le Cher, la Nièvre, l'Allier, etc. où la terre abonde tout près des vignes, on en méprise l'emploi pour se jeter avidement sur le fumier.

MM. Royer et Guénin évaluent, dans leur excellente *Statistique des Riceys,* les frais de culture à 230 et 250 francs l'hectare, tout compris; restent les fournitures, les vendanges, les manutentions et le logement des vins, qui, avec les impôts, portent les dépenses totales à 500 francs environ par hectare.

A Bar-sur-Seine, la plupart des propriétaires portent directement le raisin à la cuve, interrompent la fermentation par de fréquents foulages et tirent leur vin après quinze jours ou trois semaines de cuvaison; d'autres s'abstiennent de fouler, mais ils tiennent les marcs plongés sous les jus par des châssis à claire-voie ou des planches disjointes, sur lesquels monte le jus; mais ce n'est point ainsi qu'on procède aux Riceys.

Les Riceys. — Les trois Riceys, réunis en une seule ville, doivent une très-grande partie de leur richesse et de leur population à la vigne, à la vigne fine, c'est-à-dire au pineau. Les vins des Riceys sont bien connus et très-estimés depuis longtemps; malheureusement les pineaux s'en vont, soit par vétusté, soit par épuisement du sol, soit et plus encore par la tendance à leur substituer les troyens et les gamays, qui, avec les pineaux noirs, blancs et gris, forment l'ensemble des cépages principaux de ce vignoble. On dit dans le pays que le consommateur ne paye pas le pineau, qui se vend pourtant 100 francs la pièce contre 50 francs accordés à la pièce de gamay.

Or, la moyenne production d'un hectare de gamay est de 40 hectolitres. Aujourd'hui la moyenne récolte du pineau bourgeois n'est que de 10 hectolitres; mais celle du pineau vigneron est du double, précisément de 20 hectolitres. Rien ne serait plus facile que de porter cette moyenne à 30 et 40 hectolitres et plus. 20 hectolitres de pineau à 40 francs valent mieux que 40 hectolitres de gamay à 20 francs, puisqu'ils coûtent moitié moins à recueillir, à soigner et à loger.

Aux Riceys on ne cuve que cinq à six jours dans les bonnes années et huit à dix dans les moins favorables; au lieu de fouler trois, quatre et jusqu'à huit fois, tant jusqu'aux genoux qu'à corps nu, et au lieu d'arroser ensuite avec du vin tiré de la cuve, on n'entre pas dans la cuve et l'on n'y fait rien, si ce n'est parfois un foulage donné douze heures avant le tirage, qui s'opère aussitôt la descente du marc, à l'apaisement du gros bouillon. On tire donc le vin trouble et chaud dans des muids neufs, et l'on y mêle de suite les vins de presse avec les vins de goutte; voilà comme on fait les meilleurs vins. C'est ainsi que je les ai vu faire pendant toute ma première jeunesse à Gyé-sur-Seine, mon pays natal, où la bourgeoisie avait encore gardé le culte des fins cépages en coteaux, ne plantant les gamays que dans les bas et les troyens que sur les replats.

Aux bonnes cuvaisons du Beaujolais, du Mâconnais, de la Côte-d'Or et des Riceys je voudrais qu'on ajoutât une seule pratique pour la solidité des vins, celle de les tenir toujours en pression dans les tonneaux au moyen d'un tube de verre, à robinet ou à bouchon, surmontant la pièce en cave; l'état intérieur de toutes les pièces serait ainsi toujours visible, et la hauteur du liquide serait la mesure de

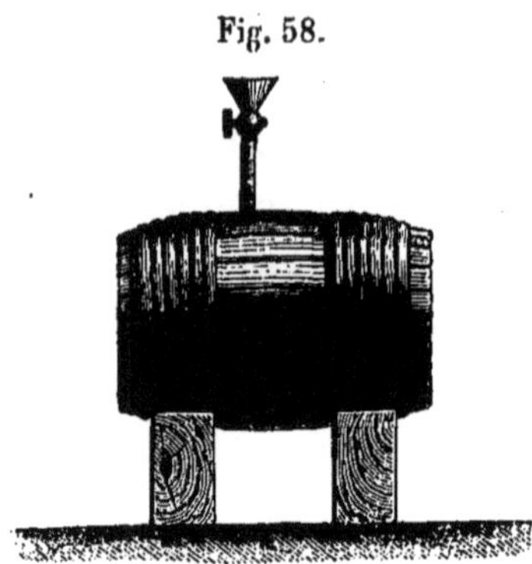

Fig. 58.

la pression intérieure. Aussitôt que le vin baisserait dans le tube, on ouvrirait le robinet et on remplirait au moyen d'un entonnoir (fig. 58)[1].

Les Riceys ont offert un des derniers et des meilleurs exemples des propriétaires allant eux-mêmes placer et vendre leurs vins. C'est une loyale et respectable tradition qu'ils conservent encore dans leurs bonnes familles, et c'est un grand honneur que de produire et de livrer soi-même de bons vins.

Sous la direction de M. Alexandre Ray, maire des Riceys, et de M. Eugène Ray, auteur d'un excellent traité pratique de vinification, accompagnés d'environ soixante des principaux propriétaires et vignerons, nous avons fait la visite des vignes, parmi lesquelles s'en trouvait une conduite depuis deux ans au système de M. Hooïbrenk. Cette vigne était l'objet de la critique animée de tous les vignerons comme de tous les propriétaires : je l'examinai avec beaucoup d'attention et avec beaucoup d'intérêt. Je fus frappé d'abord par l'aspect de raisins relativement nombreux et

---

[1] J'ai fait exécuter de ces tubes de compression et de remplissage par M. Richard-Danger, constructeur d'instruments de précision (quai Conti, 3, à Paris), qui non-seulement a bien compris l'indication. mais qui l'a simplifiée et rendue tout à fait économique et pratique. J'engage les œnophiles et les propriétaires des grands crus à étudier cette application. M. Richard-Danger peut faciliter toutes leurs expériences.

en assez bon état de maturité, quoique grêles et gisant presque tous à terre. On me fit observer que, si je voyais les raisins, c'est qu'il n'y avait presque plus de feuilles dans cette vigne, tandis que toutes les feuilles étaient au complet dans les vignes voisines. On me demanda comment on ferait l'année suivante pour renouveler la même taille puisqu'il n'y avait pas de bois de remplacement, et l'on me fit voir, dans la vigne attenante, des *piques en terre* à la mode du pays, chargés de bien plus beaux raisins, sans que les bois de la souche mère, ni les feuilles, en fussent le moins du monde altérés; tout cela était parfaitement juste, et, sur la nombreuse assistance de vignerons et de propriétaires viticulteurs, aussi habiles qu'intéressés dans la question, il n'en était pas un seul qui fût le moins du monde tenté d'adopter ce système pour sa vigne.

Le fait est que cette vigne était ruinée pour le moment, et qu'elle fut arrachée l'année d'après. Je conçois que la Gironde ait répudié ce système dans un rapport publié après enquête *de visu* et déclaré qu'elle ne changerait point ses méthodes pour adopter celle-là.

J'ai pris, au milieu de la vigne, une souche semblant

Fig. 59.

reproduire l'état moyen de toutes les autres, et j'en donne le croquis dans la figure 59, au trente-troisième.

En jetant les yeux sur cette figure, il est facile de constater que l'inclinaison n'empêche pas les yeux de sortir très-inégalement le long des sarments; que les bourgeons les plus forts, les plus gros et les plus nombreux raisins sont vers l'extrémité des sarments *eee*, comme dans tous les longs bois; que les bourgeons du milieu sont nuls et qu'ils reprennent un peu de force au-dessous de la courbure; que les bourgeons de remplacement *ab, ab, ab*, n'ont

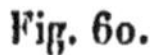

Fig. 6o.

pas la moitié de la longueur ni de la force nécessaires pour jouer, l'année suivante, le rôle des sarments *cde* qui seront coupés en *c;* que les trois bourgeons *ab, ab, ab,* indiquent une souche épuisée, sans feuilles et sans bois, tandis que la figure 6o, prise à côté dans la vigne à

culture traditionnelle, porte de très-beaux bois, toutes ses feuilles et des fruits aussi nombreux et plus beaux.

En regardant ces deux figures, le lecteur se fera une idée juste et vraie des deux modes de conduite, dans le même terrain et sur les mêmes cépages. Il n'y a pas un des assistants à notre visite qui ne déclare ces figures parfaitement fidèles et reproduisant l'aspect moyen des ceps de l'une et de l'autre vigne.

TROYES. — Dans l'arrondissement de Troyes, j'ai traversé rapidement les vignes de Villery et de Bouilly, où j'ai reconnu, comme cépages principaux, le gamay, le lombard, le troyen et le romain. Les vignes y sont en foule, entrete-

nues par un vigoureux provignage s'approchant du procédé
de l'arrondissement de Bar-sur-Seine, et engendrant des
ceps surmontés d'un seul courson, à deux ou trois yeux,
avec un ragot ou cot de retour dans le milieu. Les vignes
sont proprement tenues, bien relevées, bien liées et bien
rognées; et la récolte moyenne, en gros cépages, y est
d'une pièce à l'hommée, ou de dix-neuf pièces à l'hectare.
On trouve encore dans ces pays quelques vignes en pineaux; à Javernant, à Laines-aux-Bois surtout, où M. Ferrand-Lamotte, vice-président de la Société d'agriculture,
sciences et belles-lettres de Troyes, a dressé tout un vignoble planté de ces précieux ceps à branches à bois et
à branches à fruits, et l'a ainsi porté, en 1863, d'une production de 100 setiers (9 hectolitres et demi) à 300 setiers (28 hectolitres) à l'hectare. M. Ferrand-Lamotte m'a
attribué ce résultat, en termes très-obligeants, dans la conférence publique tenue à la préfecture. Il hésitait, a-t-il
dit, à suivre mes conseils, lorsqu'une brochure indigne
dirigée contre moi lui a été adressée; alors toute hésitation a cessé pour lui : à ses yeux, l'homme ainsi attaqué
devait être honnête, et ses conseils loyaux et bons. Il se
félicite de sa logique, et moi je le remercie de tout cœur
d'avoir rendu public son raisonnement, qui a été celui de
toute la France viticole.

Les vignes à Clerey, comme à Verrières, comme à Villemoyenne, comme dans les environs de Troyes, à Sainte-
Savine et à Montgueux, sont de deux sortes : les vignes à
pied et les vignes en treilles.

Dans les vignes à pied, chaque souche est dressée à deux,
trois ou quatre membres, surmontés d'un courson à
deux ou trois yeux; on étend les souches, on complète et

on remplace par le provignage. Chaque membre provenant du provignage est dressé lui-même à deux ou trois autres membres, surmontés d'un courson à deux ou trois yeux, et reçoit un échalas. Les gamays, les gouays, les troyens, les bourguignons, le romain, l'arbanne, quelques pineaux, tels sont les cépages les plus nombreux des environs de Troyes.

La vigne en treilles est la véritable spécialité des cultures de Troyes et de ses environs; elle y est fort bien entendue, très-soignée et très-fertile chez les vignerons et chez les propriétaires qui s'en occupent personnellement. J'ai vu des vignes en treilles de M. Guénin-Gautrot, de M. Cuizen-Lazarre, à Sainte-Savine, de M. Piat, au bas de la côte de Montgueux, chargées de magnifiques gamays à 200 hectolitres à l'hectare. Sur la côte de Montgueux, M. Dupont s'efforce de faire un vignoble modèle : j'ai vu là des vignes en treilles de pineaux, chargées de fruits et très-beaux et très-mûrs, des vignes en pied d'arbanne, d'une incroyable fécondité, et enfin des plantations vigoureuses de carbenet-sauvignon, fort bien réussies, disposées en lignes pour être conduites à branches à bois et à branches à fruits.

Les vignes en treilles (fig. 61) occupent préférablement toutefois les rampes inférieures et la plaine. On les plante en petites fosses d'un mètre, dans lesquelles on coude deux plants enracinés dont on relève l'extrémité aux deux bouts opposés de la fosse. Une fosse fait ainsi deux treillons qui, par le provignage, formeront chacun, à droite et à gauche, un autre treillon à la même distance. Les treillons sont formés à quatre ans et complétement garnis à six ans. A la quatrième année, on place un échalas entre deux ceps, et on attache une lisse à 70 centimètres de terre, parallèlement au sol,

avec de forts osiers. Plus tard, on complète le nombre des
échalas (de 1^m,50 à 1^m,75 de haut), de façon que, le long

Fig. 61.

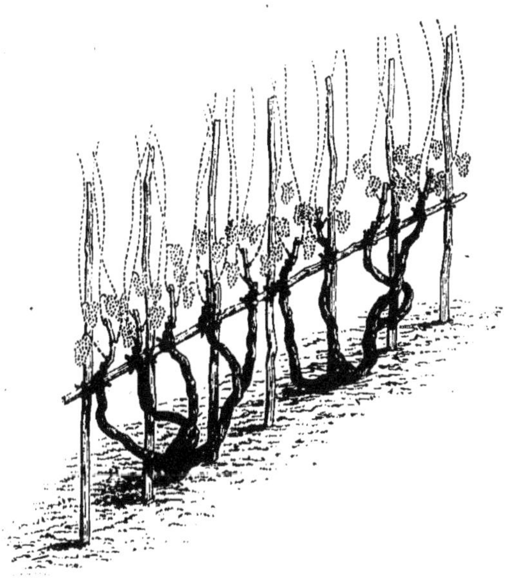

Treillon des environs de Troyes.

de la lisse, ils soient distants entre eux d'environ 33 centimètres (fig. 61). Ces échalas sont souvent en saule, et on
en voit qui ont poussé sur place; mais, quoique ce bois
soit moins coûteux que le chêne, la dépense de l'établissement des treilles est considérable : aussi ai-je vu plusieurs
vignes dont les échalas étaient beaucoup plus distants les
uns des autres que 33 centimètres. Aujourd'hui, la tendance est à l'établissement des treilles sur fils de fer galvanisé
tendus sur des poteaux, ou simplement sur de forts échalas
de 1 mètre 2 tiers hors de terre, espacés de 5 à 10 mètres.
M. Charles Baltet a porté ce dernier genre de palissage à
la plus grande simplicité. Au lieu de fixer les fils de fer en

dehors de l'échalas de tête, comme cela se fait le plus généralement (fig. 62), il arc-boute cet échalas par un autre

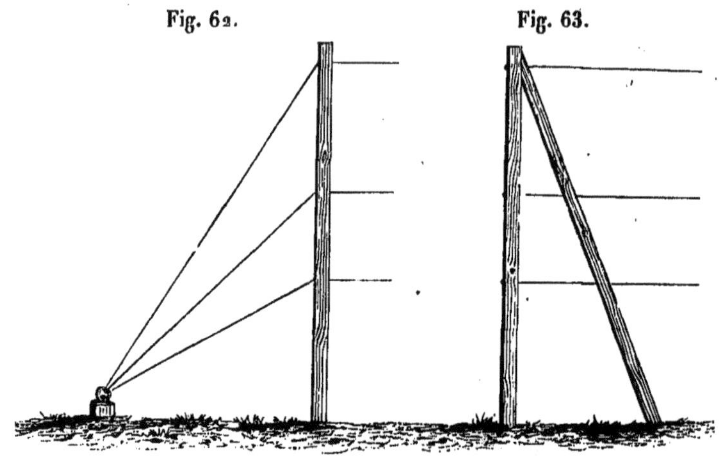



échalas oblique en dedans (fig. 63). C'est la disposition la
meilleure et la plus économique qu'on puisse adopter. J'ai
vu chez lui, dans ses beaux jardins et ses vastes pépinières,
de longues palissades ainsi établies depuis longtemps, couvertes de vignes très-fortes et très-chargées de raisins, se
maintenant dans une rectitude et dans un plan parfaits
pendant plusieurs années, parce que les échalas sont passés
au sulfate de cuivre dissous dans l'eau à 2 p. o/o.

De chaque cep on tire le plus tôt possible trois ou
quatre membres susceptibles de se bifurquer et de fournir
ainsi cinq et six membres, qu'on fait arriver à la lisse ou au
fil de fer inférieur pour les y attacher, comme on le voit
dans la figure 61; chacun des membres est surmonté,
chaque année, d'un courson taillé à deux yeux, trois au
plus, s'il s'agit de gamay et de troyen, et à trois et quatre
et même cinq yeux, s'il s'agit de pineau, de gouais, d'arbanne, etc. J'ai encore vu des pineaux sur treilles, à Clerey,

dont plusieurs membres portaient un courson de retour et une verge de huit à dix yeux.

On rabat et on remplace les membres par des sarments venus sur tirets ou repoussés du pied.

Les pampres sont relevés, attachés, émondés, palissés et rognés avec soin.

Les vignes en treilles, bien tenues par leurs propriétaires, sont d'une fécondité et d'une vigueur extraordinaires; mais ces vignes à façon sont bien mal soignées et bien peu fertiles. On voit là plus que partout, car les soins intelligents pour la treille sont encore plus nécessaires que pour la vigne à pied, combien il serait important pour la richesse privée et publique que le vigneron fût intéressé au produit. La différence des soins aux treilles peut faire varier le produit de 40 à 120 litres par are. En comparant les vignes à pied avec les vignes en treilles, on voit aussi dans les environs de Troyes combien dans les mêmes terrains, avec les mêmes cépages et les mêmes soins, l'expansion de la vigne et les palissages ajoutent à sa vigueur et à sa fécondité.

Le prix de la tâche est de 200 à 230 francs l'hectare pour les vignes en treilles et de 150 à 175 francs pour les vignes à pied.

Les cuvaisons sont prolongées de trois à quatre semaines. Le raisin est foulé à la cuve pendant quatre à cinq jours, arrosé pendant quatre à cinq autres. Aussi la préparation et la qualité des vins ne peuvent-elles être discutées.

On pourrait, dans tous les environs de Troyes, récolter en treilles beaucoup et de bons vins, en pineaux noirs, blancs et gris, surtout en adoptant la conduite des treilles de l'Isère ou celle de M. Cazenave. Les mesliers, les riesling, les meuniers, feraient également merveille sous ces méthodes.

Quoi qu'il en soit, la conduite des vignes en treilles des environs de Troyes est certainement la méthode la plus avantageuse et la plus rationnelle à employer, surtout dans les plaines et sur les craies froides, souvent frappées de la gelée, même au plus haut des côtes, comme à Montgueux.

M. Charles Baltet possède à l'extrémité de ses pépinières des pièces de vignes en treilles, et chaque membre de ses treilles, ou du moins un grand nombre, porte un courson de retour et une verge ou courgée de huit ou dix yeux, presque toutes chargées de beaux et de nombreux raisins; mais, sur certaines courgées ou verges de la même treille, tous les raisins étaient d'une maturité très-avancée et d'un grain plus plein et plus appétissant que ceux des autres courgées. J'en manifestai mon étonnement à M. Charles Baltet, qui me montra bientôt que toutes les courgées à raisin avancé de plus de dix jours en maturité, à grains pleins, gros et éclatants de santé, avaient reçu l'incision annulaire à leur base.

Ici, le doute n'était pas possible : l'expérience comparative existait sous mes yeux et sur une grande échelle; l'incision annulaire était une conquête assurée, définitive, et la plus importante peut-être de toutes, pour la fécondité de la vigne, pour la perfection dans la maturité des raisins, pour l'accroissement de la qualité de nos vins et pour le triomphe des longs bois sur treilles et sur vignes naines.

Absence de coulure; beauté de la grappe et des grains; maturité plus hâtive et plus complète de dix à quinze jours : tels sont les effets de l'incision annulaire, surtout si elle est opérée pendant la floraison.

Dans la viticulture à verges, l'incision annulaire doit être pratiquée à l'origine de la branche à fruit, sòit en avant de tous ses yeux, soit entre le deuxième et le troisième œil.

Si les branches à fruit sont précédées d'un courson de retour, elles peuvent être incisées contre le vieux bois au-dessous du premier œil franc; si elles ne sont pas précédées d'un courson de retour, elles doivent être incisées entre le deuxième et le troisième œil franc : les deux yeux qui précèdent l'incision donneront de beaux bois, et les yeux qui la suivront donneront de beaux fruits (fig. 64 en *b* et 65 en

Fig. 64.          Fig. 65.

*c* ou en *a*). L'incision annulaire pourra également être faite, sur les longs coursons, comme en Lorraine ou à l'Hermitage, étant appliquée au-dessus du premier ou du second œil, suivant qu'on voudra garder un ou deux tire-séve ou bourgeons à bois sur le courson (fig. 66 et 67).

J'engage tous les viticulteurs amis du progrès à essayer l'incision annulaire à la floraison, partie avant, partie pendant et partie après la première formation du grain. L'incision ne doit pas avoir plus de 4 à 5 millimètres de longueur et ne doit comprendre que l'épaisseur de l'écorce, sans que l'aubier soit atteint; mais elle doit pénétrer jusqu'à l'aubier. Cette opération se pratique rapidement

et facilement au moyen de la pince à inciser de Regnier,
qui fait la double incision et la décortication en même temps,
ou bien avec les cisailles de M. de Tarrieu, qui ne pratique,

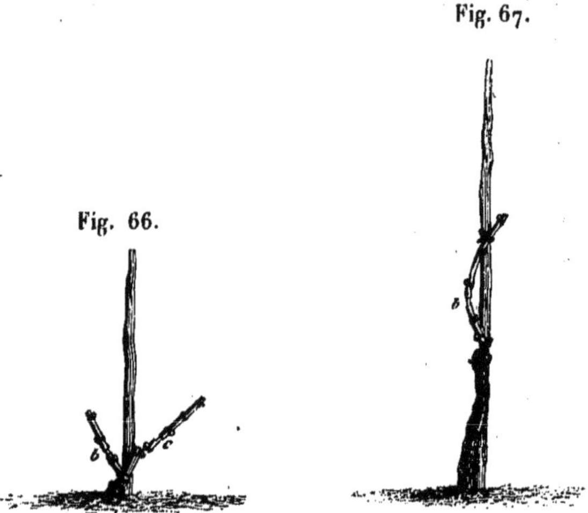

Fig. 66.

Fig. 67.

lui, qu'une simple incision circulaire, laquelle paraît suf-
fire.

L'incision annulaire a été inventée par M. Lambry, pépiniériste à Mandres, arrondissement de Corbeil (Seine-et-
Oise), en 1776; vérifiée dans ses bons effets en 1796,
proclamée excellente en 1816, récompensée en 1817 et
oubliée jusqu'en 1859, où la question a été réveillée par
M. Vibert, qui a rendu justice à M. Lambry.

Cet oubli n'a rien qui doive étonner; il n'y a ni inspec-
teur, ni professeur, ni institut viticole, ni aucune charge
officielle relative à la viticulture, par conséquent personne
qui soit intéressé et préposé à la tradition ni au progrès
viticole. La belle invention, son application persévérante,
sa notoriété, sa récompense, tout cela a usé la vie d'un
homme, et son procédé, qui aurait produit des milliards,

depuis 1776, s'il avait été vulgarisé, est mort avec lui, ou, s'il n'est pas mort, il est tombé dans le domaine de la science vague et indifférente. Il en sera de même tant que la science, l'enseignement et la pratique de la viticulture n'auront pas une représentation officielle qui oblige les titulaires à tout savoir et à tout enseigner dans cette branche importante d'agriculture, la première après celle qui produit le pain et la viande, avant toutes pour la richesse et la puissance nationales.

J'étais tellement prévenu et aveuglé, par mes expériences personnelles mal instituées, à l'égard de l'incision annulaire, que je luttai contre tous les apologistes de cette opération. Mais devant les faits produits par M. Baltet je dus constater mon erreur, puis devant les succès constants de M. de Tarrieu, sur une grande échelle, depuis 1862, reproduits avec éclat en 1867 à l'Exposition universelle.

Je reconnais donc et je proclame aujourd'hui l'importance de l'incision annulaire; j'invite tous les viticulteurs, surtout ceux qui emploient les branches à fruit, à l'essayer. En m'élevant contre elle, comme en l'approuvant, je n'avais et je n'ai d'autre intérêt que l'intérêt général, et je n'hésite pas un instant à sacrifier tout amour-propre à la vérité.

# DÉPARTEMENT DE L'YONNE.

Jullien commence ainsi son chapitre de l'Yonne :

« La vigne est très-ancienne dans ce pays et particulière-
« ment dans l'Auxerrois, où l'on rencontre encore des vignes
« plus que centenaires; elle y était déjà connue lorsque les
« Romains pénétrèrent dans les Gaules, et l'histoire nous
« apprend qu'une disette survenue en l'an 92 de J. C. dé-
« termina Donatien à faire arracher la moitié des vignes et
« à défendre d'en planter de nouvelles. »

Donatien n'était pas fort en économie rurale, car l'Yonne
contient 38,000 hectares de vignes, dix fois plus probablement qu'elle n'en contenait alors; et, à côté de ses vignes,
elle compte 460,000 hectares de terres labourables, dont
240,000 en céréales, chaque année; vingt fois plus certainement qu'il n'en était cultivé du temps de Donatien : il y
avait donc place pour la vigne et pour les céréales.

En ce temps-là, la vigne devait être pour l'Yonne une
richesse relativement aussi grande qu'elle l'est aujourd'hui,
et l'ordre de Donatien a dû doubler la misère locale. Ce
département perdrait le tiers de sa fortune et de sa population si ses 38,000 hectares de vignes étaient arrachés; et
les 38,000 hectares de céréales et de prairies artificielles
qui les remplaceraient donneraient à peine le dixième du
produit brut des vignes.

Les vins de l'Yonne, connus sous le nom de *vins de Basse-*

*Bourgogne,* jouissent depuis un temps immémorial d'une légitime réputation, surtout en vins rouges et blancs du Tonnerrois, de l'Auxerrois, de Chablis, de Joigny, de l'Avallonnais et d'Irancy. Ils se sont vendus à des prix élevés, dont la moyenne est supérieure aujourd'hui même à 5o francs l'hectolitre. A la vérité, les vins fins d'Auxerre, de Tonnerre, de Joigny et d'Avallon, procédant de vignobles formés exclusivement de pineaux noirs, blancs et gris, sont produits en petite quantité; 2o hectolitres en moyenne à l'hectare, et encore sur une superficie d'environ 2,ooo hectares d'élite seulement : le produit total est ainsi de 4o,ooo hectolitres, qui, à 5o francs, représentent un produit brut de 2 millions de francs.

Mais les 36,ooo hectares restants sont en tresseau ou verrot, en romain, césar ou picorneau, en épicier, gouais et gamays à grains ronds et à grains ovales : aussi produisent-ils en moyenne au moins 4o hectolitres à l'hectare; ce qui donne un produit total de 1,44o,ooo hectolitres qui, à leur valeur moyenne de 25 francs l'hectolitre, fournissent 36 millions de francs de produit brut et 38 millions de francs avec les vins fins.

Or le produit total du sol agricole de l'Yonne est de 69 millions de francs en dehors de la vigne; avec la vigne il atteint le chiffre de 1o7 millions : donc la vigne produit plus du tiers de la richesse agricole du département et donne le budget de 38,ooo familles ou de 152,ooo habitants, près de la moitié de la population totale de l'Yonne, qui est de 372,589 individus.

Telle est la puissance colonisatrice de la viticulture, telle est sa supériorité sur toutes les autres cultures, dans toute la France vignoble.

Il est temps pour l'Yonne, comme pour la Côte-d'Or, comme pour tous nos plus anciens et nos plus grands crus, que la vigne participe aux enseignements prodigués à toutes les autres cultures, car c'est là surtout que la viticulture ne sait plus quelle voie suivre; c'est là que les plus intelligents et les meilleurs propriétaires sont sollicités, en sens divers, par des comparaisons spécieuses et des intérêts mal définis.

Est-il vrai, par exemple, que la réputation des vins d'Auxerre, de Tonnerre, de Joigny, d'Avallon, s'est faite de temps immémorial par la culture des pineaux noirs, blancs et gris, sur les côtes de Dannemoine et d'Épineuil, sur la grande côte d'Auxerre, sur celles de Saint-Jacques à Joigny, de la Palotte, d'Irancy, et sur les coteaux de Chablis?

Est-il vrai que la plupart des propriétaires des grands crus, épouvantés de ne récolter que 10 à 20 hectolitres, dont la valeur est presque balancée par la cherté de la main-d'œuvre, songent plutôt à arracher leurs vignes fines qu'à en replanter, et que ces vignes fines ont, en effet, diminué déjà dans une grande proportion?

Est-il moins évident que sans la réputation légitime acquise depuis des siècles à Auxerre par les bons vins de Migraine, de la Chaînette, de Quétard, des Boivins, etc.; à Tonnerre, par ceux des côtes Pitois, des Perrières, des Préaux, d'Épineuil, des Vaumorillons, des Grisées, des Olivottes; à Irancy, par ceux de la Palotte; à Dannemoine, par ceux des Marguerites et des Corméboreaux; à Avallon, par ceux des côtes d'Anay, de Roûvre et du Veau; à Joigny, par ceux de la côte Saint-Jacques et de Saint-Michel; à Chablis, par les Clos, par la Moutonne, Veaudésir, Bouguereau, Mont-de-Milieu, etc. n'est-il pas évident, dis-je, que les vins de l'Yonne n'auraient pas fixé l'attention au même degré et n'auraient pas été un des joyaux du commerce des vins, joyau dont l'éclat brille et rejaillit sur les vins communs et en assure l'écoulement avantageux?

Détruisez donc tous les fins produits qui ont fondé la réputation d'un pays, et vous perdrez nécessairement cette réputation, même au détriment des vins communs. Détruisez tous les bons vins de France, et la France n'aura plus rien à vendre à l'étranger.

Cette tendance à la destruction de tous les fins cépages est générale. Je ne vois en France que le Médoc qui résiste à l'invasion des cépages communs. L'Hermitage et la Champagne de la Marne, les Côtes-Rôties, Chablis, Pouilly et les grands crus de la Côte-d'Or font aussi une belle résistance ; mais la plupart de ces crus disparaîtront bientôt si la notion des vraies lois de la viticulture, de la confection et du commerce des vins ne vient pas éclairer et régler leur production et assurer leurs débouchés.

Les fins crus de la Basse-Bourgogne, Chablis excepté, sont presque aux abois, surtout dans le Tonnerrois et dans l'Auxerrois. Leur moyenne récolte est tombée si bas, par la double pratique de la perpétuation des vignes par le provignage (Chablis ne se soutient que parce qu'il arrache ses vignes tous les vingt-cinq ou trente ans) et par l'application impitoyable d'une taille à deux yeux, que les propriétaires bourgeois n'en tirent plus aucun profit.

En l'absence de toute science sérieuse de viticulture et de tout renseignement qui puisse guider le propriétaire et former des contre-maîtres dans les instituts spéciaux, le vigneron journalier et tâcheron demeure maître absolu de la direction de la vigne, dont il ne connaît et n'admet, avec raison, que la tradition locale. Mais cette tradition, quelque imparfaite et irrationnelle qu'elle soit, a dû posséder et possède encore de très-bonnes bases; peu à peu le vigneron tâcheron et journalier en a écarté d'autorité, sans contrôle possible, tout ce qui gênait et retardait ses façons à forfait, et il y a joint tout ce qui pouvait le servir ou lui être payé à part. C'est ainsi qu'autrefois toutes les vignes fines, à pineaux, étaient en perches reliant les échalas d'une même ligne, à 5o centimètres de terre. Aujourd'hui les perches n'existent plus dans beaucoup de vignes, ou, si elles existent, le vigneron ne les utilise pas; il est évident que ces perches, qu'il fallait rattacher souvent, compliquaient le travail. Autrefois, on donnait des longs bois aux ceps de Migraine, de la Chaînette, etc. A Auxerre, aujourd'hui, le vigneron refuse de les donner : pourquoi? parce que chaque long bois exige une attache spéciale qui augmente le travail sans plus de profit. Autrefois, l'ébourgeonnage se faisait de bonne heure et avec soin; le rognage, après le relevage et le liage, était pratiqué régulièrement à 1o centimètres au-dessus de l'échalas. Aujourd'hui, les femmes qui sont chargées de faire l'ébourgeonnage et le rognage, et auxquelles les pampres verts appartiennent, attendent, pour ébourgeonner, que les gourmands soient assez forts pour constituer un fourrage abondant et sain à leur bétail, et elles accomplissent le rognage tout le long de la saison, selon les besoins de leurs bêtes.

Enfin, le vigneron retranche le plus de vieux bois possible pour se chauffer, et fait le plus de provins qu'il peut, parce que c'est là un travail d'hiver qui lui est payé à part. Il a, pour appuyer ses actes, des raisons d'autant meilleures que le propriétaire n'a aucun moyen de les déclarer mauvaises. L'opinion du vigneron est la loi et le droit de la viticulture du pays; personne n'est en état de lui prouver qu'il a tort. Il est à la fois le pouvoir législatif et le pouvoir exécutif. Aussi repousse-t-il avec un superbe dédain toute proposition d'amélioration.

Ajoutons aussi que la multiplicité des intermédiaires sans frein a jeté dans les qualités, les provenances, les noms et les goûts des vins un trouble et une anarchie déplorables et a, pour ainsi dire, dressé les propriétaires à faire plutôt des éléments de vins à combiner que des vins loyaux et purs, et surtout des vins de grande qualité et de première main. Le procédé coercitif de ce commerce est très-simple. Tout ce qui peut s'appeler vin, il l'achète, si cela ne coûte que 5 ou 12 francs l'hectolitre; que cela n'ait ni couleur ni esprit, peu lui importe. L'esprit et la couleur qui manquent, le bouquet même, il les lui donnera à meilleur marché, il fera ressembler son vin aux vins valant 50 francs l'hecto-litre; ou, si cela n'y ressemble pas pour les connaisseurs, la ressemblance suffira au cabaret, au restaurant, à l'au-berge, pour ceux qui n'ont ni le temps ni la permission de goûter. Le consommateur sera dégoûté, digérera mal, sa santé et son existence seront altérées : qu'importe? il faut bien que chacun ait la liberté de gagner sa vie; d'ail-leurs, le consommateur n'est-il pas libre de ne pas entrer au cabaret, au restaurant, à l'auberge? N'est-il pas libre de ne pas acheter du vin plâtré, coloré, alcoolisé, parfumé? Puisque celui-ci est libre de se défendre, pourquoi l'autre ne serait-il pas libre d'attaquer?

La liberté illimitée dans le taux des bénéfices, l'usure commerciale, ne sera jamais entre le producteur et le con-sommateur qu'un moyen de multiplier à l'infini les intermédiaires, qui n'achètent qu'à vil prix au producteur pour vendre hors de prix au consommateur.

Il est plus facile de se faire marchand que producteur. De là cette conséquence nécessaire que, sous certaines licences, il y aura trop de marchands et pas assez de producteurs; de là la ruine certaine des producteurs, des consommateurs et des honnêtes marchands; de là une majorité parasite, sans frein, sans foi et sans loi, dans une société en décadence, majorité assimilable aux joueurs armés de dés pipés et de cartes biseautées.

Faire fortune par escroquerie, et même sans la mériter par un travail équivalent ou par la création d'une valeur sociale corrélative, c'est la fortune provenant du jeu ou de la fraude, objet d'un juste et éternel mépris. Une société doit proscrire cette fortune, parce qu'aucune société ne devient grande et riche si elle n'a pour loi principale l'obligation imposée à chacun d'avoir créé, en services réels et appréciables, autant qu'il reçoit en retour. Mais tolérer, protéger, honorer ces hommes cupides qui voudraient être libres d'épuiser la société en gagnant des sommes imméritées par la ruine des autres, par l'usure de l'argent, par l'usure des produits de première nécessité, par les falsifications, qui sont et seront toujours des criminels, sinon devant des lois malsaines, au moins devant leur propre conscience et devant celle de tous les honnêtes gens; laisser aux faibles le soin de se défendre contre eux, c'est proclamer la déchéance sociale et le retour à la sauvagerie.

Je dis ces choses ici parce que la production et la consommation des vins sont déviées, entravées, souillées par le courant d'idées que je viens d'esquisser; parce que l'essor de notre viticulture est une base plus solide de notre population, de notre richesse et de notre puissance dans le monde, que ne seraient toutes les mines d'or de la Californie et de l'Australie; parce que nous puisons là notre sang, notre force, notre caractère, jaillissant directement de notre sol.

Toutes les vignes sont en lignes dans l'Yonne, du moins toutes celles que j'y ai vues; la plupart y sont très-propres et très-soignées.

La pratique dominante, pour les anciens et fins cépages, à Auxerre, à Chablis, à Coulanges, à Joigny, à Tonnerre, comme à Semur (qui évidemment se rattache à l'Yonne et non à la Côte-d'Or par ses méthodes), est de traîner, partant de chaque souche, trois, quatre et cinq membres, portant chacun un courson à deux, trois, rarement quatre yeux, plus souvent deux, attachés chacun, soit à une perchette, soit à un échalas.

Pour expliquer ma pensée, je reproduis (fig. 68) une

Fig. 68.　　　　　Fig. 69.

ligne de souches de Semur au centième, puis (fig. 69)

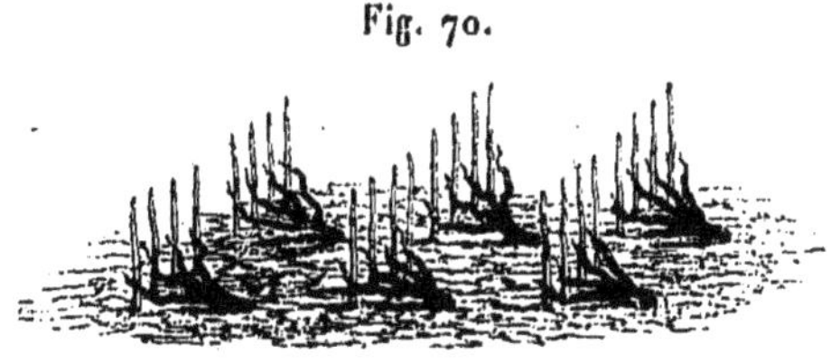

Fig. 70.

une ligne des environs d'Auxerre, puis de Chablis (fig. 70);

puis de Coulanges (fig. 71); puis de Tonnerre (fig. 72),

Fig. 71.

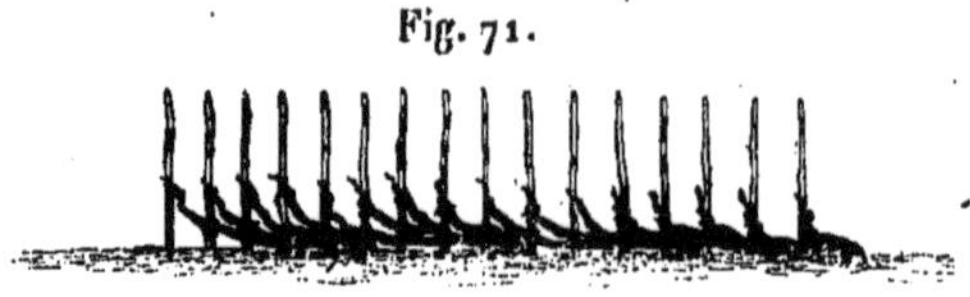

et enfin de Joigny (fig. 73) : cette dernière seule est à

Fig. 72.          Fig. 73.

cinq courts bras sur souche; toutes les autres sont à trois,
quatre ou cinq bras, traînant jusqu'à un mètre de long et
plus.

Ce traînage des bras est dans un plan parallèle à la ligne
à Semur, à Auxerre, à Coulanges, à Tonnerre; mais, à
Chablis, le sens du traînage est perpendiculaire à la ligne
de plantation, comme on peut le voir fig. 70; cette variante ne change point le principe de toutes ces cultures,
qui est de tenir toujours les coursons terminaux de chaque
membre aussi rapprochés du sol qu'il convient à la bonne
maturité, sans que le raisin touche à terre.

Ainsi, dans la Côte-d'Or proprement dite, la majorité
des vignes est en foule; et tous les ceps, réduits à un seul
membre (je parle des fins cépages), sont dressés et montent
verticalement le long d'un échalas de 1ᵐ,30 à 50 centimètres. Dans l'Yonne, chaque cep est muni de trois à quatre
membres qu'on tient parallèles au sol ou traînant jusqu'à
sa surface, pour se relever toujours à peu près à la même
hauteur : pourquoi ces différences?

Pourquoi, en Haute-Bourgogne, la pointe du pineau, procédant d'un provin, ne porte-t-elle qu'un membre, et pourquoi en porte-t-elle quatre en Basse-Bourgogne?

La seule réponse possible et vraie est celle-ci : Chaque pays fait ses vignes comme il l'entend, sur ses données traditionnelles plus ou moins bonnes, plus ou moins altérées par les caprices ou les intérêts du vigneron qui les façonne à prix d'argent. Quand le vigneron fait ses vignes à lui, il se borne, pour tout progrès, à planter des gros cépages qui lui produisent beaucoup, sous toute conduite; s'il a des fins cépages, il les arrache et le bourgeois imite le vigneron. Voilà tout le secret de la détérioration de nos vignes.

Je me suis demandé bien des fois comment les excellents ouvrages du comte Odart, comment l'Ampélographie française, *compendium* parfait, comment les œuvres de M. Puvis, les bonnes monographies de tant d'autres, les ouvrages d'Ollivier de Serres et de Columelle, qui contiennent tout, qui disent tout, sur la viticulture et la vinification, étaient restés sans que les forces vives qu'ils contiennent fussent dégagées et utilisées.

C'est, je crois, après y avoir mûrement réfléchi, qu'ils accordaient trop de prépondérance aux nécessités et aux pratiques locales, en sorte que chacun était disposé à croire que la vigne devait être cultivée, dans chaque pays, suivant la méthode traditionnelle, comme si elle faisait partie intégrante du sol et du climat; tandis qu'il fallait étudier, avant tout, la constitution, le caractère et les besoins de la vigne en elle-même, puis voir, dans chaque pays, comment on pouvait le mieux répondre aux nécessités de cette plante.

Je dis que la vigne a, en tout pays, ses conditions principales de vie comme le blé, comme le haricot, comme le groseillier, le cerisier, et je dis qu'elle ne doit pas être plantée comme la nature n'a jamais planté ni herbe ni arbrisseau ni arbre. Je dis qu'elle ne doit pas être torturée comme jamais aucun arbre ni arbrisseau ne l'a été; je dis qu'elle a besoin d'une certaine expansion pour répondre à une certaine fructification, et que toutes ces considérations dominent le terrain et le climat; et je n'admets pas que les mille traitements bizarres qu'on lui inflige soient des nécessités absolues, découvertes par la haute sagesse et la haute science des vignerons de mille pays différents.

Auxerre. — « La plupart des meilleurs crus de l'Auxer-« rois, » dit l'Ampélographie française, « sont situés sur la « grande route d'Auxerre. Ils comprennent les climats re-« nommés de *Boussical, Rosoir, Migraine, Quétard, Champleroy,* « *Boivin, Clairion, Judas, les Iles* et *la Chaînette.*

« Les vins produits par ces crus, et notamment par ceux « de Migraine, Quétard, Boivin et la Chaînette, sont l'orgueil « de la Basse-Bourgogne; ils se recommandent par leur « vinosité, leur finesse et leur bouquet. »

Le sol qui les produit est argilo-calcaire, pierreux et ferrugineux, appartenant à la formation oolithique supé-rieure, aux terrains crétacés inférieurs et aux dépôts pos-térieurs à meulières. « Trois cépages peuplent la grande « côte d'Auxerre : le *pineau* pour deux tiers, le *tresseau* et « le *romain* pour chacun un sixième environ. »

Dans tout le département, d'ailleurs, les vignes à vins fins sont peuplées principalement de pineaux noirs et blancs. Les vignes mixtes de pineau noir, de pineau de Coulanges, de tresseau ou verrot et de césar ou romain; le picorneau, que je crois être le meunier, et l'épicier ou meslier, entrent pour très-peu dans ces vignes. Les gamays, ou seuls ou dominants, donnent les vins communs, qui sont bien plus abondants que les vins fins. On ne plante plus de vignes fines, on les arrache plutôt; et j'ai vu déjà, dans le magnifique clos de la Chaînette, 2 ou 3 hectares de pineaux remplacés par les gamays et les tresseaux.

On plante la vigne, à Auxerre, sans défonçage, en petites fosses à 8o centimètres au carré, en chapons ou crossettes coudés. La plantation commence dès le mois de novembre dans les coteaux secs et calcaires, et se continue jusqu'en mai dans les terrains argileux et humides. Ces plantations prématurées laissent périr beaucoup de boutures, qu'on remplace pendant deux ans avec des plants neufs enracinés, si l'on en a; mais plus tard le remplacement est fait par le provignage.

On rabat la première taille sur un sarment et sur un œil; à la deuxième taille, on laisse deux sarments rognés à deux yeux, et on obtient déjà quelques fruits; à la troisième taille, on laisse trois sarments ou membres qu'on dresse en panier à mouche (fig. 74), pour le gamay et autres ceps non montés; mais autrefois les pineaux étaient conduits comme à Semur (fig. 68). Beaucoup sont conduits comme les figures 69 et 71. J'ai vu encore dans le clos de Migraine des perches attachées aux échalas; mais les vignerons ne veulent plus s'en servir, ni laisser les longs bois qu'on y attachait autrefois, en sorte que la plupart des ceps sont conduits à deux ou trois membres, en éventail ou en panier à mouches, même les pineaux, dont on taille les crochets à trois yeux parfois, au lieu de deux. Il y a d'ailleurs, quoiqu'à grands frais et à grands soins, grande variété de systèmes et absence de tout système rationnel dans la conduite des fins cépages. Les gros cépages sont plus logiquement menés : aussi donnent-ils jusqu'à 90 et 100 hectolitres à l'hectare, tandis que les fins cépages donnent 12 à 15 hectolitres aux clos de Migraine et de la Chaînette. Toutefois, les moyennes sont d'au moins 50 hectolitres pour les premiers et de 20 hectolitres pour les derniers.

Ce n'est qu'à la quatrième année de plantation, souvent à la cinquième, que la vigne paye ses frais de culture.

Les échalas, de 1<sup>m</sup>,33, sont mis en place à la troisième ou quatrième année; ils sont parfaitement alignés et fixés à demeure. Dans le courant de mai, malheureusement plutôt à la fin qu'au commencement, les femmes ébourgeonnent; elles relèvent et lient d'un premier lien, à la fleur, vers la fin de juin; elles mettent un second lien en juillet et rognent à 10 centimètres au-dessus de l'échalas; enfin, elles émouchettent encore à la fin d'août. Toutes ces pratiques sont fort bonnes et fort bien faites; il n'y manque que l'opportunité et la régularité.

Fig. 75.

On donne à la terre quatre cultures à Auxerre; les deux premières et les plus importantes sont pratiquées au moyen d'une pioche pesant 3 kilogr. et dont je donne le croquis (fig. 75).

Le ruellage se fait après la vendange; il consiste à pratiquer une ruelle entre deux lignes de ceps et à rechausser ainsi les pieds de vignes (fig. 76, *A*). Le déruellage ou sombrage est accompli en mars, après la taille; il déchausse

et fait un billon entre les lignes *B;* le binage est donné à
la fin de mai; il diminue le billon et rechausse un peu les

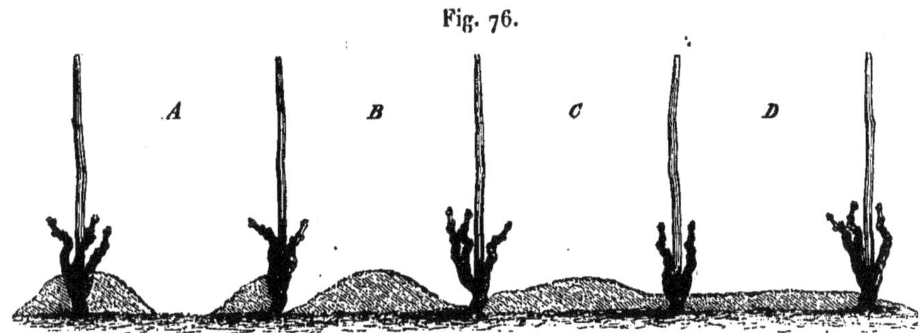
Fig. 76.



ceps *C;* enfin, le débinage est pratiqué à la fin d'août et
met le terrain tout à fait à plat *D.*

On vendange en paniers versés en hottes portées à dos
d'homme. Ces hottes sont vidées dans des tonneaux défoncés, dans lesquels on foule avec un bâton fouleur; puis
on remet les fonds, on charge sur voiture et l'on verse en
cuve, après avoir ôté le fond du tonneau. Pour les vins fins,
quelques propriétaires font d'abord verser les hottes sur
une table à rebord appelée *martine;* là, les raisins sont
triés avant d'être mis en tonneaux. Souvent, à la vinée, on
éraille (on égrappe) sur un crible placé sur la cuve; cette
pratique était plus usitée autrefois qu'aujourd'hui. La cuve
emplie, la vendange est égalisée, parfois couverte d'une
toile ou d'un fond non jointif. Aussitôt que la fermentation
baisse, on foule deux, trois et quatre fois avec un fouloir,
puis on tire en feuillettes neuves, au bout de cinq à sept
jours pour les vins fins, de huit à douze pour les vins communs; généralement, pour ces derniers, on opère le tirage
quand le marc est tout à fait descendu. Généralement aussi,
pour les vins fins comme pour les gros vins, on ne mêle

les vins de presse avec les vins de goutte qu'après le premier soutirage.

Toutes les vignes se font ici à façon et au prix fait de 160 à 180 francs l'hectare, non compris les provins, les terrailles, les fumures, tous travaux payés à part, de même que les vendanges; le vigneron n'a aucun intérêt dans le produit, aussi est-il très-difficile à conduire par le propriétaire. Le prix des journées est de 3 et 4 francs et nourri, depuis le sombrage jusqu'à la fin des travaux d'été; il faut joindre à cela deux à quatre litres de vin par jour. Les prix d'hiver sont de 2 francs à 2 fr. 50 cent., nourri et le vin. J'ai dit plus haut les autres ennuis qui résultaient, pour le propriétaire, de cette condition de travail rural.

Leur ensemble est si grave, que les grands propriétaires prennent leurs vignes en dégoût et sont tout à fait livrés aux caprices et à la direction de leurs vignerons, lesquels font d'ailleurs rendre très-peu aux vignes.

Les vignes sont généralement arrachées de quarante à cinquante ans, au plus tard; on laisse s'écouler un intervalle de dix à quinze ans, avant de replanter.

COULANGES. — Dans le canton de Coulanges-la-Vineuse, qui comprend Irancy, dont les vins généreux, corsés, colorés, sont bien connus pour leurs qualités alimentaires, on plante beaucoup sur chaume, sur sainfoin et sur simple labour à la charrue ou sur simple culture à la pioche; souvent même cette culture n'est donnée qu'après la plantation, qui se fait généralement au pal de 4 à 5 centimètres de diamètre et de 1 mètre de haut; on l'enfonce à 25 ou à 30 centimètres, on descend le sarment, on coule de la terre fine qu'on tasse avec la pointe d'un paisseau; la bouture, ainsi plantée, a trois yeux en terre et deux yeux dehors.

Ce sont là de bonnes pratiques, mais parfois rien ne réussit; cela est peu surprenant, car on plante ainsi de novembre en avril. Il est évident que des haricots semés dans le même temps ne réussiraient jamais. Or, la vigne est aussi sensible à la pourriture et à la gelée que les haricots; c'est donc un miracle qu'il en pousse un peu. Si la vigne est garnie à moitié, les vignerons sont contents; si elle a trop réussi, ils en arrachent volontiers une partie, parce que les provignages de la troisième ou quatrième année leur donnent beaucoup de raisin dès la première année de recouchage, et plus encore la seconde.

A la première taille, on rabat sur un œil; à la deuxième taille, on ne laisse encore qu'un sarment à deux yeux; à la troisième taille, on laisse deux sarments, rarement trois, à deux, trois et jusqu'à quatre yeux; enfin, dans les années suivantes, on arrive à quatre et cinq membres, quatre en moyenne, qui ont chacun leur échalas.

Comme je l'ai dit plus haut, les membres sont mainte-

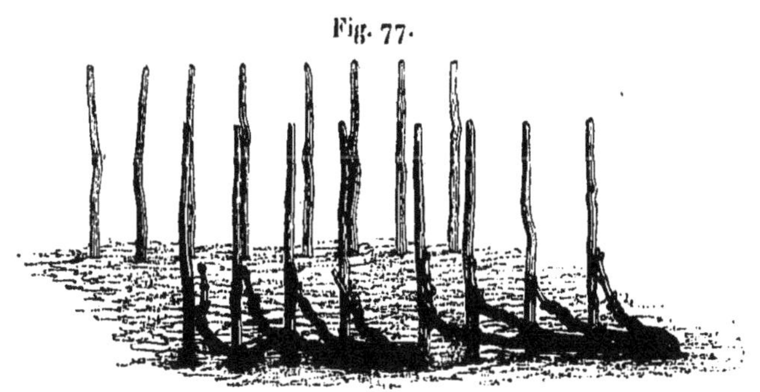

Fig. 77.

nus, autant que possible, à distance égale dans le plan de la ligne. Je donne deux souches à la mode de Coulanges dans la figure 77, qui montre la disposition la plus générale des souches; leur distance est de 95 centimètres dans la ligne et de 70 à 75 centimètres entre les lignes.

On entretient par le provignage. On tend à fumer l'hiver en rigole, outre la fumure au provin; on terre beaucoup et l'on remonte les terres du pied des vignes au sommet tous les cinq ou six ans.

On ébourgeonne, à Coulanges-la-Vineuse, avec beaucoup de soin et le plus tôt qu'on peut; on relève et on lie avant, pendant et après la fleur; puis, à la fin de juillet, l'on rogne, et le rognage se répète à la fin d'août; on met ainsi jusqu'à deux ou trois liens et on rogne autant de fois. En somme, les vignes sont d'une belle tenue dans le canton de Coulanges. On ne donne pourtant aux vignes que trois façons : une d'hiver, de novembre en mars, une au milieu du mois de mai et l'autre à la fin du mois de juillet.

Les cépages sont le césar ou romain, le tresseau ou verrot et le fameux pineau de Coulanges, qui subsiste encore, mais qui tend à disparaître.

Tout se fait en vins rouges dans le canton; la récolte moyenne accusée n'est que de 36 hectolitres; pourtant les vignes sont d'une vigueur remarquable; évidemment chaque courson pourrait, avec avantage, supporter deux yeux de plus en appliquant le pincement, suivant la méthode lorraine (voy. *Meurthe, région du Nord-Est*).

La vendange et les cuvaisons se font à peu près comme à Auxerre; seulement on met plusieurs jours à emplir une cuve : aussi ne cuve-t-on que deux ou trois jours en sus dans les années chaudes, et sept à huit jours dans les années peu favorables. On ne laisse pas éteindre le gros bouillon, ni tomber le marc, de peur que le vin ait trop de cuve.

A Irancy, on arrose le marc avec du vin ; on tire en vaisseaux neufs et la fermentation continue dans les tonneaux
en cave.

MM. Rapin père et fils ont institué la culture de leurs
vignes à la charrue. Habiles à manœuvrer les instruments
aratoires, ils cultivent dans la perfection, avec un cheval,
dans l'intervalle des lignes anciennes, c'est-à-dire dans un
espace de 70 à 76 centimètres. Mais, pour atteindre un
résultat aussi avantageux, ils ont dû recourir à un artifice
très-simple : ils ont disposé le palonnier de traction sous le

Fig. 78.

ventre du cheval, et le trait passe entre les jambes de derrière (fig. 78).

MM. Rapin substituent le fil de fer aux échalas et étu-
dient les tailles à longs bois ; ils ont déjà constaté qu'elles
réussissaient fort bien sur le simoro, le césar ou le picorneau. Elles conviendraient de même au tresseau ou verrot
et au pineau de Coulanges.

Le césar ou romain n'a pas l'oïdium, mais il est frappé
du cottis ; le tresseau ne craint pas le cottis, mais il est
atteint par l'oïdium. J'ai vu à Coulanges-la-Vineuse une
vigne appartenant à M. Berdin, presque toute en pineau,
sur lequel on a greffé le césar ou romain, en sauterelle.

Chablis. — Les pratiques de Chablis, en viticulture et en vinification, offrent des différences notables avec celles des autres vignobles du département.

Chablis cultive, en vins rouges, les gamays dans les bas, et les lombards, le tresseau et le césar sur les hauteurs; mais ses grands et véritables produits sont les vins blancs, dont le plant unique et traditionnel est le morillon blanc, que le comte Odart classe avec raison dans la tribu des pineaux, mais qu'il affirme, avec non moins de raison, n'être pas le pineau blanc ou chardenet. Je viens de voir celui-ci dans Saône-et-Loire et dans la Côte-d'Or; je me trouve maintenant en présence du morillon blanc dans les mêmes conditions de maturité, et ces deux espèces sont parfaitement distinctes dans leurs feuilles et dans leurs fruits. Elles n'ont de commun qu'une qualité presque égale dans les vins blancs qu'elles produisent, mais leur bouquet et leur saveur diffèrent.

Les vins de Chablis occupent un des premiers rangs parmi les vins blancs de France; ils viennent se placer tout près des vins de Meursault. Spiritueux, sans que l'esprit se fasse sentir, ils ont du corps, de la finesse et un parfum charmant; leur blancheur et leur limpidité sont remarquables. Mais ils se distinguent surtout par leurs qualités hygiéniques et digestives et par l'excitation vive, bienveillante et pleine de lucidité qu'ils donnent à l'intelligence. Malgré la grande réputation dont ils jouissent à juste titre et depuis longtemps, leur valeur réelle est, selon moi, plus haute encore que leur renommée.

En tête des bonnes pratiques de Chablis et la plus importante de toutes est l'assolement de la vigne, à vingt-cinq ou trente ans; rien n'est plus nécessaire que l'adoption de l'assolement dans tous les grands crus, pour en assurer la perpétuité et surtout la fécondité rémunératrice.

Chablis a toujours pratiqué régulièrement, et de temps immémorial, cette importante opération.

Les ceps y sont aussi tenus de franc pied, c'est-à-dire sans provignage; on remplace seulement les manquants par sauterelle ou marcotte.

Les lignes ou routes sont dirigées transversalement à la pente des coteaux; elles sont à 1$^m$,33 de largeur, tandis que les ceps (qu'on appelle treilles avec raison) sont à 75 centimètres les uns des autres dans la ligne.

A la première taille, on rabat sur un sarment rogné à un œil; à la deuxième, on ne prend encore qu'un sarment, le plus bas, qu'on taille à deux yeux.

A la troisième taille, on ôte encore tous les sarments, sauf le plus beau et le plus près de terre; on le taille à trois yeux, mais on éborgne l'œil le plus haut; le prolongement sert à abaisser le sarment, qu'on attache, avec un osier, à l'échalas unique que l'on met alors à chaque jeune souche (fig. 79). Il pousse beaucoup de bourgeons adventifs

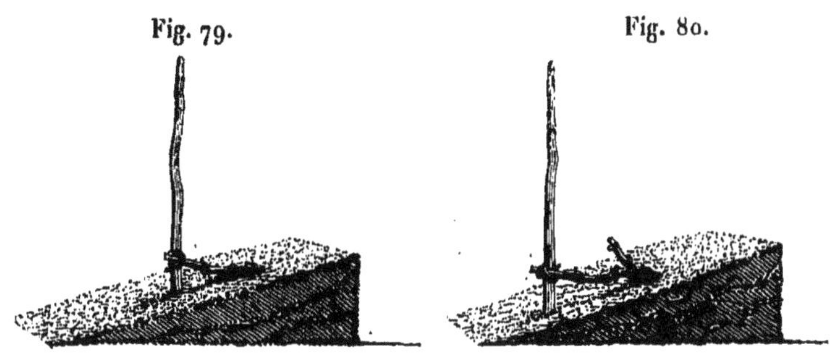


et gourmands sur cette taille, mais on n'ébourgeonne pas; on ramasse et on lie le tout à l'échalas (de 1$^m$,30), et l'on rogne jusqu'à deux fois; il n'y a pas encore de raisin.

A la quatrième taille, on jette bas tous les sarments, moins le premier membre, et on laisse un second sarment, qu'on taille à deux yeux, pour constituer un second membre. Sur le premier on a laissé un sarment taillé à deux ou trois yeux (fig. 80). Souvent, s'il y a deux beaux sarments qui sortent mieux de terre, on retranche le premier membre et l'on en forme deux autres avec ces sarments. On voit quelques raisins, mais on ne les compte pas comme récolte.

A la cinquième taille, sixième année, on allonge d'un œil le courson de chaque membre; on donne quatre yeux au premier, trois au second, et si un beau sarment se présente à côté, on le taille à deux yeux pour en faire un troisième membre. Si trois sarments plus beaux et mieux placés que les membres anciens se présentent, on jette bas ces derniers et l'on fait trois membres neufs des trois sarments. Ce rabattage des membres constitués n'a lieu que jusqu'à la sixième ou septième année; c'est une pratique barbare qui n'a d'effet que de retarder la première récolte et d'épuiser la souche.

En général, on augmente les membres jusqu'à quatre,

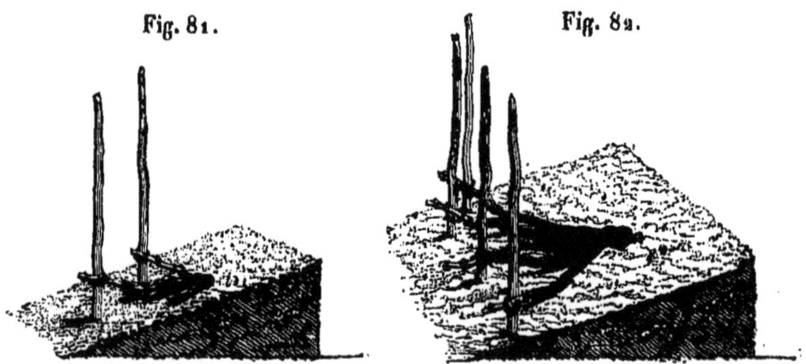


cinq, six et même sept; mais quatre membres sont la règle, et souvent on n'en établit que trois. La figure 81 donne la cinquième taille normale, et la figure 82, un cep de dix ans à quatre membres, c'est-à-dire un jeune cep complet.

Les vignerons ont deviné qu'il n'était pas avantageux de former la vigne tardivement; car pour eux elle est formée à cinq ou six ans, et pour le bourgeois, à huit et neuf ans seulement, parfois à dix ans. A cinq ou six ans, pas avant, la vigne paye ses frais de culture annuelle. Je donne, dans

Fig. 83.

la figure 83, le croquis d'une souche de trente ans prise dans les vignes de M. le docteur Rattier.

Dans les jeunes vignes vigoureuses, on ébourgeonne quand le grain est formé, en juillet, parce que, disent les vignerons, les bourgeons restants mangeraient leur raisin; et on ébourgeonne les vieilles en mai, parce que les gourmands enlèveraient trop de séve aux bourgeons fructifères et feraient couler leurs fruits. Ces pratiques sont très-intelligentes et tout à fait fondées; mais il serait mieux encore d'utiliser pour la production des fruits, au lieu de le perdre, l'excès de séve qui nourrit les gourmands inutiles des jeunes vignes.

Les vignes sont considérées comme jeunes, et conservent le nom de plantes, jusqu'à dix ou douze ans, à Chablis.

Les vignes se font toutes à la tâche à Chablis, comme dans tout le département.

Le prix moyen de la journée est de 3 francs, plus le vin, le fricot et la goutte le matin; le vigneron n'apporte que son pain. En recevant le surplus, on dit qu'il est *épidencé*.

On fume peu, mais on terre le plus possible, parfois jusqu'à une hottée par cep.

La récolte moyenne est de 24 hectolitres par hectare en vin fin; elle est parfois de 60 feuillettes (environ 80 hectolitres) à l'hectare. Les vignerons récoltent beaucoup plus que les bourgeois. Le vin blanc se fait simplement au pressoir, où le raisin est apporté le plus rapidement possible, pressé immédiatement et entonné dans des feuillettes de 136 litres à mesure que les moûts sont produits. La fermentation se fait habituellement en futailles; pourtant quelques propriétaires déposent d'abord les moûts en cuves, soit de bois, soit de ciment, avant de les mettre en feuillettes.

**JOIGNY.** — Les vignes de Joigny sont en lignes et bien tenues; l'aspect des vignobles des environs de la ville surtout est admirable : aussi donnent-ils les meilleurs vins de l'arrondissement. Les vins de Joigny sont des vins bourgeois; ceux des trois quarts du reste de l'arrondissement sont des vins communs.

Autrefois, la côte Saint-Jacques et les autres crus distingués étaient entièrement plantés en pineaux noirs, blancs et gris, avec un peu d'épicier (maillé-meslier) et de plant de roi (cot rouge); mais aujourd'hui plus des deux tiers des ceps sont en verrots et le reste en plant de roi; les pineaux existent à peine.

A Villeneuve, on cultive le franc noir, qui me paraît réunir tous les caractères du troyen; on y cultive aussi le teinturier. A Champvallon, dans la vallée d'Aillant, le gamay domine.

Au vignoble de Joigny, on cultive en perches à 85 centimètres de distance, les ceps à la même distance dans la ligne. On plante en fosses, en chevelées dans les terrains blancs, avec une pelletée de lateux ou terre rouge sur les chevelées, et on plante en boutures dans les terrains rouges. La vigne est dressée d'abord à deux coursons, puis à trois et quatre; j'ai vu des souches à cinq bras, en éventail ou en gobelet, avec deux échalas par souche ou trois pour deux.

A trois ans, la vigne est formée à deux coursons (fig. 84);

Fig. 84.

Fig. 85.

à cinq ans, elle en a généralement quatre (fig. 85). La figure 86 représente une vieille souche de tresseau ou verrot, à cinq bois, que j'ai prise sur place.

Fig. 86.

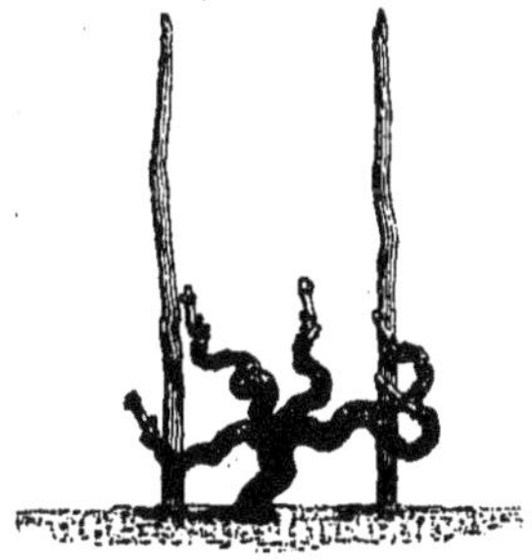

Sauf le dressement à bras sans traîne, la vigne à Joigny est soignée comme dans le reste du département.

On fume beaucoup en ruelle, de novembre en mars; parfois on fume l'été en couverture et on enterre la fumure après une pluie. L'hiver, on terre à la hotte sur la fumure.

Les moyennes récoltes des vins bourgeois des environs de Joigny sont de 25 hectolitres; mais les vins communs de Villeneuve, Montvallon, etc. sont récoltés au taux moyen de 50 hectolitres à l'hectare.

A Joigny, on fait des vins gris excellents qui ne cuvent que douze ou vingt-quatre heures. On fait de très-bons vins rouges qui ne cuvent que deux, trois ou quatre jours au plus; s'ils cuvaient plus, ils perdraient de leur qualité. On ne foule que rarement les cuves; on tire en vaisseaux neufs et l'on mélange les vins de presse avec les vins de goutte. La fermentation se continue et s'achève dans les tonneaux.

A Villeneuve, au contraire, et partout où sont faits les vins communs de l'arrondissement, on cuve de dix à quinze jours, on foule à la cuve, on tire en vaisseaux refaits, on ne mêle pas les vins de presse avec les vins de goutte; le vin qui sort de la cuve est froid et ne travaille plus dans les tonneaux.

Ces deux modes de préparation représentent bien les vins fins, d'une part, et les vins grossiers, de l'autre. Il en est de même dans toute la France.

A Joigny, comme dans la plupart des vignobles de l'Yonne, dans ceux de la Côte-d'Or et d'un grand nombre d'autres pays, les vendangeurs arrivent en foule aux environs du jour fixé pour l'ouverture de la vendange; ils sont laissés sans asile et sans frein, depuis leur arrivée jusqu'à leur départ. On va les chercher la nuit, sur la place publique; on fait marché avec eux pour la journée, et le soir ils retournent sur la place et passent la nuit comme ils peuvent, généralement en étant mal et en faisant le mal. Ils sont écrasés de fatigue pour le travail du lendemain et exigent avec raison des prix aussi élevés que possible. Ce choix des hommes, des femmes et des enfants, à la grève, est renouvelé toutes les nuits; cet abandon de malheureux sur la place publique est tout à fait sauvage et fait honte à la civilisation. Il y a plus, ces conditions sont funestes aux propriétaires, qui verront tous les jours les exigences des vendangeurs s'élever de plus en plus, et souvent leurs vendanges suspendues par les refus de service. Cette double punition est plus que méritée : car s'il y a des pays où les propriétaires se refusent à héberger les aides, la plupart débiles et fragiles, qui leur arrivent, s'ils se refusent à leur offrir le vivre et le couvert et à s'assurer un concours persévérant pendant toute la vendange, il y en a un plus grand nombre où chaque propriétaire a sa troupe de vendangeurs et de vendangeuses arrêtée pour toute la vendange; troupe qu'il loge, couche et nourrit très-bien.

Dans ces derniers pays, la joie est parmi les ouvriers et les maîtres; et, au lieu des orgies de cabarets, des bacchanales nocturnes, il n'y a que des conversations joyeuses, puis un bon repos la nuit. Le dimanche soir, le maître accorde le violon et la danse; et puis, le jour du bouquet, chaque ouvrier reçoit son compte et a son argent intact en partant. L'intérêt, autant que la moralité privée et publique, le repos et la santé, y ont gagné tout ce qu'ils perdent dans le système des grèves, des marchés nocturnes à la lanterne, et des inquiétudes de tous les jours et de toutes les nuits, devant l'incertitude des prix et du service du lendemain.

J'ai vu, pendant une grande partie de ma vie, les vendanges faites à la troupe internée, et ces vendanges sont pour moi un des plus heureux souvenirs de la maison paternelle. J'ai vu quelquefois dans le même temps, dans des pays voisins, les vendanges à la grève, et cette sauvagerie me semblait odieuse. Je n'ai pas changé d'opinion aujourd'hui, et ce n'est pas sans une certaine satisfaction que je vois arriver un temps où les vendangeurs à la grève demanderont 10 francs de leur journée; alors on se pourvoira, on fera des marchés, on logera, on nourrira les joyeuses tablées des vendangeurs, et la dépense en sera moitié moindre, parce qu'on aura dépensé le double d'humanité.

Tonnerre.—Les vignobles du Tonnerrois sont très-anciens, et probablement ses cépages exclusifs étaient les pineaux noirs et blancs, car les vins de Tonnerre avaient, de temps immémorial, la réputation d'être les meilleurs de l'Yonne, ou du moins d'être plus généreux que ceux même de la côte d'Auxerre, sinon plus fins et plus distingués; aujourd'hui encore, Tonnerre offre des vins supérieurs, mais sur une échelle de plus en plus restreinte, comme à Auxerre et comme à Joigny; car ici, comme à Auxerre et à Joigny, le tresseau, le romain et le lombard constituent des vins de second ordre et de garde avec les plants de roi. Les bourguignons, et les gamays surtout, donnent les vins communs, de plus en plus abondants. Le béarnais ou morillon blanc donne les vins blancs d'Épineuil, de Dannemoine; mais ce cépage se mêle aussi avec avantage aux vins rouges fins.

Les principaux vignobles du Tonnerrois sont échelonnés le long de la riante vallée de l'Armançon. Leur sol est constitué par l'oolithe supérieure et moyenne et par conséquent calcaire et argilo-calcaire, à terres rouges et ferrugineuses, sur roches lamellaires ou sur marnes argileuses, sols des plus favorables à la vigne.

On plante la vigne, à Tonnerre, sur simple culture, à bouture glissée obliquement dans une entaille faite à la pioche, comme j'essaye de l'indiquer dans la figure 87.

Fig. 87.

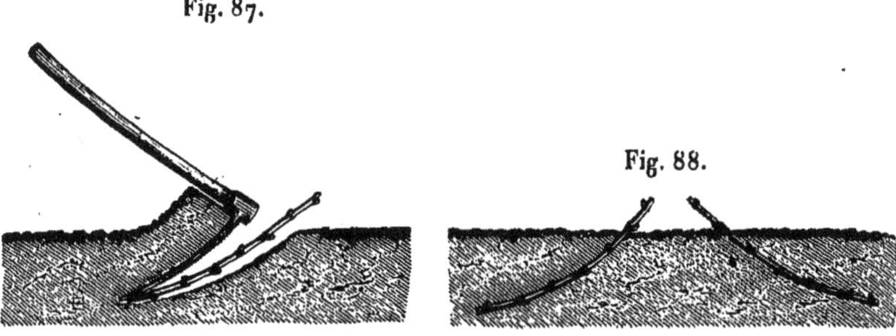

Fig. 88.

Deux boutures sont ainsi placées en regard et en sens inverse (fig. 88), avec un bourgeon sur terre et un second au-dessus. Les lignes sont à 78 centimètres les unes des autres, et les ceps à 1 mètre dans la ligne. Ce genre de bouturage laisse beaucoup de manques à la reprise et donne des pousses très-faibles. Voici (fig. 89) l'aspect d'une plante de

Fig. 89.

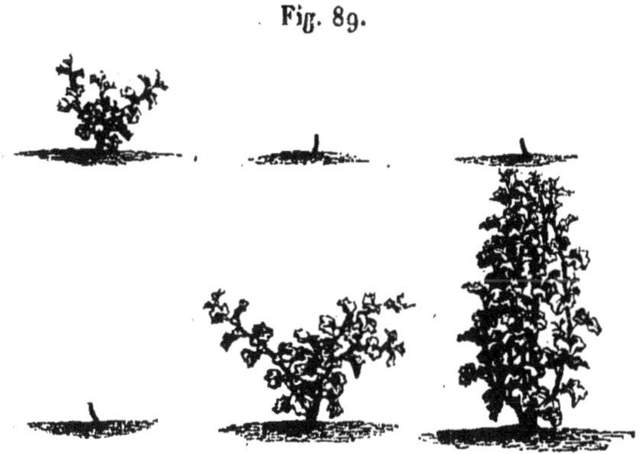

trois ans que j'ai pris sur place : on y voit trois boutures nouvelles, deux de deux ans et un plant de trois ans. Ce mode de procéder est déplorable sous tous les rapports.

Jusqu'à trois ans, on ne laisse jamais qu'un sarment à
chaque taille, et on taille ce sarment à un, deux ou trois
yeux, et un *nevot* (nouveau sans doute) à un œil (fig. 90) :

Fig. 90.                    Fig. 91.

*a* billon, *n* nevot; à la cinquième année, le nevot devient
*ciotte*, c'est-à-dire qu'on lui laisse un sarment à deux ou
trois yeux, pour en faire, l'année suivante, un second
membre; puis on laisse un nouveau nevot (fig. 91) : *a*
membre, *c* ciotte, *n* nevot. On porte ensuite le nombre des
membres à trois ou quatre, avec des nevots et des ciottes
au pied, pour rabattre la souche quand elle est trop
allongée.

Chaque membre, à mesure qu'il est constitué, reçoit un

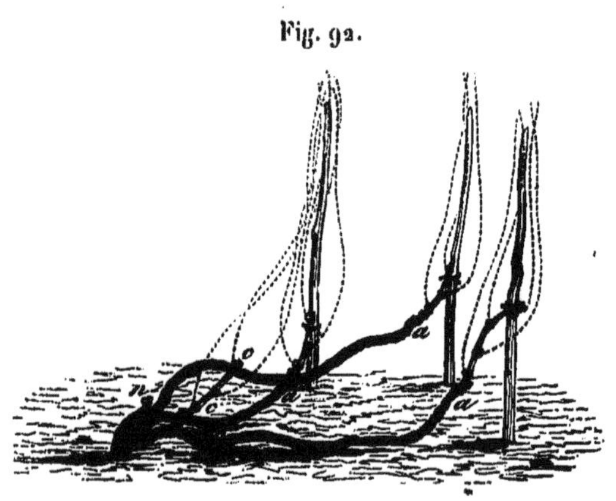

Fig. 92.

échalas; les échalas sont assez irrégulièrement plantés,
sans observer le plan ni la ligne. La figure 92 donne,

d'ailleurs, une idée de la confusion des membres, ciottes et nevots que présentent les souches du Tonnerrois.

Cette souche offrait un nevot *n*, une ciotte *c c* et trois membres *a a a*. On ne laisse qu'un seul courson, à deux ou trois yeux, sur chaque membre.

Les pineaux noirs et le beaunois blanc occupent les rampes moyennes des coteaux, les gamays sont dans les bas, et les lombards, les tresseaux, le romain et le plant de roi sont sur les rampes supérieures.

Les terrains bas sont très-sujets à la gelée; mais les gamays, les bourguignons et le plant de roi repoussent encore du raisin, dans les sous-yeux, après la destruction de l'œil.

On arrache, à vingt ans, les vignes en gamay, en bourguignon et en blanc; mais les autres essences, les pineaux surtout, durent indéfiniment.

La main-d'œuvre est si rare, qu'on n'en trouve parfois à aucun prix. La bourgeoisie n'ose plus garder de vignes; à Tonnerre, presque toutes les vignes appartiennent aux vignerons.

La vendange se fait à l'ordinaire et la cuvaison est celle des bons crus de Bourgogne.

Tous les vins du Tonnerrois, même ceux de gamay, se conservent parfaitement; on en peut goûter encore de cinquante ans, bien conservés.

Les vins blancs de Tonnerre, des côtes de Vaumorillon et des Grisées, sont pleins de finesse et de spirituosité; ils rivalisent avec les meilleurs vins de Chablis. Depuis 1826, on fait dans le Tonnerrois des vins mousseux trop généreux et n'ayant pas la finesse et la distinction des bons vins de Champagne. Ces vins se font d'ailleurs à la mode champenoise, et, comme en Champagne, avec le jus de pineaux noirs autant et plus qu'avec celui des pineaux et morillons blancs.

A côté de Tonnerre est une commune essentiellement vignoble, Épineuil, qui produit d'excellents vins. Un dicton local semble revendiquer la supériorité en faveur d'Épineuil :

Fig. 93.

Tonnerre le *nom*, Épineuil le *bon*, mais on le répète surtout à Épineuil.

L'écrivain (eumolpe) fait des ravages considérables dans le Tonnerrois et à Chablis; dans ce dernier vignoble l'écrivain se nomme *besin*. Pour le détruire, on a construit un petit van, avec un demi-cercle en bois et une toile percée au centre où se trouve un sac (fig. 93) : c'est l'*ébesinoir*. On presse le bord libre de la toile contre le cep, on frappe ses pampres; le besin tombe et roule dans le sac.

Un bon propriétaire d'Épineuil, qui se livre à la culture de la ferme plus encore qu'à celle de la vigne, me disait, en me conduisant à sa maison d'exploitation créée par lui avec une connaissance approfondie et l'habitude pratique des diverses branches de l'agriculture, que la ferme rapportait bien peu de chose et que la vigne, qui offrirait de grandes ressources, était impossible à étendre faute de main-d'œuvre; il ajoutait qu'on ne pouvait avoir ni journalier, ni vigneron, ni domestique, qui veuille écouter le propriétaire; que, par suite, le travail des champs était pris en dégoût aussi bien par les maîtres que par les serviteurs,

et que l'argent semblait l'avoir le plus commode et la passion fatale au pays.

C'est en effet partout la folie du jour, le dégoût du travail persévérant et la perte des villes et des campagnes[1].

---

[1] Obligé de restreindre ce travail qui menaçait de prendre des proportions indéfinies, j'ai dû supprimer la mention des services personnels qui m'ont été rendus par M. Rampont, président du Comice d'Auxerre, par M. Laurent Lesseré, propriétaire des clos de la Chaînette et de Migraine : j'adresse ici mes remercîments et mes excuses à ces Messieurs.

# DÉPARTEMENT DE L'ALLIER.

Le département de l'Allier compte environ 17,000 hectares de vignes, des plus irrégulièrement cultivées que j'aie vues jusqu'ici; j'excepte Saint-Pourçain, Chantelle et Bellenaves, où le mode de conduite de la vigne est très-bien entendu et aussi curieux qu'original, pour les vignes blanches surtout.

Partout la vigne végète énergiquement dans les faluns, les grès et les meulières des environs de Moulins, dans les diluvium et les alluvions anciennes entre Varennes, Saint-Pourçain, Gannat et la Palisse, et dans les terrains granitiques qui entourent ce périmètre, où sont produits de très-bons vins rouges, d'une consommation fort saine et très-agréable, d'une conservation indéfinie, à côté de vins blancs de moindre valeur, mais beaucoup plus abondants.

Évidemment la viticulture a manqué d'ensemble et de direction dans le département de l'Allier, dans ce bon Bourbonnais, pays du métayage par excellence, principale base du peuplement des campagnes, quand il est appuyé de la sollicitude, de l'amour, de la science et du crédit du propriétaire.

M. le marquis de Bressolles, par les vignes duquel j'ai commencé ma visite sous la conduite de M. de Bonand, président de la Société d'agriculture, était bien un de ces hommes destinés à mener à bien de nombreuses familles, et ayant rempli ce grand devoir pendant de nombreuses années.

Mais, au moment de notre visite, il avait renoncé au tracas de l'exploitation à moitié fruits et avait loué, à prix d'argent, toutes ses métairies. Chacune des métairies qui possédaient de la vigne a été louée de 110 à 125 francs l'hectare, en moyenne; le prix de location de toutes celles qui n'en possédaient pas n'a pu dépasser 65 francs. Il en est à peu près de même dans tout le département, et je pourrais dire dans toute la France vignoble à métayage : en effet, la vigne est la fortune du métayer et du fermier comme elle est celle du propriétaire; elle nourrit les bras et donne de l'argent. Partout où la vigne peut être établie pour un tiers ou un quart dans les six à sept hectares d'une métairie, elle assure au propriétaire une rente de 8 à 900 francs, et à une famille bien dirigée, l'aisance et l'épargne pour six à sept personnes.

La vigne, malgré les imperfections de sa culture, qui dans presque tout le département se fait sans échalas pour la vigne à vins rouges et avec trop d'échalassement pour la vigne à vins blancs, produit encore en moyenne 30 hectolitres au moins à l'hectare, valant moyennement plus de 20 francs l'hectolitre et produisant ainsi plus de 10 millions de francs; c'est le sixième du revenu total agricole du département, sur la quarante-deuxième partie de sa surface : cette superficie est de 730,837 hectares, pour 376,164 habitants, dont les 10 millions, produits de la vigne, alimentent la neuvième partie.

Si la culture de la vigne occupait tous les lieux qui lui sont propres, sans nuire aux autres cultures, et au contraire à leur grand avantage, dans tout l'Allier, elle y couvrirait facilement 6o,ooo hectares.

Le département de l'Allier cultive les cépages rouges, pour vins rouges, et les cépages blancs, pour vins blancs; des différences énormes séparent ces deux sortes de cultures dans le dressement, la conduite et le soutènement des ceps.

Les cépages rouges sont au nombre de deux (si l'on ne compte que les espèces qui peuplent à peu près exclusivement les vignes à vin) : le lyonnais, d'autres disent la lyonnaise, et le bourguignon. Tous deux sont dressés presque partout, et notamment aux environs de Moulins, très-près de terre, sur deux ou trois petites cornes, rarement sur quatre (quatre sont défendues), portant chacune un seul sarment taillé à un, deux ou trois yeux. Jamais on ne donne de longs bois aux cépages rouges, les longs bois sont interdits dans les baux de métayage; rarement les cépages rouges sont munis d'échalas.

Les ceps sont placés en ligne au milieu de petits billons, tantôt bombés, tantôt en cuvette ou en gouttière, suivant l'époque de la culture; et les vignes présentent, à la taille de mars, l'aspect de la figure 94, au centième; puis, dans

Fig. 94.

le cours de l'été, celui de la figure 95, au trente-troisième.

Les lignes sont distantes de 1ᵐ,3o à 1ᵐ,36; les ceps sont à 5o ou 66 centimètres dans la ligne (fig. 94 et 95). Les vignerons mettent, pour eux, jusqu'à cinq à six cornes au

cep, mais rarement six ; parfois aussi ils mettent un pica-
vin, verge ou long bois piqué en terre. On donne quelque-

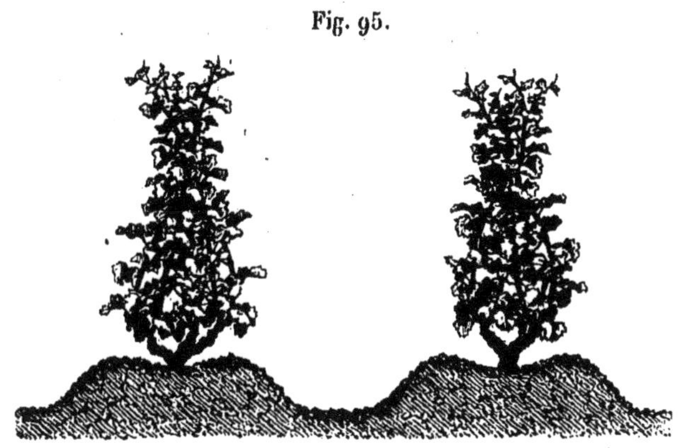

Fig. 95.

fois aussi de petits tuteurs, dans les premières années, aux
jeunes vignes. L'absence d'échalas aux vignes rouges se fait
aussi remarquer à Crechy, Saint-Gérand, Creuzier, Cusset;
mais à Martilly, Saint-Pourçain, Montord, aux Pérelles, on
voit déjà quelques vignes rouges bien échalassées.

A Creuzier-le-Vieux, M. Charles Lafond a fait munir ses
vignes d'échalas de 2 mètres, et dès lors ses vignes, affai-
blies par défaut de soutien, se sont mises à reprendre une
vigueur extraordinaire; c'est au point qu'à un kilomètre de
distance on distingue ses vignes échalassées dont les pampres s'élèvent de 1 mètre au-dessus de ceux de toutes les
vignes voisines. Non-seulement ces vignes se sont ranimées
par l'échalas, mais leur fécondité est doublée.

A partir de Saint-Germain-des-Fossés jusqu'à Cusset, un
troisième cépage se joint au lyonnais et au bourguignon :
on l'appelle *la vache;* c'est la mondeuse ou persagne : je l'ai
parfaitement reconnue; c'est en grande partie à la mondeuse que sont appliqués les échalas de M. Lafond. Mais

sur le bourguignon et la lyonnaise, M. Sadourny, juge de paix de Saint-Pourçain, a constaté dans son domaine des Pérelles, où j'ai vu le fait de mes yeux, les mêmes effets favorables de l'échalas. Dans un hectare de vignes rouges, en plein milieu de vignes non échalassées, il a doublé ses produits, en bois et en fruits, par un échalassement complet : aussi va-t-il mettre désormais des échalas à toutes ses vignes rouges. C'est, du reste, la pratique générale à Chantelle, à Bellenaves et aux environs.

L'usage de l'échalas a modifié la taille à Chantelle et à Bellenaves. La figure 96 donne une souche type dessinée

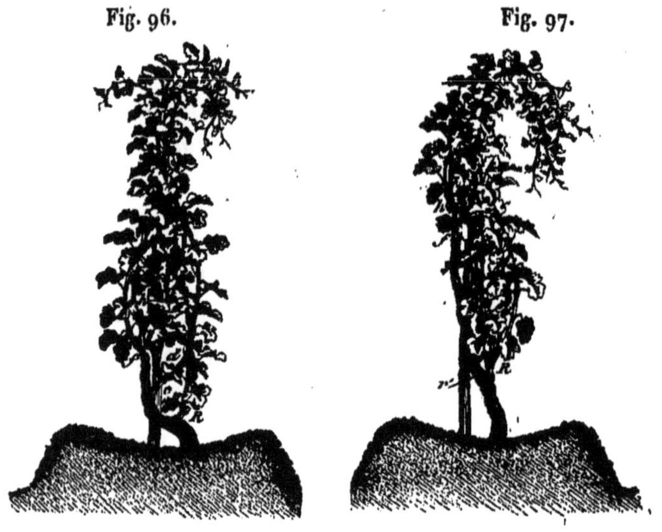

sur place à Chantelle, et la figure 97, qui indique la marche d'élongation de la souche, a été dessinée au clos de Paisselon, chez M. le marquis de Bellenaves.

Dans la figure 96, on voit que la taille se réduit à deux coursons, l'un à deux yeux $cd$ et l'autre à trois yeux $fh$, et à un tiret ou retrait de rabattage de la souche. Dans la figure 97, il n'existe que deux coursons à deux yeux, l'un inférieur $R$, l'autre supérieur $fh$. Quand la souche est montée presque en haut de l'échalas, comme on le voit dans cette dernière figure, on la coupe au-dessous du courson $R$ en $r'$.

En résumé, toutes les conduites et tous les dressements des ceps à vins rouges se rapportent aux indications des figures 94, 95, 96 et 97. Toutes les tailles sont à coursons, et chaque souche ne porte que de deux à quatre coursons, à un, deux et trois yeux. A Billy, par exemple, il n'y a jamais que deux coursons : c'est trop peu pour la fécondité de la vigne, surtout avec la bonté du sol. Enfin le fait le plus remarquable, c'est que dans le métayage, qui est le mode d'exploitation le plus général en ce pays, le propriétaire s'oppose absolument à ce qu'il y ait plus de trois coursons à une souche, et il défend, par acte, d'y mettre jamais un long bois.

Le dressement et la conduite des cépages blancs sont basés sur des principes tout à fait contraires. Deux cépages blancs dominent et constituent presque exclusivement les cultures des arrondissements de Moulins, de la Palisse et de Gannat : ce sont le gamay, lyonnais blanc ou tressalier, et le saint-pierre, dannery ou épinette blanche.

Lorsque ces cépages blancs sont mêlés aux cultures rouges, on donne à leurs souches quatre, cinq et six cornes, et l'on y joint encore un ou plusieurs archelets ou verges; mais le plus souvent leur culture est absolument séparée de celle des rouges.

Aux environs de Moulins, à Varennes, et dans beaucoup d'autres vignobles, les vignes blanches sont plantées en lignes sur billon, et un seul rang de souches comporte deux rangs d'échalas : deux échalas pour recevoir les deux archelets de chaque souche.

En quittant le domaine de M. de Bressolles, MM. Henri et Adolphe de Bonand m'ont fait voir une vigne blanche à simple et à double archelet (en tressalier). Cette vigne, qui compte quarante ans d'existence, présentait des bois magnifiques et des fruits en abondance (fig. 98). A cet

Fig. 98.

âge, les vignes à courson touchent à leur fin; leur durée moyenne est comprise entre trente et quarante ans.

A Montilly, chez M. Dubost, maire de cette commune, nous avons vu une vigne en jouelles, occupant une prairie artificielle de quatre hectares, par travées éloignées les unes des autres de 6$^m$,66, formées chacune de trois rangs de fils de fer fixés à de très-forts pieux en chêne plantés solidement et à demeure de 6 en 6 mètres.

Les ceps, à 1$^m$,60, sont conduits en double palmette et munis de coursons et de longs bois; ces derniers sont au nombre de quatre à cinq. Les pampres sont bien rognés, bien épointés, et ils laissent voir des fruits aussi beaux qu'abondants. M. Dubost récolte sur ses 3,750 ceps environ

180 hectolitres de vin, 5 litres à peu près par cep, valant la moitié du vin rouge, 30 francs la pièce ou 13 francs l'hectolitre, soit 2,340 francs bruts.

Quant au produit de la prairie artificielle intercalée, M. Dubost ne l'estimait pas à 500 francs. Or, dans un intervalle de $6^m,60$ on peut installer une et même deux palissades intermédiaires aussi productives que les autres, surtout si toute culture herbacée était supprimée, ce qui porterait le rendement de ses quatre hectares à plus de 6,000 francs, au lieu de 3 à peine qu'il en retire aujourd'hui. Les jouelles ainsi établies sont tout à fait une exception aux environs de Moulins.

C'est dans les cantons de Saint-Pourçain et de Chantelle qu'il faut voir et étudier les vignes blanches et leur conduite singulière et hardie.

A son domaine des Pérelles, M. Sadourny m'a fait voir des vignes blanches sur une grande étendue.

Les vignes blanches sont plantées ici en planches d'environ 2 mètres de largeur, séparées par des sentiers de 66 centimètres de large en contre-bas. On voit toutefois des planches ou billons de $1^m,33$ et d'autres de 3 ou 4 mètres; mais ces variations ne changent rien aux principes de conduite.

De chaque côté des planches, quelle que soit leur largeur, sont plantés les ceps qui devront garnir les bords et le dessus d'espèces de berceaux recouvrant les planches.

Ces berceaux sont composés de deux rangs d'échalas, 1 2 3 4 - 1' 2' 3' 4', plantés verticalement, en ligne avec les ceps, et reliés entre eux par une perchette ou lisse $a\,b\,c\,d$, $a'\,b'\,c'\,d'$ (fig. 99, au centième). Cette perchette est à environ 70 centimètres de terre et elle sert de point d'attache

aux traversines $aa'$, $bb'$, $cc'$, $dd'$; mais ces traversines, de
2 mètres, fléchiraient sous le poids des pampres, et des raisins surtout, si elles n'étaient soutenues dans leur milieu

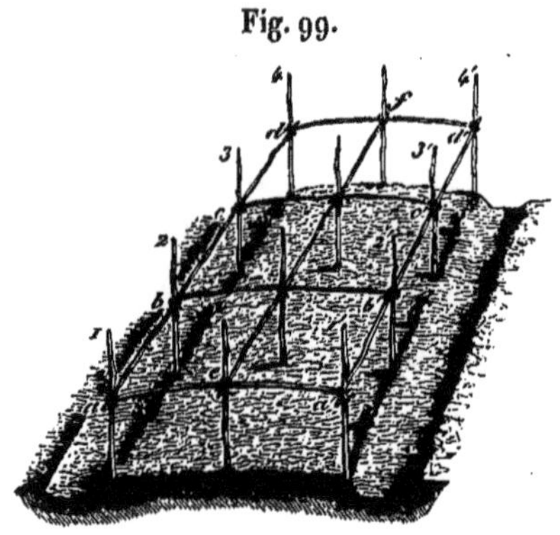

Fig. 99.

par un troisième rang d'é-
chalas portant eux-mêmes
une perchette ou longrine
$ef$ attachée à 75 centi-
mètres de terre, pour voû-
ter un peu les traversines
et leur donner plus de
force. Il y a, ai-je dit, des
travées de 3 à 4 mètres et
des voûtes de berceaux à
trois et cinq longrines intermédiaires, avec un ou deux
rangs d'échalas, sans ceps correspondants; les ceps n'occupent jamais que l'extérieur des planches.

Pour faire comprendre la conduite curieuse de la vigne
sur ces espèces de berceaux, qui se rapprochent du Kammerbau de Wissembourg et de la Bavière rhénane, j'en
donne une analyse, au trente-troisième, dans la figure 100 :
$sabcd$ est une souche de quinze ans, dont quatre membres
$sa$, $sb$, $sc$, $sd$, montent jusqu'à la perchette $gh$ et y sont
attachés avec un lien d'osier. Chacun de ces membres, à la
taille de mars, porte un sarment long de 60 centimètres à
1 mètre et plus, $aa'$, $bb'$, $cc'$, $dd'$. Ces sarments, ou branches
à fruits plus ou moins longues, sont attachés aux traversines, ou bien fortement tendus par un osier qui les prolonge et va les attacher à la perchette, de l'autre côté de la
planche, comme on voit le sarment $jk$ de la jeune souche
$CP$ tendu et attaché par un osier $kn$.

Revenant à la souche $s$, on voit, en $e$, un petit membre

tenu très-bas. Ce petit membre s'appelle le boulet (ce nom est peut-être un jeu de mots : *bout laid*). Il a une

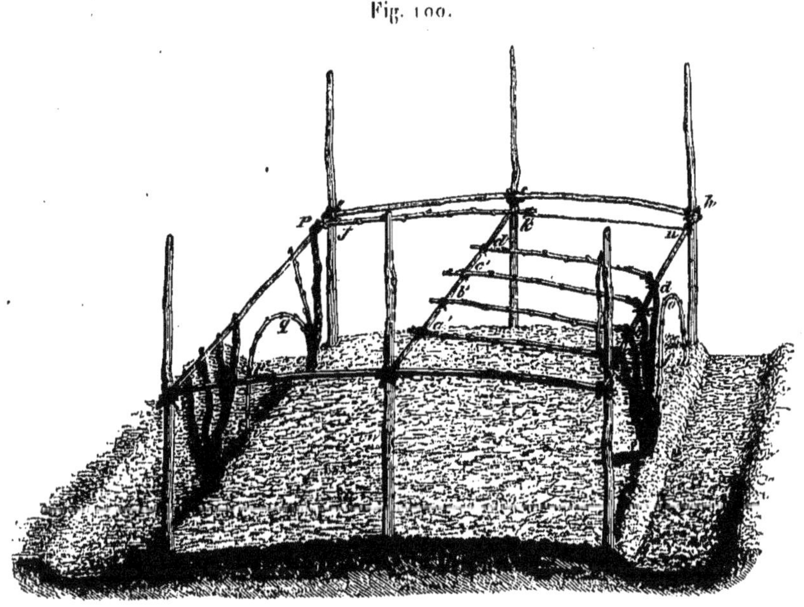

Fig. 100.

destination toute spéciale : il porte tous les ans un courson à deux ou trois yeux, pour produire des archelets, comme *efom* et *cqpv*, à la souche *c*. Ces archelets, formés d'un beau sarment venu sur le boulet et renouvelé tous les ans, garnissent de festons de raisins tous les flancs extérieurs des planches et même les extrémités, tandis que les longs bois terminaux des grands membres couvrent le dessus des berceaux de pampres et de raisins.

J'étais émerveillé de voir tant de végétation et de fructification des vignes blanches à côté de la maigreur, en bois et en fruits, des vignes rouges; mais surtout j'étais émerveillé de l'audace et de l'accord parfait des viticulteurs, propriétaires et vignerons, dans l'extension indéfinie de la taille des premières et dans la restriction indéfinie de la taille des secondes. On proclame ici bien haut, et partout, que l'extension de la taille longue et la grande production des fruits ne fatiguent jamais la vigne blanche ; tandis que dans l'arrondissement de Bergerac et dans celui de Libourne, dès qu'on aperçoit des vignes taillées à coursons et sans échalas, on peut affirmer que ce sont des vignes blanches; et, tout à côté, les vignes rouges ont une, deux, trois et quatre astes ou longues tailles, et autant d'échalas que d'astes.

Un autre fait plus curieux et plus intéressant est encore à remarquer dans la culture des vignes blanches de l'Allier : c'est que tous les archelets sont plantés en terre par leur extrémité libre pour prendre racine; et tous en effet prennent de vigoureuses racines, qui nourrissent de magnifiques raisins.

Après la récolte, ces versadis, ou plants enracinés la tête en bas, reçoivent deux destinations : 1° ils remplacent une souche manquant ou usée, si cela est nécessaire; 2° puis ils fournissent des plants excellents pour planter d'autres vignes. Mais le plus souvent, n'ayant aucun de ces deux besoins à satisfaire, le vigneron les arrache un peu avant la vendange et les relève sur les berceaux, ou les attache en l'air aux échalas, pour préserver les raisins de l'humidité, de l'ombre et des gelées tardives.

Aussitôt, après la plantation, que la végétation donne un sarment qui peut s'attacher à la perchette, on le dresse jusque-là, sans éborgner aucun œil, et la vigueur de la vigne y gagne. Dès que l'établissement de cette maîtresse tige de la vigne est acquis, on dresse le boulet; puis successivement on ajoute d'autres longs membres à la branche maîtresse. La souche *c* est un jeune cep avec son boulet *q* et sa maîtresse branche *P*.

Pour montrer ici qu'il y a plus de préjugé que d'observation dans le traitement appliqué aux vignes blanches à l'exclusion des vignes rouges, je dois dire qu'à Louchy des vignes en cot rouge sont conduites en berceau avec plein succès.

On plante généralement en fossé de 3o à 5o centimètres de profondeur, les plants étant tantôt sur un rang, tantôt sur deux, tantôt enracinés, tantôt en maillot ou boutures, mais presque toujours coudés au fond du fossé.

Dans l'arrondissement de la Palisse, on plante par petites fosses isolées, de 5o centimètres de longueur sur 25 centimètres de profondeur et de largeur, qui reçoivent deux boutures sortant à l'opposé : les vignerons appellent cela *planter en jas* (gîte) *de lièvre*. Cette pratique est surtout celle de Crechy et des environs.

A Chantelle, on plante trois rangs par planche, en petits fossés de 25 centimètres de section, des plants enracinés au milieu et des maillots sur les bords.

A Bressolles, on ne met qu'un rang de plants racinés (pépinières de deux ans) sur un bord du fossé, et on remplit ce fossé avec la surface de l'intervalle séparatif de l'autre fossé.

En somme, les plantations sont généralement trop profondes, même quand on plante tout à fichon (au pal ou à la cheville). Aussi, tant par le couchage que par la trop grande profondeur, n'obtient-on, même avec le gamay, la récolte qui paye les façons qu'à la quatrième ou cinquième année.

Ce n'est guère que dans le canton de Saint-Pourçain

et dans celui de Chantelle qu'on ébourgeonne bien et à temps.

Partout on relève et on lie vers la fleur, soit que les vignes soient échalassées ou qu'elles ne le soient pas. Dans ce dernier cas, on attache les pampres de chaque souche isolée avec un lien de paille, et parfois on assemble ceux de deux souches en arc.

Dans presque tous les vignobles on rogne et on épointe à la fin d'août; mais le rognage en juillet, qui est le plus important, se fait rarement et ne se fait que très-incomplétement.

On donne de deux à quatre cultures à la terre : la première consiste à déchausser les souches, en mars; la seconde, en mai, les rechausse; la troisième culture est un binage sur place, avant la moisson ou la fleur, et la quatrième, qui se donne rarement, est un sarclage à la véraison. A Bellenaves, toutes les cultures se font sur place, sans dérangement du billon. Les billons, de même que les planches, sont toujours rechargés par les curages des sentiers ou razes, dans tous les vignobles.

L'entretien des vignes se fait en général par provignage; on commence pourtant à remplacer par des plants enracinés, rapportés.

Aux environs de Moulins, on fume tous les dix ans, à raison d'environ 4 mètres cubes à l'œuvrée (vingtième d'hectare à peu près). On pratique peu les opérations de terrage, qui seraient pourtant bien faciles en ce pays, et qui permettent de se passer de fumier. Les provignages servent de terrages à Bellenaves, à Creuzier-le-Neuf et aux environs; mais ce mode de terrage établit des irrégularités très-incommodes dans le sol des vignes : il vaut mieux rapporter des terres étrangères, quelles qu'elles soient. Quand on peut disposer de terres au voisinage des vignes, on est assuré de pouvoir entretenir leur vigueur et leur fécondité sans fumier : c'est la principale raison pour laquelle la vigne peut être créée avec toute sécurité dans les terrains déserts et de peu de valeur.

Les vendanges se font en paniers versés en hottes, en bois ou en osier, portées à dos d'homme, versées en tines ou bacholles ou en poinçons apportés sur voitures directement ou en belon. Généralement on foule avant d'emplir la cuve; quelques-uns foulent encore à la cuve avec des bâtons fouleurs. A Chantelle, on garde avec soin les tines ou poinçons à la vinée, jusqu'à ce qu'on en ait assez pour emplir la cuve.

A Crechy et aux environs, on laisse la cuve marcher pendant trois, quatre ou cinq jours, et, en pleine fermentation, on tire le vin; on foule énergiquement le marc, puis on remet le vin et on laisse cuver deux ou trois semaines. Mais la coutume qui m'a paru être la plus générale aux environs de Moulins, à Saint-Pourçain, Chantelle, Bellenaves, à Billy, aux Creuziers, c'est de fouler le raisin avant toute fermentation et de le laisser se faire pendant deux et quatre semaines sans le déranger à la cuve. Partout on tire le vin rouge clair et froid et on le met en vaisseaux vieux.

De Crechy à Saint-Germain-les-Fossés, Cusset, Saint-Pourçain, Chantelle et Bellenaves, les vins rouges sont très-bons et se gardent parfaitement.

Dans la plupart des vignobles de l'Allier on fait avec de l'eau, substituée au vin dans la cuve, des demi-vins et des boissons ou piquettes.

Quant aux vins blancs, M. Sadourny, juge de paix du canton de Saint-Pourçain et président du Comice, m'a dit qu'on mettait les raisins en cuve, qu'on les y foulait immédiatement et qu'on en recueillait le jus, logé de suite en vaisseaux neufs.

M. Bonneton, maire de Chantelle, m'a assuré que le raisin blanc mis en cuve donnait un vin qui jaunissait, et que chez lui, à Chantelle, on apportait sur la maie du pressoir les raisins blancs au fur et à mesure de la récolte, qu'on les foulait aux pieds et qu'on les pressait pour en entonner les jus en tonneaux neufs, sans désemparer.

Les récoltes moyennes, dans l'Allier, sont de 3o à 36 hectolitres pour les vignes rouges et de 6o à 8o pour les vignes blanches. Les prix moyens des vins sont de 25 francs pour les vins rouges et de 15 francs pour les vins blancs.

Le métayage est le principe de l'exploitation agricole la plus générale de l'Allier; la vigne est exploitée dans la métairie comme tous les autres produits, à moitié. Les métairies trouvent difficilement à se louer, me disait M. Bonneton, quand elles n'ont pas de vignes. La vigne ordinairement occupe un quart ou un tiers de la surface du sol des métairies. Dans tous les vignobles à métayage, les rapports des colons avec les propriétaires sont excellents. Les baux n'ont qu'un an de durée, et il suffit, pour les rompre, de se prévenir de part et d'autre le 11 août pour la Saint-Martin : les séparations sont excessivement rares.

Si le métayage a semblé jusqu'ici le mode d'exploitation du sol le moins productif et le moins progressif, c'est que le métayage a été considéré et pratiqué, pour la plus grande partie, comme le fermage, c'est-à-dire en substituant à long bail le métayer au propriétaire, et qu'ainsi, sauf le partage en nature remplaçant le fermage à prix d'argent, l'exploitation du sol de la métairie, comme de celui de la ferme, est abandonnée à l'ignorance, à la paresse et au caprice du métayer. Le vrai métayage est le partage annuel des ré-coltes entre le propriétaire dirigeant et la famille rurale exé-cutant; c'est l'association du capital, de l'intelligence et du travail, association résiliable après chaque période agricole si les parties ne s'entendent ou ne se conviennent pas. C'est là le métayage du Beaujolais et d'une partie de l'Allier; c'est là le seul métayage sérieux et plus productif que tout autre mode d'exploitation. Le métayage à long bail, c'est le fermage; le fermage, c'est l'abandon de la propriété.

C'est à tort, et à grand tort, qu'on a consacré de nom-breux enseignements et de nombreux ouvrages à la culture des fermes. Il n'y a que deux sortes d'exploitation agricole : l'exploitation directe et l'exploitation par familles rurales. L'exploitation directe par locataires et l'exploitation par fa-milles rurales au moyen d'agents intermédiaires sont deux modes d'*administration* et n'appartiennent en rien à l'*agri-culture*.

# DÉPARTEMENT DE LA NIÈVRE.

Le département de la Nièvre ne compte que 10,000 hectares de vignes environ, produisant en moyenne 30 hectolitres à l'hectare, d'une valeur de 20 francs l'hectolitre, ou 6 millions de francs de revenus bruts; et pourtant de Cosne à Nevers, de Nevers à Saint-Pierre-le-Moûtier, de Livry à Riousse, de Nevers à Imphy, de Querty à Saint-Goublin et à Saint-Benin-d'Azy, j'ai vu de vastes espaces et de belles expositions en terrains oolithiques et en terrains tertiaires, à pierres fragmentaires, à sol rouge superposé, des roches à failles et à lits des plus propres à la vigne. Il y a donc lieu d'espérer que la viticulture prendra bientôt une plus grande extension dans un département dont le sol et le climat lui sont très-favorables.

La récolte moyenne de la vigne est peu élevée sans doute dans la Nièvre; cependant j'ai vu à Riousse des vignes chargées à 100 hectolitres à l'hectare, à 80 hectolitres à Pouilly; et partout où la vigne est conduite avec intelligence et avec soin, elle donne facilement une pièce à l'œuvrée, c'est-à-dire plus de 50 hectolitres à l'hectare.

Si l'on excepte les très-curieux et très-intéressants vignobles de Riousse, à culture importée de l'Auvergne, et ceux de Pouilly-sur-Loire, où l'on cultive les raisins blancs surtout, par une méthode toute spéciale, on peut dire que

tous les autres vignobles de la Nièvre conduisent la vigne à
peu de chose près sur des principes identiques.

Ainsi tous les environs de Nevers, Pougues, la Charité,
Marzy, Saint-Baudière, ainsi que Cosne, au nord; Querty,
Saint-Goublin, Saint-Benin-d'Azy, à l'est, et Saint-Pierre-le-
Moûtier, au sud, cultivent la vigne en lignes, presque partout géminées par deux rangs et sur un billon élevé au-dessus d'un sentier. A Cosne et à Saint-Goublin, les vignes
sont presque toutes en lignes isolées et souvent à plat; partout elles sont établies sur une seule tête, ou membre à
deux coursons, ou crochets, à deux yeux sur le crochet inférieur et à trois yeux ou quatre yeux sur le crochet supérieur.
Rarement on y voit trois ou quatre coursons, mais toujours
les coursons se montrent sur un même membre et à divers
étages.

Partout, en ces différentes localités, on entretient la
vigne par le provignage en fosse et par abattage d'une ou de
plusieurs souches, à mesure que les vides se forment dans les
vignes plus ou moins vieilles (fig. 101). A Segoule et dans
le canton de Saint-Benin-d'Azy, le provignage se fait tous
les douze, quinze ou vingt ans, selon les nécessités du sol
ou du cépage, et ce provignage a lieu, pour toute la vigne ou
par portions de la totalité, sur tous les ceps qui sont compris dans le même espace. C'est un provignage plus avantageux et mieux compris que celui qui se fait partiellement
et par places vides ou épuisées.

J'essaye d'indiquer ce provignage dans la figure 101 : la
travée *A* est remplie de première année, et la travée *B*, de
deuxième année. La figure 102 donne la taille définitive des
souches. Ce mode de provignage des vignes, en totalité, est
pratiqué dans beaucoup de très-bons vignobles.

Dans tous les pays que je viens de nommer, les longs bois sont tout à fait bannis de la pratique. Il est vrai que

Fig. 101.

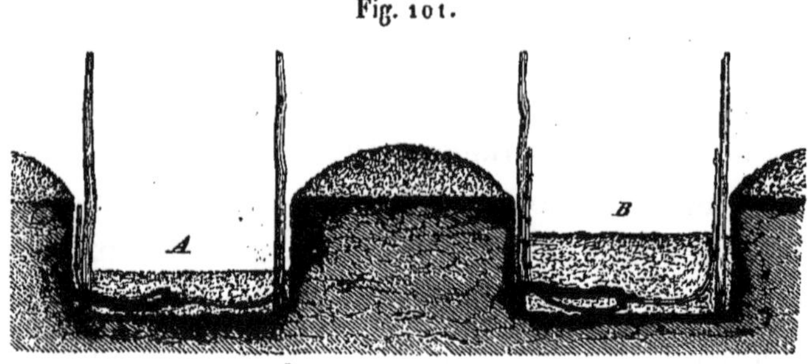

pour le gamay, qui domine ici, les longs bois ne valent rien, surtout sur vigne provignée.

A la Charité, à Pougues, à Marzy, à Saint-Baudière, les

Fig. 102.

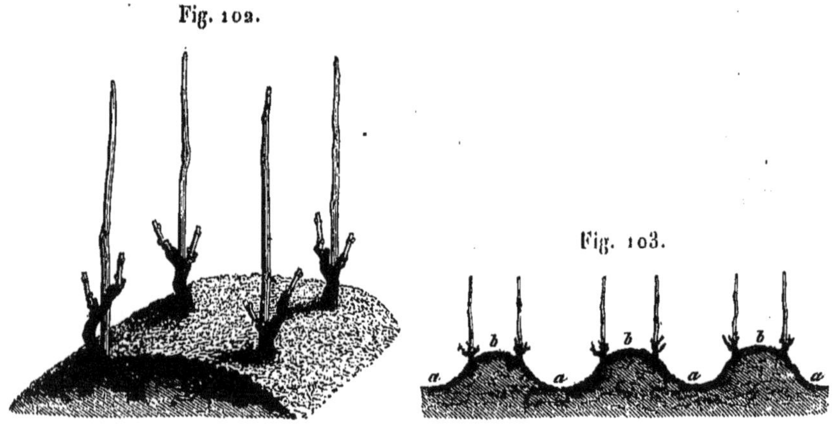

Fig. 103.

vignes sont sur billons à deux rangs, à 50 ou 66 centimètres entre deux rangs, avec un intervalle de 1 mètre entre les billons, intervalle qu'on appelle *raze* (fig. 103, au centième : *a, a, a, a,* sont les razes; *b, b, b,* les billons).

Mais partout le dressement et la taille présentent un type à peu près semblable. Voici, par exemple, deux ceps de

Marzy et de Saint-Baudière (fig. 104) et deux souches prises
dans les vignes de la Charité (fig. 105) : on voit que les tailles

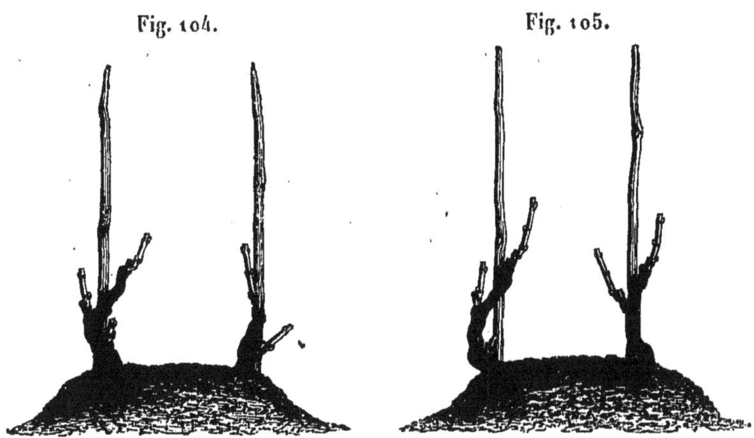

Fig. 104.          Fig. 105.

sont semblables, mais les traitements sur les pampres diffèrent. Ainsi, à Marzy et à Saint-Baudière les vignerons
ébourgeonnent pour eux et non pour leurs propriétaires. Ils
relèvent et lient à la fleur, où ils mettent un premier lien;
ils en mettent un second fin juillet et parfois un autre fin
d'août. Ils ne rognent pas les pampres en juillet, tandis qu'à
la Charité, où on n'ébourgeonne pas du tout, on relève, on
lie et on rogne après la Saint-Jean, et une seconde fois à la
fin de juillet : aussi l'aspect des vignes, en août, est-il fort

Fig. 106.          Fig. 107.

différent. La figure 106 donne l'aspect des vignes de Marzy
et la figure 107 celui des vignes de la Charité à la fin d'août.

L'épamprage de la Charité est bien supérieur à celui de Marzy.

La plantation de la vigne se fait partout sur simple culture en fossé, soit en plant enraciné de deux ans, soit en boutures avec ou sans vieux bois, coudés d'un côté à l'autre du fossé, dont les deux bords reçoivent chacun un rang. Partout on laisse des yeux dehors.

La première récolte pouvant payer les frais de culture se fait attendre quatre, cinq et parfois six ans.

Les échalas, de $1^m,33$ à $1^m,40$, sont mis, à la troisième année, à chaque cep assez fort pour porter fruit, et la vigne est toute garnie à la quatrième ou cinquième année.

On donne trois à quatre cultures à la terre. La première, du $1^{er}$ au 15 mai, est la piochaille ou la pioche; à la fleur on donne la binaille ou la bine; à la fin d'août on pratique la débinaille ou la contrebine; après la vendange on fait la récuraille, en raclant les hâtes, razes ou sentiers. On néglige souvent la débinaille ou contrebine. A Saint-Benin-d'Azy on ne donne que trois façons, avant Noël, au courant de mai et après la moisson.

Les cépages les plus répandus autrefois étaient le grand noir, le pinet et le teinturier, en rouge; et en blanc, le pinet, le sauvignon et le meslier.

Aujourd'hui on trouve le véro, que je crois être la mondeuse, le véro coudé, le gamay rond ou lyonnaise, le gamay ovale ou jacquot, l'auvernat, que je crois être le troyen, le moreau, le moreau-allerand, le gros plant, le bourguignon ou feuille ronde, le lyonnais ou sérine, la douce noire ou cot vert, pour les rouges; parmi les blancs on trouve le blanc-fumé, le chasselas, le gros plant, le moreau blanc (got ou gouais), le dameret, le gamay et le fromenté.

A la vendange, on foule généralement avant de mettre
en cuve; on met deux ou quatre jours à remplir. Le mode
le plus général de cuvaison est à cuve ouverte, à marc flottant; on cuve de deux à quatre semaines. On tire en vaisseaux vieux, on pressure et l'on met à part les vins de
presse.

Excepté à Saint-Père et à Saint-Loup (canton de Cosne),
où les vins sont bons, se gardent et se transportent, les
vins de la Nièvre sont durs et verts; ils se gardent peu. On
y vendange beaucoup trop tôt et on cuve beaucoup trop
longtemps. J'ajoute ici que les cépages différents sont beaucoup trop nombreux dans les mêmes vignes.

Il me reste à parler des deux cultures originales du département, celle de Riousse et celle, beaucoup plus étendue, de Pouilly-sur-Loire.

RIOUSSE. — Toutes les souches des vignes de Riousse sont
plantées en lignes, sur le milieu d'un billon, distantes de
1ᵐ,66. Les souches sont à 5o centimètres les unes des
autres dans la ligne, dressées chacune à deux courgées la-
térales, appelées *chièvres* dans le pays, et à deux coursons
de retour, chacun à deux ou trois yeux; les courgées, qui
comptent de neuf à quinze yeux, sont étendues et recourbées, à l'opposé l'une de l'autre, transversalement au billon; chaque courgée a son échalas planté sur la crête latérale
du billon. J'essaye de reproduire toutes ces dispositions
dans la figure 1o8 : *ab* sont les deux coursons de retour;
*cdefgh* sont les deux courgées ou chièvres, qui sont remplacées tous les ans, soit par le plus beau sarment venu
sur *ab*, soit par un des sarments poussés sur la chièvre
entre *c* et *d*.

Cette conduite de la vigne est évidemment un perfectionnement de celle des vignobles qui environnent ClermontFerrand.

Riousse est d'ailleurs un village fondé ou du moins ha-

Fig. 108.

bité par une colonie du Puy-de-Dôme; comme leurs auteurs, les membres de cette colonie sont d'une activité et d'une ardeur incroyables au travail. C'est dans les vignes de M. J. Ridan que j'ai pris les croquis de la figure 108.

On ébourgeonne à Riousse à la Saint Jean; c'est trop tard : l'ébourgeonnage devrait se faire avant le 20 mai. On pince ensuite vers la même époque tous les bourgeons des chièvres, excepté les deux ou trois les plus rapprochés de la souche. On relève et on attache; mais on a le tort de ne pas rogner au-dessus des échalas en juillet. Enfin on se livre à une pratique qui doit faire le plus grand mal à la production : on déchausse en mars et avril, en pratiquant un véritable fossé autour des souches, au milieu de leur billon; non-seulement on stérilise ainsi en partie les vignes, mais encore on amaigrit les ceps et l'on en fait périr quelques-uns. C'est dans ce fossé que, tous les deux ou trois ans, on fume la vigne; on recouvre le fumier en mai à la seconde façon, qui consiste à rechausser ou à remplir le fossé. On fait souvent un binage et un rendossage avant ou après la moisson. La culture d'hiver, qui consiste à curer les sentiers et à rejeter les terres sur les billons, est excellente et se donne après la vendange.

Les cépages principaux de Riousse sont la lyonnaise ou gamay, le petit noir ou pineau et le teinturier.

Le défaut de rognage et d'aérage sous les pampres développe la maladie de l'oïdium avec une grande énergie sur certains points des vignes de Riousse, là surtout où elles sont le plus vigoureuses; on voit aussi l'oïdium sévir dans certaines parties vignobles des environs de Nevers, par la même raison.

Pouilly-sur-Loire. — Le vignoble de Pouilly-sur-Loire est le plus étendu et le plus important de la Nièvre; sa réputation pour la production des vins blancs, non de grande, mais d'assez bonne qualité, est surtout fondée sur la régularité et l'ancienneté d'une production constante et abondante.

Pour faire bien comprendre la différence de la disposition de la souche de Pouilly avec celles des autres communes, je reproduirai (fig. 109) une souche de la Charité, analogue du reste à celles de Marzy, Querty, Saint-Goublin, Saint-Bénin-d'Azy, etc.; cette souche est complète dans

son seul et unique bras ou membre *ab*. Eh bien! la souche
de **Pouilly** est composée de trois, de quatre, de cinq et

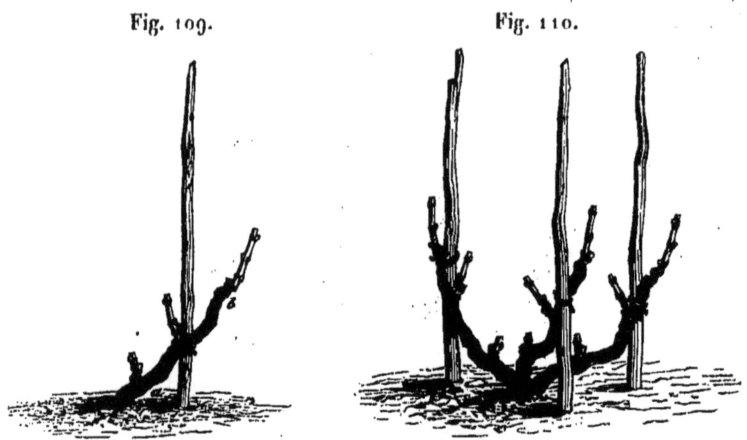

Fig. 109.                              Fig. 110.

jusqu'à sept bras ou membres pareils, ayant chacun leur
échalas, comme le montre la figure 110.

Au premier coup d'œil, on comprend que l'arbrisseau
représenté par la figure 110 a bien plus de vitalité que celui représenté par la figure 109 ; à plus forte raison, celui
de la figure 111 ; à plus forte raison, celui de la figure 112.

En effet, la souche de la figure 112 vivra plus longtemps,
donnera plus de bois et plus de raisin que celle de la figure 111 ; la souche de la figure 111 plus que celle de la
figure 110, et la souche de la figure 110 plus que celle de
la figure 109.

Je ne dirais là qu'une naïveté sans valeur si j'affirmais que
dix mille souches comme celles des figures 110, 111 et
112 seraient plus fertiles que dix mille souches comme celle
de la figure 109 ; mais je veux dire que dix mille bras semblables à la souche 109, associés par trois, par quatre et
par six, dans un même espace de terrain, donneront d'au-

tant plus de raisin et de bois, et vivront d'autant plus longtemps, que chaque tige sera plus armée de bras : c'est ce
que vingt vignobles ont mis hors de doute; mais la démons-

Fig. 111.

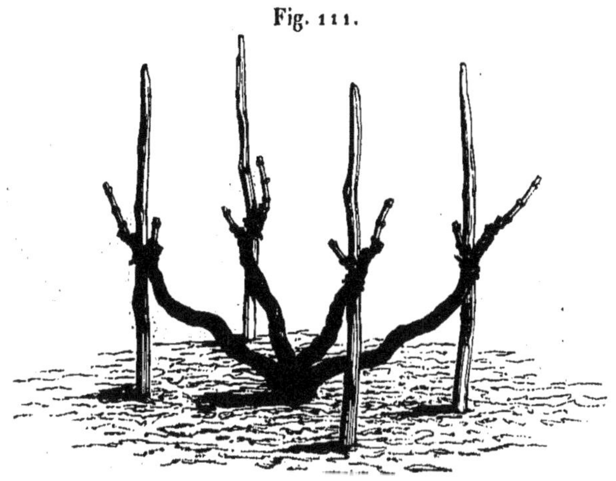

tration de cette vérité, fournie par Pouilly, est certainement une des plus curieuses et des plus complètes.

Fig. 112.

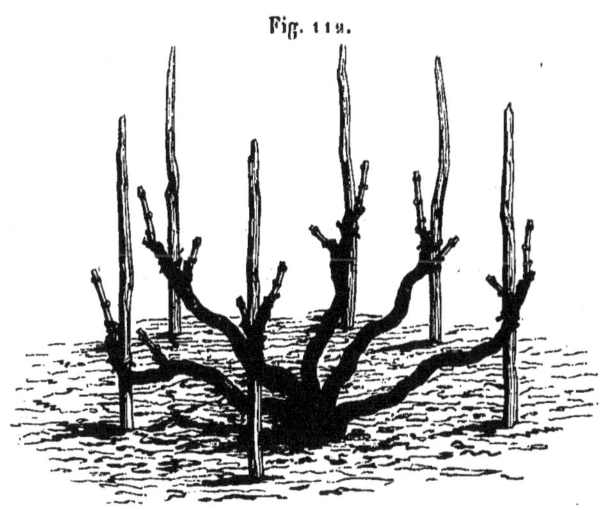

Les vignerons de Pouilly plantent sur chaume et, de préférence, sur vieux sainfoin qui n'est pas même préalablement labouré; s'il y a culture préalable, ce n'est jamais qu'un simple labour. Ils plantent, en fosses, un sarment coudé dont les trois contre-nœuds les plus bas sont privés d'épiderme, ce qui assure une reprise bonne et prompte.

A la première taille on rabat sur le sarment le plus bas, que l'on rogne à deux yeux; mais, à partir de la seconde, on laisse autant de cornes ou bras qu'il y a de sarments bien placés et assez forts. Ordinairement quatre membres sont installés à la quatrième année.

Dans les vignes de grands propriétaires, le maximum des bras est de quatre. On s'oppose à ce que le vigneron en laisse plus, et le vigneron ne demande pas mieux, parce que son ouvrage, à façon et à prix fixe, est diminué d'autant.

Mais dans ses propres vignes le vigneron met sur chaque souche de cinq à sept bras, ce qui porte la moyenne à six, tandis que dans les vignes à façon la moyenne est à peine de trois bras par souche : aussi la récolte de ces dernières vignes est-elle de 3o à 4o hectolitres à l'hectare, tandis que celle des premières est de 6o à 8o au moins.

La souche de Pouilly reste de franc pied. On remplace les souches mortes par une marcotte tirée d'un cep voisin; mais on renonce avec raison à ce procédé et l'on commence à remplacer par du plant enraciné.

Les autres façons de la vigne, à Pouilly, n'ont rien de plus remarquable que celles des autres pays, si ce n'est qu'on y cultive à plat et que les palissages des membres ne se font point en ligne.

Ce sont les raisins blancs qui sont le plus cultivés à Pouilly; les deux cépages principaux sont les chasselas verts, gris et jaunes, et les blancs fumés ou sauvignons.

Il se fait aussi des vins rouges à Pouilly avec le grand noir, le pinet jacquot, le cot vert, le véro, le gascon, le car-benet et le meunier, très-peu avec le lyonnais.

Le seul fait remarquable, relativement aux cépages rouges, c'est qu'entre les mains des bons viticulteurs et cul-tivés comme les raisins blancs, à la mode de Pouilly, leur production moyenne est aussi considérable que celle des cépages blancs.

Dans tout le département les vignes se font à façon ou directement par les vignerons propriétaires. Indépendam-ment d'un travail plus soigné et plus énergique dans leurs propres vignes, ces derniers paraissent mieux comprendre les besoins de la vigne et les sacrifices que mérite et que paye sa haute production. C'est ainsi qu'ils payent volon-tiers 3o francs le lot de fumier, que le grand propriétaire marchande à 15 francs. Par la même raison ils payeront 2 francs l'hiver et 2 fr. 5o cent. l'été des journées que le grand propriétaire ne consent à payer que 1 fr. 5o cent. à 2 francs.

J'ai vu appliquer en grand, et avec un plein succès, la greffe en sauterelle chez M. le marquis de Saint-Phalle.

Fig. 113.

Ce procédé, très-simple et bien connu d'ailleurs, consiste à stratifier d'abord les sarments qui doivent fournir les greffes; puis, à la fin d'avril ou au com-mencement de mai, lorsque les souches qu'on veut greffer, et surtout le long sarment qui doit recevoir la greffe, ont commencé à végéter, on déterre les sarments stratifiés, on les taille à une extrémité en double biseau allongé (fig. 113, *ab*). On a fendu l'ex-trémité libre du sarment destiné à recevoir la greffe et taillé intérieurement chaque partie de la fente également en biseau *cde*, *d'e'*, pour recevoir, en pincette, la partie conique de *ba*; lorsque *ba* est bien ajusté, écorce contre écorce, avec *de*, *d'e'*, on entoure le tout d'un fil de laine; puis on abaisse le sarment, ainsi relié par son milieu *abc* (fig. 114), dans une petite fosse ou provin, et on le re-

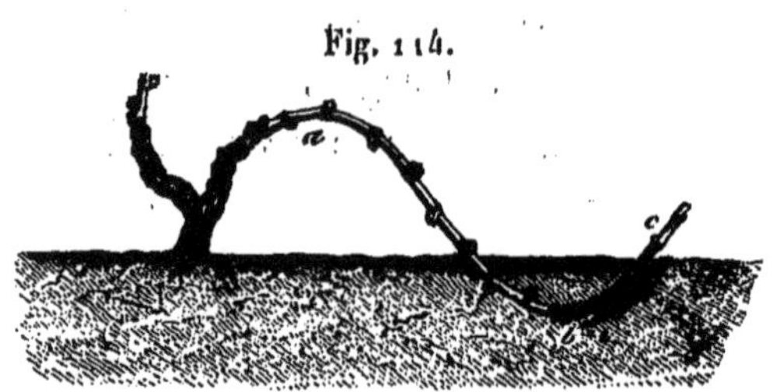

Fig. 114.

couvre de terre, de façon que la greffe *b* occupe le fond de la petite fosse, et que l'extrémité *c* de la greffe ressorte avec deux yeux dehors. Cette greffe est facile, rapide dans son exécution, et en deux ans elle se met à fruit. Il est vrai qu'en faisant avec les sarments de greffe des boutures bien soignées on réussirait aussi vite, et l'on aurait alors un cep de franc pied, bien préférable au cep provenant de la greffe.

C'est surtout entre les mains des propriétaires vignerons que la vigne donne de beaux résultats, et elle les donnerait toujours entre les mains des propriétaires, si, outre son salaire fixe, le vigneron pouvait être intéressé à la production par l'octroi d'un dixième des fruits.

L'exploitation des vignes se fait en presque totalité dans la Nièvre à façon et à prix fait, sans le moindre intérêt du vigneron à la production de la vigne; il résulte de là la perte de toute la partie intelligente, morale et dévouée du travail humain : c'est la perte des trois quarts de la valeur de ce travail. Il en résulte aussi un état de tension et d'hos-tilité, sourde ou ouverte, entre le propriétaire mécontent

et le vigneron jaloux et acrimonieux. La différence des rapports et des dispositions respectives du propriétaire et du
vigneron est frappante si l'on compare, à cet égard, la
Nièvre et l'Allier.

M. le marquis de Saint-Phalle, président de la Société
d'agriculture de la Nièvre, M. le comte Benoist d'Azy,
MM. Pinet, Donnabeau, Desages, Cordier-Place et Bonnet
m'ont puissamment aidé dans mes études des vignobles de
la Nièvre.

# DÉPARTEMENT DU CHER.

Le Cher ne possède que 14,000 hectares de vignes, soit la cinquantième partie de sa superficie totale, qui est de 719,934 hectares.

La moyenne production de l'hectare, estimée sur les enquêtes publiques que j'ai faites à Sancerre, Vierzon, Saint-Amand, Châteaumeillant, Dun-le-Roi et Bourges, est au-dessus de 40 hectolitres; le prix moyen de l'hectolitre dépasse 20 francs, ce qui porte le produit brut total de la vigne au delà de 11 millions, plus du sixième de tout le revenu agricole du département, pourvoyant à l'entretien annuel de 44,000 habitants; un peu plus du huitième de sa population, qui est de 336,613 individus.

Si, avec le même bénéfice, le département du Cher cultivait en vignes ce qu'il peut et ce qu'il devrait cultiver, ce serait un des plus riches départements de France.

Le Cher possède plus de 120,000 hectares des meilleures terres pour la vigne, et qui ne sont propres qu'à la vigne. Trop maigres pour les pâturages et les prairies, ces terres ne peuvent donner que de pauvres céréales, dont la culture trop étendue épuise le colon et désole le propriétaire.

D'un autre côté, la vigne pousse avec une vigueur peu commune sur tous les sols et dans toutes les parties du Cher où j'ai pu l'étudier : aux environs de Bourges, à Vierzon, à Dun-le-Roi, à Saint-Amand, à Châteaumeillant et à Sancerre, la vigne est partout remarquable par sa végétation luxuriante.

Une grande partie de l'arrondissement de Bourges est assise sur l'oolithe supérieure et principalement sur l'oolithe moyenne; les terrains crétacés inférieurs et les terrains siliceux de la Sologne ne s'y observent qu'au nord-ouest. « Le « plateau calcaire de cet arrondissement, dit M. Gallicher, « vice-président du Comice agricole de Bourges, dans son « excellente Statistique agricole du Cher, comporte une « énorme étendue de terrains qui seraient particulièrement « propres à la vigne. Le manque de bras et de capitaux a « retardé jusqu'ici cet emploi utile et *indiqué* d'un sol sans « valeur. On a donné tout près de nous (M. Massé, membre « et président du conseil général) l'exemple d'une plantation « économique de la vigne et de sa culture à la charrue. « Espérons qu'il sera suivi, et que bientôt nous verrons cou-« verts de pampres joyeux ces grands espaces désolés de trias « stériles sur lesquels croît seul le triste réveille-matin (eu-« phorbia helioscopia). »

Mais, outre les calcaires jurassiques de Bourges, les terrains crétacés inférieurs des cantons de Mehun, de Vierzon, de Lury, offrent de riches et vigoureux vignobles; et les sables de la Sologne, qui leur succèdent au nord et à l'ouest, ne se montrent pas moins amoureux de la viticulture.

Dans l'arrondissement de Saint-Amand, le canton de Dun-le-Roi est presque exclusivement assis sur l'oolithe moyenne; il présente partout des terres perméables, à pierres calcaires fragmentaires, des plus propres à la vigne, dont il ne cultive encore que 90 hectares, sur une étendue totale de 25,000.

L'arrondissement de Sancerre, sauf le canton de Sancerre même et quelques communes du canton d'Henrichemont, offre partout les sables siliceux et les argiles à silex de la Sologne, plus ou moins soulevés et entremêlés de terrains crétacés et de marnes calcaires. Quant au terrain du Sancerrois, il appartient, comme le dit M. Gallicher, soit à la formation crétacée supérieure et inférieure, soit à célle des calcaires secondaires : c'est donc, sur tous les points du canton, le sol calcaire ou argilo-calcaire qui domine. Dans ce dernier sol, la vigne pousse avec force et vit très-longtemps fertile ; il n'en est pas de même dans le terrain crétacé pur, où la vigne végète et dure peu. C'est la seule exception dans tout le département.

Le climat du Cher est des plus favorables à la viticulture et à la production des bons raisins et des bons vins. Il grêle très-peu dans le Cher ; mais les gelées du printemps et les pluies froides de juin y diminuent souvent la récolte des vignes, les dernières surtout, par la coulure.

A quelle cause positive est-il donc possible d'attribuer le peu d'extension pris jusqu'à ce jour par la viticulture dans un département où d'immenses superficies ne sont occupées que par les brandes, les genêts, ou bien, comme le dit M. Gallicher, par le réveille-matin ?

La première cause de cet abandon vient de ce que la vigne, dans le mouvement agricole moderne, n'a été mise ni *à l'étude* ni *à la mode*, comme je l'ai dit précédemment ; la seconde cause tient au défaut de population rurale. Mais comment produire la population ? Par l'étude de *la Physiologie du genre humain* et par l'enseignement de la véritable agriculture.

La véritable agriculture est celle qui correspond aux

forces et aux besoins de la famille rurale; c'est là l'unité agricole, le point de départ et la règle de mesure de toute extension sérieuse de l'agriculture.

Un terrain étant donné, combien d'espace de ce terrain une famille moyenne, sachant cultiver, ou cultivant docilement sous une bonne direction, peut-elle cultiver, avec ses bras seuls ou avec l'aide d'une petite bête de bât ou de trait, pour s'entretenir elle-même? Que doit-elle y cultiver pour avoir d'abord, et avant tout, ses aliments solides et liquides, ses vêtements, son logement? Combien peut-elle produire en sus pour payer la rente du terrain, du logement, du cheptel, etc.?

L'étude et la solution de ce simple problème, en tout lieu, sous tout climat, sera le seul étalon agricole ; ce sera la base du progrès de la production humaine, de la production végétale et de la production animale.

Une fois le maximum et le minimum ou la moyenne de la production possible par la famille rurale établis, avec les repos nécessaires et les chômages obligés, toutes les grandes opérations agricoles du pays auront alors leur mesure; et il se trouvera qu'aucune combinaison ne pourra atteindre, à surface égale, la valeur de l'unité formée d'un atome humain et d'un atome de sol : d'où cette nécessité, pour la grande propriété, d'établir autant d'unités de culture qu'elle le pourra; se réservant, pour les agréments et les productions de luxe, tels espaces qu'elle jugera convenables. Ainsi sera développée la densité de la population ; ainsi seront produits les aliments solides et liquides au meilleur marché possible; ainsi l'agriculture sera calculable dans ses rapports essentiels avec l'existence de la famille humaine, rurale et urbaine.

Il ressortira encore de cette étude que partout où une culture à haute main-d'œuvre viendra se joindre ou pourra se joindre à la production du pain, de la viande et du vin, l'étendue du terrain nécessaire à la famille et à la rente diminuera par l'introduction de cette culture dans le cercle cultural.

Aujourd'hui la viticulture est à la fois culture alimentaire et culture industrielle à haute main-d'œuvre. Tant qu'elle conservera ce double caractère, elle assurera à la petite culture une énorme supériorité sur la grande, comme elle le fait depuis des siècles, et comme elle le fera pendant des siècles encore.

Il faudrait que cette véritable agriculture fût mise à l'étude et à la mode, il faudrait qu'elle fût enseignée et que les grands propriétaires se missent à l'appliquer; mais s'il est facile de se faire porcher, vacher, bouvier, maquignon, berger, laboureur, vigneron, à notre époque, il n'est pas si facile de se faire patriarche. C'est pourtant la seule fonction digne des hautes intelligences humaines, la seule et vraie noblesse du sol et de la paix.

Si cela était en mon pouvoir, je ferais baron, comte, marquis et duc tout propriétaire qui aurait installé sur ses terres, à partage ou à prix équivalent, vingt, quarante, soixante et cent familles, dans des conditions réciproques de profit, de bien-être et de stabilité notoires. Dans tous les cas, je donnerais les médailles, les primes d'honneur et les décorations à ceux-là avant tous autres, parce qu'il est plus méritoire de créer des hommes, de les unir en famille, de les instruire, de les diriger et de les entretenir dans une vie prospère, que de créer, de soigner, d'engraisser et de vendre des cochons, des bœufs, des vaches et des moutons.

Sancerre. — Au premier coup d'œil jeté sur les vignes de Saint-Satur et de Sancerre, on reçonnaît un vignoble précieux par l'extrême propreté de la terre, par les relevages, les accolages et les rognages faits avec un soin extrême; on comprend qu'il y a là, de longue main, de bonnes pratiques, bien payées par de bons produits.

On compte jusqu'à 40,000 ceps à l'hectare, 1,000 ceps à la journée et 40 journées à l'hectare, tous garnis d'un échalas (charnier) de 1$^m$,33, à une distance moyenne de 50 centimètres, mais en foule et pêle-mêle, sans alignement dans aucun sens.

Il est vrai que chaque cep y tient peu de place par sa tige, qui est taillée sur un mode uniforme, pour toutes les espèces fines ou grossières; cette taille se borne à deux ou trois coursons : un ou deux inférieurs, à un ou deux yeux,

Fig. 115.

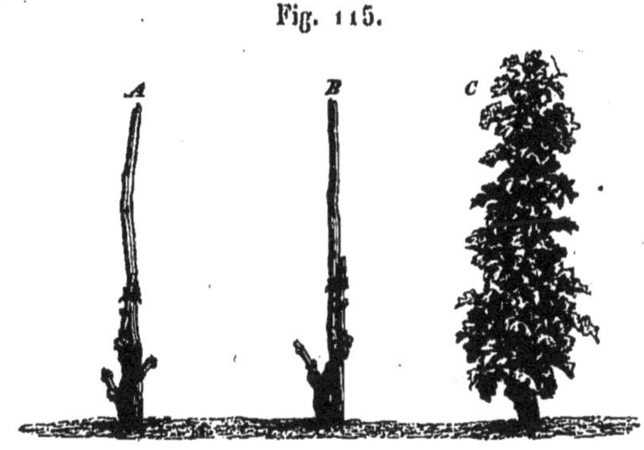


et un supérieur appelé *le majeur*, à trois yeux, parfois à quatre (fig. 115, *A*, *B*, *C*).

La plantation de la vigne se fait, dans le Sancerrois, en fossés de 25 centimètres de profondeur sur 50 centimètres de largeur, pour deux rangs de boutures coudées. Le fossé est rempli de terre fortement tassée, les vignerons ayant

constaté que le tassement de la terre est nécessaire pour
assurer la reprise et la force de la végétation ; ils ont aussi
constaté que la plantation plus bas que 25 centimètres est
moins favorable, en raison de sa profondeur ; enfin, depuis
plusieurs années, ils enlèvent l'écorce, ou plutôt l'épiderme,
de chaque côté de la bouture, sur une longueur de 16 à
20 centimètres, dans sa partie enfouie ; quand ils négligent
cette précaution, les trois cinquièmes de leurs boutures périssent ; il en meurt peu ou point avec l'écorcement, et les
pousses sont plus vigoureuses. Ce n'est qu'à la quatrième
année, plus tôt ou plus tard, suivant la force, que l'on met
l'échalas et que la taille, à une ou deux retraites (coursons)
et à *un majeur* lié avec un osier à l'échalas, est définitivement établie.

Dans le Sancerrois, on relève et on attache les pampres
à l'échalas, avec un lien de paille (accolage), à la fleur ; on
rogne en même temps les pampres qui dépassent l'échalas,
et, à mesure qu'ils grandissent de nouveau, on les rogne
encore pour la nourriture des chèvres ; à la fin d'août, on
découvre tout à fait les ceps en enlevant les repousses, pour
laisser circuler l'air et pénétrer le soleil avant la vendange.

L'entretien de la vigne se fait par le provignage, qu'on
pratique en mars et en avril ; à la même époque, on détruit
avec soin les souches dont la stérilité est constatée, en les
arrachant ; ces mauvaises souches sont marquées à la vendange avec un osier.

On fait, à l'hectare, jusqu'à 800 provins de 1 mètre carré,
à quatre pointes, à 30 centimètres de profondeur, fumés
et remplis en deux ou trois ans. Quand le provignage est
bien fait, il n'y a pas interruption dans la récolte ; il y a,

au contraire, augmentation notable, pendant huit ou dix ans, dans les ceps provignés.

Les cultures données à la terre sont au nombre de trois : l'une est pratiquée après la vendange ; l'autre est un piochage en mai, et la troisième est un binage en juillet.

Les cépages dominants sont, en raisins rouges, le pineau noir, qui fait le fond de toutes les bonnes vignes et de tous les bons vins du Sancerrois ; le gros ou grand cépage noir donne les vins communs. Le premier m'a paru être le plant vert de la Champagne, le second une espèce de liverdun. Viennent ensuite, mais en petite quantité, le meunier et le gamay. Parmi les plants blancs, le pineau blanc et le pineau gris, le sauvignon et le meslier, donnent d'excellents produits.

Les environs de Sancerre fournissent de très-bons vins rouges de table, ayant de la couleur, de l'esprit et un goût fort agréable.

La production moyenne par hectare m'a été déclarée être de 40 hectolitres pour la bourgeoisie et de 60 hectolitres pour le vigneron, toutes choses égales d'ailleurs.

Les bons vins de Sancerre se sont vendus de 30 à 40 fr. l'hectolitre, et les vins communs de 20 à 30 francs, dans ces dernières années.

On vendange en paniers versés dans des hottes à dos d'hommes, qui les vident dans des tines à terre, lesquelles sont ensuite chargées sur voitures : on foule soit dans la tine, soit sur la maie du pressoir ; puis on remplit la cuve dans le plus court délai possible, en y laissant un vide de 20 à 25 centimètres.

On laisse fermenter pendant quatre à six jours ; puis on foule, à corps nu, une ou deux fois en deux ou trois jours :

la cuvaison est ainsi prolongée de six à dix jours, selon les années; on tire en vaisseaux neufs, on presse et l'on mélange le vin de presse avec le vin de goutte.

Quant aux vins blancs, on les obtient des raisins rouges et blancs, comme en Champagne, en les soumettant immédiatement à l'action du pressoir.

La culture des vignes, dans le Sancerrois, se fait toute à façon, aux prix de 200 à 240 francs l'hectare.

On fait peu de terrages; toutefois on remonte, à des intervalles éloignés, les terres du bas des vignes au sommet d'où elles sont descendues; on ne fume guère qu'au provin.

Le prix moyen de la journée est de 2 francs, seulement pour la pioche et la bine; car pour la taille la journée est de 2 fr. 50 cent.

La valeur des vignes de premier choix s'élève jusqu'à 16,000 francs l'hectare autour de Sancerre; et la vigne, à ce capital énorme, rend encore 5 à 7 o/o.

Vierzon. — A Vierzon le sol est bien différent de celui de Sancerre; il est partout siliceux et argilo-siliceux, reposant sur une espèce d'alios ou de sable et gravier cimenté, ou sur l'argile, qui ne devient fertile qu'après deux ou trois années d'aérage.

On préfère, à Vierzon, le plant enraciné de deux ans à la bouture sans racines. On fait d'abord la plantation sur le terrain plat, en ligne et en petites fosses, recevant à chaque extrémité un plan coudé. Les lignes de fosses sont entre elles à 1$^m$,40, parce qu'on ne plante que la moitié des ceps, dont on tirera une ligne intermédiaire de provignages à la quatrième ou cinquième année; ce qui portera les lignes à 70 centimètres, les ceps étant à la même distance dans la ligne.

A mesure que les ceps ont assez de force, on met à chaque cep, provigné ou non, un échalas de 2 mètres qui reste fiché à demeure : la vigne est ainsi complétée à quatre ou six ans.

Aux environs de Vierzon, les vignes sont et demeurent parfaitement alignées : cette bonne disposition n'existe malheureusement pas dans tout le canton, mais on y revient; autrefois l'alignement était partout de règle.

Les vignes de Vierzon sont entretenues par le provignage et fumées comme dans le Sancerrois.

Une fois la plantation de première année faite, le terrain ne reste point à plat; il est mis en planches appelées *échameaux* dans le Cher. Ces échameaux comprennent trois rangs de vignes le plus souvent ici, parfois quatre et cinq, séparés par des sentiers dont on rejette les terres sur l'intervalle qui constitue l'échameau proprement dit, lequel présente ainsi un relèvement plus ou moins bombé, suivant la profondeur du sentier, profondeur qui augmente en raison de l'imperméabilité des terres.

La taille la plus générale, à Vierzon, se fait en *pistolet* : c'est le mot du pays, c'est-à-dire que le cep n'a qu'un courson à deux yeux : c'est toujours le plus bas; et un second courson plus haut, taillé à trois, quatre ou cinq yeux. Si le courson le plus bas est considéré comme la gâchette du pistolet, le courson supérieur en représentera le canon (fig. 116, *A*). Cette taille n'est pas appliquée à tous les cépages. Tous les cépages blancs, les pineaux blancs, gris et noirs, le gamay blanc, le sauvignon, le muscat fumé, le chasselas, le bordeaux rouge, sont mis à verges, surtout à

Quincy; la noire, qui est le raisin dominant, le grand noir, la feuille ronde, le genoilleré, le gamay, le lyonnais, le confort, n'ont jamais de verges.

La taille à verge ne diffère d'ailleurs de la taille générale qu'en ce que le canon du pistolet devient, par la longueur, canon de fusil; toutefois la verge est recourbée en arc et, le plus souvent, en cercle attaché à la souche et à

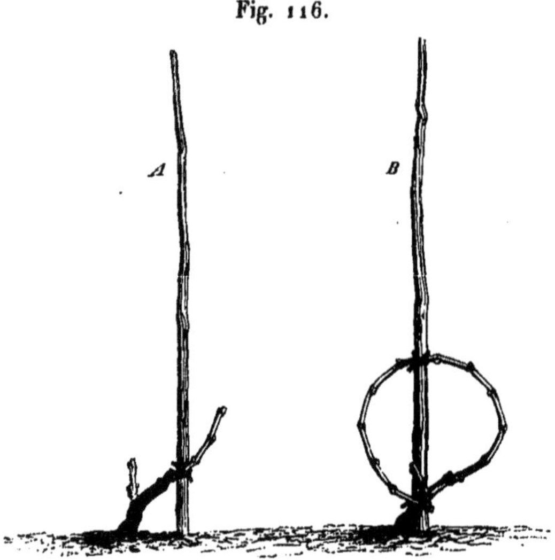

Fig. 116.

l'échalas (fig. 116, *B*). On donne à la verge de 1 mètre à 1$^m$,20 de longueur.

Quant à la taille verte, elle n'est pas usitée; on se contente de relever les pampres à la fleur et de les lier avec un lien de paille le long du charnier. On les relève et on les attache une seconde fois à la fin de juillet.

On donne trois cultures à la terre : la première, après la vendange, consiste à curer les sentiers et à rejeter les terres sur les échameaux; la deuxième se donne en avril, après la taille et le sarmentage : elle consiste en un pio-

chage de l'échameau, à 12 ou 15 centimètres de profondeur; enfin, la troisième est un binage superficiel, qui se
pratique en juin et juillet.

La récolte moyenne est de 32 à 40 hectolitres par hectare, pour les vignes à façons; elle est de 48 à 60 pour le
vigneron propriétaire.

A la vendange, on foule le raisin avant de le mettre en
cuve, mais on ne foule à la cuve ni avant ni après la fermentation : la cuvaison dure de dix à seize jours; on tire
le vin clair et froid, pour le loger en vaisseaux vieux. On
pressure peu; la plupart font des demi-vins en rejetant sur
les marcs non pressurés une quantité d'eau égale au tiers
du vin extrait, et en la laissant macérer pendant deux
jours; après l'extraction du demi-vin, on fait encore

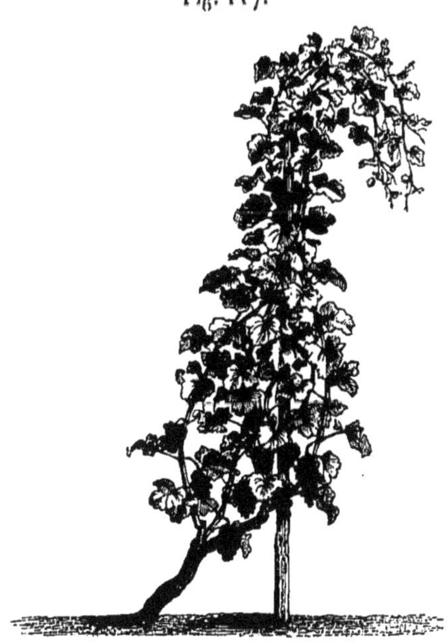

Fig. 117.

beaucoup de piquettes, en jetant successive- ment diverses quanti- tés d'eau sur les marcs.

Les vignes végètent dans les terrains sili- ceux de la Sologne avec une vigueur remar- quable. J'en ai vu chez M. Beaujard dont les pampres, dressés le long des échalas de 2 mètres, atteignaient 3 mètres de haut et retombaient encore en courbes de 1 mètre :

on voyait beaucoup de sarments aussi gros que le pouce.

La figure 117 donne, au trente-troisième, le croquis d'un cep de pineau pris sur place.

Pourtant M. Beaujard se plaignait de ce qu'à ce luxe de végétation ne répondît point un pareil luxe de fructification. Il en sera toujours ainsi tant que la taille d'hiver ne sera pas plus étendue : les six à sept yeux laissés lanceront toujours des pampres trop forts pour ne pas emporter le raisin par la coulure.

A côté de ces vignes, si puissantes en pousses verticales, se trouvait précisément une vigne basse en ligne, à cordons horizontaux de 1$^m$,50 à 2 mètres de long, courant sur perche, à 50 centimètres de terre, et couverts de raisins d'un bout à l'autre; tandis qu'il n'y avait presque pas de fruits dans la vigne dont chaque cep ne comptait que cinq yeux, au lieu de vingt à trente qui garnissaient chaque cep en cordon. Que M. Beaujard traite seulement ses vignes à vin comme ses vignes de table, et il récoltera 60 à 80 hectolitres à l'hectare.

SAINT-AMAND. — A Saint-Amand, on plante aussi en échameau et en lignes à 1 mètre, les ceps à 50 ou 60 centimètres dans la ligne. Chaque cep est muni d'un échalas de 1$^m$,10. Dès la troisième année, on met un cot à deux ou trois yeux et une vorge (nom du pays) à trois ou quatre yeux : c'est à peu près la taille en pistolet; mais, à la quatrième ou cinquième année, la vorge s'allonge à sept ou huit yeux et devient une véritable verge qui comporte l'emploi de deux échalas, l'un à la souche et l'autre à l'extrémité de la verge, pour fixer cette extrémité, un peu inclinée en haut, au moyen d'un osier. La figure 118 donne d'ailleurs la disposition la plus générale de la verge à

Saint-Amand, où la plupart des cépages sont traités de même.

Le cépage dominant à Saint-Amand est le chambonat,

Fig. 118.

qui m'a paru être le gouais noir ; puis le genoilleré, le périgord (cot rouge), le bourguignon, le pineau noir et blanc, le dannery (épinette de Champagne), la gouge blanche (gouais blanc), le sauvignon vert, le verdun, le fumé et le muscat des dames : c'est le dannery, en fins cépages, et le gouais blanc, en cépages communs, qui dominent.

Les cultures et les vendanges se font comme partout; mais les cuvaisons sont trop prolongées et les vins logés en vaisseaux vieux. On pressure peu et l'on fait des piquettes avec les marcs. Saint-Amand n'a pas de caves : tous les vins sont donc mis en celliers; mais ces vins sont d'ailleurs solides et se gardent fort bien. La récolte moyenne est d'environ 40 hectolitres à l'hectare.

Toutes les vignes sont faites à façon, comme à Vierzon, de 200 à 240 francs l'hectare, 6 à 7 francs la journée de trois ares et demi.

Le vignoble de Châteaumeillant compte 1,200 hectares de vignes : ce vignoble tend à s'agrandir et il s'agrandira. M. Gohin, membre du Conseil général du Cher, prêche d'exemple, en étudiant la culture de la vigne et en en plantant sur une grande échelle.

La plantation des vignes à Châteaumeillant et au Châtelet se fait comme à Saint-Amand, sauf le plant, qui de
préférence est le chevelu ; mais la taille et la conduite des
ceps diffèrent : la verge est supprimée, et les souches sont
tenues sur deux, trois ou quatre cornes surmontées d'un
courson à deux ou trois yeux (fig. 119); les pampres

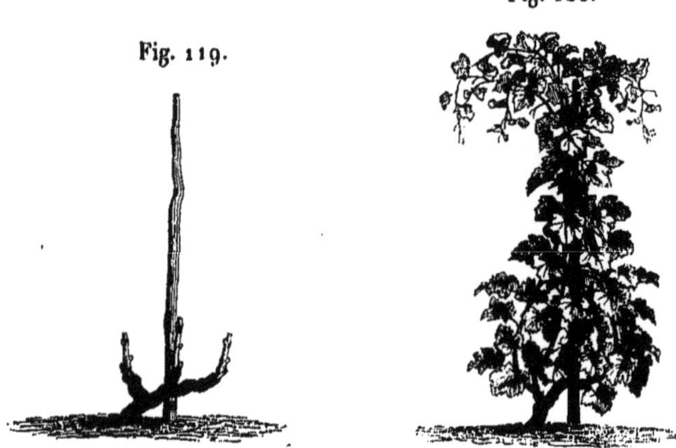

Fig. 119.

Fig. 120.

(fig. 120) sont attachés à un seul échalas de 1<sup>m</sup>,33 de long.
On compte 20,000 ceps à l'hectare.

On entretient la vigne par un provignage excessif, qui
équivaut à un rajeunissement tous les dix ans au plus.

Sous cette pratique, la production des vignes, qui est de
120 à 150 hectolitres dans leur première jeunesse, décline
rapidement, au point que la moyenne n'est que de 40 hectolitres à l'hectare.

Malgré sa conduite imparfaite, la vigne à Châteaumeillant est la plus riche culture de ce pays, dont elle fait la
prospérité. Cette prospérité augmentera par le progrès de
la culture, à la tête de laquelle s'est mis M. Gohin. Il a
déjà établi beaucoup de verges; il a fait venir des fins cé-

pages de divers pays et il se propose de donner l'exemple des palissages en lignes et sur fil de fer, ainsi que des cultures à la charrue.

Le canton du Châtelet offre les mêmes cultures que Saint-Amand et Châteaumeillant, le même genre de vins et les mêmes cépages : aussi n'en citerai-je qu'une particularité.

Une colonie de viticulteurs de l'Auvergne est venue s'établir dans le canton du Châtelet, où elle a fondé les cultures de la vigne selon les pratiques du Puy-de-Dôme et surtout des environs de Clermont. La vigne est donc munie de grands échalas, de six à sept pieds, et taillée à un coutet ou courson, à deux ou trois yeux, et à un arquet ou verge, de dix à quinze yeux, élevés de 40 à 50 centimètres de terre.

M. Estival, dans son domaine de Villotte, commune d'Ardennais, a établi plusieurs hectares de vignes dans ce système avec le plus grand succès; sa moyenne récolte est de 70 hectolitres à l'hectare en gamay, et ce produit lui est acquis dès la troisième année de plantation.

Fig. 121.                    Fig. 122.

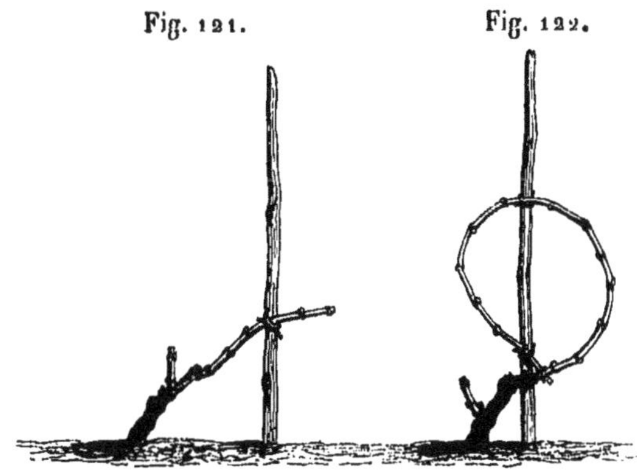

A Dun-le-Roi, on laisse une demi-verge, de sept à huit

yeux, à quelques cépages, au meunier par exemple, au bourguignon et au gamay, quand ils sont jeunes ; le lyonnais et le petit genoilleré sont taillés à coursons. Le périgord, le pineau, la gouge blanche, le sauvignon, le dannery, le verdun, le dameret, cépages blancs, reçoivent la demi-verge et la verge.

Pour la demi-verge, on éloigne l'échalas de la souche (fig. 121); mais pour la verge l'échalas est placé au centre de la souche et la verge est tournée en cercle (fig. 122) ou bien en raquette. Cette disposition est très-adoptée, et je la reproduis, dans la figure 123, telle que je l'ai relevée sur place.

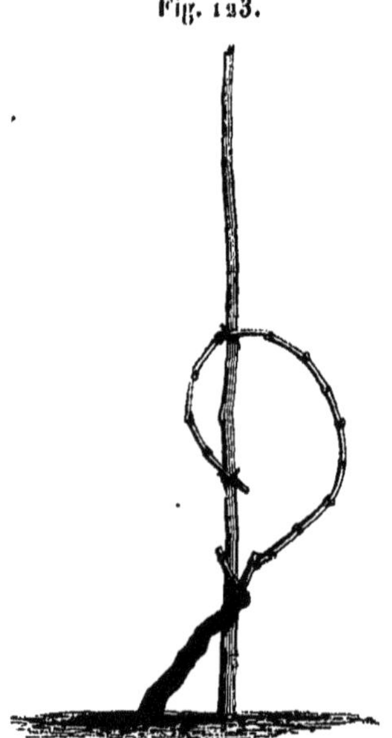

Fig. 123.

Aux environs de Bourges, à Asnières, au nord, et en allant vers Soye, au sud-est, les vignes ont une grande vigueur de végétation ; leurs pampres dépassent souvent les échalas de 1<sup>m</sup>,33, et s'élèvent volontiers à 1<sup>m</sup>,5o ou

2 mètres, pour retomber en courbes, que beaucoup de viticulteurs se plaisent à réunir et à attacher en arcades par deux ceps, comme on peut le voir ci-dessous (fig. 124 et 125).

Deux sortes de dressement et de taille sont généralement adoptées : l'une à trois cornes, en réchaud ou en gobelet,

Fig. 124.Fig. 125.

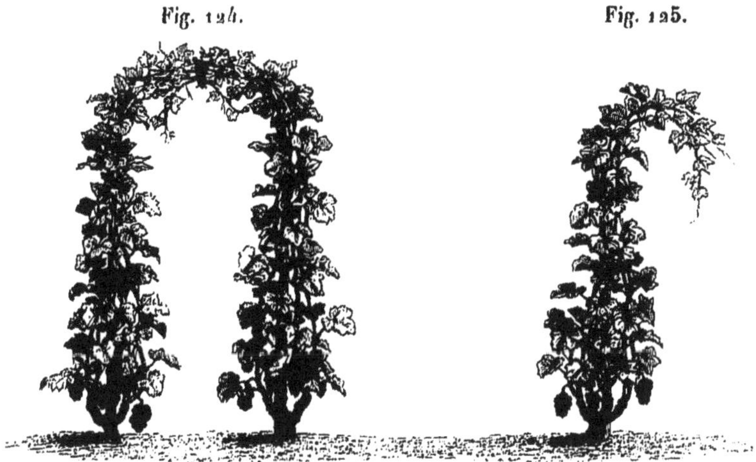

chaque corne étant surmontée d'un courson à un, deux, rarement à trois yeux, et l'autre ajoutant à cette disposition une demi-verge à quatre ou cinq yeux ou une verge à sept ou huit, suivant la force, à l'une des cornes. C'est à cinq ou six ans qu'on commence à accorder ce complément au gamay, au menu roi, au pinet, au franc moreau, au cor, cahors ou cot rouge, etc. mais on le refuse constamment au damar, au puceau, au petit moret, au verdun et à la petite gouge.

Cette distinction des cépages, qui doivent être à verge et à coursons seulement, n'est pas parfaitement fondée.

A la première et à la deuxième taille, on ne laisse qu'un sarment, le plus bas, et on le rogne à un œil ; à la troisième,

on laisse trois brins en gobelet (fig. 126, *A*); à la quatrième,
on en laisse souvent quatre (fig. 126, *B*), portant toujours

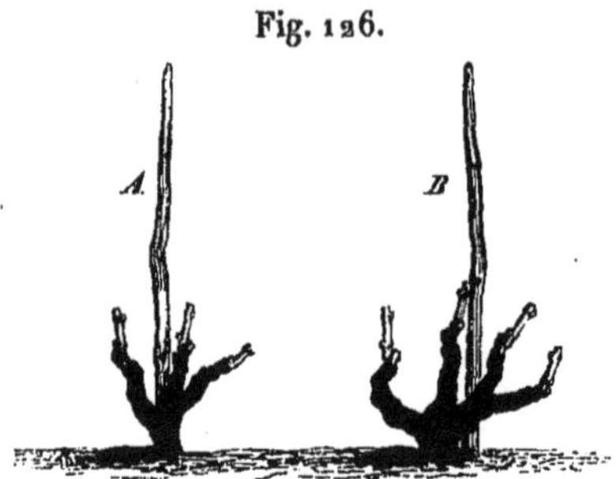

Fig. 126.

chacun deux yeux au sarment qui prolonge chacun des bras.
C'est à la cinquième ou sixième année que l'on continue la
méthode à courson, ou bien que l'on admet la demi-verge
(fig. 127), puis, plus tard, la verge, qui est attachée à
l'échalas avec de l'osier, toujours inclinée au soleil levant,

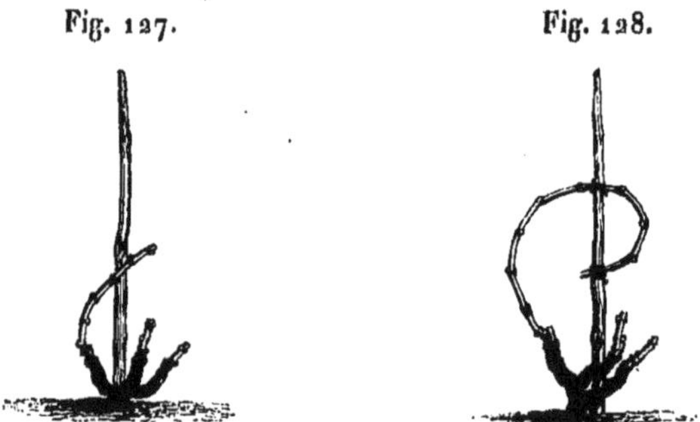

Fig. 127.                              Fig. 128.

pour que les jeunes pousses supportent mieux les coups du
vent d'ouest (fig. 128).

On relève en mai et en juin et on accole ainsi jusqu'à
deux et trois fois le long de l'été; mais on ne rogne jamais.

On donne une première culture en février, après la
taille; la seconde est pratiquée en mai, au moment de la
ploie de la verge, qui ne s'opère qu'après la sortie des bour-

geons; enfin une troisième culture a lieu à la véraison. La
première culture s'appelle la *pioche*, la seconde, la *bine*, et
la troisième, la *contrebine*.

On entretient les vignes par le provignage ou par la marcotte; la ligne est toujours maintenue.

On fume, en déchaussant les lignes, au pied des ceps;
on met le fumier dans le sillon, et le déchaussement du
pied de la ligne voisine fournit la terre qui recouvre le
fumier dans le sillon qui précède. On porte volontiers dans
les vignes les terres d'amendement dont on peut disposer.

On pratique la vendange et l'on fait les vins comme dans
les autres parties du département, Sancerre excepté.

Les vignes sont également toutes faites à façon, à
300 francs par hectare près de Bourges et à 160 ou 180
francs au loin.

La moyenne production, pour les vignerons, est de
80 hectolitres à l'hectare; elle est de 40 hectolitres pour
les bourgeois.

M. Berry, conseiller, correspondant du ministère de l'Instruction publique et secrétaire de la Société d'agriculture
du Cher, m'a fait remarquer que les vignes de Félarde, datant
de 1782, traitées constamment à la verge, se portaient admirablement bien et étaient d'une grande fécondité et d'une
grande vigueur, tandis que les vignes de Fussy, traitées à
courson, étaient bien moins vigoureuses et moins fertiles. Il
a fait plus : il m'a conduit dans un petit vallon où j'ai vu
des vignes, traitées à courson, faibles et à peu près stériles,
à côté de vignes du même âge, traitées à verge, qui présentaient des conditions toutes différentes.

Les cépages sont, en rouge, le pinet, le franc moreau
(cot rouge), le chambonat, le menu roi et le muscat rouge.

On voit que les gamays, bourguignons, bordelais, etc. ne se trouvent point ici. Les cépages blancs sont le sauvignon, le pinet blanc, le pinet gris et la grosse gouge.

En allant vers Soye, j'ai vu une très-belle jeune plantation de 7 hectares, appartenant à M. de Narbonne, et une autre, plus loin, appartenant à M. Massé, celle-ci disposée pour être cultivée à la charrue : les lignes en sont à 2 mètres et les ceps à 1 mètre dans le rang ; plusieurs d'entre ces lignes sont en carbenet-sauvignon.

Jamais je n'ai vu plus de vigueur à une jeune plante de deux ans. La plupart des souches offraient de quatre à six sarments, dont plusieurs étaient gros comme le pouce et longs de 3 à 4 mètres.

Lorsque je visitai ses vignes, M. Massé, ami et promoteur du progrès agricole, était absent; mais il avait laissé les ordres les plus précis à son chef vigneron pour qu'il se mît à ma disposition. J'expliquai donc, sur place, comment il fallait tailler chaque sorte de cépage pour le rendre fertile, et, malgré la saison de pleine végétation, je démontai quelques souches que je taillai comme elles devaient être taillées au mois de mars, pour les rendre fertiles. Voici ce que m'écrit M. Massé à la date du 20 décembre 1865 :

« Après votre visite de l'an dernier, mes vignerons avaient
« commencé à suivre vos préceptes; et, malgré leur inex-
« périence et leurs hésitations, nous avons obtenu sur les
« vignes de quatre ans, en fins cépages, 29 hectolitres de
« vin, et en grosses races, quoique l'hectare ne soit planté
« que de 5,000 pieds, 38 hectolitres (ce rendement eût été
« de 58 et de 76 hectolitres à l'hectare avec 10,000 ceps).
« Maintenant je vais simplement faire cultiver tout ce que
« j'ai planté et tout ce que je planterai, selon vos indications

« pour chaque espèce, en favorisant le plus possible l'ar-
« borescence et en ne rectifiant sa luxuriance que par les
« opérations de l'épamprage.

« L'expérience a vérifié pour moi la vérité de l'un de vos
« axiomes : c'est surtout le cépage qui fait le vin et lui donne
« son cachet propre. J'ai, en effet, planté les variétés de vignes
« les plus différentes, et en assez grande quantité pour en
« faire des cuvées séparées, et j'ai obtenu des vins ayant des
« qualités et caractères qui ne permettent à personne de
« confondre l'un avec l'autre. »

# DÉPARTEMENT DU LOIRET.

Le département du Loiret est le seizième département dans l'ordre d'importance d'étendue des vignobles de France; il ne compte pas moins de 39,000 hectares de vignes sur sa superficie totale, qui est d'environ 677,000 hectares, et dont la vigne constitue ainsi la dix-septième partie.

Pour se rendre compte du produit total brut donné par les vignes du Loiret, il faut les diviser en deux parts : l'une comprenant les vignes des arrondissements de Gien, de Montargis et de Pithiviers, et formant un total de 17,000 hectares; l'autre constituée par les vignes de l'Orléanais et présentant une superficie de 22,000 hectares.

La première partie n'offre qu'une moyenne récolte, vins blancs et vins rouges réunis, de dix pièces de 230 litres à l'hectare ou de 23 hectolitres, dont la somme, pour le Gâtinais et Gien ($17,000 \times 23$), est de 391,000 hectolitres.

La moyenne récolte de l'Orléanais est de 15 pièces à l'hectare ou de 34 hectolitres, en nombre rond, dont la somme ($22,000 \times 34$) est de 748,000 hectolitres, soit, pour tout le département, 1,139,000 hectolitres, qui, multipliés par leur moyenne valeur de 20 francs l'hectolitre, donnent pour produit brut total 22,780,000 francs; plus du quart du revenu total agricole du département, sur la dix-septième partie de son sol.

Ces 22,780,000 francs représentent le budget normal de 22,780 familles moyennes de 4 individus, ou de 91,120 habitants, sur une population de 357,000 ; ce qui revient à dire que la vigne entretient plus du quart de la population totale du département du Loiret.

En traversant les arrondissements de Gien, de Montargis, de Pithiviers, il n'est personne, même parmi ceux qui sont étrangers à la viticulture, qui ne reconnaisse, au premier coup d'œil, que la surface des vignes pourrait être facilement triplée, par la similitude des terrains qui séparent les vignes avec ceux qu'elles occupent : dans tout le département sont les sables siliceux, argileux, les argiles, ou bien les terres à graves, à silex et à meulières, toutes très-propres à la vigne ; et, le long de la Loire, sont des alluvions qui lui conviennent également. La vigne pourrait donc exister dans tout le Loiret, sur les plateaux ou les versants qui peuvent être assainis et débarrassés de leur excès d'humidité, et recevoir par leur inclinaison *est* et *sud*, quoique très-faible en général, une compensation, par la chaleur solaire, à la froidure assez générale du département.

Quelques propriétaires, spéculateurs en grandes cultures avec engraissement d'animaux de boucherie, font disparaître les vignes de leurs vastes domaines. Ils savent aussi bien que personne que s'ils appliquaient leur intelligence et leurs soins à la viticulture, elle leur rendrait huit et neuf fois plus de produits que leurs meilleures emblavures, à surface égale ; mais il faudrait entretenir de nombreuses familles, il faudrait peut-être les intéresser aux produits, pour obtenir tous les effets d'un concours intelligent et dévoué. Ces familles peupleraient les campagnes et feraient à leurs produits une concurrence préjudiciable, aussi bien dans les vignes que dans les céréales, les racines, et certainement dans le bétail, proportionnellement plus nombreux dans la petite propriété que dans la grande; ils ne seraient plus maîtres du marché : ils doivent donc préférer remplacer les bras des familles par des machines et renvoyer les bouches aux villes, pour en être ainsi les fournisseurs, comme sont les fournisseurs d'armées. Les bouches sont des bouches, disent-ils; qu'elles soient aux villes ou à la campagne, si leurs bras ne produisent pas ce qui est nécessaire, il faudra bien qu'elles l'achètent, et à un prix d'autant plus élevé que les propriétaires spéculateurs, moins nombreux, tiendront plus exclusivement la campagne.

C'est ainsi que la viande de boucherie est passée d'un prix simple à un prix double en moins de vingt ans : sans doute l'extension de la consommation est entrée pour beaucoup dans cet accroissement, mais c'est qu'en effet la consommation des centres industriels et des villes agit non-seulement par le nombre des colons expulsés, mais encore par la contagion du luxe. Rien n'est sobre comme l'habitant des campagnes, ouvrier des champs : sa grande nourriture est la pureté de l'air; ses moyens digestifs, des aliments les plus communs, sont dans les exercices et les efforts musculaires prodigieux qu'il accomplit dans cet air vivifiant; ses plaisirs et ses peines sont dans la prospérité ou dans la défaillance de ce qu'il cultive ou de ce qu'il élève; ses fêtes sont dans un jour de repos sur sept, dans quelque repas un peu meilleur, égayé d'un appétit proportionné à son travail et à ses privations. Le paysan devenu citadin consomme quatre fois plus et ne produit plus d'aliments.

Mais si quelques grands propriétaires actifs et influents, pachas nés des concours, dresseurs de bêtes à primes, à

médailles et à couronnes, parviennent à s'enrichir par toutes
les voies détournées qui donnent une force temporaire aux
pratiques les plus paradoxales, combien d'autres propriétaires se maintiennent à peine, combien se ruinent dans
cette voie? Combien n'y trouvent de salut qu'en divisant
leurs domaines et en les louant à des fermiers? Combien sont
conduits à les vendre, à des prix relativement énormes,
aux pères de famille dont le travail est irrésistible et qui
viennent battre ces domaines tout à l'entour, comme les
flots de l'Océan viennent miner la terre ferme?

En présence des maigres produits obtenus sur d'immenses
surfaces sans population, le grand propriétaire est obligé de
reconnaître qu'avec toutes ses machines, toutes ses combinaisons, tous ses calculs, il n'est qu'un impuissant pygmée
auprès du peuple des champs; géant aux mille bras infati-
gables, invincibles; hercule qui produit plus de pain, de
vin, de viande et de sang humain, sur les parcelles de terre
qu'il cultive avec cœur, avec amour, avec force, qu'il n'en
faut pour payer les immenses et stériles guérets de celui qui
avait rêvé de le dépasser et de lui donner des leçons. Le
propriétaire songe bientôt à escompter son impuissance
contre la richesse du paysan : il vend alors, à un prix usu-
raire, ce sol qui refuse de répondre à ses combinaisons
fiévreuses ; et le paysan l'achète sans hésiter, car il sait,
lui seul aujourd'hui, quelle est la valeur de la terre quand
c'est le travailleur des champs qui l'épouse.

Ce que je viens de dire là se passe à peu près ainsi dans
le Loiret : avec la vigne, avec le safran, avec du blé, des
racines, des fruits intercalés, avec une ou deux vaches, un
ou deux porcs, avec ses bras, son activité, son énergie, le
père de famille, ouvrier de ses champs, achète à 1 p. 100

les terres des domaines qui l'avoisinent et en fait sortir une richesse inconnue et inaccessible au grand propriétaire qui les détenait avant lui.

Eh bien oui! ce dépècement, cet émiettement des grands domaines est une richesse et une force publique; mais c'est aussi une défaillance sociale : le paysan, tout à la gymnastique, à l'action et à leurs effets, est rude, dur, peu sensible aux misères d'autrui; le niveau de ses idées et de ses sentiments ne s'élève pas aussi haut que celui dont l'esprit est au-dessus du besoin; malheureusement le riche, dans l'état actuel des théories agricoles, ne fait ses affaires que quand il devient dur et âpre comme le paysan! Où se réfugiera donc l'amour et le culte de l'humanité? Ce serait un malheur irréparable qu'une transaction ne s'établît pas, par l'association et la participation du travail aux fruits de la terre, entre la grande propriété et le père de famille ouvrier rural.

Mais, dans ce même département du Loiret, quelques hommes d'élite ont déjà bien compris la gravité de la question. Je pourrais citer deux frères dont le père a établi, en les intéressant, quarante familles dans quarante maisons sur ses domaines, et qui songent non-seulement à conserver, mais à étendre l'œuvre de leur père; deux autres frères qui ont déjà bâti plusieurs maisons et installé plusieurs familles sur leurs terres et qui vont en installer d'autres; et j'ai lieu de croire qu'avant peu d'années tous les grands propriétaires se feront gloire de grouper de nombreuses familles autour d'eux et d'être leurs patriarches.

J'ai dit, en plusieurs endroits, que je souhaitais de voir se rétablir le patriarcat rural; quelques personnes ont cru et d'autres pourraient croire que j'entendais par là le réta-

blissement d'une autorité absolue, d'une part, et un véritable servage, de l'autre : je vais dissiper ici cette erreur en
deux mots. Les types du patriarcat rural existent pour moi,
tels que je les entends, dans le Beaujolais, dans le Mâconnais, dans la Vendée et dans un grand nombre de départements. Le patriarcat rural, dans ma pensée, est le patronage bienveillant du propriétaire, son concours d'étude,
de science, d'expérience et pécuniaire au besoin, toujours
dans l'intérêt commun de la propriété et du travail rural;
il n'y a rien là qui ne soit d'accord avec nos lois civiles,
et rien qui implique le plus petit changement dans les
droits qu'elles consacrent et dans les devoirs qu'elles imposent.

Les procédés de viticulture pratiqués dans le Loiret sont
assez originaux pour mériter une sérieuse attention; ils se
présentent sous trois formes différentes qui doivent être
étudiées successivement quant à la formation, au dressement et à la conduite des ceps.

GIEN. — Dans l'arrondissement de Gien, la vigne se présente en lignes séparées par des intervalles de 60 à 66 centimètres, offrant chacune l'aspect d'une petite haie dont les
souches, distantes entre elles de 40 à 50 centimètres, ayant
chacune trois, quatre et cinq bras, s'étendent et se croisent
fort irrégulièrement en éventail, dans un même plan :
ces bras sont maintenus par des échalas de 1$^m$,40 à 1$^m$,15
hors de terre, mais fort inégaux et entretenus assez irrégulièrement. La figure 129 reproduit l'aspect d'une portion
de ligne ou *perchée* prise dans la vigne de M. Cloutrier,
près de Gien. Dans ces sortes de haies, les pineaux et les
meuniers sont taillés à un ou deux yeux de plus que les

gamays, et souvent même, quand ces deux cépages (pineau et meunier) ont beaucoup de force, on leur donne un

Fig. 129.

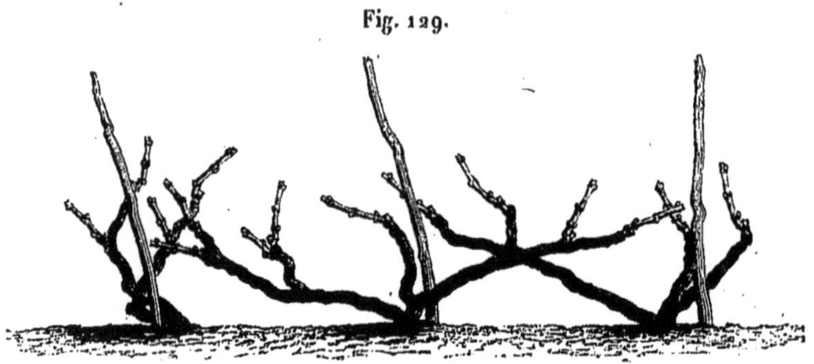

*collet*. La figure 130 offre la taille et la forme la plus générale donnée au gamay. La figure 131 représente un meunier

Fig. 130.

Fig. 131.

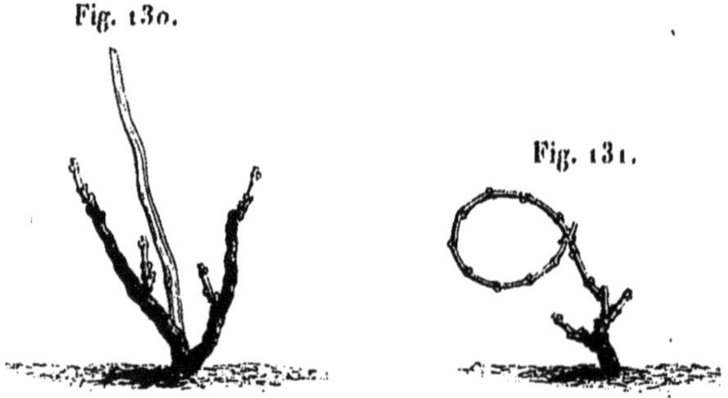

à collet, et la figure 132, une vieille souche de blanc-melon ou terlat. Les principaux cépages de Gien sont les trois que je viens de désigner ; mais c'est surtout le gamay à grains ronds et le meunier qui dominent.

Fig. 132.

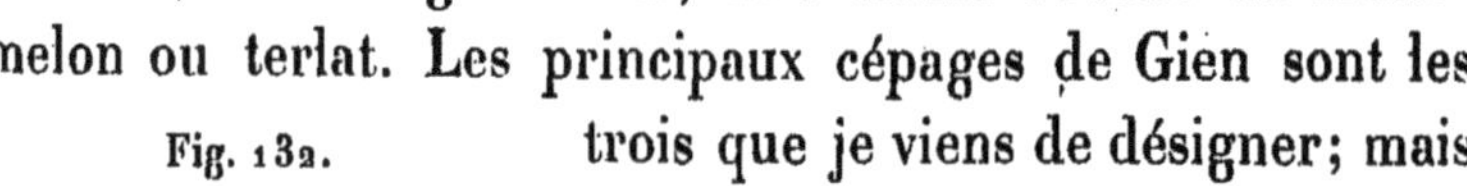

La plantation se fait en fossés à double rang de chapons. Les fossés sont à 1ᵐ,33 d'intervalle, à double distance des perchées plantées ; car ces intervalles seront

14.

garnis de deux perchées par le provignage, à quatre et à huit ans.

Quand les sarments sont assez forts, à la quatrième année, on ouvre une fosse parallèle au premier rang et contre lui, de 60 ou de 66 centimètres : soit $c'c$ (fig. 133) le fossé de plantation primitive; le fossé $c\,d$ est le fossé de

Fig. 133.

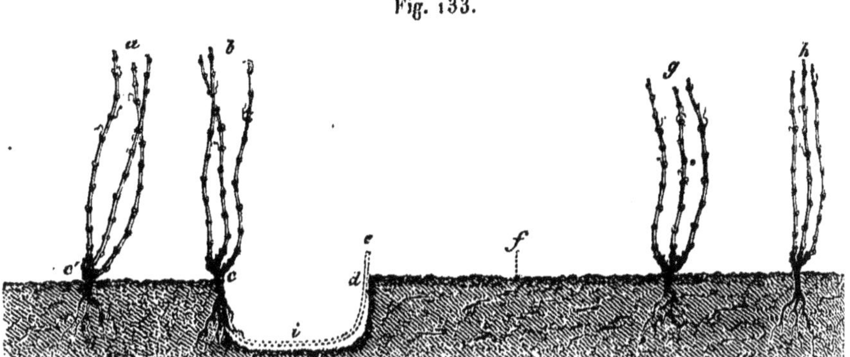

provignage ouvert, à la quatrième ou cinquième année, pour y recoucher la souche $b$ et toute la perchée qui lui correspond en $c\,i\,d$, afin de former la perchée $e$. Quant à la perchée $f$, elle ne sera formée que par la perchée $g$ au bout de huit ans, par provignage dans un autre fossé ouvert entre $f$ et $g$.

On voit, par cette pratique, que les lignes ou perchées $a$ et $g$ resteront de franc pied pendant quatre et huit ans; eh bien! ces perchées de franc pied donnent beaucoup plus de raisin que n'en donneront les perchées provignées : c'est du moins ce que m'ont dit les propriétaires vignerons de Gien.

Les vignes, ainsi établies, sont entretenues par des provignages partiels, toujours en lignes; les provignages successifs raniment la production et soutiennent les souches voisines par les terres rejetées

Généralement, à Gien, chacun fait ses propres vignes; il y a peu de propriétaires bourgeois. Il y a dans les fortes terres des vignes qui durent plus de cent ans; toutefois, on en arrache souvent à cinquante et soixante ans; on laisse reposer la terre cinq ans et l'on replante. Les récoltes moyennes sont faibles : on les estime à cinq ou six pièces à l'arpent de 51 ares, environ dix pièces à l'hectare.

Les échalas, de 1<sup>m</sup>,40, sont en châtaignier, en chêne ou en sapineaux; les premiers coûtent de 45 à 50 francs le mille, et les autres 25 francs.

Gâtinais. — Le second mode de culture de la vigne commence dans l'arrondissement de Montargis et s'étend dans tout l'arrondissement de Pithiviers; on peut le désigner sous le nom de *culture du Gâtinais*, car ce mode paraît dominer, avec peu de variantes, dans toute l'étendue de cette ancienne province.

C'est à Ladon, arrondissement de Montargis, commune et vignoble importants, que M. le maire Chauvet m'a initié à cette culture. Avant d'arriver à Ladon j'avais été frappé de l'aspect des vignes, toutes en lignes parfaites, à 80 centimètres de distance, les souches à 80 centimètres dans la ligne, toutes en tête d'osier, en boule plate ou en champignon contre terre, têtes dont partent tous les sarments fructifères, sans bras ni membres distincts (fig. 134).

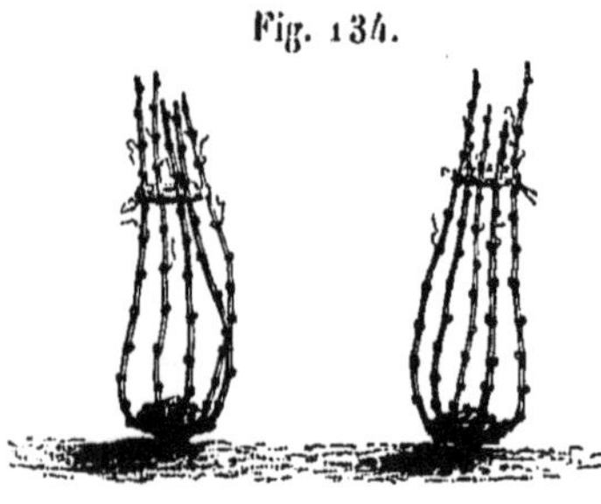

Fig. 134.

J'avais été surpris aussi de voir quelques vignes dont chaque souche avait son échalas, la plus grande partie des vignes en étant complétement dépourvues; en m'approchant j'avais bien vite compris que les vignes jeunes étaient seules échalassées.

Enfin, ce qui m'avait le plus frappé, c'était de voir des vignes dont tout le sol était cultivé à plat (fig. 135), puis

Fig. 135.

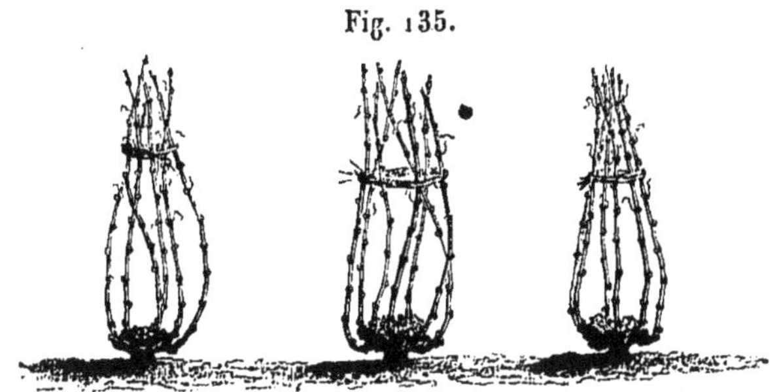

d'autres, à côté, dont toutes les lignes étaient en billons, les souches au pied des billons (fig. 136), et enfin d'autres

Fig. 136.

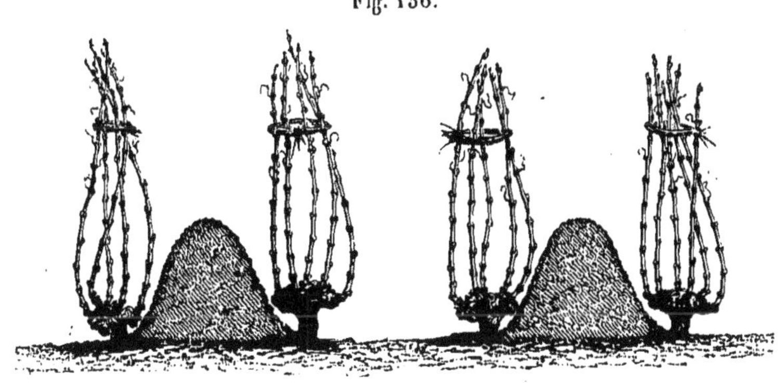

encore dont toutes les souches étaient au milieu des plans inclinés des billons (fig. 137).

M. Chauvet m'a expliqué que ces différentes cultures tenaient à ce qu'après la vendange on curait les fonds des fossés et on en chargeait le billon, ce qui donnait l'apparence de la figure 136; qu'au mois de mai on rejetait dans la ruelle la terre du pied des souches et du billon, et qu'on

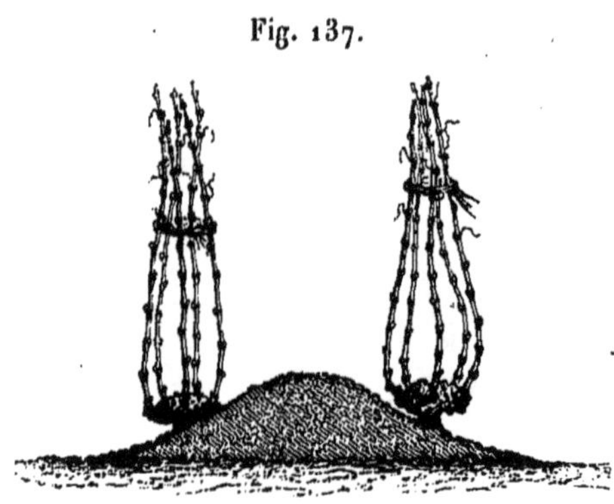

Fig. 137.

cultivait profondément le billon fin de mai, ce qui donnait une culture plate ou presque plate, comme la figure 135; puis on relevait la terre de la ruelle en juin, ce qui donnait l'apparence de la figure 137.

Toutefois je dois dire que souvent, le plus souvent même, les fosses restent fortement accentuées et le milieu des ados plus ou moins bombé. J'ai vu beaucoup de vignes où les souches paraissaient être élevées sur l'angle d'un billon méplat, de 20 à 30 centimètres au-dessus du sol; dans certains pays même on cultive le billon tel qu'il est, sans le déformer : on en bine les flancs et l'on creuse des cuvettes autour de chaque souche.

La commune de Ladon est une des meilleures du Gâtinais; on estimait la récolte, en 1865, à neuf ou dix pièces l'arpent, dix-huit à vingt pièces l'hectare. Toutefois, la récolte des propriétaires vignerons est bien supérieure à celle des propriétaires bourgeois. M. Chauvet me dit, par exemple, qu'il récoltera quatre ou cinq pièces, pendant que son vigneron en récoltera onze et douze.

La taille à un œil, régulièrement répétée, engendre les têtes de vignes les plus bizarres. M. Chauvet m'en a fait voir une collection nettoyée et dépouillée d'épiderme et de saillies : les unes ressemblent à un boudin roulé sur lui-même

($A$, fig. 138), les autres à des madrépores ($B$), d'autres à
un champignon ($C$). Toutes ces formes sont obtenues en

Fig. 138.

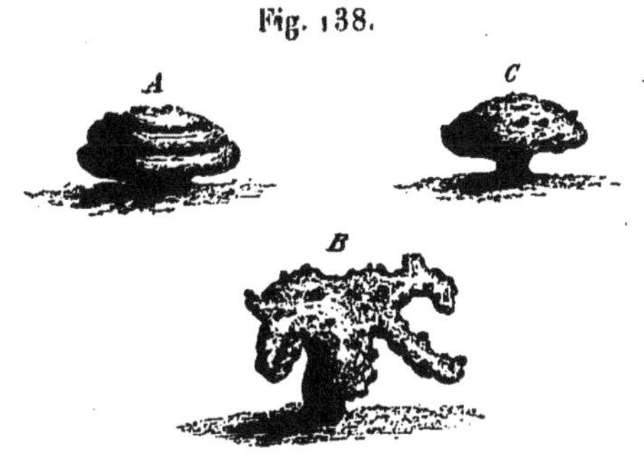


taillant, la première année, un seul sarment laissé à un
œil; l'année suivante, en taillant, à un œil encore, les
deux, trois ou quatre sarments poussés, et toujours taillant
à un œil, les années suivantes, de quatre à six des plus beaux
sarments poussés, et coupant ras les souches les sarments
plus faibles.

Cette taille a un motif, comme la taille des osiers et des
saules en têtards : c'est d'obtenir une base fixe et étendue
d'où partiront toujours, d'une multitude d'yeux, des sarments faciles à discipliner et pouvant se passer d'échalas;
ici la suppression de l'échalas, quand la souche est formée,
est non-seulement une économie, mais c'est un précepte :
l'échalas, dit-on, fait trop pousser le sarment, et le sarment
mange alors son fruit.

Tout cela peut être vrai relativement; mais, absolument,
les moyennes récoltes sont très-faibles et très-inférieures à
celles qu'on obtient par les autres tailles et surtout avec les
échalas. La moyenne du Gâtinais est de vingt-trois hectolitres, celle de l'Orléanais de trente-quatre, celle de la
Lorraine de cinquante, et les terres du Gâtinais sont au

moins aussi bonnes pour la vigne que celles de l'Orléanais
et de la Lorraine. Les vignes y sont d'une vigueur remarquable; mais cette taille séculaire n'en mérite pas moins
une étude approfondie.

Les vignes sont plantées en rayon; on enlève un demi-
fer de bêche sur une largeur de 80 centimètres; puis, dans
chaque angle de ce fossé peu profond, on fait une rigole
d'un fer de bêche de profondeur en sus, et c'est dans cette
rigole que les uns descen-
dent un simple chapon,
d'autres un plant enraciné,
coudé; puis les uns et les
autres remplissent les rigoles et une partie du fossé,
qui n'est comblé que l'année suivante (fig. 139). On commence à récolter la quatrième année.

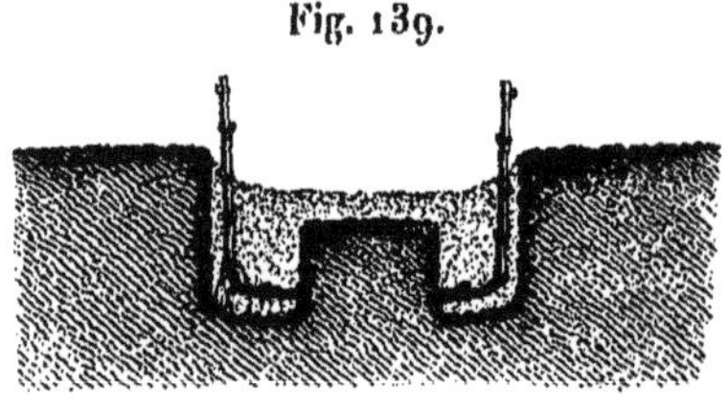

Fig. 139.

Le franc pied est de règle dans tout le Gâtinais, et l'on
ne provigne que pour remplacer.

Les principaux ceps rouges sont ici le gamay à grains
ronds et à grains ovales, le bourguignon et un peu de noirien; le meslier blanc et surtout le gros meslier réussissent
à merveille dans le Gâtinais : ils dominent partout et donnent
des fruits en abondance; on cultive aussi le melon ou gamay
blanc.

La taille est invariablement à coursons pour tous les cépages; le principe est à un œil, mais beaucoup maintenant
taillent à deux yeux.

On ébourgeonne trop tard; c'est en juin que les femmes
font cette besogne : elles relèvent et lient les pampres avec
des liens de paille à la fleur, et elles rognent vers le
10 juillet; mais, dans ces opérations d'épamprage, les con-

venances du bétail à nourrir dirigent plus que l'opportunité pour la vigne; on rogne encore avant la vendange, on rogne et on effeuille encore après, toujours pour nourrir le bétail.

Au moment où je parcourais les vignobles du Gâtinais et de Gien, où beaucoup de grands et moyens arbres fruitiers sont mêlés aux vignes, j'ai remarqué que la gelée avait fait tomber toutes les feuilles des vignes, excepté sous les arbres, où toutes étaient restées vertes à leurs ceps. J'avais remarqué aussi, dans Saône-et-Loire et dans la Sarthe, que les ceps sous les arbres étaient atteints par l'oïdium au milieu de vignes parfaitement saines.

Dans le Gâtinais, la cuvaison dure de dix à quinze jours; on tire en vieux vaisseaux et on ne mêle le vin de presse avec le vin de goutte qu'après les soutirages de mars. Les vins du Gâtinais sont agréables, très-légers en esprit, et se gardent bien.

Les propriétaires bourgeois font faire leurs vignes à façon à 100 francs l'hectare environ. L'absence de provignage et d'échalassage est une grande économie. On ne terre ni on ne fume les vignes. Les prix de journée sont assez bas: 1 fr. 50 cent. l'hiver et 2 francs l'été, sans nourriture ni vin; mais on ne trouve pas facilement la main-d'œuvre dont on a besoin. Le prix n'y fait rien : les campagnes ne sont pas assez peuplées, voilà tout.

La plus grande partie des vignes appartient d'ailleurs aux vignerons, qui les font eux-mêmes; ils font eux-mêmes leur blé, leur fourrage, leurs racines, leurs légumes et leurs fruits; ils produisent leur lait par une ou deux vaches, leur viande par un ou deux cochons, leurs œufs par de la volaille : ils en produisent énormément relativement aux petits espaces qui leur appartiennent; mais c'est la vigne surtout qui leur donne aujourd'hui l'aisance, la richesse, la force et la santé; ils ont assez de force pour en prêter un peu à la bourgeoisie, mais ils ne se gênent point en l'employant pour autrui.

A Beaune-la-Rolande et à Gaubertin, on stratifie les sarments et l'on plante avec succès de mai en juin.

Les tailles se font également en tête de saule dans l'arrondissement de Pithiviers; puis elles se transforment en bras

Fig. 140.

ou membres irréguliers, mais de plus en plus apparents. La figure 140 expliquera ce que je veux dire par là; je l'ai copiée sur nature : elle présente six bras dérivés de la tête de saule, terminés chacun par un sarment à fruit; il y a d'autres souches à cinq, à quatre et même à trois bras ou saillies, mais quatre et cinq bras sont le plus souvent installés. Toutefois cet allongement résulte toujours de tailles successives très-courtes.

Aux cépages de Ladon il faut ajouter, par exception ici, le teinturier, le pinet rougin, le gros pineau; mais le gros meslier domine encore partout dans les blancs, comme les gamays dans les rouges.

La moyenne durée des vignes est de trente à trente-cinq ans dans l'est et le sud de l'arrondissement de Pithiviers, qui n'a pas de calcaire; tandis qu'au nord, dans le calcaire, elle ne vit que vingt ans parfois.

La moyenne production, à Beaune-la-Rolande, est, en

rouge, de 18 à 20 hectolitres à l'hectare; elle est de 27 à 30 hectolitres en blanc.

MM. Driard et Anseaux ont fait et font construire des maisons de vignerons, composées de deux grandes chambres, d'un four, d'une étable, d'un hangar, d'un grenier à lucarne, d'une petite grange, pour 2,500 à 3,000 francs. J'ai visité une de ces maisons chez MM. Anseaux, à Gaubertin; elles sont vraiment très-commodes et de très-bonne habitation.

MM. Driard et Anseaux ont compris depuis longtemps le patriarcat rural comme je voudrais qu'il s'établît : ils colonisent en construisant de nombreuses maisons, et ils y établissent des familles, en prévoyant tout ce qui est nécessaire et commode à leur existence et à leur travail; ils calculent, distribuent et rétribuent ce travail de façon à ce que, s'il est accompli avec zèle, avec activité et avec intelligence, la famille trouve dans sa rémunération une existence facile et des épargnes convenables; enfin ils donnent à leurs tenanciers et ouvriers tous les enseignements pratiques, tous les bons exemples de cultures perfectionnées, et surtout ils les entourent, eux et leurs familles, d'une sollicitude, d'une affection et d'un intérêt tout paternels.

ORLÉANS. — Les vignes, dans l'arrondissement d'Orléans, sont cultivées de temps immémorial sur de très-bonnes bases.

Aussi la vigne est-elle une source de richesse pour celui qui la possède et qui la cultive lui-même; il n'en est pas de même pour le grand propriétaire qui la fait cultiver à journée et à prix fait.

Cette situation est parfaitement reconnue et déclarée à

Gien, à Montargis et à Pithiviers; mais elle est encore mieux constatée à Orléans.

La vente obligée des vignes ou des terres à vignes aux vignerons, comme des terres à safran aux familles rurales, serait une condition très-acceptable pour l'augmentation de la richesse publique, si la population était suffisante pour s'emparer de tout l'espace et pour le cultiver tout entier.

Mais chaque famille, vigneronne ou agricole, a sa limite de force, et, par conséquent, d'étendue à exploiter par elle-même; il arrive un moment où elle s'engorge par ses acquisitions : elle fait des prodiges de travail, mais, à moins de recourir elle-même à la main-d'œuvre étrangère, elle est obligée de supprimer des façons et de voir ainsi baisser non-seulement le produit de ses vignes, mais encore celui des autres cultures qu'elle leur associe.

La grande propriété n'a donc qu'un moyen de prospérer, c'est d'offrir un asile, un attrait, un avenir, au prolétariat rural. Mais elle croit pouvoir s'en passer, elle croit pouvoir remplacer l'homme par des machines. Que Dieu la bénisse! qu'il ait pitié d'elle! car elle se ruine et ruine le pays. Est-ce que ses machines consommeront ses produits? Est-ce que ses machines achèteront ses terres à 1 p. o/o comme le feraient les familles établies sur sa surface? Est-ce que le chiffre de la population, sur tout espace donné, ne fait pas toute la valeur foncière et mobilière de cet espace? Est-ce que l'homme n'est pas le double facteur de la production et de la consommation? Est-ce que la famille humaine n'est pas le producteur et le consommateur, sur place, par excellence, indispensable à la prospérité stable et continue de la propriété? Est-ce que, dans toutes les éventualités et dans toutes les catastrophes, ce n'est pas la population d'un lieu qui en fait et en conserve la valeur? Colonisez, moyens propriétaires, colonisez, grands propriétaires, colonisez, gouvernements; rompez avec toutes les entraves à la colonisation, et en suivant ainsi les lois de la nature autant que celles de la raison, vous donnerez à votre force et à votre richesse une puissance inouïe quand chaque hectare cultivable sur la terre comptera au moins un individu pour l'exploiter. Plus tard vous peuplerez le monde de votre trop-plein, et votre grandeur y sera proportionnée au nombre des enfants que vous lui aurez donnés; la première nation, entre toutes, sera celle qui aura contribué le plus à peupler la terre.

L'arrondissement d'Orléans possède aussi la tête d'osier pour base de sa viticulture; mais il n'a ni la taille ni la conduite de Gien, ni de Montargis, ni du centre du Gâtinais : d'abord toutes ses souches sont munies non-seulement d'un grand échalas de 1$^m$,50, mais encore de deux, de trois, et parfois une seule souche possède jusqu'à dix échalas pour le service d'autant de bras; c'est le troisième mode de culture du Loiret, le plus curieux et le plus important des trois.

On distingue dans l'Orléanais trois principaux genres de taille et de conduite de la vigne, chaque genre ayant ou admettant de nombreuses variétés : le plus répandu de ces trois genres s'observe sur la rive gauche de la Loire, le second sur la rive droite; quant au troisième, il est concentré dans une petite circonscription dont Olivet est le centre, et ne s'applique guère qu'à un ou deux cépages, le *gascon* et le gamay.

Les ceps sont plantés partout en lignes, à 80 centimètres les uns des autres, les ceps à la même distance dans le rang, mais généralement en quinconce.

L'intervalle qui sépare les deux rangs de ceps plantés
dans un même fossé s'appelle la *pouée*. La pouée est relevée en billon plus ou moins élevé, plus ou moins bombé,
suivant l'époque de la culture où on le considère (*a b*,
fig. 141).

L'espace qui sépare deux pouées est de même largeur
que chacune d'elles (*da, bc*, même figure); c'est le sentier,

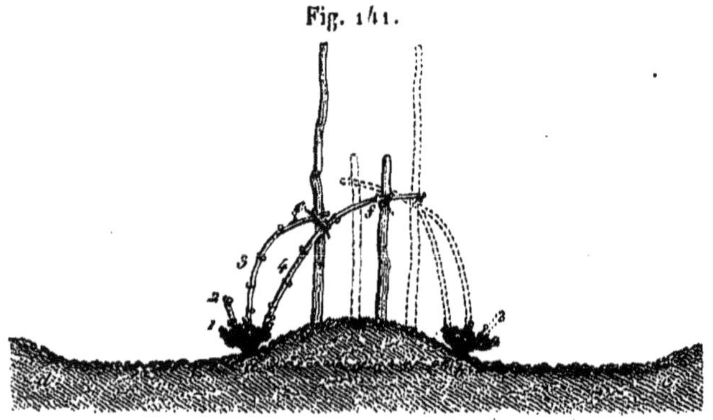

Fig. 141.

l'ornière, d'où vient le nom d'*orne* qu'on lui donne ici; l'orne
est toujours en contre-bas des pouées.

Sur la tête d'osier, dressée à peu près comme dans le
Gâtinais, est un petit cot, à un œil (1, fig. 141); un second
cot, à deux yeux, appelé *pousse* (2); un *taquet* ou *demi-viette*,
à cinq ou six yeux et de 25 ou 30 centimètres de longueur (3); et enfin une viette ou long bois de 60 à 80 centimètres de longueur (4, toujours même figure).

La viette et la demi-viette sont souvent attachées ensemble au grand échalas (charnier), en *e*, et la viette est
en outre attachée à un petit échalas (charniot) vers son
extrémité *f*, planté sur la pouée. La figure 141 montre en
outre la souche opposée, figurée au pointillé, à 40 centimètres plus loin, en quinconce.

Tel est le point de départ et la base générale de toutes
les tailles à viettes; mais souvent il y a deux viettes sur un
même cep, parfois trois; souvent aussi la viette nouvelle
est reprise sur le cours de la viette ancienne, et dans ce
cas, si fréquent qu'il est presque ordinaire, le cep s'allonge
indéfiniment et se charge de nombreux et vieux bois, soutenus par autant d'échalas.

La figure 142 donne une idée exacte de ce que peut
devenir et de ce que devient la taille si simple de la

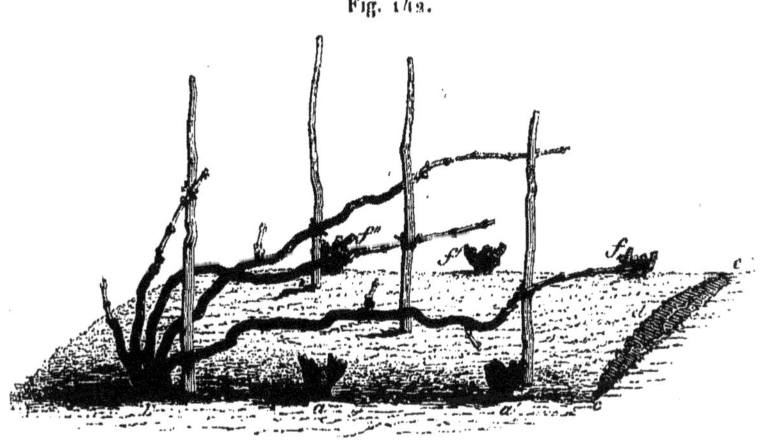

Fig. 142.

figure 141. Pour la faire comprendre, j'ai supposé coupées
les souches *a*, *a'*, *f*, *f'*, *f"*; la souche *B* se développe sur
l'ados de la pouée, en la suivant dans sa longueur dont j'ai
figuré la coupe perspective en *c d e*. Beaucoup de souches,
ai-je dit, presque toutes dans les vieilles vignes, arrivent
au développement de cette figure et à un développement
beaucoup plus compliqué et plus étendu; alors les pouées
sont encombrées de bois, de feuilles, de raisins et d'échalas.

Pour atteindre le dressement de la vigne en tête de
saule, beaucoup de viticulteurs ne taillent pas la première

année; la seconde et la troisième, on taille très-court, à un œil, pour former la tête; ce n'est qu'à la quatrième année qu'on commence à laisser un ou deux pousses à deux yeux et une demi-viette. La demi-viette, à quatre ou cinq yeux, n'est souvent mise qu'à la cinquième année (fig. 143);

Fig. 143.

Fig. 144.

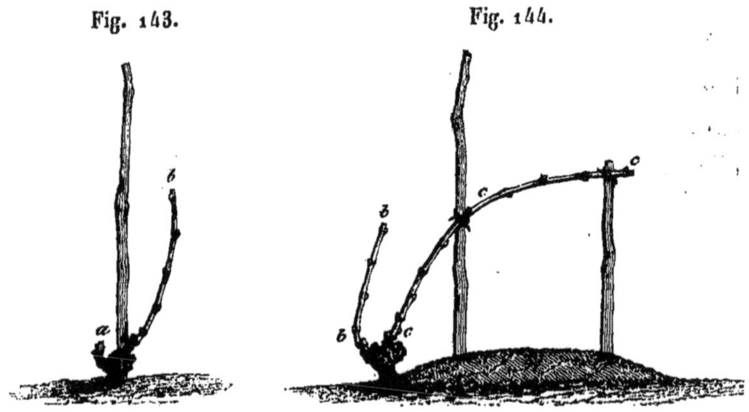

à la cinquième ou sixième année, suivant la force, on donne la demi-viette et la viette (fig. 144), et à la septième ou huitième année on met le pousse, la demi-viette et la viette : *a* (fig. 145)

Fig. 145.

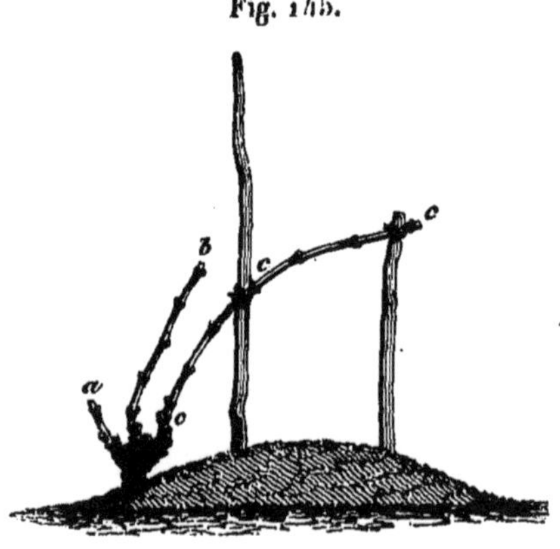

est le pousse, *b* la demi-viette, *ccc* la viette. Après un certain temps, le pousse, la demi-viette et la viette sont surmontés chacun d'une viette, et finissent par engendrer les souches de la figure 142.

Les tailles et conduites que je viens d'indiquer sont les plus répandues à la Chapelle, à Chaingy, à Meung et à Beaugency, rive droite de la Loire, au sud; mais à l'est, sur la rive gauche, à Sandillon et à Jargeau, et au côté opposé de la Loire, à Saint-Denis et à Châteauneuf, le dressement de la vigne, restant le même en principe et jusqu'à quatre à cinq ans, devient ensuite plus rationnel et plus fertile.

Chaque souche porte aussi un pousse *a* (fig. 146), un taquet ou demi-viette *b* et une viette *c c c;* mais cette viette est d'abord recourbée en cercle ou en anneau et, de plus, elle porte à son pied un courson de retour *d*. Il suit de

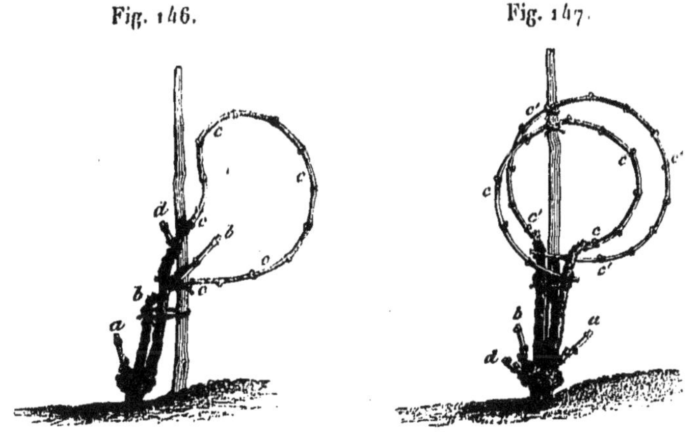

Fig. 146.    Fig. 147.

cette pratique que la viette, le taquet et les pampres du pousse peuvent être attachés et sont attachés à un seul et même échalas, et que la viette *c c c* peut toujours être ramenée à l'échalas, pour son point de départ et d'attache. si elle est reprise sur le courson *d;* toutefois les vignerons la reprennent tant qu'ils peuvent sur le plus beau sarment de la viette de l'année précédente, comme étant plus fructifère que le sarment du courson de retour, du taquet et du pousse.

J'ai vu à Jargeau et à Châteauneuf des souches portant sur un seul échalas une ou deux viettes en anneaux, sans courson de retour à leur base; mais, dans ce cas, il y a toujours un taquet, un pousse et un pousseau sur la tête de la souche pour le remplacement. La figure 147 représente une souche à deux viettes en anneau, $c\,c\,c\,c$, $c'\,c'\,c'\,c'$, ayant deux pousses $a\,b$ et un pousseau $d$.

Toutes les tailles qui précèdent, avec des variantes infinies, s'appliquent à l'auvernat franc (pineau noir de Bourgogne), qui était autrefois l'honneur de l'Orléanais et qui n'existe plus; à l'auvernat gris ou meunier, qui domine absolument les cépages noirs de l'Orléanais; au meslier blanc, qui est le plus répandu des cépages blancs; au melon ou gamay blanc et au gouais, qui à Châteauneuf seulement se joint aux autres cépages; mais un dressement spécial et une taille à coursons et à plusieurs bras, sans l'intermédiaire de la tête d'osier, sont réservés à la taille du gamay et à celle du gascon (fig. 148 et suivantes).

C'est le troisième genre de conduite que j'ai indiqué : on le trouve à Jargeau et presque partout où le gamay et le gascon sont cultivés; mais c'est particulièrement à Olivet, où le gascon est cultivé en grand, que j'ai eu occasion de l'étudier.

Le gascon n'est autre chose que la mondeuse, connue sous vingt autres noms dans vingt départements; il est tardif à la végétation et à la première production (sixième année); ses feuilles et ses bourgeons sont d'un vert blond; ses grappes sont allongées, à grains ronds et clairs, d'un noir bleu foncé, désagréables à manger et d'une maturité très-tardive; il donne un très-bon vin à parfaite maturité, très-âpre, mais très-solide et très-tonique comme boisson, quand il n'atteint pas une maturité complète, ce qui lui arrive souvent.

La conduite de ce cépage devient ici très-bizarre avec le temps, quoiqu'au début elle soit, comme celle du gamay, d'une grande simplicité.

A Olivet, on plante la crossette à la profondeur de 4o à 5o centimètres; on rogne le haut du sarment, qu'on appelle *mouchure;* la mouchure se plante à côté de la crossette, moins profondément, et souvent c'est elle qui pousse le mieux. La distance des plants était autrefois de 8o centimètres; aujourd'hui elle est de 1 mètre, avec sentier tous les trois rangs. Pour dire le vrai, les vignes d'Olivet, comme beaucoup d'autres des environs d'Orléans, sont remplies d'arbres fruitiers, d'asperges et de haricots, en sorte que la régularité des lignes et de l'exploitation de la vigne souffre beaucoup.

Quoi qu'il en soit, le gascon se dresse d'abord, à la deuxième ou à la troisième année, sur deux bras, portant un courson à deux ou trois yeux (fig. 148); vers la qua-

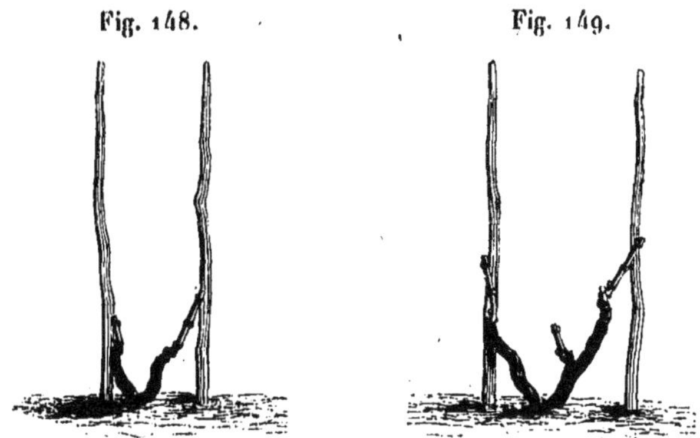

Fig. 148.                         Fig. 149.

trième année, on augmente ses bras (fig. 149); à la cinquième ou sixième, sa taille la plus régulière est représentée par la figure 150. On peut voir dans ces figures que le renflement en tête de saule des figures précédentes

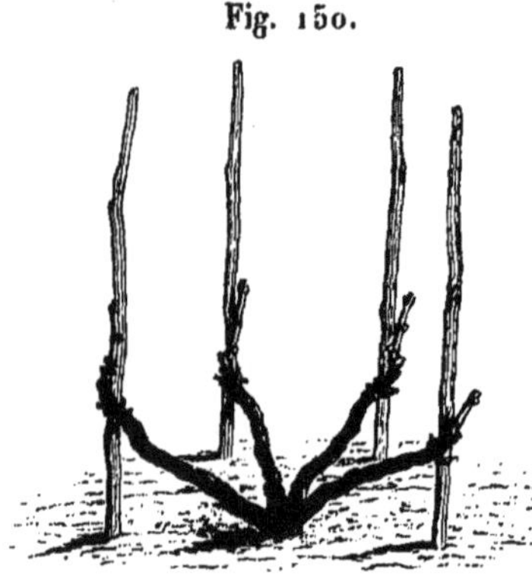

Fig. 150.

manque absolument; en effet le gascon et le gamay sont taillés à deux ou trois yeux aussitôt que les sarments convenables se présentent.

Enfin j'ai pris dans la vigne de M. Galinan le croquis d'un cep de gascon auquel on attribuait soixante ans d'existence, et je le reproduis ici (fig. 151) pour montrer ce que les tailles des figures 148, 149 et 150 deviennent avec le temps.

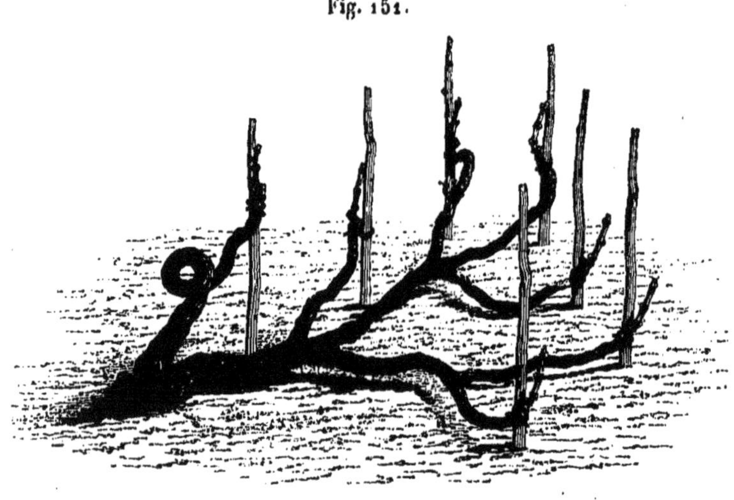

Fig. 151.

Il suffit de jeter un coup d'œil sur la figure 151, et d'y compter les sept échalas qui soutiennent la souche, pour comprendre combien M. Letrosne, à Saint-Ay, a raison de palisser ses vignes sur fil de fer. Il est bien évident que

les sept membres partant de la souche seraient infiniment
mieux rangés et soutenus, avec une économie considérable
de temps et d'argent, avec des avantages énormes d'air et de
soleil, de facilité de culture et d'entretien, s'ils étaient
dressés en ligne et palissés sur deux fils de fer (fig. 152).

Fig. 152.

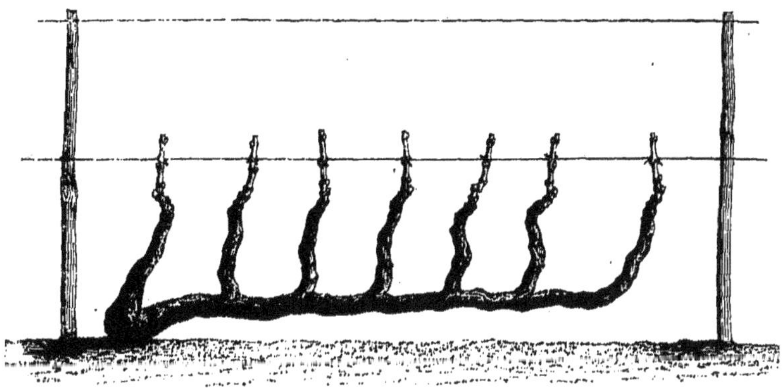

La figure 152 est imaginaire; elle n'a d'autre objet que
de faire voir combien le palissage en lignes est plus
facile, plus économique et plus profitable que la culture
en désordre.

En résumé : culture en lignes, souches de franc pied,
branches à fruits et branches à bois, échalassage énergique,
attache des longs bois avec l'osier; relevage et liage des
pampres avec la paille, à la fleur; rognage après la formation du grain, une culture d'hiver, trois cultures d'été;
fumures tous les cinq à dix ans, en fossés, sur le milieu de
la pouée : telles sont les pratiques traditionnelles qui font
honneur aux viticulteurs de l'Orléanais.

En ramenant ces pratiques à la simplicité et à l'unité, en
supprimant la tête d'osier, en adoptant les palissages en fil
de fer et les cultures aux animaux de trait, mais surtout

en revenant aux pineaux noirs, blancs et gris, aux morillons blancs, aux rieslings, aux traminers, sans abandonner
le meunier ni le meslier, l'Orléanais portera ses vignobles
au plus haut degré de prospérité, surtout s'il intéresse fortement l'ouvrier père de famille au produit.

Toutes ces améliorations vont se faire, je n'en doute pas,
car le Comice agricole d'Orléans, dirigé par son éminent
président, M. A. Perrot, s'occupe avec ardeur à recueillir et
à répandre les meilleures études et les meilleurs enseignements.

Si ce n'est que les vendanges sont généralement faites un
peu trop tôt, les principes de la vinification sont également bons dans l'Orléanais : on foule avant de mettre en
cuve; on cuve de six à huit jours, en cuve ouverte et à
marcs flottants; mais on renfonce les marcs pendant les
trois ou quatre derniers jours. A Baule, on ne cuve que
quarante heures; les vins seraient *forcés* si l'on cuvait plus
longtemps. On tire, pour la plus grande part, les vins en
vaisseaux neufs et on mêle les vins de presse avec les vins
de goutte.

Le Comice agricole a obtenu de la municipalité de la
ville d'Orléans la libre disposition de deux beaux carrés de
son jardin des plantes pour y établir l'étude des cépages
présumés les plus propres à faire progresser la viticulture
du département et pour y mettre à l'essai, dans des proportions qui permettent d'apprécier les produits par leur
vin, les différents procédés de plantation, de taille et de
conduite de la vigne, surtout les procédés constatés bons
par une tradition séculaire : par exemple, ceux de l'Alsace,
des côtes du Rhône, du Médoc, de la Lorraine, du Beaujolais, etc. etc. C'est là une institution digne de l'activité et

de la haute intelligence de M. Perrot, de M. de Morogues, de M. Bobée, qui rendra les plus grands services au Loiret, et qui mérite tout l'intérêt, tous les encouragements et toute la reconnaissance du département.

Il me suffira de rappeler que cette région comprend le Beaujolais, le Mâconnais, la Côte-d'Or et l'Yonne pour la placer dans l'esprit du lecteur au premier rang de nos régions vignobles.

Sur une superficie totale de 6,634,824 hectares, la région du Centre-nord ne cultive que 254,000 hectares de vignes, c'est-à-dire la vingt-sixième partie de son étendue.

De cette faible fraction sort en moyenne, chaque année, un produit brut de 224,780,000 francs : plus du quart du revenu total agricole, qui est d'environ 829 millions, celui des vignes compris.

Ces 224,780,000 francs représentent le budget normal et complet de 224,780 familles moyennes ou de 899,000 individus, beaucoup plus du cinquième, près du quart de la population totale, qui s'élève à 4,238,000 habitants.

La vigne produit donc ici huit à neuf fois plus que les autres cultures, et elle entretient trois individus et demi par hectare, contre moins de trois quarts d'habitant entretenus par le surplus. Assurément le surplus est nécessaire, puisqu'il produit le pain, la viande, les fruits, les légumes, les vêtements, les abris. Mais chacun sait que le taux de ces produits s'élève, par la culture améliorée, en restreignant l'espace : c'est donc à leur grand profit que la vigne s'étendrait pour donner plus d'intensité à leur culture par des bras et de l'argent. Tout l'avenir de la prospérité agricole est dans ce simple calcul, et je ne crains pas d'ajouter tout l'avenir de la richesse et de la puissance de la France.

Dans les détails des pratiques viticoles, on rencontre peu d'oppositions ou de rapprochements instructifs entre les dix départements du Centre-nord. Voici ceux qui m'ont semblé les plus importants.

Les souches sont partout cultivées à l'état nain, près de terre, au nombre variable de 8 à 40,000 ceps à l'hectare. Les hautains du Mâconnais, les berceaux de l'Allier et les treilles de l'Aube font seuls exception, et pour une très-minime fraction.

Relativement au dressement et à la taille, le Beaujolais, le Mâconnais, une partie de la Loire, de l'Yonne, de la Nièvre, et presque tout le Loiret, maintiennent leurs vignes en lignes et de franc pied. Au contraire, la Côte-d'Or, le Chalonnais, l'Aube, le Cher et l'Allier les étendent et les entretiennent par le provignage à outrance et presque partout en foule.

La taille courte est appliquée partout aux gamays petits et gros, aux troyens, aux liverduns et aux cépages analogues ; mais dans le Beaujolais, dans le Mâconnais, dans une partie de la Loire, les gamays sont dressés sur trois et quatre bras en gobelet, tandis que dans tous les autres départements ils sont dressés à deux coursons sur un même membre.

La taille longue est appliquée régulièrement à la sérine et au vionnier dans le Rhône et la Loire, aux pineaux blancs dans le Mâconnais, aux pineaux noirs et blancs dans le Chalonnais, tandis que ces deux cépages sont traités à la taille courte dans la Côte-d'Or, dans l'Yonne et dans l'Aube. La taille longue, sur tête d'osier, est de rigueur pour les meuniers, les cots, les gouais, les mesliers, dans l'Orléanais, tandis que le Gâtinais tient tous ces cépages à la taille courte sur la même tête d'osier. Dans l'Allier, les cépages blancs sont à taille longue, et tous les cépages rouges à taille courte. Les pineaux, morillons blancs et autres fins cépages sont conduits à la traîne, sur la côte chalonnaise, à Semur, à Tonnerre, à Auxerre, à Chablis, à Bar-sur-Aube, et presque tous les cépages à Gien et dans l'Orléanais.

Dans les dix départements, la plupart des vignes en gamays et en cépages d'abondance sont arrachées de vingt à quarante ans et replantées après deux ou dix ans d'autres cultures. Mais les vignes fines en pineaux noirs et blancs ne sont assolées que sur la côte chalonnaise et à Chablis; partout ailleurs, et surtout dans la Côte-d'Or, l'Yonne et l'Aube, elles sont perpétuées par le provignage jusqu'à la décrépitude.

Dans le Beaujolais, dans le Mâconnais et dans le Gâtinais, dans une partie de la Loire et de l'Allier, les vignes ne reçoivent d'échalas que dans leurs sept à huit premières années; partout ailleurs elles sont échalassées, et parfois avec luxe, comme dans les côtes du Rhône, dans l'Orléanais et dans l'Allier pour les vignes blanches.

Le plus souvent aucun motif, aucun raisonnement, aucune observation, ne peuvent justifier ces contrastes; mais parfois aussi quelques différences sont parfaitement justifiées, comme la taille courte appliquée aux gamays et la taille longue accordée aux pineaux.

L'immense majorité des cuvaisons se fait à cuve ouverte et à marc flottant; dans les pays à vins fins de pineaux noirs ou de fins gamays du Mâconnais, et partout où l'on fait des vins délicats, les cuvaisons des vins rouges sont comprises entre deux et huit jours; les vins y sont tirés en vaisseaux neufs, et les jus du pressoir sont mêlés avec les jus de la cuve; mais partout où l'on fait des vins communs, les cuvaisons sont prolongées de douze à trente jours et les vins du pressoir sont mis à part.

Sauf ces deux oppositions bien prononcées, les vendanges, les foulages, les pressurages et les soins donnés aux vins ne diffèrent que par des nuances peu importantes dans chaque département.

Un fait très-remarquable, c'est que les vignes à assolement de vingt à quarante ans et occupant des terrains neufs sont dans un état de prospérité qui fait l'orgueil et la fortune de leurs propriétaires; tandis que les vignes, même dans les crus les plus renommés, éternisées par le provignage, sur les mêmes sols, sont dans un état de décadence et de détresse relatives qui inquiètent et dégoûtent ceux qui les possèdent.

Dans les dix départements de la région du Centre-nord, partout où la vigne est à moitié fruits, elle est le gage de la prospérité du métayage; partout où elle entre pour une proportion d'un quart dans le fermage, elle double le loyer de toutes les terres de la ferme; partout où elle s'établit au milieu des terres délaissées et d'une valeur minime, elle triple, elle sextuple la valeur foncière des terres où l'expérience montre sa réussite.

Pourquoi ne pas suivre ces indications providentielles? Pourquoi ne pas les étudier? Pourquoi ne pas les enseigner?

Doit-on s'arrêter aux craintes de voir la vigne s'étendre au delà des besoins, et devenir une cause de ruine pour ses propriétaires et ses planteurs? Mais ces craintes, on ne les éprouve pas relativement aux céréales! Et pourtant l'expérience montre tous les jours que leur extension peut devenir une cause de gêne ou de ruine pour les producteurs. C'est l'affaire des intérêts privés, éclairés par un enseignement égal de toutes les grandes branches de notre agriculture, de savoir choisir et d'équilibrer leurs produits selon les besoins.

Une simple comparaison, d'ailleurs, entre la production du pain et celle du vin suffira pour dissiper toutes les craintes relatives à l'extension des vignes.

Une famille moyenne de quatre individus est largement pourvue de pain par 15 hectolitres de froment, seigle, orge ou maïs dans son année; trois quarts d'hectare, d'une bonne production de 20 hectolitres à l'hectare, lui suffiront pour réaliser ce produit essentiel : donc, pour les 9,500,000 familles formant la population totale de la France, la culture de 7,125,000 hectares de céréales à pain suffirait largement; or ces cultures (froment, méteil, seigle, orge et maïs servant de pain seulement) occupent, chaque année, environ 10 millions d'hectares.

Maintenant je dis, comme hygiéniste et comme ayant étudié l'importance alimentaire relative du vin, que toute famille moyenne de quatre individus, pour jouir de la plénitude de ses facultés de corps et d'esprit et pour se maintenir dans une force et une activité suffisantes, doit consom-

mer au moins 15 hectolitres de vin par an : d'où cette conséquence qu'à 3o hectolitres de récolte moyenne par hectare il faudrait un demi-hectare de vigne, par famille
moyenne, pour assurer sa consommation ; c'est-à-dire que,
pour pourvoir à la simple consommation du vin alimentaire
des repas, dans la France seulement, il faudrait compter
4,7oo,ooo hectares de vignes, environ 2,2oo,ooo hectares
de plus qu'il n'en existe. Ainsi, aujourd'hui, les cultures à
pain occupent 2,875,ooo hectares de plus qu'il n'en faudrait sur notre sol, et les vignes y occupent 2,2oo,ooo hectares de moins qu'il ne serait nécessaire pour la seule
bonne consommation intérieure.

De ce fait il résulte ce singulier renversement des intérêts de l'agriculture française, que les grains, les pommes
de terre, les topinambours, les betteraves, surexcités dans
leur production relative par des enseignements, des encouragements et des allégements qui leur sont prodigués exclusivement, vont se transformer en bières et en esprits du
Nord, qui non-seulement combleront le déficit des vins et
des esprits des vignes existant actuellement, mais qui, si
cela continue, envahiront encore leurs profits et en rédui-
ront la surface ; à moins toutefois que le grand remède, la
justice et l'égalité devant les enseignements, les encouragements et les charges pour tous les grands produits agricoles de la France, ne soit promptement et rigoureusement
appliqué.

Cette restitution, à la vigne, des forces vives qui lui permettent de se défendre en toute liberté, en toute égalité et
en toute loyauté est d'autant plus urgente qu'il y va de la
santé, de la vigueur, de l'activité, de la valeur de la nation
française, type de l'intelligence, du génie et du courage

humains, tête de la civilisation la plus avancée de l'univers; et j'affirme que c'est à l'usage populaire des vins de ses vignes, usage plus général qu'en aucun autre pays, que la France doit sa supériorité de corps, d'esprit et de cœur à la fois.

Elle perd et elle perdra de plus en plus ce précieux privilége à mesure que les vins de la vigne deviendront des vins de grains. Les vins de grains descendront d'un degré l'élévation de l'homme; les vins de racines et de tubercules la descendront de deux degrés; les vins de bois et de bitume, qui viendront à leur tour, à n'en pas douter sur la pente où nous glissons, descendront l'homme infiniment au-dessous de la brute.

Dans ma conviction, le vin naturel, provenant du simple moût fermenté du raisin, est tout à fait alimentaire et bienfaisant; le vin fait avec de l'eau-de-vie, distillée à cinquante degrés et étendue d'eau au même degré que le vin provenant du moût seul, est malfaisant; et le vin provenant de l'esprit absolu, dilué au même degré, altérerait profondément l'organisation de ceux qui en feraient un usage prolongé pendant quelques mois et même pendant quelques semaines seulement.

Voilà des indications que j'affirme être fondées, au nom de l'hygiène et de la physiologie humaines; toutes les données, toutes les études, toutes les observations médicales, les rendent certaines, et je dis que dans la grande famille qu'on appelle une nation civilisée, qui a ses lois protectrices des personnes, gardiennes de la santé physique et morale des faibles contre les forts, des probes contre les voleurs, des timides contre les audacieux, des bons contre les méchants, il n'est pas permis, il ne peut être permis, par personne ni à personne, de laisser trancher ces questions menaçantes et terribles pour réaliser de l'argent à tout prix, même aux dépens de la moralité, de la santé et de la vie de ses semblables.

Dans le doute, il ne peut appartenir au spéculateur de substances alimentaires de décider seul, en faveur de son gain, contre la santé publique. La présomption est contre le fabricant d'une substance qu'il prétend être alimentaire : c'est à lui de faire la preuve, et jusqu'à ce que cette preuve soit faite et admise par les comités d'hygiène et de salubrité publiques, par les académies des sciences et de médecine, en un mot, par un tribunal compétent constitué, il doit lui être interdit de vendre sa composition ; cette interdiction doit être beaucoup plus énergique et sanctionnée par une pénalité plus sévère que s'il s'agissait d'or, d'argent ou de billets falsifiés. Ces falsifications ne constituent qu'un attentat à la propriété, tandis que la fausse denrée alimentaire vendue est un attentat à la personne.

Ce qui, dans l'étude de cette région, plus encore que dans celle des autres régions, est ressorti le plus nettement pour moi, c'est que, comme pour toutes les excellentes choses, la falsification, l'imitation des produits de la vigne, leur envahissement et leur ruine par les imitateurs et les falsificateurs, sont l'objet de toutes les convoitises et de tous les efforts de parasites qui n'ont aucune profession utile et ne veulent se livrer à aucun travail producteur. Non-seulement ces parasites détruisent la vraie et simple production du vin, en l'additionnant d'eau, d'alcool, de couleurs et de bouquets ; mais ils font plus de mal encore en dépravant le goût et en frappant de suspicion et de discrédit ce qui est bon, ce qui est pur : ils sont ainsi les ennemis de la consommation et de la production; mais surtout les plus dangereux ennemis du commerce loyal.

Ce commerce loyal, qui achète, qui transporte, qui place les vins en les soignant, en les entretenant, en les soutenant dans de raisonnables et salutaires limites, est un des agents les plus utiles, les plus indispensables et les plus honorables de la production et de la consommation; mais la juste mesure, indiquée par le bon sens et la conscience, dans laquelle il s'est toujours renfermé se trouve elle-même mise en question par les excès et les hardiesses des fraudeurs, qui détruisent toute confiance et toute croyance à la bonne foi des producteurs et des commerçants. Cette négation de toute loyauté est même un de leurs plus puissants moyens de succès : aussi n'existe-t-il plus d'autre remède, contre cette double peste de la fraude et de la calomnie, que dans la lumière faite par les études et les enseignements publics sur la question des vins comme sur celle du pain et de la viande, et dans les encouragements à suivre les bonnes voies de leur production, de leur commerce et même de leur consommation domestique et publique.

Une des premières et des plus graves questions qui devront être élucidées par cet enseignement sera celle des cabarets.

Pour tout homme honnête et sérieux, le cabaret est un lieu de dépravation et de perdition : c'est la terreur et la perte des familles; c'est le malheur et le désespoir des ménages, des pères, des mères et des enfants; c'est le cratère où bouillonnent sourdement toutes les mauvaises passions, toutes les violences, tous les désordres, tous les délits, tous les crimes, qui ne tardent pas à déborder et à jeter l'épouvante dans tout le pays.

Aux yeux des vrais législateurs, de ceux-là qui s'occupent du bonheur des hommes et non de ceux qui ne voient de l'humanité que les écus à en extraire *per fas et nefas*, l'établissement d'un cabaret est plus grave encore que la création d'une maison de prostitution qui menace toujours et flétrit souvent l'amour conjugal, qui déflore le cœur et le corps des jeunes gens, comme le cabaret détruit les ressources, l'union, la paix des familles, et prépare la jeunesse à une vie de paresse et de dissolution.

L'amour est la source des plus grandes vertus et l'inspirateur des plus belles actions humaines, lorsqu'il est soumis aux lois de la morale et de la conscience; il engendre les actions les plus viles, les crimes les plus hideux, aussitôt qu'il n'admet ni règles ni frein. Il en est de même de l'usage du vin : la famille est son *sanctuaire;* il y développe la cordialité, la franchise, l'intelligence, la force, l'activité et le contentement dans le travail. Le cabaret est son *lupanar*.

# RÉGION DU NORD-EST

## OU RÉGION DES VOSGES, DES ARDENNES

### ET DES RELÈVEMENTS CRÉTACÉS.

## DÉPARTEMENT DU HAUT-RHIN.

Le Haut-Rhin produit plus particulièrement des vins blancs, en majeure partie communs, provenant des chasse-las blancs, roses, musqués, du petit mielleux, du bon bourgeois, et parfois d'un peu de gros rouge. L'olwer donne, à Guebwiller et dans quelques communes environnantes, un vin à bouquet spécial, à l'usage duquel on attribue la faculté de guérir la gravelle; mais ce produit s'élève rarement à une qualité remarquable. Les vins blancs communs, rele-vés en diverses proportions par les pineaux noirs, roses et blancs, par les rieslings, le gentil aromatique, le gentil duret et le tokay, acquièrent aussi des qualités de spirituosité, de corps et de bouquet qui les rendent très-agréables à la con-sommation. Enfin, d'autres vins blancs, résultant des jus des pineaux, des gentils durets et aromatiques, des rieslings, des tokays, et ceux où dominent les jus de ces cépages, offrent des qualités très-recherchées et se placent très-haut, presque en première ligne, dans l'échelle des vins blancs. En somme, c'est au-dessus des vins suisses et un peu au-dessous des vins du Rhin que viennent se classer toutes les nuances de vins blancs du Haut-Rhin. On fait aussi dans le Haut-Rhin, avec les fins cépages, des vins de paille qui constituent des vins de liqueur remarquables.

Tous ces vins, excepté ceux du petit mielleux, cep très-recherché et très-cultivé pour l'abondance et la constance de sa production, et parce qu'il résiste à l'oïdium, se conservent très-bien et gagnent à être conservés; la graisse est la seule maladie qu'ils aient à redouter, et cette maladie, qui se conjure toujours par l'addition de tanin, est en grande partie prévenue, soit par une fermentation des raisins blancs pendant quelques heures, soit par l'addition de pellicules au jus mis en tonneaux.

Les vins rouges du Haut-Rhin, entrant au plus pour un deux centième dans la production totale du département, sont constitués par le gros rouge et par les pineaux noirs; ils sont fins, légers, délicats, quand ils sont bien faits, et se rapprochent des vins de la Moselle. Leur valeur vénale est généralement double de celle des vins blancs; mais on n'ose pas en faire beaucoup, dans la plupart des vignobles, parce qu'ils se décolorent et s'altèrent facilement. Pourtant à Ribeauvillé, à Saint-Hippolyte, à Rouffach chez M. Jourdain, à Guebwiller chez M. Schlumberger, à Ollwiller chez M. Gros, on fait des vins rouges, de plants nobles, qui sont fort distingués et se conservent très-longtemps.

Le prix élevé des vins rouges en Alsace, autant que leurs agréments, fait naturellement regretter que leur faiblesse relative et leur peu de solidité, dans la plupart des vignobles, ne permettent pas d'encourager beaucoup l'extension de leur production, production qui va au contraire de jour en jour en diminuant. Toutefois, j'ai lieu de croire que la fermentation dans les cuves, prolongée en caves et celliers froids, le séjour des grains égrappés dans les jus, le remisage des vins dans des vaisseaux vieux, sont des causes d'altération qui disparaîtraient par l'adoption des pratiques du Beaujolais, c'est-à-dire par la fermentation vive et chaude durant quatre à six jours, en vaisseaux ouverts et en lieu chaud, sans foulage ni égrappage, par le tirage des vins en vaisseaux neufs d'expédition, et surtout par la suppression des gros cépages et le franc retour aux plants nobles.

Quoi qu'il en soit, le Haut-Rhin semble voué à la production presque exclusive des vins blancs, et des vins blancs à goût des vins suisses et des vins du Rhin, que la consommation courante des autres provinces de France n'a pas encore adoptés et ne semble pas devoir admettre, comme elle a adopté les vins blancs de Chablis, de la Bourgogne, de la Touraine, de la Champagne, des Graves, de Sauterne, etc. Les débouchés des vins de l'Alsace sont en Suisse et en Allemagne jusqu'à présent; mais les droits élevés maintenus par le Zollverein, bien au-dessus de ceux de l'importation en France des vins allemands, sont ici l'objet de plaintes générales. De nombreuses pétitions ont été envoyées pour réclamer contre cette inégalité préjudiciable aux vins et aux vignobles français.

Pourtant les prix moyens sont très-rémunérateurs, puisqu'ils s'élèvent à 3o francs l'hectolitre pour les vins blancs et au double pour les vins rouges.

La moyenne production est partout admise au-dessus de 5o hectolitres à l'hectare. Entre les mains des vignerons et des propriétaires présents à leurs cultures, elle s'élève à

70 et 80 hectolitres. On voit des maximums de 150 et 200 hectolitres à l'hectare.

D'un autre côté, le prix moyen de l'hectare de vigne est de 10,000 francs; on en compte beaucoup de la valeur de 25 et 30,000 francs.

Le rendement moyen étant de 50 hectolitres et le prix moyen de 30 francs l'hectolitre, le revenu brut est de 1,500 francs et le revenu net d'au moins 900 francs par hectare; car la dépense moyenne, main-d'œuvre, fournitures d'échalas, d'osier, de paille, d'outils, de vaisseaux de logement et de manutention vinaires, est plutôt au-dessous qu'au-dessus de 600 francs.

La vigne est ici considérée comme rendant un peu plus et plus sûrement que le houblon, trois fois plus que la meilleure prairie et six fois plus que le froment. C'est la richesse principale du très-riche département du Haut-Rhin; les 11,252 hectares de vignes y donnent 18 millions de francs, presque le tiers du revenu total agricole, qui est de 68 millions, sur moins de la trentième partie de la superficie totale du département, superficie de 410,771 hectares.

Ces 18 millions représentent le budget de 18,000 familles ou de 72,000 individus, plus du huitième de la population, qui s'élève à 530,285 habitants.

Aussi le vigneron y est-il bien plus riche que les autres cultivateurs. La vigne donne le plus bel argent courant, et les gens de ville comptent toujours sur les bonnes vendanges pour faire marcher leurs affaires.

Le rendement moyen de 50 hectolitres à l'hectare est un des plus élevés des départements de France. Il est dû à trois causes principales : au climat, au sol, à la taille et à la conduite de la vigne.

Le climat du Haut-Rhin, comme celui du Bas-Rhin et d'une partie de la Bavière rhénane, est tout à fait exceptionnel pour la vigne. Les gelées blanches du printemps ne s'y font presque pas sentir dans les vignes en coteaux, si ce n'est à Altkirch et à Thann; elles atteignent parfois les vignes en plaine dans la Harth de Colmar et tout à fait au bas des coteaux; encore est-ce rarement, relativement à la rigueur et à la fréquence des gelées dans les vignobles des mêmes latitudes, et même des latitudes beaucoup plus basses. Mais chose bien singulière, dans l'Alsace même et jusque dans la Bavière rhénane, les gelées de printemps sont d'autant moins fréquentes et d'autant moins redoutables qu'on avance plus vers le nord. Assurément l'abri des vents de l'ouest, du nord-ouest et du nord par les montagnes des Vosges entre pour la plus grande part dans cette immunité; mais les terrains y entrent-ils pour quelque chose? Les granits, les schistes, les grès vosgiens et les diverses roches qui appartiennent à ces formations s'échauffent-ils et se refroidissent-ils moins subitement que les formations jurassiques crétacées et alumineuses? Entre Belfort, Altkirch, Mulhouse et Thann sont de vastes superficies constituées par les alluvions anciennes de la Bresse, où les gelées de printemps se font vivement sentir et d'où la vigne est à peu près exclue. Mais si le voisinage et la position des Vosges ont une influence pour préserver les vignes des gelées, elles en ont malheureusement une autre moins favorable : c'est de déterminer la formation et la chute de la grêle assez et trop fréquemment.

Le terrain de Riquewihr est le plus fertile de tous et le meilleur pour la vigne; il paraît, en plusieurs points, constitué par les terres pourries, schistes et morgon, que j'ai observés dans le Beaujolais. La plaine de la Harth, au nord-nord-ouest de Colmar, est généralement constituée par une masse, étendue et épaisse, de galets petits et serrés, surmontée d'une couche végétale de 20 à 30 centimètres, plus ou moins argilo-calcaire, assez légère. Cette plaine, peu fertile en elle-même, véritable terre à topinambours, est essentiellement propre à la vigne aux plants nobles et à la production des bons vins. Elle pourrait admettre, et elle admettra bientôt, trois ou quatre fois plus de vignes qu'elle n'en contient actuellement.

Une autre surface semblable à la Harth de Colmar s'étend près de Cernay, au sud et à l'est de Thann. Cette plaine, qui ne produit rien ou presque rien et ne vaut qu'une centaine de francs l'hectare, est prédestinée à devenir la base d'un vaste et excellent vignoble dans un très-prochain avenir.

Mais les bras sont tellement disputés à l'agriculture en ce pays, très-peuplé d'ailleurs (pour et par les industries), que les 15,000 hectares de vigne qui y existaient en 1816 sont réduits aujourd'hui à 11,250, malgré l'énorme profit que donne la viticulture.

Toute la viticulture se fait ici à la tâche ou à la journée, sous la direction du propriétaire, ou bien, et pour la majorité, par le propriétaire lui-même. La journée est payée en moyenne 2 francs, plus la nourriture ou tout au moins l'eau-de-vie le matin, le pain et le vin à discrétion (cinq à six litres). Le prix de la tâche est compris entre 180 et 200 francs par hectare, la main-d'œuvre n'entrant que pour cette somme dans les 5 à 600 francs de dépense totale. Mais l'ouvrier n'a droit à aucune portion de la récolte et n'a, par conséquent, aucun intérêt dans la production des fruits.

Cette négation de tout intérêt, de toute participation aux fruits de son travail, à l'égard de l'ouvrier agricole, le pousse tout naturellement et nécessairement vers les séductions du travail des villes et de l'industrie, où le compagnonnage, l'abri des ateliers, l'animation et les distractions des moments du repos, sont un contraste évident avec la solitude du labeur des champs, avec la pluie, la boue, le vent, le froid, le chaud, qu'il faut affronter pour l'accomplir; avec les intermittences que les intempéries apportent dans son cours; avec l'attente et le repos long et triste du village ou de la chaumière, où la famille rurale n'existe plus pour les joies et les espérances du travail en commun.

Je l'ai dit, je le répète, je l'affirme! il ne restera dans les campagnes que ceux qui y possèdent une maison et un champ. L'*ouvrier rural* sans intérêt direct au drame et aux produits de l'agriculture est impossible, hors l'état de domesticité qui lui tient lieu de famille. Quant à la *famille rurale* sans propriété et sans maison, elle est bien plus impossible encore. Jamais un homme et une femme, journaliers ou tâcherons, ne se marieront pour produire des ouvriers et des ouvrières. Il faut nourrir les enfants pendant dix ou quinze ans; il faut les loger, les vêtir. Comment ces malheureux pourront-ils s'acquitter de cette lourde charge sans maison, sans jardin, sans rien où pouvoir appliquer leur courage, leur temps perdu; sans que leur travail, double et triple par jour, puisse augmenter leur gain d'une obole, sans que leur intelligence puisse créer des produits qui leur profitent d'un denier?

L'industrie en Alsace, et dans le Haut-Rhin surtout, a parfaitement compris que, pour avoir des ouvriers, il fallait songer aux moyens de faire et de fixer des familles. Elle a construit de petites maisons agréables et commodes, avec cour et jardin, et elle les donne aux ouvriers. Elle fait mieux que les donner, elle les vend par annuités retenues sur le prix du travail. Elle offre à la fois la propriété et le prix qui doit la payer, l'atelier de travail et la caisse d'épargne immobilisée.

Quel est l'ouvrier, fixé dans une petite maison, qui pourrait vivre sans désirer y établir une bonne femme et sans y créer une petite famille? Aucun. Le jeune homme n'aspire qu'à une propriété stable et sûre, pour y faire son nid et y suivre les lois naturelles. M. le préfet du Haut-Rhin me disait que l'industrie de Mulhouse avait ainsi créé en peu de temps une population de 6,000 âmes, par l'établissement de 1,500 familles laborieuses, économes et heureuses.

C'est par ce même procédé que la propriété rurale peuplera les campagnes les plus désertes; aucune industrie, à quelque prix que ce soit, ne pourra lui enlever ses ouvriers, si, en les fixant par un domicile acquis sur l'économie du salaire, elle ajoute à ce salaire le dixième des produits pour donner à la famille les émotions dramatiques de l'agriculture, l'activité, l'énergie et le dévouement par l'intérêt à la production. Alors toutes les familles ouvrières verront la propriété comme dernière fin du travail rural, comme application de leurs forces corporelles et intellectuelles; et les attraits des villes et les promesses de l'industrie leur paraîtront bien mesquins et bien misérables auprès d'une prime foncière, ambition de tout homme honnête et sensé, qui cherche toujours le complément de son existence dans le mariage et dans la paternité.

J'ai pu voir encore ici que l'abondance et le bon marché des aliments et des boissons réside exclusivement dans la multiplication des familles rurales, n'agissant que sur une surface de cultures pouvant employer toutes leurs facultés intellectuelles et toutes leurs forces corporelles; tandis que la cherté des vivres, forcément croissante, est la conséquence nécessaire des grandes exploitations. « Mon vin, me disait M. Henri Schlumberger, maire de Guebwiller, aussi habile viticulteur que puissant industriel, me revient à 25 francs l'hectolitre. » Et en effet le vin revient à 20 ou 25 francs l'hectolitre à tout grand propriétaire jaloux de donner à ses vignes toutes les cultures, tous les palissages, tous les terrages et engrais nécessaires; forcé, par conséquent, d'y consacrer beaucoup de main-d'œuvre, qui se fait payer cher et ne donne qu'un travail réduit.

Le propriétaire moyen, assistant aux travaux, les dirigeant lui-même avec précision et économie, m'assurait que son vin lui revenait à 12 francs l'hectolitre.

Enfin, le propriétaire vigneron, travaillant par lui-même et donnant à son travail une puissance doublée par l'intérêt, établit son prix de revient au-dessous de 7 francs l'hectolitre.

Le vigneron peut donc vendre son vin 15 francs l'hectolitre, avec un bénéfice de 8 francs; et, pour avoir le même bénéfice, le moyen propriétaire est obligé de le vendre 20 francs, et le grand propriétaire 33 francs.

L'observation directe des faits, dans tous les départements que j'ai parcourus, démontre qu'il en est exactement de même pour tous les produits de la culture.

La famille rurale vend des produits de première main, sans qu'ils soient grevés de prélèvements intermédiaires et presque sans frais généraux; la grande propriété vend ses produits comme s'ils étaient déjà de seconde, de troisième ou de quatrième main, par les demi-services qu'elle paye en entier, par ses frais généraux, par les bénéfices qu'elle doit prélever. Je trouve encore une preuve de cette vérité dans l'Alsace, et personne mieux que le Gouvernement ne la connaît et ne peut l'apprécier.

Ainsi la famille rurale qui fait le tabac le donne bon à la Régie et s'estime heureuse et riche du prix qu'elle en reçoit ; la moyenne et la grande propriété donnent des tabacs moins convenables et se plaignent souvent, presque toujours, de l'exiguïté des prix, qui les laissent parfois en perte.

Voilà tout le secret du bon marché ou de la cherté des produits de l'agriculture. Les grandes exploitations conduisent fatalement à la cherté des vivres, la petite exploitation conduit nécessairement à leur bon marché.

J'ai dit que la haute production moyenne de la vigne, dans le Haut-Rhin, tenait au climat favorable, à l'excellence du sol et à la belle conduite de la vigne.

Dans toute l'étendue du Haut-Rhin, la vigne est cultivée ou plutôt taillée, dressée et entretenue suivant une méthode complétement originale et des plus intelligentes que j'aie vues jusqu'ici. Cette méthode réunit à la fois les conditions d'une belle arborescence, d'une belle reproduction des bourgeons de remplacement et d'une fructification abondante et assurée, même si les gelées de printemps sévissaient en ce pays. J'appellerai ce mode de viticulture *culture de la vigne en quenouille.*

En effet, chaque cep, dans les vignes bien tenues, et la plupart des vignes sont bien tenues dans le Haut-Rhin, présente l'aspect d'un arbre taillé en quenouille, quand tous les pampres sont poussés et attachés.

Je donne dans la figure 153 l'aspect le plus général d'un beau cep du Haut-Rhin (pris à Riquewihr), garni de ses feuilles et de ses raisins, et dépouillé de ses feuilles seulement, dans la figure 154, au trente-troisième.

*c d* est un grand échalas en chêne ou en châtaignier, de 3 à 3ᵐ,33 de longueur, sur 6 à 8 centimètres de diamètre

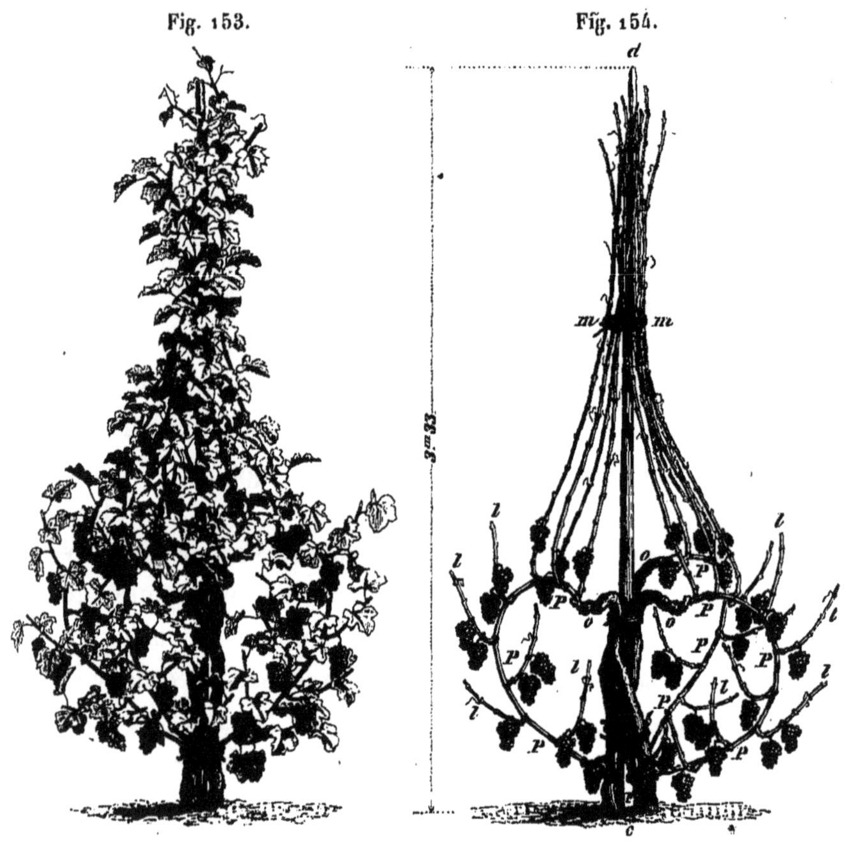



au pied, qui reste à demeure et qui coûte de 30 à 45 centimes. Deux ou trois ceps, ou même un seul, ont été plantés là où l'échalas est fortement fiché en terre; ce ou ces plants fournissent, au-dessous ou au-dessus du sol, trois

membres qui montent le long de l'échalas plus ou moins
haut, mais, en moyenne, entre 60 centimètres et 1 mètre :
deux forts liens d'osier fixent les membres de la souche à
l'échalas, le plus haut possible, sous un renversement horizontal des membres, renversement qu'on appelle les épaules
*oooo*. De chaque épaule part un long sarment de l'année,
*PPP, PPP, PPP*; en tout, trois longs sarments de 75 centimètres à $1^m,25$, courbés en pleyons et rattachés au pied
en *P'* à 20 centimètres du sol.

Ces sarments sont destinés à donner les bourgeons qui
portent les fruits. Tous les bourgeons inférieurs et moyens,
ne devant produire que des fruits et non du bois, sont coupés en juin, juillet et parfois en août seulement, en *llll*;
les bourgeons supérieurs, au contraire, devant surtout
donner les bois de renouvellement de l'année suivante, sont
relevés le long de l'échalas et attachés en *mm* pour favoriser leur croissance; quand leur pousse est vigoureuse,
comme à Riquewihr, on les soutient souvent par un second
lien placé plus haut.

Les figures de détail 153 et 154 (au trente-troisième), ainsi
que la figure 155 (au centième), sont les meilleurs types,
qu'on voit surtout à Riquewihr, ou dans les clos très-soignés
de Rouffach, d'Éguisheim, de Guebwiller, d'Ollwiller, de
Ribeauvillé, etc.

Mais cette taille et cette conduite offrent beaucoup de
variantes, quoique restant identiques en principe; je dois
en exposer et en discuter ici les principales.

Une des plus importantes tient à la plantation. Autrefois,
et dans la majorité des vignobles encore aujourd'hui, on
plantait et l'on plante trois ceps ou au moins deux ceps
dans un même trou, pour faire monter trois troncs le long

d'un même échalas; je dis trois troncs, parce que, lorsqu'on
ne met que deux ceps, on fait produire à l'un deux membres, un peu au-dessus ou un peu au-dessous du sol, ce

Fig. 155.

qui complète trois membres et trois têtes. Aujourd'hui les
plus habiles viticulteurs ne mettent qu'un cep à chaque
échalas et tirent de ce tronc unique les trois membres et
les trois têtes voulues pour constituer la quenouille symé-

Fig. 156.

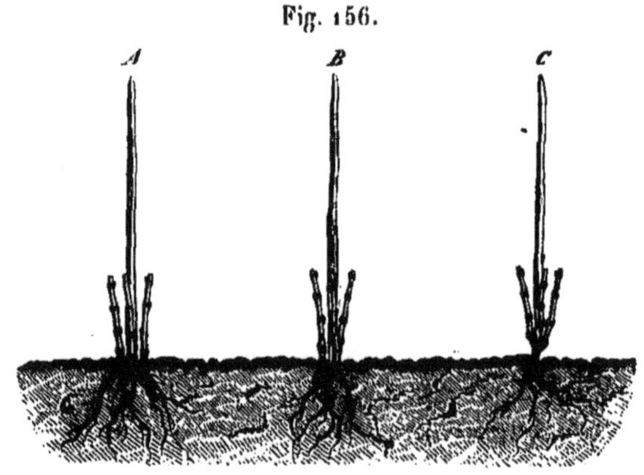


trique; soient *A* (fig. 156) les trois ceps, *B* les deux, *C* le
cep unique.

L'expérience montre que le cep unique a plus de vigueur, plus de fécondité et plus de régularité que le cep double et triple ; et ce que l'expérience consacre s'explique naturellement par le simple sens commun et par l'observation de tous les arbres et arbrisseaux, on pourrait dire de toutes les plantes.

Quel est le jardinier, l'arboriculteur qui, voulant faire un groseillier, un cerisier, un pommier à trois branches, planterait trois groseilliers, trois cerisiers, trois pommiers, dans le même trou et l'un contre l'autre? Or la vigne est un des arbrisseaux qui ont le plus besoin d'expansion, et qui donnent le plus de végétation et de fruits, en proportion de la satisfaction qu'on lui accorde en la laissant se développer : témoin les treilles. On ne devra donc, à l'avenir, planter qu'un seul cep divisé en trois membres pour chaque échalas.

Dans beaucoup de localités, on ne met de long bois, pleyon ou courbe, qu'à deux têtes, en ayant soin de tailler à courson la troisième tête, sous prétexte de la laisser reposer et de fortifier le cep. Or le cep est positivement affaibli par cette pratique, et la preuve, c'est que, partout où elle est régulièrement appliquée, la végétation des vignes est moins vigoureuse que là où les trois courbes sont constamment maintenues.

Loin d'affaiblir les ceps, les longs bois leur donnent, au contraire, une vigueur proportionnée à leur nombre et à leur longueur. Ainsi, les bons viticulteurs laissent aujourd'hui non-seulement une courbe de 1 mètre et plus par chaque tête, mais ils en mettent souvent deux ; et j'ai compté, dans plusieurs vignes parfaitement conduites, jusqu'à six courbes sur les trois têtes d'un cep. A Riquewihr,

les courbes sont d'une étendue extraordinaire et forment
des segments de cercle qu'on appelle des *franconis*, parce
qu'un écuyer devrait pouvoir sauter à travers sans embarras. Dans d'autres vignobles, les courbes présentent à peine
le développement d'une raquette. Dans les mêmes lieux et
dans des conditions identiques, les meilleurs viticulteurs ont
trouvé un avantage marqué, en fruits et en bois, à étendre
leurs courbes et à en augmenter le nombre.

Une autre pratique, non moins importante, consiste dans

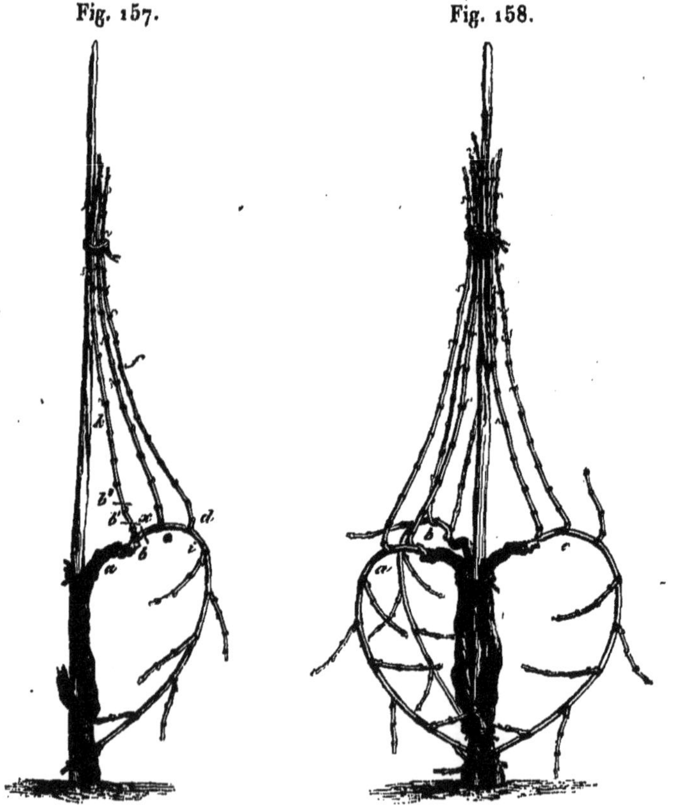

Fig. 157.                              Fig. 158.

l'abaissement horizontal de la tête des ceps, courbée au-
dessus d'un fort lien d'osier qui fixe les trois membres au

cep. Cette disposition, qne j'essaye de faire comprendre par
les figures 157 et 158, offre de nombreux et grands avantages sur la pratique la plus généralement répandue encore,

Fig. 159.

Fig. 160.

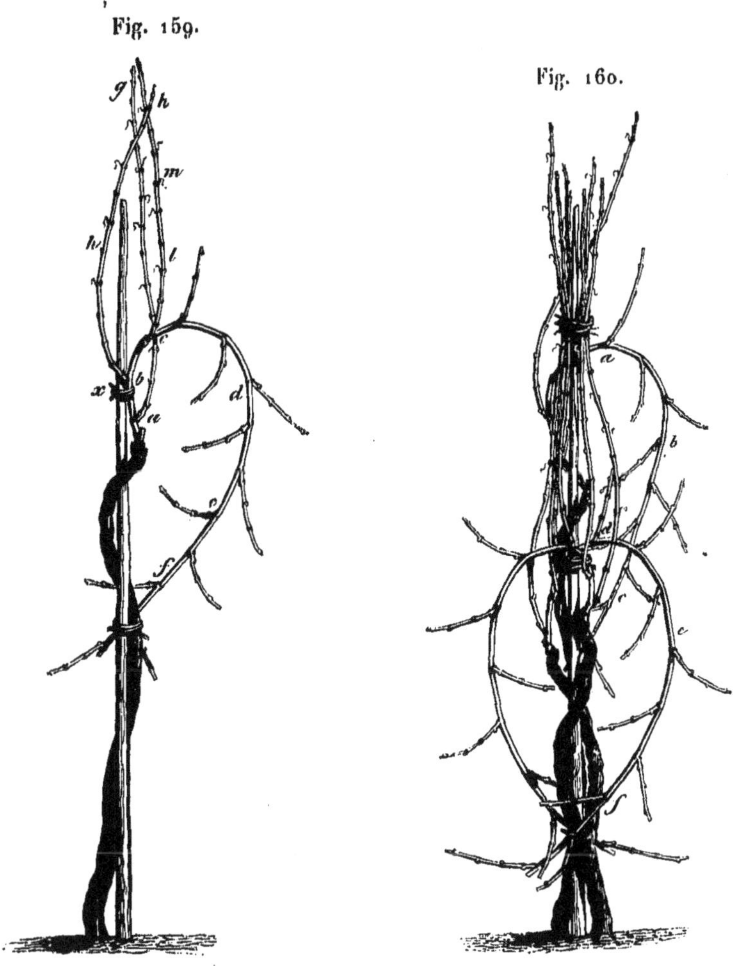

de placer le lien supérieur, en osier, sur la partie inférieure
des courbes, au-dessus du vieux bois (fig. 159 et 160).

On concevra facilement que l'épaule $ab$ (fig. 157) pourra
s'allonger en $bc$ si l'on prend le sarment $bc$ pour refaire

la courbe au printemps suivant; elle pourrait même s'allonger jusqu'en $i$ si le vigneron préférait $df$ pour sa branche à fruit. Mais l'épaule ne s'élèvera point pour cela : elle sortira horizontalement en dehors et donnera plus d'air aux bourgeons et aux fruits; elle élargira la poitrine $abc$ de la souche (fig. 158) et augmentera sa respiration. Si le vigneron a eu soin de tailler le sarment $bk$ (fig. 157), soit en $b$, soit en $b''$, il pourra toujours raccourcir son épaule par la section $bx$, le courson de remplacement $bk$ ayant toujours de beaux sarments.

Si l'on examine avec attention la figure 159, dont la courbe $abcdef$ est attachée verticalement par le lien d'osier $x$, on verra que, le vigneron reprenant sa courbe sur les sarments $ag$, $bhh$ ou $clm$, son cep ou les membres de son cep seront contraints de monter tous les ans et de monter inégalement, suivant que sur un membre le premier, le deuxième ou le troisième sarment seront plus propres à donner la courbe de remplacement. Cette taille engendrera nécessairement une conduite irrégulière et défavorable à la végétation et surtout à la fructification, dont la maturité sera inégale par la différence d'altitude des branches à fruit $abc$, $def$ (fig. 160).

La figure 160 donne l'aspect le plus général des souches du Haut-Rhin; la belle conduite représentée par la souche de la figure 158 est encore l'exception.

Sans doute, dans la conduite de la figure 160, le vigneron laisse aussi des coursons, un au-dessous de chaque courbe, pour rabaisser le cep; mais il ne réussit point à égaliser les hauteurs des trois ceps ou membres, parce que, entre deux sarments d'égale beauté sur la courbe, il choisira toujours le plus loin comme étant plus fructifère.

Cette conviction, de la plus grande fertilité du bourgeon
le plus loin, est tellement établie, qu'il arrive souvent que
le dernier sarment de la courbe
est employé à la prolonger,
comme le montre la fig. 161.
*abcd*, courbe de l'année précédente; *efhi*, sarment le plus
avancé sur la courbe, faisant
fonction de courbe de l'année;
le courson *aa′* est conservé
pour donner les sarments de
renouvellement, l'ancienne et
la nouvelle courbe *abcdefghi*
devant tomber par une section
en *xx′*. J'ai vu beaucoup de
ces dispositions dans les vignes
de M. Preiss, maire de Riquewihr. M. Preiss affirme que
plus le sarment est avancé le
long de la branche à fruit, soit
dans sa partie ascendante, soit
dans sa partie descendante,
plus il est fructifère. Il en est

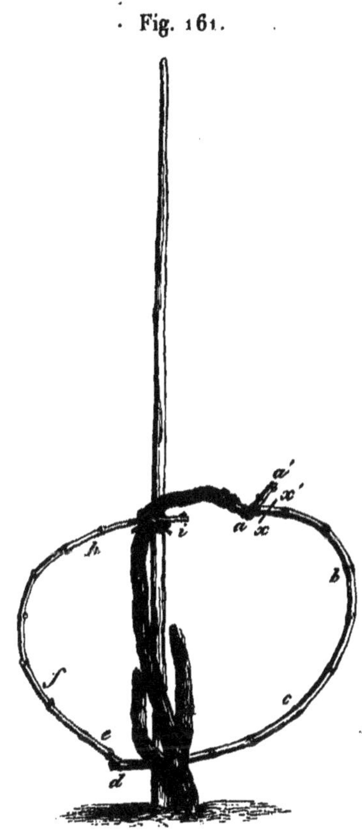



réellement ainsi, car, la vigne étant un arbrisseau coureur,
elle est plus disposée à végéter vers ses extrémités que
vers l'origine de ses sarments; et, pendant l'aoûtage et la
maturation du bois, elle y dépose plus de substances alimentaires pour la végétation suivante. Du reste, dans vingt
départements, l'observation met ce fait hors de doute.

La hauteur à laquelle on dresse les têtes de ceps ou de
leurs membres est un peu plus élevée en plaine qu'en mon-

tagne; la crainte des gelées de printemps, en plaine, motive cette différence. En plaine, m'a-t-on dit, hauteur de ventre; en montagne, hauteur de cuisse : 60 centimètres dans ce dernier cas, 80 à 90 centimètres et jusqu'à 1 mètre dans le premier.

La distance des ceps varie de 80 centimètres à 1<sup>m</sup>,30 au carré. Cette dernière distance est la moins générale; elle est considérée comme une tendance récente au progrès. A Ribeauvillé et à Riquewihr, on dit qu'on récolte plus avec les ceps à 1<sup>m</sup>,50 au carré, dans les bonnes terres et en plaine, qu'avec les ceps à 80 centimètres.

Autrefois on plantait en fossé, sur deux rangs, à plants enracinés ou à boutures, couchés par paquets de deux, trois et quatre; on relevait l'extrémité et l'on remplissait les fossés en trois années; puis on provignait les souches de façon à former deux rangs avec un, ce qui exigeait cinq à six années pour compléter la vigne et la mettre à fruits rémunérateurs. Aujourd'hui, la tendance progressive est de planter en petits fossés d'une seule ligne, peu profonds, remplis dès la première année, le plant tenu vertical et près de la surface du sol.

Une fois le provignage fait, ou sans provignage si la vigne a été plantée à plein, on fait la première taille à deux ou trois yeux, la seconde à 33 centimètres et la troisième à 80 centimètres; la courbe ou le pleyon n'est mis qu'à la quatrième année, souvent à la cinquième; à la sixième, tous les membres ont leurs pleyons. J'ai vu à Riquewihr des vignes de troisième taille droite et verticale, sans courbe, chargées de raisins sur le pied de 70 hectolitres à l'hectare, et des vignes de quatrième taille, à pleyons, chargées de . 120 à 140 hectolitres.

Quel que soit le mode de plantation adopté, les vignes

restent de franc pied généralement, et leurs échalas sont mis à demeure, sauf la pourriture de leur pied qui oblige à les raccourcir et à les replanter.

Les échalas, qui ont 3 mètres à 3ᵐ,33 de hauteur, sont une grande dépense de fourniture et d'entretien; ils coûtent 4o francs le cent, et il en faut de 6 à 12,000 par hectare, ce qui porte à une somme moyenne de 3,000 francs la première installation et comporte un entretien de 15o francs par an, par vingtième.

Dans la plus grande partie des vignobles du Haut-Rhin, on ébourgeonne avec soin avant la fleur; en juin, on relève et on attache les pampres au grand échalas avec un lien de paille; on met un second lien de paille ou on répare le premier liage à la fin du mois d'août; là on rogne les pampres à fruits le long des courbes, à deux ou quatre feuilles au delà du dernier raisin; quelquefois on néglige cette opération et l'on ne pratique presque jamais le rognage des pampres attachés verticalement.

M. Adam, maire de Katzenthal, et M. Veisser, à Ribeauvillé, ont pratiqué avec grand succès le pinçage des bourgeons à fruits, avant la fleur, et ils en ont constaté d'excellents effets. M. V. Veisser a pincé alternativement des lignes, en laissant une ligne intermédiaire sans la pincer; il a récolté sur les lignes pincées un et demi pour un sur les autres lignes. Il est fâcheux que les pinçages avant la fleur, les rognages après, ne soient pas pratiqués partout et avec soin, sans préjudice de l'épamprage de fin août; on augmenterait ainsi la récolte de l'année et la fertilité de l'année suivante. Toutefois je partage l'avis de M. le maire de Katzenthal, qu'il ne faut point toucher aux pampres du 15 juillet au 25 août.

Dans le Haut-Rhin, on fume les vignes aussi régulièrement qu'on peut : les uns tous les six ans, les autres tous
les trois ans. La fumure moyenne est de 1 kilogramme de
fumier d'étable par cep et par an, soit 3 kilogrammes tous
les trois ans ou 6 kilogrammes tous les six ans. On fume
en couverture l'été, et l'on enterre le fumier au labour
d'hiver.

Les souches manquantes sont parfois remplacées par le
provignage ou par les plants enracinés; mais dans les bons
vignobles, au lieu d'entretenir éternellement la vigne, aussitôt que ses produits baissent notablement, on l'arrache;
on sème à la place une prairie artificielle (la luzerne), et
après cinq à six ans on replante. C'est ainsi qu'à Ribeauvillé la vigne est assolée à trente ou quarante ans, et à
Riquewihr à vingt-cinq ans : c'est là un grand progrès.

On donne en général trois cultures. On pioche en mai

Fig. 162.　　　　　　　　　　Fig. 163.

avec les instruments indiqués ci-dessus, fig. 162 et 163;
le bigot (fig. 163) a des dents de 1 centimètre d'épaisseur
pour le piochage et de 5 millimètres pour le binage, les
dents étant rendues coupantes en dehors. On bine en juin,
on rebine et on racle fin d'août.

Malgré les belles récoltes données par la taille et la conduite des vignes en quenouille, on expérimente diverses
autres méthodes de culture, soit pour échapper à l'énorme
dépense des échalas, soit pour obtenir une maturité plus
parfaite dans les raisins. C'est ainsi que j'ai vu à Ribeau-

villé une vigne en treilles basses conduites sur trois fils de fer, tendus à 1$^m$,20 de hauteur, en palissades séparées les unes des autres de 1 mètre; des dispositions dans le même sens étaient prises à Rouffach, chez M. Jourdain, pour une jeune plantation à deux rangs de ceps. A Ollwiller, chez M. Gros, des vignes en palissades à doubles ceps, portant des branches à fruit horizontales de 1 mètre à 1$^m$,50 de long, superposées, sont établies et entretenues depuis longtemps avec succès. M. Henri Schlumberger se livre à de très-nombreux essais de viticulture comparée de vignes en souches et à cornes, selon la méthode suisse, de vignes en treilles basses, en traverses, à tailles longues et à tailles courtes, sans préjudice de l'entretien de ses magnifiques vignes en quenouille, en plaine et en montagne.

La culture des vignes de Thann, dites *en traverses*, diffère essentiellement de celle que je viens de décrire; elle est, d'ailleurs, pratiquée de temps immémorial.

Trois sortes de vignes existent à Thann : les vignes en échalas, dont la plantation, la conduite et l'entretien rentrent complétement dans les coutumes générales du département; les vignes en treilles, qui font tout à fait exception et ne servent guère que de clôture; et les vignes en traverses (fig. 164).

Des traverses ou perchettes sont attachées horizontalement, à 50 centimètres du sol, à la tête de carassons ou petits échalas placés à 80 centimètres ou 1 mètre les uns des autres; deux ceps sont au pied de chaque échalas, et leur vieux bois monte irrégulièrement au niveau de la perche. Chaque cep est muni d'un courson de renouvellement et d'un long bois à fruit attaché à la perche vers son extrémité libre, le vieux bois qui le porte étant lui-même attaché préalablement par sa tête. *a a* sont les attaches des vieux bois; *b b b b* sont les attaches des sarments à fruit;

Fig. 164.

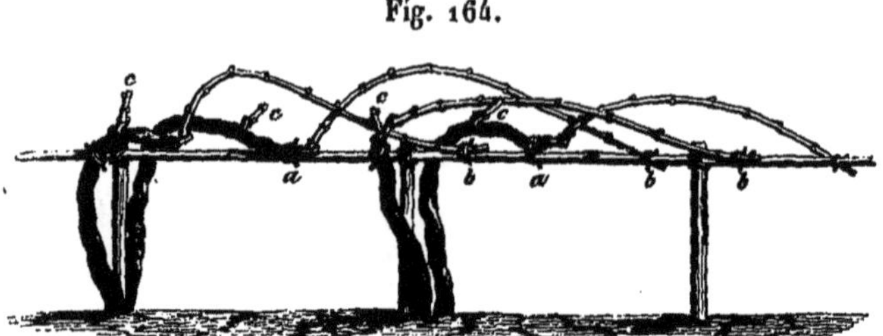

*c c c c* sont les coursons de rapprochement du cep, quand il est trop allongé.

Les vignes en échalas donnent plus de fruits et des moyennes récoltes plus élevées que les vignes en traverses; mais les vins des vignes en traverses sont supérieurs à ceux des vignes en échalas. Cette double différence se conçoit parfaitement, puisque l'arborescence des vignes en perches, qui n'ont rien pour élever verticalement et soutenir les pampres, est bien moins étendue et bien moins complète que celle des vignes en échalas; mais, d'un autre côté, les raisins sont plus rapprochés de terre, ce qui leur donne une maturité plus complète et plus égale.

La méthode en quenouille est si belle et si parfaite, pour la vigueur et la fécondité de la vigne, qu'il me semble qu'elle serait une des meilleures qu'on pût suivre, surtout dans le centre et le midi de la France, où la maturité se compléterait mieux qu'en Alsace; elle ne devrait être modifiée que pour diminuer la dépense des palissages et pour permettre la culture aux animaux de trait.

Fig. 165.

Les vendanges se font dans des seilles en sapin (fig. 165),

qui sont versées dans les tendelins ou hottes en sapin
(fig. 166), lesquels sont à leur tour vidés dans des cuveaux
aussi en sapin (fig. 167).

Pour les vins blancs, la vendange est simplement portée

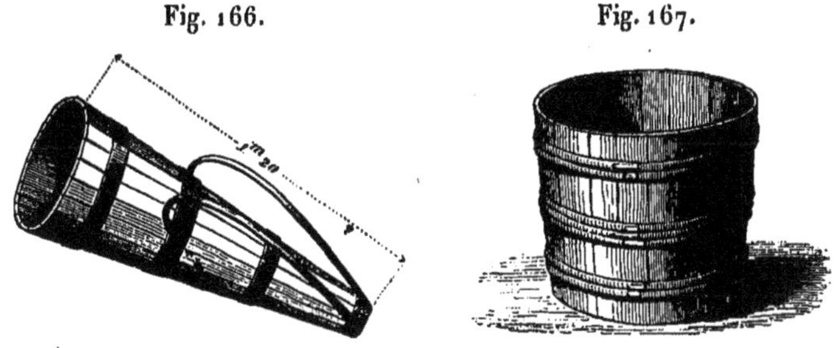

Fig. 166.      Fig. 167.

au pressoir et pressée; les jus sont immédiatement mis en
tonneau, où ils fermentent lentement : toutefois, plusieurs
propriétaires laissent le raisin blanc fermenter vingt-quatre
heures, parfois quarante-huit heures et même trois jours.
Je crois que c'est là une bonne pratique pour les vins communs, parce qu'ils tirent du corps et des qualités alimentaires de la fermentation avec les pellicules et les rafles.

Quant aux vins rouges, ils restent souvent depuis deux
jusqu'à six semaines en contact avec les pellicules, les pepins
et une partie des rafles; on égrappe aux trois quarts avant
d'entonner marcs et jus dans les tonneaux en cave. On
foule d'abord tous les jours, puis tous les deux jours; et,
lorsqu'on a pressuré, on mélange généralement les vins de
presse avec les vins de cuve : évidemment l'Alsace ne sait
pas faire les vins rouges.

Partout il y a des bans de vendange dans le Haut-Rhin,
mais on les respecte peu, et plus d'un maire a dû se retirer
de ses fonctions pour avoir voulu appliquer le ban avec
rigueur.

En résumé, la culture de la vigne dans le Haut-Rhin est originale; elle constitue une méthode à part, admirable dans ses principes de dressement, de taille et de conduite, elle donne des récoltes moyennes très-rémunératrices et pourrait être adoptée avec avantage dans un grand nombre de vignobles de France. Elle est susceptible, d'ailleurs, de recevoir beaucoup de modifications et de perfectionnements de détail, dont quelques-uns sont déjà pratiqués dans le pays, savoir : la plantation d'un seul cep par échalas pour former les trois têtes qui porteront les trois courbes; la réduction de trois têtes à deux têtes seulement, opposées dans le plan de l'alignement pour fournir deux courbes également courbées dans le même plan, de façon à permettre les cultures aux animaux de trait : ce système excellent a été proposé dernièrement par un viticulteur alsacien bien inspiré; le maintien des deux ou des trois têtes à la même hauteur sur tous les ceps (50 à 70 centimètres); l'emploi régulier des coursons de retour; la conservation bisanuelle et trisannuelle des courbes, dont les sarments seraient taillés à deux yeux; l'application régulière des pinçages avant la fleur, et celle du rognage des bourgeons non pincés après la fleur; la réduction des échalas à 2 mètres hors de terre; enfin la plantation des vignes à plein, à bouture courte, enfoncée à la cheville, verticalement, à 0$^m$,20 seulement de profondeur, à deux ou trois yeux sous le sol et un seul œil à fleur de terre recouvert avec soin; plantation du 10 mai au 10 juin, avec des sarments enfouis sous terre et stratifiés depuis la taille; sarments ayant porté fruit; le haut des sarments étant préféré au bas pour la bouture; enfin le dressement immédiat du cep à sa hauteur, à 50 ou à 70 centimètres du sol, dès que la longueur des premiers

sarments le permettra : en un mot, la viticulture en quenouille doit être plantée et dressée de façon à payer ses
frais à la troisième année et à donner des profits dès la
quatrième.

C'est à M. Ostermayer, avocat à Colmar, savant très-
versé dans les choses de l'agriculture et de la viticulture,
que j'ai dû de pouvoir étudier avec fruit les vignobles du
Haut-Rhin.

# DÉPARTEMENT DU BAS-RHIN.

Entre le Doubs et le Haut-Rhin, la différenee de taille, de palissage et de conduite des vignes est nettement et brusquement tranchée : les petits échalas cessent avec le Doubs et les grands échalas commencent à Altkirch pour ne plus finir qu'à Wissembourg, où la viticulture en *quenouille* disparaît pour prendre la méthode de la Bavière rhénane, la viticulture en *kammerbau.*

Ainsi, la culture de la vigne, dans le Bas-Rhin, sauf certains détails et sauf la culture de l'extrême frontière de la Bavière, reste absolument la même, en principe, que celle du Haut-Rhin. On peut donc dire que la culture de la vigne en quenouille est la culture caractéristique de l'ancienne province d'Alsace.

Le Bas-Rhin compte un peu plus de 13,000 hectares de vignes, dont la production moyenne est d'environ 60 hectolitres à l'hectare, au prix moyen de 25 francs l'hectolitre.

Chaque hectare donne donc, en moyenne, un produit brut de 1,500 francs et un produit net de 900 francs; car les frais moyens de culture s'élèvent à 600 francs par an, fournitures d'échalas, osier, paille, fumiers, vendanges et logement des vins compris, exactement comme dans le Haut-Rhin. Les rendements moyens sont un peu plus éle-

vés, mais les prix moyens sont un peu moindres dans le
Bas-Rhin; les vins, quoique agréables et de salutaire consommation, sont en effet moins appréciés que ceux du
Haut-Rhin. Les vins blancs de riesling y sont aussi très-
remarquables par leur bon goût, leur force et leur longévité, qui n'a presque pas de limites, tandis que les autres
vins ne sont bons que pendant cinq à six ans. Les vins du
Bas-Rhin, comme ceux du Haut-Rhin, se placent entre les
vins suisses et les vins de la Bavière rhénane et possèdent
leur goût et leurs qualités spéciales tout à fait distincts des
autres vins de France.

Les 13,000 hectares de vignes du Bas-Rhin donnent un
produit brut d'environ 20 millions de francs, le cinquième
du revenu total agricole d'à peu près 100 millions, sur la
trente-cinquième partie de la superficie du sol, qui est de
455,345 hectares. Ils y font vivre de 20 à 25,000 familles
moyennes de quatre membres, environ le sixième de la
population, qui s'élève à 588,970 habitants.

« Après les grains, dit Jullien, dans son excellente Topo-
« graphie des vignobles, la vigne est la plus grande richesse
« du Bas-Rhin. » Si cette vérité était établie en 1816, elle
est encore bien mieux démontrée aujourd'hui; pourtant il
semblerait que la vigne, au lieu de s'étendre, aurait plutôt
diminué de superficie. Cette diminution n'aurait rien d'étonnant; car l'anarchie qui règne dans les principes de viticulture, faute de tout enseignement supérieur, laisse aux uns
le désespoir de la stérilité dans leurs vieilles vignes, qu'ils ne
savent pas remplacer, montre aux autres des dépenses
énormes et sept à huit années d'attente de récolte, par des
méthodes de plantation vicieuses et considérées comme
seules possibles, et à tous l'impossibilité de se rendre un

compte exact des effets des pratiques et de diriger sûrement leurs vignerons : c'est ainsi que chez M. Audéoud,
maire d'Avolsheim, l'un des hommes les plus capables
en agriculture, j'ai vu des plantations commencées et des
vignes conduites à grandes dépenses et à longs délais, sans
principe arrêté et sans avenir calculable. J'ai vu de même, à
Wissembourg, des tentatives faites en petites vignes basses,
sans échalas ni palissages, bien inférieures, en logique et
en fait, aux anciennes méthodes à grands échalas et en
kammerbau; c'est ainsi que j'ai vu des vignes à grands

Fig. 168.

Fig. 169.

échalas, taillées simplement à coursons, les vignerons oubliant que les grands échalas ne sont destinés qu'à permettre l'em-
ploi des courbes longues et nombreuses :
voici, par exemple (fig. 168), un type de
ces tailles à coursons que j'ai rencontrées
à Avolsheim, à Schwin-
dratzheim, à Neuwil-
ler, etc. Rien au monde
ne justifie la suréléva-
tion de la souche *B C* de
*A* en *B :* elle n'a pour
résultat que de retarder
et d'empêcher la matu-
rité des raisins et d'exiger un échalas plus long
et des attaches plus dif-
ficiles et plus coûteuses
que celles de la souche *B C* (fig. 169), surtout dans un
pays où les gelées de printemps sont peu redoutables et
où la culture en kammerbau n'est pas plus élevée que la

souche de la figure 169. Je rapproche des deux figures 168 et 169 la figure 170, croquis d'un cep de pineau pris par moi à Saint-Hippolyte (Haut-Rhin) : on comprendra facile-

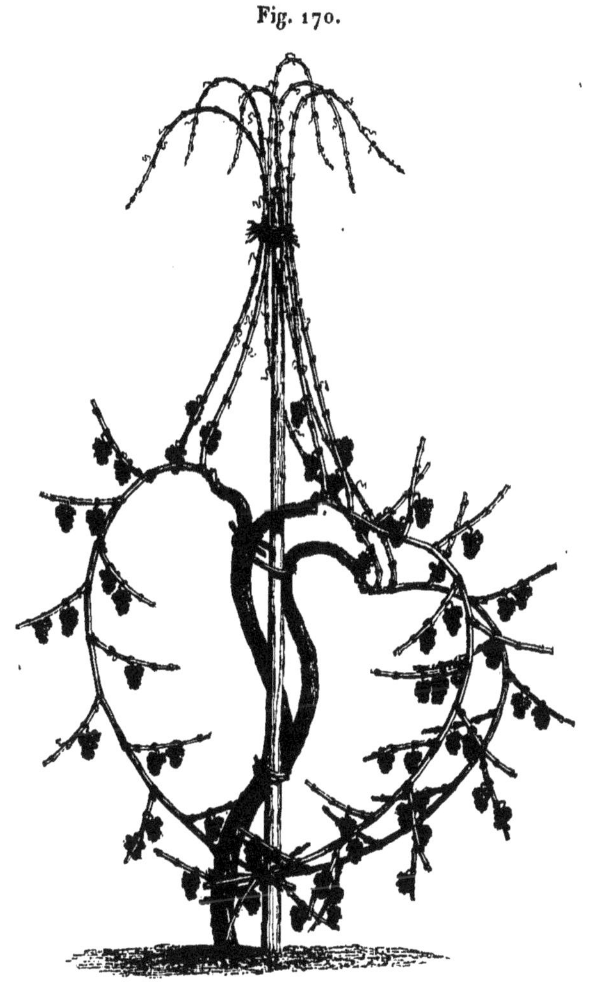

Fig. 170.

ment, par cette figure, pourquoi les vignerons alsaciens ont adopté des échalas très-grands, quoique très-coûteux.

Ce n'est pas seulement la taille qui se trouve ainsi dégénérée, mais la plantation en fossés, qui semblait le *nec plus ultra* de la dépense et de l'attente des récoltes, se trouve ici encore exagérée par ses mauvais côtés : ainsi la plantation faite dans un fossé *A B* (fig. 171), sur deux rangs, sera propagée par des fossés latéraux, perpendiculaires au

Fig. 171.

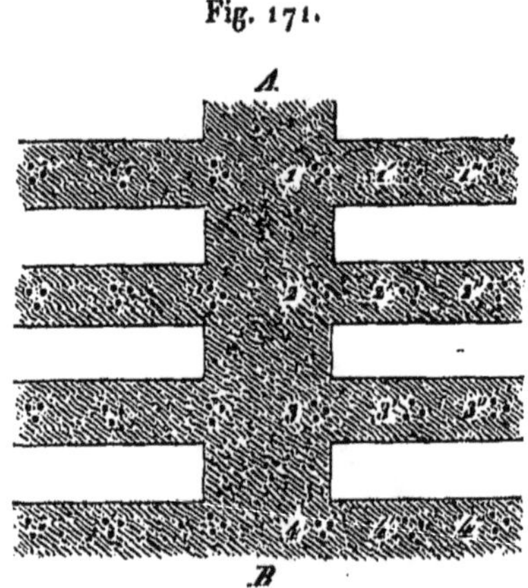

premier, de façon à tirer d'une souche primitive 1 2 3 4, à trois, quatre et cinq ans de plantation, jusqu'à deux autres rangs de cep $1' 1''$, $2' 2''$, $3' 3''$, $4' 4''$; aussi met-on 2, 3 et jusqu'à 4 mètres entre les fossés de la première plantation.

Enfin, dans le Bas-Rhin, du moins à Avolsheim, à Volxheim, à Schwindratzheim, à Bouxwiller, à Neuwiller et à Wissembourg, les ébourgeonnages, les pinçages, les rognages, sont plus que négligés; ils sont bien rarement pratiqués. Dans l'arrondissement de Schelestadt, à Barr, à Obernay, on laisse de grandes et nombreuses courbes ou plies, que j'ai vues aussi à Molsheim, à Mommenheim et dans la majorité des vignobles que j'ai rapidement traversés.

Le climat et le sol sont à peu de chose près les mêmes que ceux du Haut-Rhin ; les granits, les schistes, les marnes irisées, les grès vosgiens, le calcaire à gryphées arquées, l'oolithe inférieure, le diluvium alpin et les alluvions y sont la base des vignobles et de toutes les terres livrées à d'autres cultures.

La culture de la vigne en *kammerbau, chambre à vigne*, commence à Wissembourg pour se continuer dans la Bavière rhénane. Cette méthode est aussi dispendieuse et aussi incommode que possible pour sa culture.

Le kammerbau consiste dans une série de châssis ou berceaux plats, à jour, que la vigne doit recouvrir en s'éta-

Fig. 172.

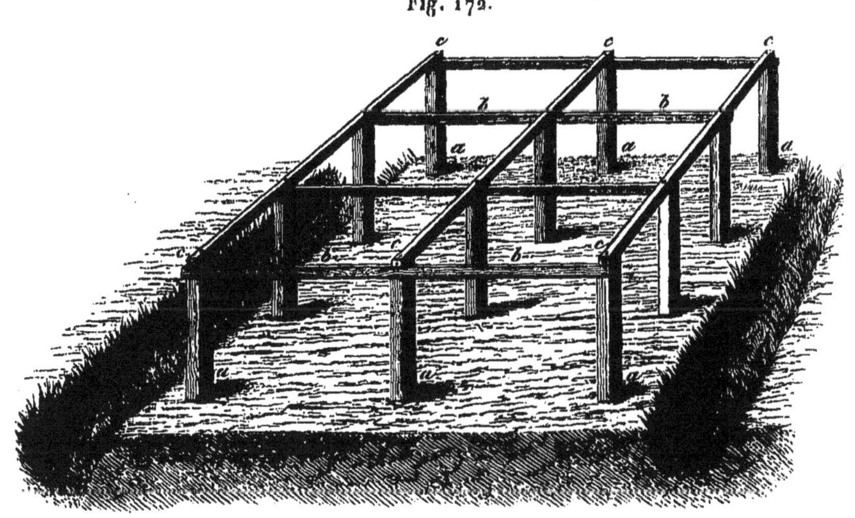

lant au-dessus. La figure 172 donne une idée de ce mode de soutènement et de palissage.

*a a a* sont des pieux en bois de sciage, de 1$^m$,30 de longueur, enfoncés en terre de 50 centimètres, en tête desquels sont fixées, en entailles, des traversines *b b b b* et des longrines *ccc,* de 4 centimètres carrés. Les intervalles des pieux sont de 1ᵐ,40 transversalement et de 84 centimètres longitudinalement.

Mais le kammerbau le plus généralement appliqué dans la Haute-Bavière et à Wissembourg est celui représenté dans la figure 173; dans cette variante les longrines *cc* sont accompagnées d'une autre longrine *bbbb* de chaque côté, fixée parallèment à 30 centimètres de son axe.

Fig. 173.

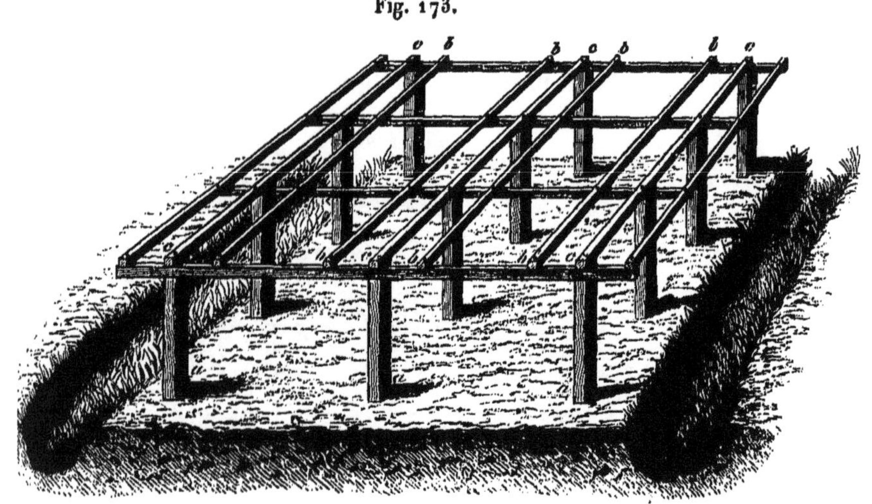

La hauteur des pieux *a a a* varie de 50 à 80 centimètres; leur distance transversale varie de 1 mètre à 1ᵐ,50.

Il est évident qu'une pareille installation fait de la culture un vrai problème de gymnastique : en effet, il faut que les vignerons rampent sous les châssis pour déchausser la vigne, en lui donnant son premier piochage au printemps ou avant l'hiver, et son binage, en rechaussant au mois de juin. On pioche à 30 centimètres et l'on déchausse à 20. Les fumures, qui se font tous les quatre ans, à raison de

100 mètres cubes par hectare, en fossés de 50 centimètres de largeur et de 30 de profondeur, ne sont pas moins difficiles à pratiquer que les cultures dans le kammerbau.

La vigne est plantée sur un défonçage général de 60 à 80 centimètres, en fossés d'un mètre, sur deux rangs, à boutures ou plants racinés traînant sur le sous-sol et relevés verticalement. On laisse la tige pendant deux ans sans la tailler; à la troisième année, on rase toute la tige sur terre, et à la quatrième année on a ainsi une tige qu'on peut attacher à la longrine centrale du kammerbau, en courbant son prolongement et le fixant horizontalement à cette longrine. L'année suivante, on donne deux longues branches à fruit, opposées en deux bras et précédées chacune d'un courson de remplacement à leur base; dès qu'on le peut, on ajoute une troisième et une quatrième branche à fruit sur un troisième et un quatrième bras, portant aussi chacune son courson de remplacement. Généralement le courson de remplacement, précédant chaque branche à fruit, est de principe; mais le principe n'est pas toujours très-rigoureusement appliqué. Je donne dans les figures 174 et 175 les dispositions les plus ordinaires des souches à la taille longue, sur le kammerbau à simple et à triple lisse.

On n'ébourgeonne pas, on ne pince pas, on ne rogne pas les pampres qui sortent des souches ainsi taillées. Dans le mois de septembre, on enlève l'extrémité des pampres, mais au fur et à mesure que les vaches les consomment : il s'agit plutôt ici de nourrir le bétail que de dégager les raisins; quand les pampres sont trop abondants pour être consommés en saison, on les coupe et on les fait sécher pour la consommation d'hiver : c'est là en effet un excellent fourrage,

qu'on délaisse trop dans la plus grande partie des vignobles
de France. Dans l'arrondissement de Wissembourg et dans
la Bavière rhénane, la vigne est exploitée comme prairie

Fig. 174.

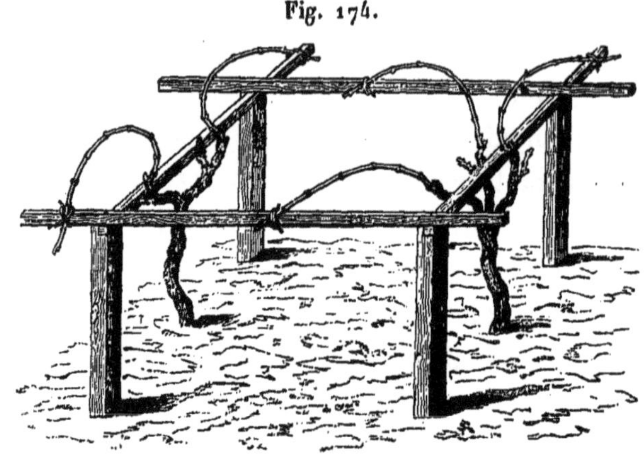

presque autant que comme production de boisson, non-seulement par ses pampres, que l'on fait consommer en vert ou
en sec, mais encore par les herbes que l'on fait venir entre

Fig. 175.

les razes ou laubes et par les betteraves, choux et légumes
que l'on cultive dans les chambres.

Les ceps de vignes en kammerbau sont, dans le rang, de 60 centimètres à 1 mètre de distance; mais les rangs sont entre eux à distances variables, le plus souvent à 1<sup>m</sup>,40.

Les rangs, groupés par trois, quatre et jusqu'à cinq, forment des planches, razes ou laubes, toujours séparées entre elles par un fossé et un espace libre d'un mètre au moins. Ce fossé est une sorte de drainage à ciel ouvert qui, pour la vigne, est une excellente disposition; j'essaye de reproduire une vue d'ensemble des vignes en kammerbau.

Fig. 176.

Les intervalles *AB* (fig. 176) sont en herbes de prairie qui végètent et sont récoltées comme dans les prés : dans les carrés *cccc* sont souvent des haricots, des choux et des betteraves, en sorte que tout l'assainissement qui résulterait des fossés, tout l'aérage et toute la lumière qui se feraient dans les cadres *cccc*, tout cela est perdu et produit un effet inverse de sa première destination.

Qu'a-t-on donc cherché autrefois dans l'emploi du kammerbau, et qu'a-t-on trouvé qui justifie une pareille dépense et une pareille gêne dans tout le travail des vignes?

Il est admis, dans un grand nombre de vignobles du midi et du centre de la France, que les raisins qui mûrissent sous les feuilles des ceps formant voûte au-dessus du raisin sont meilleurs que ceux qui mûrissent en plein soleil, en palissades ou le long des échalas. M. Gaucler, président du Comice agricole de Wissembourg, déclare ce fait vrai et donne cette vérité comme une des raisons d'être du kammerbau.

En effet, la voûte de feuilles du kammerbau entretient entre elle et la terre, qu'elle recouvre à distance de 40 à 50 centimètres, une température plus douce et plus humide que les palissades verticales ou les échalas verticaux. Une preuve irréfragable de cette différence est donnée par l'oïdium, qui trouve sous les berceaux du kammerbau, dans un grand nombre de localités, des conditions d'existence et de multiplication déplorables, qu'il ne rencontre point dans les cultures verticales et aérées des palissades ou des échalas. Cette température favorable à l'oïdium devait, en effet, être très-favorable au raisin avant que l'oïdium existât.

Une autre raison était la plus grande vigueur de la végétation et la plus longue durée de la vigne, sans compter sa fécondité plus soutenue et plus abondante. M. Gaucler montre à l'appui de cette assertion, fondée en réalité, de petites vignes basses en lignes dont la vigueur et la fertilité se sont épuisées rapidement, à côté de vignes en kammerbau qui conservent toutes leurs forces de végétation et de production à cinquante, cent ans et plus, alors qu'en douze à quinze ans les vignes à petites lignes verticales et basses sont décrépites. C'est, d'ailleurs, ce que j'ai vu dans la Ba-

vière rhénane inférieure : de Neustadt à Diedisheim, toutes
les vignes sont en lignes basses (40 ou 50 centimètres au
plus, toute végétation comprise, sèche et verte); eh bien!
elles donnent beaucoup pendant douze à quinze ans, puis
elles tombent dans un marasme dont rien ne peut les tirer.
Les vignes en kammerbau de la Bavière supérieure n'offrent
rien de pareil; elles demeurent vigoureuses et fertiles trois
et quatre fois plus longtemps.

Mais rien n'est plus facile que de concilier la verticalité
des pampres et le développement de l'arborescence et de la
taille.

C'est précisément là l'objet que s'est proposé M. Schattennemann, directeur des mines de Bouxwiller, l'un des
hommes les plus éminents et les plus honorés du Bas-Rhin,
propriétaire de vignes dans le Bas-Rhin et dans la Bavière
rhénane. Pour obtenir le double résultat de l'abondante
fructification près de terre et d'un développement suffisant
de l'arborescence verticale, M. Schattennemann a adopté
les principes complets de la viticulture type que j'ai recommandés, sauf un seul point, le palissage, qu'il a établi et qu'il
recommande tout en fer.

M. Schattennemann a été conduit à constituer un palissage
excellent, et éternel pour ainsi dire, revenant à 1,417 francs
par hectare, au lieu du palissage en kammerbau ou à grands
échalas isolés, qui reviennent l'un et l'autre à 2,500 francs
au moins, avec un entretien d'environ un quinzième par
an, soit 166 francs, tandis que l'entretien du palissage en
fer est à peu près nul.

M. Schattennemann a établi à Bouxwiller, dans le Bas-
Rhin, trois lignes de vignes suivant sa méthode, depuis deux
ans; il en a aussi installé 40 ares à Rhodt, en Bavière, et

ces essais, que j'ai vus en plein rapport et que les viticulteurs sont venus visiter de toutes parts, offraient aux regards deux ou trois fois plus de fruits que les vignes voisines et des bois de remplacement beaucoup plus beaux.

Mais ce qui m'a frappé le plus, c'est que les vignes environnant le joli domaine de Rhodt et touchant les 40 ares
par trois côtés, toutes cultivées en kammerbau, étaient
gravement atteintes par l'oïdium, tandis qu'on n'en voyait
pas trace dans toute l'étendue de la vigne en lignes verticales palissées aux fils de fer. Ce seul fait rendrait nécessaire
l'application de la méthode de M. Schattennemann à toutes
les vignes en kammerbau.

Il y a une différence capitale entre ces deux dispositions,
que j'essaye de montrer au centième dans les figures 177 et

Fig. 177.

178. La première donne la disposition la plus générale des
vignes de Diedisheim : un seul fil de fer horizontal à 50 centimètres, soutenu de mètre en mètre par des carassons
(comme dans le Médoc, comme les perches de la Haute-

Fig. 178.

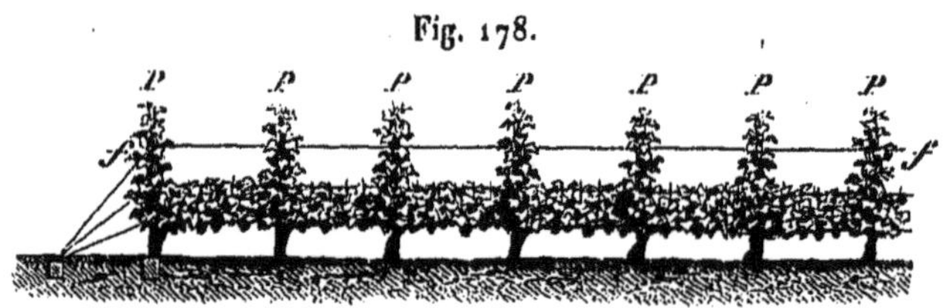

Saône, comme les traverses de Thann), le fil de fer souvent
fixé à ses extrémités à deux bornes en pierre ou à deux

forts pieux; les pampres retombent de chaque côté de ce
fil de fer. La figure 178 donne l'aspect des vignes de
M. Schattennemann. Il est facile de comprendre que les
pampres, attachés aux fils de fer $ff$ et s'élevant en $PPPP$,
auront plus de vigueur que les pampres tous abandonnés
et retombant à terre de 50 ou 60 centimètres, comme
dans la figure 177. Cette seule différence suffit pour assurer
la vigueur et la durée de la première et pour laisser promptement dépérir la seconde, pour préserver l'une et infecter
l'autre d'oïdium. C'est précisément ce qui a lieu.

Mais M. Schattennemann ne se contente pas de faire et
de bien faire, de convoquer et d'accueillir tous les viticulteurs à voir et à suivre tous ses travaux : il vient de pu-
blier un mémoire très-détaillé et très-complet sur la viticulture de l'Alsace et de la Bavière, mémoire où il fournit
complétement les indications nécessaires à toutes les pratiques de sa méthode.

Le traminer ou gentil duret est, après le gentil aromatique, le cépage le plus fin et le plus précieux pour les bons
vins de la Bavière; il donne un raisin rose, dont le moût
est très-riche et très-limpide. Sa maturité n'est ni tardive
ni hâtive : c'est un cépage qui mériterait d'être étudié et
probablement multiplié dans les vignobles du centre et du
nord de la France; je crois qu'il ferait merveille en Touraine, en Berry, en Auvergne, en Anjou, etc. Dans tous les
cas, le traminer et le gentil aromatique, qui supportent
admirablement la taille longue, devraient être introduits
dans la plupart de ces vignobles. Le riesling ou gentil aromatique, variété blanche, est d'ailleurs d'une rare fertilité.

M. Schattennemann a bien voulu m'apprendre qu'en
Alsace il y a fort peu de grandes propriétés, et que pour

en constituer une (ne fût-ce que de 5o à 6o hectares) le capitaliste devait se résoudre à de très-grands sacrifices. La population est condensée et l'amour de la propriété est la passion dominante de chaque ouvrier agricole. Par son travail intelligent et infatigable, la famille alsacienne sait faire rendre à chaque hectare de terre une telle somme de produits, qu'à la vente du sol aux enchères elle le dispute au capital jusqu'à 4, 5 et 6,ooo francs l'hectare : d'où il suit que, pour se constituer une propriété par acquisition nouvelle, le capitaliste qui voudrait mettre ses terres en valeur correspondante au prix de son acquisition devrait être assuré de méthodes culturales qui rendissent 2oo et 3oo francs net par hectare, rendement facile pour la petite culture, impossible pour la grande.

Dans l'opinion de M. Schattennemann, la destinée de la terre est en définitive d'appartenir aux bras; et c'est là la plus grande force, la plus grande richesse, la plus grande moralisation des peuples civilisés : d'où, selon moi, cette conséquence nécessaire, que le système qui arrache le sol aux bras, qui enlève la terre à la famille rurale pour spéculer par la grande culture, est une cause d'affaiblissement physique, d'appauvrissement et de démoralisation des populations, mais surtout de ruine et de désespoir pour ceux qui se lancent dans cette fatale spéculation[1].

---

[1] Un riche, actif et intelligent Canadien vint me demander des conseils pour l'installation qu'il voulait faire de vignes abritées dans son pays : je les lui donnai bien volontiers, et en retour je le priai de me faire connaître le mode de culture qu'on y suivait en général et le sien en particulier; il le fit avec bonne grâce, et la mode du jour, en agriculture canadienne, est aux grandes cultures à machines et à troupeaux choisis. Il opérait pour son compte, depuis douze à quinze ans, sur une propriété de 1,4oo acres et venait se renseigner sur les belles et récentes épreuves de labour à la vapeur faites en

France. Je l'avais écouté avec une profonde attention, et toutes ses opérations étaient devant mes yeux ; aussi pus-je lui dire : «Depuis quinze ans, sur vos 1,400 acres, vous avez dû perdre de 4 à 500,000 francs. — C'est la vérité, dit-il avec franchise ; c'est pourquoi je veux employer la vapeur à mes cultures : je réparerai ainsi mes premières déceptions. — Prenez garde, lui ai-je répondu, je vous affirme que vous perdrez autant cette fois, mais en moitié moins d'années. »

Je lui montrai alors que la population seule en agriculture faisait la richesse, que sa densité, sur un domaine privé comme sur le territoire d'un État, mesurait seule la somme des produits ; je l'engageai à consacrer à l'érection de métairies les sommes qu'il destinait aux machines, et je lui fis voir la rentrée de ses pertes et le doublement de son capital primitif, par l'installation de cent familles chargées d'exploiter chacune 14 acres. Il revint deux fois et partit convaincu ; je lui ai dit la vérité ; puisse-t-il en conserver une impression suffisante pour l'engager à la mettre en pratique !

# DÉPARTEMENT DES VOSGES.

En quittant l'Alsace pour entrer dans la Lorraine, on est d'abord frappé par le contraste absolu entre l'aspect, la taille, le palissage et la conduite des vignes de l'une et de l'autre province.

En Alsace, l'arborescence de chaque cep est considérable : elle se développe dans un mètre carré au moins; elle s'élève jusqu'à 3 mètres, dans la culture en quenouille; elle s'étale sur une superficie de 1 mètre à 1 mètre et demi sur le kammerbau; elle comporte depuis deux branches à fruit, à douze et quinze yeux, et plusieurs coursons à deux et trois yeux, jusqu'à six branches à fruit pareilles et autant de coursons. On ébourgeonne à peine; on ne pince pas, on ne rogne pas, on n'effeuille pas, si ce n'est pour nourrir le bétail à la fin de l'été.

En Lorraine, il y a quatre ceps dans un mètre carré; chaque cep n'a qu'un petit échalas de $1^{m},15$. Chaque cep ne montre que deux petits bras près de terre, portant chacun un courson à deux ou quatre yeux au plus, lesquels ne poussent que deux pampres à bois et deux ou quatre bourgeons à fruits, pincés à une ou deux feuilles au-dessus du plus haut fruit; les deux pampres à bois sont rognés avec soin au niveau de l'échalas; les entre-feuilles sont abattus jusqu'à deux et trois fois, de façon à réduire l'arborescence

au bois et aux feuilles strictement nécessaires pour entretenir la vie du cep et sa petite production de fruits.

Ce contraste est d'autant plus étonnant, qu'il n'a pour
limite que la crête de partage des Vosges, et pour cause,
que l'isolement des provinces sous l'ancien régime; on peut
y joindre l'absence de tout enseignement de la viticulture
depuis que les limites provinciales n'existent plus, car le
sol de la Lorraine est analogue à celui de l'Alsace, et son
climat plus rigoureux exigerait les tailles alsaciennes pour
préserver la vigne des gelées.

Le département des Vosges ne cultive que 5,000 hectares de vignes. Leur rendement moyen est, à l'hectare, d'environ 5o hectolitres de vin, dont les prix moyens, depuis
1857, sont au moins de 3o francs l'hectolitre.

Le produit brut des vignes peut donc être évalué à
7,5oo,ooo francs.

Les façons, par hectare, coûtent en moyenne 25o francs;
mais en ajoutant 5o francs d'échalas, autant de terrage et
de fumure, 8o francs de provignage, les frais de vendange,
de pressurage, d'envaissellement, de travail et de logement
des vins, on arrive à compléter une dépense annuelle d'environ 6oo francs, qui laisse 9oo francs de produit net.

Or la valeur moyenne d'un hectare de vignes, dans les
Vosges, est de 6,000 francs, ce qui porterait le revenu à
15 pour 1oo.

Dans des conditions de rendement aussi avantageuses, il
y aurait tout lieu de s'étonner que les habitants des Vosges
n'étendissent pas la culture de leurs vignes; car les bonnes
terres et les beaux sites n'y manquent point. De Charmes,
où sont de très-beaux vignobles, à Châtel-Nomexy, où la
Moselle est bordée de vignes à droite et à gauche; d'Épinal

à Dompaire, de Neufchâteau à Mirecourt et de Mirecourt à
Charmes, j'ai vu partout de vastes flancs de coteaux sud,
sud-est et sud-ouest admirablement disposés pour la vigne
et n'ayant qu'une faible partie de leur surface en vignobles
ou n'ayant pas de vignes du tout.

Chaque ville, chaque village, des trois arrondissements
vignobles présente presque partout depuis 10 jusqu'à 50,
100 hectares et plus, de vignes dans son voisinage, pour
approvisionner les habitants en vin, comme seraient les
jardins et les vergers pour les provisions de légumes et de
fruits; puis, un peu plus loin, sur les mêmes rampes, dans
les mêmes terres, rien, plus rien, que des céréales, des
pommes de terre, quelques prairies artificielles, et avec
cela des solitudes à perte de vue.

Le seul approvisionnement d'une bonne consommation
de la population de 419,000 habitants exigerait en vignes
le double de leur superficie, 10 à 12,000 hectares. Cette
extension, sur une superficie totale actuelle d'environ
608,000 hectares, loin de préjudicier aux autres cultures,
leur serait au contraire très-profitable en bras et en argent.

Les 7,500,000 francs produits par les 5,000 hectares
de vignes, cent vingtième partie du sol du département,
constituent la neuvième partie du revenu total agricole, qui
est de 63 millions, et nourrissent 7,500 familles ou 30,000
habitants, quatorzième partie de la population.

Dans tout le département des Vosges, on pourrait dire
dans les quatre départements de la Lorraine, la viticulture
et la vinification sont fondées sur les mêmes principes et
sont à peu près les mêmes.

A Charmes, à Dompaire, à Mirecourt, à Neufchâteau,
la vigne est plantée en fossés, en plants enracinés ou à bou-

tures, avec ou sans vieux bois, mis sur deux rangs, aux deux bords du plafond, profond de 3o à 45 centimètres, selon l'épaisseur du sol végétal; les plants sont coudés au fond et rampent d'un côté, pour se relever verticalement à l'autre. A la troisième ou quatrième année de végétation, on provigne de façon à tirer deux ceps d'une souche, un sarment ramené à la place de la souche mère et un autre formant un second rang dans l'intervalle des fossés, qui est ordinairement de 1^m,25. Ce peuplement définitif de la vigne par provignage sert de défonçage.

M. Brennier a fait et fera désormais ses plantations à plat à plein et de franc pied, à 8o centimètres et à 1 mètre au carré, en boutures droites, peu profondes, et il se félicite des bons résultats obtenus.

La vigne, plantée et peuplée par le provignage, est maintenue d'abord en lignes, à environ 4o,ooo ceps à l'hectare; chaque cep est dressé près de terre à deux bras, sur chacun desquels est laissé un seul sarment, rabattu à la taille

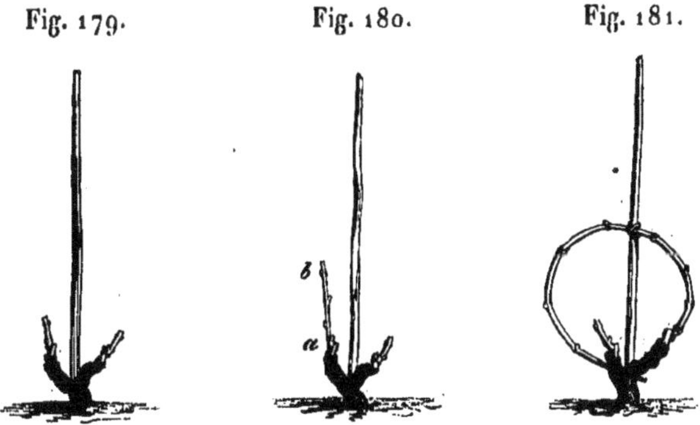

Fig. 179.                 Fig. 18o.                 Fig. 181.

à un, deux et rarement à trois yeux francs (fig. 179). Pourtant, quand il s'agit de fins cépages, tels que les pineaux noirs et blancs, un des sarments est taillé à un ou deux yeux et l'autre à quatre, six et jusqu'à huit, surtout lorsqu'il doit être replié en couronne, comme à Neufchâteau; la figure 180 donne une taille allongée droite de fins cépages, et la figure 181 représente une taille allongée repliée en couronne.

Tous les gros cépages, qui sont principalement le gros et le petit liverdun, le gros et le petit gamay, le gros coulard, sont soumis partout à la taille courte de la figure 179 : à Charmes, à Dompaire et à Mirecourt, les pineaux subissent la même taille ou la taille de la figure 180, rarement celle de la figure 181, qui leur est au contraire absolument appliquée à Neufchâteau; mais, quels que soient le cépage ou la taille de mars, de tous les yeux francs qui vont en surgir, deux seulement seront invariablement conservés pour être montés et attachés le long de l'échalas, tandis que tous les autres seront jetés bas à l'ébourgeonnage de printemps (commencement de mai), s'ils n'ont pas de raisins; s'ils en ont, ils seront conservés, mais pincés à une feuille ou deux au-dessus du plus haut raisin. Voici, au trente-troisième (fig. 182)

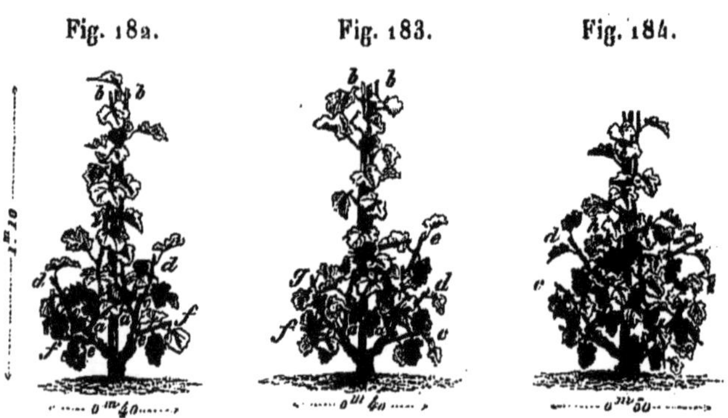


l'aspect normal d'un jeune cep de grosse race : *ab, ab,* sont les deux pampres tire-séve destinés à donner plus d'étendue et de force à la végétation; *c d, cd,* sont les deux bourgeons porte-fruit, rognés en *dd;* et *ef, ef,* sont deux bourgeons sortis de la couronne et portant chacun un fruit. Au commencement de juillet, les bourgeons *ab, ab,* ayant suffisamment grandi, sont rognés en *bb*, au niveau ou un peu au-dessus de l'échalas.

S'il s'agit d'un fin cépage à trois ou quatre yeux, comme *ab* (fig. 180), l'aspect, au mois d'août, sera celui de la figure 183, puis celui de la figure 184 s'il s'agit de fins cépages taillés et dressés en couronne.

Les deux grands sarments, qui s'appellent *mariens, mériens* ou *mérins* (mères), suivant les localités, sont le plus souvent destinés à fournir la taille de l'année suivante; mais parfois le vigneron, lorsque les sarments à fruit *c, d, h*, lui paraissent fertiles et bien disposés, prend ces sarments pour courson et supprime un mérin. Le rôle principal des mérins est de tirer la séve et d'étendre ainsi la puissance de végétation du cep. Ce rôle est réel et rendu très-évident par l'expérience et l'observation. La Lorraine a donc eu parfaitement raison de laisser monter, à chaque cep, un ou deux longs bourgeons, et elle a eu raison de les soutenir verticalement, en les attachant toujours le long d'un échalas.

La méthode lorraine, pour tenir la vigne basse et la resserrer dans un petit espace, me semble être une méthode des plus habilement combinées et des meilleures qui se puissent imaginer. Elle a compris les besoins et l'équilibre des grosses et des fines races.

Pourtant, depuis cinq à six ans, des expériences sur une grande échelle ont été tentées et sont suivies dans les quatre départements de la Lorraine dans le sens de la taille de mars la plus courte possible et dans celui de la taille des pampres verts de toute la souche, portée jusqu'à la plus extrême mutilation.

Ces applications des pinçages de tous les bourgeons et de tous les contre-bourgeons verts, à la taille en gobelet (à quatre, cinq ou six courts bras et plus, portant chacun un courson à deux yeux), ont été inspirées et dirigées par M. Trouillet, qui a rendu de vrais services en divers pays en y agitant les idées nouvelles et progressives de viticulture et d'arboriculture. L'objet principal qu'il se propose et qu'il propose aux viticulteurs est de débarrasser la vigne des échalas.

Le dressement, la conduite et la taille sèche de la vigne à plusieurs bras en gobelet, pour se débarrasser des échalas, sont pratiqués de temps immémorial dans le Lot, dans tout le Languedoc, dans toute la Provence, dans le Beaujolais, dans une grande partie des départements pyrénéens et charentais, en un mot dans plus de la moitié des vignobles de France. Dans le Lot, l'Hérault et l'Aude plus particulièrement, chaque cep, à la taille d'hiver, présente exactement le même aspect que les ceps dressés et taillés sur les indications de M. Trouillet; tous les vignobles que je viens de nommer se passent en effet d'échalas, aussitôt que les souches sont assez fortes et assez rigides pour se soutenir sans le secours du petit tuteur qui leur est donné dans les premières années. C'est encore là ce que fait M. Trouillet.

Mais dans tous ces pays à taille courte, en gobelet, sans échalas, l'on se contente d'ébourgeonner au mois d'avril ou de mai, c'est-à-dire de jeter bas tous les bourgeons qui poussent sur le vieux bois du pied ou de la tige. On ne pince pas, on ne rogne pas, on ne fait aucune opération aux entre-feuilles; en un mot, on laisse les parties vertes de la plante prendre toute leur expansion.

Dans les vignobles à échalas et à palissages, on ébourgeonne au printemps, on relève, on lie, on rogne, on jette bas les entre-feuilles jusqu'à deux fois, en juillet et fin d'août; et dans la Lorraine en particulier, bien avant l'intervention de M. Trouillet, on ébourgeonnait, on pinçait les bourgeons à fruits, très-près du plus haut fruit; l'on rognait les deux tire-séve au-dessus de l'échalas, on faisait tomber une fois au moins, souvent deux fois, les entre-feuilles, et l'on rognait une seconde fois fin d'août.

Tel était l'état des choses avant que M. Trouillet parût: tel est encore cet état. C'est alors que M. Trouillet a pu conseiller une pratique véritablement nouvelle, celle de pincer tous les bourgeons conservés sur la souche après l'ébourgeonnage, et de les pincer à une ou deux feuilles au-dessus de la plus haute grappe, ou de la première vrille s'il n'y a pas de raisin sur le bourgeon conservé; ce qui revient à dire que la souche de la Lorraine ne doit développer ni un ni deux mérins d'un mètre, et que les souches de la Provence, du Languedoc, de la Gascogne, du Quercy, des Charentes et du Beaujolais ne doivent laisser pousser aucun pampre au delà de 15 ou de 20 centimètres de longueur: c'est bien là la vigne tondue, c'est la vigne à la Titus.

Ainsi, à la taille *sèche d'hiver*, exclusivement à coursons et sans aucun long bois, M. Trouillet ajoute la taille courte *verte de printemps, d'été* et *d'automne*, sans aucun long bourgeon qui puisse jamais donner un long sarment.

C'est là un système de culture net, tranché, carré, qui

n'avait jamais été pratiqué avant lui, et qui lui appartient réellement.

Ce n'est point la plantation droite et peu profonde; ce n'est point la distance à 1 mètre ou 1$^m$,5o au carré; ce n'est point le dressement à trois, quatre, cinq ou six bras et plus en gobelet, sur une tige à 15, 25 ou 3o centimètres de terre; ce n'est point la taille exclusivement à courson; ce n'est point le pinçage, l'ébourgeonnage, le rognage; ce n'est point la suppression de l'échalas qui lui appartiennent : tout cela était connu et pratiqué en grand avant lui; mais l'idée de joindre à la taille courte absolue des sarments la taille courte absolue des pampres verts est vraiment une idée à lui, qui n'a jamais été émise ni pratiquée avant lui.

Je donne dans la figure 185 l'aspect, la disposition et la

taille d'hiver épousée par M. Trouillet, et, dans la fig. 186, l'aspect, la disposition et la taille d'été dont l'ensemble constitue sa méthode. (Ces deux figures sont au trente-troisième.)

La figure 185 donne exactement la taille de l'Hérault, de l'Aude et du Lot. Si la tige $ab$ en était supprimée et que le terrain $aa$ fût $bb$, ce serait la taille du Beaujolais; mais, l'été, la tige du Beaujolais présenterait l'aspect de la figure 187, et celle de l'Hérault et du Lot l'aspect de la figure 188, bien différentes de la figure 186.

La taille (fig. 185), le gobelet, abaissé sur terre ou plus ou moins abaissé sur sa tige, peut laisser vivre le cep, dans une fécondité rémunératrice, de vingt-cinq à cinquante ans et plus dans certaines conditions, sans provignage ni renouvellement, avec les développements de pampres des figures 187

Fig. 188.

et 188. Il faut provigner tous les quinze ans dans les développements de pampres des figures 182, 183 et 184, sous les tailles d'hiver des figures 179, 180 et 181. Combien vivra, avec une fertilité rémunératrice, le cep 185 sous le développement de tige 186?

Cette question n'est pas résolue pour moi.

Mais j'applaudis aux efforts des viticulteurs qui expérimentent le système de M. Trouillet. La plantation verticale et peu profonde, la culture de franc pied, la réduction du nombre des ceps, la multiplication des yeux sur la même tête, voilà de bons principes adoptés et propagés par M. Trouillet; pour peu qu'il rende un échalas, surtout aux vignobles du Nord, et qu'il laisse un tire-séve à chaque courson, sa méthode sera un vrai progrès; mais jusqu'à ces réformes je dois me borner à en recommander l'essai, non-seulement en gobelet, mais encore en éventail, pour permettre les cultures aux animaux de trait.

Si j'ai osé recommander l'usage des longues tailles pour certains cépages et notamment pour les fins cépages, c'est que, pendant toute ma vie, j'en ai vu les bons effets; c'est que, à ma connaissance, des vignobles, des départements, des provinces, en faisaient et en font un usage constant et lucratif depuis des siècles : il en est de même pour la riche taille courte d'*hiver*, appliquée aux gamays, aux troyens, aux aramons, aux bourets, etc. Mais la taille courte d'été appliquée à tous les pampres d'un cep, je ne l'ai jamais vue.

M. Brennier, à Charmes, m'a fait voir des spécimens de M. Trouillet sérieusement établis et consciencieusement suivis.

Il m'en a montré d'abord qui offraient une abondante production de grappes, absolument vertes, et paraissant de huit à dix jours en retard sur les vignes environnantes à échalas et à mérins, c'est-à-dire à la mode lorraine, dont les raisins étaient déjà en partie mûrs.

Puis, à quelques centaines de mètres plus loin, il me fit voir, au milieu de ses propres vignes, une étendue de plusieurs ares traitée de même selon la méthode de M. Trouillet. Là la récolte était aussi abondante que dans le premier lot (environ 6o hectolitres à l'hectare); mais, chose singulière, les raisins y étaient aussi mûrs et aussi beaux que ceux des vignes voisines. M. Brennier me donna l'explication du phénomène : « L'année dernière, me dit-il, j'ai eu ici le même retard dans la maturité que celui que nous venons de voir; mais j'avais remarqué que les ceps où je n'avais pas fait pratiquer le pinçage sur les contre-bourgeons du haut avaient mûri en même temps que les raisins de mes autres vignes :

j'ai donc laissé, malgré les prescriptions, tous les contre-
bourgeons supérieurs aux bourgeons, et j'ai partout une
bonne maturité. » En effet,
tous les bourgeons des souches étaient surmontés d'un
contre-bourgeon de 15 à 20
centimètres : la figure 189
montre cette disposition.
M. Brennier concluait de là
qu'un appel de séve plus
prononcé que ne le permettait le pinçage à une ou deux
feuilles au-dessus du plus

Fig. 189.

haut raisin était nécessaire à la bonne et prompte maturité
du fruit. Toutes mes observations faites depuis, surtout
dans le Midi, m'ont démontré la vérité de cette explication.

Les vignes de Charmes sont belles et bien entretenues :
la ligne toutefois y est très-peu respectée; elle ne l'est souvent pas du tout; les ceps sont en foule. Il n'en est nullement
ainsi à Dompaire, où le provignage est exécuté avec un soin
extrême et de façon à maintenir la perfection des lignes.
M. Rejal fait provigner ses vignes par deux rangs, de toute
la longueur de la vigne, laissant deux rangs intermédiaires
qui seront provignés quelques années plus tard; de façon que
les vignes se trouvent renouvelées complétement par périodes de quinze années environ, au prix moyen de 6 centimes le mètre courant, soit de 1,200 francs pour le provignage de tout un hectare en quinze ans, ou de 80 francs
par an et par hectare.

Les vignes de Mirecourt sont, comme celles de Charmes,
beaucoup plus en foule qu'en lignes, et le provignage s'y

fait, comme à Charmes et à Neufchâteau, par fossés ou trous isolés.

On fume irrégulièrement les vignes tous les trois ans à Charmes, tous les cinq ans à Dompaire, à raison de 20,000 kilogrammes à l'hectare, répandus sur terre et enterrés au premier labour; à Mirecourt et à Neufchâteau, on fume quand on le peut. M. Rejal, à Dompaire, fait avec succès un grand usage des terrages. On donne généralement trois cultures à la vigne: une à la taille, une en mai et l'autre en juillet.

Comme je l'ai dit, les principaux cépages sont partout le gros et le petit liverdun, le gros et les petits gamays, le gros coulard, le meunier, puis les pineaux, qui dominaient autrefois dans les coteaux de Neufchâteau et qui, aujourd'hui, n'entrent plus dans les vignes que pour un quart ou un tiers au plus.

La vendange se fait en paniers versés en tendelins, portés en balonges ou cuves sur char, où on foule les raisins, qui sont ensuite versés le plus généralement en cuves ouvertes; là la cuvaison se prolonge de deux à trois semaines. On pratique à la cuve le plus souvent des foulages réitérés, et quelquefois des arrosements de jus tirés du corps de la cuve; on laisse monter le marc au-dessus du liquide. Quelques viticulteurs tiennent le marc plongé, sous le moût. Après le tirage, on pressure et l'on mélange le plus ordinairement les vins de presse avec les vins de goutte. Les vins sont logés en vieux vaisseaux.

Les vins des Vosges sont ordinaires, légers, sains et alimentaires. Les vins de pineau de Neufchâteau sont très-délicats; mais les vins communs s'y gardent peu, prennent parfois des goûts de fût et tournent souvent.

Les vignes sont cultivées à la façon, au prix moyen de 200 à 250 francs l'hectare. Ce prix s'élève jusqu'à 300 francs à Neufchâteau.

A Charmes comme à Dompaire, comme à Mirecourt et à Neufchâteau, la vigne est considérée comme rapportant le double de la prairie, qui est, après la vigne, le meilleur de tous les produits du sol. On estime le revenu net de la vigne à 7 p. o/o, mais sur des données moyennes, embrassant une période où les prix des vins étaient bien inférieurs aux prix des six dernières années.

A Épinal, M. Collin m'a fait voir un essai de taille à longs bois horizontaux. Il était d'autant plus satisfait de la beauté de sa vigne, qu'elle avait été gelée fortement après la pousse du printemps, de façon à lui ôter tout espoir de récolte. En effet, un des avantages les plus positifs et les mieux démontrés des longs bois à fruits est d'échapper en grande partie aux effets destructeurs des gelées de printemps, tandis que la taille à courson en est frappée à peu près sans appel.

Les gelées de printemps sont le plus terrible fléau de la vigne dans les Vosges : aussi les viticulteurs ont-ils dû y planter les cépages qui ont la propriété de produire encore des raisins dans les contre-bourgeons ou dans les bourgeons du collet des sarments; mais ils auraient de bien plus belles récoltes et de plus grandes garanties s'ils employaient les longs bois de l'Alsace.

M. Collin m'a fait encore remarquer un moyen pratique de produire autant de plants qu'on peut le désirer, plants d'une vigueur exceptionnelle en tiges et en racines, en augmentant considérablement la production du raisin.

Avant toute autre explication, voici ce que j'ai vu (fig. 190, au trente-troisième) à plusieurs ceps et à plusieurs treilles, le 18 septembre 1863 : *abcdefg*, sept pampres vigou-

Fig. 190.

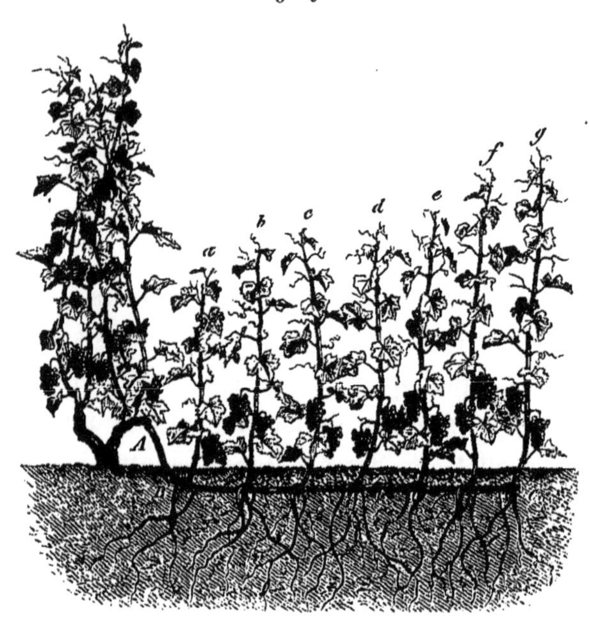

reux de 1 mètre à 1$^m$,5o de haut, portant chacun deux belles grappes, partant du sarment *A B C;* chaque pampre était muni d'un faisceau de belles racines sortant de son collet, comme feraient les racines d'un arbre isolé. J'ai vu de ces couchis portant jusqu'à douze plants. Voici comment on obtient ces résultats : à la taille de mars, on abaisse horizontalement, à 4 ou 5 centimètres de terre et parallèlement au sol, un sarment d'une longueur quelconque (soit *A B,* fig. 191). Lorsqu'en avril ou en mai les yeux de ce sarment ont donné les bourgeons *abcdef,* et que ces bourgeons ont acquis 15 à 20 centimètres de longueur, on creuse au-dessous du sarment *A B* une rigole de 4 à 5 centimètres de profondeur, et on l'y abaisse de façon à lui en faire occuper le fond dans la position $A'B'B''$; on rabat la terre dans le sillon, en la répartissant réguliè-

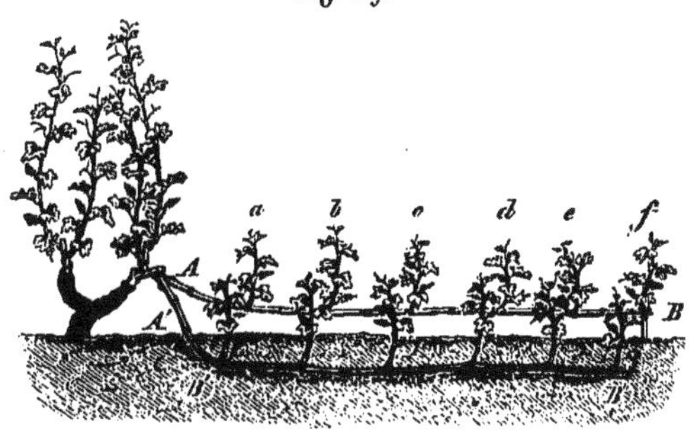

Fig. 191.

rement autour de chaque bourgeon, et en la pressant con-venablement, comme on ferait autour d'autant de jeunes plantes herbacées qu'on mettrait en terre; on obtient ainsi l'aspect de la figure 192.

L'idée n'est pas nouvelle : elle a été appliquée et publiée,

Fig. 192.

en texte et en gravures, dans le *Journal d'agriculture pratique*, en 1859, par le docteur Esquot; mais c'est M. Chapelier, instituteur à Épinal, qui, depuis deux ou trois ans, a pra-tiqué et multiplié les applications de cette heureuse idée et contribué ainsi à sa vulgarisation.

On disait ici que les jeunes plants, détachés avec soin

par une double section du sarment, pratiquée le plus près possible du collet à droite et à gauche, et replantés à la fin de l'automne, portent fruit dès la première année.

Ce serait là un fait aussi précieux que merveilleux : aussi j'engage tous les viticulteurs à s'assurer directement de ce qu'on peut vraiment obtenir dans le premier couchage et dans la transplantation. Augmenter les raisins de la vigne mère, sans dommage pour elle, et récolter l'année suivante dans la jeune plantation, serait un vrai miracle et un grand progrès.

Je placerai ici la théorie de la préservation des gelées de printemps, soit par les longues tailles, soit par les sarments de précaution, le département des Vosges étant l'un des plus exposés à ces gelées.

Fig. 192 bis.

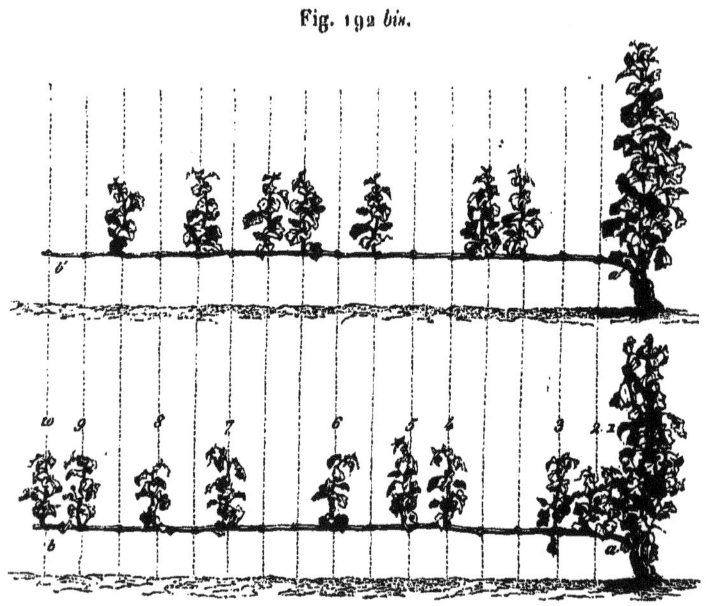

La figure 192 bis donne un spécimen idéal d'un long

sarment tendu, *ab*, qui pourrait être courbé et replié en arc ou en cercle. La première séve en a fait sortir dix bourgeons sur dix-sept : sept bourgeons sont restés endormis faute de séve; ces derniers s'éveillent et sortent vigoureusement chacun avec leurs fruits, *a′ b′*. La récolte est à peu près la même, soit qu'il gèle, soit qu'il ne gèle pas, car le volume des raisins compense souvent leur moindre nombre. Je n'entends pas dire ici que toutes les gelées de printemps seront conjurées par le procédé, mais je puis assurer par l'observation et l'expérience que la plupart des funestes effets de ce fléau seront ainsi évités.

# DÉPARTEMENT DE LA MEURTHE.

Sur une étendue de 600,000 hectares, le département de la Meurthe ne possède que 17,000 hectares de vignes environ, dont les récoltes moyennes s'élèvent au-dessus de 60 hectolitres à l'hectare et dont les vins fins, les vins mixtes et les vins de grosse race sont vendus, depuis 1857, au-dessus de 25 francs l'hectolitre. Le produit brut de la vigne est donc de 25,500,000 francs, plus du quart du produit total agricole, qui est de 90 millions, sur la trente-cinquième partie du sol total de ce département; et 102,000 habitants, ou 25,500 familles moyennes de quatre membres, près du quart de la population totale, qui s'élève à 428,387 individus, y vivent du travail de la vigne et de ses produits.

Près des deux tiers de la surface du sol de la Meurthe, à l'est, au sud-est et au nord-est de Nancy, appartiennent aux roches vosgiennes; Lunéville est au milieu des marnes irisées, au nord, et du muschelkalk, au sud. Les marnes irisées comprennent Bayon, s'avancent jusqu'à quelques kilomètres de Nancy, entourent Salins, et sont bordées d'une longue zone de calcaire à gryphées arquées qui court du nord-nord-est au sud-sud-ouest. Tout le reste du département appartient aux formations de l'oolithe inférieure; et, il faut le reconnaître, c'est dans ce tiers, à l'est et au nord-ouest de Nancy, que se trouvent les plus importants et les plus fins vignobles : Toul, Pont-à-Mousson, Thiaucourt, Pagny-sur-Moselle, etc.

Le climat de la Meurthe est moins rigoureux que celui des Vosges, surtout dans son tiers ouest, où la maturité du raisin est en avance de huit à dix jours sur ce département. Pourtant les gelées de printemps lui font encore beaucoup de mal.

Malgré ce fléau, la Meurthe est le département de France où la vigne donne la plus haute moyenne récolte. Assurément l'excellent terrain où les vignes sont cultivées entre pour quelque chose dans cette fécondité supérieure et remarquable; mais je suis convaincu que la bonne méthode de culture et de conduite de la vigne a la plus grande part à ce succès.

J'ai déjà décrit la méthode lorraine dans le département des Vosges; elle est absolument la même dans la Meurthe, d'où celle des Vosges tire probablement son origine, car elle est pratiquée dans toute sa perfection, pour les grosses races, à Nancy, Lunéville et Toul, et, pour les fins cépages, à Thiaucourt.

Elle consiste toujours, pour les grosses races, dans une petite souche à deux cornes ou à deux bras, le plus près de terre possible, avec un sarment de l'année sur chaque bras, l'un taillé à deux yeux et l'autre à trois; pour les fines races, la petite souche porte également deux bras, mais sur l'un un sarment est taillé à sept ou huit yeux, pour être replié en cercle et former branche à fruit. Dans l'une et l'autre taille, deux bourgeons, les plus bas, sont gardés intacts, dressés et attachés à l'échalas, pour n'être rognés, le plus souvent, qu'à la fin d'août; et de tous les autres bourgeons, ceux portant fruit sont rigoureusement pincés à une ou deux feuilles au-dessus de la plus haute grappe, généralement aussitôt après la fleur; ceux qui ne portent pas de fruits sont jetés bas impitoyablement, à moins qu'ils ne soient exceptionnellement jugés utiles à la taille suivante. Les contre-bourgeons, sortis après l'ébourgeonnage et le pinçage, sont jetés bas au moment du relevage et de l'accolage, et souvent une seconde fois, dans les terres fortes, à la fin d'août, au moment du rognage des longs bourgeons attachés à l'échalas.

Les courts bois, pour les grosses races; les longs bois, pour les fines races; l'ébourgeonnage des pampres inutiles, le pinçage des bourgeons à fruit, l'élévation verticale des bourgeons à bois, mérins ou tire-séve, le long d'un petit échalas d'un mètre : telles sont les excellentes pratiques de la Lorraine en général et de la Meurthe en particulier, pratiques qui lui assurent la palme du rendement moyen des vignes.

La Meurthe est-elle donc arrivée au *nec plus ultra* de sa production? Non, en vérité; elle le sent fort bien elle-même, car j'ai rarement vu un pays, si ce n'est la Moselle, où l'on pressente plus et mieux les progrès à réaliser et où plus d'essais divers soient tentés, en ce moment, pour rendre la vigne plus rémunératrice encore. J'y ai vu de nombreux essais de la méthode Trouillet, quelques expériences de tailles à longs bois et de palissages en fil de fer.

Mais sa taille sèche de mars, mais la conduite de ses pampres verts, sont les dernières choses que la Lorraine doive songer à modifier. Là où elle peut gagner, selon moi, c'est :

1° Dans la plantation, sur un terrain préparé et mis à

plat, de plants établis à 15 ou 20 centimètres au plus de profondeur, laissés verticaux à la place et à toutes les places qu'ils devront toujours occuper, c'est-à-dire dans la renonciation à la plantation en fossés, à plants couchés, et à provigner à trois ou quatre ans : la vigne sera mise ainsi à fruit deux ou trois ans plus tôt que par la plantation en fossés et à provignage;

2° Dans la plantation des vignes de tous francs pieds, et qui resteront de franc pied sans provignage, et dans l'entretien par plants rapportés tous les ans dans les places vides, jusqu'à ce que la vigne soit arrachée, c'est-à-dire de vingt-cinq à quarante ans;

3° Dans le maintien scrupuleux et constant de la vigne en lignes parfaites;

4° Dans l'espacement plus grand des ceps, dont le nombre varie aujourd'hui de 32 à 40,000 à l'hectare, et qui, au nombre de 10 à 20,000, produiraient plus en bois et en fruits qu'à 40,000;

5° Dans l'augmentation des bras ou cornes, proportionnée à la diminution du nombre des ceps pour les grosses races, comme dans le Beaujolais, ou dans l'allongement de la branche à fruit dans les fins cépages, comme dans l'Alsace;

6° Dans le retour aux fines races, qui peuvent donner et qui donnent, comme les grosses races, une moyenne de 50 à 60 hectolitres à l'hectare : sous une bonne conduite, et dans une terre bien entretenue, les fins plants donneront autant que les plants communs et élèveront le prix moyen de l'hectolitre.

Des efforts sont tentés, dans le département, dans la direction de ces six chefs d'amélioration, dont on constate déjà les bons effets :

1° On recommence à planter à plat les plants verticaux et à une petite profondeur;

2° On plante des vignes pour les laisser de franc pied, sans provignage, et dans l'intention de les maintenir ainsi jusqu'à l'arrachement, de vingt-cinq à quarante ans;

3° On maintient et on ramène des vignes en lignes, soit en échalas simples, soit en palissages sur fil de fer;

4° On plante des vignes à 80 centimètres et même à 1 mètre au carré;

5° On porte les cornes ou bras de ces ceps à quatre, six et à huit sur une même souche;

6° Plusieurs propriétaires sont revenus aux fins cépages et un grand nombre d'autres se proposent d'y revenir.

Malheureusement chacun de ces essais, au lieu d'être une simple addition au principe de la taille et de la conduite lorraines, est souvent une transformation complète qui fait disparaître ces principes, qui supprime les mérins et l'échalas, par exemple, qui supprime les longs bois aux fines races, etc., etc.

Mais si les Lorrains sont chercheurs et désireux du progrès, ils sont aussi très-prudents, et jusqu'à présent l'immense majorité de leurs vignes demeure invariablement conduite selon leur méthode traditionnelle, ce dont je suis loin de les blâmer.

Les cépages principaux de la Meurthe sont aussi les gamays, les liverduns, les gouais, en cépages ordinaires, et les pineaux noirs et blancs, le meunier (farnèse ou fernèse, *farineuse*), en fins cépages. On voit aussi les chasselas roses.

Dans les jolis vignobles et les beaux sites de Pont-à-Mousson, j'ai remarqué que presque la moitié des ceps étaient en fines races, un peu de meuniers, et le reste en

gamays et liverduns. Bien que nous approchions de la vendange, les extrémités des deux mérins n'étaient encore ro-
gnées nulle part. Dans presque tout le département, ce rognage n'a lieu qu'à la fin d'août et même en septembre (fig. 193, cep au trente-troisième, avec ses mérins $abcd$, $a'b'c'd'$, non rognés et qui le seront un peu trop tard en $bb'$).

Fig. 193.

En arrivant à Thiaucourt par la route de Pont-à-Mousson, au détour d'une montagne qui masque le vignoble, on aperçoit tout à coup toute une série de flancs et de croupes de coteaux garnis des vignes les mieux rangées, les plus propres et les plus régulières que j'aie vues jusque-là. On comprend tout

Fig. 194.

d'abord et au premier aspect (fig. 194) que Thiaucourt est un fin vignoble, où la qualité et les prix des vins sont plus élevés que partout ailleurs. En effet, les prix des vins de grosses races pures étant compris entre 20 et 30 francs l'hectolitre, les prix des vins mixtes, c'est-à-dire résultant de moitié de fines races et de moitié de grosses races environ, sont compris entre 30 et 40 francs; et les prix de fines races pures s'élèvent de 40 à 50 francs, surtout en les gardant pendant un an.

Thiaucourt est presque tout entier en fines races, principalement en noirien ou franc pineau noir de la Bourgogne. Bien qu'on n'y observe pas rigoureusement la ligne, pourtant les vignes sont, en apparence, en rangs bien conservés, les ceps à 55 ou à 66 centimètres au carré. Ce qui ajoute au bel aspect des vignes, c'est que les mérins, par exception bien méritoire, en sont rognés aussitôt après la fleur. Après l'abattage des entre-feuilles, le relevage et le liage, cette excellente opération s'accomplit immédiatement chez les meilleurs viticulteurs, en tête desquels se place et doit être placé M. Rollet, maire de Thiaucourt, qui possède dans sa commune 30 hectares de magnifiques vignes, toutes en fines races et cultivées dans la perfection, à la méthode lorraine. Toutes les opérations de l'épamprage sont faites dans le pays avec un soin minutieux. Le vigneron choisit ses deux bourgeons les plus bas pour ses deux mérins; il jette à terre, par deux fois, tout ce qui ne porte pas de fruits; il pince, à une feuille au-dessus du plus haut raisin, les porte-fruits autres que les mérins; il garde un entre-feuille aux mérins pour tirer la séve, et après la fleur il rogne ses mérins au niveau de l'échalas.

A la taille sèche, on laisse deux yeux seulement à l'un des mérins et huit yeux à l'autre mérin, pour faire le cercle ou la couronne. Cette couronne est formée et attachée au pied du cep avant l'échalassage parfois, parfois après; mais

au relevage elle reçoit un second lien qui la fixe à l'échalas
en même temps que les deux mérins. Bien que j'aie déjà
figuré ces dispositions dans la viticulture des Vosges, je
reproduis ici le type que j'ai pris à Thiaucourt; la figure 195 donne exactement, au trente-troisième, la taille

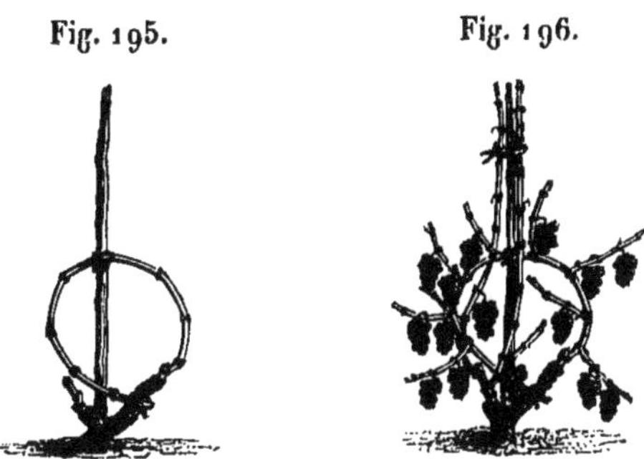

Fig. 195.  Fig. 196.

sèche et l'accolage qui ont engendré la souche (fig. 196),
prise quinze jours avant la vendange et que j'ai supposée
dépouillée de toutes ses feuilles, en gardant tous ses raisins,
afin qu'on puisse y distinguer facilement les deux mérins et
les bourgeons porte-fruits.

Outre la belle taille et la belle conduite de la vigne, on
a aussi trouvé à Thiaucourt, comme dans presque toute la
Lorraine, d'abord qu'il fallait cultiver la vigne à plat et
puis peu profondément : ainsi le premier bêchage est donné
à la taille en mars, au croc à deux dents et à 10 ou 12 centimètres dans la terre; la deuxième culture, qui n'est qu'un
raclage de 4 à 5 centimètres, est donnée fin mai; un second raclage est donné en juin, après le relevage et le
liage, et parfois on procède à un troisième raclage en août
ou septembre, au moment où le raisin s'éclaircit; mais ce
troisième raclage est souvent négligé.

L'usage des terrages de la vigne est pratiqué énergiquement à Thiaucourt, à Toul, à Château-Salins et dans presque tous les vignobles de la Meurthe. On remonte les terres du pied des coteaux en haut des vignes et on y rapporte des terres étrangères; mais, à Thiaucourt, il y a une double raison pour faire ces terrages : le sol arable offre peu de profondeur, surtout vers le sommet des collines; le sous-sol est constitué par une excellente marne, à dix-neuf vingtièmes de calcaire; tous les vingt à vingt-cinq ans, on apporte jusqu'à 1,000 tombereaux par hectare de cette marne, et, bien que le sol soit déjà argilo-calcaire, cet amendement fait merveille; on fume peu à Thiaucourt.

On y plante très-peu aussi; mais quand on plante, c'est en fossés, à provigner ensuite à la coutume lorraine. Cependant les viticulteurs à la tête du progrès, comme M. Rollet, mettent en place immédiatement autant de ceps que la vigne devra en contenir. On entretient la vigne par le provignage; il consiste ici, comme à Toul, à recoucher tous les ceps, pour les rajeunir, à peu près tous les quinze ans.

Les ceps sont couchés et croisés par deux, chacun portant deux sarments enfouis, et, l'année suivante, ces deux sarments, ayant assez végété pour atteindre chacun leur distance respective de 55 à 66 centimètres, on fait le dédoublage qui complète la vigne et termine ainsi son rajeunissement. Cette pratique du rajeunissement complet, tous les quinze ans, par un provignage et un dédoublage général, vaut mieux que l'entretien annuel par provignage partiel dans les vides; mais il vaut moins et coûte plus que l'arrachage et la replantation complète de vingt-cinq à quarante ans, comme dans le Beaujolais et comme dans l'Hérault. Les vignes rajeunies sont infiniment moins fertiles que les vignes replantées.

Si Thiaucourt a conservé et rétabli les fines races dans ses vignes, au milieu de l'entraînement général qui les menace de destruction absolue, ce n'est ni faute d'envie ni faute de tentatives pour faire aussi de l'abondance au lieu de la qualité; c'est simplement parce que les grosses races ont refusé et refusent de vivre là où les fines races sont encore vigoureuses et fécondes. Le gamay ne donne abondamment que dans le bas des coteaux; il refuse de produire sur la pente où le pineau se complaît. Dans le bas des vignes, on a encore des gamays à Thiaucourt; on a aussi le facan blanc, quelques meuniers; mais les pineaux occupent ici les dix-neuf vingtièmes des vignes.

Aussi le vin y est-il fort bon, généreux, vif, brillant et solide; les vins de Thiaucourt se gardent bien et se vendent à des prix doubles des vins communs : il est vrai que les récoltes moyennes ne sont guère que de 38 hectolitres à l'hectare, qui, à 3o francs, donnent 1,14o francs de produit brut. Or M. Rollet possède 3o hectares de vignes qu'il conduit dans la perfection; il a des caves et des celliers très-vastes et parfaitement tenus, une belle cuverie, de beaux pressoirs, de bons vaisseaux vinaires, et la dépense totale, pour ses 3o hectares et pour les soins et le logement des vins qu'il en tire, est de 12,ooo francs par an, qui, déduits du produit brut de 34,2oo francs, laissent 22,2oo francs de produit net. Le prix maximum de 1 hectare de vignes, à Thiaucourt, est de 14,ooo francs, et le prix moyen 6,ooo francs.

M. Rollet fait cuver ses vins cinq jours en moyenne; la moyenne du pays est de neuf jours. Il tire ses vins avant le zéro de l'œnomètre; mais il tient le marc sous le jus, dans les cuves, par des châssis à claire-voie. Dans le pays, on laisse monter le marc sur les jus; mais on foule la cuve en cours de fermentation presque tous les jours, et souvent deux fois par jour. On joint même à ces pratiques des arrosements de vin tiré à la cuve et versé sur le chapeau.

Les foulages et les arrosages pendant la fermentation sont nuisibles; ces mélanges de l'air avec les liquides chauds et en travail ne peuvent être que funestes et préparer les maladies des vins. Les pratiques séculaires de presque tous les grands vignobles établissent que le vin est plus généreux, plus coloré et meilleur quand la fermentation du marc s'accomplit rapidement au-dessus du liquide, et que les vins sont plus froids, moins colorés et moins bons lorsque les marcs ont fermenté plongés dans les moûts. M. Henrion, grand propriétaire, ancien négociant en vins, homme honorable et loyal s'il en fut, est profondément convaincu de l'excellence, sinon de la méthode de M^{lle} Gervais, méthode qui a fait beaucoup de bruit dans le temps et qui est peu pratiquée aujourd'hui, au moins de la méthode qui consiste, au moyen d'un châssis à claire-voie placé sur les marcs de la cuve bien égalisés et bien tassés, à tenir ces marcs immobiles et recouverts par le jus au moment de sa montée opérée par la fermentation.

M. Henrion affirme que jamais les vins soumis à cette fermentation ne tournent ni ne s'acétifient. Les faits ne concordent pas tous avec sa croyance; mais il y a entre le marc absolument flottant et libre au-dessus des liquides, le marc absolument immergé dans les jus et le marc rendu immobile pendant la fermentation, une étude sérieuse et importante à faire.

J'ai toujours vu les plus mauvais effets résulter du contact et du battage des vins avec l'air. Aussi je ne comprends

pas l'avantage de ce qu'on appelle ici le *vin de pelle*. Le raisin
étant cylindré, et la cuve en étant remplie aux deux tiers,
quatre hommes, armés chacun d'une pelle en fer, y descendent et se mettent à brasser la masse et à la lancer en
l'air pendant quarante-huit heures, pour empêcher la fermentation et concentrer l'alcool, dit M. Henrion! L'action
et le but sont bizarres et contradictoires, et la pauvreté, la
nullité du résultat sont en plein rapport avec la théorie et
la pratique.

En quittant Thiaucourt pour gagner Pagny-sur-Moselle,
on suit la jolie et riche vallée du ru de Mad par Jaulny, Rem-
bercourt, Onville, Vandelainville, Bayonville et Arnaville.
Tout le long de cette vallée sont de jolis vignobles où l'on
observe encore des proportions variables de fines races.

A Pagny, M. Oyon, viticulteur progressiste, s'est voué,
comme M. Rollet, à la cuvaison à marc fixé par un châssis
à claire-voie et à cuve close; mais, au lieu de cinq jours de
cuvaison, il en admet quinze à vingt. La coutume du pays
est la fermentation en cuve ouverte, avec montée du marc
laissé libre et foulages répétés tous les jours.

On a l'excellente habitude de vendanger très-tard à
Pagny. Une magnifique côte, présentant ses rampes à l'est et
au sud-est, tout entière plantée en fines races (les vignerons ont constaté que les grosses races n'y prospéraient
pas), y présente un rideau de vignes précieuses et très-
belles à la vue. Les rampes inférieures et les expositions
moins bonnes y sont plantées en grosses races.

Les vignerons de Pagny ont modifié d'une façon peu heureuse l'excellente méthode de la viticulture lorraine : ils ne
conservent plus qu'un long bourgeon, un mérin, aux petites races et même aux grosses races; ils prétendent que

leur terre ne pourrait en nourrir davantage. C'est absolument l'histoire du bras que l'on conseille de couper, de l'œil que l'on conseille d'arracher, parce qu'ils dérobent la nourriture à l'autre. La vigne à deux mérins est comme l'homme à deux bras : elle est plus valide que la vigne à un bras, elle est plus capable de pourvoir à son existence.

Mais, outre l'affaiblissement de la vigne, la suppression d'un mérin offre encore un inconvénient, celui de faire monter rapidement la souche en haut de l'échalas. Aussi est-on obligé de rabattre souvent le cep, et à cet effet on nourrit toujours un petit tiret ou crochet vers le bas. Il suffit de jeter un coup d'œil sur la figure 197 pour comprendre que le mérin, pris en $a$, $b$ ou $c$, peut à peine profiter de l'échalas pour être attaché et pour s'élever verticalement. Quand ils veulent provigner, les vignerons de Pagny laissent deux mérins, et ces deux mérins poussent fort bien.

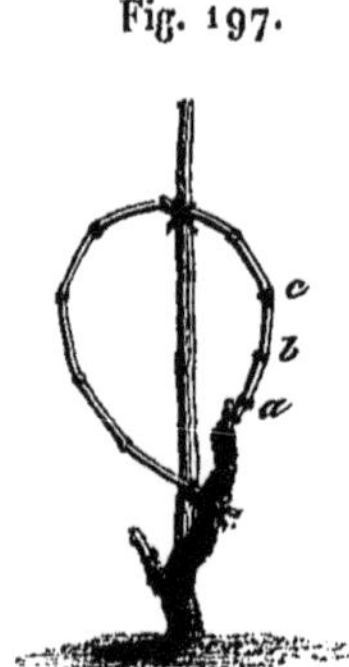
Fig. 197.



Les vins de Pagny, en fines races pures, sont aussi bons que ceux de Thiaucourt; ceux de races mixtes et de grosses races sont fermes, corsés et de bonne consommation.

Bayon et Roville cultivent parfaitement leurs vignes, selon la coutume générale; la vinification s'y fait également tantôt à marc fixé par le châssis à claire-voie, tantôt à cuve ouverte à chapeau libre, avec foulages réitérés : c'est la coutume la plus générale et c'est celle que préfère M. Ollery, qui a essayé, sans en être satisfait, toutes les méthodes à marcs immergés, pour en revenir à une pratique qui paraît très-bonne.

Comme tout le monde, M. Ollery fait vendanger au panier, verser dans une hotte en bois (tendelin), porter au bélon sur voiture, cylindrer et mettre en cuve, qu'on n'emplit qu'aux cinq sixièmes, égaliser le marc et le tasser sans le pénétrer; mais, au lieu de fouler tous les jours et au lieu de cuver quinze à vingt jours, il laisse la fermentation s'accomplir sans que les marcs soient mêlés dans les jus; il tire du sixième au septième jour et il tire en vaisseaux neufs. S'il emploie des vaisseaux vieux, M. Ollery les fait brosser, rincer à l'eau fraîche, puis il fait jeter la décoction d'une corbeille de sciure de chêne dans 400 litres d'eau. Cette décoction pénètre les surfaces des futs de tanin nouveau et leur rend ainsi une grande partie des qualités des bois neufs.

Avant que cette pratique fût imaginée par M. Ollery, les vins de Roville passaient pour n'être pas de garde et pour tourner facilement. Depuis qu'il emploie cette méthode, il n'a jamais eu de vin gâté, et les vins de Roville se gardent aussi bien que ceux de Bayon, qui sont remarquables par leur solidité.

Dans ma visite à Toul, j'ai été frappé de la grandeur et de la beauté des vignobles qui se développent à la vue dans un ensemble imposant. D'un périmètre immense, dont la base est dans la plaine, ils montent, en nappes continues, aux vastes flancs de deux montagnes qu'on appelle à juste titre les deux mamelles de Toul : la côte Saint-Michel et la côte de Barine. On reconnaît de suite le grand atelier rural d'une population vigneronne nombreuse, active, intelligente; et la belle tenue de cet atelier révèle la richesse que ses possesseurs savent en tirer, par celle qu'ils n'hésitent pas à lui rendre.

La vigne, à **Toul**, est l'objet de tous les soins, de toutes les préoccupations, de toutes les affections; elle y est reine de l'agriculture dans toute l'acception du mot : reine généreuse et bienfaisante, prodiguant ses bras vigoureux et ses monceaux d'argent pour aider les autres produits de la terre, qui sans son appui seraient bien modestes et bien chétifs.

A l'époque de la vendange, me disait M. Lambert, sous-préfet de **Toul**, tout le monde est aux vignes, à pied, en charrette, en équipage; tout le monde abandonne la ville : les dames, les messieurs, les jeunes filles, les jeunes gens de toute fortune et de tout rang, les industriels, les commerçants, comme les ouvriers et les vignerons, tous sont aux vignes, attachés, absorbés par les vignes; le feu prendrait aux quatre coins de la ville qu'on ne quitterait pas les vignes pour venir l'éteindre.

J'étais heureux d'entendre M. Lambert, car je retrouvais à **Toul** ce que j'ai vu dans ma jeunesse : les drames passionnés des champs; les joies et l'enthousiasme des vendanges prospères; les déceptions et les tristesses des vendanges absentes. Les fenaisons, les moissons, avaient aussi leurs amours, leurs bonheurs, leurs froideurs et leurs mélancolies. Les écuries, les étables, les bergeries, les basses-cours et leurs habitants avaient tous alors une fibre allant au cœur des familles, au cœur des enfants, comme à celui des vieillards; et leurs voix, comme celles du clocher, comme celle de Dieu, parlaient à toutes les âmes un langage plein d'émotions spirituelles, les seules qui constituent les vrais bonheurs de l'humanité. Aujourd'hui l'agriculture se fait industrielle, elle se fait anglaise, elle se fait américaine. Une exploitation rurale est devenue un comptoir, une banque, où les livres sont tenus en partie double. On y prête aux cochons, on y prête aux moutons, aux vaches, aux chevaux, à la volaille ; on y prête aux champs, à gros intérêts, à intérêts usuraires : intérêts que le plus souvent ils refusent de payer. Un prince de beaucoup d'esprit disait un jour à un de ces directeurs de l'industrie agricole : « Vous prétendez toujours que mes champs me doivent de « plus en plus, mais ils me payent de moins en moins. Je « n'ai pas confiance dans votre comptabilité. » En effet, la comptabilité industrielle est fatale à l'agriculture, non parce qu'elle compte, mais parce qu'elle ne sait pas compter les valeurs vivantes ; tout comme la physique, la chimie minérale et même organique seraient impuissantes à apprécier les fonctions physiologiques. 4o millions d'habitants pourraient vivre heureux dans un grand pays, sans avoir bénéficié seulement de 1 franc, en soixante-quinze ans d'existence. Le produit, c'est la vie ; le bénéfice, c'est le bonheur ; la liquidation, c'est la mort. Eh bien ! ce que l'économie industrielle appelle la valeur n'a qu'une part fort petite dans le bonheur, le malheur, la vie et la mort : voir l'alouette et le lapin, voir tous les animaux qui naissent, vivent et meurent comme nous, sans valeurs industrielles et sans comptabilité.

Puisqu'ils aiment encore leurs vignes et leurs vendanges, puisqu'ils se passionnent encore pour leurs œuvres rurales, les habitants de Toul sont bien haut placés dans la vraie marche de l'humanité.

La plantation de la vigne est, à Toul, la même que celle du département de la Meurthe et de la tradition lorraine : même taille en sec et en vert, même échalassage, mêmes distances de 5o à 6o centimètres au carré, même entretien de provignage et de dédoublage tous les quinze ans, même béchage en mars et mêmes raclages superficiels dans le cours de la saison; mêmes terrages en remettant les terres et en apportant des terres étrangères et les pelouses des prairies; mêmes fumures à plein, tous les trois ou quatre ans, à 4o ou 5o mètres à l'hectare, étendues et enterrées au premier béchage. Toutes ces pratiques sont accomplies aussi bien, et souvent mieux, qu'en aucun autre vignoble du département. Les cépages cultivés sont aussi les mêmes : les liverduns et les gamays dominent les grosses races; les pineaux noirs, gris et blancs en constituent les fines races. Toutefois un cépage blanc très-fin, connu sous le nom d'*aubin,* est spécialement cultivé, pour faire des vins blancs très-agréables, dans quelques communes de l'arrondissement, à Bruley par exemple.

Autrefois les pineaux régnaient en maîtres dans les vignes de Toul; aujourd'hui ce sont les grosses races qui tendent à les remplacer entièrement, ce qui est déjà fait aux trois quarts.

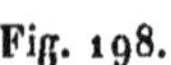

Fig. 198.

J'ai pris sur place l'esquisse d'un cep de liverdun; on voit par sa disposition (fig. 198) qu'il porte toujours, à Toul comme partout, ses deux mérins, montant au-dessus de l'échalas, et ses bourgeons porte-fruits pincés à deux feuilles, ses deux bras à chacun un crochet taillé à deux ou trois yeux, et ses entre-feuilles enlevés avec soin.

Les récoltes moyennes sont de 6o hectolitres à l'hectare, dont le prix moyen est de 25 francs.

Voici les dépenses détaillées d'un hectare de vignes à Toul :

Façons payées au vigneron................... 264ᶠ
Entretien d'échalas....................... 5o
Provignage double.................. 55oᶠ
Dédoublage ....................... 45o
                                   ————
Pour quinze ans................... 9oo
                                   ————

Soit par an............................ 6o
5o mètres de fumier pour dix ans, par an....... 7o
Portage de terres, vendanges; vins, vaisseaux, pres-
    surage, logement....................... 15o
                                          ————
                                          594
                                          ————
En nombre rond......................... 6oo
                                          ————

Recettes :
Hectolitres.................. 6o
Valeur moyenne de l'hectolitre.... 25ᶠ
                                  ————
Produit total................. 1,5ooᶠ
A déduire.................. 6oo
                              ————
Produit net.................. 9oo par hectare.
                              ————

Les vendanges et les cuvaisons suivent à peu près la méthode lorraine générale; toutefois, après un cylindrage des
raisins, qui sont placés en cuve ouverte remplie aux cinq
sixièmes, on égalise et on tasse d'abord la vendange; puis,
au milieu de la fermentation, on foule la cuve à nu et à
fond; on égalise et l'on tasse de nouveau et, vingt-quatre
heures avant de tirer le vin, on refoule à nu et à fond; la
cuvaison dure de huit à quinze jours. On mêle les vins de
presse dans les vins de goutte, et l'on tire en vaisseaux

de 25 à 50 hectolitres. L'hiver, on distille les marcs pour en faire de l'eau-de-vie.

Les vins de Toul, bons mais faibles ordinaires, sont très-recherchés et s'enlèvent rapidement, pour Paris surtout. Les vins blancs sont souvent achetés par des maisons de la Marne, pour en faire des champagnes mousseux.

On fait à Toul, comme à Nancy, des tentatives d'amélioration; on commence à planter à plat et à plein, on s'efforce de revenir à la ligne, on palisse avec les fils de fer.

Dans une vigne de M. Vincent les palis, en doubles fils de fer, sont à 1 mètre les uns des autres et les deux fils de fer sont à environ 50 centimètres de terre le premier, à 1 mètre le second. Sur ces palis sont attachés les mérins

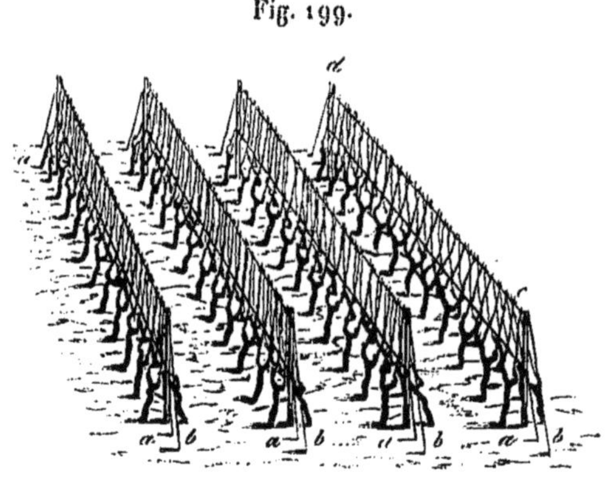

Fig. 199.

du double rang de souches, *a* et *b* (fig. 199 et 200), en sorte qu'un palis sert pour deux rangs qui sont aux mêmes distances que dans les autres vignes. Ainsi le rang *b*, placé à 50 centimètres du rang *a*, vient se joindre à ce rang sur le même palis *cd*. On conçoit que l'air circule bien mieux dans cette disposition que dans les vignes en foule, et qu'elle admette bien mieux l'action du soleil : aussi

cette vigne est-elle chargée en beaux raisins, bien mûrs,
d'au moins un tiers en sus des vignes les plus chargées que

Fig. 200.

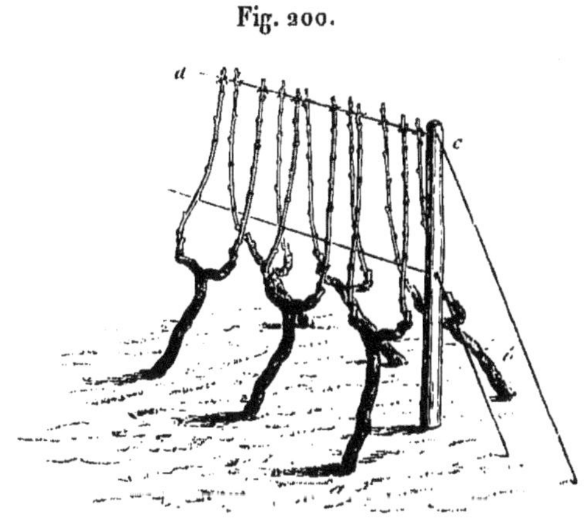

nous ayons vues. M. Vincent, excellent viticulteur, a établi
cette vigne sur fil de fer depuis longtemps; et, chaque
année, ses récoltes y sont plus abondantes et plus mûres
que dans ses meilleures autres vignes en foule.

La vigne est cultivée dans l'arrondissement de Château-
Salins en mêmes cépages, sur les mêmes principes et avec
les mêmes pratiques qu'à Nancy, Bayon et Toul.

# DÉPARTEMENT DE LA MOSELLE.

Si le département de la Moselle ne se fait pas remarquer par la grande étendue de ses vignes (il n'en compte que 6,000 hectares sur une superficie totale de 532,000), il se distingue au moins par l'intelligence et la variété de leurs cultures, par l'élévation de leur production moyenne, par le bon choix de leurs cépages et par la bonne confection de leurs vins.

La production moyenne des vignes était ainsi résumée par M. Huot, conseiller à la cour impériale, vice-président du Comice agricole de Metz, propriétaire de vignes et viticulteur des plus distingués, dans notre conférence publique du 3 octobre 1863 : 80 hectolitres à l'hectare pour les grosses races, 60 pour les races mixtes, et enfin 40 pour les petites races ou fins cépages.

Ces chiffres se rapportent parfaitement à ceux qui m'ont été fournis aux Dâles, à Saint-Martin, à Ancy, à Scy, à Lorry-devant-le-Pont, à Argancy, à Fèves et à Guenétrange-Thionville. Au surplus, ils ont été produits devant l'élite des propriétaires viticulteurs et des vignerons les plus compétents, réunis en grand nombre. J'insiste sur l'exactitude de ces chiffres, parce qu'ils représentent, comme dans la Meurthe, les plus hautes moyennes des vignobles de France, sur un sol excellent, il est vrai, mais sous un climat que les gelées de printemps, les pluies froides de juin et la haute latitude présentent comme un des moins favorables à la bonne production de la vigne; ces rendements font le plus grand honneur à la sagacité, à l'activité et aux pratiques traditionnelles des vignerons de la Moselle.

Les prix moyens des vins des grosses races, depuis 1857, sont compris entre 20 et 30 francs l'hectolitre, et celui des vins des fines races entre 32 et 48 francs. En prenant 25 francs comme prix des vins communs et 40 francs comme celui des vins fins, un hectare de grosses races pourrait rendre 2,000 francs bruts, tandis qu'un hectare de fine race ne rendrait que 1,600 francs.

Si de ce produit brut on déduit 600 francs, qui constituent ici, comme dans les Vosges et la Meurthe, la dépense moyenne annuelle pour un hectare, il ne resterait plus que 1,000 francs en faveur des fines races: aussi ces dernières tendent-elles à être remplacées partout par les premières.

Pourtant quelques bons propriétaires maintiennent courageusement leurs fins cépages, avec la conviction fondée que, dans un avenir très-prochain, les vins délicats se placeront plus facilement que les vins communs et à un prix encore plus avantageux qu'aujourd'hui. Ils espèrent que les droits d'importation en Belgique, leur débouché d'avant 1815 et leur placement le plus naturel, seront abaissés ou annulés; et ils ne sont pas éloignés de croire, et je crois avec eux, qu'en ajoutant à leurs excellentes pratiques les perfectionnements acquis par toute la France, ils feront rendre aux pineaux, aux rieslings et aux meuniers autant et plus qu'aux liverduns, aux ériceys et aux gouais.

En attendant cette transformation désirable, la culture des grosses races, bien loin de mériter le blâme, mérite au contraire tous les encouragements; car les vins qui en proviennent sont sains et alimentaires, et les plus petits vins de la Moselle vaudront toujours mieux que la bière; le vin fin et le gros vin, c'est le pain blanc et le pain bis. Qui oserait blâmer la production abondante du pain bis; mais qui ne préférerait la production du pain blanc ?

Quoi qu'il en soit, les 6,000 hectares de vignes ne produisent pas plus de 9 millions bruts, le dixième du revenu total agricole du département, sur le centième de sa superficie totale.

Dans la Moselle, le sol est aussi bon pour la vigné que celui de la Meurthe; les surfaces géologiques y sont d'ailleurs à peu près les mêmes, et les sites les plus favorables à la viticulture s'y présentent inoccupés sur de vastes étendues. Le climat, tout dangereux qu'il puisse être par les gelées printanières, pour la coulure de juin et pour la non-maturité d'automne, appartient néanmoins encore à cette zone privilégiée où tous les fruits sucrés acquièrent une finesse et une perfection qui leur sont refusées dans l'extrême midi et dans l'extrême nord. La Moselle est un vrai pays à vin léger, délicat, hygiénique et alimentaire : aussi les premiers fondateurs de ses vignobles y avaient-ils placé les plus fins cépages.

Le *franc noir de Guénétrange*, le *vert noir*, le *petit noir*, l'*auxerrois gris* ou *tokay de l'Alsace*, l'*auxerrois blanc* ou *éricey blanc*, ne sont autres que le pineau noir ou le noirien de Bourgogne, le plant doré et le plant vert de la Champagne, le pineau gris et le pineau blanc; les *rieslings gros et petit*, ou petrécines, y sont aussi cultivés et très-fertiles; l'aubin jaune et le furmint rose s'y rencontrent plus exceptionnellement encore.

Parmi les cépages noirs demi-fins, il faut ranger le meunier, blanche feuille, fernaise ou fernèse, le gros et le petit béclan, qu'on appelle à tort ici gros et petit pineau.

Les grosses races sont constituées par le liverdun ou gros gamay, que l'on appelle aussi éricey; par le gros ou franc gamay de Bourgogne, à grains ovales d'un noir bleu foncé, à peau ferme, très-agréable et très-sain à manger, donnant un vin ferme et coloré ; par l'éricey de Château-Salins, ginecey d'Argancy, troyen, troicep ou foirard ailleurs, à grains ronds clairs, à grappes molles et pendantes, moins coloré que le gamay, à peau fine et pourrissante, et dont les grains tombent au moindre choc à la vendange : plat au goût et diarrhéique au plus haut degré, il produit abondamment; ses grappes se détachent sans effort; ses sous-bourgeons reproduisent des raisins après les gelées, comme le gamay et les béclans. Le simoro noir de Lorraine, durbec, gueuche ou gouais, autre base importante des grosses races de la Moselle, offre aussi cet avantage reproducteur; son vin est acerbe, mais ferme et durable.

L'aubin vert, les hemmes jaunes et vertes et le fromenthal ou gros auxerrois blanc, avec le gouais blanc, complétent la nomenclature des principaux cépages de la Moselle, ainsi que les chasselas blancs et roses et enfin quelques muscats.

Le plus grand obstacle à l'extension de la viticulture dans la Moselle réside dans la rareté de la main-d'œuvre et le peu de bon vouloir des vignerons, tâcherons ou journaliers qu'on emploie à la culture de la vigne. De l'aveu même d'un grand nombre de propriétaires, la condition des ouvriers vignerons est peu sortable, et les propriétaires comprennent jusqu'à un certain point que leurs vignes soient traitées par le tâcheron avec négligence et avec une sorte de dépit nuisible à la production.

Aussi plusieurs propriétaires donnent-ils aujourd'hui à leurs vignerons, outre leurs 250 à 300 francs de façons par hectare, une prime de 1 fr. 50 cent. à 2 francs par hectolitre de vin récolté sous leur gestion. La production est augmentée de beaucoup par cette prime. Malheureusement le profit du vigneron est bien diminué, souvent même annulé, par l'obligation, à lui imposée en échange, de faire la vendange et les vins gratuitement. Ce n'est donc qu'un abonnement à forfait, avec des chances aléatoires, pour un travail déterminé. Dans ce cas, la prime est insuffisante; je l'ai dit à un grand nombre de propriétaires, qui l'ont parfaitement compris ainsi, et m'ont déclaré qu'ils donneraient à leur vigneron, dès l'année prochaine, un dixième de leurs produits bruts; convaincus que ce serait pour eux non-seulement une satisfaction morale, mais encore un intérêt matériel assuré.

En effet, dans la plupart des vignobles, on sait, et on le sait ici mieux qu'ailleurs, que la vigne propre du vigneron produit un tiers ou même moitié en sus, souvent le double, de celle du propriétaire qui fait travailler à façon. Si donc la moyenne récolte du propriétaire est de 48 hectolitres quand le vigneron n'y est pas intéressé, elle atteindra facilement 64 hectolitres si le vigneron est porté à soigner la vigne comme sa propre chose. Mais le dixième de 64 hectolitres est de 6 hectolitres 40 litres à lui donner : il restera donc au propriétaire 57 hectolitres 60 litres, c'est-à-dire 9 hectolitres 60 litres en sus de sa récolte ordinaire.

Ainsi, pour acquérir l'intelligence, le bon vouloir, l'activité vigilante et dévouée de son vigneron, le propriétaire, au lieu d'être induit en dépense, dans le système que j'indique, fait au contraire un bénéfice une fois et demie plus grand que celui qu'il accorde à son vigneron.

Une telle combinaison doit être acceptée par tous les propriétaires, grands et petits. Mais ce qui m'a charmé, c'est de la trouver déjà devinée et presque établie convenablement dans plusieurs vignobles des environs de Metz.

Autrefois le métayage à moitié fruits existait ici; mais une succession de mauvaises années laissait les métayers sans ressources; les arriérés et les emprunts faits aux propriétaires n'étaient jamais couverts par des récoltes suffisantes, et, devant la ruine des colons et l'impuissance des propriétaires, le métayage a dû être abandonné.

En effet, dans l'agriculture comme dans la construction, comme dans l'industrie, l'ouvrier rural doit obéir à une direction responsable. Ce qu'il faut à l'ouvrier rural, c'est la sécurité dans le nécessaire, la discipline et l'énergie intelligente dans le travail indiqué, et l'affranchissement possible dans l'avenir. Mieux vaut donc pour lui le salaire fixe avec la participation au produit, qui est un bénéfice net dans les bonnes années et un simple manque à gagner dans les mauvaises. Son existence n'est jamais ainsi compromise, et son émulation est toujours en haleine; il peut donc se fixer et constituer une famille dans de bonnes conditions de sécurité.

Le mode de culture de la vigne le plus ancien et le plus général, dans la Moselle, est encore le même que celui de la Meurthe et des Vosges : seulement la plantation en fossés y est peu ou point pratiquée; généralement le terrain est préparé par un labour profond dans les terrains légers et perméables, par un défonçage à deux et trois fers de bêche dans les terrains compactes et argileux; le terrain est nivelé, assaini par des fossés qu'on garnit de pierres ou de drains au fond. Sur ce terrain on pratique des trous isolés de 25 centimètres de largeur et de profondeur, sur 35 centimètres de longueur, dans lesquels on met deux bouts de sarment sans vieux bois, comme bouture, ou un plant enraciné, malheureusement toujours et tous deux coudés au fond. Toutefois ce mode de plantation est préférable à la plantation en fossés, surtout quand la vigne est garnie de tous ses ceps en même temps, sans avoir besoin de recourir au provignage complémentaire, provignage que quelques viticulteurs pratiquent encore à la troisième ou quatrième année; mais c'est aujourd'hui une exception. La distance des ceps, la plus commune encore, est de 50 centimètres en tous sens, 40,000 ceps à l'hectare, parfois plus.

Le dressement de la souche est le plus généralement à deux bras près de terre, souvent à un seul bras; surmontés de deux sarments taillés, pour les grosses races, le plus bas ou *mineur* à deux yeux, le plus haut ou *majeur* à trois ou quatre yeux. Pour les petites races, le *mineur* est taillé à deux yeux et le *majeur* à huit ou dix yeux, pour être replié et attaché en cercle à la souche et à l'échalas, ou simplement abaissé en arc ou en bras horizontal, afin d'être attaché à un fil de fer, comme je l'ai vu chez M. Jacquin à Scy, chez M. Careau à Lorry et chez M. Poulmer à Thionville, ou bien encore verticalement et attaché simplement à l'échalas, comme je l'ai vu chez M. Lanternier, à Guénétrange.

Dans la taille à courson des grosses races, comme dans la taille à long bois des petites races, le bourgeon le plus bas ou le plus beau est élevé verticalement à 1<sup>m</sup>,50 le long

de l'échalas, auquel il est attaché par un, deux et parfois
trois liens de paille, sans être pincé et souvent sans être
rogné, pour constituer le mérin, tire-séve, ou sarment de
renouvellement.

Chaque souche n'a le plus souvent qu'un bras et qu'un
mérin, comme à Pagny, dans la Meurthe : la figure 201
donne l'aspect le plus général d'une jeune souche de grosse
race, à un seul bras et à un seul courson à quatre yeux; et
la figure 202, celui d'une souche à deux coursons, l'un à
deux yeux et l'autre à quatre.

La figure 203 reproduit une souche de petite race à un

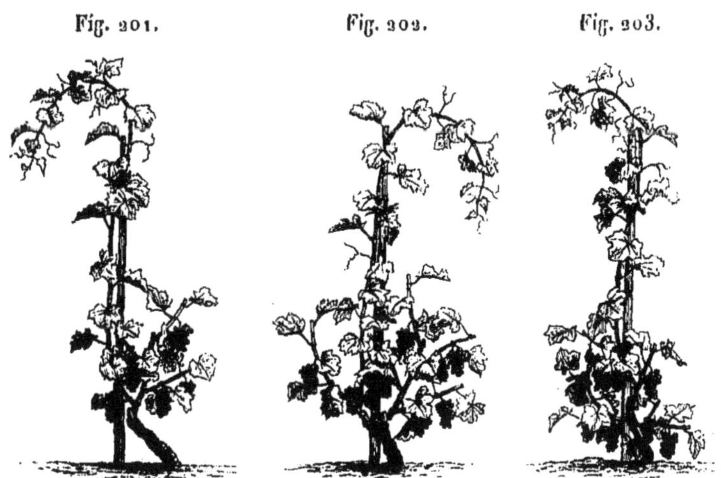



courson et à une courbe très-courte, trop courte, et à un
seul mérin, pris aussi sur la courbe même.

Les pinçages de tous les bourgeons portant fruit et la
suppression des bourgeons stériles par l'ébourgeonnage se
pratiquent très-bien dans la Moselle, ainsi que les relevages
et les liages. Quant à la suppression des entre-feuilles et
des contre-bourgeons, les uns la font complète, les autres

laissent une ou deux feuilles à ces repousses, pour maintenir la séve.

Les cultures sont faites à propos et en nombre suffisant : la première, entre la taille et l'échalassage, de 15 à 20 centimètres de profondeur ; les trois autres très-superficielles. Le premier binage (houlage) se donne en mai, après le pinçage et l'ébourgeonnage ; le second binage est pratiqué après le nettoyage de la vigne, qui consiste à jeter bas, avant la fleur, les vrilles, les entre-feuilles et les gourmands repoussés ; on pratique ensuite le relevage et le liage de la vigne, au commencement de juillet. Enfin le troisième binage se donne fin d'août ou commencement de septembre.

On entretient les vignes par le provignage, ce qui détruit toute espèce d'alignement.

Les fumures, dans les vignes bien entretenues, se font tous les quatre à cinq ans, sur le pied du cep ou sur tout le sol, au taux d'une voiture par mouée (50 à 60,000 kilogrammes par hectare). Tantôt le fumier est répandu en couverture, aux mois de juillet et d'août, tantôt porté aux mois de février ou de mars et enterré par le premier labour.

Tel est sommairement l'ensemble des coutumes le plus généralement admises encore dans la Moselle ; je vais jeter un coup d'œil sur les exceptions et les tentatives de progrès qui s'y font remarquer.

Parmi les cultures spéciales et exceptionnelles, je placerai en première ligne la viticulture dite *en cuveau*, pratiquée depuis bien longtemps à Argancy, à Rugy et aux environs ; elle est aussi suivie en divers vignobles, mais transitoirement, et pour se transformer dans la méthode

ordinaire, par des provignages de peuplement définitif.
C'est ainsi que j'ai vu une vigne en cuveau aux Dâles, aux
portes de Metz, appartenant à M. le conseiller Huot. Cette
vigne m'a paru chargée de raisins à plus de 150 hectolitres
à l'hectare; mais M. Huot m'a dit qu'elle serait bientôt provignée et remise à la coutume ordinaire.

Dans de petites fosses, creusées à 1<sup>m</sup>,30 au carré, on
met deux plants enracinés ou quatre boutures, qui sont
laissées pendant deux ans sans être taillées; avant la végétation de la troisième année on recèpe les souches au niveau du sol; et parmi les nombreux et beaux sarments qui
jaillissent de la tête de ces souches, on en choisit quatre
ou plus pour arriver à huit par souche; on jette bas tous
les autres, et l'on taille les sarments gardés à une longueur
d'environ 30 centimètres, à quatre yeux chacun; on les
abaisse horizontalement et on les dispose en cercle comme
les rayons d'une roue, les pointes en dehors; chaque pointe

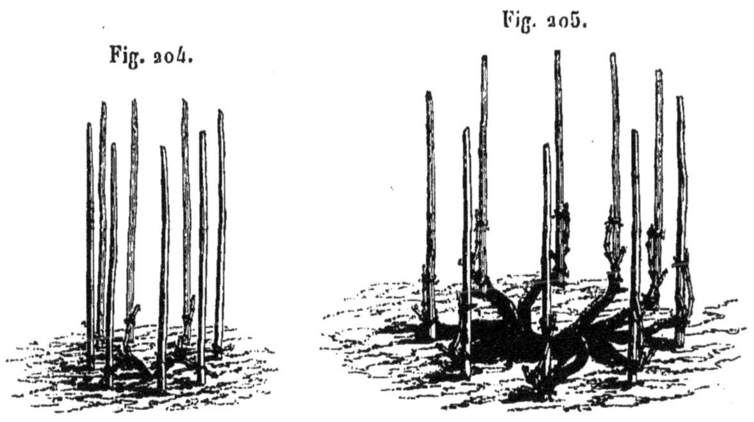

Fig. 204.

Fig. 205.

est munie d'un échalas, ce qui nécessite 8 échalas formant
le cuveau (fig. 204).

Le cuveau, d'un diamètre de 60 centimètres seulement

la première année, s'agrandit d'année en année par l'allongement des bras, qu'on appelle ici des *jambes*, jusqu'à prendre 1 mètre et plus de diamètre (fig. 205).

Chacune des jambes est taillée, les années suivantes, exactement comme le sont les ceps isolés; et s'il s'agit de grosses races, chaque jambe porte un courson à deux yeux et un à quatre, ou bien un seul courson à quatre yeux (fig. 205).

Si les cuveaux sont plantés en fines races, chacune des jambes est munie d'un courson de renouvellement, à deux yeux, et d'une courbe à huit et dix yeux, ou seulement d'une courbe (fig. 206).

Dans tous les cas, un mérin pris sur l'œil le plus bas,

Fig. 206.

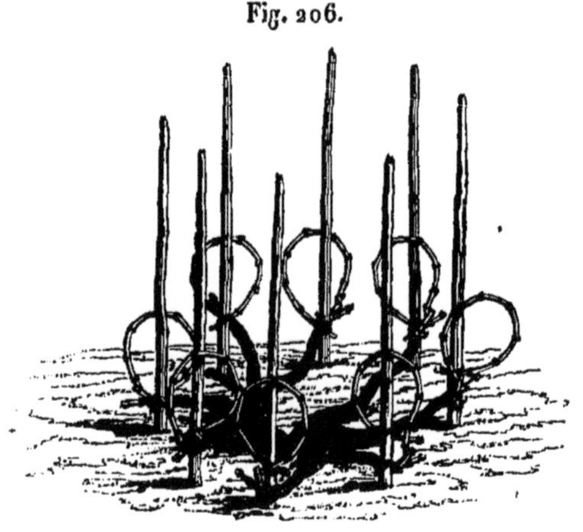

soit des coursons, soit des courbes, est élevé le long de chaque échalas, et toutes les autres pratiques de l'épamprage sont appliquées à la culture en cuveau comme aux autres cultures de la Moselle; seulement les cuveaux sont toujours maintenus de franc pied : quand un cuveau périclite, on l'arrache et on le replante de plant neuf.

La viticulture en cuveau donne des ceps plus fertiles en fruits et plus vigoureux en bois qu'aucune autre culture du département; elle végète plus de 100 ans sans provignage. Sa moyenne production est d'au moins 100 hectolitres à l'hectare entre les mains de tout bon propriétaire; elle dépasse cette moyenne chez M. de Florenne, maire d'Argancy.

Souvent une seule souche donne les six ou huit jambes du cuveau, et le cep, qui porte alors six ou huit mérins, est encore plus vigoureux que les autres et plus fécond. J'ai vu chez MM. Simon père et fils, grands pépiniéristes à Metz, une vaste collection de cépages différents, tous cultivés en cuveau, parce que c'est la forme qui leur donne le plus de bois pour boutures, chevelées et plants de commerce.

M. Lanternier, à Guenétrange, maintient ses vignes en lignes parfaites, à un mètre les unes des autres, les ceps étant à 50 centimètres dans le rang; elles sont gardées de franc pied et sans provignage; deux mérins sont élevés chaque année à chaque cep, et toutes les fines races, qui constituent à peu près exclusivement son vignoble, sont munies de longues branches à fruit de neuf à dix yeux; beaucoup sont mises en courbes.

Mais ce qui a le plus fixé mon attention, au milieu de ces vignes si bien conduites, c'est une vigne de franc pineau de Bourgogne dont tous les ceps étaient munis d'une longue branche à fruit attachée verticalement après l'échalas, à peu près comme sont les mérins. Toutes ces branches à fruits étaient couvertes de beaux raisins déjà mûrs, du haut en bas, sans que les deux mérins, élevés du bas de la souche, fussent moins beaux que sur les ceps où la branche à fruit est abaissée ou pliée en cercle; cela tient à ce que M. Lanternier fait pincer avec un soin extrême les bourgeons à fruit, les sous-bourgeons et les entre-feuilles.

Je donne, dans la figure 207, l'aspect d'un de ces ceps,

Fig. 207.

dessiné sur place : *abc*, branche à fruit; *dg*, *ef*, deux mérins.

M. Lanternier cultive séparément les pineaux, les rieslings, les meuniers, etc. Il emploie les terrages avec décombres et plâtras; en un mot, il me paraît difficile de porter plus loin qu'il ne le fait l'art de féconder la vigne fine.

A Guenétrange, tout près de M. Lanternier, M. Poulmer cultive la vigne suivant une méthode qui se rapproche un peu de celle que j'ai recommandée, et avec un succès de récolte, pour l'abondance et la maturité, qui m'a paru digne d'attention.

Des palissages composés de deux fils de fer, l'un à 20 centimètres de terre et l'autre à 60 centimètres, sont tendus sur les lignes de ceps : une branche à fruit de cinq à six yeux est étendue et attachée horizontalement sur le fil de fer inférieur; tous les bourgeons sont pincés à deux feuilles au-dessus du plus haut raisin, tandis que les deux maîtres bourgeons d'un courson mineur sont attachés verticalement, sans être pincés, au fil de fer supérieur. On les laissera croître jusqu'à ce qu'ils dépassent ce fil de fer de 50 centimètres; alors ils seront rognés. A la fin du mois d'août, ils seront couchés sur le fil de fer supérieur. Les résultats de cette culture sont remarquables : j'ai vu les pièces de pineau blanc, de pineau noir, de meunier, de riesling et de gamay présentant des guirlandes doubles de

raisins magnifiques, superposés et se touchant sans interruption d'un bout à l'autre des lignes.

M. Collignon s'est efforcé, depuis plus de trente ans, de
remplacer les échalas par des palissages en fil de fer. Il ne
s'est pas contenté de démontrer par des chiffres l'importante économie de première fourniture et d'entretien qui
résulte de cette transformation, il a voulu joindre l'exemple
au précepte : il a dressé toutes ses vignes, à Ancy, sur des
palissades à double et à simple fil de fer, tendus par des
roidisseurs *mm* de son invention et des amarres très-éco-
nomiques et très-solides (une pierre *ab*, fig. 208, entourée
d'un lien *c* en fil de fer qui fixe une boucle *df*, et, enfoncée en terre, suffit à tendre solidement les fils de fer

Fig. 208.

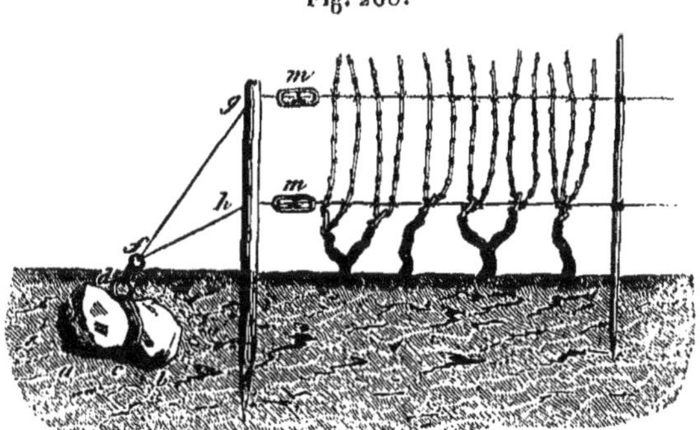

*fg*, *fh*). Ces fils de fer sont soutenus, de 8 mètres en
8 mètres, par des piquets ou par de simples échalas.

Pour faire comprendre et adopter son palissage, vraiment
excellent, M. Collignon l'a appliqué à tous les modes de
culture du pays, sans changer ni le nombre ni la position
des 40,000 ceps à l'hectare. Il a montré comment les vignes
en foule pouvaient être remises en lignes avec la plus
grande facilité. Il a convoqué des commissions, répandu

des brochures; en un mot, il n'a rien épargné pour rendre un véritable service aujourd'hui accepté partout. Ses efforts ont profité à tous les vignobles; pourtant il est mort sans avoir été honoré comme il le méritait.

Évidemment les palissages en fil de fer, tels surtout qu'il a enseigné à les établir, sont d'une énorme économie sur l'emploi des échalas. Une fois établis, à moitié moins de frais que l'échalassement ordinaire, ils n'exigent plus de fournitures; leur entretien est presque nul en comparaison du défichage et du fichage annuels et de la fourniture nouvelle d'au moins un quinzième des échalas. MM. Vincent à Toul, Poulmer à Guénétrange, Jacquin à Scy, en ont fait d'heureuses applications.

M. le docteur Beaumont, à Fèves, et M. Carau, de Lorry-devant-le-Pont, ont fait aussi des essais où le fil de fer entre comme moyen de palissage; mais un seul fil, à 50 centimètres de terre, associé à l'emploi des échalas et des carassons, constitue leurs palissages, qui ne sont autres que ceux que j'ai conseillés. La figure 209 rappelle ces palissages : $a\,b$, fil de fer n° 14, fixé sur la tête des carassons $c\,c\,c\,c\,c\,c$,

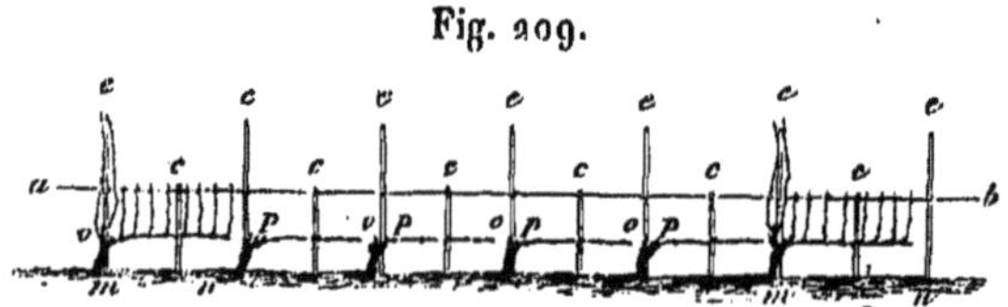

Fig. 209.

comme dans le Médoc; $e\,e\,e\,e\,e\,e$, grands échalas destinés à faire monter les deux mérins sortis du courson $o$, tandis que la branche à fruit $p\,p\,p\,p$ est attachée au carasson et les pampres qui en sortent palissés au fil de fer, comme on le voit à la première et à la dernière souche de la figure, au centième.

M. Delemut, maire de Lorry, m'a fait connaître tous les
détails de l'ancien métayage des vignes, de sa suppression
forcée et du mode d'exploitation adopté depuis. Il a ajouté et
j'ai écrit ces paroles : « Après la suppression du métayage, j'ai
« payé mes façons à prix fixe sans prime, mes vignes ne me
« rendaient rien ; j'ai donné 2 francs de prime par hecto-
« litre de vin, et mes vignes ont produit ; les vignerons
« sont toujours dans mes vignes et les soignent parfaite-
« ment. »

Il y a beaucoup moins d'essais de la méthode de
M. Trouillet dans la Moselle que dans la Meurthe ; mais
les deux essais que j'ai vus, à leur quatrième ou cinquième
année, présentaient de bons résultats.

Dans la Moselle, mais surtout aux environs de Metz,
non-seulement il existe un ban de vendange très-rigoureux,
mais le ban est encore appuyé de clôtures effectives, très-
soigneusement établies par les vignerons, le long des routes
et chemins. Ce n'est pas un blocus conventionnel, c'est un
blocus réel ; si réel, que M. le conseiller Huot, vice-président de la Société d'agriculture, M. le docteur Beaumont,
secrétaire, M. Collignon et M. Blancpied, propriétaires aux
Dâles et à Saint-Martin, ont eu mille peines à pénétrer et
à me faire pénétrer dans leurs propres vignes, même avec
la permission des autorités, puisqu'il fallait détruire ou
franchir les obstacles puissamment disposés. J'étais d'abord
scandalisé de toutes ces entraves à la liberté et de la triste
position faite aux propriétaires ; mais le voisinage d'une
grande ville, et d'une ville de garnison, m'a paru atténuer,
sinon justifier, la rigueur des précautions prises contre le
maraudage supposé.

La vendange se fait en paniers, vidés en hottes de sapin

portées à dos d'homme ou sur voiture à la cuverie; on
prend le plus de vendangeurs possible, pour emplir rapidement la cuve. La plupart des bons viticulteurs font passer
leurs raisins au cylindre, d'autres les font fouler à la hotte;
très-peu égrappent, dans les bonnes années surtout. Les
cuves ne sont remplies qu'aux quatre cinquièmes, de façon
que, le marc étant monté, sa surface demeure à 10 ou
15 centimètres au-dessous des bords supérieurs de la cuve,
afin que le chapeau ne s'acétifie pas. Beaucoup de propriétaires laissent ainsi s'accomplir la fermentation en quatre et
huit jours, suivant l'année, sans autre foulage qu'un foulage à fond et à corps nu vingt-quatre heures seulement
avant de tirer. La cuve étant tirée et les marcs pressés, les
jus de presse sont mêlés aux vins de goutte; c'est là la
meilleure façon de faire les vins rouges, de les avoir avec
leur plus brillante couleur, leur plus grande générosité et
aussi leur plus complète solidité.

Quelques-uns font fouler jusqu'à trois et quatre fois, et
souvent ils arrosent le chapeau avec des jus tirés au corps
de la cuve; ce sont là de vraies pratiques à ne faire que du
vinaigre. Le vin est plus dur et plus âpre, il est vrai, mais
plus plat d'alcool; il a une couleur moins franche et moins
brillante.

M. Blancpied, œnophile des plus habiles, fait ses vins
en tenant ses marcs fixés par des fonds à claire-voie, avec
fermeture supérieure de la cuve, selon la méthode Gervais modifiée; et M. Blancpied m'a déclaré que, quand il
laissait flotter ses marcs, il obtenait une couleur plus
brillante, une saveur plus vineuse, et que la fermentation
marchait plus vite que quand il les tenait immergés. Beaucoup procèdent à la cuvaison comme M. Blancpied. Il paraît

à peu près démontré qu'on évite les causes d'acescence en fixant les marcs sous les jus et en fermant les cuves; mais on a des vins plus plats et plus ternes.

M. le docteur Beaumont et M. Carau, propriétaire vigneron cultivant ses vignes d'essai de ses propres mains, suivent avec soin des expériences comparatives entre la taille longue et la taille courte; M. Beaumont, comme M. Delemut, se félicite de la prime donnée à son vigneron sur la récolte.

# DÉPARTEMENT DE LA MEUSE.

Le département de la Meuse compte un peu plus de 13,000 hectares de vignes, quarante-septième partie de la superficie totale de son sol, qui est de 622,737 hectares.

Les vignes peuvent être classées, comme dans toute la Lorraine, en vignes fines ou à petite race, où les variétés de pineaux dominent; en vignes communes ou à grosses races, où les gamays, vert plant ou troyen sont en grande majorité; et en vignes mixtes, où les pineaux, le meunier ou blanche feuille, se trouvent mélangés dans la proportion d'autant de petites que de moyennes et de grosses races.

Les vignes à grosses races figurent, dans le total, pour trois sixièmes ou la moitié, les vignes à fines races pour un sixième et les vignes mixtes pour deux sixièmes.

La production moyenne par hectare est, pour les grosses races, de 60 hectolitres, pour les races mixtes, de 45, et pour les fines races, de 30. Les prix moyens des fines races sont de 40 francs l'hectolitre, ceux des races mixtes, de 33 francs, et ceux des grosses races, de 25 francs; ce qui donne pour moyenne générale de la production 50 hectolitres à l'hectare, et pour moyenne générale des prix, 30 francs l'hectolitre.

Le rendement brut moyen, par hectare, est donc de 1,500 francs, et le rendement total des 13,175 hectares, d'environ 20 millions de francs; plus du quart du revenu total agricole, qui est de 76 millions, sur la quarante-septième partie de son étendue territoriale. La vigne est le plus riche produit de la Meuse : elle y rend, par hectare, de trois à six fois plus que les prairies et les blés, et elle y nourrit de 80 à 100,000 habitants; plus du quart et près du tiers de la population, qui s'élève à 301,653 individus.

Les principes et les pratiques de la viticulture et de la vinification sont, dans la Meuse, absolument les mêmes que dans les Vosges, la Meurthe et la Moselle; c'est-à-dire qu'on y plante la vigne en jauges, fossés ou fosses isolées, au fond desquelles on place des plants enracinés ou des boutures que l'on couche horizontalement sur le sol, pour en relever verticalement l'extrémité destinée à former le cep. Ces plants sont aussi nombreux que les ceps définitifs établis à 50 ou 66 centimètres au carré (30 ou 40,000 à l'hectare); ou bien ils sont en nombre moitié moindre d'abord, pour être doublé ensuite, à trois ou quatre ans, par le provignage, tantôt en lignes, parfois en quinconce, mais le plus souvent en foule et sans alignement.

Le principe ancien et dominant de la taille y est aussi d'élever, le long d'un échalas de 1^m,20 de longueur, un ou deux sarments verticaux *ab*, *ab*, *a'b'* (fig. 210 et 211); de pincer en *cccc*, *c'c'c'c'*, tous les autres bourgeons portant fruit, et de faire disparaître ensuite par l'ébourgeonnage tous les bourgeons ne portant pas de fruits et ne pouvant pas servir à donner les mérins, opérations faites dès l'apparition des boutons à raisins, et, en tout cas, avant la fleur.

La figure 210 donne l'aspect de la taille et de la cou-

duite des grosses races, gamay, liverdun, vert plant, *ab, ab,*
à deux mérins; *a'b'*, à un mérin (fig. 211).

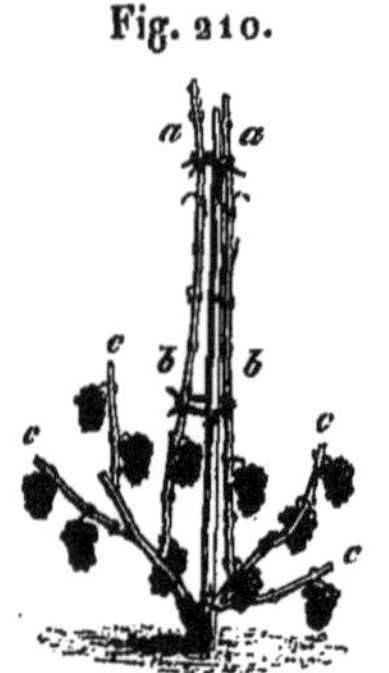

Fig. 210.

Fig. 211.

Les figures 212 et 213 montrent la taille et la conduite
des fines races *cd, cd,* à deux mérins, *c'd'* à un seul mérin.

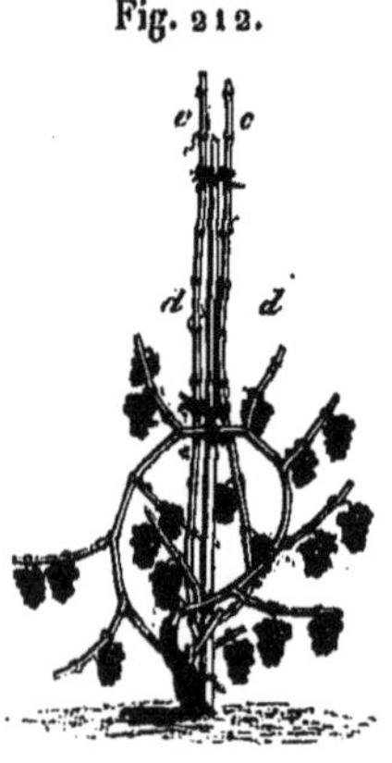

Fig. 212.

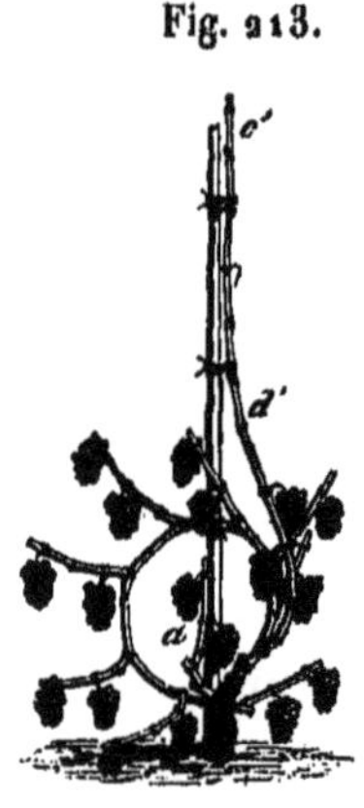

Fig. 213.

La blanche feuille ou meunier et la plupart des raisins
blancs sont traités de même que les pineaux.

Quand il y a deux mérins, le vigneron prend le plus haut
pour en faire la plie, ploie ou couronne, et le plus bas
donne un courson à deux yeux pour en tirer les deux mérins de l'année suivante, *cd, c'd'* (figures 212 et 213).

Quand il n'y a qu'un mérin, il est souvent élevé sur le premier, deuxième ou troisième bourgeon de la couronne; et, dans ce cas, les ceps des figures 214 et 215 monteront

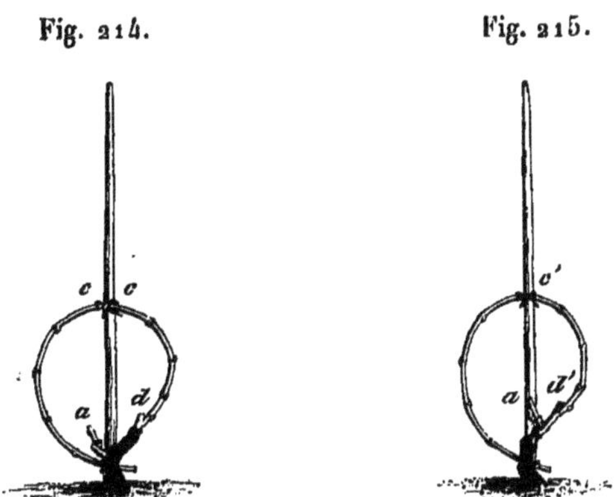

Fig. 214.                          Fig. 215.

indéfiniment en *d, d'*. Le tiret *a*, dans ces deux croquis, n'est là qu'un en-cas pour rabattre le cep, quand il sera trop haut monté.

La taille à deux mérins, élevés chaque année sur un mérin raccourci à deux yeux francs, qui donne le mineur, tandis que l'autre mérin donne le majeur, à trois ou quatre yeux dans les grosses races, et la plie ou couronne, dans les petites races, s'est montrée partout, dans les quatre départements de la Lorraine, plus fertile en bois et en fruits que celle à un seul mérin.

Dans le département de la Meuse, la réduction à un mérin est presque générale; pourtant les meilleurs viticulteurs et les meilleurs vignobles ont gardé les deux mérins.

Tous les propriétaires, d'ailleurs, à tort ou à raison, s'accordent à dire que les vignerons suppriment un mérin pour avoir moins d'ouvrage : aussi beaucoup d'entre eux adoptent-ils avec un grand empressement la méthode de

M. Trouillet, qui supprime tous les mérins, les échalas, les provignages; trois des pratiques dans lesquelles le vigneron peut commettre le plus d'abus.

J'ai vu dans les vignes de la banlieue de Bar-le-Duc beaucoup de couronnes de pineaux n'ayant pas un seul raisin. Frappé de ce fait, j'en ai examiné plusieurs; et j'ai constaté que les mérins qui les avaient fournies sortaient directement du vieux bois, c'est-à-dire qu'ils provenaient de gourmands, que tout le monde sait être stériles sur presque tous les cépages, et notamment sur les pineaux. Évidemment il y a là plus qu'une négligence des intérêts du maître, car le moindre vigneron ne peut ignorer qu'avec un gourmand il fait une plie qui ne portera pas de fruit.

Le vigneron provigne aussi *pour compenser le temps*, c'est-à-dire pour gagner plus d'argent; car le provignage se paye à part. Aussi plusieurs propriétaires m'ont-ils dit avoir surpris leurs ouvriers vignerons provignant des ceps magnifiques, n'ayant nul besoin d'être rajeunis et n'ayant aucune place vide à combler.

Mais là ne se borne pas le pouvoir de mal faire de l'ouvrier; son mauvais vouloir peut s'appliquer à tout : à la taille sèche, aux épamprages, à la culture, etc. Un des riches propriétaires de Bar-le-Duc entendait, sans être vu, la conversation de deux vignerons taillant sa vigne : « Pour-« quoi ne laisses-tu pas de broches (coursons) aux ceps? tu « vois bien qu'ils ne pourront porter de fruits. — Bah! ré-« pondit l'autre, je le sais bien; mais il en aura toujours « assez comme ça... » Bien entendu, le maître renvoya cet économiste. L'abus est encore plus facile, et j'ai entendu bien des plaintes à cet égard, dans l'ébourgeonnage, le pinçage, le rognage et le relevage. Jeter bas les bourgeons à fruit, arracher les mérins ou les casser, dépouiller les bourgeons en sarclant les sous-bourgeons et les entre-feuilles, tout cela se fait parfaitement quand l'ouvrier ne veut pas laisser produire la vigne.

D'après toutes més observations, dans la Lorraine en général et dans la Meuse en particulier, la position est très-tendue entre les ouvriers et les propriétaires de la vigne. Quelques-uns n'hésitent pas à attribuer l'abaissement du capital des vignes, dont la valeur ne serait plus que de 3 à 5,000 francs l'hectare, aux craintes inspirées par les dispositions hostiles des vignerons.

Je ne suis point surpris qu'il en soit ainsi. Cette situation ne serait ici, comme dans certains départements du Midi, que l'expression, un peu plus en relief, des prétentions des ouvriers employés à l'agriculture, sans aucun intérêt à leur travail ni à la production agricole.

Ces prétentions se traduisent sans doute par des actions qu'on ne saurait trop blâmer; mais elles sont fondées sur le ressentiment d'une inquiétude et d'un malaise réels. Les ouvriers ruraux sont bien payés, trop payés souvent, relativement à la besogne qu'ils font; mais la rémunération est mal assise à l'égard de leur intelligence, de leur activité, de leur dévouement appliqués aux produits agricoles. Employés comme machines, ils réagissent comme machines, sans cœur et sans conscience.

Mais ce n'est point en changeant de culture que cette question d'économie rurale sera résolue; tout changement de culture, et surtout toute culture perfectionnée, exigera toujours de plus grands efforts et des soins plus intelligents et plus minutieux que la culture traditionnelle : c'est donc seulement en agissant sur l'ouvrier, en acquérant, par son intérêt direct au produit, l'activité, la vigilance, l'attention, le dévouement du vigneron, qu'on lèvera cette grande difficulté.

Les enfants des fermiers et des vignerons n'ont, dit-on, aucun goût pour le travail de la terre; ce n'est pas faute de le connaître, c'est parce qu'il est sans attrait par la façon dont il est offert. Un propriétaire me disait qu'il avait un fermier dont le fils s'est fait clerc d'huissier et dont la fille a épousé un boucher. Le père lui-même a quitté la ferme, qui, faute de fermier, a dû être vendue en détail, et elle s'est vendue à un capital bien supérieur au revenu qu'elle donnait. C'est ce qui prouve combien l'attrait du drame rural est puissant et recherché. Si cet attrait était donné à l'ouvrier père de famille dans une mesure convenable, la population rurale augmenterait et les revenus de la grande propriété monteraient au niveau de la valeur que donnent les petits propriétaires à la leur.

Dans la Meuse, on rogne généralement le mérin ou les mérins au-dessus de l'échalas aussitôt après le liage, et le liage se pratique après le relevage et le sarclage général de tous les entre-feuilles et sous-bourgeons, opérations qui commencent vers le 20 ou 25 juin et se terminent du 10 au 20 juillet.

Quatre labours sont donnés : un en mars, assez profond, entre la taille et l'échalassage; un en mai, après l'ébourgeonnage et le pinçage; l'autre en juillet, après le liage et le rognage, et le quatrième fin d'août, à la véraison. Ces trois dernières cultures sont des binages superficiels.

L'entretien des vignes se fait, dans la Meuse, par le provignage et par un provignage excessif. C'est tous les douze ans, parfois tous les dix ans, qu'un provignage général renouvelle la vigne dans le plus grand nombre de cas; pour d'autres, l'entretien se fait par provignage annuel et par places vides. En prévision du provignage, on laisse deux mérins aux souches de remplacement, et chaque souche donne ainsi deux ceps nouveaux. On fait 2 à 3,000 fosses par hectare et par an, dont les prix varient singulièrement; car, à Bar-le-Duc, le cent de fosses reviendrait à plus de 6 francs, et à Liouville et à Apremont, à 1 fr. 25 cent. Un ouvrier de Bar-le-Duc ne fait que 60 fosses à la journée de 3 francs, et un ouvrier de Liouville en fait 200 par jour à 2 fr. 50 cent.

A Bar-le-Duc et dans toute la Meuse on observe moins strictement les bans de vendanges que dans la Moselle. Les vendanges s'ouvrent en général trop tôt.

Les vendanges se font en paniers, versés en hottes en osier très-serré (fig. 216) portées en belon sur voitures,

Fig. 216.

amenées à la vinée et vidées en cuves ouvertes. Les uns foulent au belon, les autres à la cuve, une fois avant la fermentation, qui s'accomplit sans autre foulage. A Bar-le-Duc, on laisse cuver de deux à quatre jours dans les bonnes années et de quatre à huit dans les médiocres; il en est de même à Bussy-la-Côte et aux environs; mais à Liouville, Saint-Agnant, Apremont, on cuve dix et quinze jours et l'on foule plusieurs fois pendant la fermentation. Plusieurs viticulteurs tiennent les marcs fixés sous les jus par un châssis à claire-voie. On tire la cuve, on laisse égoutter les jus des marcs, on pressure, et la majorité mêle les vins de presse aux vins de goutte. Au surplus, sauf la moindre

durée de la cuvaison dans certains vignobles, comme ceux
de l'arrondissement de Bar-le-Duc, tout se fait ici comme
dans les autres départements lorrains. On pourrait dire
que dans la Lorraine, et dans la Meuse surtout, on sait
très-bien faire les bons vins de consommation directe, en
les faisant peu cuver (un, deux ou trois jours), surtout les
vins de fines races; mais dès que l'on a en vue de vendre
au commerce, on prolonge la cuvaison de huit à quinze
jours.

Les cépages sont les pineaux, la petite menue, le meunier, le facan, le vert plant et les gamays.

Les vins de l'arrondissement de Bar-le-Duc sont légers,
délicats, fort agréables, et constituent des vins d'ordinaire
de bonne qualité; malheureusement ils supportent difficilement les transports et passent en peu d'années. Ceux
d'Apremont, Saint-Agnant et Liouville, arrondissement de
Commercy, moins fins et moins légers, sont plus corsés,
plus colorés, de fort bonne consommation, et supportent
bien les transports.

M. Bar, propriétaire viticulteur, nous a fait voir une vieille
vigne qu'il avait rabattue et transformée en gobelet à quatre

Fig. 217.

et cinq bras sur terre, ébourgeon-
née, pincée et repincée dans tous
ses bourgeons; elle était très-riche-
ment garnie de beaux fruits, en bon
état de maturité, à sa première et
à sa deuxième année.

La suppression de la tige *ab* de
la souche de M. Trouillet (fig. 217)
donne exactement la souche du Beaujolais (fig. 218); elle
n'a pas besoin de tuteur pour se constituer, elle ne se

penche jamais à terre; elle mûrit mieux ses raisins par le rapprochement du sol; bref, tous les viticulteurs de l'ar-

Fig. 218.

rondissement de Bar-le-Duc, partisans de la vigne à la Titus, c'est-à-dire tondue de court, sans mérins ni échalas, ont condamné la tige et ont résolu de mettre le gobelet par terre, afin qu'il ne tombe pas.

J'ai vu chez M. Hussenot, à Bussy-la-Côte, toutes les opérations de la vendange et de la cuvaison : un beau pressoir troyen, les cuves en pleine ébullition et les caves parfaitement tenues; une vigne au système Collignon d'Ancy, supérieure aux autres en production, et une vigne au système de M. Trouillet, exempte du brûlis qui affligeait les vignes voisines.

Les vignes de Naives et de Rosières, fort bien tenues et en pleine vendange, m'ont présenté, comme celles de la banlieue de Bar-le-Duc, beaucoup de fines races, soit seules, soit mélangées au vert plant.

A Apremont, à Saint-Agnant et à Liouville, canton de Saint-Mihiel, arrondissement de Commercy, les rampes inférieures des vignes présentaient une apparence de récolte de plus de 120 hectolitres à l'hectare. Elles sont toutes au système lorrain pur, à un mérin parfois, mais le plus généralement à deux.

Fig. 219.

J'ai dessiné sur place une de ces souches à un seul mérin (fig. 219).

Qui sait en France, et qui croirait, dans les vignobles du

Midi, qu'auprès de Commercy on récolte souvent, à l'hectare, à 20 francs au moins l'hectolitre, 150 hectolitres de vins bien alimentaires, qui ont belle couleur, du corps, de la saveur, et qui se transportent parfaitement? Qui croirait, en présence de tels résultats, que les environs de Saint-Mihiel présentent, au levant et au midi, de vastes rampes à vignes sans une vigne, à Rupt, par exemple? Il en est pourtant ainsi dans l'arrondissement de Commercy comme dans celui de Bar-le-Duc.

Quoique les grosses races dominent à Apremont, Saint-Agnant, Bussières et Liouville, on y cultive encore beaucoup de pineaux en coteau. Les deux mérins sont alors, l'inférieur toujours taillé à deux yeux, et le supérieur à treize yeux pour la couronne. Parmi les grosses races, on compte ici le jacquemart, que je persiste à croire le troyen comme le vert plant.

Dans les environs de Verdun, les fines races dominent encore dans les vignes; à la côte Saint-Michel, à Belleville, j'ai vu des vignes entières en pineaux francs, en noire menue, en auxerrois blanc et gris; j'y ai vu aussi beaucoup de meunier ou blanche feuille et, pour la première fois, la varenne, raisin noir à gros grains pourrissant aussitôt qu'ils sont mûrs, à feuilles larges et dentées en dents de scie : c'est un cépage fertile et demi-fin, comme le meunier. Le fromenté rose (ou furmint, ou tokay) s'y rencontre aussi fréquemment. Les grosses races y sont, comme aux environs de Bar, les gamays, les facans et les verts plants (jacquemart ou troyen).

Les cultures ne diffèrent de celles de Bar-le-Duc et de Saint-Mihiel qu'en ce que les ceps sont généralement à 80 centimètres en quinconce et en ce que les plies sont plus grandes : elles sont de quatorze à seize yeux ; pour les grosses races, la taille est aussi à deux coursons : l'un, le majeur, à trois ou quatre yeux, l'autre à deux yeux ; la majorité des vignerons ne laissent qu'un mérin.

A Eix et à Moulainville le provignage se répète tous les huit et même tous les six ans. J'ai vu chez M. Chadenet une vigne tout en meunier (feuille blanche), provignée de deux ans, qui promettait de 110 à 120 hectolitres à l'hectare ; chaque cep était muni d'un mérin et d'une plie ou couronne, de quatorze à quinze yeux. C'est ici, en effet, à la deuxième année de provignage que les grosses récoltes commencent.

Une vigne tout en vert plant, provignée de l'année, présentait l'apparence de 50 à 60 hectolitres à l'hectare.

Quoique Varennes soit sur la lisière des Ardennes, les principes de la viticulture lorraine sont encore appliqués, mais avec quelques particularités que je dois mentionner.

On plante ici, en fosses de 35 centimètres de profondeur, tous les pieds qui doivent garnir la vigne, à environ 66 centimètres au carré, à boutures ou en plant enraciné. Le plant est piqué en *b* (fig. 220) au fond de la fosse, dans l'angle opposé à *c*, point où doit sortir le sarment vertical *d*, après avoir rampé horizontalement de *c* en *b*.

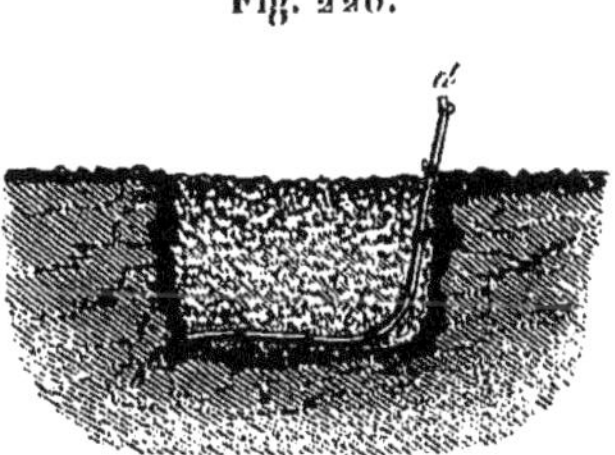

Fig. 220.

Ce plant enraciné, ou en crossette à vieux bois, pousse de 10 à 15 centimètres la première année et, afin de lui donner de la force, à ce qu'on croit, *on l'avance* sous terre la seconde année, c'est-à-dire que l'on en recouche la partie supérieure en laissant sortir de terre la pousse *a c* seulement (fig. 221).

Une fois le cep installé en *a c*, il demeure de franc pied, c'est-à-dire en place et sans provignage, jusqu'à ce que la taille l'ait monté trop haut le long de l'échalas. Le provignage n'a lieu en effet, à Varennes, qu'après douze à quinze ans, pour rabaisser les ceps ou bien pour regarnir une place vide par un beau cep recouché, dont on fait deux souches.

Chaque cep est taillé sur deux cornes, rapprochées de

Fig. 221.

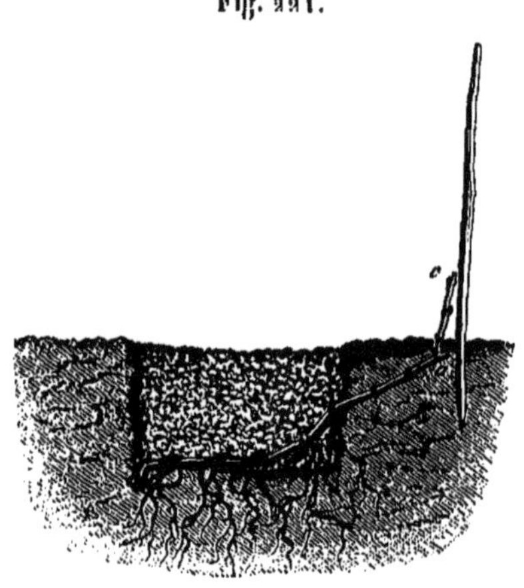

terre le plus possible, l'une à deux, l'autre à trois yeux. Les bons vignerons s'efforcent toujours ici d'élever trois longs sarments ou mérins sur chaque souche le long de l'échalas, sur les bourgeons les plus bas autant que possible : ainsi le sarment *ca* (fig. 221), ayant donné trois beaux sarments à la fin de la deuxième année, sera taillé au commencement de la troisième comme l'indique la figure 222 en *a*, *b* et *c*; il restera ainsi cinq yeux sur les deux cornes.

dont $c'$, $c''$ et $b'$ fourniront les trois mérins pour la quatrième année, lesquels seront taillés et disposés comme l'indiquent les sections $a$, $b$ et $c$.

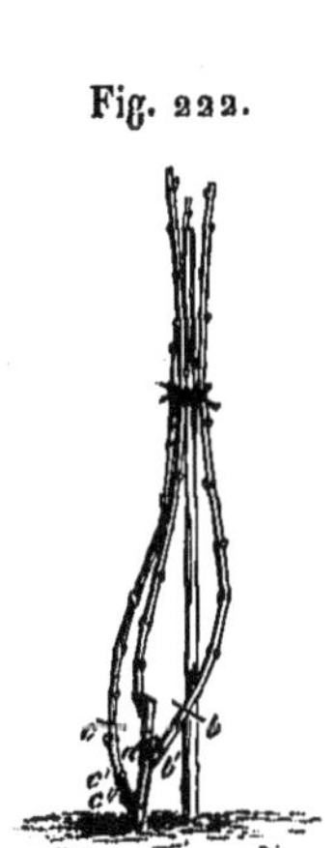

Fig. 222.

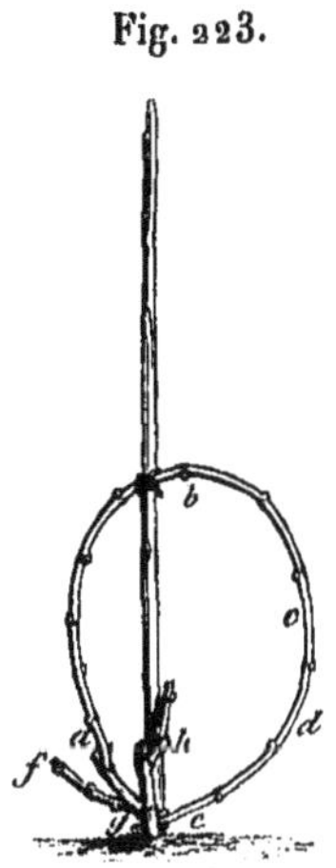

Fig. 223.

La plie ou ploie $a\ b\ c\ d\ e$ (fig. 223), à douze ou quatorze yeux, sera prise sur le sarment poussé de l'œil $c'$; le courson à trois yeux de l'œil $c''$ et le courson à deux yeux, sur le sarment venu de l'œil $b'$ de la figure 222.

Telle sera toujours la taille pour les années suivantes et pour tous les ceps de Varennes, sans distinction de grosses ni de petites races.

Sans la longue ploie, les gelées emporteraient, dans le canton de Varennes, huit récoltes sur dix, tandis qu'on y obtient encore une moyenne de 40 hectolitres à l'hectare, grâce aux très-longues tailles. On trouvera plus loin le même avantage dans l'arrondissement de Rethel (Ardennes).

# DÉPARTEMENT DE LA HAUTE-MARNE.

Sur une superficie totale de 622,000 hectares, la vigne
n'occupe, dans le département de la Haute-Marne, que
16,000 hectares environ, un peu plus de la trente-huitième
partie du sol.

Sa moyenne production, qui varie, suivant les circonscriptions, de 20 à 60 hectolitres à l'hectare, est de 40 hectolitres, dont le prix moyen est au-dessus de 20 francs
depuis dix ans : la vigne donne donc, dans la Haute-Marne,
un revenu brut de plus de 12 millions de francs et un revenu net de plus de 6 millions, la dépense par hectare
n'excédant pas 400 francs, toutes main-d'œuvre et fournitures comprises. Ces 12 millions entretiennent 12,000
familles ou 48,000 individus, plus du sixième de la population, qui est de 249,096 habitants.

C'est là un très-beau rôle déjà dans la production de la
richesse agricole du département, puisque, sur la trente-
huitième partie du sol, la vigne y donne plus du cinqième
de son produit total, qui est à peine de 59 millions.

M. le docteur Nicole, de Pressigny, et M. Justin Drouet,
de Bize, me disaient : « Un journal de vigne (33 ares envi-
« ron) produit en moyenne, dans ce pays, 8 pièces de vin
« à 50 francs, soit 400 francs; un journal de blé donne
« 100 gerbes à 1 franc, soit 100 francs; et une bonne

« prairie donne, aussi par journal, 3oo bottes de foin à
« 4o francs le cent, soit 12o francs. La vigne nous produit
« donc quatre fois plus que le blé et trois fois plus que la
« prairie. » Au domaine de Maranville, à M. le marquis de
Brissac, depuis un siècle et sur registres réguliers très-anciens, la vigne donne, par régisseur, 12 % de revenus.

Malgré ces avantages énormes de la culture de la vigne
sur les autres cultures, elle n'occupe pas la moitié des surfaces qu'elle pourrait et qu'elle devrait occuper dans la
Haute-Marne.

Sauf par quelques rares amis du progrès agricole et par
les bons vignerons, la vigne n'est point appréciée à sa juste
valeur dans la Haute-Marne; décriée et délaissée par la
bourgeoisie et par la plupart des grands propriétaires,
elle y constitue à peine une valeur foncière. « J'arrache
« ma dernière vigne, me disait un des hommes les plus
« considérables et les plus justement considérés du dépar-
« tement, M. le baron Lespérut : je ne sais qu'en faire; elle
« ne me donnait rien, et je l'ai offerte gratis à des vigne-
« rons qui n'en ont pas voulu. » — « Pourquoi cultiver
« la vigne ici? me disaient d'autres personnages également
« instruits et distingués, puisque, pour 1o francs de plus
« par hectolitre, nous avons des vins de la Bourgogne qui
« valent mieux que nos vins et puisque nous avons des
« vins du Midi qui coûtent moins cher que les nôtres? »

Comment expliquer ces opinions émises, en présence de
faits diamétralement opposés, à côté de propriétaires actifs
et intelligents, à côté de bons et solides vignerons qui font
rendre à leurs vignes trois et quatre fois plus qu'à leurs
autres cultures les meilleures, à côté des vignobles des vallées de la Marne, de l'Aujon, de l'Amance, qui font la for-

tune et la population des contrées les plus riches et les plus peuplées du département?

L'explication de cette contradiction flagrante entre le fait et l'opinion se trouve exclusivement dans le courant imprimé aux idées agricoles depuis trente à quarante ans.

Dans l'heureux retour du travail, de la science et de l'honneur vers l'agriculture nationale, la vigne n'a été signalée ni par les programmes ni par les encouragements officiels comme jouant un des premiers rôles dans notre richesse et notre population agricoles et comme méritant, à ce titre, de fixer l'attention immédiate des agronomes français. La vigne n'a été mise ni à l'*étude* ni à la *mode* avec les céréales, les racines, les fourrages, le bétail, ni même avec les plantes oléagineuses, textiles et forestières; la vigne a été abandonnée à elle-même, sans intérêt, sans émulation et sans enseignements.

Le département de la Haute-Marne possédait la plus belle tradition viticole qu'il soit possible de recueillir. Couvert d'abbayes et de prieurés, il avait reçu de l'esprit du catholicisme et des besoins de son culte les vignobles les plus multipliés, les mieux situés et garnis des meilleurs cépages, les pineaux noirs, blancs et gris, les mesliers, les sauvignons blancs, les damerets, les fromentés. On cultivait alors ces cépages avec soin; on savait leur donner de longs bois à fruit et assurer une production suffisante pour l'époque. Lorsque la révolution de 1789 vint changer profondément les lois et les pratiques de l'agriculture française, chacun fit de l'agriculture à sa façon et en toute liberté, c'est-à-dire à peu près sans principes et sans ensemble.

Plus tard, lorsque les enseignements commencèrent à s'organiser, tous les éléments, tous les principes, toutes les inspirations agricoles, ont été tirés de l'étranger, du Nord surtout, et particulièrement de l'Angleterre. L'économie agricole anglaise, les céréales, les pâturages, le bétail anglais, les instruments anglais, tout fut étudié, tout fut adopté, tout fut importé à grand bruit, au détriment de l'attention et du crédit accordés à nos éléments de prospérité agricole, infiniment plus grands et tout différents de ceux de l'Angleterre. Tous les publicistes, tous les professeurs, tous les propulseurs de l'agriculture, se formèrent aux exemples hyperboréens et tirèrent leur puissance particulièrement de l'école anglaise.

Qui pouvait donc faire progresser la viticulture en France? Les vignerons? Mais les vignerons ne connaissent et ne peuvent connaître que leurs procédés locaux, puisqu'ils ne peuvent ni étudier ni comparer. Les propriétaires habitant leurs vignobles? Mais les propriétaires, à défaut d'études et de principes viticoles généraux, ne pouvaient que s'en rapporter à leurs vignerons et, tout au plus, étudier ce que font ces derniers. Les jeunes gens qui vont chercher la science nouvelle? Mais ils n'entendent professer que la science des fermes et du bétail : ils ne voient la fortune rurale que dans les fermes et le bétail; et je ne comprends pas pourquoi, en rentrant chez eux, ils n'arracheraient pas leurs vignes pur cultiver la betterave à la place et en tirer l'esprit qu'on leur dit être le même que celui du vin.

Ceci n'est point une digression déplacée; je le dis ici parce que, dans la Haute-Marne, j'ai entendu exprimer l'intention d'arracher des vignes et de cultiver la betterave et la pomme de terre pour en tirer l'esprit, dont l'écoulement était assuré, m'a-t-on dit, pour les fabriques d'eau-de-vie de cerises, pour faire du kirsch. Ainsi la betterave va fournir l'esprit qui sera livré au consommateur pour l'esprit du raisin et des cerises ! Évidemment l'agriculture est poussée dans une voie déplorable, où l'amour du gain détruit toute probité et éteint toute conscience.

Un temps viendra (et ce temps n'est pas très-loin) où l'on reconnaîtra que l'enseignement des voies et moyens de pourvoir aux nécessités humaines a deux points de départ opposés, deux bases bien différentes : la première, la plus importante, qui comporte les besoins directs et immédiats de l'homme : aliments, vêtements, logement, etc., et qui est la seule base de l'enseignement pratique, apprenant à réaliser directement ce dont l'homme a le besoin le plus urgent; la seconde, qui renferme les principes, l'enchaînement des causes et des effets, les comparaisons, les dissemblances et les ressemblances, les rapports de propriétés, de formes, de grandeurs, de force, etc., les mathématiques, l'astronomie, la physique, le chimie, la minéralogie, la physiologie, la botanique, la zootechnie, l'anthropologie, etc. Cette seconde base de classification de l'enseignement est l'enseignement théorique : il ne vient que bien loin derrière la pratique, puisqu'il ne tire son existence que des faits accumulés par l'observation et la pratique pendant des siècles.

Si l'enseignement d'une nation était basé dans toutes ses parties sur une classification théorique, alors que toute théorie n'est qu'une conséquence souvent erronée et toujours incomplète de la pratique, l'enseignement bouleverserait toute pratique.

Mais la thèse change entièrement si l'on part des besoins de l'homme, et si l'on veut enseigner les moyens de les satisfaire avec intelligence et avec certitude.

Le premier besoin de l'homme, après la respiration, qui

trouve ses éléments, naturels et tout faits, dans les gaz de l'atmosphère, c'est l'alimentation.

Les aliments se divisent en deux grandes catégories aussi importantes l'une que l'autre, les solides et les liquides.

Les solides comprennent les aliments végétaux, dont le pain est la plus haute expression, et les aliments animaux, que la viande de boucherie domine.

Les liquides sont minéraux et végétaux : les boissons minérales, dont l'eau est la dominante, ne ressortissent pas plus que l'air à la production agricole, et les boissons alimentaires trouvent leur type le plus important, et le plus incontestablement consacré, dans le vin.

Le vin joue dans l'alimentation de l'homme et dans sa vie sociale un rôle infiniment supérieur à celui des autres boissons végétales fermentées : ce rôle est mis en relief dans toute l'histoire de notre civilisation, depuis son origine jusqu'à nos jours, et l'étude actuelle de son action hygiénique, physiologique et philosophique lui assure le premier rang parmi les stimulants généreux de la vie de l'homme en société.

La production du vin doit donc être l'objet d'un des premiers enseignements agricoles en France, aussi bien que la production du pain, aussi bien que la production de la viande.

Et c'est faute d'enseignement, faute de l'admission de la viticulture et de la vinification dans le mouvement progressif imprimé à l'agriculture, que le département de la Haute-Marne ne compte que 16,000 hectares de vignes, et qu'il les cultive à l'aventure, sans autre règle que celle de substituer des races inférieures aux cépages supérieurs dont il était pourvu.

Excepté à Vignory, où les vignes descendent des coteaux jusque sur les pentes douces inférieures du fond des vallées, excepté aux environs de Saint-Dizier, autour de Prauthoy, et sur quelques autres points de peu d'étendue, entre Varennes, Bourbonne et la Ferté, où l'on voit quelques vignes en plaine, la plupart des vignes de la Haute-Marne semblent reléguées et restreintes à l'occupation des escarpements des montagnes ou des collines, c'est-à-dire à la partie de leurs rampes où la charrue ne peut avoir accès. Sur toutes les pentes douces et sur toutes les rampes inférieures labourables, là où la vigne donnerait ses produits les meilleurs et les plus abondants, l'on ne voit point de vignes.

La figure 224, quoique très-imparfaite, précisera ce que je veux dire.

*aaaa* sont des friches incultes, à minces pelouses sur fond

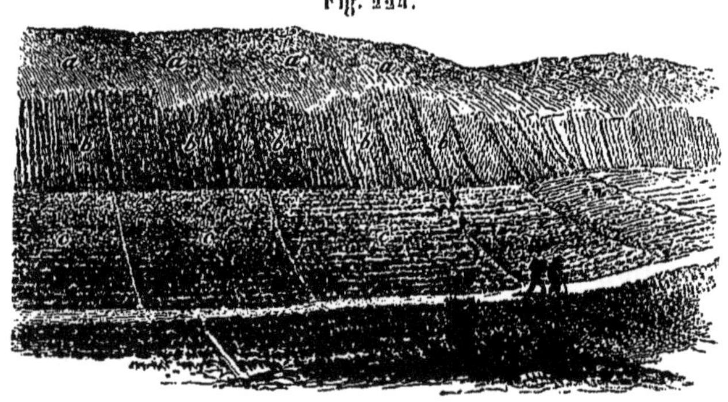

Fig. 224.

de roches; *bbbb* sont les vignes, et *cccc* sont des terres labourées. Les rampes *cccc* sont plus favorables à l'abondance et à la bonne maturité des fruits de la vigne que les escarpements *bbbb*; et jamais, dans la Haute-Marne, la vigne n'est descendue de *b* en *c*.

Mais ce ne sont pas seulement les rampes *cccc* qui offrent une large et fructueuse base d'extension à la viticulture; de grandes surfaces d'escarpements de coteaux et des flancs tout entiers de montagnes restent inoccupés, bien que leurs expositions, à l'est et au sud, soient des plus favorables, et quoique le sol, ingrat pour les céréales, les racines, les fourrages, n'y donne presque rien et soit à vil prix. De vastes plateaux, non loin de Chaumont, qui auraient donné de très-bonnes récoltes en raisin, vont être plantés en bois ou semés en sapins.

Il est vrai que le climat du centre, de l'est et du sud-est de la Haute-Marne, par l'altitude du sol, et sur quelques points aussi par ses terres marneuses et glaiseuses, est assez froid pour exposer la vigne à être fréquemment gelée au printemps; mais la vigne est cultivée avec succès sous des climats plus froids encore, dans les Vosges, la Meurthe, la Moselle et les Ardennes, et je suis profondément convaincu qu'avec les tailles de Thiaucourt, de Rethel et de toute l'Alsace, la vigne y braverait les gelées du printemps, s'y comporterait à merveille et n'aurait à redouter que les orages à grêle, très-fréquents malheureusement dans la Haute-Marne.

Excepté dans la vallée de l'Amance et dans les pays groupés sur la frontière ouest de la Haute-Saône, on plante peu de vigne; et si l'on en plante, c'est presque toujours là où une vigne a précédemment existé. On ne cultive généralement la vigne que dans les lieux déjà occupés par elle de temps immémorial, lieux que les vignerons et les propriétaires semblent regarder comme lui étant prédestinés et pouvant seuls l'admettre.

C'est là une opinion bien funeste à la viticulture, partout où cette opinion domine; car elle conduit à n'avoir et à n'entretenir que des vignes amaigries, épuisées, impossibles. On les terre, on les fume, on les provigne : rien ne peut leur donner une vigueur et une fécondité suffisantes; tandis que, transportée dans un sol vierge, la vigne donne toujours des produits largement rémunérateurs, pendant trente et quarante ans.

Le calcaire jurassique, dans ses trois étages, occupe les trois quarts du départements de la Haute-Marne; le trias se montre, à l'est, à Bourbonne-les-Bains et jusque dans la vallée de l'Amance; et au nord-ouest, vers Joinville et Doulevant, surgissent les grès verts. Le sous-sol le plus général est la roche calcaire pure, sur laquelle repose en couches plus ou moins épaisses, plus minces vers les sommets et sur les flancs des coteaux, plus profondes sur les contre-forts et dans le fond des vallées, le sol propre à la culture.

La vigne, dans la Haute-Marne, est partout cultivée à la main et à plat; sur souches basses, près du sol, à une seule tête souvent, parfois à deux et à trois têtes; à deux coursons, lorsqu'il n'y a qu'une tête, l'un à deux yeux, l'autre à trois et quatre yeux; à un seul courson par tête lorsqu'il y en a plusieurs. A Maranville, on donne un courson et une branche à fruit au pineau, au chasselas et au gouais. Cette pratique du long bois a lieu aussi à Bize, à Pressigny, à Varennes, et en beaucoup de vignobles environnants, pour les mêmes raisins, pour le meslier François, dit *arbanne* ou *arbonne*, et généralement pour les cépages blancs. Tous les autres cépages, et en particulier le gamay et le troyen, sont tenus à la taille courte.

Toutes les souches sont munies d'un échalas de 1 mètre à 1$^m$,20; souvent un petit échalas est ajouté pour fixer l'extrémité de la branche à fruit ou verge. Les ceps sont en général en foule et sans alignement; pourtant à Maranville, à Bricon, quelques vignes sont en ligne; dans la vallée de l'Amance, comme à Pressigny, on voit aussi beaucoup de vignes alignées. A mesure qu'on provigne, on s'efforce maintenant de rétablir l'excellente disposition de l'alignement. Le nombre des ceps varie de 22 à 33,000 à l'hectare. Les vignes sont perpétuées par le provignage ou replantées après cinq à six ans de cultures diverses.

Pour planter la vigne, on se contente de défricher ou de donner un bon labour à plat, surtout dans les terres calcaires perméables et sur roches, où l'on plante en fosses isolées. Dans ces fosses, on place au fond les boutures ou plants enracinés; on les fait courir horizontalement sur une longueur de 25 à 30 centimètres, puis on les relève suivant la verticale. On remplit la fosse, et l'on obtient ainsi une faible végétation la première année, 20 à 30 centimètres; 50 à 75 centimètres la deuxième année; et enfin une assez vigoureuse pousse, la troisième et la quatrième. A Château-villain, on plante ainsi chaque bouture isolée; mais à Donjeux, à Bologne, à Vignory, à Saint-Urbain et dans toute la vallée de la Marne, on place deux boutures ou deux chevelées juxtaposées et parallèles dans la même fosse; à Maranville, on en met quatre ensemble et en paquet. A la quatrième année, les deux ou les quatre ceps sont déchaussés, séparés et provignés, chacun à la distance qu'ils auraient dû occuper tout d'abord, c'est-à-dire à 60 ou 70 centimètres les uns des autres.

Les figures 225, 226 et 227 représentent les fosses à une, à deux et à quatre boutures.

Le procédé de la figure 225 est le seul vraiment ration-

nel; il a, sur les autres, le mérite de n'exiger aucun nouveau
trouble dans la végétation ni aucun nouveau retard dans

Fig. 225.

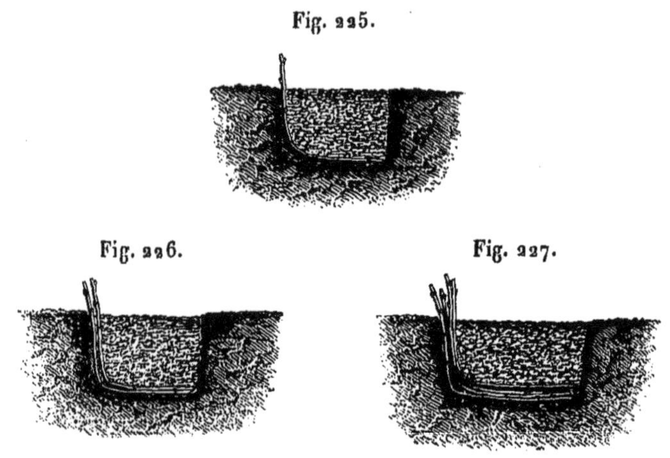

Fig. 226.                          Fig. 227.

la production de la vigne, tandis que les doubles et les
quadruples plants, en prenant les positions de la figure 228

Fig. 228.                          Fig. 229.

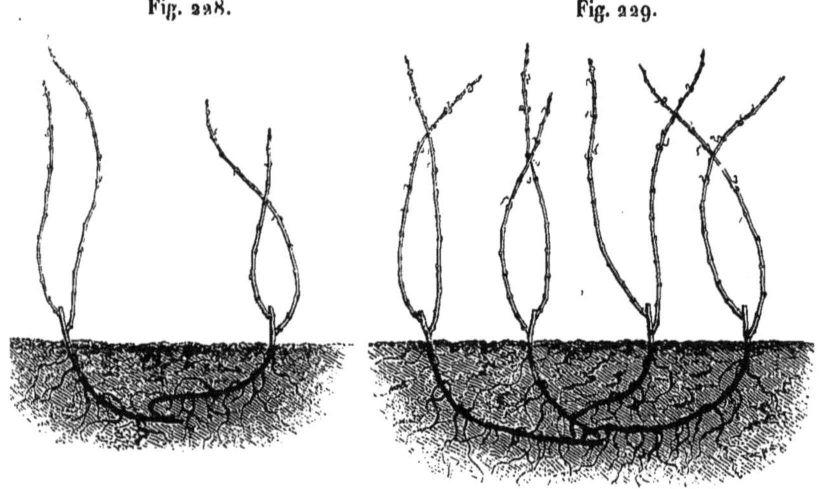

et de la figure 229, subissent nécessairement ce double et
grave inconvénient.

A Prauthoy, à Pressigny, à Bize et dans les pays environnants, on ouvre des fossés parallèles, de 35 à 40 ou
80 centimètres de largeur, sur 40 centimètres de profondeur, distants de 1 mètre ou de 60 centimètres les uns des
autres : deux rangs de plants enracinés ou de simples boutures, à 50 centimètres les uns des autres dans le rang,
sont placés de chaque côté du fossé, dans leur partie relevée verticalement; leur partie horizontale, traînant également au fond du fossé, est piquée du côté opposé par-dessus le plant ou la bouture qui le précède en face, de façon
à enchaîner les plants d'un côté à l'autre par une espèce
de lacet (fig. 230). Cette étrange plantation est variée sui-

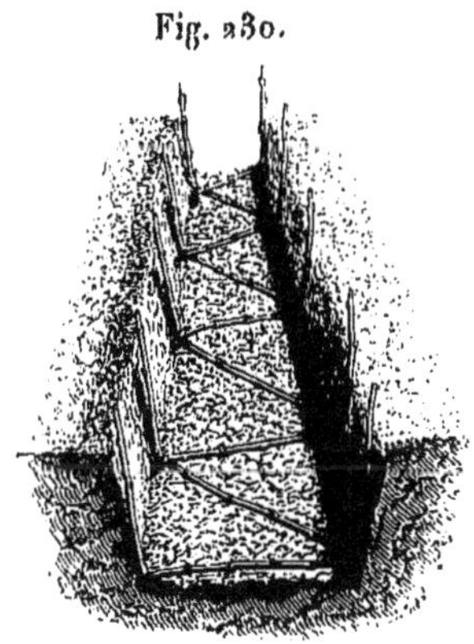

Fig. 230.

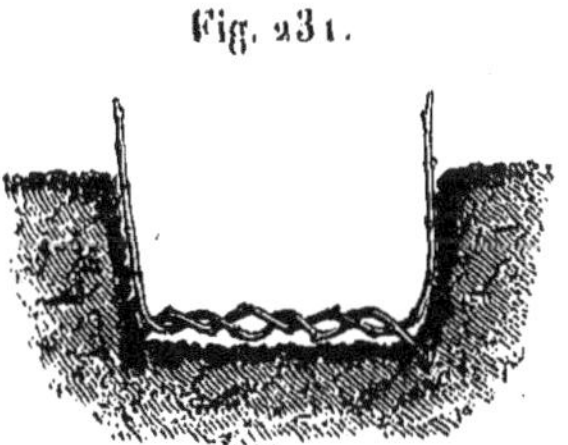

Fig. 231.

vant les lieux; quelquefois la partie horizontale des deux
plants mis en face est fortement contournée comme une
corde avec celle de son correspondant (fig. 231); souvent
aussi un morceau de vieux bois, *cc* (même fig.), qui termine
la crossette, est piqué en terre à l'angle et au fond du fossé.

Dans cette situation bizarre, la bouture réussit mal :
aussi lui préfère-t-on le plant enraciné. Les fossés ne sont
remplis qu'en trois années, et jusque-là on rabat toujours

le cep sur le sarment le plus bas. Quand les sarments sont assez forts, on pratique soit un fossé, soit des fossés entre deux, et l'on provigne deux sarments par souche, de façon à régler leur distance respective à 66 centimètres définitivement; c'est par ce deuxième travail que se complètent les ceps et le défonçage de la vigne.

Tels sont à peu près les modes traditionnels de plantation de la vigne dans le département de la Haute-Marne. On conçoit que, sur de pareils errements, exigeant des travaux énormes et surtout une perte de temps, d'intérêts et de façons, sans produits pendant six ou huit ans, on soit peu disposé à étendre la plantation de la vigne; car, pour peu que les gelées, les grêles et les maladies ajoutent leur poids à celui de ces avances, la vigne devient une occasion presque certaine de perte et de ruine.

On met à chaque cep son échalas de 1 mètre à 1$^m$,15.

Que les sarments qui sortent de la terre procèdent d'un espacement primitif ou d'un provignage, de premier peuplement ou d'entretien, les tailles successives le plus généralement adoptées dans la Haute-Marne sont celles-ci : première année, deux et trois yeux hors de terre et un sur terre (fig. 232, *a* et *b*); le pineau *b* supporte mieux les quatre

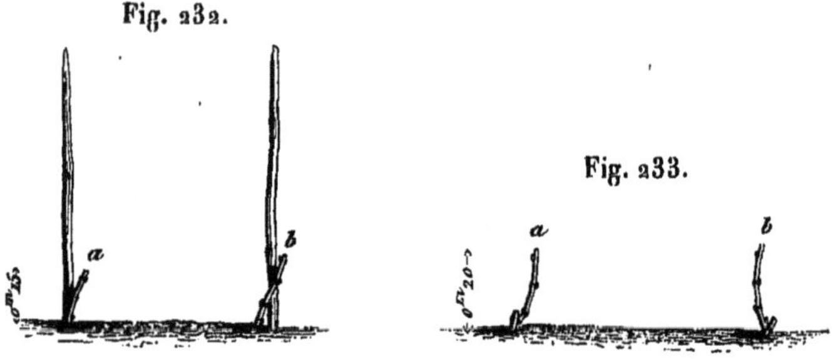



yeux, et le gamay *a* les deux; deuxième année (fig. 233);

troisième année (fig. 234); quatrième année et suivantes
(fig. 235). Cette taille, dite à une tête, sera conservée le plus

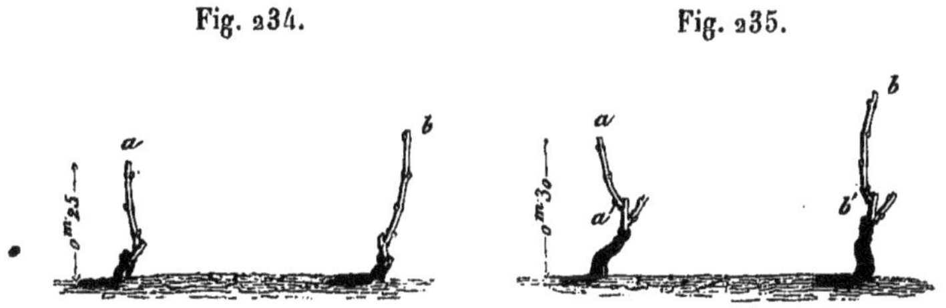

Fig. 234.                         Fig. 235.

bas possible, en la rabattant sur le crochet inférieur en
*a'*, *b'*, et en laissant deux coursons sur ce crochet. Souvent
la taille est continuée, comme dans la figure 234, par un
simple courson à trois ou quatre yeux ; souvent aussi,
à Maranville, à Pressigny, à Bize, etc., on forme, à la
sixième ou huitième année, deux et trois têtes au même
cep. A Maranville et à Pressigny, on ne laisse, dans ce cas,
qu'un courson à deux yeux à chaque tête; mais là où les
terres sont fortes, comme à Bize, on laisse souvent deux
coursons.

On s'efforce, en général, de tenir les têtes le plus près

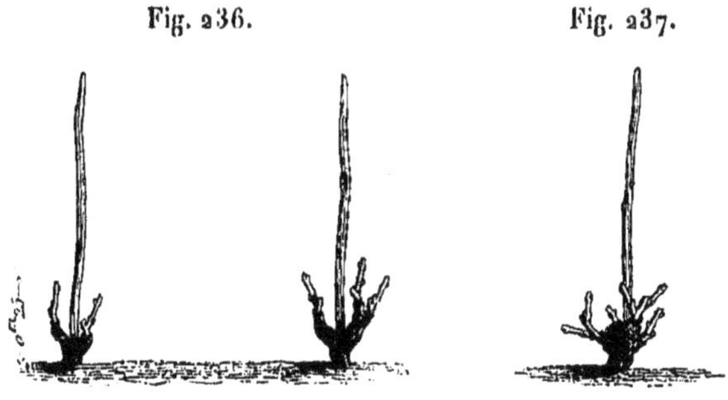

Fig. 236.                         Fig. 237.

de terre possible, sous toutes les tailles, et surtout quand
le cep en porte plusieurs (fig. 236); mais, en douze à quinze

ans, elles montent à 40 centimètres et plus, et le paisseau devient trop court pour élever suffisamment les pampres au-dessus.

J'ai vu encore, dans la vallée de l'Amance, la taille en tête de saule; véritable boule ou moignon, duquel le vigneron tire trois ou quatre coursons, sortant on ne sait d'où (fig. 237).

Toutes ces tailles, courtes et basses, sans longs bois à fruit, s'appliquent indistinctement aux cépages communs et aux cépages fins, aux blancs et aux rouges, dans la vallée de la Marne, dans le Montsaugeonnais et dans un grand nombre d'autres vignobles. Mais à Maranville, qui prolonge la culture de Bar-sur-Aube, on donne aux pineaux et à d'autres cépages un long bois qu'on appelle *chapelet*, plié en cercle et attaché à la souche. A Bize, à Varennes, à Pressigny, on laisse constamment un très-long bois, qu'on appelle *la verge*, aux pineaux et aux fins cépages blancs. Cette verge est souvent inclinée et piquée en terre; mais sa meilleure disposition, celle que j'ai vue la mieux installée

Fig. 238.

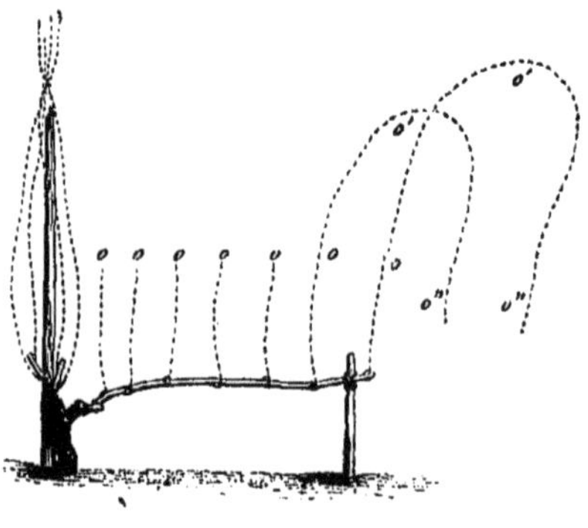

à Bize, est son extension horizontale ou un peu ascendante, au moyen d'un petit échalas qui fixe son extrémité libre (fig. 238). Cette verge est conservée souvent pendant deux ou trois ans, soit qu'on retaille les portants *o, o, o, o,* à un œil, comme un cordon à la Thomery, soit qu'on les éborgne à la base pour supprimer la végétation, et que l'on fasse revenir du petit au grand échalas un des deux sarments terminaux $o$, $o'$, $o''$, qu'on a laissés croître à cette intention (fig. 239).

Enfin, beaucoup de bons propriétaires et de vignerons ne cherchent dans la verge que les fruits qui sont dans les

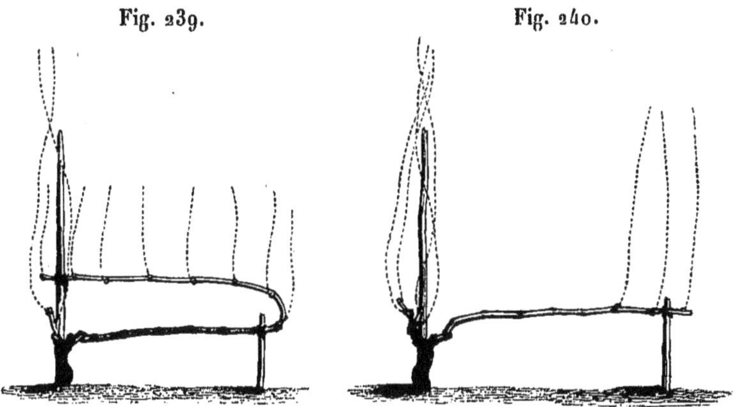

Fig. 239.          Fig. 240.

trois ou quatre yeux de son extrémité libre, et ils éborgnent (détruisent) tous les yeux intermédiaires (fig. 240).

Dans tout le département, on pratique avec soin l'ébourgeonnage dans les meilleurs vignobles; mais il est négligé, ou bien il est pratiqué négligemment, dans beaucoup de pays.

On relève et on attache les pampres à l'échalas, avec un lien de paille, avant, pendant ou après la fleur. Dans beaucoup de bons vignobles, on relève et on attache, avec un lien très-lâche, une fois avant la fleur, et une seconde fois après la fleur, avec un lien serré en haut de l'échalas. En général, on rogne, au mois de juillet, les pampres qui dépassent la hauteur de l'échalas; quelquefois on redrugeonne ou bien l'on sarcle les secondes pousses ou entrefeuilles.

Il est de règle de donner trois cultures à la vigne : la

première à la taille, en avril, la seconde en mai et la troisième avant la moisson; mais, faute de bras, ces trois cultures ne peuvent se donner toujours et partout. A Saint-Urbain, par exemple, excellent vignoble dont les viticulteurs sont très-jaloux et très-soigneux de leurs cultures, le troisième labour est généralement supprimé par la défaillance de la main-d'œuvre.

On arrache parfois les vignes pour les replanter, mais rarement; on ne les fume pas, mais on les terre avec des peloux de montagne et en remontant à la tête de la vigne les terres descendues au pied.

Malgré la tendance à substituer les gamays et les troyens aux fins cépages, les anciennes espèces existent pourtant encore dans beaucoup de vignobles de la Haute-Marne; il y a peu de communes, depuis Chaumont jusqu'à Saint-Dizier, dans le Montsaugeonnais, dans la vallée de l'Amance et dans le Maranvillois, où l'on ne puisse trouver des vins blancs de pineau et d'arbanne, des vins rouges de pineau et des vins gris de tous grains qui ne soient très-agréables, très-délicats et très-salutaires.

Les vins gris ou rosés de la Haute-Marne sont des plus remarquables pour leur agrément et leurs qualités, et de plus par la faculté de se conserver longtemps et parfaitement, faculté bien précieuse ici, car le défaut des vins rouges de la Haute-Marne est de durer peu; les vins blancs et les vins gris y sont seuls de bonne garde.

On vendange partout en paniers, qui sont vidés dans de grandes hottes calées dans les vignes. Ces hottes sont portées à dos d'homme et vidées dans un belon, balonge ou cuve placé sur voiture à la tête ou au pied de la vigne. Les belons, conduits à la vinée, sont vidés au seau dans

la cuve, après que les raisins y ont été légèrement foulés à la
vigne et à la vinée. La cuve, remplie aux cinq sixièmes, est
égalisée et le plus souvent foulée une première fois super-
ficiellement, avant la fermentation; puis on laisse la fermentation s'établir et suivre son cours; on foule à fond,
lorsque la fermentation s'éteint, douze ou vingt-quatre
heures avant de tirer. Dans quelques localités, on foule plusieurs fois pendant la fermentation; rarement on arrose le
marc avec une portion de vin préalablement tirée. Le plus
grand nombre opère en cuves ouvertes; quelques personnes
couvrent les cuves avec des draps ou des planches juxtaposées; d'autres enfin, à Donjeux et aux environs, tiennent les
marcs plongés sous les moûts, et la durée totale de la cuvaison, pour les vins rouges, est partout comprise entre quatre
et dix jours.

Lorsqu'on a tiré les jus de la cuve, on pressure, et généralement on mélange ensuite les vins de presse avec les vins
de goutte. Les tirages se font ordinairement en vaisseaux
vieux.

Pour faire les vins gris, on choisit le moment de la fermentation où la saveur vineuse, se joignant à la saveur
sucrée du moût, donne le goût de vin sucré chaud; cet état
se rencontre entre douze et quarante-huit heures de cuvaison. Il suffit alors de tirer le vin et de le mettre en tonneau pour lui laisser achever son travail.

Toutes les façons des vignes sont faites à la tâche et à la
journée, au prix de 140 à 160 francs l'hectare; les vendanges, les pressurages, les provignages, les transports des
terres, sont payés à part et le plus souvent à la journée,
dont les prix varient de 2 francs à 2 fr. 50 cent.

Bien qu'on se plaigne à tort du prix de la main-d'œuvre,

c'est encore moins son prix que son défaut qui gêne la viticulture aussi bien que les autres branches de l'agriculture, dans tout le département. En effet, on est obligé de renoncer à certaines façons de la vigne, et les autres façons sont exécutées avec une hâte et une négligence extrêmement préjudiciables à la richesse privée et publique. L'agriculture est mal organisée, dit-on; l'industrie accapare tous les bras : cela ne peut pas durer. Non, cela ne peut pas durer; mais cela durera tant que l'ouvrier agricole ne trouvera pas dans l'agriculture, comme dans la viticulture, un attrait, une rémunération, un présent et un avenir meilleurs que ceux que leur offrent l'industrie et le séjour des villes. Or l'agriculture lui fait un sort de plus en plus misérable, des conditions de travail de plus en plus aléatoires et une existence de plus en plus problématique. L'ouvrier rural ne peut raisonnablement constituer une famille; rien ne lui garantirait la stabilité, ni les voies et moyens de pourvoir constamment aux besoins d'un intérieur, avec femme et enfants. Il doit rester logiquement dans le célibat, vivant au jour le jour et pouvant se transporter là où l'on gagne aujourd'hui, pour s'en aller gagner ailleurs demain.

Quoi qu'il en soit, dans le département de la Haute-Marne même, les propriétaires, vignerons, *de manu*, sont très-contents de leurs vignes et de leurs produits. Tous les viticulteurs qui font travailler leurs vignes sous leurs yeux, et avec connaissance de cause, obtiennent encore d'assez beaux résultats, quoique déjà moindres. Tous ceux qui font traiter leurs vignes, sans rien entendre à la viticulture et sans s'en occuper, par des tâcherons ou journaliers salariés sont les seuls qui se plaignent de la vigne et qui en

dénigrent la culture, parce qu'ils ne savent pas, parce qu'ils
ne peuvent pas la faire produire dans ces conditions. S'ils
donnaient à leur vigneron, outre son salaire fixe, un dixième
de la récolte, ils doubleraient leurs produits sans dépenser
un sou de plus.

# DÉPARTEMENT DES ARDENNES.

A peine est-on entré dans les Ardennes, à 8 kilomètres de Varennes, à Apremont, qu'on y voit la conduite de la vigne immédiatement et complétement changée; il en .est de même à Grand-Pré et à Vouziers, ainsi que dans tout l'arrondissement. Là, la culture champenoise remplace absolument la culture lorraine.

Le département des Ardennes ne compte que 12 à 1,500 hectares de vignes, savoir : 7 à 800 dans l'arrondissement de Vouziers, 4 à 500 dans l'arrondissement de Rethel, et une centaine d'hectares, au plus, dans celui de Sedan; au total, environ la quatre-centième partie de la superficie du département, qui est de 523,289 hectares, produisant en moyenne 36 hectolitres à 23 francs, soit 828 francs par hectare et 1,100,000 francs par les 1,300 hectares. Ce produit est la trente-huitième partie du produit total agricole; il nourrit 4,400 individus, la soixante-quinzième partie de la population, entretenue par la quatre-centième partie du territoire.

La culture de la vigne est peu lucrative dans l'arrondissement de Vouziers : elle ne rapporte guère, en moyenne, que 25 hectolitres à l'hectare, dont le prix moyen atteindrait à peine 25 francs; or les frais d'un hectare, d'après les notes le plus exactement tenues, façons, fournitures, vendanges et vinification comprises, s'élèvent à 500 francs, ce qui ne laisserait de bénéfice net que 125 francs par hectare.

On conçoit que, dans sa situation économique, l'arrondissement de Vouziers soit plus disposé à arracher qu'à planter des vignes. C'est ce qui s'y observe en effet.

On plante peu à nouveau et on n'indique aucun mode de plantation.

On recouche tous les ans à jauge ouverte, à la première culture de mars ; qu'on fait à la pioche et qu'on appelle le *béchage*, les échalas étant arrachés dès l'automne précédent, avant l'opération du béchage et de l'enfouissage,

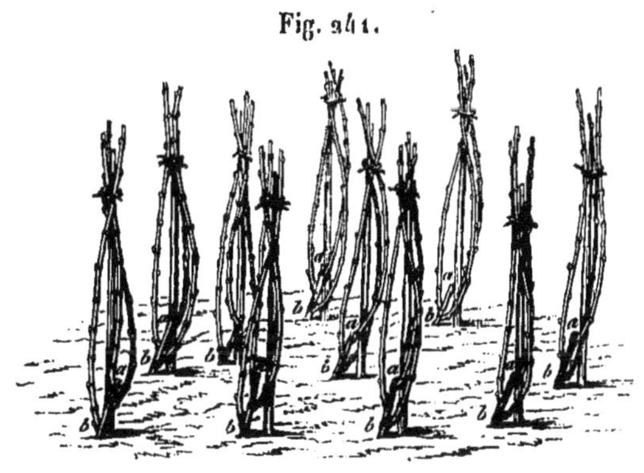

Fig. 241.

dans la jauge, des petites souches d'un an *b a, b a, b a* (fig. 241); on a coupé près de la souche tous les sarments sauf un, le plus beau, ou sauf deux si la souche est très-forte, ou bien si l'on veut remplacer un manquant : au lieu de l'aspect de la figure 241, aspect d'automne, on a alors l'aspect de la figure 242.

Dans la figure 243, on voit la partie *ab* où le travail d'enfouissement, à 15 ou 20 centimètres sous terre, est achevé; et les sarments enfouis sont ravalés sur trois yeux.

On voit ensuite la jauge ouverte *cdfe*, où sont deux ceps déchaussés dont on aperçoit les racines ébarbées et qu'on va

Fig. 242.

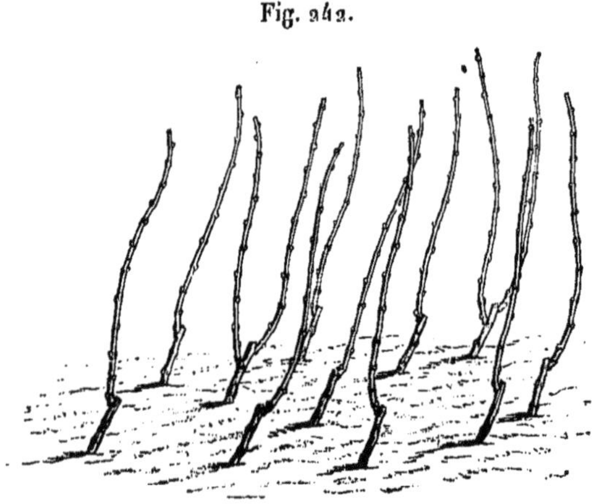

enterrer; enfin la partie *dhif* est la partie de la vigne vers laquelle le travail de recouchement s'avance.

Fig. 243.

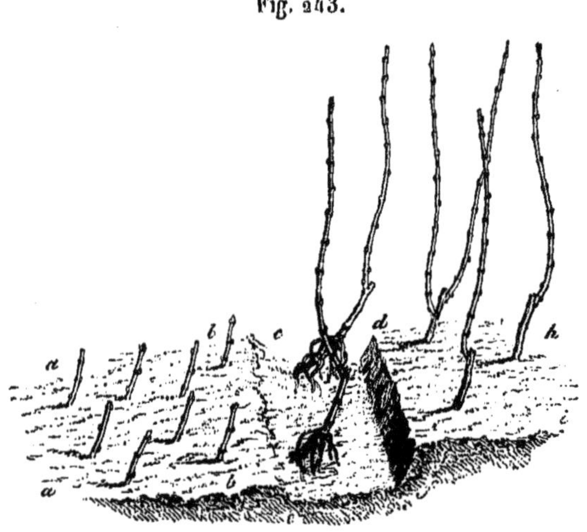

Ce travail se répète tous les ans dans tout l'arrondissement de Vouziers, comme il se fait tous les ans dans la

Marne, comme il se fait tous les ans à Capbreton et le long
des dunes de l'Océan, dans les Basses-Pyrénées; mais on
comprend que si cette disposition de la vigne est sujette aux
gelées du printemps près de Bayonne et dans le département de la Marne, c'est un miracle qu'elle échappe à ce
fléau, deux fois sur dix, dans les Ardennes. En jetant un
coup d'œil sur les sarments, à deux ou trois yeux, de la
partie *a b* (fig. 243), on comprend à peine cette exception.

La figure 244 donne l'aspect d'une vigne après le provignage et la taille, armée de ses échalas.

Fig. 244.

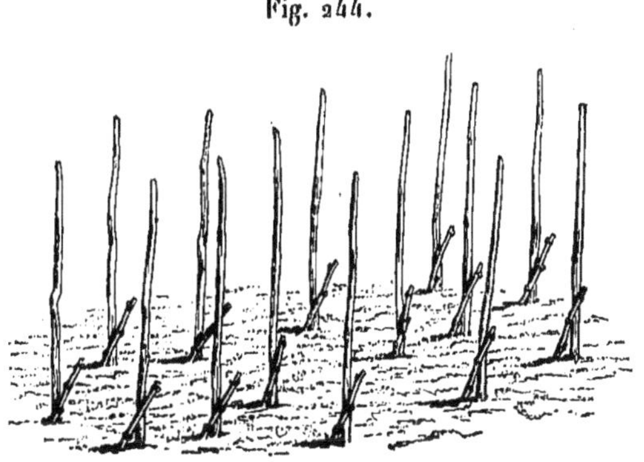

On ébourgeonne au printemps avant la fleur; on garde
un ou deux bourgeons pour les faire monter à l'échalas et
l'on pince aussi, avant la fleur, les autres bourgeons portant fruit; on jette bas tous les contre-bourgeons à deux ou
trois reprises. On donne un binage avant la fleur et un autre
après la formation du raisin. Les échalas n'ont que 1$^m$,10:
aussi la végétation est-elle peu énergique, de même que
la fructification; l'échalas donne force à la vigne, qui a
besoin d'être soutenue pour jouir de la plénitude de sa
santé, et cette force est en proportion de la hauteur du

soutien. Dans beaucoup de vignobles on dit, avec raison, que l'échalas vaut mieux pour la vigne que le fumier.

Les ceps de l'arrondissement de Vouziers sont les pineaux blancs et noirs, surtout les variétés de Champagne, plant vert, plant doré, et l'épinette blanche. On y voit aussi le français, le meunier, un peu de meslier, le gouais, dans les vignobles moins fins que Ballay, Chestres et Longwé.

M. Leroy, de Longwé, le plus grand propriétaire de vignes de l'arrondissement de Vouziers, fait fouler ses raisins dans des caisses placées sur les cuves. Il enfonce ses marcs sous des châssis mobiles et tire ses cuves après trois à cinq jours de cuvaison; il mêle ses jus de presse avec les vins de goutte et produit d'excellents vins. La coutume la plus générale est de faire les vins sans enfoncer les marcs sous le jus, mais on foule chaque jour pendant la fermentation. On cuve depuis vingt-quatre jusqu'à soixante-douze heures seulement. On tire d'abord la goutte sans fouler; on tire ensuite le pied-foule (jus obtenu par le foulage à la cuve), puis on presse et l'on répartit également ces trois sortes de vins dans les futailles, qui sont toujours les mêmes et vieilles : aussi les vins se gardent-ils peu, et rarement au delà d'un an.

Je crois rendre service en consignant ici un fait d'économie agricole bien établi.

Dans la commune de Cornay réside un riche propriétaire plein de savoir et d'intelligence agricole. Il a exploité pendant six ans une grande ferme, située à côté de son château, sur les données les plus précises et les plus avancées. A la septième année, il renonça à son entreprise, qui était ruineuse, et divisa sa terre en petites fermes, qu'il loua bien et facilement, chacune pour neuf ans. Aujourd'hui les baux vont expirer, et le propriétaire va vendre ses fermes, que les fermiers sont en état d'acquérir et vont se disputer, à un et demi pour cent du taux de leur bail, dit-on; ce fait prouve que la petite culture, directe, fait rendre à la terre un produit double et triple de celui de toutes les combinaisons de la grande industrie agricole, puisqu'elle achète son propre sol à un capital double et triple de son taux de location.

La journée et la façon étant le mode d'exploitation dans l'arrondissement de Vouziers, j'ai conseillé partout de donner, en sus du prix ordinaire des journées et des façons, le dixième du produit : partout l'idée a été accueillie et sera appliquée par quelques-uns; le même accueil et les mêmes promesses m'ont été faits dans la Meuse, la Moselle et la Meurthe.

Les vignes de l'arrondissement de Rethel sont concentrées dans trois cantons : le canton de Château-Porcien en compte 174 hectares, celui d'Asfeld 278, et celui de Novion 16; en tout 468 hectares, qui produisent, en bonne moyenne, Château-Porcien 80 hectolitres, Asfeld 62, Novion-Porcien 50, par hectare. Ces moyennes élevées sont parfaitement expliquées et justifiées par le mode de culture, qui diffère à la fois et de celui de Vouziers et de celui de la Lorraine, pour se rapprocher un peu de celui de l'Alsace, dont il a les avantages, vigueur, fécondité des ceps, moins de dispositions à la gelée; mais il en a aussi les défauts, maturité difficile et tardive, facilité à contracter l'oïdium. L'oïdium se montre à Château et à Asfeld; il n'existe point dans l'arrondissement de Vouziers.

Le long d'un échalas de 2 mètres, chaque cep est dressé

à la hauteur de 5o à 6o centimètres (*hauteur du genou*); un lien de paille placé au-dessous de sa tête, en *g, h* (fig. 245), le fixe à l'échalas; sa tête est surmontée d'un courson de renouvellement à deux yeux et d'une ploie à treize ou quatorze yeux (*hauteur d'homme*), laquelle est courbée et rabattue, pour son extrémité inférieure être attachée au cep ou à l'échalas, à 15 ou 20 centimètres de terre (voir la figure 245). *ab* est le courson de renouvellement; *cdef*, la ploie; *g, h*, le lien sous la tête; *x*, tiret pour rabattre le cep, quand il est monté trop haut.

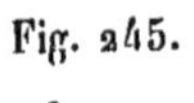

Fig. 245.

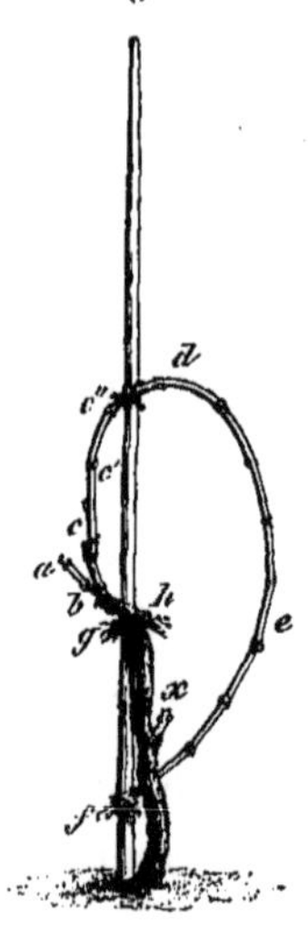

Il est de principe à Château-Porcien et à Asfeld que les deux yeux du courson de remplacement devraient toujours fournir les deux mérins, courson et ploie, l'année suivante. Mais c'est presque toujours *c c'* ou *c"* qui fournissent la ploie de remplacement, et le courson *ab* n'est plus là que pour la forme; aussi le cep monte-t-il rapidement vers le haut de l'échalas et devient-il nécessaire de le rabattre, soit en *b*, soit même en *x*, et souvent de recoucher et de provigner tout le cep afin d'en recommencer un nouveau.

Pour justifier cette pratique, les vignerons affirment qu'il y a toujours plus de raisins sur les sarments poussés le plus haut sur le cep ou le plus avant sur la ploie. Cela est vrai pour un temps; mais après trois ou quatre reprises la ploie devient stérile.

Quoi qu'il en soit, les sarments de remplacement et ceux de la fructification sont généralement disposés comme le représente la figure 246, après la chute des feuilles: j'ai sup-

posé les raisins restés en place, pour mieux faire comprendre
le résultat de la taille de la figure 245. Le cep dont je donne
le croquis n'offre rien que de très-ordinaire en fructification
dans les trois cantons vignobles de Rethel.

On voit, d'après la figure 246, que trois sarments seulement ont été élevés le long du grand
échalas : ces sarments sont attachés
avant la fleur, mais ils ne sont rognés
qu'après. On voit de même que tous
les sarments qui portent fruit, autres
que les mérins, ont été pincés et qu'il
n'y en a point d'inutiles. Le pinçage
et l'ébourgeonnage se font avant la
fleur.

Cette culture est des plus intelligentes et des plus favorables à la fécondité et à la vigueur de la vigne;
elle le serait plus encore, comme en
Alsace, si les ploies étaient encore plus
grandes : plus les ploies sont grandes,
mieux elles échappent à la gelée. Les vignerons d'Asfeld et
de Château m'ont assuré que jamais une seule gelée ne dé-
truisait toute leur récolte; des bourgeons latents repoussent
jusqu'à trois fois, sous trois gelées successives : jamais ce
phénomène ne se produit sur les coursons ou sur les ploies
trop courtes, comme le sont la plupart des ploies de la
Lorraine.

Quand on plante, ce qui est rare à Rethel comme à Vouziers, on plante en fossés de 5o centimètres de largeur, de 3o
ou 4o centimètres de profondeur, à un intervalle d'un mètre,
intervalle qu'on garnit en provignant les ceps quand ils sont

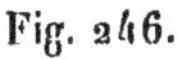

Fig. 246.

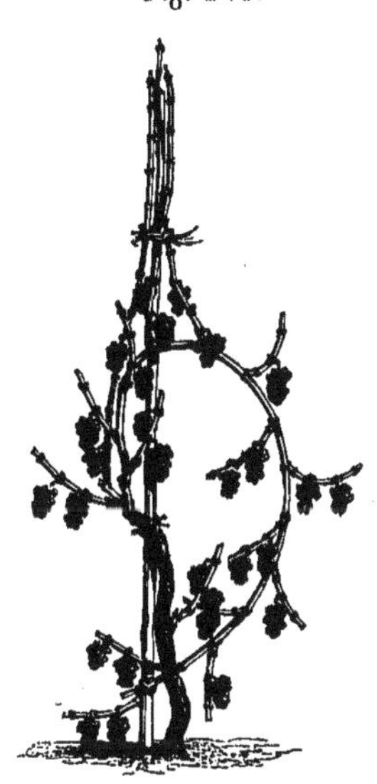

assez forts, c'est-à-dire au bout de trois ou quatre ans. Ce n'est guère qu'à cinq ans que la vigne est en bonne production par ces systèmes de plantation, où les plants sont toujours rampants de 30 à 40 centimètres au fond du fossé avant de se relever verticalement pour en sortir.

Les vins se font très-simplement dans l'arrondissement de Rethel : on emplit la cuve (on l'emplit beaucoup trop), on foule le raisin, et vingt heures, quarante heures, soixante heures au plus après l'opération du foulage, qui se répète chaque jour, on tire le vin, on pressure les marcs et l'on mélange les vins de presse aux vins de cuve; puis, on les met et on les garde en vieux vaisseaux.

Ces vins ne sont pas de nature à être recherchés par les gourmets ni par les gourmands, quoique quelques-uns d'entre eux ne manquent pas d'agrément; mais s'ils sont légers, faibles, et s'ils se conservent peu, ils sont, d'un autre côté, plus hygiéniques et plus alimentaires que bien des vins plus alcooliques, plus colorés et plus corsés. En somme, ils sont vendus en moyenne au-dessus de 20 francs l'hectolitre, ce qui fait que le mode de viticulture adopté par les intelligents vignerons de l'arrondissement de Rethel est essentiellement rémunérateur par la quantité.

J'insiste ici sur l'immunité des gelées de printemps obtenue par l'emploi de très-longues tailles rabattues près de terre : l'efficacité de cette pratique est surtout mise en relief par la taille courte de Vouziers, qui succombe aux gelées tardives huit années sur dix.

Lorsque dans une conférence, à Château-Porcien, les vignerons accusèrent 80 hectolitres de récolte moyenne, je refusai d'admettre ce chiffre; mais M. le sous-préfet me prouva, séance tenante, sa réalité par les constatations offi-

cielles : « Que deviennent donc les gelées de printemps qui
« écrasent Vouziers, moins gélif que Rethel? » demandai-je
aux propriétaires. « Nous nous moquons des gelées de prin-
« temps! » répondirent les vignerons tout d'une voix : « A la
« première gelée, personne ne se dérange, tant nous sommes
« sûrs que le long de nos ploies il y aura autant de raisins
« après qu'avant; à la seconde gelée, *on va voir;* mais il en
« repousse encore assez. Il nous faut trois gelées pour tuer
« nos récoltes. »

# DÉPARTEMENT DE LA MARNE.

Parmi les vins distingués et précieux des meilleurs vignobles de France, le vin blanc mousseux de Champagne est, sans contredit, le plus brillant ; il a fait la conquête de toutes les nations européennes, il a subjugué le nouveau monde, il pénètre avec faveur dans le plus ancien, et tout porte à croire qu'avant la fin de notre siècle à vapeur il sera connu et recherché de tous les peuples de la terre.

Dieu veuille qu'il en soit ainsi! car jamais aucune boisson alimentaire n'a développé plus de cordialité, plus d'idées, plus d'esprit, que le vrai vin de Champagne, s'il est bu avec modération et seulement aux jours de réunions d'amis, de fêtes de famille ou de réjouissances sociales.

Jusqu'à présent le département de la Marne est le seul en France qui produise cette merveilleuse boisson avec toutes ses perfections sensuelles et surtout hygiéniques. Tout le monde sait quels efforts ont été vainement tentés dans tous les vignobles, et même dans tous les laboratoires de chimie, pour la reproduire avec tout ou partie de ses qualités. On peut tromper et être trompé facilement sur la nature et l'origine d'un vin blanc mousseux; mais personne n'imitera le vin de Champagne, s'il n'emprunte les fins cépages, le climat et le sol de la Marne, et personne n'en ressentira tous les bienfaits, si ce vin n'est pas le produit de ces trois conditions.

Assurément l'industrie des propriétaires et des négociants champenois a su le rendre plus ou moins agréable, le mettre plus ou moins au goût de chaque peuple ; mais elle n'a pu lui donner aucune autre qualité hygiénique que celle qu'il possède naturellement en lui-même et indépendamment du sucre et des eaux-de-vie qu'on peut y joindre pour en corriger la verdeur ou la faiblesse ; la seule amélioration fondamentale qui soit due à l'industrie est celle du recoulage, c'est-à-dire l'addition de vins naturels des grandes années aux vins naturels des petites années, du même département.

Je n'entends pas diminuer ici la part qui revient à l'industrie et au commerce champenois dans le grand succès et la légitime réputation de ce vin précieux ; je me hâte au contraire de proclamer que, mettant à profit ses belles qualités, ils ont su corriger les défauts qui l'auraient fait repousser, car, six années sur dix, le vin de Champagne non opéré passerait aux yeux du vulgaire pour un vin blanc de cabaret, par sa verdeur et son acidité autant que par son peu de chaleur. — Ce que je tiens à bien faire comprendre, c'est que ce vin pur porte en lui-même toutes ses propriétés spéciales, et qu'aucun autre vin, ni de Bourgogne, ni de Bordeaux, ni de Touraine, ni d'aucune autre province, n'a pu et ne pourra le remplacer.

Les vignes à vins fins de la Marne, de toutes classes, sont renfermées dans les deux seuls arrondissements de Reims et d'Épernay ; elles s'étendent pourtant encore au canton de Vertus, tout à fait enclavé dans ce dernier arrondissement, quoiqu'appartenant à celui de Châlons. Ces vignes ne sont point plantées sur le terrain crayeux pur, mais sur un terrain argilo-siliceux plus ou moins ferrugineux, rouge, jaune et gris, mélangé à des proportions différentes de terres calcaires résultant de l'effritement de la craie, qui en forme presque partout le sous-sol immédiat. Toutefois, dans une portion des vignobles, le sol cultivable est séparé de la craie par des couches irrégulières de grève, sorte de tuf mort, bien moins favorable à la viticulture que le crayon (nom donné dans le pays à la craie). Le terrain argilo-siliceux semble être descendu des plateaux des montagnes (qu'il occupe presque exclusivement) pour venir recouvrir les calcaires crayeux des rampes sur lesquelles sont cultivées les vignes.

Toutefois, les terres à meulières des sommets sont souvent séparées des relèvements de craie pure, soit par des bancs de calcaires lacustres, soit par les calcaires gypseux et grossiers, soit par des sables et des argiles à lignites. Parfois, un seul de ces bancs, mais souvent aussi deux et trois, rarement tous, sont superposés à la craie dans l'ordre descendant où je viens de les indiquer. Les sables à coquilles, et surtout les marnes à lignites, sont extraits de ces bancs, sous le nom de *cendres*, et servent à former, avec un tiers ou la moitié de fumier d'étable, des composts qui doivent amender les vignes, à la plantation et au provignage surtout. Assurément, le sous-sol crayeux et son mélange aux terres argilo-siliceuses ont une heureuse influence sur les qualités des raisins; il se peut même que les amendements tirés des *cendrières* ne soient pas étrangers à leur perfection. Pourtant, j'ai vu d'excellentes vignes, à excellents produits, qui, par absence ou éloignement, ne recevaient ou ne pouvaient recevoir cet amendement[1]. Évidemment, c'est le marnage abondant de la terre argilo-siliceuse, par le calcaire, qui fait la principale qualité du sol.

Tous les vignobles de Reims, d'Épernay, de Vertus, de Sézanne, de Barbonne et de Châlons sont donc superposés à la craie, à peu près dans les mêmes conditions de sol, excepté les deux derniers, qui, sans étendue et sans valeur, sont plantés dans le terrain crayeux pur ; quant à ceux de Vitry-le-François et de Sainte-Menehould, ils sont installés sur les terrains crétacés inférieurs et sur des alluvions ; mais la médiocrité de leurs produits, autant que leur peu d'étendue, les sépare complétement, comme les vignes de Châlons, de la Haute-Champagne.

La couleur du sol n'est pas indifférente à la qualité du raisin ; moins il est rouge, moins le terrain est favorable, surtout aux raisins rouges : aussi plante-t-on de préférence les raisins blancs dans les terres grises ou jaunâtres.

Le climat est bien moins chaud que celui de la Bourgogne, mais bien plus chaud que celui de la Haute-Marne, qui compte des altitudes par 3 et 400 mètres, tandis que celles de la Marne n'atteignent pas 100 mètres ; qui offre des surfaces immenses de cultures arborescentes et forestières, tandis que la Marne possède de vastes superficies de plaines,

---

[1] Les *cendrières* de la Champagne sont une des dispositions et des formations géologiques les plus curieuses à observer : elles accompagnent, d'une façon presque continue, tous les sommets et toutes les sinuosités des coteaux de Vertus, d'Avize, de Cramant, de Grauves, de Cuis, de Pierry, d'Épernay et des coteaux dits de la Marne et de Reims ; elles offrent ainsi, en tranchées ouvertes aux yeux de l'observateur, tous les feuillets des stratifications du bassin de Paris au-dessus de la craie. Les *cendrières* contiennent du soufre, de l'ambre gris, du fer oxydé, du charbon combustible, des fruits. des bois, de magnifiques cristaux de sulfate de chaux, etc.

à cultures annuelles fourragères et à céréales, à peu près dénudées pendant la moitié de l'année. Le climat de la Marne
donne aux raisins un sucre et un parfum très-délicat qui
n'ont ni la force ni la pénétration tranchée de ceux des fruits
du Midi et du Centre, mais une finesse et une légèreté qui
sont le principal mérite sensuel de leurs vins.

Néanmoins, sans le choix attentif que les habitants de la
Marne ont su faire des cépages les plus perfectibles sous
leur climat et dans leur sol, ils n'auraient produit et ne produiraient que des vins très-communs.

Ce sont principalement trois variétés de pineaux noirs,
le plant vert, le plant doré et le plant vert-doré, puis l'épinette blanche, qui n'est autre que le petit arnoison blanc
de Chablis, qui fournissent tous les bons vins de Champagne. Le vert-doré et l'épinette blanche sont d'une grande
fertilité, mais les trois variétés de noirs mûrissent plus tôt
et mieux que les raisins blancs. Aussitôt qu'un vignoble adjoint le meunier et le gamay à ces fines races, et surtout le
gouais, la valeur des vins descend en proportion de la quantité relative de ces grossiers cépages : au point que les vins
de purs gouais étaient donnés en boisson aux ouvriers ou
vendus 3o ou 4o francs la barrique, alors que dans le
même pays, dans le même terrain, les vins fins ne valaient
pas moins de 2oo et 3oo francs la même barrique.

J'ai commencé à étudier les arrondissements de Châlons,
d'Épernay et de Reims en 1845, et j'ai vu, à cette époque,
des vignes de gouais fournissant des vins de boisson à 3o
francs la barrique là où sont aujourd'hui plantés des cépages fins noirs ou blancs qui donnent un vin de 2oo francs.
Il est impossible de trouver une preuve plus incontestable

de l'énorme influence du cépage sur la qualité et la valeur des vins ; mais cette preuve est faite dans tous les vignobles de France, ce qui n'empêche pas le sol et le climat d'influer très-heureusement ou très-malheureusement sur la qualité des produits de la vigne.

Trouver les meilleurs cépages qui profitent le mieux d'un sol et d'un climat, tel est le grand problème à résoudre par les différents crus. Ce problème, le département de la Marne semble l'avoir parfaitement résolu.

Sur une étendue territoriale de 818,044 hectares, le département de la Marne cultive environ 18,000 hectares de vignes, quarante-cinquième partie de son sol total.

Sur ces 18,000 hectares, 14,000 appartiennent aux deux arrondissements de Reims et d'Épernay, le canton de Vertus réuni à ce dernier, et constituent la totalité des vignes qui produisent les vrais vins de Champagne : chaque hectare produit, en moyenne, 30 hectolitres ou quinze pièces de 2 hectolitres, jauge du pays.

Dans les premiers crus, la valeur de l'hectolitre s'est élevée jusqu'à 250 francs en 1867 ; je l'ai vue à 200 francs à Bouzy en 1844. En fixant la moyenne valeur des premiers crus à 80 francs, des deuxièmes à 60 francs, des troisièmes à 40 francs et des derniers à 20 francs, on est assuré de rester au-dessous de la vraie valeur, vins blancs et vins rouges compensés (la proportion des vins rouges est une minime fraction). Le prix moyen de tous les crus et de tous les vins des 14,000 hectares sera donc de 50 francs, qui, multipliés par la production moyenne générale de 30 hectolitres, portera à 1,500 francs par hectare et à 21 millions, pour les 14,000, la valeur totale du produit brut des vignes.

Quant aux 4,000 hectares dispersés dans les arrondissements de Châlons et de Sainte-Menehould et dans celui de Vitry-le-François, qui en cultive 2,900 hectares pour sa part, la production moyenne s'élève à 33 hectolitres par hectare, dont le prix moyen est de 20 francs, ce qui donne un prix brut de 660 francs par hectare et de 2,640,000 francs pour les 4,000 hectares.

Ainsi, les 18,000 hectares de vignes de la Marne produisent ensemble 23,640,000 francs bruts et représentent l'entretien de 23,640 familles ou de 94,560 habitants, un peu moins du quart de la population totale du département, qui est de 390,809 habitants; ils fournissent plus du cinquième du revenu total agricole, qui s'élève à 110 millions de francs.

Mais si l'on considère que, des 420,000 hectolitres fournis par les 14,000 hectares, 50,000 au plus sont vendus ou bus en vins rouges; que 370,000 au moins sont transformés en vins mousseux, qui engendrent environ 35 millions de bouteilles, valant plus de deux francs (verre, bouchons, étiquettes, emballage, transport et droits non comptés), on concevra que la viticulture, unie à son industrie, réalise une valeur annuelle de plus de 80 millions dans le département de la Marne.

La Marne, ou plutôt les arrondissements de Reims et d'Épernay, ont adopté pour la culture de leurs vignes une méthode qui mérite la plus sérieuse attention : cette méthode, parfaitement tracée dans tous ses détails, offre quelques variantes à peu près insignifiantes dans les diverses localités et peut être étudiée dans son ensemble, sans acception de lieu.

On prépare le sol à planter par un défoncement de 35

à 70 centimètres ; mais ce défoncement résulte le plus souvent, presque toujours, de l'arrachage d'une vigne épuisée, car on plante généralement les vignes aux mêmes places ; quelques propriétaires laissent reposer la terre deux ou trois ans et lui font rapporter une céréale et une prairie artificielle ; mais la plupart ne laissent pas d'intervalle entre l'arrachage et la plantation.

En quelques localités, on plante en rigoles ou petits fossés parallèles ; mais la plantation la plus générale se fait en petites fosses de 15 à 20 centimètres de largeur sur 40 à 50 centimètres de longueur et de 25 à 40 centimètres de profondeur.

Presque toujours on emploie les plants enracinés de pépinière, de deux ou trois ans, ou de marcottes d'un an, coudés de 25 à 35 centimètres au fond de la fosse, quelquefois entre deux mottes ou gazons : quand les plants ont deux sarments à leur tige, on n'en met jamais qu'un par fosse et l'on écarte les sarments de 10 à 15 centimètres ; s'ils sont simples, on en met parfois deux à la même distance. On recouvre les racines d'un peu de terre, on ajoute du fumier ou du compost, plus un panier de sable gras siliceux de montagne par-dessus ; on serre au pied, et l'on taille à deux yeux chaque brin.

Les fosses sont dirigées, leur longueur dans le sens de la montée, à 1 mètre les unes au-dessus des autres, à 60 centimètres à côté les unes des autres et au nombre de 16 à 20,000 par hectare ; mais de ces ceps primitifs on tirera plus tard un nombre double et même triple de ceps par le provignage, en sorte que, la vigne étant établie, elle comptera de 40 à 60,000 broches, avec autant d'échalas. Jusqu'à la troisième ou la quatrième année, les ceps restent en lignes, à 1 mètre dans le sens de la montée et à 60 centimètres, ou même 50, en travers.

A la troisième année, parfois à la quatrième seulement, on commence et l'année suivante on achève la multiplication des plants par le provignage. On *écarte* et l'on *avance*.

Pour comprendre ces deux expressions, consacrées dans les vignobles de Reims et d'Épernay, il faut d'abord savoir que la principale condition de la culture des vignes de la Champagne consiste, au premier bêchage d'après l'hiver, en mars et avril, à enterrer chaque année tout le bois de deux ans, de façon à ne laisser sur terre que le sarment d'un an.

Soit (fig. 247) une vigne champenoise avec tous ses sar-

Fig. 247.

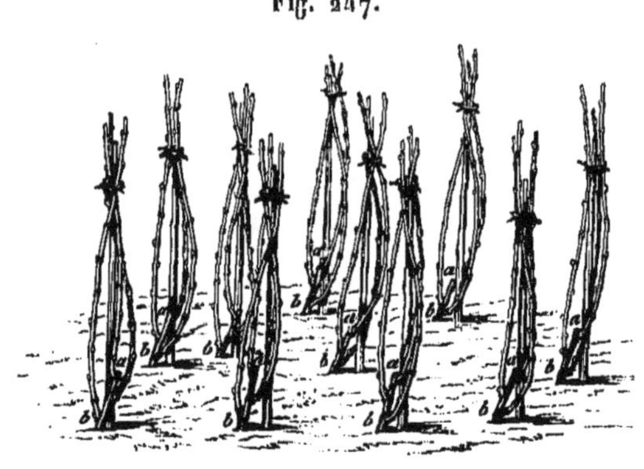

ments d'automne et ses échalas *ab, ab, ab;* les échalas sont ôtés à l'automne et réunis en tas qu'on appelle *moyères* ou *chevalets,* suivant que les échalas y sont debout sur terre, ou supportés au-dessus du sol par un double faisceau de trois échalas. Puis, au mois de février ou de mars, on fait tomber, à la taille, tous les sarments inutiles; la vigne pré-

sente ainsi l'aspect de la figure 248. C'est alors qu'on fait la
bêcherie, qui est une culture générale, à 15 ou 20 centi-

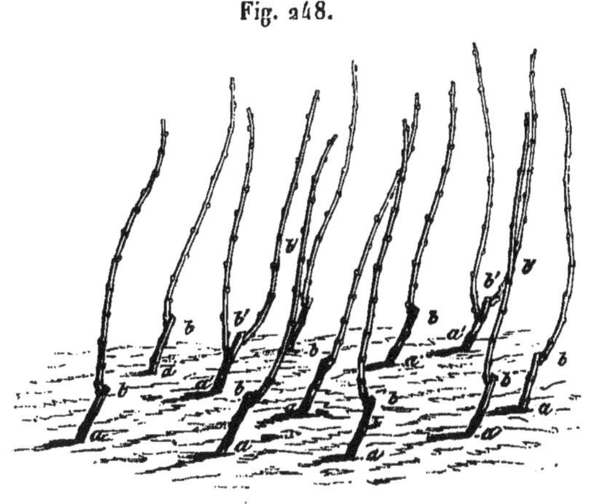

Fig. 248.

mètres de profondeur, dégageant les racines au-dessous
de *a b*, bois de deux ans, et permettant de recoucher ce bois

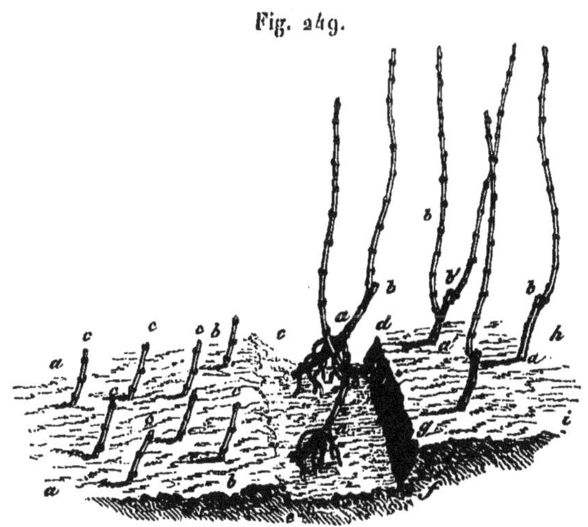

Fig. 249.

dans la jauge ouverte *dc* (fig. 249), sans rompre la tige souterraine. Après la bêcherie, on taille les sarments sortant

de terre à trois ou quatre nœuds *c, c, c* (fig. 250); après la
taille on fiche les échalas, en chêne, de 1^m,20, et la vigne

Fig. 250.

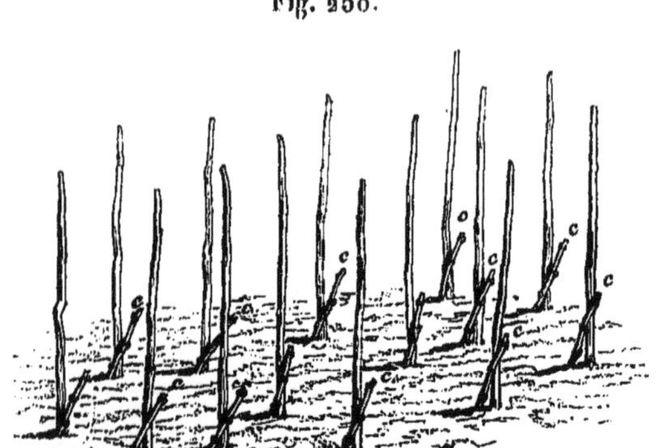

présente alors l'aspect de la figure 250; toutes ces opérations
sont terminées en avril. La bêcherie se fait avec l'instrument
représenté dans la figure 251.

Fig. 251.

Fig. 252.

Cette façon annuelle bien comprise, je reviens à la multiplication des ceps par *écart* et *avance*,
double opération qui s'exprime par
le verbe *assiseler*.

A la taille de l'année précédente, on aura laissé aux ceps
qu'on veut *avancer* ou *écarter* deux
sarments *a b, a′ b′* (fig. 248 et 249);
ces ceps recouchés, chacun des
deux sarments, étant taillé à trois
ou quatre yeux, présentera la disposition et la végétation de la
figure 252. Pour *écarter*, le vigne-
ron choisira un sarment, le mieux disposé, sur chacune

des deux broches, et, au bêchage, il écartera les broches
comme l'indique la figure 253, fixera l'une, *a b*, en place au
moyen d'une petite fiche en fer à crochet, de la forme indiquée à la figure 253, *k l*, tandis qu'il fixera l'autre, *a′ b′*,

Fig. 253.

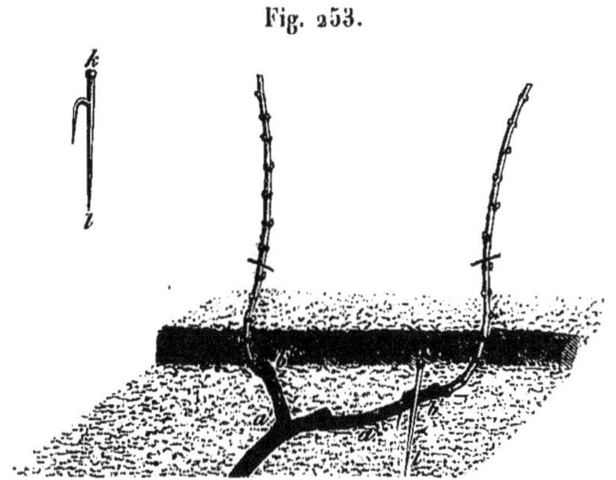

avec la main en la recouvrant de terre, pressée ensuite par
le pied, pendant qu'il garnit la seconde broche.

S'il s'agit au contraire d'*avancer*, le vigneron choisira sur

Fig. 254.

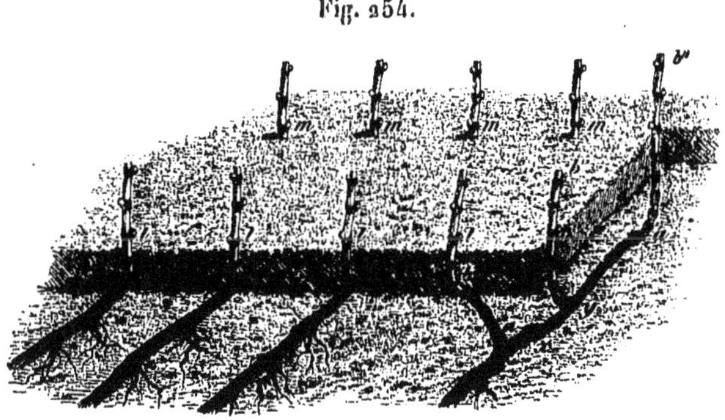

la broche *a′ b′* (fig. 252), le sarment le plus bas sur la souche
et le couchera dans cette même ligne transversale *l l l l*
(fig. 254), tandis que, prenant le sarment le plus élevé ou

le plus fort sur la broche $a\,b'$ (fig. 252), il couchera le prolongement $x\,y\,a$ de la souche et son sarment $a\,b''$ jusqu'au rang supérieur $m\,m\,m\,m$ et fera sortir le sarment de taille à ce point. On peut ainsi *écarter* ou *avancer* une des broches ou les deux broches à double sarment chacune; on peut également écarter un sarment $y\,b''$ et en avancer un $a\,b''$. Mais bientôt, grâce aux écartements et aux avancements successifs, tout alignement transversal et longitudinal est rompu et la vigne compte de 40 à 60,000 ceps, à 40 ou 50 centimètres les uns des autres environ : les vignerons sont d'ailleurs fort habiles à diviser à peu près également l'espace.

Souvent chaque cep n'a qu'une broche laissée sur la souche souterraine (*hoque*); mais lorsque la souche est forte, on lui laisse deux broches. Sous cette charge, la souche la plus vigoureuse paraît s'affaiblir sensiblement; aussi le vigneron soigneux, à la bêcherie suivante, supprime cette seconde branche : la règle est une seule broche à la hoque, jusqu'à ce que la végétation redevienne exubérante à son extrémité.

L'affaiblissement est réel : on me l'a fait voir à Avize, à Pierry, à Bouzy, mais il n'existe qu'à la première année; s'il en était autrement, les écarts, les avances et les provignages, qui ne sont que plusieurs broches laissées en permanence à la hoque, ruineraient les ceps ;.et les vignerons constatent et reconnaissent le contraire.

En effet, l'expérience montre que plus la vigne s'étend, soit sur terre à l'état de treille, soit sous terre à l'état de ramifications de provignages, plus le cep devient vigoureux dans ses bois, fertile en fruits, et plus il vit longtemps. La vigne ne fléchit donc que jusqu'à ce qu'elle ait créé des racines proportionnées à la tige qu'on lui laisse.

Dans le mode de culture très-ingénieux adopté par la Haute-Champagne de temps immémorial, la souche n'est en réalité qu'une immense treille souterraine qui se divise

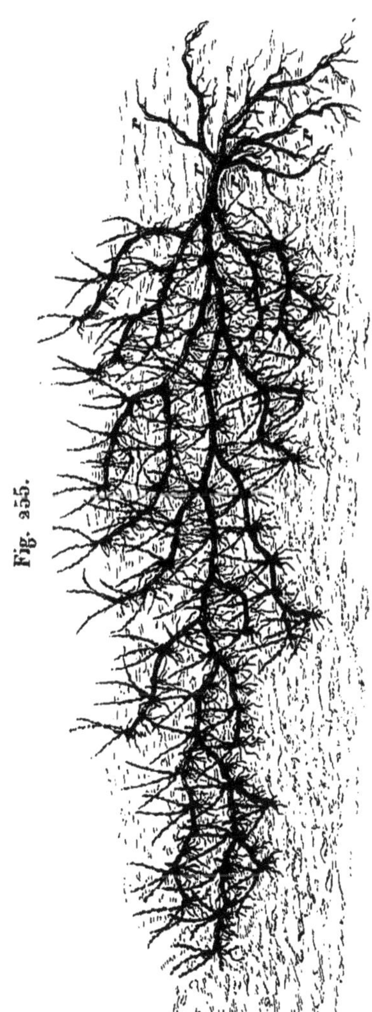



en autant de rameaux qu'elle fournit d'avances, d'écarts et de provignages ; car, outre les avances et les écarts, on provigne encore des ceps, au mois de mai, pour garnir les places vides. Chacune des ramifications du cep primitif s'allonge donc de 15 à 20 centimètres par an, et lorsqu'on arrache une vigne on relève un lacis inextricable de tiges souterraines qui s'étendent à plusieurs mètres dans tous les sens ; il n'est pas rare de suivre des cordons de 20, 30 mètres et plus : j'essaye de donner dans la figure 255, au centième, une idée de l'état souterrain d'une souche mère de 50 à 60 ans.

Incontestablement, cette expansion souterraine de la vigne lui est très-favorable ; reste à savoir si les petits colliers des racines qui poussent entre un cep et un autre sont nuisibles ou viennent en aide aux racines mères *r r r r*. L'expérience semble devoir prouver qu'ils sont nuisibles, et

qu'en atrophiant les racines mères ils abaissent singulièrement la vigueur et la fécondité de la souche. J'ai déjà
traité à fond cette question dans la Côte-d'Or : la treille ou
le cordon sur terre vient mieux que la treille ou le cordon
sous terre.

Quoi qu'il en soit, les souches champenoises vont toujours ainsi rampant vers le haut, et quand elles arrivent au
sommet de la vigne, s'il existe une autre vigne au-dessus,
séparée seulement par une sente, la coutume était autrefois
de livrer ces ceps à la vigne supérieure ; cela se fait encore
aujourd'hui dans quelques vignobles de la Marne. Par contre,
chaque propriétaire replante sans cesse un ou deux rangs,
tous les quatre ou cinq ans, au pied de sa vigne pour remplacer ceux qui finissent au sommet.

Au bêchage de février et de mars, dans la plupart des
vignobles, on ne recouche le vieux bois que très-peu profondément et de façon que la couronne de la broche soit
sur terre, comme l'indique la figure 256. Le vieux bois $v\,v\,v$
est sous terre, $c$ la couronne est sur terre et $a$, $b$, $d$, sont

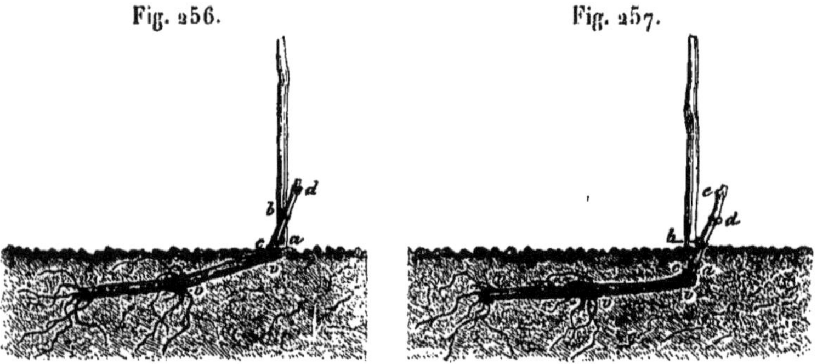

Fig. 256.  Fig. 257.

les yeux destinés à produire les bourgeons fructifères. Mais
dans quelques autres vignobles on enfonce la souche $v\,v\,v$
(fig. 257) de façon à enterrer, outre la couronne $c$, le pre-

mier œil franc au-dessus *a*. Cette disposition est adoptée surtout pour, en cas de gelée printanière venant à détruire les trois bourgeons fruitiers *a*, *b*, *d* (fig. 256), relever hors de terre la couronne et l'œil enfouis *c a* (fig. 257) et profiter des fruits qu'ils pourraient développer.

Outre l'écart et l'avance pour multiplier les ceps, le provignage sert à remplir les vides, suites d'accidents ou de vétusté ; on laisse en conséquence au bêchage, à côté d'une place dénudée, un fort cep, ayant deux ou trois sarments d'une longueur suffisante pour constituer autant de ceps qu'il en faut à la place voulue ; au mois de mai, on abaisse ce cep, déchaussé avec soin, dans une fosse ou provin ; on en étale les sarments, dont on relève la pointe là où ils doivent faire souche ; on couvre ces sarments d'un peu de terre, puis d'un ou de deux paniers de magasin ou compost, enfin la fosse est comblée par de la terre. Dans une vigne ancienne on pratique en moyenne 1,500 fosses à l'hectare, au prix de 5 francs le cent.

La fumure au provin est à peu près la seule pratiquée dans certains crus ; mais partout les terrages sont appréciés et très-souvent pratiqués, soit en terres ordinaires, soit en terres sulfureuses, carbonifères, siliceuses, ferrugineuses et gypseuses, extraites des *cendrières;* soit en terres meulières, prises sur les plateaux des montagnes, soit enfin en craie pure. M. Goerg, député au Corps législatif, marne ses vignes argileuses de Pierry avec de la craie et s'en trouve très-bien.

En février et mars on taille les vignes et on fait la bêcherie, ou recouchage général des ceps ; trente jours après le bêchage, en avril et surtout en mai, on provigne ; puis on fiche les échalas au plastron ou au maillet ; ensuite on laboure légèrement. A la fin de mai et au commencement de juin, on ébourgeonne, on pince les bourgeons qui ne font pas branche; on relève et on lie les autres à la Saint-Jean; on rogne quand le grain est formé, du 1<sup>er</sup> au 15 juillet; on donne un second labour léger en juillet et enfin un troisième en août et septembre, en creusant au-dessous des raisins pour qu'ils ne traînent pas à terre; on rogne une seconde fois les repousses, avant la vendange. — Aussitôt après la vendange, on défiche les échalas et on les met en moyère ou en chevalet. Toutes ces opérations sont bien réglées et bien exécutées; les vignes à bons vins de la Marne sont toujours propres et admirablement tenues.

Les cépages à vins fins sont ceux que j'ai indiqués à peu près exclusivement : le beurot ou pineau gris et les enfumés disparaissent, quoique excellents, parce qu'à la réception des raisins ils ont été confondus avec les malmûrs (maumûrs) qu'on rejette des marchés à livrer, leur couleur prêtant à l'équivoque.

Les raisins noirs sont préférés de beaucoup aux blancs pour faire les vins blancs de Champagne : quand les premiers valent 75 centimes le kilogramme, ce qui est très-fréquent, les raisins blancs valent 25 centimes. Il y a pourtant quelques exceptions; à Cramant, par exemple, où les raisins blancs (épinette, petit arnoison blanc, plant de Chablis) acquièrent une grande finesse et une grande perfection, leur prix s'approche beaucoup de celui des raisins noirs.

On vendange avec un soin extrême, en séparant les raisins non mûrs et les pourris; les paniers des vendangeurs sont apportés à un atelier de nettoyage, où des femmes reprennent les raisins, un à un, et les expurgent avec des ciseaux; les retranchements et les rebuts sont mis à part

dans une caque ou dans un grand panier mannequin à deux
anses, et le choix placé dans d'autres paniers ou caques (les
caques sont des demi-pièces d'un hectolitre : elles valent
mieux que les paniers parce qu'elles sont étanches. La caque

Fig. 258.          Fig. 259.

(fig. 258) et le panier (fig. 259) contiennent, en poids,
environ 60 kilogrammes de raisin.

Les caques ou paniers sont placés sur voitures ou à dos
de bêtes de somme pour être apportés au vendangeoir.

Là, s'il s'agit de faire le vin blanc destiné à l'industrie
des vins mousseux, les raisins sont passés à l'égrappoir,
puis au double cylindre cannelé, puis soumis immédiatement au pressoir, dont ils reçoivent trois presses successives
après deux rebêchages; quelquefois le marc est soumis à
trois rebêchages et à une quatrième pression, mais le dernier produit, et parfois les deux derniers, ne sont point
mêlés aux vins de cuvée. Quelques propriétaires ou négociants recueillent à part les vins sortis sans pression, sous
le nom de *moût-vierges*, et n'admettent à la première cuvée
que ces produits et ceux de la première presse. Dans tous
les cas, ces vins sont d'abord déposés dans des cuves de 40
à 50 hectolitres où ils subissent, pendant douze à vingt-
quatre heures, un premier travail qui précède toute fermentation et qui a pour effet de déposer au fond de la cuve
les impuretés les plus grossières; en effet, à un moment
donné, le moût s'éclaircit à moitié, et un dépôt assez con-

sidérable est au fond de la cuve, tandis qu'une croûte mince et craquelée flotte à sa surface : on laisse ainsi le moût se *débourber*.

Ce premier travail, qu'on appelle le *débourbage*, s'opère spontanément et plus ou moins vite, suivant la température, mais sans fermentation. Aussitôt qu'il est accompli, on tire le moût clair dans des fûts neufs ou parfaitement nettoyés, de la capacité de 2 hectolitres, jauge de la Marne; on ne les emplit pas jusqu'à la bonde, qui demeure ouverte ou plutôt que l'on recouvre le plus généralement d'une simple feuille de vigne fixée par un fragment de tuile : on a beaucoup essayé les bondes hydrauliques; quelques-uns s'en servent encore, mais la majorité se contente de la feuille de vigne.

Les fûts, de 2 hectolitres, sont rangées dans des celliers à 18 ou 20 degrés de chaleur, où les vins subissent leur première fermentation tumultueuse, pendant deux, trois ou quatre semaines; puis les futailles sont descendues en caves fraîches, remplies et bondées sans scellement. Au moment de la descente en cave, les moûts contiennent encore beaucoup de sucre non converti en esprit et en acide carbonique, plus ou moins, suivant la richesse de la vendange, la température de la première fermentation et la verdeur des vins. Au mois de décembre, par un beau temps froid, les vins sont collés au tannin, à l'acide tartrique et à l'ichthyocolle, soutirés à clair et séparés de leur lie.

Depuis ce moment jusqu'aux mois de mars, de mai et même de juin, il reste souvent encore assez de sucre non décomposé pour fournir tout l'acide carbonique nécessaire à une bonne mousse, laquelle suppose une pression moyenne de 4 à 5 atmosphères, c'est-à-dire à peu près 16 grammes de sucre par bouteille de 80 centilitres. Le grand art du fabricant de vin de Champagne consiste à bien saisir le moment où le vin, en fût, n'a ni plus ni moins que la quantité voulue de sucre pour donner une excellente mousse, et pourtant pour ne pas casser les bouteilles, ou à remplacer par une addition de sucre le sucre qui ferait défaut. C'est ordinairement de la fin de janvier au commencement de mai que les meilleures conditions se présentent; mais il faut observer la marche de la fermentation latente pendant ce temps avec un soin extrême, sous peine de manquer la mousse ou de casser trop de bouteilles.

Avant de faire les tirages et après le premier soutirage on a dû faire ses cuvées : on appelle faire le tirage, mettre le vin en bouteilles; on appelle faire les cuvées, mélanger les différents crus de la Marne, de façon à obtenir le meilleur vin possible, en réunissant les diverses qualités attribuées à chaque vignoble. Ainsi on accorde plus de corps et plus de solidité aux vins de la montagne de Reims, comprenant principalement Sillery, Verzenay, Mailly, Verzy, Ambonnay, Bouzy, etc. plus de douceur et de moelle aux vins de la rivière de la Marne, comprenant Mareuil, Aï, Hautvillers, Dizy, etc.; enfin, plus de légèreté et de finesse aux vins des montagnes d'Épernay, de Pierry, de Cramant, d'Avize, du Ménil, etc. Faire les cuvées, c'est mélanger ces différents vins ou d'autres, en diverses proportions, avant d'en faire le tirage, c'est-à-dire avant de les mettre en bouteilles.

Je me suis occupé beaucoup des vins de Champagne et j'ai dû connaître toutes les pratiques de cette grande industrie, que j'ai cherché à faire progresser; mais je n'entends et ne dois en parler ici que comme emploi du produit des vignes de la Marne et pour avertir les viticulteurs de toute la France que l'industrie des vins mousseux est des plus délicates et des plus difficiles, et que ceux qui s'y lancent légèrement, sans les notions les plus détaillées et les plus pratiques, sont presque assurés d'y trouver la ruine au lieu d'une fortune qui leur semble infaillible.

Les propriétaires des vignes des deux arrondissements de Reims et d'Épernay et du canton de Vertus ont trois manières d'écouler leurs produits : la meilleure et la plus recherchée est la vente du raisin de choix, en caques ou en paniers, aux négociants en vin de Champagne; la livraison s'en fait, à la vigne même, aux agents des maisons de commerce. Aujourd'hui, la vente se fait au poids, ce qui est de beaucoup préférable, et non sujet aux variantes et aux fraudes de la vente au volume; ce qui évite aussi les infidélités des voituriers qui transportent les raisins de la vigne au vendangeoir; il est peu de maisons qui ne vérifient pas, à l'arrivée, le poids livré à la vigne : la vérification du volume par les tassements est impossible.

Le second moyen d'emploi de sa vendange par le propriétaire est de pressurer lui-même ses raisins, de débourber leurs moûts, de les mettre en barriques, d'y laisser faire les vins, de les houiller, coller, soutirer et soigner, puis d'attendre le moment où les maisons de commerce offriront le prix qui conviendra aux deux parties.

Enfin, quelques propriétaires se risquent, dans les années de bon vin et de bon marché, à mettre leurs vins en bouteilles (cela s'appelle faire un tirage), toujours pour les céder tôt ou tard aux grandes maisons, qui seules se chargent de les *dégorger*, de les *opérer*, de les rendre propres à l'expédition et de les vendre.

Pour faire le tirage de ses propres vins, le propriétaire
doit déjà posséder une grande somme de connaissances spéciales, et surtout une grande avance d'argent, un outillage
et des locaux importants ; il reste ensuite au négociant à les
dégorger, à les recouler, à les opérer en liqueur, à leur
donner des bouchons neufs, à les coiffer, étiqueter, embal-
ler ; en un mot, à les parfaire dans leur conditionnement :
toutes pratiques si difficiles et si minutieuses, qu'elles sont
pour la plupart le fruit d'une longue tradition et de la connaissance parfaite des goûts et des besoins des consommateurs de France et des diverses parties du monde.

Les grandes et honorables maisons de préparation et de
commerce des vins mousseux de la Champagne sont vraiment dignes d'une haute considération, non par leur propre
fortune, le plus souvent traditionnelle et bien méritée, mais
par les services réels rendus à la Marne, à la viticulture
française et à la France tout entière. La grande fortune est
nécessaire pour produire, toujours et tous les ans, d'excellents vins : c'est surtout en achetant, dans les meilleures
années, des réserves énormes de vins supérieurs et en les
introduisant par quantité calculée dans les bouteilles même
des petits vins des années ordinaires et médiocres, que les
grandes maisons fournissent, toujours et tous les ans, des
vins de qualité soutenue ; c'est là l'opération qu'on appelle
le recoulage.

Les vins blancs secs de Sillery ont joui d'une grande réputation et se sont payés de grands prix ; il en serait encore
ainsi et de même de la plupart des vins blancs de la Haute-
Champagne, dans les bonnes années surtout, mais on ne
sait plus faire ces vins non mousseux, en leur conservant
leur liqueur : c'est vraiment un secret perdu et qu'on ne

cherche plus à retrouver, parce que les vins mousseux ont un tel éclat, un tel prestige et une telle séduction extérieure, joints aux qualités réelles du fond, que l'on n'obtiendrait point un aussi grand placement des vins secs, quoique plus sérieux et plus appréciés des vrais connaisseurs.

La presque totalité des raisins noirs sert aujourd'hui à faire les vins blancs de Champagne, tandis qu'autrefois la Champagne n'avait pas moins de réputation pour ses vins rouges que pour ses vins blancs.

Aujourd'hui la Marne produit encore d'excellents vins rouges, dont la saveur, le bouquet et la chaleur tiennent le milieu entre les meilleurs vins de Bourgogne et ceux du Médoc, et leur valeur ne serait pas moindre s'ils étaient préparés et soignés comme autrefois.

Le vin de Bouzy rouge est vraiment un des grands vins de France, et tous les vins rouges faits des fins cépages noirs de la Champagne à Verzenay, Mailly, Saint-Basle, au clos Saint-Thierry, sont de première qualité dans les bonnes années. Ceux de Cumières, d'Hautvillers, Mareuil, Dizy, Pierry, Épernay, Taissy, Ludes, Chigny, Rilly, Villers, Vertus, sont également très-bons, mais à une condition, c'est que la cuvaison de tous les vins rouges de la Champagne sera comprise, comme celle de la Côte-d'Or et du Médoc, entre trois et sept jours, et à une autre condition, celle de la vendange tardive, à la pleine maturité des raisins.

Si je n'ai pas dû entrer ici dans les détails des rinçages des bouteilles, des tirages, des entreillages, des dégorgements, des recoulages, des mises en liqueur, des bouchages, etc. des vins de Champagne, je ne dois pas davantage décrire les outillages admirables qui servent aux diverses opérations; je me contenterai de rappeler que les caves de la Marne, la plupart creusées dans le massif crayeux ou maçonnées en voûtes à deux ou à trois étages superposés, sont aussi saines que constantes dans leur température de 11 à 13 degrés centigrades, et qu'en aucun vignoble de la France il n'en existe de meilleures et de plus belles ni de plus vastes. Pour en donner une idée je citerai un seul fait : de 1844 à 1848 j'éclairai par la lumière du ciel, au moyen de larges réflecteurs disposés au fond de puits verticaux de 15 à 20 mètres de profondeur, 6 kilomètres de caves appartenant à un seul établissement, que je fis breveter pour cette application de la physique à l'industrie.

Dans tout l'arrondissement d'Épernay et dans le canton de Vertus, dans la plus grande étendue de celui de Reims, les pratiques de la vinification et de la viticulture sont les mêmes en principe; mais dans les communes de Saint-Thierry, de Villers-Franqueux et de Merfy, appartenant à cet arrondissement, les vignes sont plantées de tous plants, quelquefois en double, pour n'en garder qu'un, à 60 centimètres entre les lignes et à 40 centimètres entre les ceps d'une même ligne; ces ceps restent de franc pied, à la même distance, et l'alignement est toujours conservé; chaque cep est muni d'un échalas de $1^m,50$ de tout bois; ceux de bois tendre sont passés au sulfate de cuivre; les vignes sont cultivées à plat et entretenues par plants rapportés, jamais par provignage. Avec ces caractères communs, les vignes se divisent en vignes basses, toujours taillées à deux coursons, à deux ou à trois yeux, et en vignes hautes, dont chaque cep est toujours taillé comme l'indique la figure 260; la tête du cep est fixée par un lien de paille à l'échalas, en *gh*; cette tête est surmontée d'un courson *ab*, à deux yeux, et d'une ploie à neuf ou à quinze yeux *cc'def*, laquelle est fixée à l'échalas en $c''$, puis recourbée en bas et attachée une seconde fois en $f$. Chaque souche porte ordinairement un

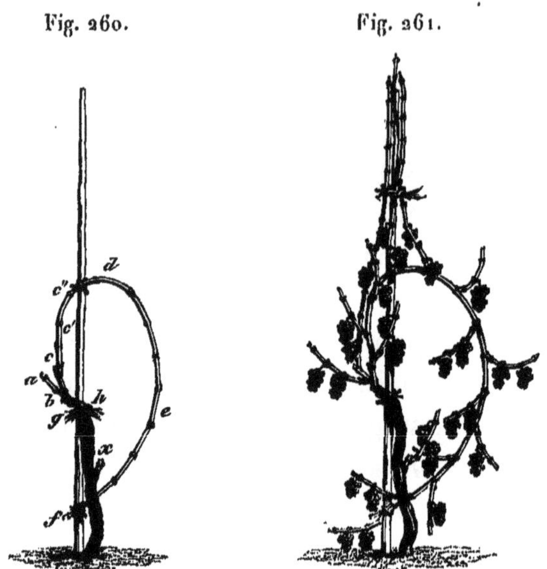

Fig. 260. Fig. 261.

tiret de rabattage $x$. La figure 261 est la reproduction de la souche 260 avec ses raisins et ses sarments, les feuilles étant abattues pour mieux faire comprendre la végétation et la fructification de cette taille.

Les vignes basses sont ébourgeonnées, relevées, liées et rognées comme dans tout l'arrondissement; mais les vignes hautes sont de plus pincées, relevées et liées comme l'indique la figure 261. Les vignes hautes rendent en moyenne 60 hectolitres à l'hectare et les vignes basses 30 hectolitres; mais on estime plus les vins de ces dernières. Les cépages sont : le franc noir, le meunier et le blanc; les prix moyens de l'hectolitre varient de 25 à 40 francs.

Dans l'arrondissement de Reims, à Hautvillers et à Cumières, on laisse des ploies, coulées ou longues tailles aux cépages tels que : gouais, gamays, etc., espèces dites *bois-sonnières* parce qu'elles composent les vignes destinées à la boisson des ouvriers. Mais toutes les vignes à vins fins sont conduites à la méthode la plus générale; cette méthode est même suivie dans l'arrondissement de Châlons et dans le canton de Sézanne, dont les cépages, trop mêlés d'espèces grossières, donnent des vins très-médiocres. A Châlons, à Saint-Michel, au Monthéry, à Compertrix, on cultive les vignes comme à Épernay, à Aï, à Verzenay, mais le cépage principal est le gouais; elles donnent donc des vins très-communs, d'autant plus qu'elles sont mélangées d'arbres fruitiers et constituent de vrais vergers; au surplus, l'arrondissement de Châlons ne compte que 7 à 800 hectares de vignes, dont le canton de Vertus contient plus de la moitié.

L'arrondissement de Vitry-le-François cultive environ 2,900 hectares de vignes, et son canton central 1,400.

Comme à Saint-Thierry, les vignobles de Vitry sont conduits suivant deux méthodes.

Fig. 262.

Les vignes en plant de Saint-Dizier, gamay, bourguignon (troyen, trois-ceps, foirard), sont toutes à souches basses, à deux membres, rarement à trois, surmontés chacun d'un courson à deux ou trois yeux francs *ab, cd* (fig. 262).

Les vignes plantées en gouais ou en pineaux blancs et noirs sont dressées à 30 centimètres de terre, sur souches à un ou deux membres, dont un, le plus fort, est toujours surmonté d'un pleyon et l'autre d'un courson; parfois, chaque membre a un pleyon. S'il n'y a qu'un membre à la souche, il porte en général le courson au bas (fig. 263, *c*) et le pleyon plus haut, *pppp;* mais le pleyon de l'année suivante

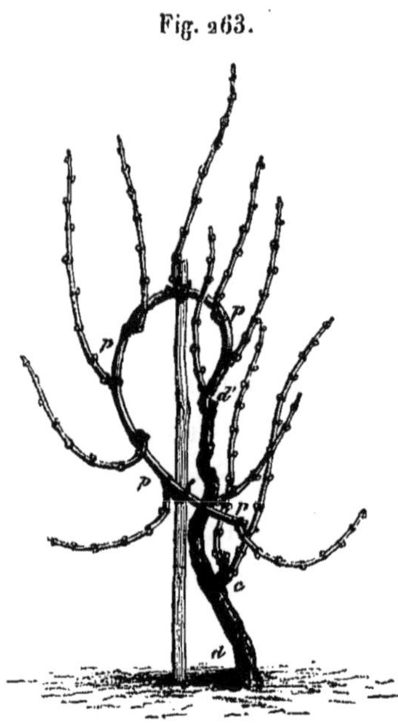

Fig. 263.

est presque toujours repris sur le pleyon de l'année précédente, et le courson sert plutôt à rabattre le cep qu'à donner le pleyon de remplacement.

Cette reprise de pleyon sur pleyon fait monter rapidement la souche de *d* en *d'* (fig. 263); et, bien que les échalas employés à Vitry aient environ $1^m,50$ de hauteur, on est obligé de recourir fréquemment au rabattage.

Les vignes à Vitry sont plantées en rayons parallèles, d'abord distants de 1 mètre au carré; mais vers la quatrième année les ceps primitifs sont provignés et multipliés ainsi jusqu'à 40,000, distants en moyenne de 50 centimètres. Tout alignement est rompu depuis lors. On fume fortement au provin.

Les vignes à coursons vivent beaucoup moins longtemps que les vignes à pleyons : on les arrache à vingt ou vingt-cinq ans, tandis que celles à pleyons restent fertiles jusqu'à soixante ou quatre-vingts ans et plus. Elles exigent aussi pour leur entretien bien moins de provins que les vignes à coursons et sont bien moins frappées par les gelées.

Les vignes, à Vitry, sont l'objet de soins très-actifs et sont parfaitement entretenues; la végétation en est fort belle, surtout celle des vignes à pleyons; elles sont ébourgeonnées et pincées avant le 15 mai, relevées et liées au commencement de juin, et rognées vers la fin de juillet; on met souvent deux liens de paille, et l'on fait un second rognage avant la vendange.

La taille se fait avant l'hiver sur les coteaux, après l'hiver dans la plaine; les pleyons sont attachés à la souche au moment de la taille.

On donne trois à quatre cultures à la terre, peu profondes et à plat, en avril, en juin, en juillet et à la fin d'août.

La récolte moyenne est de 30 hectolitres en coteaux et de 60 en plaine : mais, dans les deux cas, la vigne du propriétaire vigneron donne toujours plus de moitié en sus de celle du propriétaire bourgeois.

La culture des vignes se fait à l'entreprise, dont le prix moyen est de 300 francs de l'hectare, sans compter les provignages, les vendanges, les fournitures d'échalas, les terrages ni le fumier. La bourgeoisie ne trouve plus de vignerons, même à ces prix élevés. Le nombre des vignerons diminue d'ailleurs sensiblement : dans la seule rue Saint-Jacques, à Vitry, on comptait 22 familles de vignerons il y a vingt ans; aujourd'hui il en reste 3. Dans toute la ville on en comptait 160 : il n'en reste plus que 80.

Dans l'arrondissement de Vitry, on fait des vins rouges et des vins blancs en quantité à peu près égale; les vins de pineau blanc sont fort agréables, mais ils passent facilement à la graisse, maladie très-redoutable autrefois pour tous les vins blancs de la Champagne, mais qu'on prévient et qu'on guérit parfaitement aujourd'hui par une addition de 15 à 20 grammes de tanin par hectolitre. A Huiron, Courdemanges et Glannes, au sud-ouest de Vitry, on fait

des vins blancs de bonne et vraie qualité de Champagne.
Les vins rouges se font en général à cuve ouverte et à marc
flottant; on renfonce deux fois par jour et l'on arrose les
marcs; la cuvaison y dure de dix à quinze jours. On tire
les vins clairs et froids; les uns mêlent les jus de pressoir
aux jus de la cuve, les autres ne les mêlent pas.

Les vignerons de Vitry-le-François avaient, de temps
immémorial, le droit de vendre en détail le vin de leur
récolte et de le faire consommer chez eux, en avertissant
le public de cette intention par un bouchon mis à leur
porte. Ce droit, qui leur permettait d'écouler rapidement
et avec avantage leurs produits, leur a été retiré, puis
rendu, puis retiré; le tout, disent-ils, au caprice du fisc.
Les vignerons de Vitry se plaignent amèrement de ce changement, et ils semblent fondés dans leurs plaintes; ils ne
connaissent aucune loi qui empêche ou puisse empêcher
le producteur agricole de vendre en détail et de faire consommer chez lui ses propres produits : aussi le bouchon
n'était-il maintenu que le temps nécessaire à cet écoulement
chez un vigneron; puis il était mis à la porte d'un autre :
n'achetant aucun autre vin, ils se croyaient en dehors de
la police des cabarets. La suppression du droit de vente
directe a ruiné et fait disparaître la moitié des vignerons et
diminué la superficie des vignes.

Les vignes fines de la Marne sont encore plus soignées
que celles de Vitry : aussi le prix des façons d'un hectare,
moins les provins, les terrages, les fumures et les fournitures, s'élève-t-il en moyenne à 400 francs, et à 600 francs
au moins, travaux d'hiver et fournitures compris; si l'on
ajoute à cette dépense annuelle l'intérêt de la valeur de
la vigne, dont le moindre hectare vaut 6,000 francs, les

meilleurs 24,000 francs et les moyens 15,000 francs, il faudra trouver une récolte moyenne de 30 hectolitres, valant 50 francs l'un, pour représenter les intérêts à 5 p. 0/0 et faire face à toutes les dépenses. Or, cette année même (1867), les premières têtes de vins atteignent 250 francs l'hectolitre, et les moindres ne sont pas descendus au-dessous de 100 francs. La culture des vignes fines en Champagne peut donc être une excellente opération : elle pourrait être bien plus sûre et plus stable si les vignes étaient cultivées de franc pied, comme à Chablis ou comme dans le Médoc.

Le climat et le sol de la Marne permettent-ils à la viti-culture de s'y étendre?

Sur les pentes des coteaux le climat est suffisamment bon; mais loin de leurs abris les gelées de printemps sont très-redoutables. Le sol crayeux pur, non réchauffé par le mélange des terres de Brie, est plus sujet à l'action des gelées qu'aucun autre.

Pourrait-on réchauffer la craie, cette base merveilleuse des vins fins, par l'apport de terres silico-argileuses, de sables gras de montagne et un mélange de fumier d'étable?

Pourrait-on, par des abris artificiels, conjurer les gelées et suppléer à l'insuffisance des sites?

Quelle serait la dépense de cette double pratique? Quel en serait le produit?

Telle est le double problème que j'ai tenté de résoudre en 1850 à Sillery, à mi-profits avec une maison de commerce de vins de Champagne de Châlons à laquelle je m'étais associé en 1844 pour toutes les améliorations phy-siques, chimiques, mécaniques et économiques que j'apporterais dans la production, le logement, le traitement et la manipulation des vins de Champagne.

Les vignobles que j'avais créés et menés à bien ont complétement changé d'administration et de conduite dès 1853 à Châlons, pendant que j'étais à Sillery, puis dès 1857 à Sillery, aussitôt que je l'eus quitté. Un viticulteur sérieux, M. Trouillet, bien connu pour son système de taille courte et de pincements réitérés, également courts, fut chargé de transformer mes vignes de Châlons en son système opposé aux longues tailles et aux palissages; et en 1863 un jardinier hollandais, M. Hooïbrenck, fut chargé de détruire ce qu'avait fait M. Trouillet et de rétablir alors le système des longues tailles, avec des variations fantaisistes qui furent aussi étendues à Sillery.

Je ne saurais donc accepter comme conséquences de mes travaux les transformations et les détériorations qu'elles ont subies, transformations si multiples et si étranges, qu'elles ne pouvaient arriver à bien.

Voici, du reste, en gravures, l'explication des principales dispositions du mode de viticulture appliqué par moi dans la Marne, au trente-troisième de grandeur naturelle. La figure 264 représente trois rangs de pépinière : A, les boutures

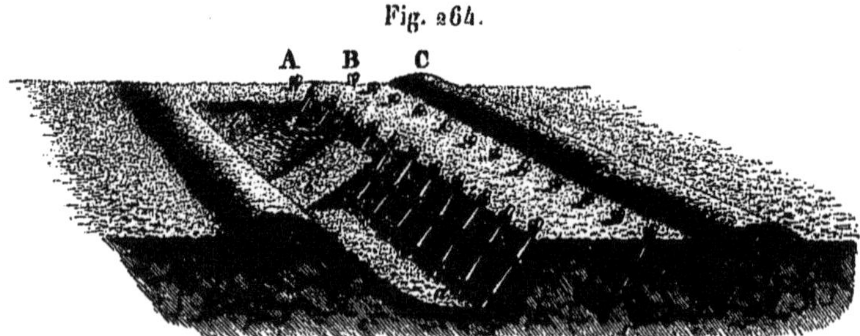


Fig. 264.

dressées dans la jauge; B, l'œil des boutures sortant du sol; C, la ligne de bouture recouverte de sable. Dans la jauge A, *a* montre la jauge vide, *b* la première couche de terre

contre les boutures, *c* une couche de fumier, *f* le remplissage complet avec la terre. La figure 265 donne les bou-

Fig. 265.

tures en place dans la vigne : A, bouture placée dans le trou
du plantoir ; B, bouture avec son œil sur terre, le trou rempli
de terre amendée bien tassée et au besoin arrosée ; C, l'œil
recouvert de sable. La figure 266 montre la pousse de la

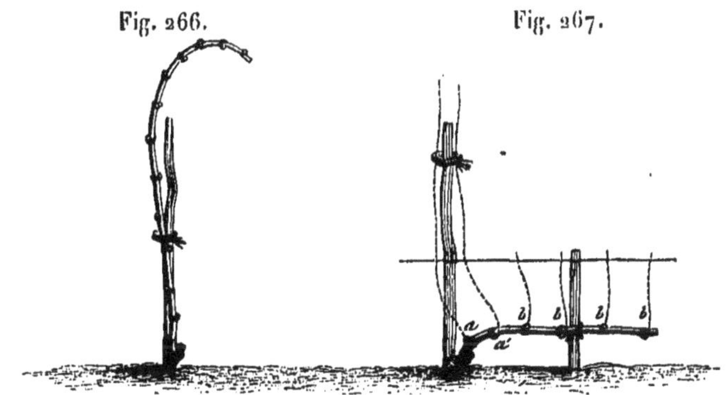

Fig. 266.                          Fig. 267.

première année, soutenue le long de son échalas.

La figure 267 indique la taille de la deuxième année, avec

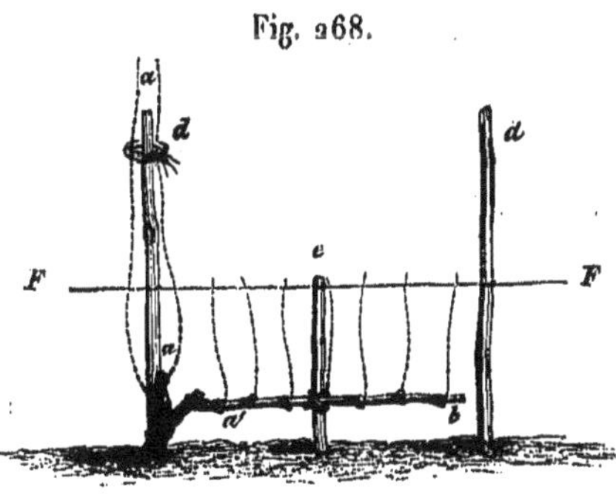

Fig. 268.

pincement court des
bourgeons *bbbb* et avec
accolage, sans pince-
ment, des deux pre-
miers bourgeons *a a*,
figurés au pointillé.

La figure 268 donne
la taille de troisième

année avec branche à bois, taillée à deux yeux sur le sarment *a*,
et branche à fruits sur le sarment *a′ b* attaché à son carasson.

La figure 269 représente trois souches taillées et atta-

Fig. 269.

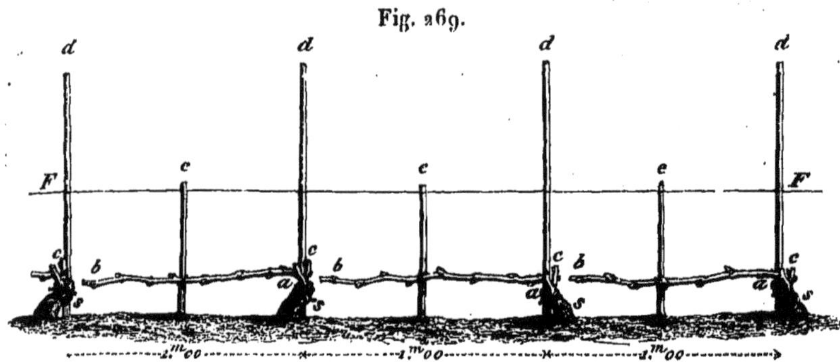

chées, au mois de mars, au carasson *eee*. Le courson ou
branche à bois *ccc* donnera deux sarments qui seront attachés aux échalas *dddd;* la longue taille *ab*, *ab*, *ab* donnera les
fruits, et ses bourgeons seront attachés au fil de fer *FF* et
pincés immédiatement au-dessus. La figure 270 représente,

Fig. 270.

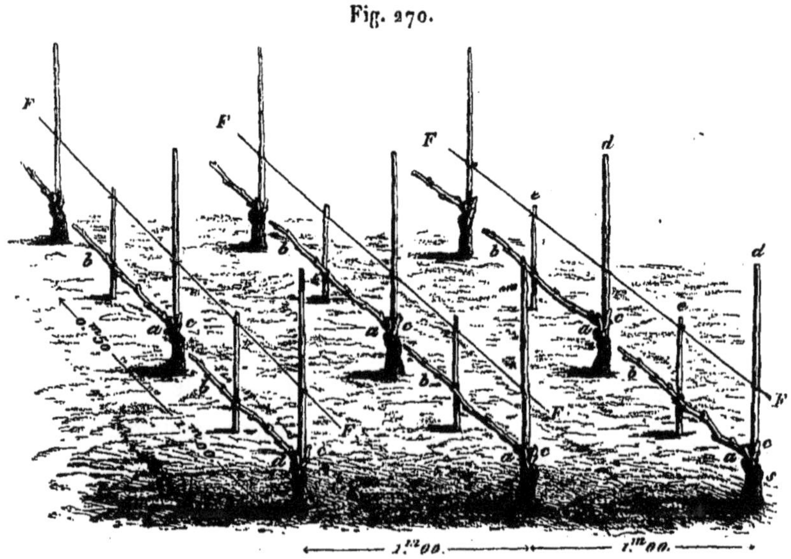

en perspective, trois lignes à trois souches taillées; les
mêmes lettres représentent les mêmes détails que celle de
la figure 269.

La figure 271 montre 3 souches ayant chacune une branche

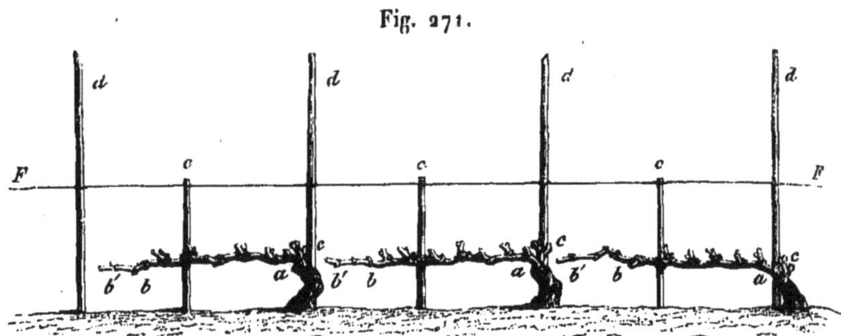

Fig. 271.

à fruit gardée pendant deux et même trois ans, dans le cas
où les branches de renouvellement ont fait défaut; elle est
alors conduite et taillée à courson, comme un cordon à la
Thomery; elle peut être abattue, en totalité ou en partie, et

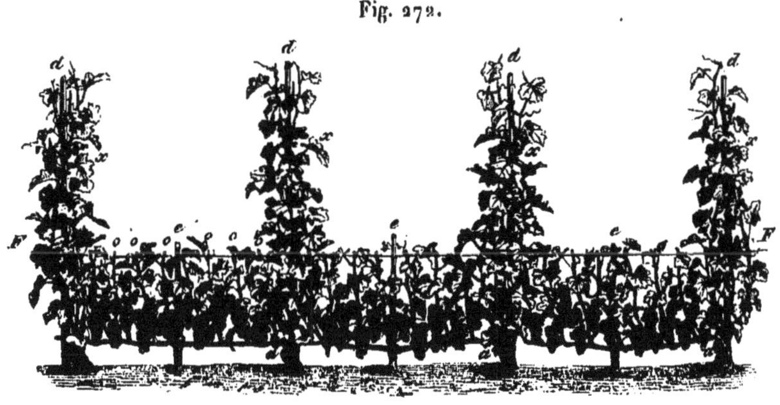

Fig. 272.

rétablie dans sa longueur par une broche empruntée au
meilleur sarment (*bb'* complétant *ab*).

La figure 272 représente l'état normal de la culture type,

après le développement complet du râisin; *ad, ad,* sont les bourgeons de la branche à bois attachés en *x* le long du grand échalas et rognés au-dessus en juillet et août; *ooooo* sont les pampres fructifères attachés aux carassons *e, e, e,* et pincés au-dessus du fil de fer *FF.*

La figure 273 offre le résultat de la végétation et de la

Fig. 273.

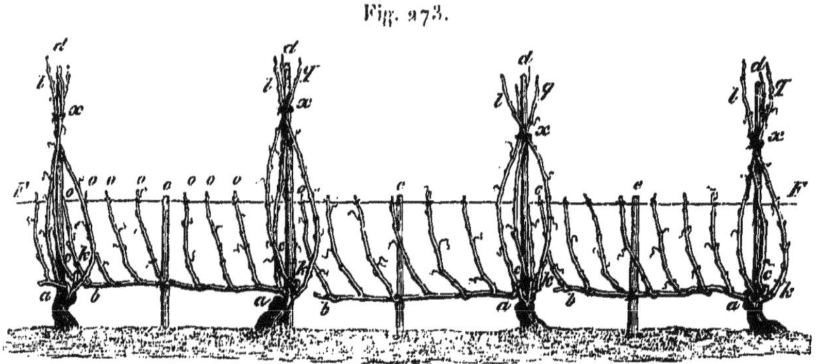

conduite de la vigne après la récolte et la chute des feuilles, c'est-à-dire le squelette de la vigne type en décembre.

Fig. 274.

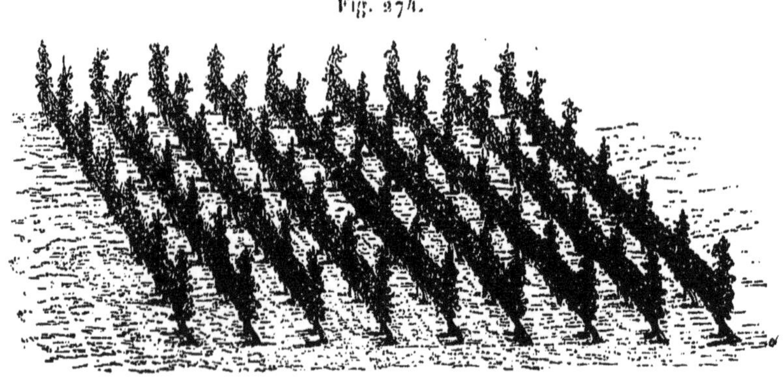

La figure 274 offre la vue d'ensemble des vignes types, à 1 centimètre pour mètre.

27.

Les figures 275 et 276 donnent, l'une en élévation de

Fig. 275.

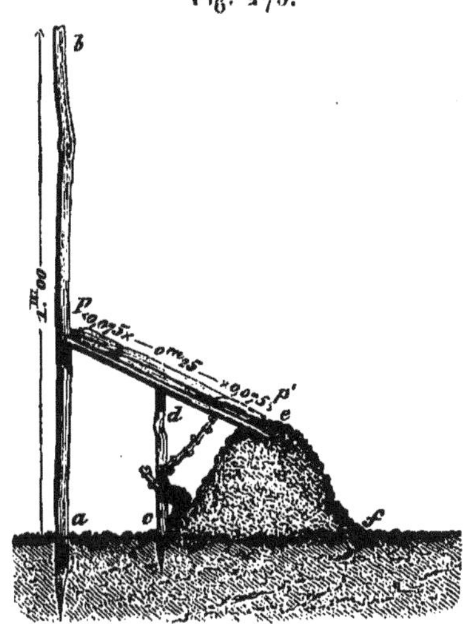

Fig. 276.

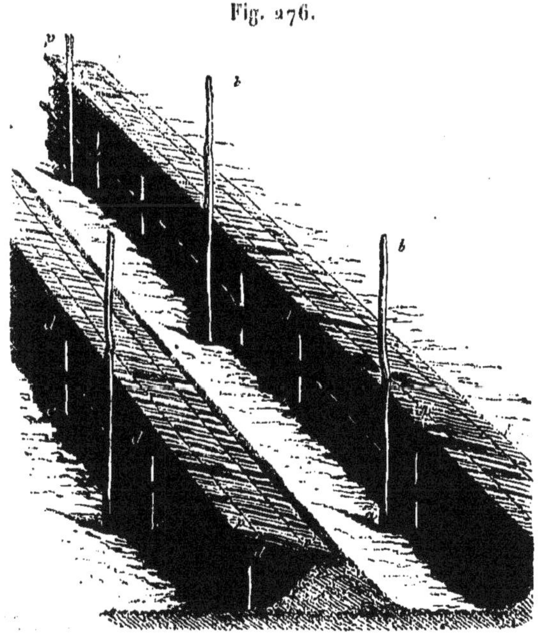

profil, l'autre en perspective, le cep taillé et abrité, du

15 mars au 15 avril, avant toute végétation; le grand échalas *ab*, auquel est attaché le paillasson, est fiché à 15 ou 20 centimètres de la ligne des petits échalas ou carassons *cd* qui supportent le paillasson *PP'*, appuyé à l'ouest ou au nord sur un billon *ef*, au milieu sur le fil de fer qui relie les carassons, et à l'est ou au sud sur les grands échalas. Les figures 277 et 278 représentent la même position au début de la végétation.

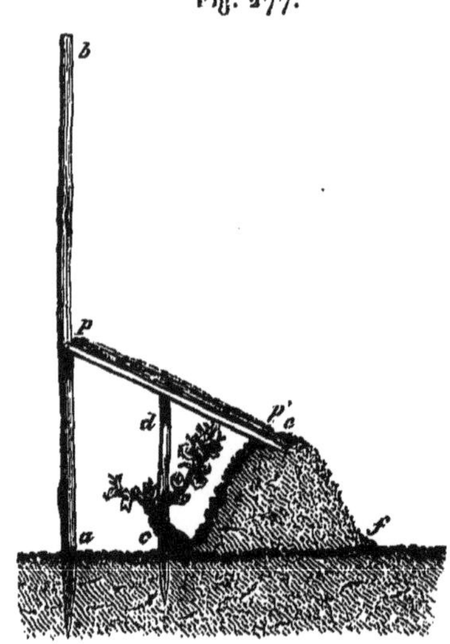

Fig. 277.

Fig. 278.

Les figures 279 et 280 montrent la position verticale du

Fig. 280.

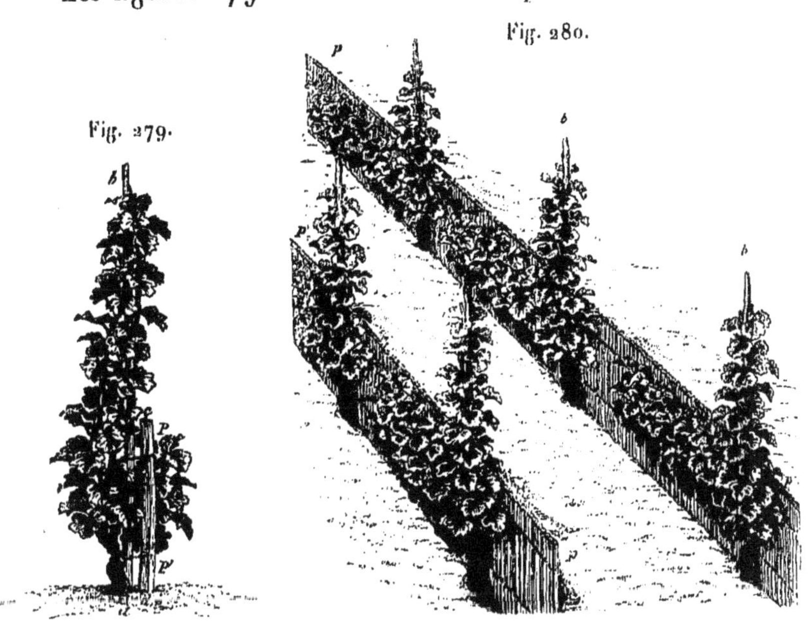

Fig. 279.

Fig. 282.

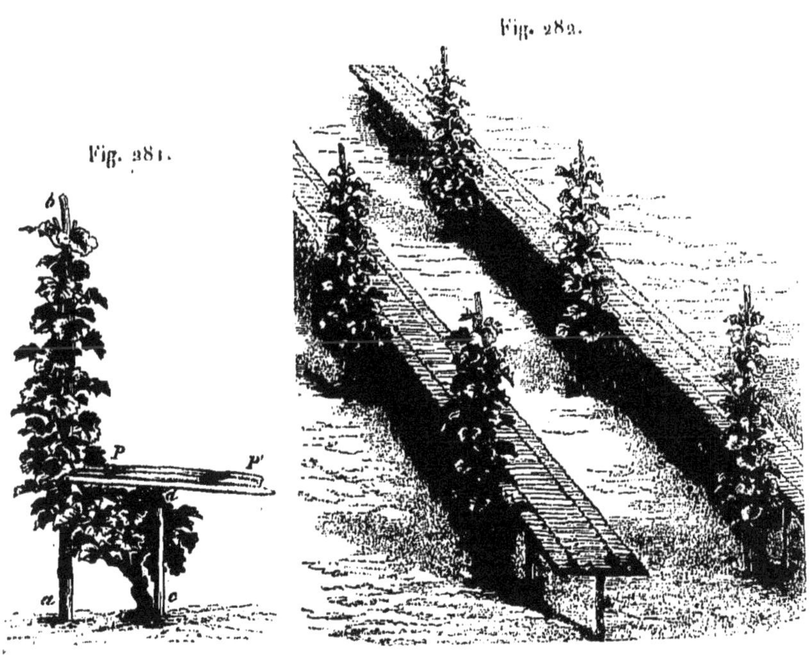

Fig. 281.

paillasson *P, P'* à l'ouest ou au nord des ceps ; le grand échalas *ab* est alors reporté au niveau ou un peu en arrière des carassons *cd*.

A la fin de septembre, le grand échalas, reporté en avant des carassons, donne au paillasson la position presque horizontale (fig. 281 et 282), pour abriter les raisins contre les pluies et les premières gelées d'automne.

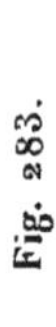

La figure 283 indique le mode de déroulement des paillassons le long des lignes de vignes ; le rouleau de paillassons *rr* mesure 50 mètres de développement ; on passe dans son milieu un axe en bois, dont les deux extrémités sont soutenues par deux échancrures d'un châssis *ccc* installé dans l'allée, vis-à-vis une ligne de vigne : dix hommes sont chargés de le dérouler et de le placer, sous l'œil du chef du chantier, lequel est muni d'un sifflet. Le premier ouvrier prend le chef du paillasson en *c k* et s'avance de six à sept pas dans la ligne de vigne (5 mètres) ; un second ouvrier prend le paillasson également en *c k*, à l'épaule droite, puis un troisième, un quatrième, jusqu'au dixième, qui est le chef et qui retient l'autre extrémité du paillasson en donnant un coup de sifflet, signal d'arrêt de tous les porteurs ; à un second coup de sifflet, tous prennent le bord supérieur du paillasson de la main gauche, le dégagent de l'épaule et le descendent à terre; puis ils engagent la chaîne supérieure du paillasson sur une pointe en forte saillie, préalablement plantée, à 5o centimètres de son extrémité inférieure, dans chaque grand échalas; cette pointe est alors recourbée en haut au moyen d'une clef dont chaque homme est muni, et le paillasson se trouve parfaitement fixé.

Un atelier de dix hommes garnit ainsi un hectare de vignes dans un jour, en toute perfection; c'est une dépense de 25 francs. La première pose, les deux changements de position et la dépose après la vendange coûtent chacune le même prix, en tout 100 francs. Mais le transport à la vigne et le remisage coûtent chacun 12 fr. 5o cent., soit 125 francs la manœuvre complète des paillassons, par an et par hectare. Les paillassons doivent avoir 4o centimètres de largeur et leurs deux chaînes sont en forte ficelle passée, à chaud, à la glu marine et au goudron, ou bien en fil de fer galvanisé n° 6; ils emploient de 6 à 800 grammes de paille par mètre courant. Ainsi disposés, les paillassons, à la ficelle seulement, doivent rester vingt-quatre heures dans une solution de 2 kilogrammes de sulfate de cuivre par 100 litres d'eau, pour servir cinq ans. En les faisant faire chez soi et avec ses propres pailles, le mètre courant peut ne revenir qu'à 10 centimes, soit 1,000 francs pour un hectare. Le métier fait facilement en un jour, avec un homme et un aide, 200 mètres courants moyennant 2 ou 3 centimes le mètre.

La figure 284 indique un rouleau de paillassons; la figure 285, un paillasson développé, et la figure 286 donne l'idée d'ensemble d'une petite fabrique et de quelques applications. Je la donne pour montrer combien son instal-

lation est simple et facile; car c'est le paillasson qui donne
toutes les constructions nécessaires.

Fig. 284.

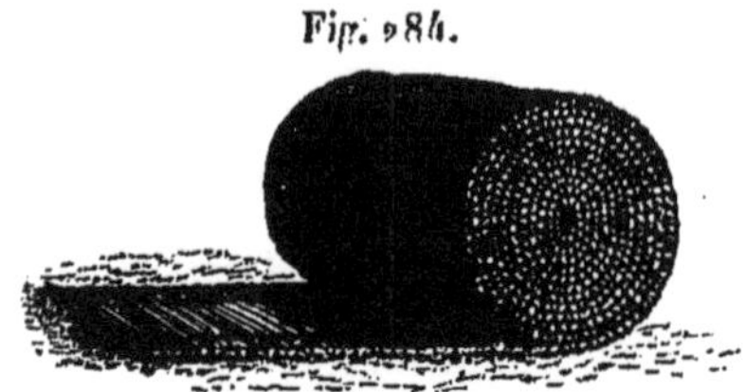

Dans deux ans, les brevets qui protégent l'industrie privée

Fig. 285.

que j'ai créée et cédée expirent, et chacun pourra faire

Fig. 286.

fabriquer chez soi. J'espère alors que mon idée, outre les

services de luxe qu'elle rend aujourd'hui, pourra venir au secours de la bonne viticulture de l'extrême Nord, où se font des vins, tels que le champagne, qu'aucun autre climat plus chaud ne saurait produire.

L'application des paillassons à la vigne la préserve réellement des gelées de printemps, diminue de moitié sa coulure et la garantit contre les pluies et les gelées d'automne : ces faits ont été mis hors de doute sur une très-vaste échelle et pendant plusieurs années; dans un même vignoble, les hectares paillassonnés ont toujours donné le double des hectares non paillassonnés, et dans les années mauvaises ils ont produit au moins 40 hectolitres à l'hectare, alors que les autres ne donnaient rien.

Mais je ne conseille l'emploi des paillassons qu'avec une grande réserve dans l'extrême nord des vignobles et là où les vins sont assurés d'une valeur moyenne très-élevée : c'est assez dire que cette application me paraît peu compatible avec la grande viticulture.

Quant à la culture type sans paillassonnages, elle est aujourd'hui appliquée en grand et avec succès dans la plupart des contrées vignobles de France; c'est peut-être dans le département de la Marne qu'elle est le moins pratiquée, à cause de sa bonne méthode viticole, qui lui assure un rendement moyen de 30 hectolitres, et à cause des hauts prix rémunérateurs qui sont accordés à ses produits; toutefois, je ne doute pas que la Marne elle-même n'entre bientôt dans son importante application.

Voici ce que dit M. Pascal Duguet, vice-président de la Société d'agriculture de Châlons, dans son rapport à cette société en 1867 :

« Cette sorte de type cultural, que l'on a déjà baptisé du

« nom de système Guyot, M. Guyot n'en revendique nulle-
« ment la paternité ; il déclare, au contraire, en avoir puisé
« les principes dans les pratiques des divers vignobles de
« France. Il ne s'agit donc point de remplacer par une nou-
« veauté des méthodes séculaires ; il s'agit seulement de dire
« assez haut pour être entendu : Voyez, comparez et jugez.

« Quant à nous, après une étude dégagée d'un enthou-
« siasme exagéré, notre conviction étant faite, bien faite, et
« corroborée par l'intelligence pratique de notre maître vi-
« gneron, nous croyons qu'il y a quelque chose de mieux à
« faire que ce qui se fait dans nos contrées, et nous n'avons
« pas hésité à faire l'application de ce système sur une plan-
« tation de 3o verges (13 ares) créée tout exprès il y a
« trois ans ; nous venons d'en établir deux autres, compre-
« nant 116 verges (5o ares), et nous comptons vous appeler
« à juger *de visu*, en 1867, les résultats que donnera la
« première. »

Voilà donc une réforme bien commencée dans la Marne et
qui sera bien suivie sous les yeux de la Société d'agricul-
ture de Châlons. Mais d'autres per-sonnes suivent éga-lement ces appli-cations : en 1865, j'ai visité à Avize, en présence d'un

Fig. 287.

grand nombre de propriétaires, une vigne qu'on disait être
conduite suivant le système Hooïbrenck ; j'ai relevé la disposition d'une de ses souches que je donne (fig. 287). Toutes

ces souches étaient la reproduction fidèle de la conduite
que j'ai appliquée dès 1854 à 34 hectares, indiquée en texte
et en gravure dans le *Journal d'agriculture pratique* en 1858
et dans mon *Traité d'agriculture* en 1860 : jamais usurpation
brevetée (1862) plus flagrante, jamais exploitation industrielle plus audacieuse, n'ont été tentées contre des pratiques du domaine public français.

Je donne, dans les figures 288, 289 et 290, l'aspect des

Fig. 288.     Fig. 289.     Fig. 290.

ceps champenois, chargés de leurs pampres et de leurs raisins. La figure 288 représente une souche à deux broches; la
figure 289, une souche avec ses trois bourgeons réussis, et
la figure 290, une souche à une broche, le bourgeon inférieur étant avorté. Ces trois figures suffisent à donner une
idée de toutes les souches à vins fins.

Dans toute l'étendue de la Marne, les vignes se font à la
tâche et à la journée, sans le moindre intérêt accordé au
vigneron dans la production : aussi en résulte-t-il une grande
difficulté de main-d'œuvre.

Un fait curieux m'a été signalé à Épernay, à Avize et à
Pierry : c'est qu'à mesure que la main-d'œuvre se fait plus

rare et plus chère, bien que le produit des vignes augmente en quantité et en valeur vénale, la valeur vénale du fonds diminue. Ce fait m'avait été déjà signalé dans Maine-et-Loire, et il se manifeste à peu près dans tous les grands vignobles.

Ce phénomène est très-logique, il est inévitable, il est même nécessaire dans l'état actuel de l'économie rurale.

La terre n'a de valeur que si elle est cultivée, la vigne surtout ; à mesure que les bras manquent ou se refusent à sa culture, elle perd de sa valeur. La main-d'œuvre est tout, le fonds n'est rien ou presque rien ; ce qui n'empêche nullement les produits d'être demandés par les villes, par l'étranger, d'être consommés et bien payés. Le propriétaire vigneron, quoique faisant produire plus à sa vigne, vend toujours plus cher ses produits ; mais son propre capital diminue comme celui du bourgeois ; car s'il voulait vendre, il ne trouverait personne pour acheter, même un vigneron comme lui : il n'y en a pas dont les bras soient libres ; et les vignerons se gardent bien d'acquérir plus qu'ils ne peuvent cultiver par eux-mêmes. C'est ce qui de tous temps, et aussi dans tous les pays, a fait rechercher et acheter très-cher des esclaves ; l'homme est la seule cause de toute la richesse de la terre, comme producteur et comme consommateur à la fois. Mais aujourd'hui la propriété grande et moyenne (la petite est très-prospère), au lieu de créer, de loger, de nourrir et d'attrayer la population qui fait sa rente et son capital, ne rêve qu'aux moyens de s'en passer et d'avoir à elle seule tous les bénéfices de la culture. Elle ne s'occupe que des machines faisant toute la besogne ; que des animaux qui multiplient beaucoup, et en quelques mois deviennent gros et gras ; que des semences qui foisonnent ;

et elle semble ne pas comprendre encore que la terre ne vaut que par les têtes, les cœurs, les bras et les bouches qui lui sont associés; que la rente sort exclusivement de ce capital et que ses produits ne valent que par sa consommation. O vous qui possédez de la terre, comprenez donc enfin qu'elle n'est rien que par l'homme et en proportion du nombre d'hommes qui l'habitent et l'exploitent! faites donc des nids et des lots de famille; faites-y venir des hommes et des femmes; mariez-les, logez-les, faites-les multiplier et nourrissez-les en partageant avec eux. Ne faites que cela, et vous verrez qu'ils vous créeront du capital et du revenu plus que toutes les mécaniques, plus que toutes les autres combinaisons. Aidez-les, aimez-les, comme on aide et comme on soigne ses abeilles; faites-leur le bien-être, et ils feront votre fortune! voici le seul progrès agricole que vous puissiez réaliser aujourd'hui, le seul moyen de peupler vos déserts, des plus fertiles sous les apparences de la stérilité; le seul moyen d'étendre vos excellentes vignes en proportion des demandes de vos vins, que les cinq parties du monde se disputent avec raison [1].

---

[1] Je dois à M. Goerg, président du Tribunal de commerce de Châlons, député au Corps législatif; à M. Charles Perrier, maire d'Épernay, député; à M. Eugène Perrier, président de la Société d'agriculture de Châlons; à M. Dinette, lauréat des expositions universelles, et à M. Pascal Duguet, vice-président de la Société d'agriculture de Châlons, mes plus sincères remercîments pour leur patronage et leur concours personnel à Châlons-sur-Marne, à Vitry-le-François, à Pierry, à Épernay et à Avize. Je dus m'arrêter à Sillery, chez M. Ruinard de Brimont, vaincu par la maladie, et c'est M. Pascal Duguet qui m'a fourni le complément des études du département.

# DÉPARTEMENT DE L'AISNE.

Sur son territoire de 735,200 hectares, le département de l'Aisne cultive à peine aujourd'hui 8,000 hectares de vignes : la quatre-vingt-dixième partie de sa superficie; il en comptait plus de 9,000 hectares en 1852. Les rendements moyens, dans ses trois arrondissements vignobles, sont encore au moins de 40 hectolitres à l'hectare, et le prix moyen, de 20 francs l'hectolitre, soit 800 francs de produit brut par hectare. Les 8,000 hectares de vignes y produisent donc 6,400,000 francs, vingt-deuxième partie du revenu total agricole, sur la quatre-vingt-dixième partie du sol, et budget normal de 6,400 familles, ou de 25,000 habitants, plus du vingt-troisième de la population, qui est de 565,025 individus.

La froidure du climat entre pour bien peu de chose dans la diminution de la superficie des vignes, car les meuniers, les morillons noirs, l'épinette blanche, le vert-doré, mûrissent parfaitement leurs fruits sous la même latitude, et l'arrondissement de Château-Thierry est plus méridional que celui de Reims.

On attribue en partie la décadence des vignes de l'arrondissement de Laon à la substitution des cépages grossiers aux fins cépages qui garnissaient ses coteaux. « Le vin, dit M. de Laminières dans une note fort bien faite, de délicat et fin qu'il était, devint faible et grossier et ne fut plus accepté par le commerce, qui lui préféra les vins du Midi, lesquels, quoique moins sains, supportent toujours mieux les coupages et l'eau. » Mais c'est surtout le défaut de main-d'œuvre, le défaut de population agricole qui a rapidement amené le discrédit de la vigne.

Naguère les vignes à fins cépages étaient encore religieuse ment conservées par la bourgeoisie; mais le prix de la main-d'œuvre et son peu de bon vouloir, réunis à l'inclémence du climat, firent disparaître tout profit. Les bourgeois alors furent obligés de vendre ou d'arracher; les vignerons achetèrent et s'empressèrent de substituer des plants d'abondance aux fins plants, espérant, par la quantité, pouvoir faire concurrence aux vins du Midi; mais la consommation et le commerce refusèrent également ces vins grossiers et sans force : de là la marche rétrograde et la ruine de la viticulture.

D'un autre côté, la vigne installée dans l'Aisne, presque exclusivement sur des coteaux à pentes rapides, ne permet guère l'emploi des cultures expéditives et économiques aux animaux de trait; et, de plus, la division excessive des parcelles de vignes est un obstacle insurmontable à leur emploi : c'est donc la main de l'homme qui doit partout pourvoir aux cultures des vignes. Si nous ajoutons à toutes ces causes de dépréciation les obstacles à la circulation, les impôts de consommation et les octrois excessifs qui frappent les vins, on concevra facilement que la culture de la vigne devienne de plus en plus difficile ici.

Pourtant, le sol de l'Aisne est très-bon pour la vigne : dans l'arrondissement de Laon, la couche arable est riche en débris fertilisants; de 3o à 4o centimètres d'épaisseur, à base de silice, de calcaire et d'alumine qui domine, avec un sous-sol argileux, elle peut porter la vigne pendant des siècles; puis, là où le sable siliceux est en excès, la vigne vit beaucoup moins longtemps, et s'il est presque entièrement crayeux, elle n'y vit que peu d'années, quinze à vingt ans; mais elle y produit beaucoup plus.

Dans l'arrondissement de Soissons, le sol et le sous-sol des vignes sont généralement argilo-calcaires, quelquefois purement calcaires; dans le canton de Vailly, il est surtout siliceux. A Château-Thierry, les vignobles, situés le long de la Marne, occupent toute la hauteur des coteaux, presque partout au midi, et à l'est dans les vallées adjacentes : sur le haut, les terres sont froides et argileuses, le sous-sol est imperméable; à mi-coteau, elles sont sablonneuses; vers le bas, argilo-siliceuses. Tous ces affleurements appartiennent aux formations tertiaires inférieures au sud-ouest et à l'ouest de Laon, et aux formations crayeuses, au nord et à l'est de cette ville; la plupart des thalwegs sont formés de terre à meulière ou d'alluvions à cailloux et à galets.

A Château-Thierry, on plante la vigne en fossés de 40 centimètres de largeur et de 30 centimètres de profondeur, avec un intervalle de 85 centimètres à 1 mètre, sans préparation aucune du terrain, sur friche, luzerne et sainfoin; on plante aussi en fossettes isolées, dans chacune desquelles on met deux plants. On plante de même à Soissons. On a remarqué que les vignes venaient mieux sans défoncer. Sauf un labour profond donné avant l'hiver et l'emploi de boutures, préférées aux racineux de Château-Thierry et de Soissons, la plantation à Laon diffère peu de celles de ces deux arrondissements.

A Laon, toutes les vignes sont uniformément échalassées en brins ronds, et d'une longueur de 1$^m$,80 à 2 mètres. Les basses vignes, les plus nombreuses dans le canton de

Craonne, ont des échalas de 1<sup>m</sup>,30 seulement. A Soissons, les échalas mesurent 1<sup>m</sup>,65, et à Château-Thierry les vignes en sont plus ou moins garnies; quelquefois un échalas soutient deux et trois souches; leur hauteur est de 1<sup>m</sup>,30, comme à Craonne.

Tant que les ceps n'acquièrent pas assez de force pour être provignés, on les taille ordinairement à un, deux ou trois crochets à chacun deux boutons, pour avoir de beaux sarments, qu'on laisse à 10 ou 12 nœuds l'année du provignage : cette pratique ne diffère guère dans les trois arrondissements; mais quand la vigne est complétement garnie, ou à mesure que les plants sont provignés, ils subissent tous alors une taille fort régulière à deux ou trois coursons à deux yeux; si le cep est assez fort, on laisse un long sarment, à dix ou à douze nœuds, qui prend le nom de *ploie* s'il est contourné en cercle et rattaché au cep ou à l'échalas, et de *picaude* si son extrémité libre est piquée en terre. Mais il existe encore dans l'arrondissement de Laon, canton dé Craonne, et à Treloup, arrondissement de Château-Thierry, une autre conduite de la vigne qui se rapproche beaucoup de celle des arrondissements de Reims et d'Épernay (Marne) : elle consiste à recoucher tous les ans, à 15 ou 20 centimètres de profondeur, deux longs sarments laissés sur chaque souche, à dix ou douze nœuds, et à les rogner à deux ou trois nœuds au-dessus du sol; les souches voyagent ainsi du bas en haut des vignes et sont remplacées par des rangs de plants neufs à leur pied.

Les vignes basses ont des échalas de 1<sup>m</sup>,30 au plus, et les vignes hautes à pleyons en ont de 1<sup>m</sup>,50 à 2 mètres; en outre, ces vignes se distinguent encore des vignes basses par des souches dont le tronc s'élève au-dessus du

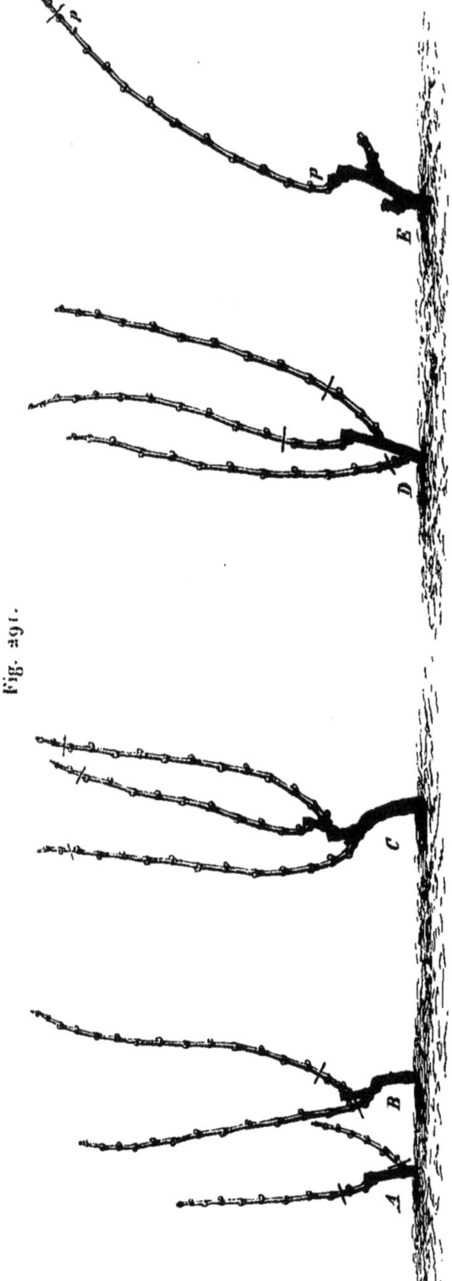



sol de 20 à 40 centimètres.

Je vais essayer de faire comprendre ces différents modes de taille par le croquis et les notes qui m'ont été fournies, car je n'ai pu visiter l'Aisne; et c'est par le concours énergique et efficace de M. de Tillancourt, pour les arrondissements de Château-Thierry et de Soissons, et de M. le marquis de la Tour-du-Pin, pour celui de Laon, que j'ai pu réunir les documents, écrits et dessinés, qui concernent la viticulture et la vinification de cet important département.

Les vignes à ploies et à picaudes étant les plus généralement adoptées, je commencerai par en donner une idée : la figure 291 comprend la série des tailles de l'arrondissement de Château-Thierry, par M. L'Hermitte, instituteur à Mont-Saint-Père : *A*, taille de première année de plantation ; *B*, de deuxième année ; *C*, de troisième ; *D*, de quatrième, et *E*, taille de cinquième année, continuée sur tous les ceps assez forts pour supporter la picaude ou la ploie.

Fig. 292.

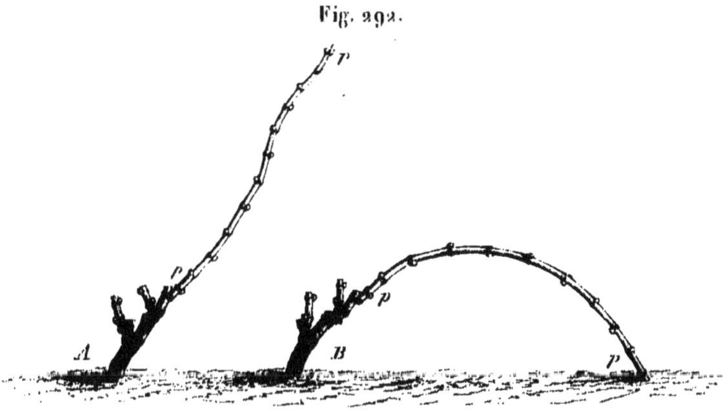

La figure 292 reproduit le dessin du docteur Germain,

Fig. 293.

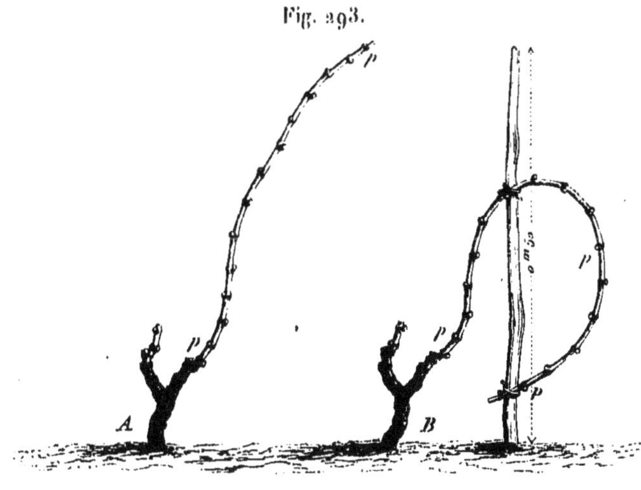

de Château-Thierry : *A*, picaude laissée libre jusqu'après

l'époque des gelées de printemps; *B*, picaude fixée en terre après cette époque.

La figure 293 donne : *A*, croquis de souche à deux membres à ploie *pp* sur l'une, et à courson sur l'autre; *B*, la même souche avec sa ploie recourbée et attachée; enfin, la figure 294 offre un double croquis de souche à un seul membre, *A*, à ploie libre, *B*, à ploie attachée. Les croquis des figures 293 et 294 sont envoyés de Fontenoy, Billy et

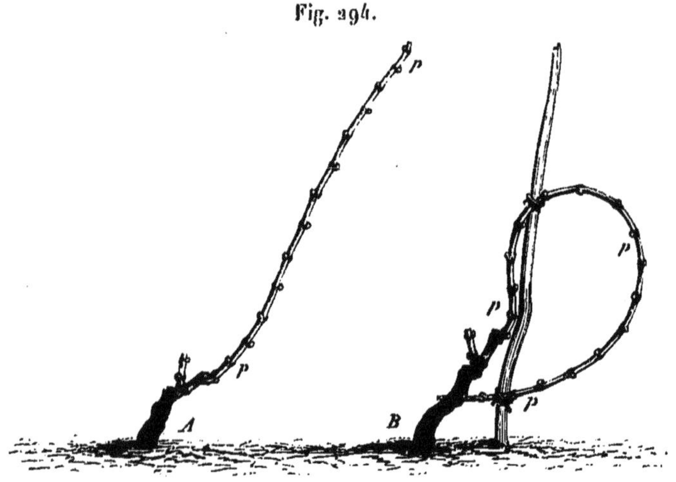

Fig. 294.

Vailly, trois chefs-lieux de canton de l'arrondissement de Soissons.

Il me reste, pour compléter les variantes de ce mode de culture, à en signaler un, conseillé par le docteur Germain (fig. 295). On taille à conserver sur les souches, de 70 ou de 80 centimètres de hauteur, trois ou quatre broches à deux nœuds, plus une branche à fruit, que l'on nomme *spiot*, et que l'on attache à l'échalas du cep voisin, dans la position indiquée par *pp*. Souvent on taille un spiot pendant plusieurs années de suite, comme l'on fait d'un cordon

de treille. Ce mode de conduite échappe en grande partie
aux gelées, par la hauteur de la souche, donne 120 hecto-

Fig. 295.

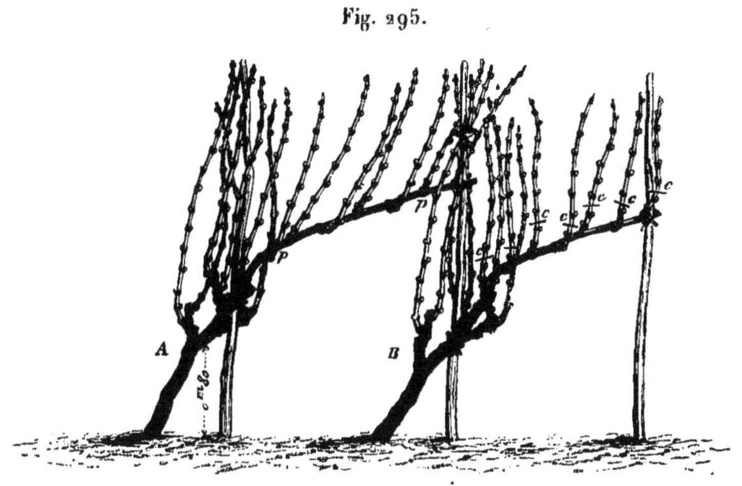

litres à l'hectare dans les bonnes années et la moitié dans
les mauvaises. Le spiot a sur la picaude l'avantage de
donner des fruits tout le long de la branche, tandis que
la picaude n'en a presque jamais dans son milieu.

J'ai été moins heureux en figures et en explications pour
la vigne basse, qui se cultive dans le canton de Craonne : les croquis (fig. 296) envoyés par M. de Laminières, *A*, *A'*, *B*, ceps taillés à simple et à double broche, rappellent tout à fait les cultures de Reims et d'Épernay. Les croquis

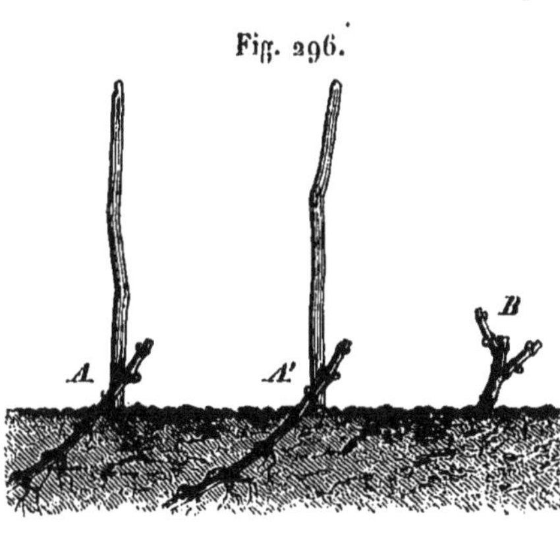
Fig. 296.

*C* et *D* de la figure 297, envoyés par M. Bouchez, insti-

tuteur à Treloup, le meilleur vignoble de la Basse-Cham-
pagne, sont accompagnés d'une explication qui indique le

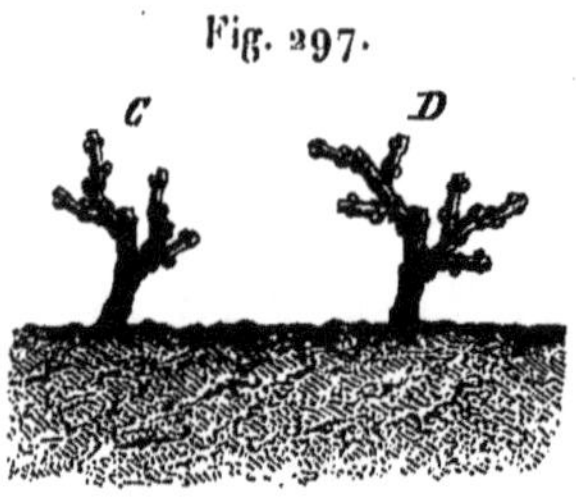

Fig. 297.

provignage annuel au printemps
comme une simple variante de la
méthode d'Épernay, variante qui
consisterait, après le provignage,
à porter à deux, à quatre et six crochets, à deux yeux, chaque brin
qui ne sort de terre d'abord qu'a-
vec deux à trois yeux, ce qui suppose que ces ceps restent
plusieurs années sans être recouchés. Quelques viticulteurs
essayent la méthode de M. Trouillet, dont on est satisfait,
mais qu'on veut juger plus longtemps.

Il existe enfin, principalement dans l'arrondissement de
Soissons, une autre méthode traditionnelle très-curieuse
et très-fructifère : c'est la culture de la vigne à grande
arborescence, sur arbres et sur haies; j'en parlerai plus
loin.

Toutes les espèces de raisins, à Château-Thierry, subissent la même taille et la même conduite indistinctement;
quelques vignes blanches sont séparées des vignes rouges;
mais dans l'arrondissement de Laon et dans celui de Soissons, les espèces rouges et les blanches sont mêlées, et, dans
tous les cas, conduites à la même taille : partout la taille
se pratique de février en avril.

Dans les trois arrondissements, on abaisse et l'on ploie
les branches à fruits à la fin de mai; on ne pratique pas le
pincement; on ébourgeonne et l'on écime quelquefois en
mai et juin; partout on relève, on lie et l'on rogne en juin
et en juillet; dans quelques vignobles on ne rogne qu'à la
fin d'août.

Les façons données à la terre diffèrent suivant que les vignes sont basses ou hautes : dans les premières on bêche en mars et l'on recouche tous les ceps, à peu près comme à Épernay, ne laissant sortir que des broches à deux ou trois yeux; dans les vignes hautes, on laboure après la taille. Partout on bine en mai après la pose des échalas, puis on donne un second binage après le liage, en juin et juillet; enfin, quelques-uns en donnent un troisième après la moisson : bien peu font une culture avant l'hiver, après l'arrachage et la mise des échalas en moyère ou en chevalet. Partout on cultive à plat, sauf les inégalités laissées par les provins. Dans certains vignobles, à terres fortes, les vignes sont divisées en planches.

Partout on entretient les vignes par provignage. Le nombre des provins varie beaucoup, selon l'âge et l'état des vignes : on les paye 1 fr. 50 cent. le cent; en moyenne, la dépense annuelle s'élève de 25 à 40 francs pour les provins.

Dans l'arrondissement de Château-Thierry, les vignes durent peu, de quinze à trente ans; à Vailly, de vingt-cinq à quarante ans; à Craonne, à Vic-sur-Aisne, on les entretient perpétuellement. Autrefois, on terrait beaucoup les vignes et on les fumait peu; aujourd'hui on les fume beaucoup et on ne les terre plus. Le fumier d'étable est à peu près seul employé, soit au provin, soit à plein, tous les trois ans au plus; la dépense est de 45 mètres cubes de fumier environ, et monte de 2 à 400 francs.

Les cépages cultivés dans le département de l'Aisne sont, dans le canton de Château-Thierry, les meuniers pour 3/4, les gamays pour 1/8, et quelques autres gros plants, tels que le gouais, pour le dernier huitième. Les blancs sont le bargeois (fin plant) (je suppose qu'il s'agit de l'épinette blanche ou arnoison blanc) et le meslier. Dans l'arrondissement de Soissons, on trouve à Vailly les pineaux et le meunier; à Vic-sur-Aisne, à Billy, le romeret (pineau) et le meunier. Dans ces trois vignobles, les blancs sont : le romeret blanc (épinette), le gouais blanc, le blanc vert, le blanc de Sedan et le blanc ordinaire : noms de pays qui n'apprennent rien. Dans l'arrondissement de Laon, on cultive le pineau noir de Bourgogne, le fin noir, le pineau vergeot, le vert-doré, le cot, les gros blancs et le gouais noir. Les blancs sont, pour les fins cépages : le pineau blanc, le fromenté, le romeret et le blanc Uretault; pour les gros cépages : les gouais et gamays blancs, les verts-blancs et les chasselas. Excepté les pineaux, le vert-doré, les meuniers, les arnoisons blancs, les fromentés, qui pourraient donner d'excellents vins, mais que l'on a abandonnés et qui sont trop rares pour dominer la qualité du vin, tous les autres cépages, plus productifs, donnent des vins d'une médiocrité déclarée. Pourtant les vins de l'Aisne sont sains, légers et parfois très-agréables à boire dès la première année, qui est leur meilleur temps de consommation.

Si le vert-doré et l'épinette blanche de la Marne, même avec un tiers de meunier, étaient conduits de franc pied, sans provignage et avec de longues ploies attachées aux échalas de 1$^m$,50, comme à Rethel, ou en branches à fruits fixées à l'échalas voisin, comme l'a recommandé le docteur Germain, en lignes bien maintenues, ils produiraient de très-bons vins, au taux de 40 hectolitres en moyenne à l'hectare. Dans les grandes années, ces vins se vendraient de 40 à 50 francs l'hectolitre à l'industrie des vins de Champagne; car le mélange et le sous-sol calcaire donneraient à ces produits des qualités approchant de celles des vins de la Marne; dans les années défavorables, ces vins ne descendraient pas au-dessous de 3o francs.

N'est-il pas curieux de voir deux départements limi-trophes, sous la même latitude, ayant un sol vignoble à peu près analogue, car, je l'ai dit, les vignes de la Marne sont sur le sol supérieur de la Brie, produire, l'un des vins à 1oo francs l'hectolitre, l'autre des vins à 2o francs! et, je puis l'affirmer, par la seule différence des cépages cul-tivés.

Voici les frais annuels de l'établissement d'une vigne à l'hectare:

| | | | |
|---|---|---|---|
| 1re année.... | Défoncement (nul)........... | 6of | |
| | Plantation, main-d'œuvre..... | 200 | |
| | Plantation, prix du plant..... | 125 | 555f |
| | Béchage, fouissage, binage.... | 9o | |
| | Loyer et intérêt du sol et des frais | 8o | |
| 2e année..... | Béchage................... | 5o | |
| | Rebêchage, binage.......... | 6o | 19o |
| | Loyer.................... | 8o | |
| 3e année................................... | | | 19o |
| 4e année..... | Provignage................ | 2oo | |
| | Engrais.................. | 3oo | 1,26o |
| | Échalassage............... | 6oo | |
| | Façons................... | 16o | |
| Total des frais d'établissement...... | | | 2,195 |

FRAIS ANNUELS DE CULTURE.

| | |
|---|---|
| Taillage à l'hectare...................... | 5of |
| Béchage, rebêchage, fouissage............ | 14o |
| Ébourgeonnement...................... | 3o |
| Fichage ............................ | 2o |
| A reporter........ | 24o |

Report........  240f

Liage...............................   40

Défichage............................   10

Engrais, provins, entretien d'échalas........  100

Frais de vendanges, tonneaux, intérêts et amortissement des frais des quatre premières
  années.............................  264

Loyer................................   80

Total de la dépense annuelle....  734

Si les vignes étaient plantées et maintenues de franc pied, si les palissages étaient en fils de fer et à supports à demeure, une économie de plus de 500 francs serait réalisée sur les frais de premier établissement et de plus de 150 francs sur les frais annuels : l'avance serait de 1,600 francs et l'entretien de 600 francs, loyer compris.

Le rendement moyen par hectare étant de 40 hectolitres, depuis trente ans, le prix moyen de vente s'élevant à 20 francs, le produit brut est donc de 800 francs, soit de 60 francs de bénéfice en sus de tous intérêts, frais et amortissement payés, ce qui porte le revenu net à 8 o/o. Si les améliorations dont je viens de parler étaient réalisées et que le prix moyen de l'hectolitre s'élevât seulement à 30 francs, le bénéfice serait de plus de 600 francs par hectare.

Je doute que dans l'Aisne il y ait une culture qui assure ou puisse assurer un produit net de 500 francs sur la même surface. Si donc la vigne y était conduite comme elle doit l'être, si la lumière se faisait aux yeux des viticulteurs sur l'emploi des fins cépages de la Marne, loin de diminuer dans l'Aisne, la viticulture y prendrait une extension extra-ordinaire, même avec toutes ses charges climatériques, économiques et fiscales. Elle ne craindrait plus le Midi, qui ne fait concurrence qu'aux mauvais vins du Centre et du Nord et jamais aux bons, et elle pourrait supporter gaiement ses 6 à 700 francs de frais annuels.

Mais là n'est pas encore la difficulté; la plus grande est de trouver des auxiliaires. Cette difficulté est telle, dit-on dans l'enquête officielle du département, que souvent des vignes restent sans culture. Alors toutes les vignes, ou presque toutes, sont passées aux mains des vignerons, qui les cultivent eux-mêmes et qui n'en retiennent même qu'une faible étendue, puisqu'ils ne peuvent, la plupart du temps, se faire aider : aussi voit-on des familles, qui ont de 20 à 50,000 francs, travailler du matin au soir à porter des charges énormes dans une hotte ou à piocher la terre, mari, femme et filles. Les jeunes gens se refusent généralement à cultiver la vigne; il en est ainsi dans Eure-et-Loir et dans plusieurs départements. Les pères, courbés par le travail, continuent à cultiver de leurs mains leur vigne avec opiniâtreté, et les fils attendent la mort de ces vétérans du travail pour arracher la vigne qui leur a procuré l'aisance et pour se livrer à l'agriculture perfectionnée qui les aura bientôt ruinés. Les parents murmurent et gémissent, mais ils ne sont pas libres de la direction morale de leurs enfants, qui n'aspirent qu'à habiter les villes, porter des vêtements de luxe et s'enrichir par le jeu et l'agio.

Le prix de la main-d'œuvre a triplé depuis trente ans, et encore ne l'obtient-on des vignerons que par les mauvais temps.

La vigne du vigneron rapporte au moins le double de celle du propriétaire qui fait cultiver à façon : le prix moyen de la tâche est de 250 francs l'hectare et de 300 fr.

avec les provignages. Jamais les vignes ne sont affermées ni cultivées à moitié produit.

Dans la plus grande partie des communes vignobles, il existe un ban de vendange, plus généralement fixé sur la première, et par exception, à Château-Thierry par exemple, sur la dernière maturité.

Dans la majorité des vignobles de l'Aisne, les vendanges se font en famille ou avec des habitants du pays, payés 1 franc à 1 fr. 25 cent. les femmes et les enfants et 2 francs les hommes. On vendange aux paniers d'osier, vidés dans des hottes disposées dans la vigne à la portée des vendangeurs, puis sorties à dos par les porteurs. Dans le canton de Craonne, les hottes sont vidées dans des paniers-manne-quins à deux anses; on les appelle *paniers à baudet*, parce que deux de ces paniers peuvent être accrochés au bât d'une bête de somme ou mis sur voiture. Ainsi portés au cuvier, les raisins sont vidés dans une caisse à claire-voie et foulés à pieds nus, puis vidés dans la cuve, au-dessus de laquelle est placée la caisse de foulage, qu'on peut ouvrir sur deux côtés.

Dans la plupart des autres vignobles, on vendange de même; mais les hottes sont versées dans des tonneaux ouverts et placés sur voiture, puis foulés immédiatement et apportés ainsi au cuvier et versés dans la cuve. A Craonne, lorsque la cuve est aux trois quarts pleine, on égalise la surface du marc, on couvre la cuve et l'on n'y touche plus jusqu'au tirage, qui a lieu au bout de deux jours dans les années chaudes et de quatre jours dans les mauvaises années; on s'efforce d'emplir la cuve en un jour.

A Château-Thierry, quand la cuve est pleine et souvent trop pleine, car aussitôt qu'elle commence à fermenter on tire du jus pour qu'un homme puisse y entrer et fouler le marc en tous sens et, à la fin, jusqu'aux aisselles, on foule une ou plusieurs fois; puis, la fermentation terminée, on arrose le marc avec du vin tiré exprès; tandis qu'à Soissons on se contente de remettre le vin extrait pour faire place au fouleur. La fermentation, ou plutôt la cuvaison, est de quatre à cinq jours dans les bonnes années et de huit à dix dans les mauvaises; à Château-Thierry et à Soissons, on met plusieurs jours à remplir la cuve.

En général, dans l'Aisne, on cuve à cuve ouverte et à marc flottant et l'on tire le vin plutôt trouble et chaud que clair et froid : aussi a-t-on raison de répartir, comme on le fait, les vins de presse dans les vins de cuve. On laisse la fermentation s'achever dans les tonneaux au cellier, puis on descend en cave; malheureusement on tire le plus souvent en vaisseaux vieux.

On ne fait guère qu'un huitième des vins en blanc, et dans ce cas on porte immédiatement les raisins au pressoir; pourtant, dans quelques contrées, on se contente de fouler les raisins à la cuve et d'en tirer le jus, avant toute fermentation.

On fait avec le marc des piquettes et des demi-vins, mais c'est une exception; en général, on distille les marcs pendant l'hiver et l'on en fait des eaux-de-vie à 45 degrés qui, quoique ayant des goûts d'empyreume, n'en sont pas moins beaucoup plus saines, plus recherchées et vendues plus cher que les eaux-de-vie résultant des alcools d'industrie rectifiés et coupés avec de l'eau. Les marcs distillés sont de bons engrais de la volaille, du bétail et de la vigne.

J'arrive au troisième genre de culture de la vigne, à la culture des vignes sur arbres des environs de Soissons.

C'est principalement dans les communes de Ressons, d'Ambleny et de Saint-Bandry que sont cultivées, de temps immémorial, ces vignes pour ainsi dire à l'état sauvage et abandonnées à toutes les forces et à toutes les difficultés de la nature.

Voici comment s'exprime à cet égard M. Vérondart, maire de Ressons, en réponse à la demande expresse de M. de Tillancourt :

« C'est sur les pommiers, sur les pruniers et sur les épines « que l'on fait grimper la vigne dans les vergers, mais sur- « tout le long des chemins.

« On ne peut guère donner à ce genre de culture une « évaluation superficielle en hectares.

« La quantité de vin ainsi récolté dans ma commune « peut être évaluée, année moyenne, à 500 hectolitres.

« La vendange se fait à l'échelle vers le 15 octobre, « quelquefois plus tard. Vin toujours médiocre, souvent « très-mauvais, consommé dans le pays.

« La commune d'Ambleny a aussi ce système de cul- « ture; on peut y récolter 200 hectolitres de vin, de même « qualité.

« Celle de Saint-Bandry peut aussi récolter de même « 100 hectolitres. 200 hectolitres peuvent être récoltés, « par petites fractions, dans les communes environnantes; « en totalité, 1,000 hectolitres.

« Ces vignes, ainsi élevées, sont quelquefois sujettes à la « coulure; elles ne sont pas non plus à l'abri des atteintes « de l'oïdium, qui, particulièrement cette année, fera un « tort considérable.

« Les ceps sont ordinairement très-gros, et il n'est pas « extraordinaire qu'un seul porte 4 à 500 grappes.

« Ils ne sont soumis à la taille que tous les deux ou trois
« ans, quand on s'aperçoit qu'il y a trop de bois mort.

« Il n'y a plus de vignes basses cultivées dans la com-
« mune ; mais lorsqu'il y en avait, le vin n'était guère de
« meilleure qualité que celui récolté sur les arbres.

« Le prix de ce vin est en moyenne de 20 francs l'hecto-
« litre (45 à 50 francs le muid).

« Les vignes dont il s'agit sont situées dans une plaine
« qui s'étend sur la rive gauche de la rivière de l'Aisne, à
« une altitude de 40 mètres au-dessus du niveau de la mer,
« à la limite ouest du département, à 40 kilomètres au
« nord de la vallée de la Marne ; le sol est de bonne qualité,
« demi-léger.

« Non-seulement ces vignes hautes ne reçoivent aucune
« culture, mais encore à leurs pieds se propagent des
« herbes, des ronces et des épines qui leur enlèvent une
« partie des principes nutritifs qu'elles pourraient trouver
« dans le sol. — Il n'est pas douteux que si ces vignes étaient
« soutenues par du bois mort, comme à Évian, et que le
« pied en fût cultivé, la quantité, la qualité et la maturité
« des raisins seraient plus parfaites. »

Voici maintenant les détails très-clairs et très-circons-
tanciés donnés sur la plantation, la conduite et la culture
de ces vignes par M. Vérondart, par le jardinier Huret, de
Mainville, et par d'autres cultivateurs.

La plantation se fait au pied, et mieux à 1 mètre ou
à 1$^m$,50 de l'arbre qui doit supporter le cep, soit en
simple crossette, soit en chevelée ; lorsque les sarments
sont assez forts et assez grands, on en choisit un ou deux
en supprimant les autres ; on réduit la hauteur de la
moitié ou du tiers, puis on attache la taille plus ou moins

longue à la tige de l'arbre, avec un lien d'osier. L'année suivante, on allonge le cep d'un ou de deux de ses plus forts sarments, que l'on réduit et qu'on attache de même au corps de l'arbre, avec un, deux ou trois liens d'osier, jusqu'à ce que la dernière taille ait atteint l'origine de ses branches. Une fois arrivé à ce point, qu'on met six ou sept ans à atteindre, on laisse croître la vigne en toute liberté; les sarments s'attachent d'eux-mêmes aux branches, en se portant dans toutes les directions; si quelques-uns se dirigeaient mal ou ne s'attachaient pas aux branches, on prend parfois la peine de les fixer par un lien d'osier.

Les cerisiers sauvages, les poiriers et les épines blanches sont choisis, après les pommiers et les pruniers, comme supports des ceps, que l'on voit très-rarement sur d'autres arbres.

La plantation des vignes se fait à côté des arbres déjà parvenus à un développement assez considérable, parce que, lorsque la vigne a entièrement couvert l'arbre qui la porte, il ne végète plus avec autant de vigueur. C'est au moment où les bras de la vigne, grimpant de branche en branche, ont atteint le sommet et la périphérie de son arborescence, que tous les sarments de l'année sont exposés au grand air et à la lumière du soleil : ils sont alors assez courts (de 20 à 30 centimètres de longueur), mais bien trapus, et leur position retombante et pendante ajoute à leur fécondité. Ils ne donnent naissance à des bourgeons, l'année suivante, que jusqu'au tiers ou à la moitié de leur longueur, parce que le surplus, mal aoûté, se dessèche et tombe spontanément; c'est sur ces bourgeons que sortent deux, trois et jusqu'à cinq grappes.

Il n'y a point de taille, ni par conséquent de règle

précise. La première opération d'émondage consiste, tous
les deux ou trois ans, à retrancher dans l'intérieur tous les
bois morts, aussi bien de la vigne que de l'arbre, à rogner
le tiers ou la moitié des sarments qui seraient trop vigoureux, à retrancher les moins bons, qui nuiraient par leur
nombre ; mais sur la périphérie de l'arbre on laisse entiers
les sarments conservés comme porte-fruits.

Certains cultivateurs font ce travail sommaire tous les
ans ; d'autres, tous les deux ou trois ans ; d'autres plus tard
encore ; mais la majorité taille ainsi tous les deux ans : on
pourrait dire, en résumé, que les sarments de l'année ne
subissent pas de taille, et qu'on se borne à supprimer les
bois et sarments qui font confusion. On a remarqué que le
produit restait à peu près le même en quantité, soit qu'on
nettoyât à un, à deux ou à trois ans ; mais les fruits sont
plus beaux à un ou à deux ans qu'à trois ans et plus.

On cultive ainsi des cépages blancs pour trois quarts et
des cépages rouges pour un quart.

Cette vigne à grande arborescence craint peu les gelées
de printemps ; l'oïdium attaque surtout ses parties recouvertes, rarement les surfaces en plein soleil et tout à fait
à découvert ; mais les hannetons sont un fléau redoutable
pour ces cultures, dont ils dévorent les pampres, de même
que leurs larves font périr beaucoup de vignes basses dans
le département.

Les plus anciens de Ressons ont toujours vu des vignes
ainsi cultivées et ont appris de leurs pères qu'ils les avaient
toujours vues ainsi. On compte un très-grand nombre de
ceps ayant de 3o à 45 centimètres de circonférence à leur
pied et dont l'existence remonte à plus de cent ans.

Sur des croquis très-bien faits pris par M. Levaux, instituteur à Ressons-le-Long, et par le jardinier de M. Cranney, M. Huret, j'essaye, dans la figure 298, de donner une idée de l'aspect de ces cultures pendant l'hiver.

Cette figure montre une vigne sur pommier $A$, une

Fig. 298.

sur prunier $B$ et enfin une sur épine $C$, à l'échelle de 1 p. o/o.

Cette conduite de la vigne offre, en ce climat, non-seulement la preuve que la vigne y acquiert et y garde une certaine vigueur, une bonne fertilité et une longue existence à grande arborescence, sans culture, le pied dans les herbes et les broussailles, sans fumier et pour ainsi dire sans taille; mais elle prouve en même temps qu'elle peut y constituer une culture avantageuse, alors qu'on ne trouve que perte et ruine à cultiver la vigne basse. Aussi a-t-on arraché toutes les vignes basses de Ressons, tandis qu'on a conservé avec soin les vignes à grande arborescence : ces vignes, dans certaines conditions, sont donc préférées et préférables aux vignes basses. C'est un fait incontestable que nous retrouverons dans l'Oise[1].

[1] Je remercie, en terminant, M. de Tillancourt, député au Corps législatif, et M. le marquis de la Tour-du-Pin, président du Comice agricole de Laon, d'avoir bien voulu recueillir pour moi tous les dossiers nécessaires à l'intelligence de la viticulture de l'Aisne. Je remercie également M. Nice, propriétaire à Hurtebise; M. Laminière, propriétaire à Colligis; M. Babled, membre du conseil général, à Craonne, et M. Rillard, propriétaire à Craonnelle, pour l'arrondissement de Laon; MM. le docteur Germain, Lhermite, Bouchez, Servoise, pour l'arrondissement de Château-Thierry, et MM. Salleron, président de la Société d'horticulture; Tassin, secrétaire; Henry, Quent, Vérondard et Levaux, pour celui de Soissons.

# RÉSUMÉ SYNTHÉTIQUE ET ANALYTIQUE

DE

## LA RÉGION DU NORD-EST

### OU RÉGION DES VOSGES, DES ARDENNES

ET DES RELÈVEMENTS CRÉTACÉS.

———◦———

Sur une superficie de 5,828,725 hectares, la région du Nord-Est cultive seulement 108,552 hectares de vignes, la cinquante-quatrième partie de son sol.

Le rendement brut de ses vignobles est de 143,140,000 fr. le sixième du produit total agricole du sol, qui est d'environ 829,000,000 de francs.

Les produits de la vigne entretiennent donc ici 143,140 familles, ou 572,560 individus, le septième de la population totale de la région, qui s'élève à 4,050,156 habitants, y compris celle de Lyon, Mulhouse, Saint-Étienne, Roanne et autres villes industrielles, dont les deux tiers au moins sont étrangers à l'agriculture.

La production du vin est de 5,086,860 hectolitres, dont le prix moyen ressort à 28 fr. 10 cent.

On voit par ces données, dont l'exactitude est aussi rapprochée que possible de la vérité, combien la culture de la vigne est importante, alors même qu'elle n'entre que pour une très-minime fraction dans les cultures d'un pays.

Après la grandeur économique et sociale du rôle que joue la vigne dans la Franche-Comté, l'Alsace, la Lorraine et partie de la Champagne, eu égard surtout à sa minime étendue, ce qui a lieu d'étonner le plus, c'est que les vignobles de l'extrême Nord, de l'Alsace, et de la Lorraine surtout, malgré l'insuffisance et les rigueurs du climat, aient su élever leur moyenne production au-dessus de celle de toutes les provinces du Midi, produire des vins d'ordinaire plus salutaires, plus agréables et d'un prix moyen plus élevé.

Ce résultat singulier, auquel le bénéfice de nature est plutôt opposé que favorable, est assurément dû à la sagacité et à l'activité persévérante des vignerons du Nord-Est, qui ont fini par trouver et par adopter les meilleurs principes et les meilleures pratiques de la viticulture. L'association de la taille courte et de la taille longue; la distinction parfaite et absolue des cépages spéciaux auxquels la taille courte et la taille longue conviennent le mieux; les ébourgeonnages, les pinçages, les sarclages, les rognages, les effeuillages, les palissages et les liages, exécutés avec soin, avec précision, avec opportunité; les binages nombreux et superficiels : telles sont les bases et les causes de la supériorité de production de la plupart des vignobles du Nord-Est.

Les plantations en fossés, à bouture et à plants enracinés coudés, les plantations en fosses isolées, à plusieurs plants enracinés ou non, en paquets de deux, trois et quatre, sont des plus vicieuses, surtout lorsqu'elles sont faites profondément et que plusieurs années sont employées à remplir les fosses et les trous de plantation. Les provignages à outrance, en partie ou en totalité, répétés depuis tous les quinze ans jusqu'à tous les huit ans, la destruction de tout alignement entre les ceps, sont également de très-mauvaises pratiques du Nord-Est, en comparaison des plantations droites et verticales, en bouture ou en plant enraciné, peu profondes, faites à la cheville ou à la pioche, sur terrain plat, en rangs bien alignés en tout sens, en comparaison du maintien des souches de franc pied et du provignage remplacé par des assolements trentenaires ou quarantenaires, méthodes si bien suivies dans le Languedoc et dans le Rhône.

Partout, dans le Nord-Est, on ébourgeonne et l'on rogne, partout on débarrasse la vigne de ses exubérances de végétation, pour faire circuler l'air et la lumière dans les vignes; mais on peut dire que ce n'est que dans la Lorraine que toutes les opérations de l'épamprage sont faites au grand complet et avec une admirable entente de la production des fruits, équilibrée avec la production des tiges de renouvellement. On peut dire qu'en Lorraine la vigne est taillée, en sec et en vert, avec un art admirable.

La région du Nord-Est comprend l'Alsace, la Lorraine et la Champagne, sauf l'Aube, qui, par ses cultures et ses vins, appartient réellement à la Basse-Bourgogne.

Ces trois provinces offrent dans leurs méthodes de viticulture les contrastes les plus frappants : en suivant la ligne de partage de la Lorraine et de l'Alsace, un observateur pourrait inscrire sur son carnet, sans se tromper, partout où il verrait la vigne en quenouille, sur des échalas de trois mètres de haut, *Alsace;* partout où il verrait la vigne tout près de terre, sur des échalas de $1^{m},10$, *Lorraine;* partout où il verrait 40,000 ceps à l'hectare, *Lorraine;* partout où il n'en verrait que 6 à 10,000, *Alsace;* partout où il verrait des souches développées à deux ou trois longues tailles, *Alsace;* partout où il verrait les souches réduites à deux petits bras à deux coursons, rarement à une taille demi-longue, *Lorraine;* et souvent, s'il marchait du sud au nord, il aurait en vue les deux systèmes, la Lorraine à gauche et l'Alsace à droite, sans mélange ni influence de l'un sur l'autre. Saint-Hippolyte seul présente une exception à cet égard.

La Champagne se distinguerait de la Lorraine par ses vignes basses recouchées tous les ans et par ses vignes hautes à longs replets, par les provignages à fosses irrégulièrement remplies, par l'absence de pincement des bourgeons à fruit et d'élévation des bourgeons à bois, enfin par l'ensemble des traitements bien plus réguliers et plus uniformes dans la Lorraine, que le viticulteur reconnaît au premier coup d'œil. Les fines races, dans la région du Nord-Est, excepté dans les arrondissements de Reims et d'Épernay, sont presque toutes munies de longues tailles.

L'Alsace possède quelques vignes à petits échalas droits, pour les grosses races; elle possède même, non loin de Saint-Hippolyte, quelques vignobles à méthode absolument et récemment importée de la Lorraine; elle offre aussi, sur le terroir de Thann et aux environs, la vigne cultivée en perches ou en traverses près de terre, comme à Vesoul et dans le Médoc; mais sa culture caractéristique et la plus générale est la culture en quenouille, avec des échalas de dix pieds et des souches portant de trois à six longues tailles rattachées au pied du cep. Tous ses cépages, grosses et fines races, sont traités de même, tous sont luxuriants de bois et de fruits. L'Alsace, dans tous ses vignobles, prouve, depuis des siècles, combien la vigne est vigoureuse et fructifère quand on lui permet de se développer, tandis que la Lorraine prouve de même cette vigueur et cette fécondité dans les dimensions les plus restreintes, quand on soigne à la fois de beaux pampres pour le bois et qu'on arrête l'expansion ligneuse sur les bourgeons à fruits.

Wissembourg et la Bavière rhénane montrent également la force, la fécondité et la longévité données à la vigne par la branche à bois et par la branche à fruit, c'est-à-dire par l'union de la courte et de la longue taille. Mais la culture en kammerbau, comparée aux cultures basses et en lignes verticales, vient démontrer un fait et une vérité du premier ordre, à savoir : que les berceaux du kammerbau, qui maintiennent l'humidité et la chaleur entre la terre et les pampres étalés horizontalement, sont des couvoirs à éclosion d'oïdium, qui menacent de destruction complète toutes les récoltes; tandis que les vignes en lignes palissées et épamprées, de façon à présenter des haies verticales, tondues latéralement, sont relativement exemptes d'oïdium, même au contact des kammerbau infectés.

Le département des Ardennes démontre à lui tout seul : 1º la chétiveté relative des tailles courtes et basses et le luxe de végétation des tailles hautes et longues; 2º l'infertilité des premières et la fécondité des secondes; 3º l'immunité des tailles longues et l'infirmité des tailles courtes à l'égard des gelées de printemps; 4º l'invasion facile de l'oïdium dans les tailles hautes, à pampres abondants et retombants, et l'immunité des tailles basses, à petits pampres attachés verticalement, ébourgeonnés et rognés.

On peut étudier dans les dix départements : 1° les cultures en petits échalas verticaux, de 1ᵐ,10 à 1ᵐ,5o, à trente et quarante mille ceps à l'hectare; 2° la culture en cuveau, à six mille ceps; 3° la culture en quenouille, ou à grands échalas de 3 mètres, à six et douze mille ceps à l'hectare; 4° la culture en kammerbau, avec palissades et cadres horizontaux, à sept ou huit mille ceps à l'hectare; 5° la culture en perches, à dix-huit et vingt mille ceps; 6° la culture en palissages de fil de fer, de dix à quarante mille ceps; 7° la culture en échalas, carasson et un fil de fer, à dix mille ceps à l'hectare; 8° la culture en petits échalas avec recouchage annuel et perpétuel de tous les ceps; 9° enfin la culture sans échalas ni palissage, mais avec pinçage court et absolu, à dix ou douze mille ceps à l'hectare.

Le fait le plus important qui ressort de cette étude comparée, c'est qu'on obtient des récoltes aussi abondantes, plus abondantes même, avec dix mille ceps et moins à l'hectare qu'avec quarante mille ceps et plus; avec le même cépage, sous le même climat, dans le même sol, en compensant, bien entendu, le petit nombre des ceps par l'étendue donnée à l'arborescence fructifère et ligneuse. Dans les bonnes terres, et sous un climat généreux, l'avantage est incontestablement pour le moindre nombre.

Les meilleurs cépages des grosses races sont les gamays à grains ovales et à grains ronds et les gouais blancs et noirs; le bon bourgeois et le petit mielleux, les troyens, les chasselas, plus productifs, donnent des vins beaucoup plus plats et moins solides. Parmi les fines races, les pineaux noirs, roses et blancs, les morillons noirs, les malvoisies ou tokays, les rieslings, les traminers et l'aubin blanc sont préférables et dominants dans les vignes de choix. Parmi les races mixtes, la blanche-feuille, meunier ou fernaise, raisin noir, mais surtout le meslier, arbonne ou arbanne, raisin blanc, méritent le plus grand intérêt par leur fertilité extraordinaire à longs bois et pour leurs qualités, surtout celles du dernier, qui le placent presque dans les fines races. J'ai vu des mesliers marquer douze degrés glucométriques et des meuniers onze degrés. J'ai vu des vignes entières en meslier et en meunier donner cent vingt hectolitres à l'hectare.

La vinification, dans les dix départements, s'accomplit à peu de chose près sur les mêmes données; elle présente partout les mêmes variantes.

Tout le monde est d'accord pour fouler soit par les pieds, soit par fouloirs, soit par cylindres cannelés, avant la fermentation; partout on égrappe en totalité ou en partie, quand on veut cuver très-longtemps; on n'égrappe pas quand la cuvaison doit être de courte durée.

Deux grands systèmes de cuvaison se partagent ensuite l'opinion et la pratique : la cuvaison en cuve ouverte et les marcs montants et flottants sur les jus, pendant la fermentation; et la cuvaison en cuve fermée, avec les marcs fixés par des châssis à claire-voie, de façon à ne pouvoir monter et à être, sinon submergés, au moins largement baignés par les jus.

Dans le premier système, les uns laissent la fermentation s'accomplir sans fouler de nouveau, ni renfoncer les marcs autrement qu'avant et après la fermentation, un peu avant le tirage; les autres foulent et renfoncent tous les jours une ou deux fois; d'autres joignent à ces foulages des arrosements de vins, tirés au cor (robinet) de la cuve, par-dessus le marc. Enfin les uns tirent leur cuvée aussitôt que le marc descend et même avant que la fermentation soit finie; les autres prolongent le contact des marcs et des jus huit, dix et quinze jours, un mois et plus.

Moins les vins cuvent, plus ils sont généreux et brillants, plus ils sont de consommation stimulante et agréable; plus ils cuvent, plus ils sont âpres, austères, lourds à l'estomac. Presque tous les viticulteurs s'accordent à cuver plus pour le commerce et moins pour leur consommation.

Dans le système des marcs flottants, les cuves n'étant pas remplies, aucun foulage ni arrosement n'ayant lieu pendant la fermentation, la durée de la cuvaison n'excédant pas huit jours, les vins sont supérieurs et aussi durables que le comportent le cépage, l'année et le pays; mais lorsqu'on foule et qu'on arrose, et surtout quand on prolonge la cuvaison deux, trois et quatre semaines, les vins sont très-disposés à s'acétifier et à tourner.

Il n'en est pas de même lorsque, les marcs étant maintenus par des châssis dans les cuves à peu près fermées, l'air n'est jamais mis en contact avec la surface des raisins ou des vins. Il paraît démontré que les vins ainsi traités sont de beaucoup moins sujets à s'altérer que les autres, mais sont moins vivants, plus plats, moins brillants de couleur, surtout lorsque, confiant dans cette disposition d'immersion et de clôture, on en tire occasion de prolonger le contact des marcs et des jus pendant deux, quatre semaines et plus.

Dans tous les vignobles à courte cuvaison on mêle les vins des pressurages avec les vins de la cuve : le mélange immédiat est excellent et meilleur que le mélange au soutirage, parce que la fermentation en tonneau combine et purifie le tout.

Presque partout on loge les vins en grands et vieux fûts;

malheureusement la conservation de ces fûts, leur assainissement par les méchages et leur clôture hermétique sont trop négligés, et beaucoup de vins sont perdus par les goûts de fût et par les moisissures et les levains développés pendant la vidange.

On a aussi l'habitude de faire le premier soutirage en mars, époque où le premier mouvement végétal est souvent déterminé. Les vins sont alors en émoi : ce n'est donc pas la meilleure époque du soutirage.

Il faut soutirer les vins par un temps froid et pendant les belles et fortes gelées. Si l'on pouvait soutirer les vins à zéro ou au-dessous de zéro, l'opération se ferait dans les meilleures conditions possibles : le froid fixe purifie et éclaircit les vins d'une façon remarquable, comme il précipite la plupart des sels de leurs dissolutions. C'est donc en décembre, janvier, février et mars, s'il fait très-froid et s'il gèle, qu'il faut soutirer les vins, et surtout après les avoir exposés à l'action des froids, sans congélation toutefois.

La vigne et les vins sont l'objet d'un mouvement de recherches et de pratiques viticoles et œnologiques dirigées avec une grande précision et avec une haute intelligence dans la Lorraine; malheureusement le progrès vers l'amélioration du sort de l'ouvrier vigneron et de la famille vigneronne ne s'y manifeste pas avec le même succès. Pourtant c'est encore dans le pays Messin que j'ai vu pour la seconde fois (la première révélation m'est venue de M. le comte de la Loyère, en Bourgogne) le tâcheron de la vigne encouragé et déterminé à livrer son intelligence et son dévoûment à son travail par une prime de 1 fr. 5o cent. à 2 francs pour chaque hectolitre de vin récolté. Mais ici cette générosité, plus habile encore que libérale, est d'abord restreinte par l'obligation d'un travail compensateur, et ensuite, bien qu'elle ait déjà prouvé son efficacité, quelques propriétaires des vignobles messins la mettent seuls en pratique.

A part cette importante exception, le travail de la vigne se fait, dans la grande majorité des vignobles de la Lorraine et de la région, à la tâche, à la journée et à l'entreprise à forfait, sans participation de l'ouvrier au produit. Le métayage est très-exceptionnel.

Au voisinage des grandes villes, le vigneron se fait payer cher; mais le prix élevé, sans attrait et sans intérêt au produit, ne l'attache point. Dans les campagnes éloignées des villes, la rémunération du travail est véritablement insuffisante. C'est ainsi qu'à Bar-le-Duc la journée sera payée 2 fr. 50 cent. à 3 fr. 50 cent.; c'est ainsi que les fosses de provignage y seront payées 6 francs le cent, tandis que ces cent fosses se payeront 1 fr. 25 cent. à Liouville, et qu'à Eix la journée sera payée 1 franc avec nourriture, ou bien 1 fr. 50 cent. sans nourriture.

Mais, que les façons soient chères ou à bon marché, la position entre le propriétaire et le vigneron reste également tendue. Le propriétaire, à moins de diriger lui-même et d'être constamment présent au travail, voit ses vignes négligées, maltraitées, et sa vendange réduite à sa plus minime expression; tandis que le vigneron travaille avec chagrin, avec malveillance, parfois avec colère, jamais avec plaisir.

Avec un peu moins d'évidence et d'âpreté, j'ai trouvé les mêmes dispositions respectives dans la Haute-Marne, dans la Marne, les Ardennes et dans l'Aisne. L'Alsace m'a paru plus débonnaire sous ce même rapport; mais il est facile de comprendre que partout, dans un travail dont tout le succès dépend du bon vouloir, de l'activité, de l'attention et de l'intelligence de l'ouvrier, l'ouvrier ne pourra livrer toutes ses facultés que par la rémunération qu'il attendra du produit lui-même : si c'est le produit qui le paye, il sera le très-humble serviteur du produit, d'une part; et d'autre part, l'intérêt et l'attrait à la production sont nécessaires à l'ouvrier rural pour lui faire supporter les intempéries du climat et les ennuis de la solitude.

On conçoit l'ouvrier des villes et des ateliers ne demandant à son travail que le salaire du jour ou de la tâche, parce que ce salaire lui donne la vie des cités ou des agglomérations d'hommes; on conçoit les domestiques ruraux s'asseyant à la table commune, ayant les causeries du soir au retour et du matin au départ. Mais la famille rurale sans intérêt et sans attrait rural, l'ouvrier et l'ouvrière des champs à la journée et à la tâche, sont impossibles avec les appétits sociaux développés comme ils le sont et avec la logique américaine qui mène à les assouvir promptement et à tout prix.

Du reste, les faits prouvent aujourd'hui cette impossibilité : toutes les filles, tous les garçons, quittent la campagne pour s'en aller dans les villes; et bientôt leurs parents mêmes, retenus d'abord par une masure ou par un petit coin de terre, ne tardent pas à les suivre, chassés par leurs dettes.

La famille rurale ne peut exister, ne peut se fixer que par l'intérêt au produit du sol. Il lui faut une habitation, une petite proportion de terre pour les besoins courants de la famille, et un atelier rural qui assure sa stricte existence annuelle par le salaire fixe et fonde son bénéfice, son épargne, ou du moins son espérance, par une participation au produit éventuel de son travail.

Cette conclusion n'est point une utopie : elle est basée sur l'observation la plus solide; elle est immédiatement réalisable dans beaucoup de cultures spéciales, et notamment pour la vigne. Il y a plus, elle est déjà réalisée depuis longtemps et ses bons effets sont constatés. La même solution sera bientôt trouvée pour toutes les autres cultures, et il faut qu'elle soit promptement trouvée, car le mal est très-avancé. Métayage commandité et commandé par le propriétaire, ou bien exploitation directe à la tâche ou à la journée, avec octroi d'une fraction du produit brut : telle est la double voie de salut de la grande propriété, du repeuplement des campagnes et de la vie à bon marché.

Il n'est pas un des dix départements de la région où la désertion des campagnes, la cherté, mais surtout la rareté et l'impossibilité de la main-d'œuvre, n'aient été dénoncées par les hommes les plus expérimentés et les plus considérables; pas un où cette situation ne soit l'objet des plaintes et de la sollicitude générales; pas un où nous n'ayons traité ces questions en conférence avec les propriétaires.

La solution que j'ai exposée partout, celle de donner l'attrait du drame rural à l'ouvrier, mais surtout à la famille, par l'octroi du dixième de la récolte des vignes en sus du salaire ordinaire fixe, a été accueillie avec la plus grande faveur comme juste, comme pratique, comme efficace; et, dans la plupart des départements, j'ai reçu de plusieurs grands propriétaires la promesse formelle de son application immédiate.

# RÉGION DU NORD-OUEST



## RÉGION LIMITE DE LA VIGNE A VIN.

## DÉPARTEMENT DE SEINE-ET-MARNE.

Le département de Seine-et-Marne reste encore un des plus importants de la région vignoble du Nord-Ouest par l'étendue de ses vignes, qui n'était pas moindre de 21,163 hectares en 1852 et qui est à peine de 10,000 aujourd'hui. Ses rendements moyens s'élèvent au-dessus de 35 hectolitres à l'hectare, valant plus de 16 francs l'hectolitre, et réalisant ainsi un produit total brut au-dessus de 5 millions de francs : c'est la onzième partie du produit agricole de tout le département, lequel est d'environ 54 millions. Pourtant les vignes n'occupent que la cinquante-septième partie de son sol, dont la superficie totale comprend 573,635 hectares. Les 5 millions provenant de ses vignobles entretiennent 5,000 familles ou 20,000 habitants; dix-huitième partie de la population, dont le chiffre s'élève à 354,400 individus.

Le sol de Seine-et-Marne est plus favorable à la culture des bons cépages qu'à celle des mauvais; car les pineaux, les morillons, les meuniers, sont plus précoces que les gouais

et les gamays. Il est constitué, dans presque toute son étendue, par les affleurements du gypse, du calcaire grossier et
des argiles supercrétacées; l'arrondissement de Fontainebleau est le seul qui repose, pour moitié, sur les grès et les
sables auxquels il a donné géologiquement son nom. Tous
ces affleurements présentent quelques îlots de terres à meulières. En un mot, le département de Seine-et-Marne repose sur le terrain du bassin de Paris, si merveilleusement propre aux cultures les plus variées. Sa surface, tra-
versée par les belles vallées de la Seine et de la Marne,
est en outre accidentée d'une multitude de coteaux, à pentes
sud et est, offrant les sites les plus favorables à la viticulture. Il y a donc là une richesse vignoble à développer et
non à abandonner, comme on paraît le faire aujourd'hui,
surtout dans l'arrondissement de Fontainebleau et dans celui
de Melun.

Le climat est meilleur encore que celui de la Champagne
pour la culture des pineaux noirs et blancs, des plants verts-
dorés et des arnoisons blancs, qui font l'honneur et la fortune du département de la Marne.

Autrefois, les pineaux noirs, le meunier, le tresseau,
le fromentin, le samoreau, le meslier, y étaient plus cultivés que le rochelle, les gouais et le gamay; mais c'est
le contraire qu'on observe aujourd'hui : aussi les vins de
Seine-et-Marne sont-ils verts et froids, ou bien plats et
grossiers. Toutefois on produit encore quelques bons vins,
de petit ordinaire, dans l'arrondissement de Fontainebleau,
dans celui de Melun, à Lagny et à la Ferté.

Dans l'arrondissement de Melun, la vigne est généralement cultivée en planches, à trois et à cinq rangs : les rangs
sont maintenus en ligne, par le provignage, à Boissise-la-

Bertrand, à Grisy-Suisnes, à la Chapelle-Gauthier et à Saint-Fargeau; elles sont mises en foule à Machault, à Vaux-le-Penil, à Maincy et à Héricy.

Les plantations, en général, sont faites en rayons ou fossés peu profonds, en boutures de simples sarments coudés sous le sol, et c'est après la plantation que le sol est formé en planches. Quand on replante sur défrichement de vignes, on laisse reposer la terre un certain temps.

Toutes les vignes sont munies d'échalas de 1ᵐ,25 à 1ᵐ,35, lorsqu'elles sont complétées par le provignage; les plants sont disposés, à la plantation, à 80 centimètres ou 1 mètre, et, après le provignage, les ceps sont à 45, 50 ou 60 centimètres.

Toutes les vignes sont dressées à 15 ou 20 centimètres de terre et taillées à un, deux ou trois coursons à deux yeux, rarement à trois. Voici (fig. 299) un dessin, envoyé d'Héricy-sur-Seine, qui montre le dressement et la taille des vignes, ainsi que la disposition du sol en planches.

Fig. 299.

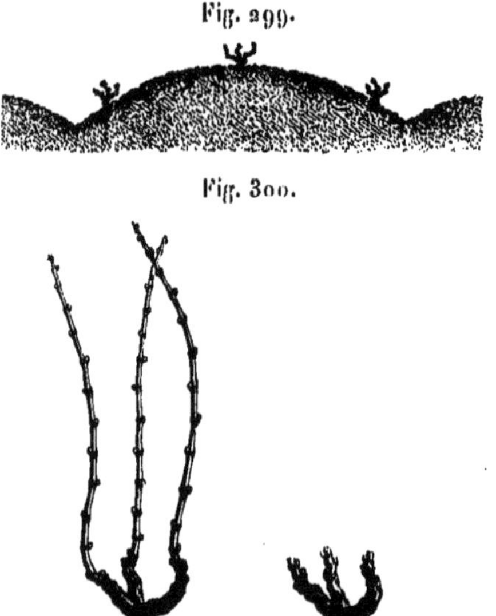

Fig. 300.

La figure 300 donne la végétation et la taille de Machault, à trois coursons, à un œil.

Les cépages rouges les plus répandus sont le bourguignon, le samoreau, le gamay et le meunier; les blancs sont le meslier et le rochelle. On taille généralement en février et mars, on ébourgeonne fin mai, on relave et on attache en juin et juillet; on ne pince pas, mais on rogne en août.

On donne le plus généralement un labour en avril, un binage en juin et un autre en août ou septembre.

On entretient par le provignage, au taux d'environ mille provins à l'hectare.

Les vignes sont généralement arrachées à vingt, vingt-cinq ou trente ans; pourtant en quelques pays, comme à Saint-Fargeau, on les perpétue par le provignage. Les uns fument les vignes au provin seulement, d'autres les fument à plein; quelques-uns y portent des terres.

La production moyenne serait, d'après les enquêtes, bien au-dessus de 40 hectolitres, et le prix moyen de l'hecto-litre bien supérieur à 25 francs. Beaucoup de vignobles déclarent vendre à 50 francs l'hectolitre, mais ils récoltent moins; d'autres n'accusent qu'un prix de 15 francs, mais ils récoltent beaucoup plus. Cela tient à ce que, dans les vignobles de l'arrondissement de Melun, ceux des côtes donnent les meilleurs vins, et ceux de la plaine suppléent à la qualité par la quantité.

En somme, chaque hectare rapporterait en moyenne 1,000 francs bruts, rendement qui est loin d'être exagéré.

Les vignes sont cultivées, soit directement par leurs pro-priétaires, et c'est la plus grande partie, soit à façon et à prix fixe. La moyenne dépense d'un hectare est d'environ 380 francs, qu'on peut porter à 600 francs avec vendanges, fumures et façons d'extra.

La main-d'œuvre est rare et chère : la journée d'homme se paye de 2 à 4 francs, et celle de femme de 1 fr. 50 cent. à 2 francs; les prix des façons ont toujours été en augmentant.

Les meilleures vignes valent en moyenne 5,000 francs l'hectare, et les meilleures terres, de même qualité, environ 1,000 francs de moins seulement.

Le ban de vendange est à peu près partout aboli.

La vendange est foulée avant fermentation. Dans certaines localités, on prolonge la cuvaison de huit à vingt jours, outre un temps assez long pour remplir la cuve. On ne mêle pas le vin de presse avec le vin de cuve. On ne fait plus guère de piquettes; on distille plus généralement les marcs.

A Saint-Fargeau, à Boissise, à Héricy, les vins se gardent trois et quatre ans; partout ailleurs ils sont bus dans l'année.

Dans l'arrondissement de Provins, la culture est plus régulière; les ceps sont rapprochés par deux lignes très-bien tenues, à 5o centimètres entre les ceps, les ceps à 8o centimètres dans la ligne : ces deux lignes s'appellent un *riot* ou *rayon*. Chaque riot est séparé de son voisin par un ados d'un mètre (fig. 3o1): *rr*, riot; *re*, ados. La planta-

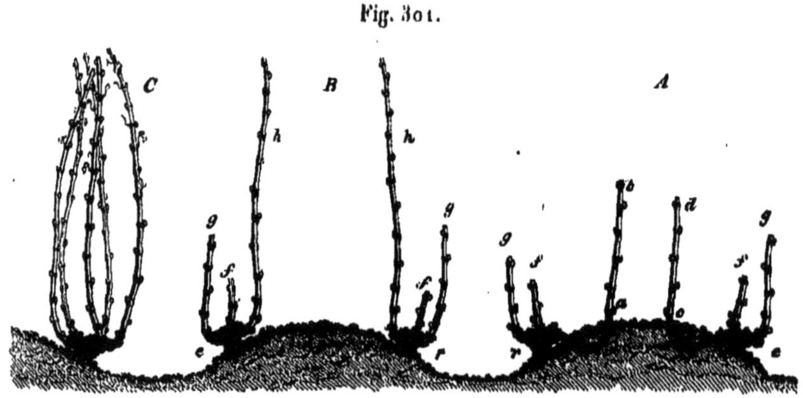

Fig. 3o1.

tion se fait en rayons et en marcottes ou nouées enracinées, lesquelles s'obtiennent comme l'indique *ab* et *cd*, au croquis *A*.

Ces marcottes sont coudées au fond du fossé, à 30 ou à 35 centimètres de profondeur. On plante sur simple culture et sans fumier. Chaque souche est munie d'un échalas de 1^m,30 à 1^m,40.

La taille rappelle en partie celle du Gâtinais et en partie celle d'Orléans : chaque sarment est rogné à un œil seul, parfois les trois premières années, pour faire la tête du cep à 10 ou 15 centimètres du sol; ensuite on laisse trois coursons à deux yeux, mais le plus souvent un courson à deux ou trois yeux (croquis *A* et *B*, *ffff*), un second à quatre ou six yeux *gggg*, et un troisième compte de 80 centimètres à 1^m,20 de long (croquis *B*, *hh*), pour faire la marcotte ou la nouée : la nouée reste libre jusqu'après les gelées tardives de printemps. Le croquis *C* représente un cep avant la taille.

A la fin de mai on dispose la nouée en terre (croquis *A*, même figure); elle fournit du plant par occasion, mais c'est surtout comme porte-fruit qu'elle est mise en pratique; on laisse sortir quatre à cinq yeux et plus, jusqu'à 40 ou 50 centimètres de hauteur. On remarque que les raisins y sont bien plus beaux et plus nombreux que sur le cep. On arrache les nouées l'hiver pour les planter.

A Provins, on distingue donc la gaule d'un mètre, le courson de 30 centimètres et un crochet de douze à quinze.

Les figures 302, 303 et 304 sont des variantes de la taille la plus générale.

Les vignes sont entretenues de franc pied; on provigne pour remplacer, mais on conserve la ligne.

Les cépages rouges cultivés sont le gouais, le gros noir et le gamay; les blancs sont le meslier, le genet et l'auxerrois.

On taille en mars et en avril; on ébourgeonne peu; on

relève et on attache en juin. On donne deux, trois et quatre cultures à la terre : la moyenne est de trois ; en mars on déchausse, on bine en mai et juin, on sarcle en juillet ; quelques-uns donnent un labour d'automne. Presque toutes les cultures sont superficielles, à 6 ou 10 centimètres.

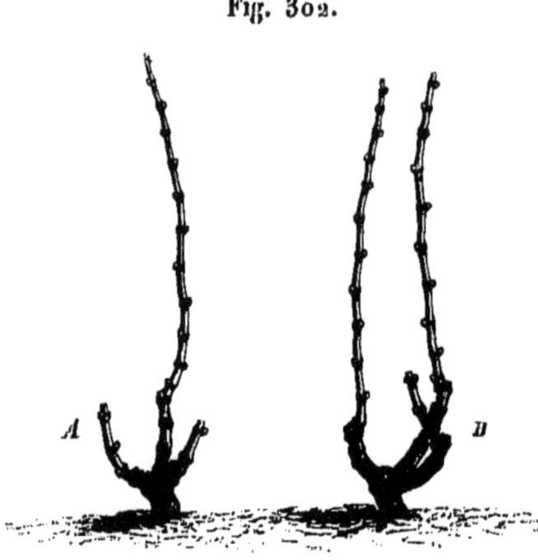

Fig. 302.

Les vignes sont assolées à vingt-cinq ou trente ans dans les deux tiers des communes ; dans l'autre tiers, on les entretient perpétuellement par le provignage.

On fume généralement les vignes tous les trois, quatre

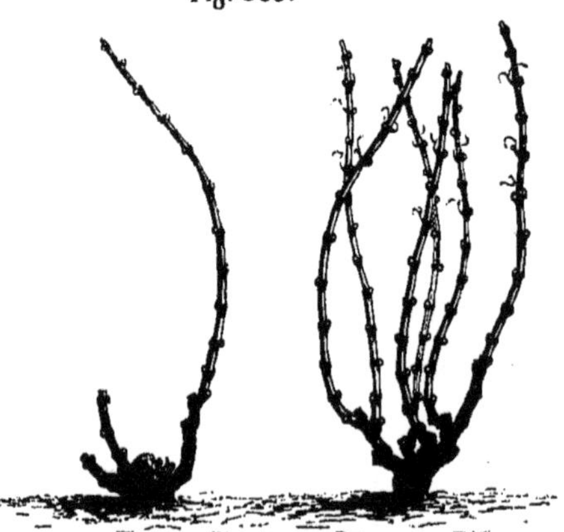

Fig. 303.

Fig. 304.

ou cinq ans, avec le fumier d'étable, au prix de 100 francs par an environ ; les uns fument au provin, les autres au rayon, la plupart à plein.

La production moyenne est de 30 hectolitres à l'hectare, et le prix moyen de 22 francs l'hectolitre.

Presque toutes les vignes sont cultivées par les vignerons propriétaires, qui se font aider à la journée, laquelle est de 3 fr. 50 cent. sans nourriture et de 2 francs avec nourriture.

L'estimation des dépenses par hectare, façons et fournitures comprises, ainsi que les vendanges et les pressurages, est portée de 400 à 600 francs.

Dans certaines communes, les terres de même qualité sont du même prix que les vignes ou en diffèrent très-peu : là les terres sont bonnes; mais dans les communes où les terres valent 500 à 1,500 francs l'hectare, la vigne vaut de 4 à 6,000 francs : cela se conçoit, car la vigne rapporte beaucoup dans ces terres.

Les vendanges diffèrent peu de celles des environs de Melun : on cuve à marc flottant et à cuve ouverte, on presse peu les marcs, on fait des demi-vins et beaucoup de piquettes; en général, les vins se boivent dans l'année et sont de faible qualité. Excepté à Hermé, canton de Bray-sur-Seine, les vignes de l'arrondissement de Provins sont déclarées rapporter moins que les autres cultures.

Si nous passons dans l'arrondissement de Fontainebleau, nous retrouvons les vignes en lignes, plantées et maintenues de franc pied, sans préparation du sol. Il faut excepter Thomery, où l'on défonce les terrains imperméables à 1 mètre, mais où l'on s'abstient de défoncer les terres perméables.

Les ceps sont à 1 mètre au carré ou à 1 mètre dans un sens et à 75 centimètres dans l'autre; leur conduite diffère de la conduite générale de l'arrondissement : il en est de même dans le canton de Lorrez, où les vignes sont éle-

vées en souches, à trois et jusqu'à six membres; voici, par
exemple (croquis *A*, fig. 305), une jeune souche de Voulx,

Fig. 305.

provenant de provignage, et (croquis *B*) une vieille souche
du même vignoble. Partout ailleurs, ou presque partout,
les plants (chapon, crossette ou chevelée) sont plantés en
quinconce, de chaque côté d'une fosse, et en rayons de 50
à 80 centimètres, séparés par des ados de 1 mètre. Autrefois on ne plantait que la moitié ou le tiers des plants et
l'on complétait par le provignage; aujourd'hui on plante tous
les ceps. Chaque cep est également dressé en tête de saule,
par une taille très-courte d'abord, puis à deux et à trois

Fig. 306.

nœuds, sur deux, trois et jusqu'à quatre cornes, et muni
d'un échalas de 1$^m$,15 à 1$^m$,30, excepté à Beaumont et dans
le canton de Château-Landon, où la vigne est cultivée abso-

lument comme dans le Gâtinais, auquel ce canton se rattache. A Beaumont, la vigne n'a point d'échalas et ne comporte qu'un cépage rouge, le gamay du Beaujolais, appelé franc noir, et un cépage blanc, le meslier. La figure 306, empruntée au Gâtinais, donne une idée suffisante de la culture de Beaumont.

Mais une différence capitale entre la taille et la conduite dans l'arrondissement de Provins et celles de Fontainebleau, c'est que dans ce dernier pays on n'applique jamais les longues tailles, qui sont à peu près la règle dans le premier. Les ébourgeonnages, liages et rognages se font avec soin et aux mêmes époques; on donne trois cultures à la terre, en avril, juin et août, et l'on cultive à plat.

Les cépages cultivés sont à peu près les mêmes : le gouais et le gros noir, en rouge, et le meslier et le rochelle, en blanc; pourtant ici se montre, comme dominant, le cahors, qui doit être le cot. Ce cépage, qui n'est que de troisième époque de maturité, ne saurait donner de bons produits; il est vrai que le gouais mûrit aussi tardivement et donne des vins bien plus mauvais.

Les récoltes moyennes sont de 30 hectolitres à l'hectare, et le prix moyen est de 18 francs l'hectolitre.

La dépense par hectare est estimée à 280 francs de façons, 225 francs de fumier, 25 francs d'échalas, 12 francs de paille et 158 francs de vendanges, pressurages, impôts et frais divers; total égal, 700 francs par hectare. A Thomery, où tout est consacré à la culture du chasselas et du frankenthal, comme raisins de table, chaque hectare coûte 1,000 francs et rapporte en moyenne 1,500 francs.

Je n'entrerai dans aucun détail sur la culture spéciale à Thomery, qui se rapporte surtout à l'horticulture et n'offre d'ailleurs aucun autre progrès que celui de la belle conduite de ses treilles et les soins donnés à leurs grappes.

Les vendanges ni les cuvaisons n'offrent rien de particulier; les vins sont d'ailleurs tout à fait médiocres et sont consommés dans l'année.

La vigne, dans l'arrondissement de Fontainebleau, est en grande décroissance, sauf à Thomery; elle ne compte plus que 2,200 hectares environ, au lieu de plus de 7,000 que lui attribuait la statistique de 1852. L'invasion des vins du Midi, plus forts et pas plus chers, est considérée comme une des causes de la dépréciation; si les cépages de la Marne étaient bien cultivées dans le département, la vigne en deviendrait la plus riche culture et n'aurait aucune concurrence à redouter.

Dans l'arrondissement de Coulommiers, où le sol et le sous-sol sont calcaires, la plantation se fait en fosses de 50 à 60 centimètres de profondeur, en boutures ou chevelées coudées et recouvertes de 15 centimètres de terre et de 8 centimètres de fumier, à 87 centimètres de distance et à 75 centimètres entre les rayons. Chaque souche a son échalas en acacia ou en marsault, de 1$^m$,67 de hauteur; mais ce qui caractérise la culture de Coulommiers, c'est qu'à la troisième ou quatrième année le vigneron laisse à chaque souche deux courgées (fig. 307, croquis $B$), dont l'une est mise en terre, pour donner du plant, et l'autre est repliée en raquette et attachée, la pointe en bas, à l'échalas. Cette double courgée, jetée bas tous les ans quand elle a porté fruit, est remplacée par une semblable; mais elle n'est donnée et ne se renouvelle que quand le vigneron a besoin de plant. Les vignes sont toujours de franc pied et entretenues par plant rapporté. Elles sont

arrachées tous les trente-cinq à quarante ans : aussi, sous
ce régime, le rendement moyen est-il de 80 hectolitres à
l'hectare; le prix moyen de l'hectolitre est de 12 francs.

Les cépages principaux sont le gouais, en rouge, et le
meslier, en blanc ; on cultive aussi les pineaux et les gamays. Les gamays sont tous traités à taille courte et à plusieurs bras; les autres cépages sont à courgées et à crochets, comme aux figures 302, 303 et 304.

Toutes les vignes sont cultivées par leurs propriétaires :
on estime à 6 ou 700 francs le prix de culture et l'exploitation d'un hectare, tout compris. Les meilleurs hectares
se vendent de 8,000 à 9,000 francs; le prix moyen est
de 5,000 francs. Le prix d'un hectare de terre de qualité
supérieure est de 4,000 francs, mais le sol des vignes ne
vaut guère que 2,000 à 2,500 francs.

On cuve de dix à quinze jours; on foule et l'on arrose;
on tire clair et froid; on ne mêle pas les vins de presse
avec les vins de cuve; on fait des piquettes avec les marcs.

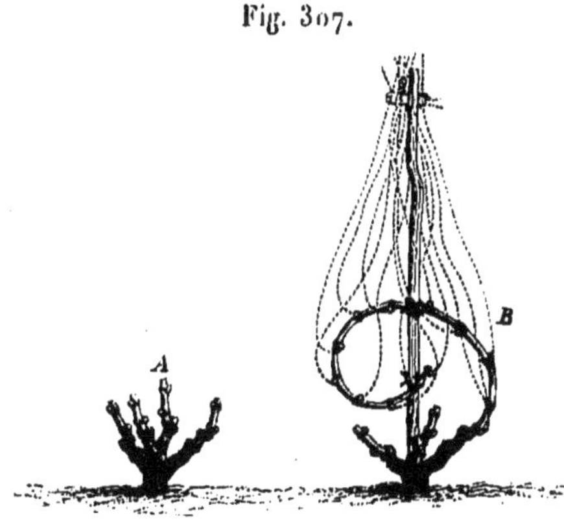

Fig. 307.

Tous les vins sont d'ail-
leurs de médiocre qua-
lité et sont vendus ou
bus dans l'année.

Je donne dans la
figure 307 deux phases
de la culture de Meaux:
A, taille de quatre ans;
B, taille de cinquième
année. (Voir, pour les
autres tailles, les fi-
gures 302, 303 et 304.) Partout les tailles sont généreuses
et comptent au moins une longue taille de 80 centimètres

à 1$^m$,20 sur chaque souche; quelquefois il y en a deux, mais toujours une taille de 20 à 30 centimètres à côté, et une troisième de deux à trois yeux, comme à Provins (fig. 301, croquis *B*). Partout ces longues tailles sont attachées, en avril, à un ou même à deux échalas et repliées en cercle en mai, la pointe en bas. Les cépages sont toujours le gouais, le meunier, le gamay, qui se conduit parfois à taille longue, le plus souvent à taille courte (fig. 302, croquis *B*), le gros noir, enfin les pineaux, trop rares, et le beaune ou pineau blanc; on cultive quelques chasselas.

Dans le canton de la Ferté, les pineaux sont encore en quantité notable. Là les vignes sont en lignes, mais moins bien conservées que dans les autres cantons; elles finissent souvent, vers vingt ans, par être en foule, et la longue taille de chaque souche, au lieu d'être repliée en courgée, est le plus souvent piquée en terre sous le nom de picaude. Les cantons de Meaux, de Lagny, de Crécy, de Claye, conservent la ligne et le franc pied, usant très-peu du provignage, si ce n'est pour remplacer; encore le remplacement s'y fait-il par plants rapportés. Dans tous les cantons aussi, les pampres des courgées sont pincés à une ou deux feuilles au-dessus de la plus haute grappe, excepté les deux ou trois premiers bourgeons, qu'on laisse croître, qu'on relève, qu'on lie et qu'on rogne, pour y trouver une courgée de remplacement l'année suivante. Si ces bourgeons n'ont pas réussi, on prend la courgée sur les coursons ménagés à côté.

Toutes les autres pratiques de culture, d'épamprage et de plantation diffèrent peu de celles des autres arrondissements; la majorité des vignobles arrache de vingt à vingt-cinq ans.

La plupart des vignobles de Meaux sont cultivés en ados et en rayons; mais il n'est pas un seul canton de cet arrondissement dont la moyenne récolte descende au-dessous de 35 hectolitres, et on en compte plusieurs où elle est portée à 50 et à 60.

La moyenne du prix de l'hectolitre est descendue de 35 à 18 francs, probablement à cause de l'invasion des vins du Midi. Néanmoins, ce prix porte encore le revenu brut de l'hectare à 810 francs, avec la moyenne récolte de 45 hectolitres.

La moyenne dépense, main-d'œuvre et fournitures comprises, s'élève à 650 francs, ce qui ne laisse que 160 francs de produit net; mais la main-d'œuvre retourne tout au propriétaire, car, pour la plus grande partie des vignes, ce sont leurs propriétaires qui les cultivent.

# DÉPARTEMENT DE L'OISE.

L'Oise est, à mes yeux, le département le plus intéressant à étudier, au point de vue surtout de la lutte désespérée de la viticulture dans sa défense contre le climat, les cultures industrielles, l'insuffisance des populations, et les clameurs de haro poussées par les sophistes de l'agriculture.

Aussi aurais-je amèrement regretté de n'avoir pu en faire moi-même l'examen attentif, si je n'avais obtenu de M. Boursier jeune, agriculteur des plus instruits, des plus actifs et des plus impartiaux, propriétaire praticien à Chevrières (Oise), qu'il voulût bien faire cette étude pour moi.

Jamais mission n'a été mieux et plus complétement remplie, arrondissement par arrondissement et canton par canton. Jamais je n'aurais réussi, dans cette enquête, aussi bien que M. Boursier, à qui je laisse la parole.

« Topographie. — Le département de l'Oise est situé entre « les 12° et 46° minutes du 49° degré de latitude; il est « traversé par le méridien de Paris. Son point le plus élevé, « le Coudray-Saint-Germer, est à 263 mètres au-dessus « du niveau de la mer; son point le plus bas, Chambly, est « à 27 mètres. Sa superficie totale est de 585,306 hec- « tares.

« MÉTÉOROLOGIE. — La température est ordinairement
« froide et humide d'octobre à janvier; sèche en janvier et
« février, pluvieuse de février en mai. Ce n'est guère que
« du 15 juin au 15 août que les grandes chaleurs s'y font
« sentir.

« CONFIGURATION. — La surface de l'Oise est générale-
« ment plane; pourtant elle offre, dans plusieurs cantons,
« des cours d'eau, des vallées et des collines qui les bordent.

« GÉOGNOSIE. — Le sol de l'Oise appartient aux terrains
« secondaires et tertiaires : la craie se montre à nu dans
« toute sa région septentrionale et occidentale; elle y forme
« la limite nord du bassin géologique de Paris. C'est sur la
« craie que reposent les terrains tertiaires qui constituent
« le sol du reste du département : marnes gypseuses, cal-
« caires grossiers, sables et terres meulières.

« BOTANIQUE ET LIGNE ISOTHERMIQUE. — La flore du dépar-
« tement est en général celle de Paris; la ligne limite de
« la culture de la vigne traverse le département du sud-
« ouest au nord-est, dans la direction de Gisors à Noyon,
« par Beauvais.

« POPULATION. — 401,274 habitants peuplent le dépar-
« tement de l'Oise, qui contient ainsi 68 individus 52 cen-
« tièmes par 100 hectares, le tiers environ de la population
« spécifique belge et la moitié de la population anglaise.
« M. Graves, dans son Esquisse topographique et statis-
« tique du département de l'Oise, publiée en 1826 dans
« l'Annuaire administratif du département, juge ainsi la
« culture de la vigne :

« La vigne est cultivée avec quelque étendue dans les
«cantons de Méru, Creil, Liancourt, Maignelay, Com-
«piègne et Noyon; on en trouve quelques hectares dans
«les cantons de Chaumont, Auneuil, Noailles, Saint-Just-
«en-Chaussée, Crépy et Pont. On voit par là que la région
«nord-ouest est privée de vignes. La température est peu
«favorable à la vigne; les chaleurs de l'été ont trop peu d'in-
«tensité et de durée pour mûrir suffisamment le raisin.
«Les vignobles manquent des soins qui pourraient, en par-
«tie, remédier aux inconvénients du climat; le vin est faible,
«mal préparé, peu susceptible de conservation, quelquefois
«nuisible par l'excès d'acidité qu'il contient. Au reste, ce
«genre de récolte a subi une diminution notable depuis
«vingt années. La récolte de 1804 s'éleva à 169,723 hec-
«tolitres, tandis qu'on n'en a recueilli que 45,440 en 1824.
«Les cultivateurs se dégoûtent d'une culture dont le pro-
«duit est si précaire et lui substituent avec raison celle du
«blé, qui demande moins de travail et donne plus de résul-
«tats. » (M. Graves oublie que les impôts sur les vins ont
été créés en 1804, que des luttes terribles s'établirent à
cette occasion dans tous les vignobles, et qu'un grand
nombre d'hectares de vignes furent arrachés depuis cette
époque jusqu'en 1824.) «La culture de la vigne ne se fait
«plus dans le département de l'Oise que par un reste d'ha-
«bitude; on peut prévoir le jour où elle disparaîtra presque
«complétement. Chaque fois qu'une vigne change de pro-
«priétaire, par vente ou héritage, quatre-vingts fois sur
«cent, elle est détruite.

« La génération actuelle possède à peine quelques no-
«tions sur la manière de traiter la vigne, de fabriquer le
«vin et de le conserver. Il n'est pas *un jeune homme* qui

« veuille s'occuper de cette culture, que *l'on trouve ingrate*
« *comparée aux autres.* »

Parmi les notes historiques de la vigne données sur tous
les cantons, je cite les principales :

« CANTON D'ESTRÉES. — Avant 1789, 550 hectares ; en
« 1860, 360 ; aujourd'hui, 150 hectares environ. La pro-
« duction était évaluée à 34 hectolitres à l'hectare en 1832.

« CANTON DE PONT-SAINTE-MAXENCE. — Avant 1789, la cul-
« ture de la vigne s'étendait dans tout le canton ; en 1836
« on n'en comptait plus que 50 hectares sur les coteaux bor-
« dant l'Oise : cette quantité n'a pas varié depuis ; la moyenne
« du rendement est de 30 hectolitres. On trouve beaucoup de
« vignes hautes, même en dehors des vergers.

« CANTON DE MOUY. — Il n'y a plus de vignes basses dans
« ce canton ; il existe beaucoup de vergers où l'on cultive
« la vigne en hautains, treilles ou perches. Les variétés
« cultivées ainsi sont le meslier, le meunier et le gouais.

« CANTON DE LIANCOURT. — 270 hectares en 1779, 60
« en 1836 : sauf les cultures en treilles et perches, tout a
« disparu aujourd'hui pour faire place aux cerisiers et pru-
« niers.

« CANTON DE CLERMONT. — 162 hectares de vignes en
« 1789, 102 hectares en 1815, 73 en 1828, 18 en 1836 ;
« la vigne avait complétement disparu en 1856 ; on n'y
« trouve plus maintenant que les vignes hautes dans les
« vergers de la vallée.

« Canton de Maignelay. — Quoique situé au nord de la
« ligne limite de la culture de la vigne, ce canton comptait
« 240 hectares de vignes en 1789, 109 en 1836. Au-
« jourd'hui, sauf quelques vignes hautes, tout est détruit.

« Canton de Ribécourt. — Sur 200 hectares en 1789,
« il reste environ 60 hectares aujourd'hui. Dans les com-
« munes de Machemont et de Chevincourt, la vigne reprend
« honneur depuis quelques années : les produits de leurs
« vignobles ont toujours joui d'une certaine réputation. Les
« terrains occupés par la vigne ne conviennent qu'à elle ou
« aux arbres à noyaux. Le canton de Ribécourt a de belles
« pentes, bien exposées, à l'abri des gelées tardives; de
« bonnes notions sur la culture de la vigne pourraient y
« être utilisées.

« Canton de Senlis. — La culture des vignes était con-
« sidérable aux environs de Senlis avant 1789; elle a com-
« plétement disparu. L'hôpital de Senlis a fait planter un
« clos de vignes il y a une trentaine d'années : les produits
« ont été abondants tant que la vigne a été soignée; aujour-
« d'hui, les produits sont précaires et on parle de l'arracher. »
Dans plus du tiers des vignobles de France on assole les
vignes à trente ans, parce qu'elles cessent d'être assez fertiles après cet âge, à moins d'être en vignes à grande arborescence; que l'hôpital de Senlis arrache son clos et qu'elle
le replante, elle aura ainsi trente autres années de fertilité.

« Canton de Compiègne. — En 1789, 400 hectares de
« vignes étaient cultivés dans le canton de Compiègne;
« 300 hectares restaient en 1850; aujourd'hui, on y compte

« à peine 200 hectares. Les vignes actuelles sont situées
« sur la pente des collines qui bordent la rive droite de
« l'Oise. Les vins des coteaux de Margny et de Clairoix, à
« trois kilomètres de Compiègne, donnent des produits assez
« bons comme qualité : les gelées du printemps sont très-
« pernicieuses. Les 200 hectares de vignes appartiennent à
« 600 propriétaires.

« Canton de Beauvais. — Les vignes y occupaient autre-
« fois toutes les pentes des vallées et s'étendaient même
« dans la plaine; les vins s'exportaient en Flandre et en Bel-
« gique. — En 1789, on comptait encore 700 hectares de
« vignes; il n'en restait plus que 550 hectares en 1830 et
« 212 en 1850; la destruction continue. Le rendement
« était estimé, en 1789, à 25 hectolitres à l'hectare; au-
« jourd'hui il n'est plus que de 24. La plantation des pru-
« niers prend une grande extension. »

J'ai cité seulement les notes des principaux cantons : dans
la plupart, la décadence est arrivée à l'anéantissement complet; mais un fait remarquable, c'est que les vignes basses
disparaissent et non les vignes hautes : c'est ce que l'on a
pu voir aussi dans quelques communes de l'Aisne.

Dans l'Oise, il existe trois méthodes de conduite de la
vigne : la vigne basse, avec des échalas de $1^m,20$; la vigne
avec des échalas de $1^m,50$, qu'à tort ou à raison on appelle
vigne haute, et la vigne en perches, en treilles, en hautains; en un mot, la vigne à grande arborescence.

Je donnerai d'abord une idée de la vigne à simple cep,
avec échalas unique de $1^m,20$ et $1^m,50$. Ce sont les deux
cultures qui formaient réellement le fond principal des vignobles de l'Oise.

Le sol des vignes de Beauvais et de Compiègne est argilo-siliceux, plus ou moins compacte, avec sous-sol imperméable. Des cailloux roulés se rencontrent fréquemment dans le sol de Beauvais, dont la terre repose sur la marne, qui sur les rampes des coteaux n'est parfois qu'à 15 ou 20 centimètres de la surface du sol. A Senlis, le sol est silico-calcaire, léger, profond, avec sous-sol perméable, calcaire, terrain facile à cultiver.

A Senlis, on plante en fossés de 35 centimètres de profondeur, qu'on remplit en trois ans; les plants sont des marcottes empruntées aux ceps des autres vignes; ces marcottes sont coudées au fond du fossé et fumées; on garnit la vigne de tous ses plants, à 50 centimètres de distance.

A Compiègne, on ne plante plus de vignes; mais les vignes étaient plantées naguère en poquets à 1$^m$,20 au carré, pour être garnies ensuite à 60 centimètres en tous sens par le provignage.

Dans les trois arrondissements, les vignes sont entretenues perpétuellement par le provignage; mais dans ceux de Senlis et de Beauvais elles sont maintenues en lignes parfaites, tandis que dans celui de Compiègne elles sont en foule.

A Senlis et à Beauvais, là où les échalas sortent d'un mètre de terre, la taille est toujours courte, à un ou à deux yeux; à Beauvais l'on ne garde qu'un membre, et à Senlis on en conserve deux ou trois. A Compiègne et à Clermont, où sont employés les échalas de 1$^m$,50, on taille à trois et même à six yeux, quand la vigne est vigoureuse.

Les cépages de Compiègne sont : le gamay rouge, le

meslier blanc, le gouais, le teinturier, le blanc d'Orléans, le gros noir, le gris, le morillon noir, le chamois, le complain. Le gris donne le meilleur vin; le gouais est taillé plus long, il domine trop. Senlis offre à peu près les mêmes cépages, mais c'est le gamay noir qui domine. Enfin, à Beauvais, on ne désigne les espèces que par les qualifications de rouges, gris, blancs, verts, et de bon ou de mauvais cépin.

Ce qui est bien certain, c'est que le gouais et le gamay sont des cépages qui ne conviennent point à l'Oise, car ils mûrissent mal, même dans la Marne. Ce qui n'est pas moins certain, c'est que le vert-doré, l'épinette blanche, le meunier, le précoce des environs de Paris, devraient être les seuls cépages constituant ses vignes. Avec ces précoces et délicates espèces, le vin produit ne vaudrait pas moins de 3o francs l'hectolitre; et si les vignes étaient cultivées de franc pied, sans provignage, conduites à longues tailles avec coursons de retour, surtout avec une arborescence un peu plus grande et un assolement de trente ou quarante ans, elles ne rendraient pas moins de 5o hectolitres à l'hectare, diminueraient de moitié les frais de culture et laisseraient bien loin derrière elles, pour le profit, toutes les autres cultures; mais avec la taille et la conduite adoptées il vaudrait mieux arracher toutes les vignes, surtout à Beauvais et à Clermont, où la vigne est cultivée, comme dans l'arrondissement de Dreux, en vallées et montagnes, c'est-à-dire en planches de 4 mètres de large, dont le point le plus élevé est à o^m,8o au-dessus du plus bas (fig. 3o8). Tous les quatre ans, le point le plus haut devient le plus bas, par l'enlèvement de la terre qui supporte les deux lignes culminantes des vignes; cette terre est reportée

sur le plan incliné suivant, tandis que les ceps déracinés
sont plongés dans une fosse qui tout à l'heure était un

Fig. 308.

sommet; mais je décrirai plus loin cette culture, que j'ai
étudiée dans Eure-et-Loir.

M. Boursier m'a envoyé quatre souches avec leurs tiges
et leurs racines, deux jeunes et deux vieilles; j'en donne
ici la figure exacte, au dixième, afin de montrer la triste
végétation obtenue par tant de sueurs. Fig. 309 : *A*, jeune

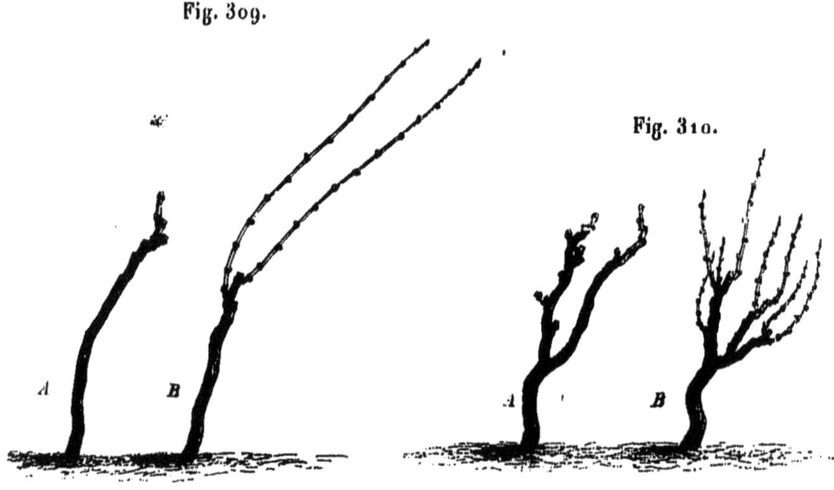

Fig. 309.

Fig. 310.

cep taillé à la mode du pays; *B*, le même cep non taillé.
Fig. 310 : *A*, vieille souche taillée à la mode du pays; *B*,
la même non taillée. Vit-on jamais rien de plus maigre et
de plus chétif? tandis qu'à côté les hautains, qu'on ne
dérange pas, sont splendides, fertiles et éternels relative-

ment. Et pourtant les vignes des environs de Beauvais sont cultivées pour elles-mêmes, sans arbres ni légumes; partout ailleurs, les vignes sont complantées de fruits à noyau.

A Compiègne et à Senlis, on cultive les vignes à plat, avec le trident; on donne trois cultures : une, profonde de $0^m,15$ à $0^m,20$, après la taille; une autre après l'ébourgeonnement, et enfin un binage avant ou après la moisson; on relève, on lie et l'on rogne en juillet. En somme, dans les trois arrondissements, on possède encore un peu la tradition de toutes les pratiques, mais on ne les accomplit que quand on peut et quand toutes les autres cultures sont satisfaites. On fumait à 80 mètres cubes à l'hectare à Compiègne, mais on ne fume plus. On terre, à Senlis, avec les terres des chemins et du fond des vallées.

Les gelées du printemps détruisent une grande partie de la récolte dans l'arrondissement de Beauvais; elles sont moins sensibles à Compiègne, à Pont-Sainte-Maxence, etc. On a vu le même effet se produire entre l'arrondissement de Vouziers et celui de Rethel, dans les Ardennes. C'est la longueur de la taille seule, principale différence entre la vigne haute et basse, qui explique ce phénomène.

La production moyenne est estimée aujourd'hui à 24 hectolitres à l'hectare à Beauvais, à 30 à Compiègne, et la moyenne générale paraît être de 27 hectolitres.

Un hectare de vigne vaut de 3 à 4,000 francs dans les meilleures terres, et les terres de même qualité, sans vigne, valent à peu près le même prix, car la culture de la vigne est celle qui rapporte le moins ici. On n'achète guère d'ailleurs la vigne que pour l'arracher, et je déclare que l'on a parfaitement raison; les vieilles vignes, éternisées par le provignage, sont la ruine des grands comme des petits vignobles.

La vigne est à peu près partout cultivée par son propriétaire; la bourgeoisie en a peu gardé, car elle ne trouve plus de vignerons.

Je ne m'étendrai pas sur la vendange ni sur les procédés de vinification. Pourquoi insister sur des détails sans portée, puisque, de 4,500 hectares que comptait le département en 1789, il n'en reste pas aujourd'hui 600; et que ces 600 devront disparaître sous le fardeau qu'ils imposent au vigneron propriétaire lui-même?

Est-ce à dire que, selon moi, l'Oise ne doit pas cultiver de vignes? Je pense tout le contraire; je pense même que ceux qui en entreprendront la culture sur d'autres bases, avec des cépages fins et précoces et d'après la méthode que nous avons prise pour type, en tireront toujours 1,000 francs bruts et 500 francs nets par hectare. Je pense qu'avec des vins délicats, fussent-ils plus verts encore que ceux de la Marne, ils n'auront rien à redouter de la concurrence des vins du Midi. Je crois que, sans mépriser le bon cidre, on peut dire qu'il constitue une boisson moins fortifiante, moins cordiale que le vin le plus léger, si le vin est pur et bien fait. Je pense qu'en l'état actuel du commerce et de la moralité publique le cultivateur et le propriétaire doivent produire chez eux tout ce qui peut servir à leur bonne alimentation, vendre le surplus, et avoir le moins possible à acheter; car une fois enfermés dans une production unique, sous prétexte que leur climat et leur sol conviennent mieux à cette production, le commerce et la spéculation s'entendront pour acheter à vil prix leurs bons produits et pour leur vendre à des prix exorbitants, et en qualités inférieures, sinon falsifiées, toutes les autres denrées nécessaires. L'agriculture qui ne peut vendre qu'un produit au commerce et à l'industrie, et qui se met dans la nécessité de tout leur acheter, est perdue. Tous les efforts de l'industrie et du commerce tendent partout à la dominer ainsi.

Il me reste à parler du troisième mode de culture adopté dans l'Oise, la vigne à grande arborescence; c'est encore à M. Boursier que je dois tout ce que je vais en dire et en montrer, sauf la figure 311, que M. Riocreux est allé dessiner sur place près de Noyon.

En dehors des vignes basses, on entretient sur plusieurs points du département des vignes hautes, sur arbres fruitiers, perches (écamperches dans le pays) et treilles. Ces vignes ont même pris un certain développement depuis l'abandon des vignes basses.

Les vignes hautes se trouvent dans tous les cantons où la vigne était en faveur autrefois, principalement dans les vallées de l'Oise, de Creil à Noyon, et du Thérain, de Creil à Beauvais. Certains villages de l'arrondissement de Compiègne ont leurs jardins plantés entièrement d'arbres fruitiers et de vignes hautes; ces villages, pour peu que le terrain soit accidenté, présentent un aspect pittoresque.

On trouve peu de plantations régulières en vignes hautes, à moins qu'il ne s'agisse de propriétés de 2 à 10 ares, éloignées de l'habitation. Ordinairement la vigne forme une ceinture continue à 1 mètre, 2 mètres au plus, des limites de la propriété. La palissade est formée de pruniers et de perches reliées par des traverses (voir la figure 312). Autrefois on n'élevait la vigne que sur les pruniers, mais on abandonne ce mariage comme donnant de l'ombre et un raisin moins bon. Les perches sont de petits arbres branchus ou

des maîtresses branches d'arbres de haute futaie; elles sont
plantées dans le sol comme des poteaux; on emploie toutes

Fig. 311.

Environs de Noyon. Vigne sur prunier, d'après nature.

les essences de bois dont on peut disposer, quitte à remplacer plus souvent les bois tendres. Les pieds de vigne ne reçoivent d'autres cultures que celles que l'on donne au jardin.

*Taille.* — La taille des vignes hautes se fait aux mêmes époques que celle de la vigne basse (en mars et avril); on taille à deux et trois yeux et on laisse des ploies, dont la longueur varie de 20 à 50 centimètres; des deux branches extrêmes d'un membre, on choisit la plus vigoureuse pour faire une ploie et on taille l'autre à deux et trois yeux : par exemple, sur la branche 1, 2, 3 (fig. 312), on taillera le sar-

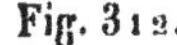

Fig. 312.

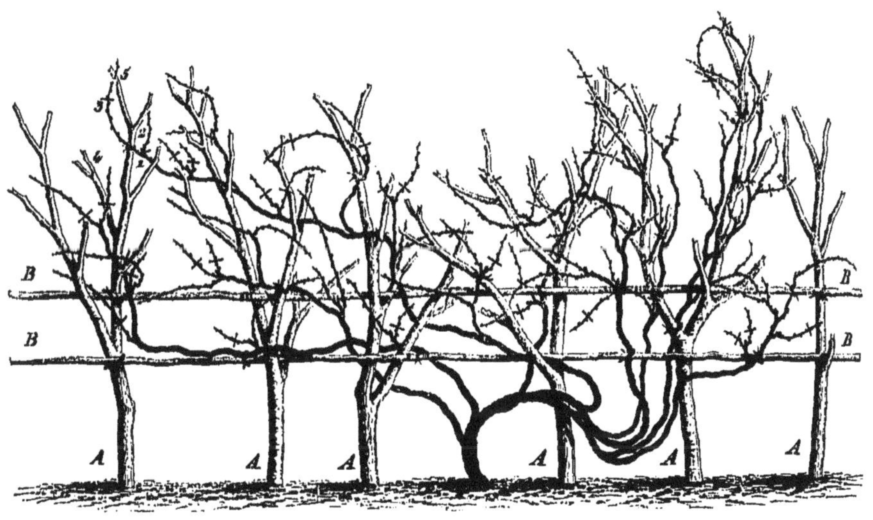

D'après nature, au centième.

ment 2 rez le vieux bois, et on fera une ploie avec le sarment 3, que l'on attachera à la branche 4 si le bois est vigoureux et à la branche 5 s'il manque de vigueur.

Le palissage de la vigne se fait au moment de la taille, avec des brindilles d'osier; on ne suit d'autre principe que de recourber les branches vigoureuses et de redresser les branches chétives. On ne commence à palisser qu'à 1$^{m}$,50 du sol et à 2 mètres dans les vergers fréquentés par les poules. Pour les treilles n'ayant pas plus de 1$^m$,50 à 2 mètres de hauteur, on relève et l'on attache les bourgeons, en ôtant ceux qui sont nuisibles.

La vendange se fait au moyen de deux échelles, une double et une simple beaucoup plus longue; on pose cette dernière sur les perches et on la contre-boute au moyen d'une fourche, en sens opposé; les paniers portent un crochet.

La vendange est aussi rapide que dans les vignes basses, mais on ne peut y employer que des hommes adroits; le vin se traite comme pour les vignes basses, on mélange la récolte quand on a des deux sortes de vignes. On vendange ordinairement les vignes hautes trois à quatre jours après les vignes basses.

Les frais de conduite sont beaucoup moindres que ceux des vignes basses; un hectare comprendrait vingt à vingt-cinq palissades ou rangées de perches (vingt rangées sont préférables) sur une longueur de 100 mètres. Les récoltes minima sont de 50 litres, et les maxima de 5 hectolitres, par rangée.

Quand il n'y a qu'une ceinture d'arbres, on peut cultiver le jardin comme à l'ordinaire; dans ce cas, la récolte paye les façons et même le loyer de la terre. Si le terrain est planté régulièrement, on peut encore récolter des pommes de terre, des haricots, des betteraves, pour payer les façons et les engrais.

Le cultivateur ne calcule qu'une chose, avoir sa boisson sans débourser d'argent; on se considère comme riche au village, et l'on a raison, quand on possède : logement, jardin, chauffage, pain et vin.

Le vin se vend en moyenne de 23 à 40 francs l'hectolitre; ce dernier prix est rarement atteint; le prix de 26 fr. est considéré comme moyenne.

CÉPAGES. — Dans tous les vignobles, les variétés communes et à grand rendement sont venues remplacer le gris, le noir, le meillé, l'orléans; c'est dans le canton de Ribécourt que l'on retrouve le plus de bonnes espèces : aussi la vigne reprend-elle faveur, depuis quelques années, dans ce canton.

Les vignes hautes sont pour la plupart en raisin blanc, meillé, orléans, peu de gris et peu de noir; par contre, on trouve beaucoup de teinturiers et de gouais.

A la conduite et au palissage indiqués dans la gravure 312 j'opposerai simplement, comme devant rétablir la richesse de la vigne et la qualité de ses produits dans l'Oise, l'Aisne et dans tous les pays sur la limite de la viticulture, la conduite et le palissage de la méthode Cazenave et Marcon, reproduite dans la figure 313, et de préférence encore la conduite et le palissage représentés dans la figure 314.

La figure 312, fidèlement relevée par M. Boursier, représente un cep de 11 mètres d'envergure, soutenu par six arbres morts $AAA$, de 5 à 6 mètres de haut, et par deux fortes perches $BB$, palissage qui ne peut coûter moins de 60 centimes par mètre courant, c'est-à-dire de 6 à 7 francs pour les 11 mètres; la taille, le palissage et la vendange exigent des échelles et des hommes adroits; les remplacements sont fréquemment nécessités, et les coups de vent renversent parfois toute une palissade : tout cela, pour obtenir vingt à vingt-quatre ploies ou branches à fruit. Tandis qu'avec les palissades et la conduite des figures 313 et 314 l'on dispose, à portée de la main, trente-trois

ploies, pour une dépense de 12 à 15 centimes par mètre
courant.

Ces deux méthodes n'offrent aucun des inconvénients

Fig. 313.

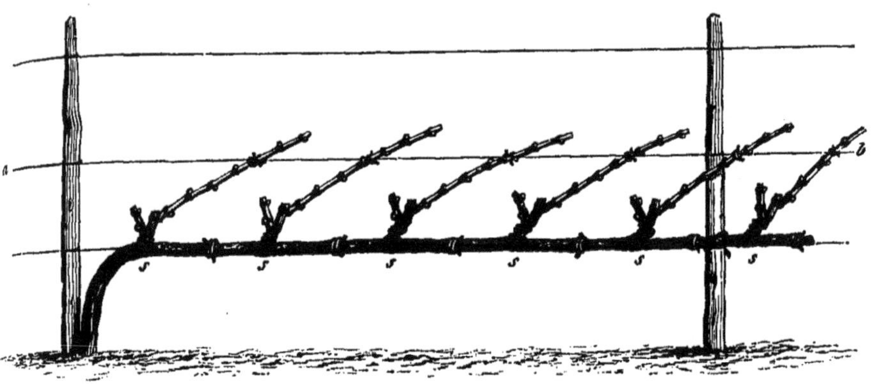

signalés par M. Boursier; elles donnent de bonnes récoltes
dès la quatrième année de plantation; elles assurent une

Fig. 314.

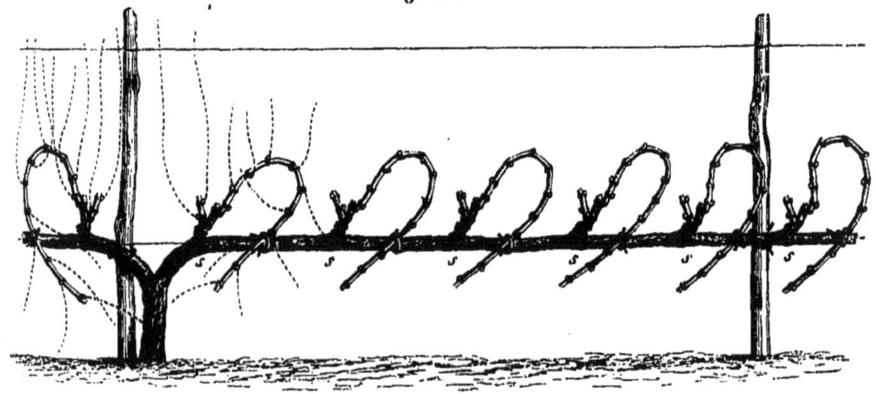

fécondité permanente ; elles n'embarrassent ni l'horticulture
ni l'arboriculture; en un mot, elles rendront à l'Oise une
importance viticole que ce département n'a jamais atteinte,

même avant 1789, à la condition de n'employer que les
fins cépages noirs et les fins cépages blancs, précoces, et
de rejeter, comme un fléau ruineux, tous les cépages grossiers.

Je recommande surtout la méthode de la figure 314,
parce que la position de la ploie de la figure 313 porte
trop la séve à monter; elle pousse trop de bois et elle exige
trois fils de fer, tandis que la position de la ploie de la
figure 314 permet de lui donner, sans aucun dommage,
toute la longueur désirable; de plus, la position pendante
pousse à la fructification et évite la coulure; elle évite aussi
les effets des gelées tardives, par la lenteur de la sortie des
bourgeons; enfin elle rapproche les raisins de terre et facilite leur maturité. C'est vraiment là la perfection de la vigne
en cordon, à long bois.

# DÉPARTEMENT DE SEINE-ET-OISE.

La statistique de 1848 attribuait au département de Seine-et-Oise 23,413 hectares de vignes ; celle de 1852, 20,404 ; en nous arrêtant au chiffre de 20,000, nous approcherons de la vérité. La moyenne récolte n'est pas moindre de 50 hectolitres à 20 francs, ou de 1,000 francs bruts par hectare ; ce qui donne, pour produit total du département, une valeur de 20 millions de francs, faisant vivre 20,000 familles ou 80,000 individus, un peu plus du septième de la population, laquelle est de 533,727 habitants, sur la vingt-huitième partie du territoire, dont la superficie totale s'élève à 560,365 hectares. Le revenu total agricole étant de 163 millions, la vigne en fournit le huitième.

Le sol et le climat de Seine-et-Oise et de la Seine sont éminemment propres à la production des fruits les plus délicieux et des raisins les plus délicats. Les chasselas de Conflans-Sainte-Honorine, les morillons noirs hâtifs, fournissent de bons raisins de table ; et si les vignobles de ces deux départements se composaient des verts-dorés et de l'épinette blanche de la Champagne, des pineaux noirs de Bourgogne, même joints aux mesliers et aux meuniers, leurs vins seraient très-bons et auraient peu à envier à ceux de l'Yonne, aux bonnes expositions.

Le sol des vignes de Mantes est silico-calcaire ; celui de Rambouillet se compose de terre franche avec sous-sol argileux, et parfois d'une terre légère avec sous-sol calcaire. A Athis-Mons, le sol est glaiseux ou pierreux, et à Villeneuve-Saint-Georges, le terrain est sablonneux ou franc sur crayon, pierre ou glaise ; à Brunoy, il est calcaire sur argile. A Deuil, le sol est calcaire, marneux, gypseux et chargé de beaucoup d'humus ; le sous-sol est sableux, glaiseux ou à roches ; à Étampes, il est marneux, siliceux-calcaire ; à Palaiseau, argileux et pierreux. A Chanteloup, la terre est franche, argileuse, graveleuse, avec sous-sol crayeux et sableux ; à Meudon, la terre est silico-argileuse, à sous-sol marneux et crayeux ; à Argenteuil, le sol est calcaire et siliceux, sur marnes gypseuses.

Suivant les renseignements qui m'ont été transmis, je passerai en revue la culture de chacun des arrondissements de Seine-et-Oise.

L'arrondissement de Mantes, à l'extrême nord-ouest, est fort intéressant par le taux de sa production moyenne, qui est de 90 hectolitres à l'hectare. La vigne y est plantée en fossés ou en poquets isolés à 1 mètre, en boutures ou en chevelées, coudées. Les ceps y sont multipliés par le provignage dans les troisième et quatrième années de plantation, au point de les porter au nombre de 30,000 à l'hectare, soutenus par autant d'échalas. Les cépages cultivés sont le meunier et le gamay, en rouge, et le meslier, en blanc. Les souches sont toutes à plusieurs cornes et à la taille courte, à deux nœuds ; elles sont déroutées et promptement mises en foule par le provignage.

On cultive à plat ; on donne trois labours : après la taille, en mars et avril ; après l'ébourgeonnement, en mai et juin, et au mois d'août. Les ébourgeonnages, relevages, liages et rognages sont faits avec soin. Les vignes sont entretenues perpétuellement par six ou sept cents provins de forme ronde, fumés, et coûtant 8 francs le cent.

Les façons, entretien et fournitures d'un hectare, fumier compris, reviennent à 600 francs, et la récolte brute ne vaut pas moins de 12 à 1,400 francs : aussi, dans les cantons de Bonnières, Limay et Mantes, la vigne rapporte-t-elle beaucoup plus que les autres cultures. Dans ces cantons, en bonne année, le vigneron récolte 150 hectolitres à l'hectare; un bon hectare de vigne y vaut 8,000 francs, contre 2,000 francs que vaut un hectare de terre arable. Les vendanges et les cuvaisons se font par les procédés les plus généraux; à Mantes, l'on ne cuve que six jours dans les bonnes années et dix dans les mauvaises.

Si l'on médite sur ces résultats et si l'on considère que Mantes est sur la limite extrême de la culture de la vigne, on verra qu'il serait facile de les obtenir dans l'Aisne, dans Seine-et-Marne et même dans l'Oise; et l'on comprendra que la décadence ne vient, dans ces pays, que de l'absence d'enseignement et d'appréciation relative, et surtout du mouvement industriel, aventureux et temporaire imprimé aux autres cultures.

L'arrondissement d'Étampes, au sud, présente les moins bonnes conditions de culture de la vigne : d'abord les ceps ont rarement des échalas, et l'on se contente de lier ensemble les pampres de deux ou trois souches voisines, en juillet; ensuite la taille est très-restreinte et très-courte : deux ou trois crochets, à deux, rarement à trois yeux, après la quatrième ou la cinquième année, consacrées à une taille à un œil pour former la loupe ou tête du cep.

Les vignes sont plantées en rayons, séparées par des ados et conservées en ligne; on plante d'abord tous les ceps, et le provignage ne sert qu'à remplacer les manquants. Les distances varient suivant les localités, de 55 à 70 centimètres entre les ceps.

Les cépages sont le morillon, le gouais et le gamay en rouge, le meslier et le rochelle (folle blanche), en blanc. Les vins produits sont fort ordinaires et sont consommés dans les localités.

Le produit moyen est d'environ 25 hectolitres à 18 francs ou de 450 francs, et la dépense, par hectare, n'est pas moindre de 250 francs, sans les frais de vendange et de fumure : le profit est donc peu considérable. Du reste, ici comme à Rambouillet, les vignes sont façonnées par leurs propriétaires, tous vignerons. Les vins sont faits convenablement; la cuvaison, dans les bonnes années, ne dure pas plus de cinq jours. Néanmoins, les vins sont de qualité médiocre, à cause des gouais et des gamays, et ils se gardent peu.

Dans l'arrondissement de Corbeil, à Athis-Mons, Villeneuve-le-Roi, Longpont et Villeneuve-Saint-Georges, les vignes sont plantées sans préparation, en fossés et rayons, en plant enraciné, chapon ou crossette, coudés au fond d'un fossé de 20 à 30 centimètres de profondeur, à la distance de 60 à 70 centimètres. Tous les ceps sont mis en place et le provignage ne sert qu'à remplacer les manquants. Les vignes sont maintenues en lignes et disposées en billons ou planches, seulement après la formation de la vigne; chaque cep est muni d'un échalas.

Pendant les deux ou trois premières années, on taille à un œil; puis, quand la tête de la vigne est faite, on laisse trois ou quatre coursons, taillés à deux yeux, rarement à trois.

Les ceps rouges sont le gamay, qui domine à Brunoy, le bourguignon, le morillon noir, le meunier; les blancs sont le meslier jaune et vert et le morillon blanc.

Les meuniers et les mesliers, outre leurs coursons, reçoivent toujours une longue taille, qui est abaissée et attachée au cep suivant ou le long de l'échalas de la souche même.

On donne trois ou quatre façons à la terre; on ébourgeonne en mai; on relève et on lie en juin, et l'on rogne en juillet.

Les moyennes récoltes sont de 45 hectolitres, et le prix de l'hectolitre est d'environ 20 francs, en moyenne.

Les dépenses par hectare varient de 5 à 600 francs; le produit net est donc encore de 300 francs, puisque le produit brut est de 900 : aussi un hectare des meilleures vignes vaut-il de 5 à 10,000 francs, tandis que les meilleures terres ne valent que de 3 à 5,000 francs.

Dans l'arrondissement de Rambouillet, au sud-ouest, la culture de la vigne a moins d'importance que dans celui de Mantes; ses produits sont moindres aussi, car le rendement moyen est de 48 hectolitres : c'est déjà un fort beau produit, surtout le cépage dominant étant le meunier, en rouge, et le morillon en blanc, cépages assez fins, principalement le dernier, qui donne au vin blanc d'Auteuil une réputation locale bien méritée.

A la plantation, qui se fait comme à Corbeil, les ceps sont distants de 1 mètre en tous sens; mais ils sont multipliés par le provignage à la troisième ou quatrième année, de façon à n'être plus qu'à 60 et même à 50 centimètres les uns des autres. Une partie des vignes est conservée en ligne; une autre est mise en foule. Toutes les vignes sont par planches de quatre rangs de ceps; chaque cep est muni d'un échalas de 1ᵐ,20.

La première taille se fait à un seul œil, la seconde à deux et la troisième, définitive, à deux ou trois. Tout est conduit à la taille courte; si de longues tailles sont laissées, c'est pour être couchées dans terre et donner du plant.

On ébourgeonne, on relève, on lie et l'on rogne aux époques ordinaires. Quatre cultures sont données : une à la pioche, après la taille, et trois à la binette, en mai et juin, en juillet et en septembre. On entretient par 2 ou 3,000 provins par hectare, et on arrache les vignes dès qu'elles ne produisent plus assez. On fume tous les trois ou quatre ans, à 200 francs de fumier par hectare.

Chaque hectare coûte, de façon, entretien et fournitures, de 5 à 600 francs et donne 48 hectolitres à 20 francs, ou 960 francs de produit brut. Un bon hectare de vigne vaut de 4 à 5,000 francs, et un bon hectare de terre, de 2,000 à 2,500 francs.

Quoique Rambouillet soit un pays froid et à cidre, la vigne y trouve d'excellentes conditions. C'est surtout dans le canton de Montfort-l'Amaury, dont Garancières est le centre, que sont réunies les vignes de l'arrondissement.

Les vendanges et les vins se font, comme dans tout le département, en paniers, hottes, tonneaux, vidés en cuve, sans distinction, ni triage, ni égrappage des raisins, qui sont foulés à la cuve au début de la fermentation et vers son déclin. On cuve en cuve ouverte et à marc flottant; quelques-uns en cuve fermée et à marc plongeant. Les uns tirent clair et froid; les autres, trouble et chaud. Les uns mêlent les vins de presse avec les vins de cuve; mais plus généralement on ne les mêle pas. On fait des piquettes avec les marcs et on distille très-peu. Bref, il n'y a rien ici d'exceptionnel ni de remarquable : les vins produits sont très-ordinaires et se gardent peu, si ce n'est en très-bonne année.

Le canton de Montmorency se distingue entre tous, et notamment sa commune de Deuil, par son intelligence et ses progrès en viticulture.

L'ancien système de plantation, encore appliqué par quelques-uns aujourd'hui, consistait à planter des chevelus coudés, en rayons écartés, dont les intervalles étaient garnis par le provignage à trois, quatre ou cinq ans. La distance des plants était de 80 centimètres avant le provignage et de 40 après, tandis qu'aujourd'hui on plante tous les ceps à 60 centimètres, et cette distance est celle de la durée de toute la vigne : la vigne est ainsi plus précoce dans sa première récolte rémunératrice; elle est complète, sans dépense de provignage, et ses produits sont plus abondants; c'est là une expérience faite et une vérité acquise à Deuil. Dans l'ancien système, les vignes sont en foule; dans le nouveau, elles restent en ligne. Dans les deux méthodes, on plante à la pioche, sur terrain cultivé, sans fumier. Dans les deux cas, chaque souche est munie d'un échalas.

La taille de la première pousse se fait sur deux yeux; l'année suivante, on laisse deux, trois et jusqu'à quatre coursons à deux yeux par souche.

Les cépages rouges sont le gamay, qui domine dans le sud de l'arrondissement de Pontoise, et les cépages blancs sont le meslier et le morillon blanc, qui dominent dans l'ouest. On trouve aussi le morillon noir ou précoce des environs de Paris et, par exception, le chasselas.

On laisse une longue taille, de 60 ou 80 centimètres, au meslier et au meunier : cette taille se recourbe ou s'attache au cep suivant, au mois de mai; les autres cépages, notamment le gamay, sont conduits à trois ou quatre cornes avec un crochet à deux yeux.

Les vignes sont cultivées à plat et entretenues de franc pied dans le nouveau système, et par provignage dans l'ancien, au taux de 1,500 provins à l'hectare.

On fait les ébourgeonnements, les pincements, les relevages, les liages et les rognages très-bien et à leur bonne époque.

On butte en hiver, on laboure en avril; puis en mai, juin, juillet et août, on donne deux ou trois binages très-superficiels, qu'on pourrait appeler des raclages d'herbes.

On arrache les vignes à vingt ou vingt-cinq ans; pourtant, il en existe de séculaires. C'est surtout la diminution de production qui décide l'arrachage.

On fume la vigne après deux ans de plantation, puis au provin ou au pied, à raison de 135 francs de fumier par hectare et par an.

La récolte moyenne est de 55 hectolitres, à 20 francs, ou de 1,100 francs bruts; et la dépense d'un hectare, fumier, fournitures, façons et vendanges compris, n'est pas moindre de 700 francs : restent 400 francs nets. Un hectare des meilleures vignes vaut 10,000 francs, et des moindres, 5,000 francs; les terres valent 1,000 à 1,500 francs de moins.

La journée d'homme se paye 4 francs et celle de femme 2 francs. Les vendangeurs sont payés 3 francs, et les hottiers 4 francs. Les vendanges ét les cuvaisons se font à peu près comme dans les autres arrondissements. Les vins sont ordinaires et se gardent trois ou quatre ans.

Malgré ces avantages, la vigne, à cause du voisinage de Paris, qui favorise extrêmement les cultures fruitières et maraîchères, rapporte moins que beaucoup d'autres cultures de jardin ou de verger; mais ses produits sont moins précaires, et elle constituerait un revenu bourgeois plus fixe si la main-d'œuvre n'était pas rare, chère et mauvaise : aussi la vigne ne prospère-t-elle qu'entre les mains des vignerons.

Ce que je viens d'exposer du canton de Montmorency peut s'appliquer entièrement à celui de Meudon, où l'on cultive surtout le meunier, le précoce et le meslier; on y trouve aussi des gamays et des chasselas. Les tailles sont tantôt courtes, tantôt à longs bois, piqués en terre ou attachés aux autres ceps. On fait parfois des marcottes avec les branches à fruit de deuxième année.

J'ai vu à Sèvres, le long d'une tranchée profonde pratiquée dans les vignes pour faire une route, des ceps de meunier et de meslier bordant les escarpements d'un tuf menaçant ruine, et par conséquent abandonnés à longs sarments pendants sur la route; ces longs sarments se sont couverts de fleurs abondantes qui n'ont point coulé et ont produit une quantité de raisins magnifiques et parfaitement mûrs à l'automne. C'était en 1864. En 1865, le même effet se manifesta sans qu'on ait rien taillé. La position pendante des branches à fruit de la vigne est très-favorable à la fructification : c'est ce qui est établi depuis des siècles par les treilles et treillons de l'Isère et de la Savoie.

La figure 315, dessinée sur nature par M. Riocreux,

à Sèvres, donne, croquis *A*, l'aspect de la plupart des
souches à taille courte (gamay), et croquis *B*, celui des

souches à taille longue des environs de Paris (meunier,
meslier, précoce).

A Meudon, les vignes durent vingt ans dans la terre
argileuse, et de trente à quarante ans dans les terres plus
légères. Les échalas ont 1$^m$,50.

On entretient aujourd'hui plus de franc pied que par
provin.

On fume les vignes comme à Montmorency, comme à
Argenteuil, avec les boues de Paris.

Les récoltes moyennes sont de 36 hectolitres à l'hectare,
et l'on estime à 1,000 francs les frais complets de l'exploitation; il faudrait donc que le vin valût 30 francs l'hectolitre pour dépasser un peu la dépense. Il est vrai que le
précoce, le gamay, le meunier même, vendus comme raisins de table, rapportent beaucoup plus que le vin. Avec
ces désavantages, le prix de l'hectare de vigne est encore
de 6 à 8,000 francs, et celui des terres égales, de 5 à
7,000 francs. Il y a ici exagération dans les dépenses ou

dissimulation dans le taux des récoltes; car la vigne, à Meudon et à Sèvres, est d'un excellent rapport.

Dans le canton de Palaiseau, les vignes sont plantées en rayons, en crossettes, complétées par le provignage, et entretenues plus tard en foule, les ceps à 5o et à 6o centimètres de distance.

Les précoces ou morillons noirs, les meuniers, les mesliers, cépages les plus cultivés dans le canton, sont tous conduits à souche, à deux ou trois crochets de chacun deux nœuds. Les épamprages et les cultures diffèrent peu, mais les vignes sont toutes tenues en billons à quatre rangs.

Les récoltes moyennes sont de 3o hectolitres et les dépenses de 4oo à 5oo francs par hectare. Les vendanges et les cuvaisons n'offrent rien de particulier.

Dans le canton de Poissy, à Chanteloup, on plante en rayons d'un rang, que le provignage double, à 65 centimètres de distance, après trois ou quatre ans. Chaque rayon est séparé par un ados ou billon de 65 centimètres aussi, de sorte que tous les plants sont en lignes et à 65 centimètres au carré.

On dresse la vigne à 2o ou 3o centimètres de terre, à trois ou quatre crochets, taillés à un, deux et rarement trois yeux; mais si les souches sont vigoureuses, on laisse un sarment de 1 mètre à 1$^m$,2o, que l'on pique en terre au mois d'avril; chaque cep a un échalas de châtaignier de 1$^m$,3o.

Les cépages cultivés sont : en noir, le morillon noir ou précoce des environs de Paris, le meunier et le gamay, dit *gros plant*, qu'on taille toujours court; et en blanc, le meslier.

Les vignes sont maintenues en lignes et de franc pied; l'on ne provigne que pour remplacer les manquants. On arrache les vignes, dans les faibles terres, à quinze ou vingt ans, à vingt-cinq ou trente ans dans les moyennes et à quarante ou cinquante ans dans les meilleures. On fume avec la gadoue.

Pourtant, les récoltes moyennes ne sont que de 21 hectolitres; je n'admets pas ce renseignement comme certain, car le mode de culture comporte un rendement double, d'autant plus qu'on estime la dépense d'un hectare à 1,000 fr. par an.

Les épamprages, cultures, vendanges et cuvaisons se font à peu près comme dans tout le département. Les vins produits sont plus solides et meilleurs là où le morillon domine; on peut les garder trois ou quatre ans dans les bonnes années.

La commune d'Argenteuil, si connue pour l'abondance des gros vins rouges qu'elle produit, compte environ 600 hectares de vignes groupés autour d'elle. Chacun de ces hectares peut compter jusqu'à 90,000 ceps et produire 34 hectolitres dans les plus mauvaises années et 164 dans les meilleures; on peut dire 90 hectolitres en moyenne. Pourtant, l'ingénieuse et laborieuse activité des vignerons d'Argenteuil ne se borne pas toujours à produire le raisin seul, sur le même sol; les arbres fruitiers de toutes sortes, mais surtout à noyau, des légumes, des racines, des asperges, sont souvent mélangés aux ceps. C'est aussi à Argenteuil qu'on a su produire des figues plus belles et meilleures qu'aucune de celles du Midi.

La plantation de la vigne s'y fait en fossés de 40 centimètres de largeur, séparés par un intervalle de 1m,50, à deux rangs de plants enracinés, d'un an ou deux, coudés, recouverts de 15 centimètres de terre et d'un peu d'engrais. Vers la troisième ou quatrième année (jusque-là la vigne est cultivée en fossés et billons), ces ceps sont provignés et garnissent l'intervalle des fossés, en rompant toute espèce d'alignement; puis la vigne est conduite en foule jusqu'à sa fin, qui tourne autour d'une moyenne de soixante ans.

Le cépage le plus cultivé aujourd'hui, on pourrait dire le seul, est le gros gamay noir, qui est toujours traité à un ou deux crochets à deux yeux. Il existe encore quelques mesliers, quelques meuniers et quelques précoces auxquels on donne une gaule ou gaulette (longue taille) quand on les juge assez forts. Autrefois ces trois derniers cépages, qui donnent des vins relativement fins, étaient exclusivement cultivés à Argenteuil.

Chaque cep est muni d'un échalas de 1$^m$,5o de long et de 4 à 5 centimètres de diamètre. Ces échalas sont énormes et hors de proportion avec la culture sur cep très-bas. Généralement on recouche les vignes tous les ans ou tous les deux ans, comme en Champagne, en sorte que chaque cep paraît tout jeune. C'est après la taille que l'on fait ce travail, qu'on appelle *fouissage* ou bien *houage;* ce qui n'empêche pas de faire en outre 5 à 6oo provins par hectare et par an, au prix de 1o francs le cent.

Les ébourgeonnages, relevages, liages, rognages, sont très-bien faits et n'offrent rien d'extraordinaire.

Mais ce sont les cultures données à la terre qui méritent surtout quelque attention. Excepté pour le recouchage et le provignage, où le plant doit être enfoui à 15 centimètres environ, toutes les autres cultures sont extrêmement superficielles et très-nombreuses; elles n'ont pas plus de 2 centimètres d'épaisseur et sont faites au moyen d'une raclette

ou ratissoire à petit manche recourbé. Ainsi après la vendange, en novembre et décembre, on forme des buttes
entre les ceps en grattant la terre; en février, on gratte
une seconde fois pour détruire le mouron et autres herbes;
on ravale (on répand) les buttes en avril, on refouit en
mai, on terre en juin, on écarte en août, et l'on bine encore en septembre. Toutes ces façons sont très-superficielles, et c'est un fait acquis à Argenteuil qu'en cours de
végétation la vigne perd une grande partie de sa fécondité
si la terre est remuée. J'en ai fait moi-même l'expérience
comparative pendant neuf ans dans ce même pays.

Malgré leur réputation équivoque, les vins d'Argenteuil
n'en sont pas moins recherchés par ceux qui veulent des
vins naturels, et sont payés 25 et 30 francs l'hectolitre. En
effet, les vins naturels d'Argenteuil sont très-sains et très-
alimentaires. Les cuvaisons se font très-bien à Argenteuil,
sauf leur durée, qui devrait être de quatre à huit jours, et
qui est de huit à douze.

On estime à 950 francs la dépense complète de l'exploitation d'un hectare, tout compris; mais si le vin d'Argenteuil est vendu seulement 25 francs, la moyenne de
90 hectolitres produit 2,250 francs, qui peuvent supporter
de pareils frais et justifier le prix de 12,000 francs l'hectare des meilleures vignes et de 4,500 francs les plus mauvaises. Les terres correspondantes valent 6,000 et 3,000 fr.

# DÉPARTEMENT DE LA SEINE.

Le département de la Seine cultivait, en 1852, 2,751 hectares de vignes, savoir : 1,288 hectares dans l'arrondissement de Saint-Denis et 1,463 dans celui de Sceaux; aujourd'hui, la sous-préfecture de ce dernier arrondissement n'accuse plus l'existence que d'environ 660 hectares de vignes, moins de la moitié; et s'il en est de même dans l'arrondissement de Saint-Denis, les vignes du département de la Seine seraient réduites à 1,100 ou 1,200 hectares.

Je ne crois pas qu'il en soit ainsi : pourtant, les cultures maraîchères, fruitières et d'ornement ont pris autour de Paris une telle extension et rapportent des sommes si élevées, qu'une pareille transformation des vignes, depuis quinze ans, ne serait pas impossible.

Les cépages cultivés dans la Seine sont les mêmes que dans Seine-et-Oise, savoir : en rouge, les gamays, qui sont toujours taillés courts, et les meuniers; en blanc, le meslier : ces deux derniers, auxquels on peut ajouter le morillon noir ou précoce, sont généralement taillés à crochets avec un long bois, dont l'extrémité est piquée en terre ou attachée à l'échalas ou au cep voisin. Les plantations se font sur terrain cultivé, en rayons à deux rangs séparés par un ados d'abord, et après quatre ou cinq ans à plat; en lignes à

Puteaux, Courbevoie, au mont Valérien, à Stains, à Pierrefitte et dans certaines communes de l'arrondissement de
Sceaux, où elles sont, de suite, garnies de tous leurs ceps
ayant chacun un échalas de $1^m,40$; tandis que dans d'autres
communes les vignes ne sont plantées que d'une partie de
leurs plants, qui sont complétés et entretenus par le provignage, lequel les met hors de ligne et en foule.

A Stains et à Pierrefitte, les vignes sont en planches et à
longue taille. Tous les ébourgeonnages, relevages, rognages,
y sont fort bien faits, ainsi que toutes les cultures de la
terre, lesquelles sont portées jusqu'à cinq par an, comme
dans Seine-et-Oise. A Stains et à Pierrefitte, les vignes sont
arrachées à vingt ou vingt-cinq ans. Les vendanges et les
cuvaisons n'offrent pas de pratiques qui méritent une mention particulière.

Les récoltes moyennes sont de 50 hectolitres à Stains
et aux environs, de 70 hectolitres à Puteaux et dans les
vignobles voisins, et enfin de 40 hectolitres dans l'arrondissement de Sceaux; soit 50 hectolitres pour le département. Les prix moyens sont de 25 francs l'hectolitre, ce
qui donnerait 1,250 francs bruts par hectare.

Les vignes rapportent moins, dit-on, que les autres cultures, depuis l'invasion des vins du Midi et l'augmentation
du prix de la main-d'œuvre.

Voici, plus bas, le décompte des dépenses d'un hectare
de vignes, fourni par la mairie de Puteaux :

|  | PAR HECTARE. |
|---|---|
| Mars. Taille et sarmentages.................. | 60$^f$ |
| Mars. Premier labour à la houe.............. | 54 |
| Avril. Fichage et étalage................... | 54 |
| A reporter........ | 168 |

|  |  |
|---|---|
| Report............ | 168$^f$ |
| Mai. Premier binage; courber les longs bois..... | 72 |
| Mai. Ébourgeonnage, pinçage des longs bois.... | 60 |
| Juin. Lever et attacher; paille.............. | 84 |
| Fin juin. Binage après floraison............. | 54 |
| Juillet. Rognage et drugeonnage............. | 45 |
| Juillet. Deuxième binage................... | 54 |
| Juillet. Troisième binage.................. | 54 |
| Frais de rentrée de vendange, pressoir, tonneaux. | 300 |
| Tirer et entasser les échalas, couper les longs bois............................. | 60 |
| Quatrième binage en butte ou ondain pour enterrer l'herbe......................... | 54 |
| Achat, transport et enterrage des fumiers........ | 222 |
| TOTAL des dépenses............. | 1,227 |

Plus le loyer et l'impôt, plus l'intérêt du fonds, qui vaut 7,000 francs à Puteaux, à Sceaux et à Stains, qui n'accusent guère moins de dépense totale que Puteaux.

Il y a évidemment exagération des dépenses et diminution des produits, puisque le vigneron perdrait 400 à 500 francs par an et par hectare de vigne là où je le vois, de mes propres yeux, gagner beaucoup, et tenir à ses vignes plus qu'à toute autre de ses cultures.

Ce sont ces inexactitudes qui me font regretter de n'avoir pu faire personnellement l'étude et les enquêtes, sur place, de Seine-et-Marne, de Seine-et-Oise et de la Seine. Dans tous les autres départements, j'ai pu approcher aussi près que possible de la vérité en prouvant qu'aucun but fiscal ne se cachait sous mes études.

Je donne, d'après M. Croux, horticulteur pépiniériste à Châtenay, la taille et la conduite du gamay, fort bien expri-

mée par son croquis, fig. 316 : *B*, souche avec son échalas;
*A*, souche sans échalas; *C*, souche de gamay taillée; et la

Fig. 316.

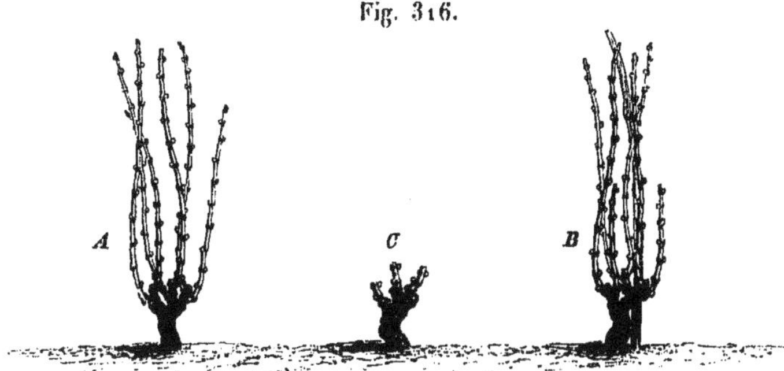


taille et la conduite du meslier dans la figure 317 : *A*, souche
de meslier non taillée, avec sa branche à fruit *cd*, à sup-

Fig. 317.

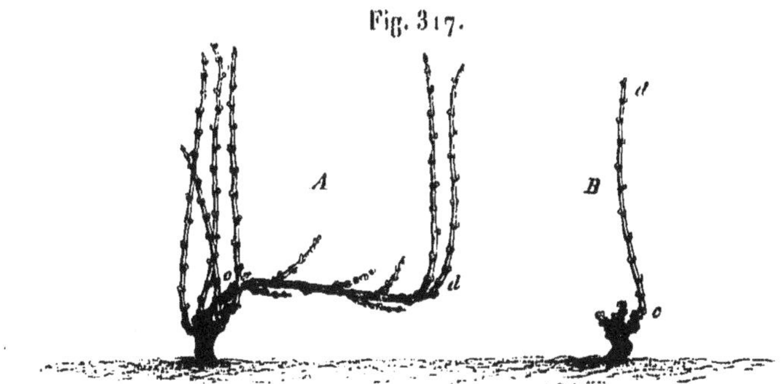


primer; et *B*, souche de meslier taillée en mars, avec sa
branche à fruit, avant qu'elle soit abaissée. Ce sont bien là
les tailles adoptées dans Seine-et-Oise et dans la Seine,
avec une variante où la branche à fruit est piquée en terre
(fig. 315, croquis *B*) au lieu d'être attachée au cep ou à
l'échalas voisin, comme l'a été la souche *A*, fig. 317.

# DÉPARTEMENT D'EURE-ET-LOIR.

Le département d'Eure-et-Loir cultivait environ 6,000 hectares de vignes en 1816; il n'en cultive plus guère que 4,000 hectares en 1866. D'où vient cet abandon d'une culture qui donne encore aujourd'hui le double des autres cultures, suivant les déclarations de Dreux, de Chartres et de Châteaudun?

Cet abandon tient à trois causes évidentes et constatées par les viticulteurs eux-mêmes. Il a lieu :

1° Faute d'enseignements viticoles; les vignes sont plantées de façon à ne donner une récolte rémunératrice qu'à sept, huit ou neuf ans; elles sont complétées et entretenues par des provignages pénibles et coûteux; elles sont perpétuées sur le même sol et elles coûtent de 5 à 600 francs par hectare, pour mettre le vin en cave;

2° La main-d'œuvre, pour cultiver les vignes, ne se trouve que dans la main du propriétaire lui-même, le plus souvent homme mûr ou vieillard, ayant conservé le courage et le feu sacré du travail manuel;

3° Enfin, les fils de ces hommes ne veulent plus de ce travail : l'estime et l'éducation du travail manuel ayant été remplacées par la théorie et par la culture intellectuelle, les fils regardent travailler leurs pères en se jurant bien de ne pas suivre leurs traces.

Les vignes qui restent dans Eure-et-Loir périraient donc

avec la génération qui les cultive encore, si l'enseignement
ne venait apprendre à la génération suivante que la vigne
se plante et se cultive aussi facilement que la betterave ;
que dès la deuxième année elle peut payer ses frais, et qu'en
diminuant ses dépenses de culture de moitié elle peut
donner plus de produits. Enfin, quand, avec ces avantages,
on saura que la vigne double les revenus d'une métairie
dont elle occupe le quart, et qu'elle produit autant au propriétaire qu'au vigneron si l'ouvrier de la vigne a une part
suffisante de ses fruits, le département d'Eure-et-Loir comptera bientôt dix à quinze mille hectares de vignes au lieu
de quatre.

Le département d'Eure-et-Loir cultive surtout deux bons
cépages très-précoces, coulant peu, par conséquent bien
appropriés au climat du département : le *meunier*, qui domine à Châteaudun et à Chartres, où il entre pour deux tiers
et même pour trois quarts dans la composition des vignes ;
à Dreux, il n'en occupe que la moitié ; le *morillon noir*, dit
*complant* ou *cassé*, occupe l'autre moitié à Dreux et l'autre
tiers ou l'autre quart à Chartres et à Châteaudun ; toutefois, à Montigny, dans ce dernier arrondissement, le *gondoin*
ou *gamay* domine absolument et paraît vouloir s'étendre
aux alentours. Les espèces blanches sont tout à fait accessoires. Le meslier est le cépage blanc le plus répandu.

Les vins de meunier sont légers mais agréables, sains
et propres à être bus dans l'année : ils ne passent guère
deux ans ; ceux de morillon noir sont plus généreux, plus
corsés et de meilleure garde : le mélange des deux donne
un bon vin de famille.

Les vins de pays sont précieux et méritent d'être encou-
ragés sous plus d'un rapport : d'abord ils sont moins coû-

teux que les vins extérieurs, dans la consommation de la maison; ensuite ils se boivent plus dans la famille qu'au cabaret. Le vignoble exclut l'ivrognerie et l'usage des alcools et des vins adultérés par l'alcool. Enfin, ils complètent le cercle de la production alimentaire locale.

Par ces motifs, le département d'Eure-et-Loir augmentera l'étendue de ses vignes; mais, pour atteindre ce résultat, il aura dû changer absolument ses modes de culture de la terre, impossibles aujourd'hui.

La préparation du sol et le mode de plantation sont, à peu de chose près, les mêmes dans les trois arrondissements de Chartres, de Dreux et de Châteaudun.

Le sol, qui généralement est siliceux et silico-argileux, mélangé de cailloux ou de galets plus ou moins abondants, le plus souvent reposant sur un sol marneux, gris et blanc à silex, est plus ou moins profondément défriché ou labouré à la charrue; rarement il est défoncé profondément dans toute l'étendue de la terre à planter en vigne.

Dans le terrain ainsi disposé, l'on ouvre des tranchées parallèles ou plutôt des fossés (appelés *ruaux* à Cloyes, *riots* à Chartres et *fosses* à Dreux) de 40 à 50 centimètres de largeur, variant de 40 à 60 centimètres de profondeur suivant l'épaisseur du sol, et pénétrant parfois dans le sous-sol même; séparés par des intervalles de 80 centimètres à Châteaudun, de 1 mètre au pays Chartrain (où cet intervalle s'appelle *la table*), et même par de plus larges intervalles à Dreux, où une seule fosse, à deux rangs, sert parfois à garnir 2 ou 3 mètres à gauche et à droite, c'est-à-dire toute la largeur d'une petite vigne, par des provignages successifs que les vignerons appellent des *plingements* (plongements, je suppose).

Le long de chacun des bords de ces tranchées parallèles, creusées d'un bout à l'autre du champ, on dispose un rang de plants, enracinés le plus souvent, coudés au fond du fossé et de toute sa largeur. Souvent cette partie horizontale repose sur le tuf même; mais les bons vignerons remplissent le fond avec de la bonne terre, et parfois même ils disposent un lit de fumier qu'ils recouvrent d'un peu de terre végétale, pour placer dessus la partie horizontale du plant, à 33 ou 4o centimètres de profondeur; le plant, ainsi couché et relevé verticalement le long du bord, est recouvert de 15 à 20 centimètres de terre la première année, et le sarment est rogné à deux nœuds au-dessus de terre.

La première végétation donnée par ce mode de plantation est à peine de $0^m,15$ de longueur. Quand le coude est sur le tuf, ou bien s'il n'a été mis au fond du fossé ni terre ni fumier, la reprise ne se manifeste que par quelques petites brindilles, dont on choisit la meilleure à la taille suivante, pour la rabattre à un œil, en supprimant toutes les autres. La troisième année, ou à la deuxième taille, on réduit encore le petit cep à un seul sarment qu'on taille à un nœud, à deux au plus, si le sarment est très-fort. C'est seulement à la quatrième année qu'on obtient des sarments assez beaux pour en laisser deux, parfois trois; la règle la plus générale est deux, taillés à deux yeux chacun, et devant constituer chacun un membre les années suivantes.

Le croquis $A$ (fig. 318) donne la taille la plus générale à trois ans de plantation; $B$ donne celle de quatre ans (un membre à deux tailles), et $C$ donne la taille la plus générale à cinq, six ans et plus (deux membres et deux tailles).

Tel est le dressement le plus ordinairement suivi dans les

trois arrondissements de Chartres, de Dreux et de Châteaudun; mais à partir de six à sept ans, plus tôt ou plus

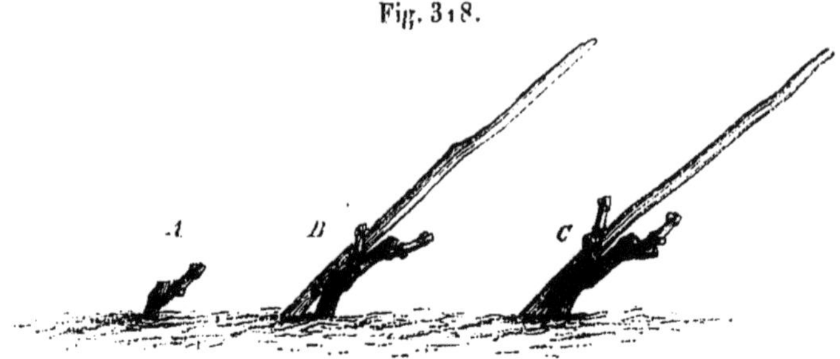

Fig. 318.

tard suivant la vigueur de la végétation, la conduite de la vigne diffère singulièrement.

Je vais d'abord examiner celle des vignobles chartrains : aussitôt que la vigne est assez vigoureuse, on donne aux ceps les plus forts un archet et une taille (croquis $D$, fig. 319); l'archet *abc* porte de cinq à sept yeux; il est

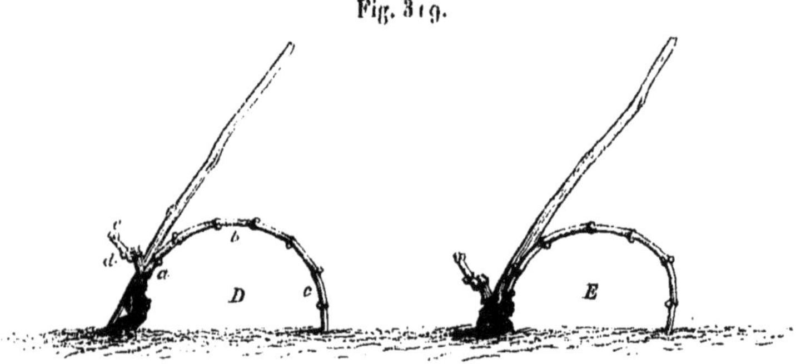

Fig. 319.

courbé en arc, et son extrémité libre solidement piquée en terre; il est toujours pris au-dessous du courson *de* et souvent constitué par un sarment sorti du vieux bois (croquis $E$, même figure).

Quand un cep est à deux membres, comme celui du croquis $C$, le vigneron laisse une taille (courson) sur un membre et met un archet sur l'autre membre (croquis *F*, fig. 320 : *ab*, courson; *cdef*, archet).

L'archet, comme je l'ai dit, ne compte qu'environ six

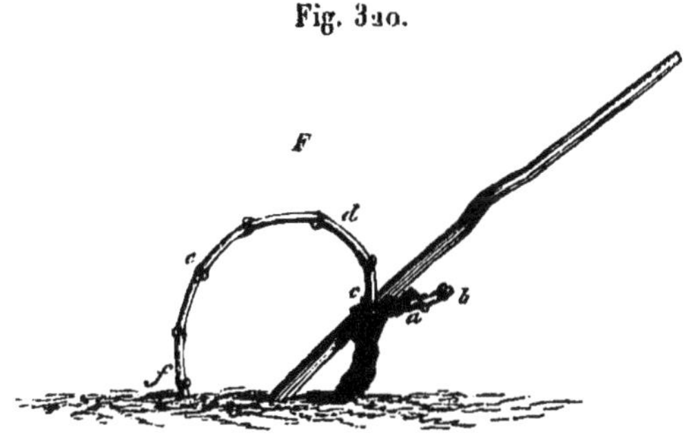

Fig. 320.

yeux; mais le vigneron chartrain le remplace souvent par des sarments beaucoup plus longs, pris de même au-dessous des tailles et disposés tout autrement : ces longs sarments sont appelés *convertis*.

Les convertis ne diffèrent guère des archets que parce qu'ils comptent de douze à quinze yeux; ils ont, comme les archets, pour objet principal de donner beaucoup de fruits, et ils en donnent beaucoup plus que les archets; mais ils ont pour le vigneron plusieurs autres avantages : 1° ils fournissent des plants enracinés; 2° ils servent à remplacer des ceps manquants; 3° enfin, ils évitent en partie les funestes effets des gelées du printemps.

Le croquis *G* (fig. 321) représente un type de converti dessiné entre des milliers pareils à Mainvilliers, au milieu des vignes où nous étions avec M. Courtois, M. Brochard, maire de la commune, et plusieurs vignerons; *ab* est le converti, *cd* l'archet.

Les archets (*cdef*, croquis *F*, fig. 320) sont fichés en terre à la taille de mars; mais les convertis sont laissés flottants

sur le sol jusqu'à la fin de mai, époque à laquelle le vigneron les presse contre le sol par une ou deux mottes de
terre posées en *c′ d′*, au milieu du sarment. C'est en ce point

Fig. 321.

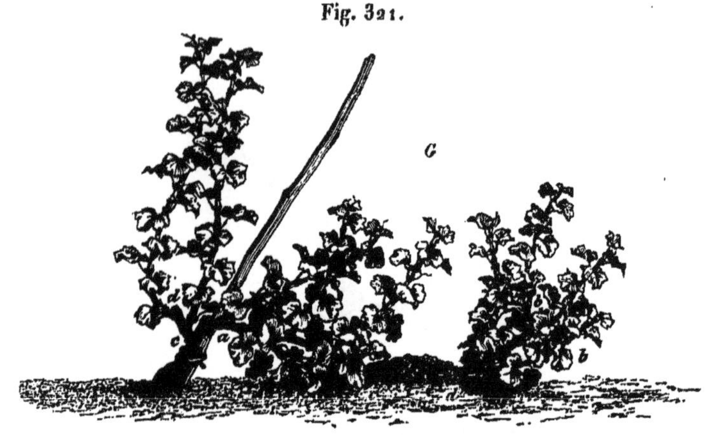

que le converti prend racine et peut fournir un plant enraciné ou un provin pour la saison suivante.

Mais le plus grand parti à tirer des convertis serait sans
contredit la préservation de la gelée printanière, car ils
représentent absolument les sarments de précaution des
bords de l'Hérault; et si chaque souche portait un converti encore plus long, et s'il était à nœuds rapprochés et
de petit diamètre, les récoltes seraient assurées, chaque
année, dans un pays où les gelées de mai en emportent la
moitié.

La preuve matérielle et immédiate de l'efficacité de ce
procédé était là, sous nos yeux mêmes; nous examinions
précisément un canton de vignes qui avaient été dépouillées
de tous leurs fruits, ou plutôt de toutes leurs fleurs, par
les gelées des premiers jours de mai : toutes les tailles et
tous les archets étaient sans aucune apparence de grappes,
tandis que tous les convertis avaient gardé les leurs; je

fis remarquer ce fait aux assistants, et j'en tirai occasion de parler du sarment de précaution et de ses excellents effets.

Les vignerons des environs de Chartres sont à peu près les seuls qui sachent adapter les longues branches à fruit à la bonne conduite de la vigne; l'archet et les convertis sont très-peu employés dans les vignobles de Dreux ou de Châteaudun, où chaque cep est réduit à un, à deux et fort rarement à trois coursons à un, deux et trois yeux. On n'y laisse de longues tailles que pour avoir des chevelus par marcottes; on y enterre ces longues tailles en juin.

Dans les trois arrondissements, chaque cep de vigne est muni d'un échalas de 1 mètre à 1$^m$,33; lorsqu'ils sont neufs, ils sont plantés au maillet et (à Chartres et à Dreux) obliquement, comme l'indiquent les croquis; tous dans le même sens, soit que les vignes soient en lignes, comme dans les vignes en riots, dans les jeunes vignes de Châteaudun et de Chartres et dans toutes les vignes jeunes et vieilles de Dreux, soit qu'elles soient en foule, comme dans les vignes mères de Chartres ou comme dans les vieilles vignes de Châteaudun.

Dans les trois arrondissements, on fiche les échalas; on relève et on accole (on met le fétu), et on ébourgeonne très-négligemment, dans le cours et vers la fin de juin, avant et pendant la fleur. A la fin de juillet, on attache de nouveau les pampres à l'échalas et on les rogne au-dessus.

L'ébourgeonnage est fait beaucoup trop tard : pour être efficace et pour reporter la séve sur les bourgeons conservés, il devrait être pratiqué dans la première moitié de mai; les échalas et le premier lien sont aussi mis en place trop tard, car la vigne soutenue dans sa première végétation pousse avec beaucoup plus de force. Enfin le rognage doit être pratiqué aussitôt que le grain est formé, afin que la seconde séve vienne fortifier les sarments restants, ainsi que les raisins.

A Châteaudun, les jeunes vignes sont en lignes, les ceps à 80 centimètres; mais vers six ou huit ans, et plus tard, on provigne les ceps entre les lignes, et lorsqu'elles sont complètes, la distance moyenne des ceps, qui sont alors en foule, est de 40 centimètres.

A leur début, les vignes de Châteaudun comptent donc de 15 à 16,000 ceps; et, avec l'âge, elles en acquièrent 30,000 et plus. Elles sont cultivées en planches de $1^m,66$ de largeur en moyenne, séparées par des sentiers de 40 à 50 centimètres. Ces planches reçoivent deux cultures à plat : l'une, le bêchage, est donnée en mars après la taille; l'autre est un binage, pratiqué en mai et juin. Enfin, en novembre et décembre, on cure les sentiers et on en rejette les terres sur les planches.

Mais entre le bêchage et le binage on pratique les couchages, les provignages et les fosses, ce qui équivaut à une troisième culture, la plus importante de toutes, la culture d'entretien. On pratique ainsi en moyenne 1,800 fosses ou provins à l'hectare, au prix de 5 centimes par fosse; les vignes sont, par cet énorme travail annuel, perpétuées éternellement ou du moins jusqu'à dépérissement complet. Dans les mauvaises terres, on rapporte parfois des plants enracinés pour remplacer les ceps manquants. On fume souvent les vignes, à 200 francs de fumier par hectare; on y porte des terres parfois, mais jamais on ne les marne.

On obtient ainsi par ces façons et fournitures, qui reviennent au rentier à 5 ou 600 francs par hectare tout compris, une récolte moyenne de 45 hectolitres de vin, qui se transforme en une moyenne bourgeoise de 36 hectolitres et en une moyenne de propriétaire vigneron de 54, plus forte d'un tiers.

Dans les vignobles chartrains, on distingue les *vignes en riots* et les *vignes mères*. Les vignes en riots sont les jeunes vignes qui restent en lignes et presque de franc pied pendant quinze ou vingt-cinq ans. Cependant on commence à provigner ou à rajeunir par le provignage les parties faibles, en pratiquant une fosse entre les deux rangs de ceps du riot, là où ils sont affaiblis; on choisit les trois plus beaux ceps sur les six qui sont en face, on creuse la fosse jusque sur le tuf, comme pour la plantation, on y recouche les trois ceps ayant chacun deux longs sarments dont on reforme six souches nouvelles. Les sarments, étalés dans le fond de la fosse et relevés avec soin dans le rang, sont recouverts de 20 centimètres de la terre de la fosse, qui a été rejetée à droite et à gauche sur les tables; mais il reste un vide de 25 à 30 centimètres de profondeur, et c'est dans ce fond que chaque sarment est taillé à deux ou trois yeux. L'année suivante, on met du fumier dans la fosse, on recouvre d'un peu de terre et l'on taille un ou deux sarments à deux yeux au-dessus de ce remplissage. Enfin, la troisième année, la fosse est à peu près remplie, ou du moins amenée au niveau

Fig. 322.

du fond du riot, qui reste toujours un peu en contre-bas des tables. Le croquis *H* (fig. 322) donne la coupe transversale de deux riots, et le croquis *J* (fig. 323), la même coupe avec une fosse d'un an, au centième.

On fume les riots tous les trois ou cinq ans.

Le vigneron, brisé au rude travail du terrassement, préfère la vigne mère, dont nous allons parler, aux riots. « Les riots, dit-il, poussent trop et trop vite; ils jettent des gourmands en quantité et montent si rapidement, qu'il faut rabattre les ceps souvent; en un mot, les riots sont difficiles à conduire et à maintenir. » Cela dit, à vingt ou à vingt-cinq ans, le vigneron chartrain transforme ses vignes de riots en vignes mères. Il provigne les ceps des riots dans les tables, de façon à porter le nombre des ceps de 20,000 à 30,000 d'abord, et plus tard à 40 ou à 50,000. Dès lors, toute espèce d'alignement a disparu, et les riots sont devenus des vignes mères, c'est-à-dire des vignes provignées et étendues en treilles souterraines.

Mais les vignes mères ne se distinguent pas des riots seulement par le nombre beaucoup plus considérable et le pêle-mêle de leurs ceps; c'est surtout par leur mode extraordinaire de provignage et de terrassements qu'elles frappent les regards et fixent l'attention.

Les vignes, dans le pays Chartrain, sont très-morcelées; elles sont généralement longues et étroites relativement. Or, dans le sens de leur longueur, elles paraissent toutes

divisées en une série de plans inclinés de 20, 30 ou 40 mètres, offrant une arête culminante à un bout et une dépression correspondante à l'autre. Les vignerons appellent *butte*
l'arête culminante, et *vallée*, la dépression opposée : toute
vigne mère se compose donc d'une série de buttes et de
vallées. Chaque butte s'élève environ à 1 mètre au-dessus

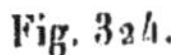

Fig. 324.

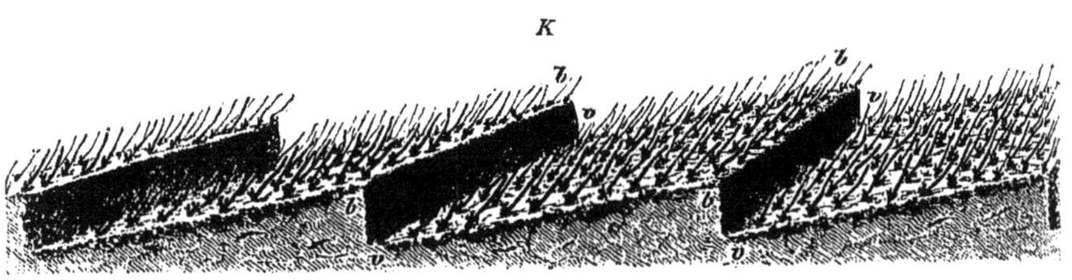


de la vallée : le croquis *K* (fig. 324) donne un aspect de
toutes les vignes mères : *bb*, buttes; *vv*, vallées.

Pour expliquer l'objet de ces buttes et de ces vallées, je
donne dans le croquis *L* (fig. 325) une butte *ab* et une vallée
*vv'*, avec le plan incliné qui la surmonte *ll'*; on voit sur la
butte *ab* que les ceps ont été laissés à longues tailles, l'année précédente, par le vigneron : c'est que le vigneron se propose d'enlever toute la butte jusqu'en *cd*, en déracinant
avec soin les souches, sans les arracher. La terre de cette
butte est portée à la hotte et répartie entre *l* et *l'* sur tous
les ceps compris le long du plan incliné; une fois ce travail
herculéen accompli, le vigneron établira en *cd* un grand
provin, au moyen des souches *ab*, et rajeunira sa vigne en ce
point, devenu la dépression de la vallée au lieu de la butte
qu'il était, comme cela a été fait entre *v* et *v'* l'année précédente. Le vigneron fera la même opération en *a'b'*, *c'd'*, et
à toutes les buttes de sa vigne, qu'il transformera en vallées.

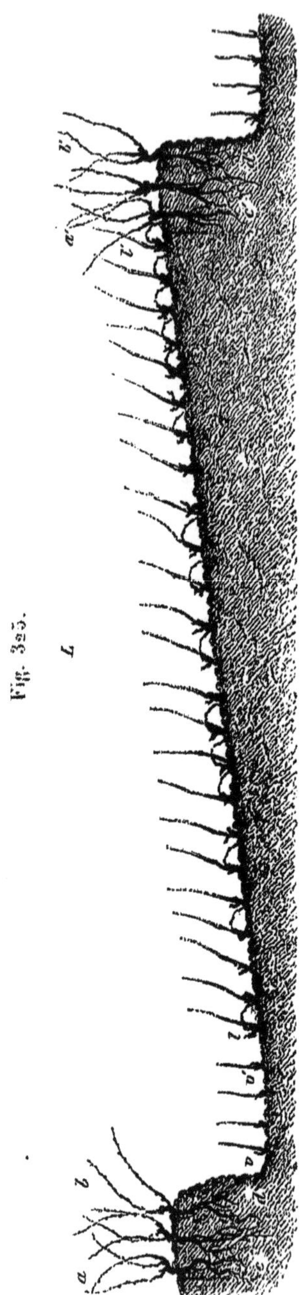



Tous les ans, la terre se meut ainsi sous ses puissants efforts, comme les vagues s'élèvent et se dépriment successivement dans le même sens, poussées par le vent ou par le flux et le reflux. C'est ainsi que certaines vignes mères, on pourrait dire la totalité, sont remuées sans cesse depuis des siècles.

Mais si de pareilles cultures affirment la force musculaire et les effets incroyables de l'opiniâtre volonté de l'homme, si elles prouvent la supériorité du courage et du travail manuel de nos anciens colons, supériorité dont les vieillards seuls ont aujourd'hui conservé la tradition, elles prouvent aussi combien les enseignements ont fait défaut aux progrès de la viticulture; car non-seulement toutes ces forces vives sont inutilement appliquées, mais encore elles sont employées contre tout profit et tout intérêt de ceux qui les appliquent.

Ce n'est pas faute d'intelligence de la part des vignerons, car aucune population rurale ne peut se flatter d'être mieux douée du côté de l'esprit, comme du côté de l'activité et de la force, que la population vigneronne. Jeunes ou vieux, les vignerons raisonnent parfaitement; presque toutes leurs pratiques, appliquées à une tradition vicieuse, la seule qu'ils aient jamais connue, sont les meilleures possible. Mais qui est jamais venu dire à ceux qui plantent la vigne profondément, à ceux qui lui coupent la tête, à ceux qui l'enfouissent bizarrement, à ceux qui prétendent la rendre éternellement fertile sur le même terrain; qui est jamais venu leur dire : « La vigne, comme tous les autres arbres, arbrisseaux ou herbes, doit être plantée simplement et peu profondément sur terre; ses racines descendront où elles doivent aller, comme ses tiges monteront où elles doivent monter; dirigez la tête de vos vignes, mais ne la coupez point; n'enterrez pas plus les tiges de vos vignes que vous n'enterrez celles de vos groseilliers, de vos framboisiers, de tous vos arbrisseaux et arbres à fruits; arrachez vos vignes quand elles ne produisent plus assez et laissez reposer son terrain, car la vigne, comme tous les arbres fruitiers, altère le sol, y produit beaucoup pendant un temps sans effort, et n'y produit plus guère pendant un autre temps, même avec les plus grands sacrifices de travail et d'engrais. »

Personne ne vient leur dire : « Trente départements vignobles procèdent comme je vous conseille de faire, et ils récoltent plus que vous et à moitié moins de frais. »

Si l'on jette un coup d'œil analytique sur le mode de provignage et d'entretien des vieilles vignes du pays Chartrain, on constate que, les buttes ayant en moyenne 1 mètre au-dessus des vallées et la transformation des buttes en vallées s'accomplissant, dans toute l'étendue de la vigne, en vingt ans au plus, 5,000 mètres cubes de terre ont dû être transportés à dos d'homme, dans cette période de temps, par chaque hectare de vigne; soit 250 mètres cubes par an et par hectare, 2,5 mètres cubes par are.

Un pareil travail explique bien l'abandon des vignes; je n'ai vu encore aucun vignoble, en France, où une pareille tâche fût accomplie. Les plus forts terrages sont de 250 mètres cubes à l'hectare, tous les cinq ans, et ils suffisent à entretenir la vigueur et la fécondité des vignes dans les terres les plus modestes.

Moyennant ces mouvements de terre exorbitants, les vignes mères ne sont pas fumées ou sont peu fumées, aux environs de Chartres.

On ne donne que deux cultures à la terre, une en mars et l'autre en juin; mais le terrage des vignes mères vaut mieux qu'une troisième culture.

La moyenne production est de 36 hectolitres à l'hectare; on la dit égale dans les mères vignes et les riots.

Si de l'arrondissement de Chartres on passe dans les vignobles de l'arrondissement de Dreux, on constate d'abord que toutes les vignes, quoique composées des mêmes cépages, plantées et conduites sur les mêmes principes que celles de Chartres, sont toujours et parfaitement maintenues en lignes, qu'elles soient jeunes ou vieilles. Cependant on y voit aussi toutes les vignes en buttes et en vallées; mais les buttes et les vallées, au lieu d'être transversales comme à Chartres, sont longitudinales et rapprochées assez pour que, de la butte, on puisse lancer la terre, d'un jet de pelle, tout le long du plan incliné opposé.

Le croquis *M* (fig. 326) donne une coupe transversale de ce second mode de provignage et de terrassement : *aaaa* sont les souches laissées de l'année précédente, à longs

bois, sur les buttes, pour être provignées dans les fosses
*oooo*. Les terres de la butte et de la fosse sont lancées à la

Fig. 326.

pelle, de *o* en *a*, tout le long et sur tous les ceps du plan
incliné.

Dans l'arrondissement de Dreux, les fosses d'entretien
*oooo* sont faites comme les riots ou fossés de plantation, de
40 centimètres de large et de tout ou partie de la longueur
de la vigne : les ceps y sont couchés à 40 centimètres de
profondeur, recouverts de 25 centimètres de terre; l'année
suivante, on fume et on recouvre encore de terre. En huit
ou dix ans, les fosses *oooo* deviennent les buttes *aaaa;* c'est
un mouvement de petites vagues de 4 à 6 mètres, imprimé
à la terre, au lieu d'un mouvement de grandes vagues de
10 à 50 mètres.

C'est là certes une grande amélioration sur la culture de
Chartres, puisque le jet de pelle y remplace le transport
à la hotte; mais le travail n'en est pas moins énorme et
sans raison suffisante.

L'alignement, conservé religieusement, est aussi une
grande amélioration sur les cultures en foule; mais la
suppression de tous longs bois, soit sous forme d'archet,
soit sous forme de convertis, est, en compensation, un
désavantage marqué. Un autre désavantage des vignobles
de Dreux se montre aussi dans la plantation : les intervalles
des fosses sont généralement de 1 mètre à 1$^m$,33, et ce

n'est qu'à la sixième ou septième année que ces intervalles sont garnis par des provignages successifs. Dès la quatrième ou cinquième année, toutefois, on utilise les intervalles en y couchant des marcottes aussitôt que les ceps sont assez forts pour le permettre.

Quoi qu'il en soit, les récoltes rémunératrices, à Chartres et à Dreux, se font attendre de la septième à la neuvième année, d'après les modes de plantation, de garniture et de conduite des vignes, ce qui implique l'exclusion raisonnable de toute plantation; et la somme des travaux est telle, pour l'entretien, que les vieillards qui les accomplissent et les ont accompli longtemps sont pliés en arc, ayant leur épine dorsale soudée, par leur position sans cesse courbée sur la terre, et qu'aucun jeune homme ne veut entrer dans une pareille voie.

Heureusement pour le sort de la vigne et pour l'intérêt du département, des hommes d'initiative et de progrès, M. Belhomme, aux Filles-Dieu, MM. Rivé frères, à Anet, Brossier, à Saint-Denis, Desponts, à Abondant, se sont mis à recoucher de vieilles vignes et à en planter de nouvelles et à les dresser de suite de franc pied, soit à longues tailles, soit à courtes tailles, le nombre suppléant à la longueur en lignes, et palissées au fil de fer : ils ébourgeonnent, ils pincent, ils rognent les pampres verts, et dès la deuxième année, mais la troisième surtout, des récoltes rémunératrices, bien supérieures à celles des méthodes traditionnelles, les récompensent de leur hardiesse et prouvent aux anciens vignerons que dans leur pays même, dans les mêmes terrains, avec les mêmes ceps, la vigne se met promptement à fruit, donne des récoltes doubles à moitié moins de frais, lorsqu'elle est traitée comme doivent l'être

tous les arbrisseaux ou arbres fruitiers, sans autre culture
que des binages superficiels, en se contentant de bien conduire les tiges et laissant les racines se développer naturellement.

Les récoltes moyennes sont de 4o hectolitres à Marsauceux, de 36 à Bu, de 32 à Anet. Dans cette même contrée,
M. Desponts a récolté 6o hectolitres à l'hectare d'après
les nouvelles pratiques, et M. Belhomme, à Chartres,
accuse un produit qui, depuis plusieurs années, dépasse
9o hectolitres. Le progrès de la viticulture a donc des
exemples et des guides dans les arrondissements de Chartres
et de Dreux; mais il a de plus des professeurs éminents, à la
tête desquels s'est depuis longtemps placé M. Courtois, qui
ébourgeonne, pince et taille la vigne de ses propres mains
dans la perfection : je l'ai vu de mes yeux ébourgeonner
et pincer les ceps, au milieu des vignerons, de la façon la
plus expéditive et la plus parfaite. Quant à la taille d'hiver,

Fig. 327.

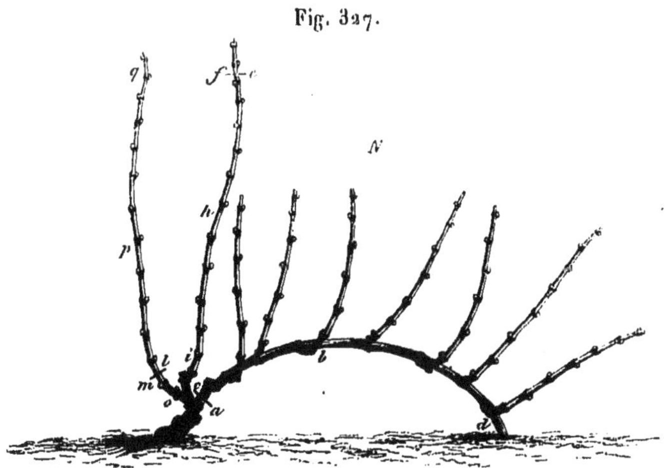

il en a fait la théorie la plus simple, la plus ingénieuse et
la plus vraie.

Il réduit la taille type de la vigne à trois coups de serpette ou de sécateur : le coup du passé, celui du présent et le coup de l'avenir. Soit (croquis *N*, fig. 327) un cep taillé normalement l'année précédente : le coup du passé sera donné en *ca*, pour retrancher, rez la souche, la branche qui a donné le fruit l'année précédente, en *abd*, et est désormais inutile; le coup du présent sera donné en *fe*, pour faire du sarment *fhi* la branche à fruit de l'année présente; et le coup de l'avenir sera appliqué en *lm*, ne gardant que les deux yeux inférieurs du sarment *opq*, qui devront fournir les sarments de remplacement de l'année suivante. Ces trois coups suffiront à donner la taille parfaite du croquis *O*

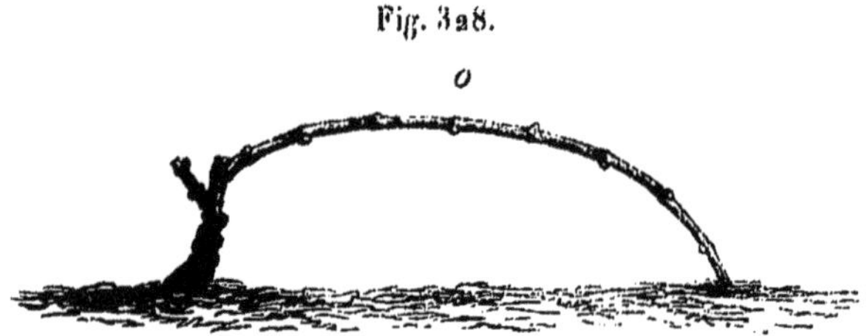

Fig. 328.

(fig. 328). Il était impossible de réduire les termes de la taille type de la vigne à une formule plus propre à être gravée dans l'esprit du praticien.

Je n'ai rien dit jusqu'à présent du mode de vendange, de cuvaison et de vinification dans Eure-et-Loir, parce que ces opérations sont à peu près normales et n'offrent rien de particulier. On vendange en seilles versées en hottes portées à dos d'hommes, et versées elles-mêmes dans des jalles ou tonneaux ouverts par le haut; les raisins sont foulés à la cuve à mesure qu'ils y sont versés. On cuve en cuve ouverte, à marc flottant, qu'on renfonce deux ou trois fois. Peu de personnes arrosent les marcs avec les vins tirés. La cuvaison dure huit jours dans les bonnes années et douze jours dans les mauvaises. On tire les vins clairs et froids et on ne mélange point les vins de pressoir avec les vins de la cuve. On ne distille pas les marcs; on en fait généralement des piquettes.

Je répète, en terminant, que les vins d'Eure-et-Loir sont très-sains et très-alimentaires, qu'ils sont d'une consommation agréable dès la première année pour la plupart; mais ceux de Marsauceux, de Bu, d'Abondant, de Rouvres et d'Anet sont les meilleurs : ils sont colorés, généreux, corsés, et se gardent fort longtemps; il n'est pas rare de les voir enlever à 100 francs la barrique de 225 litres.

Il serait fâcheux que, dans d'aussi bonnes conditions de production, la vigne fût abandonnée dans le département d'Eure-et-Loir, dont la population est à peine d'un habitant pour 2 hectares. J'ai vu partout, dans les arrondissements de Chartres et de Dreux, des flancs de coteaux et de vastes plateaux, à terres rouges et à galets, des plus propres à la vigne, présentant d'ailleurs, de loin en loin, des vignes séculaires, vigoureuses et encore fertiles, pour attester la vérité de ce que j'avance.

L'annexion d'un quart de vignes aux petites exploitations serait un grand accroissement de richesse. M. Lemonnier m'écrit que les vignerons de Montigny sont des travailleurs incomparables et que ceux d'entre eux qui sont parvenus à réunir 1 hectare de vigne, 2 hectares de terre et leur logement passent, à bon droit, pour être riches d'une vingtaine de mille francs.

Quelles ressources cette bienheureuse province de Beauce n'offrirait-elle pas, par la vigne, à la multiplication des familles rurales et au développement de la richesse et de

la force nationales! Mais le fermage est l'exploitation de la
Beauce : le fermier y est le vrai souverain de la terre; on
en connaît à peine le propriétaire, peu prisé, dit-on, et
dont le fermier prend peu de souci.

Une ferme en Beauce est, le plus souvent, un apanage,
une rente hypothéquée sur une terre quelconque, dont le
tenancier exprime le suc sans oser, sans pouvoir rien faire
qui augmente le fond et qui peuple sa surface : il n'a ni la
puissance ni l'intérêt du propriétaire; tous ses avantages
sont dans les produits éventuels qu'il peut faire sortir du
sol, au moins de frais possible.

J'avoue que tous les faits observés en France, de mes
propres yeux, m'ont conduit à partager entièrement les opinions de Sismondi à l'égard du fermage, qui est incontestablement le mode d'exploitation le moins productif, le
moins peuplant, le moins progressif de tous. L'exploitation
directe par la petite propriété, l'exploitation de la grande
propriété par familles rurales, associées et intéressées à la
production (métayage), sous la direction et le patronage
des propriétaires faisant valoir une réserve modèle, tels sont
les deux seuls modes qui assurent la stabilité et le vrai progrès agricole.

La ferme rend dans la Beauce 6o francs de l'hectare, en
moyenne, au propriétaire et 6o francs au fermier : total,
1 2o francs. Chaque hectare de terre rend 3oo francs à la
petite propriété et rendrait presque autant en métairie si
la vigne y entrait pour un quart.

Dans le premier cas, la population n'est pas d'un habitant par 2 hectares; dans le second, elle serait de plus
d'un habitant par hectare : population, richesse, force, tout
est là.

La Mayenne, la Vendée, la Haute-Vienne, l'Indre, le
Rhône, le Jura, prouvent depuis longtemps la supériorité
du métayage sur le fermage, et les difficultés entre les
propriétaires, qui veulent le prix réel de leurs fermes, et
les fermiers, qui ne veulent les prendre que bien au-dessous de leur valeur, n'ont pas peu contribué à la vente et
à la division des grandes propriétés jusqu'à ce jour : que
sera-ce dans un avenir prochain, sous la double impulsion
d'une avidité sans règle et sans limites et du besoin de faire
fortune dans le moins de temps et avec le moins de travail
possible ?

# DÉPARTEMENT DE L'EURE.

En 1816, le département de l'Eure comptait environ 1,800 hectares de vignes. Il en reste à peine 1,000 hectares aujourd'hui; et sur cette étendue, l'arrondissement d'Évreux en contient de 7 à 800, le surplus étant partagé, à peu près également, entre les Andelys et Louviers.

Dans l'Eure, on arrache donc les vignes parce que la culture en est trop onéreuse et trop pénible et parce que les récoltes en sont trop incertaines, dans leur quantité et dans leur qualité. Certes il y a là du bon sens et de la raison; car ce n'est point la vigne qui pourra jamais faire la richesse agricole du département de l'Eure, suffisamment favorisé d'ailleurs par ses cultures de céréales, de prairies, de racines, par l'élève de son bétail et de ses chevaux, par ses chanvres, etc. etc.

La culture de la vigne ne pourrait être conseillée dans l'Eure que pour assurer la consommation des métairies et des petits cultivateurs, et les soustraire ainsi aux spéculations et aux fraudes : la vigne jouant avant tout, au milieu des autres cultures, un rôle hygiénique et alimentaire, analogue à celui du verger et du jardin.

Toutefois, en adoptant la culture de la vigne même sur cette échelle si restreinte, il faudrait encore que le mode de culture en fût entièrement changé; car celui qui est suivi sur la rive gauche de l'Avre à Nonancourt, sur la rive droite de l'Eure, à Ézy, Ivry, Garennes, et sur la rive gauche à Bueil, ainsi que la méthode suivie à Vernon, est devenu tout à fait impossible par la rareté et la cherté de la main-d'œuvre.

Aussi, comme dans Eure-et-Loir, les fils de vignerons ne veulent plus continuer les travaux des vignes sous lesquels leurs pères se sont courbés et se courbent encore par la force de l'habitude et par ennui du changement, et les bourgeois ou propriétaires rentiers ne peuvent plus conserver de vignes sans perte considérable.

Sur les bords de l'Avre et de l'Eure, les vignes sont cultivées sur les mêmes principes et de la même façon que dans l'arrondissement de Dreux, à Nonancourt, à Ézy, à Garennes et à Bueil. Elles y sont perpétuées par un provignage éternel, en *buttes* et en *vallées;* les terres y subissent ce mouvement ondulé, tel que je l'ai décrit précédemment : ce sont les mêmes modes de taille, d'échalassage; ce sont en outre les mêmes cépages, le meunier et le morillon noir, mais surtout le meunier, qui reste seul à Vernon et aux environs.

Je n'ai donc pas à revenir sur le mode de culture de la vallée de l'Avre ni de celle de l'Eure. C'est avec M. Robert, maire d'Anet, que j'ai visité les vignes d'Ézy, celles de Garennes, d'Ivry et de Bueil.

Nous avons constaté qu'une grande partie des vignes de ces diverses communes avaient été détruites depuis cinq à six ans seulement. Ce qui en reste est d'ailleurs fort bien entretenu, comme à Anet, à Bu, à Rouvres, etc.

Chose singulière, la plupart de ces vignes sont en plaine, dans des terrains d'alluvion au fond du val, alors que les coteaux abrupts, en marnes calcaires et crétacées, qui bordent la vallée n'ont pas de vignes. Pourtant les vignes viendraient à merveille sur ces coteaux, si elles étaient de franc pied et assolées à vingt-cinq ou trente ans; surtout elles n'y gèleraient point, tandis que dans la plaine les vignes gèlent presque tous les ans : au moment même de ma visite, elles étaient complétement stérilisées par ce fléau.

A Nonancourt, on cultive, avec le meunier, le saugé, qu'on appelle le cassé à Ézy, et qui n'est autre que le morillon noir, raisin hâtif et très-bien adapté à la température du pays. On provigne et l'on fume comme dans l'arrondissement de Dreux. La récolte moyenne est de 16 pièces (36 hectolitres) à l'hectare. Le prix moyen du vin est de 50 francs la pièce de 225 litres, et les frais de culture, fosses et fournitures comprises, de 321 francs par hectare. Pour la vendange, ainsi que pour la confection et le logement des vins, la dépense est d'environ 100 francs; au total, 400 francs sont à déduire d'un produit brut de 800 francs pour avoir le produit net par hectare.

D'où l'on voit que la vigne est encore ici d'un bon rapport; du reste, les assistants à l'enquête déclarent que la vigne y rapporte beaucoup plus que toutes les autres cultures.

A Nonancourt et aux environs on récolte au moins autant de cidre que de vin, ce qui m'a porté à poser cette question : «Un litre de vin et un litre de cidre du cru étant donnés au choix de tout consommateur du pays, lequel serait choisi par la majorité comme boisson alimentaire?» La réponse instantanée et unanime a été celle-ci : «Tout le monde choisirait le vin du pays.»

Voilà donc une question pratique résolue avec impartialité; elle serait résolue de même pour la bière, si les dépravations à la mode ne l'avaient proclamée boisson de luxe.

La culture de la vigne est si compliquée et faite avec tant de soin dans le canton de Vernon, qu'un homme ne peut en façonner que 51 ares ; aussi la dépense s'élève-t-elle à 620 francs par an pour cette superficie, dont le produit moyen est de 10 muids de 272 litres, d'une valeur moyenne de 70 francs le muid : d'où on peut conclure que le peu de bénéfice à réaliser sur la culture de la vigne serait un cas de destruction immédiate ; mais il faut dire que le vigneron habile produit plutôt 30 muids que 20 à l'hectare. Aussi la bourgeoisie vend-elle ou fait-elle arracher ses vignes. D'ailleurs les vignes et les terres adjacentes ont une valeur à peu de chose près égale, et celles-ci se louent, comme la vigne, 150 francs l'hectare environ.

Il est impossible de voir des vignes plus belles et mieux tenues que celles de Vernon et des environs, quoiqu'elles comptent 28,000 ceps à l'hectare. Chaque cep y possède son échalas de 2 mètres de haut.

Les vignes sont en lignes parfaites, à 40 ou 50 centimètres entre les lignes, bien qu'entretenues par un provignage excessif ; les fosses de provins, allongées et comprenant trois nouveaux pieds de chaque côté, respectent toujours l'alignement. Les vignerons disent que, pour qu'une vigne soit bien tenue, les ceps doivent retourner en terre, c'est-à-dire être provignés, tous les six ans. Ainsi, les vignes sont replantées dispendieusement tous les six ans ; alors qu'une plantation de tous ceps de franc pied donnerait des produits doubles pendant trente ans, sans provignage, avec une dépense cinq fois moindre.

La vigne, à Vernon, est plantée en fossés de 40 à 50 centimètres de section et à 2 mètres de distance les uns des autres. On préfère employer les plants enracinés à la simple bouture, mais boutures ou plants sont également coudés d'un bord à l'autre, au fond du fossé; on remplit le fossé et on laisse au plant trois yeux hors de terre. A la deuxième année, si la végétation offre deux bons sarments, on les taille à deux yeux et on jette bas le surplus; à la troisième ou quatrième année, dès que le cep fournit de beaux sarments, on forme un rang de provignage à 5o centimètres du rang de plantation; et, dans les années suivantes, on forme ainsi quatre rangs nouveaux entre les rangs primitifs, en plingeant et replingeant (plongeant et replongeant) les sarments des souches devenus assez forts. Il faut six à huit ans pour obtenir une vigne complète et en plein rapport.

La taille, sur les plants jeunes et faibles, se fait toujours à deux coursons : l'un inférieur, à deux yeux; l'autre, supérieur, à trois ou quatre (croquis *A*, fig. 329).

Mais dès que le cep est vigoureux, au lieu de tailler le

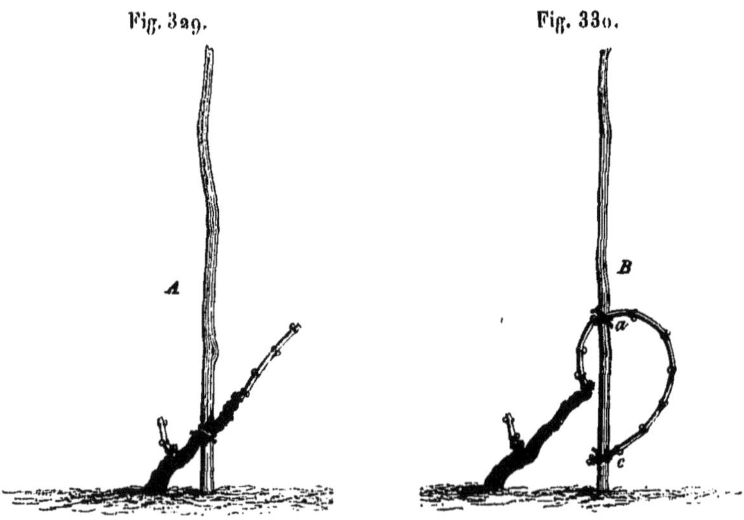



sarment du haut à courson, on le taille à courgée de 8 à 10 nœuds, suivant la force du cep (croquis *B*, fig. 33o).

Cette courgée est pliée comme l'indique le croquis, et elle est attachée en deux points, *a*, *c*, à l'échalas.

Cette conduite de la vigne est parfaite, et elle convient surtout au meunier, cépage dominant du pays; elle convient aussi au morillon noir, qui y est plus rare que sur les bords de l'Avre et de l'Eure. On ne cultive presque pas de raisins blancs à Vernon.

Les ébourgeonnages (édrugeonnages, dans le pays) sont faits avec grand soin avant le liage (ligature); ils sont même répétés plusieurs fois jusqu'à la vendange.

Ce sont les femmes qui font l'édrugeonnage et les liages : le premier liage est pratiqué vers la fin de juin; on met plusieurs liens et l'on revient à plusieurs reprises à cette double opération.

Après le premier liage, on rogne proprement tous les pampres à la hauteur de l'échalas. Ces divers soins donnés aux pampres présentent les vignes de Vernon sous un aspect de régularité que l'on a rarement l'occasion d'admirer dans d'autres vignobles.

Deux cultures sont données à la terre des vignes : une en avril, après la taille, profonde de 20 à 25 centimètres; l'autre, avant la moisson, est un simple binage superficiel de 8 à 10 centimètres

La vigne, ai-je dit, est entretenue éternellement par un provignage excessivement fréquent. Chaque provin comporte en moyenne six pointes ou jeunes plants, provenant de deux vieilles souches recouchées, trois d'un côté de la fosse et trois de l'autre, maintenus en alignement parfait dans les rangées. Les vignerons de Vernon apportent une symétrie remarquable et bien importante dans toutes les vignes.

Ces provignages fréquents, des fumures abondantes, et surtout les grands échalas de 2 mètres, le long desquels on attache les pampres, assurent une vigueur très-remarquable à la végétation et une grande fécondité; les bons vignerons ne font pas moins de 70 à 80 hectolitres à l'hectare, mais avec des frais énormes (1,000 francs) et des travaux excessifs.

Accompagné de MM. Lettanneur et Rocourt, ainsi que de nombreux vignerons, nous sommes allé étudier la conduite et l'état des vignes chez M. Allain-Labauve, riche propriétaire de Vernon et grand amateur d'arboriculture : ses vignes sont un vrai modèle, et chacune de leurs souches est soignée comme une quenouille de poirier.

Dans un vaste carré de vignes ayant même terre, même engrais, mêmes soins, même taille et même cépage, une moitié était constituée par un plant de trente ans et l'autre par une vigne de cent ans et plus. La vieille vigne, que M. Allain-Labauve a déclaré être plus fumée et plus soignée, n'offre pas le tiers de la récolte de la jeune vigne. Chacun des vignerons a pu constater ce fait important, lequel se produit à peu près partout et toujours entre les jeunes vignes, jusqu'à trente, quarante et soixante ans, et les vignes séculaires.

L'observation tranche donc ici, une fois de plus, la question entre les vignes assolées sans provignage et les vignes éternisées par le provignage. Les premières sont d'une fécondité au moins double des secondes et coûtent beaucoup moins dans leur plantation, leur dressement définitif, leur conduite et leur entretien. Je m'empresse d'ajouter que le vin des vignes de franc pied vaut mieux que celui des vignes provignées et que les vieilles vignes provignées produisent également beaucoup moins que les jeunes.

Les vins de Vernon offrent encore de 9 à 10 degrés d'alcool et fournissent une boisson aussi saine qu'agréable; mais ils doivent être bus la première ou la seconde année. Ils sont cuvés pendant dix à douze jours, ce qui abrége leur durée; plusieurs propriétaires ne cuvent que de trois à huit jours, et les produits sont plus généreux et bien plus durables.

Les vendanges et les vins sont d'ailleurs traités comme dans Eure-et-Loir, arrondissement de Dreux.

# DÉPARTEMENT DE LA SARTHE.

Le département de la Sarthe cultive environ 10,000 hectares de vignes, moins de la soixante-deuxième partie de la superficie totale de son sol, laquelle est de 626,668 hectares; il pourrait en cultiver, avec avantage, 30,000 hectares, qui suffiraient à peine à la consommation hygiénique de ses 463,619 habitants. Mais, bien loin d'être disposés à augmenter leurs vignes, les propriétaires de la Sarthe, ceux des environs du Mans surtout, semblent plutôt enclins soit à les arracher, soit à s'en débarrasser : il paraît qu'une grande partie des vignes des communes du centre a été détruite; et même au midi du département, dans la vallée du Loir, si favorable aux bons cépages et aux bons vins, j'ai vu des lots de vignes importants arrachés et d'autres qu'on se disposait à détruire.

Ni le sol ni le climat de la Sarthe ne peuvent motiver cet abandon d'une des meilleures et des plus riches productions du département.

Partout le sol convient à la vigne; partout la vigne plantée végète avec vigueur et présente toutes les conditions nécessaires à une bonne et abondante fructification. Du Mans à Château-du-Loir, de la Chartre au Lude, à la Flèche et à Sablé, j'ai vu non-seulement des terres favo-

rables à la vigne, mais encore les expositions les plus dé-
sirables pour l'installation de bons vignobles. J'ai vu de
vastes espaces, à terres légères, semés ou plantés de sapins,
là où la vigne végéterait à merveille.

Le sol du département de la Sarthe répond à quatre
formations qui toutes conviennent à la viticulture. En
marchant de l'est à l'ouest, on traverse d'abord les terrains
tertiaires moyens, faluns, meulières et grès de Fontainebleau; ensuite on traverse la formation des grès verts, puis
celle de l'oolithe supérieure et moyenne, puis enfin les
terrains de transition : ces quatre formations constituent
quatre zones parfaitement distinctes, divisant tout le département du sud au nord-nord-est. Les terrains de transition et les terrains oolithiques marchent parallèlement
et sans se mêler : ils n'occupent guère, ensemble, que le
tiers ouest de la superficie totale; mais les grès verts et les
terrains tertiaires moyens se pénètrent réciproquement et
constituent, au centre et à l'est, les deux tiers de la superficie totale du sol.

Le climat de la Sarthe appartient à cette partie de la
zone tempérée où les fruits sucrés acquièrent le maximum
de leur finesse; les raisins y sont délicieux dans les grandes
années, et les vins qu'ils produisent alors sont vraiment
remarquables par leur générosité, leur bouquet, leur couleur et leur solidité : les bons vins de Château-du-Loir et
de la Chartre sont d'excellents vins de rôti, et leur durée
est indéfinie. J'en ai goûté de 1858, de 1846, de 1834,
de 1822 et de 1802, ayant conservé leur vinosité, leur
esprit, et même une belle couleur grenat foncé dans les
plus jeunes et grenat brûlé dans les plus vieux. Jullien cite
d'ailleurs les vins des Jasnières, de Château-du-Loir, de

Gazonfier au Mans et de Bazouges à la Flèche comme ayant une bonne et ancienne réputation; je puis affirmer au moins que ceux des Jasnières, de Marçon, dans le canton de la Chartre, et ceux de Vouvray, Malicorne, Montabon, de Château-du-Loir, valent beaucoup mieux que leur réputation, déjà bonne.

Comment se fait-il donc qu'avec un climat et un sol excellents, produisant ou pouvant produire des vins estimables, la Sarthe ne cultive que 10,000 hectares de vignes et soit portée à diminuer plutôt qu'à augmenter cette faible étendue relative? Cette situation paradoxale tient à plusieurs causes : la première, celle qui domine toutes les autres, c'est l'absence absolue de saines notions sur la culture de la vigne et sur la nature des cépages tardifs ou précoces; la seconde, c'est l'ancienneté des vignes et leur perpétuation, par un provignage indéfini, dans les mêmes terrains.

Dans tout le département, les plantations se font (quand il s'en fait, ce qui est très-rare et seulement pour refaire tout ou partie d'une ancienne vigne) presque toujours en poquets ou petites fosses de 1 mètre de long, de 40 centimètres de largeur et de 30 à 35 centimètres de profondeur. Chaque poquet, dont le grand axe est dans le sens de la pente, reçoit, à chaque extrémité, un plant soit de bouture, soit enraciné, coudé au fond du trou sur une longueur de 50 centimètres; les poquets sont à 1 mètre de distance en tous sens; on plante parfois en petits fossés continus, distants de 1 mètre entre eux, ou de 2 mètres quand on veut peupler l'intervalle par le provignage.

Au Mans, les ceps blancs et les ceps rouges sont à peu près dressés et conduits de même, c'est-à-dire à une ou à

deux têtes au plus, portant un *amais* ou courson, à un ou
à deux yeux francs (fig. 331, 332, 333 et 334).

Fig. 332.

Fig. 331.

Dans l'arrondissement de Saint-Calais, les ceps blancs

Fig. 334.

Fig. 333.

sont généralement tenus très-bas, à une seule tête, portant

Fig. 335.

un seul courson à un ou deux yeux francs, rarement à deux

têtes (fig. 335 et 336); tandis que les ceps rouges sont dressés à deux, trois, quatre, et jusqu'à huit têtes et huit

Fig. 336.

coursons, suivant l'âge et la force (fig. 337) : aussi distingue-t-on, partout et de loin, les vignes rouges des vignes

Fig. 337.

blanches, à l'élévation, à la vigueur et à l'étendue des ceps des premières, tandis que les dernières rampent pour ainsi dire toujours à terre.

A la Flèche c'est précisément le contraire, c'est-à-dire qu'on distingue les vignes blanches à leur hauteur, à leur vigueur, chaque souche ayant deux, trois, quatre têtes et plus, avec autant de coursons, à deux et trois yeux, sou-

vent même avec une verge recourbée, aux plus fortes têtes
(fig. 338); tandis que les rouges sont tenues à un ou à

Fig. 338.

deux coursons au plus, taillés à deux et même à un seul
œil (fig. 339).

Fig. 339.

Les vignerons de Saint-Calais soutiennent que les ceps
rouges sont bien plus forts que les ceps blancs, et ceux de
la Flèche prétendent que les blancs sont bien plus forts que
les rouges; il n'y a rien de vrai dans ces croyances : la vérité
est que, rouges ou blancs, les ceps sont faibles quand on
restreint leur taille à une tête, à un courson, à un œil; qu'ils

sont forts quand on les dresse à quatre, à six, à huit têtes, et quand on donne deux et trois yeux à chaque courson, surtout quand on y ajoute une verge. Il résulte de cette contradiction une conséquence toute logique, c'est qu'on provigne très-peu les ceps rouges à Château-du-Loir et à la Chartre : on le fait seulement pour remplacer les manquants; tandis qu'on provigne énormément les ceps blancs, sur le pied de trois cents à neuf cents fosses, à deux, trois pointes, par hectare. C'est à peu près le contraire à la Flèche; aux environs du Mans, on tient les ceps rouges et blancs à la taille restreinte, et la proportion de provignage que j'ai indiquée plus haut s'applique également aux cépages des deux couleurs.

Dans les terres argilo-siliceuses, on cultive la vigne en planches de 8 à 14 mètres de largeur, séparées par des fossés de 50 centimètres de profondeur, qui servent de sentiers.

Fig. 340.

La figure 340 (au centième) donne une idée de cette disposition; elle a été prise à Gazonfier, près du Mans.

Dans les terrains légers, on cultive à plat.

Toutes les vignes de la Sarthe sont en foule; la plus grande partie est sans échalas. Un tiers des vignes rouges, dans l'arrondissement de Saint-Calais, sont munies d'échalas, surtout pendant leurs premières années. Le Mans ne compte guère que sept à huit mille souches par hectare, la Flèche dix à douze mille, et Saint-Calais de quatorze à seize mille, mais partout en foule.

On trouve pourtant quelques vignes en lignes et bien échalassées : j'en ai vu de très-beaux types chez M. Cullier, maire de Château-du-Loir, où j'ai relevé le croquis de la figure 341 ; j'en ai vu à Dissay, chez M. Dejeault, et aux

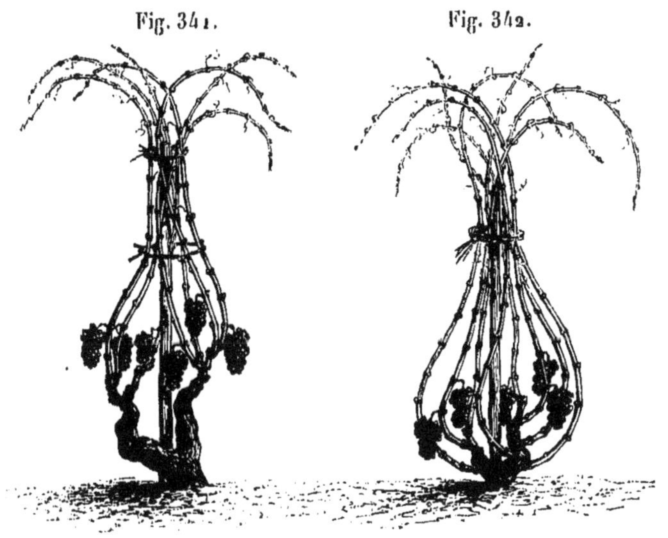



Tufflières, commune de l'Homme, chez M. Johannot. Aux environs de Vouvray, j'ai vu aussi une vigne parfaitement échalassée, en échalas de quatre pieds, à 1 mètre en lignes, les souches à 1 mètre dans le rang (la figure 342 est copiée sur une de ces souches). A Pontlieue, chez M. Pineau, les vignes sont aussi en lignes, bien échalassées et disposées pour être cultivées à la charrue. Partout où les vignes sont alignées et soutenues, j'ai constaté plus de vigueur, plus de produits et de plus beaux fruits aux ceps.

Les figures 341 et 342 peuvent donner une idée de la vigueur avec laquelle poussent les vignes dans la Sarthe.

J'ai supprimé les feuilles pour montrer qu'outre les sarments nouveaux, presque tous les yeux sont doublés dans la figure 341, et qu'il y a autant de gourmands que de sarments normaux dans la figure 342; ce qui prouve que la taille est de beaucoup trop restreinte.

On voit aussi beaucoup de vignes échalassées à Mayet, à Nogent; généralement ce sont des vignes rouges.

J'ai remarqué à Montabon, à Nogent, à Vaas, et dans les terres basses surtout, des vignes en haies ou en volières, en lignes à 1 mètre ou 1$^m$,30, à une ou deux lisses, soutenues par des pieux, et en jouelles plus espacées, à cultures intercalaires.

Toutes ces vignes en haies ou plutôt en rangées, c'est le nom du pays, taillées à plusieurs coursons et à verges, sont d'une vigueur et d'une fécondité beaucoup plus grandes que celles des vignes à taille restreinte, vignes constituant la base et la grande majorité des vignobles du département. Dans les vignes en rangées, j'ai constaté que tous les ceps, blancs ou rouges, qui comptaient quatre, cinq et jusqu'à huit bras à leur tête, avaient une vigueur de végétation, une abondance et une beauté de produits proportionnées à l'étendue de leur surface. Nous avons vu à la Borde-Gaudin, près de Marçon, des vignes de gros noir ou teinturier, à longues verges de 1 mètre, chargées de magnifiques grappes; plus loin, des vignes en breton, à huit et neuf bras par souche, ressemblant à un taillis d'une vigueur et d'une fécondité merveilleuses, à côté de vignes restreintes peu fertiles. Si la vigne était plus étudiée et mieux comprise dans la Sarthe, la Sarthe serait un des meilleurs pays vignobles de France.

Les opérations faites sur les pampres verts se réduisent, dans ce département, à relever et à lier avec de la paille les pampres à un ou à deux liens, avant, pendant ou après la fleur. A ce moment on ôte les gourmands qui repoussent de terre ou sur le vieux bois; généralement on ne rogne pas, on ne pince pas et l'on n'ébourgeonne pas au début de la végétation; on n'effeuille point avant la vendange.

Les cultures données à la vigne consistent d'abord dans un déchaussement opéré pendant l'hiver. Après la taille on met en mottes. En mai on diminue les mottes par un premier binage, et en juin et juillet on *régale* tout à plat. A la Flèche, on ne donne que deux cultures : la déchausse et la mise en mottes, après la taille, et le régalage, en mai et juin.

Partout on entretient la vigne éternellement par le provignage et partout on fume au provin; ensuite on remplit la fosse de terre.

Les deux principaux cépages de la Sarthe sont, pour le rouge, le breton ou carbenet-sauvignon, appelé ici improprement *pineau*, et pour le blanc, le pineau de la Loire. Ce cépage offre deux variétés, l'une à grains ronds, l'autre à grains ovales.

Dans la plus grande partie des vignes sont plantés des arbres fruitiers. A la critique que je faisais de cette mauvaise pratique les vignerons de Château-du-Loir ont répondu que *les arbres assainissaient* le sol. En effet, on m'a fait voir un clos, sur un plateau près de Château-du-Loir, où les vignes refusaient de pousser; au premier aspect je reconnus une *mourière*, c'est-à-dire un espace humide où la vigne périt promptement. Les vignerons prétendaient que la vigne se porterait à merveille s'il y avait là des arbres, surtout des noyers, pour pomper l'eau; plus loin ils m'ont fait voir une vigne bien portante sous un noyer, dans un lieu où, disaient-ils, elle n'aurait pas pu exister sans l'assistance de l'arbre pour la débarrasser de l'excès d'humidité du sol : il y a du vrai là-dedans, mais un bon drainage vaudrait mieux que des arbres.

Il importe de rappeler ici les fonctions des racines et des feuilles, relativement à l'eau et à l'humidité de la terre et de l'atmosphère : car ces fonctions sont trop peu connues dans la pratique de la viticulture et de l'arboriculture, bien qu'elles motivent la plupart des opérations de la taille, en sec et en vert, et expliquent l'utilité des cultures multipliées de la surface du sol.

Les expériences ont montré aux physiologistes que les pores ou stomates des racines s'emparaient de l'humidité du sol et la transmettaient de cellules en cellules, par capillarité et endosmose, à la tige et aux rameaux des plantes; que cette eau montait, par la partie dure et ligneuse de la tige et des rameaux, avec une puissance égale à la hauteur d'une colonne d'eau de 10 à 20 mètres, sans le moindre secours des feuilles.

L'expérience a également montré que les feuilles des arbres, excitées par la lumière et la chaleur, aspiraient l'eau du sol à travers les rameaux et les tiges, et pouvaient l'élever également à une grande hauteur, sans le moindre secours des racines.

Mise en mouvement par cette double force, l'eau monte de la terre dans les feuilles, concourt à former le *cambium* ou *séve descendante*, ou *ligneux coulant*, qui grossit les rameaux, la tige et les racines, en circulant du haut en bas entre l'écorce et l'aubier, et entretient la verdeur et la santé des feuilles par la transpiration ou l'évaporation : ainsi les feuilles sont les consommateurs de l'eau de la terre pour former le bois, d'une part, et pour se défendre du desséchement par la transpiration, d'autre part.

C'est toujours par les racines que l'eau nécessaire au travail et à l'existence des plantes leur est transmise; jamais l'eau des pluies, des rosées ni des brouillards de l'atmosphère n'y pénètre directement.

Cette dernière vérité, contraire à l'opinion traditionnelle et commune, a été mise hors de doute et démontrée mathématiquement par les belles expériences de M. Duchartre, membre de l'Académie des sciences et professeur de physiologie végétale à la Sorbonne : ces expériences ont été répétées, depuis 1856 jusqu'en 1860, sur un grand nombre de plantes exposées aux pluies, aux rosées, aux brouillards, par leur tige couverte de leurs feuilles, tandis que les racines et la terre de leur caisse en étaient hermétiquement préservées; ces plantes ont été pesées avec soin après avoir reçu tous les effets de l'eau tombant, se condensant ou suspendue en vapeur : leur poids a constamment prouvé que les feuilles n'absorbaient rien, absolument rien, de l'eau de pluie, de rosée ou des vapeurs d'eau atmosphériques.

Il ne pouvait en être autrement : car la circulation de la séve ascendante s'opérant constamment, et dans tous les végétaux, des racines vers les feuilles, il est impossible que ce courant se renverse aux caprices et aux hasards du temps. Le mouvement de la séve des végétaux est analogue à celui du sang des animaux : c'est une puissante circulation qui a ses lois et son objet déterminés; la séve ascendante ne peut pas plus descendre que le sang veineux ne pourrait s'élancer vers les extrémités du corps, pas plus que le sang artériel ne pourrait remonter au cœur.

On conçoit donc facilement que les racines d'un arbre

soient l'extrémité d'une pompe aspirante, aidée dans son jeu par l'absorption, le travail et la transpiration des feuilles, et qu'ainsi les racines d'un puissant végétal contribuent à l'assainissement d'un sol trop humide; on concevra de même que, dans un sol peu humide ou desséché, l'excès des arbres et des feuilles soit un danger : car l'expérience montre encore que l'évaporation et la consommation de l'eau du sol sont en proportion du nombre et de la surface des feuilles, et cette proportion n'est point petite. D'après les expériences faites, bien qu'elles ne soient pas encore assez précises pour fournir des chiffres exacts, la consommation d'eau peut varier, en juillet et août, de 20 centigrammes à 1 gramme d'eau par jour et par décimètre carré de feuilles : soit de 20 à 100 grammes par mètre carré et par jour; de 1,200 grammes à 6 kilogrammes en 60 jours. Il importe donc de ne pas laisser à un cep 2, 3 et 4 mètres de feuillages, si un seul mètre suffit à nourrir ses fruits, sous peine de voir trop souvent ces fruits se dessécher et tomber par la sécheresse du sol; il importe aussi de ne pas multiplier les arbres qui sont étrangers à la vigne.

Mais si les pluies et les rosées n'entrent point dans la plante par les feuilles, elles pénètrent dans le sol, au contraire, pour la nourrir physiologiquement par la racine, et elles enrichissent d'autant plus le sol d'humidité qu'il est plus souvent et mieux biné; c'est là encore ce que l'expérience démontre : un binage vaut un arrosage.

Les récoltes moyennes sont, à la Flèche, de vingt-cinq hectolitres à l'hectare; au Mans, de quinze hectolitres; à Saint-Calais, de trente; mais il s'en faut que ces moyennes représentent le produit des vignes bourgeoises, dont la moyenne générale ne dépasse pas quatorze hectolitres, non

plus que celles des vignes de vigneron, dont la moyenne
s'élève à plus de trente-deux. En somme, la moyenne générale est un peu au-dessus de 25 hectolitres, l'arrondissement de Saint-Calais contenant le plus et celui du Mans contenant le moins de vignes. Les prix moyens sont au-dessus
de 60 francs la barrique de 228 litres ou de 26 fr. 14 cent.
l'hectolitre : d'où chaque hectare rapporte en moyenne plus
de 650 francs bruts, et les 10,000 hectares, 6,500,000 fr.
la onzième partie du revenu total agricole, qui est d'environ
70 millions, et le budget normal de 26,000 habitants, dix-
septième partie de la population, produits par la soixante-
deuxième partie du territoire.

Les vendanges se font en seaux, versés en hottes d'osier
portées à dos d'homme et vidées en comportes, baquets ou
tonneaux mis sur voitures et conduits à la vinée.

Là, les vins blancs sont immédiatement mis au pressoir,
puis au tonneau, où on les laisse fermenter et écumer par-
dessus la bonde, pendant trois jours au moins; quelques-
uns les laissent fermenter en dedans.

Les vins rouges sont faits en cuve ouverte, le plus généralement, et à marcs flottants; très-peu de vignerons ont
recours au procédé d'immersion des marcs. La cuve emplie,
on attend que la fermentation se déclare; et, vers le deuxième
ou le troisième jour, on brasse fortement les raisins en les
foulant avec un bâton disposé *ad hoc.* Généralement on tire
le vin du cinquième au septième jour, soit par le haut de
la cuve, soit par le bas; on pressure le marc et l'on remet
en cuve tous les jus de presse et de goutte, jusqu'à ce qu'ils
s'éclaircissent; c'est seulement alors qu'on les met en tonneau. Dans les environs du Mans, quelques propriétaires
laissent en cuve jusqu'à dix-sept et vingt-trois jours.

Les vignes sont faites, pour une forte partie, par les vignerons propriétaires; la plupart des vignes bourgeoises sont
cultivées à façon, au prix de 90 francs l'hectare environ,
en moyenne; mais les provins sont payés à part, 3 francs le
cent de fosses dans l'arrondissement de Saint-Calais, 5 francs
au Mans et 7 fr. 50 cent. à la Flèche. Les échalas sont
fichés et défichés à la journée, au prix de 2 fr. 25 cent. à
2 fr. 50 cent. ou de 1 fr. 50 cent. et l'ouvrier nourri.

A la Flèche, la main-d'œuvre est rare et difficile : ici, me
dit-on à l'enquête, les vignerons font les vignes quand ils
veulent; rarement les façons, celles de la terre surtout, sont
faites en leur temps et en bon temps. Il en est à peu près de
même au Mans; les défaillances et le mauvais vouloir des
vignerons ne sont guère moindres à la Chartre et à Château-du-Loir.

M. et Mᵐᵉ de Graslin possèdent près de Chahaignes, à
Malicorne, une charmante propriété aux flancs d'un coteau
pittoresque sur lequel, en plein midi, autour du château,
s'étalait un vignoble de 16 hectares environ, composé de
plants nobles bretons, cots, pineau noir de Champagne,
pineau blanc de Bourgogne, et dont les vins, renommés à
juste titre, se vendaient 150 francs la pièce, alors que les
vins des environs ne valaient que 75 francs. La famille de
Graslin est une de ces respectables familles, à mœurs pa-
triarcales, qui laissent, comme par le passé, leurs vignerons
diriger leurs vignes: aussi, devant la diminution persistante
du rendement et l'augmentation de la dépense, elle a dû
déjà faire arracher une bonne part de ses merveilleuses
vignes, quoique vigoureuses, quoique dans une terre pro-
mise, quoique dans des sites admirables; et Mᵐᵉ de Graslin
me disait que la crainte seule d'affliger leur respectable mère

empêchait son mari de faire arracher le reste. En effet, voici le bilan approximatif du vignoble de Malicorne depuis plusieurs années, et dont chaque année aggrave le chiffre : quinze à vingt barriques par an, à 70 francs la barrique : 1,000 à 1,400 francs, tel est le produit brut ; 2,000 francs au moins, telle est la dépense annuelle pour les 14 arpents restants (9 hectares) : perte chaque année, 600 francs au minimum.

Les moindres enseignements sur la viticulture, la moindre discipline établie dans de telles vignes, devraient assurer une récolte moyenne annuelle de 40 hectolitres à l'hectare ou de 18 barriques, d'une valeur moyenne de 100 francs, ou 1,800 francs à l'hectare ; soit 16,000 francs de revenu brut et plus de 10,000 francs de revenu net, avec une dépense annuelle de 600 francs par hectare.

Il serait impossible de calculer quelles pertes, en quantité, en qualité ou en argent, l'absence d'enseignement de la viticulture et de la vinification a fait subir depuis cinquante ans, en France, à l'État et aux particuliers : perte de fins vignobles, perte de réputation, création de vignobles grossiers et d'abondance, par les vignerons d'abord et par les propriétaires ensuite ; avilissement des prix, absence d'exportation par mépris de nos mauvais vins ; anéantissement de la première base de la richesse française : telle a été et telle est toujours la conséquence de l'abandon et du discrédit dont la vigne était frappée naguère encore.

Mais ce n'est pas seulement par une meilleure conduite et par une meilleure culture de ses vignes actuelles que la Sarthe peut arriver à de beaux résultats viticoles : c'est d'abord en assolant ses vignes, qui sont trop vieilles, c'est-à-dire en les arrachant par parties, laissant reposer les terres cinq ans en céréales, en cultures sarclées et en prairies artificielles, puis en les replantant; c'est aussi en plantant des terres vierges, non pas des terres à chanvre, mais des terres à sarrasin et à sapin.

C'est ensuite en faisant un meilleur choix dans les cépages. Son pineau rouge, qui n'est autre que le breton, son pineau blanc, ou pineau de la Loire, sont deux admirables cépages, qui donnent des vins de garde, parfumés, généreux, savoureux; mais ils les donnent ainsi une année sur dix, et pendant neuf autres années ils donnent des vins plus que médiocres, parce que ces raisins appartiennent à la quatrième période de maturité et qu'ils ne mûrissent, dans la Sarthe, que dans les années de chaleur exceptionnelle.

Ces cépages ont été adoptés dans la Sarthe parce qu'ils appartiennent à l'Anjou, à la Touraine, et qu'ils ont été transportés par affinité de relations et rapports de voisinage, mais sans recherche ni réflexion; car la température de l'Anjou et de la Touraine, quoique encore faible pour ces cépages, leur est néanmoins bien plus favorable que celle de la Sarthe.

Ce sont les nobles de Joué qui conviennent à la Sarthe : les cots pour les terres argilo-siliceuses; les pineaux noirs, blancs et gris, les pineaux de la Bourgogne et de la Champagne, pour les calcaires; les gamays du Beaujolais, les meuniers, les morillons blancs et noirs, pour les terrains de transition.

C'est l'adoption irréfléchie de cépages méridionaux qui a abaissé la qualité des vins de ces contrées et posé à la culture de la vigne dans le Nord-Ouest de la France une limite isothermique qui doit être reculée. Si le Nord-Est voulait cultiver le breton ou pineau rouge et le gros pineau blanc de la Loire, même les cots rouges et verts, la culture de la vigne serait abandonnée dans Eure-et-Loir, Seine-et-Oise, Seine-et-Marne, dans la Marne, dans la Meuse, dans la Meurthe, dans le Bas-Rhin; à plus forte raison dans la Moselle, dans les Ardennes, dans l'Aisne, dans l'Oise, dans la Seine et dans l'Eure.

Au surplus, on peut acquérir la preuve de la vérité de cette assertion dans la Sarthe même, où j'ai rencontré le gamay de Mâlain, le pineau à queue verte, le doré de la Champagne, le pineau blanc de la Bourgogne, parfaitement mûrs et en avance de plus de trois semaines sur les bretons et les pineaux blancs de la Loire. Les cots rouges eux-mêmes étaient plus avancés de dix jours sur ces derniers.

Toutes ces remarques avaient été faites déjà par M. Dugué, ingénieur en chef de la Marne, retiré depuis peu de temps dans ses propriétés, à Château-du-Loir.

Voici ce qu'il m'écrivait à la date du 8 août 1865 :

« Nos bons cépages consistent, je crois, en pineaux blancs et rouges *d'une espèce particulière* (breton et pineau de la Loire) donnant, lorsque la maturité est convenable, des vins très-alcooliques.

« Ces cépages sont évidemment tardifs; car leur raisin mûrit en même temps que celui du cot, que M. de Gasparin classe dans la quatrième période de la maturité. » (Ils mûrissent plus tard que le cot, que M. le comte Odart classe avec raison dans la troisième période, et que le breton, placé dans la quatrième. J'ai vu moi-même cette année, dans la Sarthe, le cot très-mûr à côté du breton qui commençait à peine à rougir.) « Cela explique pourquoi nos vins sont si mauvais dans les années froides : aussi vais-je essayer de planter les pineaux noiriens et les verts-dorés de la deuxième période, si je puis m'en procurer. »

Telle est l'influence de l'instruction et de la science, qu'un premier coup d'œil jeté sur son pays, en y revenant, a suffi à M. Dugué pour constater, 1° que le nom de pineau noir et blanc donné aux deux principaux cépages de la Sarthe était un nom impropre et de fantaisie; 2° que ces cépages n'étaient pas les meilleurs pour le climat; et 3° qu'il fallait leur substituer les vrais pineaux, dont le caractère principal est une maturité facile et précoce.

On pourrait bien, à la rigueur, arrêter ici l'étude des vignobles de France, puisque la Mayenne, l'Ille-et-Vilaine et le Morbihan n'ont presque plus de vignes; mais ce serait, à mes yeux, trahir l'intérêt de ces trois départements, et en même temps celui de la viticulture, car s'ils n'ont pas étendu la culture de leurs vignes, c'est parce que les cépages qui leur ont été fournis par l'Anjou et par la Loire-Inférieure sont de trop difficile et trop tardive maturité pour convenir à leur climat : il en sera tout autrement quand les cots rouges et verts, quand les meuniers, les pineaux et les morillons noirs, ainsi que l'aubain et le meslier blanc, y seront cultivés. La Sarthe elle-même, quoique plus chaude, devrait joindre ces cépages aux verts-dorés et aux pineaux noirs, blancs et gris du Nord-Est.

Il serait d'autant plus désirable que la vigne s'étendît du Maine à la vieille Armorique, que ces contrées attendent et obtiendront le progrès et la richesse de l'application du métayage à leur agriculture. Déjà la Mayenne se félicite hautement de ce mode d'exploitation rurale. Or, la vigne est le plus riche commanditaire de la métairie en bras et en argent : le vin est le stimulant le plus puissant de l'activité

du corps et de l'esprit; et partout où la viticulture entre
pour un quart dans la superficie d'une exploitation, petite
ou grande, elle fait plus qu'en doubler le rendement. Ce
serait donc la plus précieuse conquête à tenter par les agriculteurs de ces contrées.

# DÉPARTEMENT DE LA MAYENNE.

Le département de la Mayenne ne cultive guère que 43o hectares de vignes; il en cultivait 59o hectares en 1816.

Une seule commune, celle de Saint-Denis-d'Anjou, canton de Bierné, arrondissement de Château-Gontier, résume à elle seule presque tous les vignobles de la Mayenne, puisqu'elle en a cultivé jusqu'à 313 hectares. Sous la même latitude que la Sarthe et Eure-et-Loir, on aurait lieu d'être surpris que la vigne n'occupât pas dans la Mayenne une étendue à peu près égale à celle de ces deux départements, si l'on ne savait que le sol presque absolument schisteux de la Mayenne et d'Ille-et-Vilaine descend la température bien au-dessous de celle des terrains jurassiques, crétacés inférieurs et à meulières de la Sarthe et d'Eure-et-Loir : aussi les pommiers, qui donnent près de 6oo,ooo hectolitres de cidre dans la Mayenne, sont-ils là beaucoup plus dans leur vrai climat que la vigne.

Quoi qu'il en soit, la vigne est cultivée dans l'arrondissement de Château-Gontier avec beaucoup d'intelligence et de simplicité : d'abord elle est plantée et maintenue de franc pied, le provignage n'y étant pratiqué que pour le remplacement, malheureusement perpétuel; mais les lignes sont toujours maintenues à 1$^{m}$,3o les unes des autres, et les ceps à 5o ou 6o centimètres dans la ligne.

Ces ceps, plantés en fossés, de boutures ou de plants enracinés, coudés, sont dressés sur une tige unique et verticale, à deux, trois, quatre et même cinq bras, formant tête assez régulière, s'élevant, par l'âge, de 30 à 60 centimètres et se soutenant sans échalas.

Voici, du reste, l'aspect des différents âges des ceps de Saint-Denis-d'Anjou, d'après les croquis, parfaitement bien faits, de M. René Pelletier, vigneron, membre de la commission d'enquête.

La figure 343 donne au dixième, croquis *A*, un cep au

Fig. 343.

premier âge; croquis *B*, un cep de trois à quatre ans; croquis *C*, un cep de quinze à vingt ans.

La figure 344 représente, croquis *D*, un cep de trente à

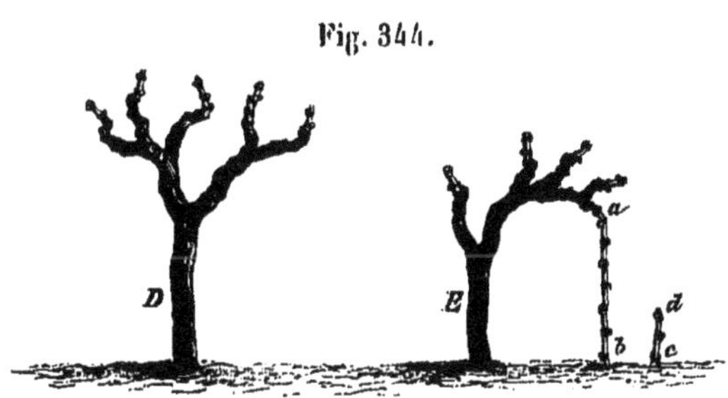

Fig. 344.

quarante ans, et croquis *E*, un vieux cep avec une marcotte de remplacement *a b c d*.

On voit, par ces figures, que le nombre des bras augmente avec l'âge, et que chaque bras est surmonté d'un courson à deux yeux; parfois, et à certains cépages, est accordée une longue taille, qu'on recourbe en bas et qu'on attache au cep même, lequel n'a jamais d'échalas.

Les cépages blancs dominent sur les rouges, auxquels on donne le nom commun de *piezin*. On distingue parmi les ceps rouges une espèce bordelaise qui a besoin d'être taillée à long bois (le breton probablement); parmi les blancs, on reconnaît la même nécessité pour le doucin (muscadet sans doute). Les autres blancs sont : le franc pineau, le vert-doré et le gouais blanc.

Ici, le franc pineau blanc veut dire pineau de la Loire, excellent cépage, mais très-tardif; le gouais blanc est très-tardif aussi, mais c'est un cépage grossier; enfin le bordelais ou breton est aussi de quatrième époque de maturité. Les cépages qui conviendraient à la Mayenne seraient, en blanc : le chardenet, le morillon, le riesling et le meslier; en rose : le traminer et le beurot ou pineau gris; en rouge : le meunier, le morillon noir et le plant doré de la Champagne, qui tous sont de première et de deuxième époque de maturité.

On cultive en planches dans les terres fortes et à plat sur le sommet des coteaux; on a le tort d'entretenir perpétuellement par le provignage : aussi n'obtient-on qu'une récolte moyenne de 15 hectolitres par hectare; et pourtant dans les terrains maigres on fume et on remonte les terres descendues. On déchausse en hiver et on rabat le déchaux du 20 mai au 25 juin. On fait environ cent cinquante provins par hectare. On évalue la dépense totale d'un hectare à 180 francs, le fumier en dehors pour ceux qui veulent en mettre. Il faut vraiment cette modique dépense pour se contenter d'une moyenne récolte de 15 hectolitres, qui, fût-elle à 25 francs l'hectolitre, ne donnerait que 375 francs de produits bruts; surtout si l'on sait que la bonne vigne vaut 4,000 francs.

Les vignerons rendent de grands services à l'agriculture des environs de Saint-Denis; ils fournissent des métiviers, du 25 juin au 15 novembre, à 16 kilomètres à la ronde.

La vendange et la cuvaison n'offrent rien de remarquable; seulement on cuve de quinze à dix-huit jours et l'on foule trop souvent. Les vins se gardent longtemps et sont bons à boire dans l'année.

Saint-Denis-d'Anjou, jadis si riant pendant ses vendanges et si prospère par son commerce de vins, a vu détruire, depuis soixante-quatre ans, près de la moitié de son vignoble par la création des impôts spéciaux et l'accroissement des octrois; sa population a diminué à mesure que les vignes ont été détruites : *ab uno disce omnes!* Mais par des dispositions opposées et un choix de cépages plus fins, plus hâtifs, plantés et assolés convenablement, cette prospérité reviendra, et même elle dépassera de beaucoup ce que jamais l'arrondissement de Château-Gontier a pu voir : le temps de la justice et de la raison arrive à grands pas.

# DÉPARTEMENT D'ILLE-ET-VILAINE.

En 1816, le département d'Ille-et-Vilaine cultivait encore 306 hectares de vignes; aujourd'hui il n'en cultive plus que 108, savoir : 62 hectares dans la commune de Redon et 46 dans celle de Bains, les deux seules communes qui cultivent la vigne dans le département.

Les terrains granitiques et de transition d'Ille-et-Vilaine refroidissent sa climature comme celle de la Mayenne, et en font aussi une région à cidre plutôt qu'une région à vin : en effet, ce département produit 800,000 hectolitres de cidre contre 6,500 hectolitres de vins blancs, ordinaires, récoltés en 1816, et 3,240 hectolitres, production actuelle.

On ne cultive dans le canton de Redon qu'un seul cépage, le muscadet, qu'on plante en lignes à 66 centimètres, les plants étant à la même distance dans la ligne, sur un défoncement du sol de 50 à 70 centimètres. Ces plants sont des sarments ayant deux ans de pépinière, ou de simples boutures qui sont coudées à 60 centimètres de profondeur. On garnit la vigne de tous ses ceps et l'on remplace les manquants par le provignage, laissant au-dessus du sol une longueur de sarment de 16 à 18 centimètres. Chaque année ensuite, on rabat le plus haut sarment sur deux yeux, jusqu'à ce que le cep ait atteint la hauteur de

la palissade *BB*, représentée au trente-troisième dans la
figure 345. Cette palissade, qu'on appelle *goualet*, est en
bois de châtaignier fenduet soutenue, à 70 centimètres

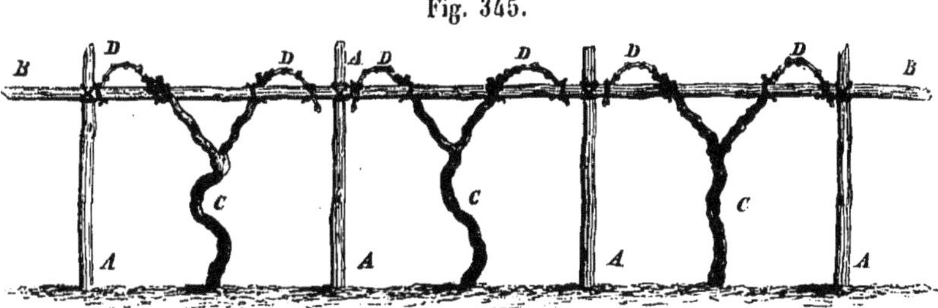

Fig. 345.

du sol, par des pieux de même sorte *A A A A*, appelés
*paisseaux*, auxquels elle est attachée par des liens d'osier.
Aussitôt que le cep *CCC*, soit simple, soit bifurqué, soit
trifurqué, est à ce point, chacun de ses membres est ter-
miné par une taille longue, appelée *verge*, de 25 à 40 centimètres, recourbée en arc et attachée en février à la palissade, au moyen d'osier, comme l'indique la figure en *DDD*.
On ne pratique aucune des opérations de l'épamprage.

Les cultures se font à plat : en février et en mars, on
donne un labour profond d'un pied, à la bêche à deux
dents, qui retourne la motte ou le gazon au fond; et en juin
et juillet, on donne un binage. On fume la vigne au provin d'entretien.

La production moyenne est de 25 à 30 hectolitres d'un
vin très-agréable et fort sain, d'une valeur de 20 francs
l'hectolitre; ce qui donne un produit brut de 5 à 600 fr.
Les façons d'un hectare coûtent 250 francs environ, et un
hectare de bonne vigne vaut 5,000 francs; celui de terre,
de même qualité, vaut 3,000 francs. La vigne du vigneron
produit le double de celle du bourgeois.

On foule et on presse de suite les raisins, puisqu'on ne fait que des vins blancs. On fait des piquettes avec les marcs qu'on ne distille pas.

Les vins sont bons à boire et ils se boivent ou se vendent dans l'année.

Tels sont les documents complets envoyés par M. le préfet d'Ille-et-Vilaine, avec les excellents croquis dressés par M. E. Liége.

Ce genre de culture est très-bon : il produirait le double si chaque verge était précédée d'un courson de retour, à deux yeux, dont on laisserait croître les bourgeons, tandis qu'on pincerait les bourgeons fructifères de la verge; la verge de l'année suivante, étant toujours reprise sur le sarment le plus haut du courson, serait toujours fertile.

La plantation ne devrait pas se faire à plus de 20 centimètres de profondeur; et dès la deuxième pousse le cep devrait monter jusqu'au goualet, porter deux verges et deux coursons de retour dès la troisième pousse, et commencer la série des récoltes rémunératrices.

Les meuniers, les morillons noirs et blancs, les pineaux blancs, gris et noirs, les rieslings et les traminers du Bas-Rhin, tous cépages de première et de deuxième époque de maturité, réussiraient sans doute dans l'Ille-et-Vilaine et dans toute la Bretagne, puisque le muscadet, de troisième époque, et le breton, de quatrième, sont des cépages du pays et y mûrissent encore assez bien.

La climature de ce département, latitude et altitude, est, comme celle de la Sarthe et de l'Anjou, une des plus favorables à la vigne; le terrain seul lui est un peu contraire par sa nature et peut-être par son humidité. Je regrette de n'avoir pu voir par moi-même s'il a besoin d'être assaini et s'il peut l'être par les drainages ou par des fossés à ciel ouvert; mais je ne puis admettre que les cépages précoces ne puissent prospérer dans une grande partie de l'Ille-et-Vilaine.

# DÉPARTEMENT DU MORBIHAN.

Toutes les vignes du Morbihan sont concentrées dans l'arrondissement de Vannes, et particulièrement dans le canton et même dans la commune de Sarzeau, au centre de la presqu'île de Rhuis.

En 1816, Jullien estimait à 585 hectares l'étendue des vignes du Morbihan, dont 400 appartenant à Sarzeau; en 1849, les vignes occupaient 721 hectares, et 1,693 hectares en 1852, si l'on s'en rapporte à la statistique de cette époque.

Quoi qu'il en soit, aujourd'hui, d'après M. de Lamarzelle, auquel je dois la plupart des renseignements qui vont suivre, le canton de Sarzeau compterait à peine 150 hectares récemment plantés; car toutes les anciennes vignes ont été détruites par l'oïdium. Combien en reste-t-il dans tout l'arrondissement de Vannes? Je n'ai pu en savoir le chiffre exact, mais très-certainement il ne s'élève pas à 400 hectares.

Pourtant le climat de la presqu'île de Rhuis est délicieux : il produit la flore la plus riche en magnolias, camellias et rhododendrons; en un mot, il admet les mêmes arbrisseaux, rares et précieux, que le jardin des plantes de Nantes cultive en pleine terre. Le sol est à la vérité granitique et schisteux, mais il convient aux différents cots et aux petits gamays du Beaujolais; il convient surtout aux meuniers, aux rieslings, aux traminers, aux pineaux gris, aux verts-dorés et aux morillons noirs et blancs, toutes espèces fines et demi-fines, très-précoces dans leur maturité.

Pourquoi donc cet abandon de la vigne sur le littoral sud de la Bretagne, où tout démontre qu'elle pourrait prospérer, surtout lorsque la main-d'œuvre de l'homme est payée 1 franc et celle de la femme 75 centimes par jour?

Cet abandon est dû aux mêmes causes de dépréciation de l'agriculture nationale en général, et de la viticulture en particulier, au profit des spéculations agricoles à l'anglaise et à l'américaine.

Mais ces spéculations, que sir Walter Scott stigmatise si finement dans son personnage de Triptolème, auront bientôt fini leur temps, et le Morbihan reprendra alors ses essais viticoles et y trouvera une nouvelle source de richesse et de prospérité.

Rien, du reste, n'est plus simple que le mode de viticulture traditionnel du canton de Sarzeau.

Les vignes sont plantées et maintenues en lignes, sans échalas, à 1<sup>m</sup>,3o les unes des autres, tandis que les ceps sont à 6o ou 8o centimètres dans les lignes. Les plants sont des sarments enracinés par un, deux ou trois ans de pépinière. Tous sont plantés droits, et la vigne est garnie de suite de tous ses plants. On ne provigne point, si ce n'est pour remplacer les ceps morts, malheureusement indéfiniment. A la deuxième année, on recèpe les plants et on taille deux, trois ou quatre crochets à deux yeux sur les sarments sortis autour du petit cep recépé. Ces crochets sont l'origine de trois, quatre ou cinq bras, qui s'élèvent graduellement en portant tous les ans un sarment terminal, taillé à deux yeux.

En jetant les yeux sur les figures 346 *aa'*, 347 et 348,

Fig. 346.

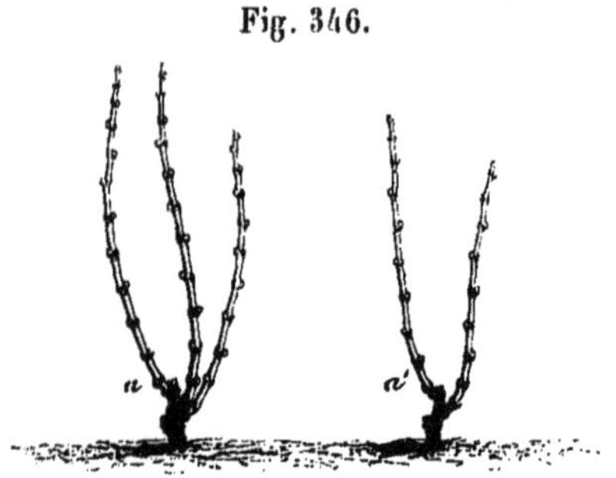

on aura une idée complète du dressement et de la conduite des ceps du Morbihan.

Autrefois le cépage dominant était le breton, excellent

Fig. 347.                              Fig. 348.

raisin qui a le tort de mûrir tard et difficilement; mais aujourd'hui c'est la folle verte qui fait le fond des vignobles replantés, le gros plant nantais! Pourquoi cette chute? Parce que la folle craint moins l'oïdium, parce qu'elle produit bien à la taille courte et parce qu'elle était sous la main, par le contact de la Loire-Inférieure : aussi ne fait-on que des vins blancs, qui valent de 20 à 25 francs la barrique. Il est vrai que la moyenne production est d'au moins 20 bar-

riques à l'hectare, tandis que les frais de culture ne s'é-
lèvent qu'à 100 francs; le revenu brut est donc ainsi porté à
500 francs et le revenu net à 400, revenu dix fois plus
élevé que le prix des meilleures locations des terres du pays,
lequel ne dépasse pas 40 francs.

Il existe encore quelques cépages de breton et de muscadet : M. de Lamarzelle a une vigne de muscadet palissée;
et en outre il a fait venir, pour les étudier en grand, des
cépages rouges, et notamment des pineaux de Bourgogne
et des petits gamays du Beaujolais.

La conduite adoptée à Sarzeau est donc la souche à trois,
quatre et cinq bras partant de terre, et la taille consiste
en un courson à deux yeux sur chaque bras; on laisse
rarement une longue taille sur les ceps les plus vigoureux.

Les cultures données à la terre se réduisent le plus souvent à deux : pendant l'hiver on déchausse, c'est-à-dire que
l'on enlève à la pelle 7 à 8 centimètres de terre sur la ligne
et autour des plants; de cette terre on forme un billon au
milieu des lignes, et au mois de mai on fait le *piquelage*,
qui consiste à rabattre le billon et à rejeter la terre sur la
déchausse ou sur la ligne des plants. Quelques-uns, par
un binage, soit à la main et au croc, soit à la ratissoire
à cheval (M. de Lamarzelle), détruisent, en août et en septembre, la masse de gazon qui manque rarement de se
produire vers cette époque.

On fume bien rarement les vignes, on ne les terre jamais.
On les perpétue par le provignage; mais vers cinquante ans
leurs produits cessent d'être rémunérateurs. Les vignes valent
de 2 à 4,000 francs l'hectare, et les mêmes terres de 1,000
à 1,500 francs.

Les vendanges se font dans des seaux en bois, que l'on vide dans des rangeaux ou baquets portés sur la tête, versés dans des tonneaux debout et défoncés en haut, disposés sur voitures. On foule à mesure, avec des sabots, dans les tonneaux, pour y faire tenir plus de vendange; quelquefois on se sert d'un pilon. Arrivés au vendangeoir, les raisins sont passés à l'égrenoir, puis mis au pressoir. Le vin est mis en tonneaux au cellier, consommé ou vendu sur lie.

Ici, je laisse entièrement la parole à M. de Lamarzelle; car après avoir décrit minutieusement toutes les pratiques de la viticulture et de la vinification, description que j'ai dû abréger, il entre dans un exposé de faits et dans des considérations d'économie rurale que je regarde comme étant de première importance, et desquelles je me garderais bien de rien retrancher.

« Le produit moyen de la vigne de propriétaire est de « 15 à 18 barriques à l'hectare.

« Je dois à l'obligeance de M$^{me}$ Hellen, propriétaire à « Kerblaye, le compte exact de la production de son vi- « gnoble depuis six années. M$^{me}$ Hellen possède 3$^h$,50 de « vignes; partie de ces vignes est encore jeune, partie plus « grande est trop âgée; 2$^h$,50 peuvent être considérés en « plein rapport. Le calcul du rendement porte néanmoins « sur 3$^h$,50, la totalité.

La récolte a donné en 1862, 22 barriques de 228 litres.
——————————— 1863, 58      *idem.*
——————————— 1864, 57      *idem.*
——————————— 1865, 72      *idem.*
——————————— 1866, 84      *idem.*
——————————— 1867, 75      *idem.*

368 : 6 = 61 p. 3$^h$,50 = 17,5 à l'hect.

« M^{me} Hellen a vendu, au prix moyen de 25 francs la
« barrique :

> 17 barriques à 25 francs................ 425^f
> Ses frais de culture s'élèvent par hectare à.... 150
>
> Produit net par hectare........ 275

« Les vignes de Kerblaye ne reçoivent jamais d'engrais :
« les façons se bornent à la déchausse, à la taille, au pique-
« lage ; mais l'œil du propriétaire préside à tous les travaux
« avec une intelligence rare.

« En dehors de ses vignes de Kerblaye, M^{me} Hellen pos-
« sède 19 hectares de terres et prairies ; le revenu net de ces
« 19 hectares égale à peine celui qu'elle retire de ses vignes.
« Ces chiffres parlent d'eux-mêmes.

« La famille de Francheville, qui possède le plus grand
« vignoble du pays, 12 hectares, accuse un rendement de
« 15 barriques à l'hectare.

« M. Renaud du Neret porte également sa production
« moyenne à 16 et 17 barriques à l'hectare.

« Quant aux propriétaires vignerons, faisant eux-mêmes
« les façons de leurs vignes ou travaillant avec leurs ouvriers,
« s'il est difficile d'obtenir d'eux des renseignements posi-
« tifs, ce que je puis affirmer, c'est qu'ils récoltent beaucoup
« plus ; et je connais de petits propriétaires, possédant une
« demi-journée de vigne (15 ares), dans laquelle ils ont fait
« depuis trois ans 9 et 10 barriques, c'est-à-dire 60 bar-
« riques à l'hectare.

« J'ai produit par moi-même, dans 50 ares d'une vigne
« de sept ans, en 1865, 26 barriques ; de huit ans, en 1866,
« 25 barriques ; de neuf ans, en 1867, 18 barriques : soit
« 46 barriques à l'hectare.

« Cette parcelle a, en 1867, beaucoup souffert de l'oï-
« dium.

« Je n'ai pu expérimenter mon rendement sur la totalité
« de mes vignes, la parcelle de 50 ares dont je parle étant,
« en 1865, la seule en pleine production. Mais je crois que
« dans un pays où le rendement maximum peut être de
« 50 barriques à l'hectare, la moyenne doit être de 25 bar-
« riques pour des vignes faites par des ouvriers intéressés
« dans la culture.

« Examinons actuellement ce que rapporte la terre arable
« dans le canton de Sarzeau. La grande, la moyenne et la
« petite propriété se partagent le sol.

« La grande et la moyenne propriété louent à des fer-
« miers payant soit en grains, soit en argent, au prix de 30
« à 40 francs l'hectare. 40 francs est bien le prix maximum
« de location. S'il y a récolte, les propriétaires sont payés;
« si l'année est malheureuse, le fermier pleure misère et
« quittance forcée lui est donnée.

« La petite propriété fait cultiver ses terres à façon.
« Nulle part peut-être la division du sol n'est aussi grande :
« beaucoup ne possèdent pas 30 ares de terre. Le petit
« propriétaire ne retire également pas plus de 40 francs à
« l'hectare.

« L'organisation de la culture est mauvaise : la ferme est
« trop grande, l'homme n'est pas assez répandu sur le sol;
« les forces divisées ne produisent qu'impuissance. J'ai bien
« souvent entendu vanter ces fermes ayant des locations de
« 30 à 40,000 francs; et, malgré le haut prix du fermage,
« les propriétaires sont bien payés et les fermiers s'enri-
« chissent. On en tire la conséquence naturelle que la grande
« exploitation peut produire à meilleur marché que la petite

« culture, puisque l'une fait fortune quand l'autre a peine
« à vivre.

« Ce fait admis, combien de temps encore, en France, sub-
« sistera la grande propriété? Combien d'hommes peut-elle
« nourrir, comparativement à la petite culture?

« L'agriculture ne sera jamais une industrie; les machines
« ne remplaceront jamais les bras, les bouches, les cœurs ni
« les têtes; l'argent, qui est la contre-marque du produit, ne
« pourra jamais suppléer l'homme, dont l'intelligence et le
« travail créent seuls le produit.

« Faire naître des hommes, des travailleurs assurés d'une
« juste rémunération de leurs peines, tel est le premier de-
« voir, la plus lucrative et la plus noble fonction de l'agri-
« culture.

« La viticulture, partout où le soleil mûrit les fruits
« de la vigne, est le plus puissant moyen de résoudre le
« problème.

« Le canton de Sarzeau a une population de 10,982 ha-
« bitants et comprend 10,063 hectares de terre; il doit à la
« marine d'être si peuplé relativement à son étendue.

« Les chemins de fer, les grands transports à vapeur, ont
« porté un coup terrible à l'industrie du cabotage; le pays
« a perdu son aisance d'autrefois.

« Il faut pourtant que cette population vive; elle est en
« partie propriétaire du sol : près de 6,000 hectares de
« terre, dont 2,000 hectares peuvent être plantés en vignes,
« sont à sa disposition; elle peut donc y créer son aisance,
« toute dans ses mains, par la viticulture.

« L'hectare de terre rapporte 40 francs.

« L'hectare de vigne, à 20 barriques à l'hectare, malgré
« ma certitude d'une production moyenne de 25 barriques,

« dans les conditions de culture voulues, à 20 francs la bar-
« rique, rapporte 500 francs bruts.

FRAIS : PRIX DU PAYS, À FAÇON.

| | |
|---|---|
| Déchausse | 24ᶠ |
| Taille | 24 |
| Piquelage | 12 |
| Vendange | 40 |

« Les réponses au questionnaire accusent généralement
« 100 francs de frais : soit. 100 francs est le prix de façon
« par hectare des pays où la main-d'œuvre est le double
« plus cher qu'en Bretagne. Ici, la journée d'homme est de
« 1 franc; celle de la femme, 75 et 60 centimes. A la mois-
« son, hommes et femmes ont généralement 1 franc et sont
« nourris.

| | |
|---|---|
| Produit | 500ᶠ |
| Frais | 100 |
| Net à l'hectare | 400 |

« Le littoral de Bretagne est approvisionné par les îles de
« Ré et d'Oleron et par la Loire-Inférieure, qui dépensent
« de commission, de fret, de coulage, de 7 à 9 francs par
« barrique, ce qui constitue une prime suffisante pour assu-
« rer la vente aux vins du pays.

« La presqu'île de Rhuis peut donc produire du vin sans
« jamais en être embarrassée. Le gros plant pourrait seul
« venir sur son sol qu'il y serait encore une culture lucra-
« tive; si un cépage plus fin y réussit, c'est une fortune :
« l'avenir répondra.

« Je dirai donc à tous propriétaires ayant des capitaux :
« Faites des vignes, mettez-les en plein rapport, et joignez-
« les à de petites métairies à moitié fruits.

« Une famille cultivera deux hectares de vigne, 3 hectares
« de terre, 1 hectare de prairie. Vous récolterez pour votre
« moitié de produits :

| | |
|---|---:|
| 20 barriques de vin au moins, à 20 francs............... | 400ᶠ |
| Froment, 1 hectare 50 à 15 hectolitres l'hectare : en petite culture ce serait le minimum de rendement, 22 hectol. 50 ; moitié, 11 hectol. 25 ; semence déduite, 10 hectolitres à 20 francs.................... | 200 |
| 50 ares en pommes de terre, à 100 hectolitres à l'hectare : j'ai obtenu 200 hectolitres à l'hectare en grande culture ; *a fortiori*, on peut admettre le minimum ci-dessus, 50 hectolitres à 2 fr. 50 cent.................... | 125 |
| Menus grains, 2 hectolitres à 12 fr. 50 cent........... | 25 |

Bénéfice sur le bétail, se composant de :

| | |
|---|---:|
| 2 petits bœufs............................ | |
| 2 vaches............................ | |
| 1 élève............................ | 50 |
| 2 porcs............................ | |

Total.............    800

« Vous aurez à débourser :

Création des vignes : 10 hectares m'ont coûté, dans des conditions
de création difficile, partie de ma plantation étant sur défrichement
de landes,

| | | | |
|---|---:|---|---:|
| 5,156 francs, soit l'hectare... | 515ᶠ | Intérêts à 5 o/o = | 25ᶠ 75ᶜ |
| Maison du métayer........ | 1,500 | ——— 7 o/o = | 105 00 |
| Part de construction de pressoir, cellier, chez le propriétaire centralisant toute la récolte............... | 1,000 | ——— 7 o/o = | 70 00 |
| Bétail.................. | 600 | ——— 5 o/o = | 30 00 |
| Outillage................ | 300 | ——— 5 o/o = | 15 00 |
| Un métayage de 6 hectares coûterait d'établissement.. | 3,915 | Intérêt.... | 245 75 |

6 hectares de fermes actuelles au prix de location des terres, à
40 francs l'hectare, donnent un revenu de.......... 240ᶠ 00ᶜ
A déduire, frais de logement du fermier, 2,000 francs pour
une ferme de 18 hectares à 7 o/o : 140 francs; pour 6 hectares, le tiers............................... 46 65

Reste................. 193 35

Le métayage avec vignes rapporterait.............. 800ᶠ 00ᶜ
A déduire, intérêts du capital engagé.............. 245 75

Reste................. 554 25

Produit de la ferme ci-dessus..................... 193 35

Balance en faveur du métayage...... 360 90

« Il est à remarquer, en outre, que l'intérêt du capital en-
« gagé diminuerait à mesure des remboursements du métayer,
« de sa part de bétail et de son outillage.

« Je ne compte pas l'intérêt du capital de création des
« vignes en attendant la production moyenne de 20 bar-
« riques à l'hectare. Je suppose la vigne faite jusqu'à six ans
« par le propriétaire : les récoltes obtenues payent largement
« les façons de ces six années et l'intérêt du capital pri-
« mitif.

« Voici ce que peuvent gagner la grande et la moyenne
« propriété en se transformant en métairie.

« Petits propriétaires, lorsque vous aurez l'exemple d'une
« famille vivant auprès de vous dans l'aisance, et que vous
« aurez connue pauvre jusqu'au moment où elle a cultivé
« la vigne, alors vous l'imiterez. Au lieu de payer ces cul-
« tures à façon qui vous enlèvent la majeure partie de vos
« récoltes, vous unirez vos forces, vous vous prêterez vos
« bras, vos attelages; et votre terre, cultivée par vous-
« même, rendra plus que le double.

« Possesseurs du sol, vous avez tous, vis-à-vis de vous-
« mêmes et de la société, un devoir sacré à remplir, celui
« d'augmenter la production par la population.

« La culture de la terre n'est pas une spéculation, mais
« c'est une obligation pour l'homme riche de faire vivre
« autour de lui des familles heureuses.

« Au-dessus de vos entourages par l'instruction, la nais-
« sance et la fortune, vous leur devez enseignement, direc-
« tion et exemple.

« Terre anoblit encore, mais à la condition d'en être pro-
« priétaire utile à ses semblables. »

A ces pensées, aussi justes qu'élevées, d'un propriétaire
bienfaisant et prenant en main les vrais intérêts de l'agriculture de son pays, je n'ajouterai qu'un mot : c'est que,
avec les cépages de l'Alsace, de la Lorraine, d'Eure-et-Loir
et même de la Champagne, la Bretagne peut un jour devoir la plus grande partie de sa richesse agricole à la viticulture; tandis qu'avec les cépages de la Loire-Inférieure,
de l'Anjou, de la Vendée et des Charentes, elle restera dans
l'inertie et la misère agricole, dont les cultures de racines,
de céréales et de fourrages ne la sortiront jamais.

# RÉSUMÉ SYNTHÉTIQUE ET ANALYTIQUE

## DE

# LA RÉGION DU NORD-OUEST

OU RÉGION LIMITE DE LA VIGNE A VIN.

La région du Nord-Ouest, limite de la culture de la vigne en France, n'exploite que 46,538 hectares de vigne dans ses dix départements ; ces vignes ne produisent que 2,041,690 hectolitres de vin, valant en moyenne 17 francs l'hectolitre et réalisant un produit brut total de 34,708,730 francs. Ce produit brut entretient 34,708 familles ou 138,832 habitants. Il serait peu raisonnable d'établir ici une balance des vignes avec l'étendue du territoire entier, avec le revenu total agricole et avec la population totale, puisque le département d'Ille-et-Vilaine n'en compte que 108 hectares, le Morbihan 400, la Mayenne 430 et l'Oise 600. Ces quatre départements ne devront entrer dans un résumé général que pour leur surface, leur production et leur population vignobles ; Seine-et-Oise, Seine-et-Marne, la Sarthe, Eure-et-Loir, même la Seine avec ses 1,200 hectares, et l'Eure avec ses 1,000 hectares, y tiendront encore très-bien leur place comparative, en retranchant seulement l'excédant de la population de Paris.

Les départements de Seine-et-Oise, de la Sarthe et

d'Eure-et-Loir maintiennent encore leurs vignobles avec énergie et avec avantage contre les théories agricoles, nées d'hier, qui inscrivent le crédit, la spéculation, et par conséquent la ruine et la banqueroute, sur leur drapeau; qui veulent mobiliser le sol, escompter ses produits, et en exclure toute culture persistante, exigeant la présence et les soins assidus de son propriétaire et se prêtant mal à leurs combinaisons d'assolement et de vente. Les blés et les bêtes, les bêtes et les blés, produits très-utiles et très-respectables, mais très-ordinaires et très-communs dans leur manutention, valent seuls quelque chose, pour eux, en agriculture; tous les économistes, tous les professeurs, le proclament à l'envi, au profit des industriels et des spéculateurs qui se sont rendus arbitres et maîtres du mouvement de ces valeurs; il a fallu aux vignerons toute la finesse de leur instinct, toute la supériorité de leur esprit, pour échapper, en majorité, à ces clameurs générales et pour ne pas arracher toutes leurs vignes, dans l'espoir de trouver l'or en barre à leurs dernières racines. Dans leur impatience et dans leur dépit de la résistance des viticulteurs, les meneurs de l'agriculture, ses fabricants et marchands d'instruments, ses éleveurs, ses engraisseurs attitrés de bœufs, de moutons, de cochons et même de volaille, les ont privés d'honneurs et passés sous silence dans leurs concours; puis ils leur ont jeté à la tête la multiplication des brasseries, et enfin l'industrie des esprits de betteraves, de façon à les humilier d'abord et à les ruiner ensuite.

Que les viticulteurs du Midi et du Centre aient gardé leurs vignes en prenant en pitié ces coalitions, cela se conçoit; mais que les départements frontières du Nord, et champ de bataille des plus rudes jouteurs hyperboréens,

aient résisté avec honneur, cela est merveilleux! Malheureusement l'arrondissement de Laon (dans l'Aisne), Seine-
et-Marne, l'Oise et la plupart des départements de
la région ont été blessés gravement dans la lutte. Sur
21,000 hectares de vignes, Seine-et-Marne n'en a sauvé que
10,000, et sur 4,500 hectares, l'Oise n'en a pu garder
que 600.

Assurément l'absence d'honneurs, d'encouragements et
d'enseignements accordés à la viticulture a contribué
quelque peu à cet abandon des vignes septentrionales;
assurément les droits assis sur les vins par les villes et la
concurrence des vins vinés du Midi n'y ont point été
étrangers; mais sa principale cause a été sans contredit
les clameurs de haro poussées contre la vigne, dans ces
trente dernières années, par les agriculteurs industriels,
spéculateurs affolés, qui s'imaginent pouvoir plier la nature
à leurs échéances de quatre-vingt-dix jours et la transfi-
gurer sur leurs papiers-monnaie de façon à être jouée à
la hausse et à la baisse de leurs clubs.

Ces folies n'ont heureusement qu'un temps très-court,
quoique toujours trop long, celui des bons de caisse de
Law, celui des assignats et celui des crédits de toute nature, faits par ceux qui n'ont point d'argent et qui veulent
en encaisser beaucoup, sans produire; la réaction arrive
bientôt; elle est arrivée, le sens commun reprend partout
ses droits.

L'agriculture doit, avant tout, se nourrir elle-même à
bon marché, et pour cela elle doit produire dans chaque
propriété, dans chaque métairie, tout ce qui est nécessaire
à sa consommation, pain, vin, viande, fruits, légumes,
huiles, lin, chanvre, etc., enfin tout ce que le sol peut

produire de choses nécessaires à la vie, pour éviter la spéculation, les exactions, l'usure, les fraudes, les coalitions, les grèves et les frais considérables que leur invasion ajoute aux objets de consommation : c'est là la première et la plus grande économie de toutes; c'est la vie saine, abondante, et au meilleur marché possible, assurée aux cultivateurs. C'est pour cela que les agriculteurs des départements de la région limite tiendront bientôt à produire leur propre vin, surtout lorsqu'ils seront assurés de le faire aussi agréable que salutaire avec les morillons noirs, les meuniers, les verts-dorés, l'épinette blanche et les pineaux noirs, blancs et gris; lorsqu'ils sauront comment on plante la vigne à moindres frais que la betterave, donnant récolte l'année suivante, et pleine récolte pendant trente ans, sans provignage et sans fumier, en terrain vierge, fût-il maigre, à partir de la troisième année; lorsqu'ils verront que leur moyenne récolte ne descend pas au-dessous de 40 hectolitres, avec moins de 250 francs de frais de culture et d'entretien, et que les meilleurs vins se font par les moyens les plus rapides et les plus simples. Mais lorsqu'ils auront constaté qu'outre leur boisson de famille et d'entourage, boisson qui donne l'activité, l'intelligence, le contentement dans le travail, la vigne leur offrira encore 4 à 500 francs de produits, alors toute la région du Nord-Ouest, après avoir assuré sa consommation, étendra ses cultures de vignes de façon à augmenter considérablement la richesse de toutes ses autres cultures.

Mais que les propriétaires, grands, moyens et même petits, n'oublient pas que l'agriculture ne prospère qu'en embrassant seulement l'étendue du sol qu'on est assuré de cultiver dans la perfection, avec ses forces et ses moyens personnels, et que le surplus doit être cultivé à moitié par d'autres familles et par portions également proportionnées au travail utile que chacune d'elles peut fournir; que la vigne, entrant pour un quart dans la métairie, en double le produit en y donnant les bras ainsi que l'argent pour soutenir les autres cultures; qu'il faut, en outre, par famille, un bon logement, un verger et un jardin, dirigés et entretenus avec soin. De cette façon, la rente de la terre atteindra son maximum, la main-d'œuvre sera abondante et à bon marché, la vie sera large et facile, les intérêts de la propriété rurale et de son travail seront communs et toujours sympathiques.

Les diverses pratiques de la viticulture et de la vinification des dix départements de cette dernière région vignoble n'offrent rien qui ne soit déjà connu et décrit dans les autres départements, et rien qui puisse ouvrir de nouveaux points de vue et de nouvelles voies au progrès, si ce n'est la viticulture de l'Oise, qui, de même que certains cantons de Soissons, arrache ses vignes basses et à petite arborescence, tandis qu'elle conserve partout ses vignes hautes et à grande arborescence, comme plus fertiles, comme bravant les gelées, comme pouvant se passer de soins, de taille et de fumier, et même de culture. C'est là un fait très-remarquable et digne de fixer l'attention; car il repose sur l'observation et sur une longue expérience, sans le moindre esprit de système. Son étude peut résoudre le problème de l'extension de la vigne dans l'extrême nord.

Un autre fait digne d'attention, c'est que la Sarthe, la Mayenne, Ille-et-Vilaine et le Morbihan cultivent surtout les cépages de quatrième époque de maturité, tandis que leur avenir et leur fortune vignobles sont dans la culture des cépages précoces, de première et de deuxième époque.

Grâce à ces cépages, empruntés à l'Alsace, à la Lorraine, à la Champagne et surtout au département d'Eure-et-Loir, en choisissant les coteaux bien exposés, la vigne pourra s'étendre un peu plus dans la Picardie, dans la Normandie et surtout presque à toute la Bretagne, non comme grand produit commercial extérieur, mais comme produit alimentaire local, qui peut seul doubler l'activité du corps, du cœur et de l'esprit, et influer ainsi sur toutes les autres productions agricoles. C'est un fait bien établi, dans toute la France, que l'amour du travail et le travail effectif sont infiniment plus développés dans les pays vignobles que dans les pays de labour : le contraste est tel, que dans un même pays, ou dans deux localités en contact, il est impossible de ne pas distinguer les vignerons des cultivateurs, hommes et femmes, à l'énergique entrain des uns et à la lenteur tranquille des autres.

La culture de la vigne et l'usage du vin se mêlent donc à tous les ressorts de la vie humaine et à toutes les conditions de l'économie et de la propriété agricoles.

# RÉSUMÉ STATISTIQUE GÉNÉRAL

## DE LA SUPERFICIE, DES PRODUITS

### ET DE LA POPULATION

## DES VIGNOBLES DE FRANCE.

Dans soixante-dix-neuf départements, la France cultive aujourd'hui 2,445,180 hectares de vignes, donnant, en moyenne, 29 hectolitres à l'hectare, produisant ensemble 70,910,220 hectolitres de vin d'une valeur moyenne de 22 fr. 97 cent. l'hectolitre et un produit brut total de 1,628,807,753 francs, lequel pourvoit 1,628,807 familles moyennes de quatre individus, ou 6,515,228 habitants.

La vigne, par son vin seul, entretient donc à peu près le *sixième* de la population totale de la France, qui est (en 1867) de 38,067,064 habitants; elle produit un peu moins du *quart* du revenu total agricole (qui s'élève à 6,781,359,590 francs, produit des vignes compris) sur la *vingt-deuxième* partie de son territoire, lequel compte 54,305,041 hectares.

La vigne donne, en outre, 23,860,000 quintaux métriques de marcs, d'où l'on peut extraire, à 2 1/2 pour 100, 1,193,000 hectolitres d'eau-de-vie à 50 degrés, valant 50 francs l'hectolitre, ou 59,650,000 francs.

Le marc distillé laisse 20,000,000 de quintaux de rési-
dus, propres à l'engraissement du bétail et fournissant
80,000,000 de rations de 25 kilog., équivalant à 7 kilog.
de foin et à 1 kilog. de viande, valant 1 fr. le kilogramme,
soit 80,000,000 de francs; plus 2,790,000 mètres cubes
de fumier à 6 francs le mètre, ou 16,740,000 francs.

La vigne produit encore, en fourrage vert, 23,860,000
quintaux à 1 franc, ou 23,860,000 francs.

Enfin la vigne produit en sarments abattus chaque
année un poids égal, en moyenne, à celui de la moitié de
ses fruits, ou 47,700,000 quintaux, à 2 francs, soit
95,400,000 francs.

Ces 275,650,000 francs réunis au produit du vin,
1,628,807,753, donnent un total brut de 1,904,457,753
francs, lequel peut entretenir une population rurale de
7,617,828 individus.

# CONCLUSIONS THÉORIQUES

## ET PRATIQUES

DÉDUITES

### DE L'ÉTUDE DES VIGNOBLES DE FRANCE.

Pour donner à l'étude des vignobles de France toute l'utilité possible, il m'a semblé que je devais aux agriculteurs l'exposé de mes propres déductions, c'est-à-dire l'exposé des pratiques de viticulture et de vinification qui m'ont paru les plus avantageuses en fait et en raison. Ce sera là la dernière partie de mon ouvrage.

Dans ce résumé je serai bref; mais la concision paraît souvent prétentieuse et tranchante : aussi dois-je déclarer, avant d'entrer en matière, qu'en donnant ici mon opinion, dont les bases et l'explication se trouvent dans le cours de l'ouvrage, je n'entends l'imposer à personne comme juste et surtout comme infaillible. J'engage au contraire tous mes lecteurs à ne pas s'y arrêter et à ne la considérer que comme un thème pouvant servir de base à mille variations, que je serai le premier à écouter et à applaudir *si elles sont bonnes.*

La première condition pour entreprendre de cultiver la

vigne destinée à la production du vin, c'est que le climat et le sol conviennent à sa végétation, à sa fructification et à la parfaite maturité de ses fruits; la seconde, c'est de pouvoir déterminer et choisir son meilleur mode d'installation et d'exploitation dans le pays; la troisième, enfin, est de s'assurer, par l'étude des probabilités locales, que l'opération offrira des avantages réels.

Du climat. — Le climat, en ce qui touche la viticulture, est constitué par un grand nombre d'éléments, dont les plus importants sont : 1° la latitude; 2° l'altitude; 3° l'exposition, les pentes et les abris; 4° la nature du sol, son agrégation et son état hydraulique et hygrométrique; 5° le voisinage des mers, des lacs, des fleuves et rivières, des forêts, des prairies et des cultures et emblaves dominantes.

Latitude. — La culture de la vigne en France est comprise entre le quarante et unième degré, si l'on part du cap Bonifacio (Corse), extrémité méridionale d'un côté, et le cinquantième degré de latitude nord, dépassant de quelques minutes Sedan (Ardennes), dernière limite septentrionale de la viticulture française, d'autre part : la viticulture embrasse ainsi environ 8 degrés.

A mesure qu'elle approche davantage de sa limite extrême nord, la vigne, pour prospérer et mûrir ses fruits, exige l'emploi de variétés de cépages de plus en plus hâtifs dans la maturité de leurs raisins et des conditions de plus en plus favorables de moindre altitude, d'exposition au midi, de pentes de dix à trente degrés, de sites au voisinage des grands cours d'eau, d'abris du nord, de sols chauds et exempts d'humidité stagnante, loin des prairies et des grandes forêts. Elle abandonne de plus en plus ces diverses exigences à mesure qu'on se rapproche davantage du sud; et dans l'extrême sud elle peut prospérer en plaine, sur des plateaux et à toutes les expositions des coteaux, dans tous les sites et dans tous les terrains, même au voisinage des prairies irriguées et des grandes forêts.

ALTITUDE. — La chaleur du climat ne progresse pas régulièrement avec l'abaissement de la *latitude; l'altitude* lutte partout victorieusement contre elle, et son influence, pour diminuer la température des climats, est énorme.

D'après mes observations sur l'époque de maturation des raisins de même espèce et d'espèces diverses plus ou moins hâtives, j'ai cherché à déterminer la mesure de cette influence capitale; et j'ai cru reconnaître que 60 mètres d'altitude compensaient un degré de latitude, entre le quarante et unième et le cinquantième degré, assez approximativement pour éclairer la pratique : c'est-à-dire que la latitude de chaque lieu, exprimée en minutes, à partir du quarante et unième degré pris pour zéro, jointe à l'altitude exprimée en mètres, donnaient des nombres comparables assez approchés de la vérité pour établir les rapports de climature entre nos divers vignobles et pour déterminer les différents cépages plus ou moins précoces qui peuvent y être cultivés, mais à la condition expresse de tenir compte de tous les autres éléments de la climature : expositions, pentes, abris, nature et état du sol, voisinage des mers, lacs, fleuves, etc. éléments dont je vais parler tout à l'heure.

Ainsi, en partant du quarante et unième degré de latitude considéré comme zéro, la climature de Sedan (Ardennes), arrondissement le plus septentrional où l'on observe la vigne, résultera de sa latitude (49° 52'), exprimée par 522 minutes, et de son altitude de 158 mètres, qui réunis donnent le chiffre 680. Pour Montmédy (Meuse), situé à 49° 31' nord, 511 minutes, réunies aux 294 mètres d'altitude, exprimeront le taux de la climature par le nombre 805. Pour Thionville (Moselle) les chiffres de la climature seront de 657, et de 646 pour Wissembourg. Ces quatre stations, qui limitent nos cultures vignobles au nord, ne sont pourtant pas les extrêmes : j'ai vu une vigne à Rodez (Aveyron) sous une climature de 834 par une altitude de 633 mètres; des vignes étendues à Marvejols (Lozère) sous la climature 853, sous celle de 929 au Puy (Haute-Loire), de 934 à Baume-les-Dames (Doubs), par les altitudes de 640, de 686 et de 532 mètres : ainsi les altitudes bouleversent complétement l'ordre des latitudes.

En allant au sud, la culture des vignes n'a plus d'autres limites que l'altitude; sa culture extrême, dans la France continentale, est à Banyuls (Pyrénées-Orientales), situé sous le 42ᵉ degré 37', c'est-à-dire à 97' de notre zéro et à une altitude de 32 mètres, ce qui porte sa cote de climature au chiffre de 129; celle de Perpignan est de 133, celle de Narbonne de 161, celle de Montpellier de 201, celle de Marseille de 167, celle de Toulon de 157 et celle de Nice de 192. Si l'on passe en Corse, la cote de Bastia sera de 131 et celle d'Ajaccio de 95.

Toutes les climatures de nos vignobles sont comprises entre 60 et 970. Toutefois la culture de la vigne ne se montre pas, chez nous, au delà de 550 minutes au-dessus de 41 degrés, ni au-dessus de 800 mètres d'altitude.

Les cotes de la climature ne font pas à elles seules le

climat. Elles sont modifiées profondément, je le répète, par l'exposition, les pentes, les abris; par la nature et l'état du sol, par le voisinage des grandes nappes d'eau et par l'ensemble des diverses végétations qui dominent dans le pays. La part de chacun de ces modificateurs est facile à faire; et pour se décider à planter la vigne ou à choisir les cépages, plus ou moins précoces, qui peuvent le mieux réussir dans un lieu, il faut avant tout déterminer le chiffre de sa climature : j'ai donc cru être utile en dressant un tableau (combiné suivant les données ci-dessus et suivant l'altitude des neiges éternelles aux diverses latitudes) de la climature des centres autour desquels la vigne est ou peut être groupée. Dans ce tableau, les altitudes étant celles du sol des chefs-lieux des stations, on devra en déduire ou y ajouter la différence, en plus ou en moins, de l'altitude des sites où la vigne est ou doit être plantée.

## TABLE

### DE LA CLIMATURE DES CENTRES VIGNOBLES DE FRANCE.

| NOMS DES STATIONS. | TAUX de LA CLIMATURE. | NOMS DES STATIONS. | TAUX de LA CLIMATURE. |
|---|---|---|---|
| Ajaccio (Corse)................ | 95 | Montpellier (Hérault)........ | 201 |
| Banyuls (Pyrénées-Orientales). | 129 | Dax (Landes)............... | 203 |
| Bastia (Corse)............. | 131 | Béziers (Hérault).......... | 211 |
| Perpignan (Pyrénées-Orientales) | 133 | Nîmes (Gard)............. | 217 |
| Toulon (Var)............. | 157 | Mont-de-Marsan (Landes).... | 217 |
| Narbonne (Aude).......... | 161 | Avignon (Vaucluse)......... | 232 |
| Bayonne (Basses-Pyrénées).... | 162 | Orange (Vaucluse).......... | 234 |
| Marseille (Bouches-du-Rhône).. | 167 | Agen (Lot-et-Garonne)....... | 235 |
| Arles (Bouches-du-Rhône)..... | 181 | Marmande (Lot-et-Garonne)... | 235 |
| Nice (Alpes-Maritimes)....... | 192 | Carcassonne (Aude)......... | 237 |

| NOMS DES STATIONS. | TAUX de LA CLIMATURE. | NOMS DES STATIONS. | TAUX de LA CLIMATURE. |
|---|---|---|---|
| Bordeaux (Gironde)......... | 240 | Auch (Gers)............. | 325 |
| Nérac (Lot-et-Garonne)...... | 247 | Castres (Tarn)............. | 326 |
| Moissac (Tarn-et-Garonne).... | 258 | Alais (Gard).............. | 327 |
| Céret (Pyrénées-Orientales)... | 259 | Cahors (Lot)............ | 331 |
| La Réole (Gironde)......... | 259 | Lodève (Hérault).......... | 339 |
| Villeneuve-d'Agen (Lot-et-Garonne)............... | 260 | Les Sables-d'Olonne (Vendée). | 340 |
| | | Prades (Pyrénées-Orientales).. | 345 |
| Condom (Gers)........... | 262 | Toulouse (Haute-Garonne).... | 345 |
| Bergerac (Dordogne)........ | 264 | Pau (Basses-Pyrénées)....... | 345 |
| Lesparre (Gironde).......... | 264 | Alby (Tarn)............. | 345 |
| Blaye (Gironde)........... | 265 | Mauléon (Basses-Pyrénées).... | 347 |
| Saint-Sever (Landes)........ | 266 | Périgueux (Dordogne)....... | 349 |
| Libourne (Gironde)........ | 270 | Niort (Deux-Sèvres)........ | 349 |
| Castelsarrazin (Tarn-et-Garonne)................ | 271 | Fontenay (Vendée).......... | 352 |
| | | Lectoure (Gers)............ | 356 |
| Montauban (Tarn-et-Garonne). | 278 | Aix (Bouches-du-Rhône)..... | 357 |
| Carpentras (Vaucluse)....... | 285 | Tournon (Ardèche)......... | 361 |
| Bazas (Gironde)........... | 285 | Barbezieux (Charente)....... | 363 |
| Jonzac (Charente-Inférieure)... | 297 | Valence (Drôme)........... | 365 |
| Marennes (Charente-Inférieure). | 299 | Brives (Corrèze)........... | 367 |
| Lavaur (Tarn)............. | 300 | Sarlat (Dordogne)......... | 370 |
| Gaillac (Tarn)............. | 311 | Angoulême (Charente)....... | 376 |
| Montélimar (Drôme)........ | 311 | Brignoles (Var)............ | 377 |
| Saintes (Charente-Inférieure).. | 312 | Paimbœuf (Loire-Inférieure)... | 385 |
| Muret (Haute-Garonne)...... | 313 | Draguignan (Var).......... | 386 |
| Cognac (Charente).......... | 313 | Nantes (Loire-Inférieure)..... | 392 |
| Rochefort (Charente-Inférieure). | 313 | Apt (Vaucluse)............ | 396 |
| Lombez (Gers)............. | 315 | Ancenis (Loire-Inférieure)..... | 401 |
| Mirande (Gers)........ .... | 317 | Châtellerault (Vienne)....... | 404 |
| Villefranche (Haute-Garonne).. | 318 | Oloron (Basses-Pyrénées)..... | 404 |
| Uzès (Gard).............. | 319 | Civray (Vienne)........... | 409 |
| La Rochelle (Charente-Inférieure)................ | 320 | Le Vigan (Gard)........... | 410 |
| | | Ruffec (Charente).......... | 411 |
| Ribérac (Dordogne)......... | 320 | Redon (Ille-et-Vilaine)....... | 412 |
| Saint-Jean-d'Angely (Charente-Inférieure)............... | 321 | Pamiers (Ariège).......... | 413 |
| | | Napoléon (Vendée).......... | 413 |
| Castelnaudary (Aude)........ | 325 | Vannes (Morbihan)......... | 418 |

| NOMS DES STATIONS. | TAUX de LA CLIMATURE. | NOMS DES STATIONS. | TAUX de LA CLIMATURE. |
|---|---|---|---|
| Nyons (Drôme) | 419 | Saint-Amand (Cher) | 509 |
| Vienne (Isère) | 422 | Saint-Denis (Seine) | 509 |
| La Flèche (Sarthe) | 434 | Les Andelys (Eure) | 511 |
| Angers (Maine-et-Loire) | 435 | Bourges (Cher) | 511 |
| L'Argentière (Ardèche) | 437 | Parthenay (Deux-Sèvres) | 511 |
| Tours (Indre-et-Loire) | 439 | Bressuire (Deux-Sèvres) | 516 |
| Figeac (Lot) | 442 | Saint-Calais (Sarthe) | 518 |
| Tarbes (Hautes-Pyrénées) | 446 | Louhans (Saône-et-Loire) | 520 |
| Le Blanc (Indre) | 448 | Nogent-sur-Seine (Aube) | 522 |
| Melle (Deux-Sèvres) | 452 | Fontainebleau (Seine-et-Marne) | 523 |
| Montmorillon (Vienne) | 452 | Melun (Seine-et-Marne) | 523 |
| Chinon (Indre-et-Loire) | 452 | Chalon-sur-Saône (Saône-et-Loire) | 525 |
| Poitiers (Vienne) | 453 | Château-Gontier (Mayenne) | 529 |
| Saumur (Maine-et-Loire) | 453 | Auxerre (Yonne) | 530 |
| Loches (Indre-et-Loire) | 458 | Orléans (Loiret) | 530 |
| Saint-Pons (Hérault) | 465 | Saint-Gaudens (Haute-Garonne) | 531 |
| Grenoble (Isère) | 465 | Rochechouart (Haute-Vienne) | 531 |
| Romorantin (Loir-et-Cher) | 467 | Pontoise (Seine-et-Oise) | 531 |
| Villefranche (Aveyron) | 468 | Paris (Seine) | 532 |
| Tulle (Corrèze) | 470 | Joigny (Yonne) | 536 |
| Villefranche (Rhône) | 472 | Montargis (Loiret) | 536 |
| Loudun (Vienne) | 472 | Meaux (Seine-et-Marne) | 526 |
| Montfort (Ille-et-Vilaine) | 472 | Cosne (Nièvre) | 538 |
| Nontron (Dordogne) | 480 | Bourg (Ain) | 539 |
| Gourdon (Lot) | 481 | Coulommiers (Seine-et-Marne) | 539 |
| Grasse (Alpes-Maritimes) | 485 | Mantes (Seine-et-Oise) | 539 |
| Confolens (Charente) | 487 | Clamecy (Nièvre) | 546 |
| Vendôme (Loir-et-Cher) | 493 | Arcis (Aube) | 547 |
| Corbeil (Seine-et-Oise) | 494 | Privas (Ardèche) | 547 |
| Blois (Loir-et-Cher) | 497 | Montluçon (Allier) | 548 |
| Le Mans (Sarthe) | 498 | Troyes (Aube) | 548 |
| Saint-Affrique (Aveyron) | 503 | Évreux (Eure) | 549 |
| Mâcon (Saône-et-Loire) | 503 | Chambéry (Savoie) | 549 |
| Issoudun (Indre) | 506 | Bellac (Haute-Vienne) | 549 |
| Châteauroux (Indre) | 507 | Pithiviers (Loiret) | 550 |
| Saint-Girons (Ariége) | 508 | Soissons (Aisne) | 552 |
| Sens (Yonne) | 508 | | |

| NOMS DES STATIONS. | TAUX de LA CLIMATURE. | NOMS DES STATIONS. | TAUX de LA CLIMATURE. |
|---|---|---|---|
| Espalion (Aveyron).......... | 553 | Chartres (Eure-et-Loir)....... | 605 |
| Gien (Loiret)............. | 553 | Schelestadt (Bas-Rhin)....... | 614 |
| Compiègne (Oise).......... | 553 | Vouziers (Ardennes)......... | 614 |
| Milhau (Aveyron) ......... | 554 | Rambouillet (Seine-et-Oise).... | 617 |
| Trévoux (Ain) ............. | 555 | Colmar (Haut-Rhin)......... | 620 |
| Châlons-sur-Marne (Marne)... | 559 | Clermont (Oise)............ | 621 |
| Château-Thierry (Aisne)...... | 560 | Sainte-Menehould (Marne)... | 623 |
| Nevers (Nièvre)............ | 560 | Dijon (Côte-d'Or)........:.. | 625 |
| Moulins (Allier)............ | 561 | Avallon (Yonne)............ | 628 |
| La Châtre (Indre) .......... | 562 | Vesoul (Haute-Saône)........ | 632 |
| Épernay (Marne) .......... | 564 | Châtillon-sur-Seine (Côte-d'Or). | 644 |
| Sceaux (Seine)............. | 565 | Wissembourg (Bas-Rhin)..... | 646 |
| Vitry-le-François (Marne)..... | 565 | Tonnerre (Yonne) .......... | 650 |
| Belley (Ain)............... | 565 | Riom (Puy-de-Dôme)........ | 651 |
| Senlis (Oise)............... | 567 | Gannat (Allier)............ | 654 |
| Châteaudun (Eure-et-Loir).... | 567 | Toul (Meurthe) ........... | 657 |
| Foix (Ariége).............. | 573 | Nancy (Meurthe)........... | 662 |
| Beauvais (Oise) ........... | 577 | Metz (Moselle)............. | 664 |
| Limoges (Haute-Vienne)...... | 577 | Saverne (Bas-Rhin)......... | 670 |
| Étampes (Seine-et-Oise)...... | 580 | Montbrison (Loire).......... | 670 |
| Beaune (Côte-d'Or) ........ | 580 | Issoire (Puy-de-Dôme)....... | 672 |
| Lyon (Rhône) ............. | 581 | Poligny (Jura)............. | 674 |
| Reims (Marne)............. | 581 | Sedan (Ardennes).......... | 680 |
| Bar-sur-Seine (Aube)........ | 586 | Besançon (Doubs) .......... | 685 |
| Roanne (Loire) ........... | 587 | Sancerre (Cher)............ | 687 |
| Argelès (Hautes-Pyrénées)..... | 587 | Sarreguemines (Moselle) ..... | 690 |
| Provins (Seine-et-Marne)..... | 590 | Thiers (Puy-de-Dôme)....... | 691 |
| Versailles (Seine-et-Oise)..... | 591 | Clermont-Ferrand (Puy-de-Dôme)............... | 694 |
| Dôle (Jura)............... | 591 | Sarrebourg (Meurthe)....... | 694 |
| La Tour-du-Pin (Isère)....... | 593 | Lure (Haute-Saône)......... | 695 |
| La Palisse (Allier).......... | 595 | Laon (Aisne)............... | 695 |
| Gray (Haute-Saône)......... | 597 | Boussac (Creuse)........... | 699 |
| Lons-le-Saunier (Jura)....... | 598 | Albertville (Savoie).......... | 702 |
| Strasbourg (Bas-Rhin)....... | 599 | Brioude (Haute-Loire) ...... | 705 |
| Bar-sur-Aube (Aube) ........ | 600 | Bar-le-Duc (Meuse) ........ | 705 |
| Dreux (Eure-et-Loir)........ | 600 | Commercy (Meuse).......... | 709 |
| Rethel (Ardennes) .......... | 601 | | |

| NOMS DES STATIONS. | TAUX de LA CLIMATURE. | NOMS DES STATIONS. | TAUX de LA CLIMATURE. |
|---|---|---|---|
| Montbéliard (Doubs) | 713 | Ambert (Puy-de-Dôme) | 804 |
| Mirecourt (Vosges) | 717 | Digne (Basses-Alpes) | 805 |
| Autun (Saône-et-Loire) | 736 | Château-Salins (Meurthe) | 805 |
| Neufchâteau (Vosges) | 747 | Montmédy (Meuse) | 805 |
| Annecy (Haute-Savoie) | 748 | Saint-Étienne (Loire) | 806 |
| Chaumont (Haute-Marne) | 751 | Remiremont (Vosges) | 824 |
| Thionville (Moselle) | 752 | Saint-Jean-de-Maurienne (Savoie) | 830 |
| Bonneville (Haute-Savoie) | 755 | |  |
| Guéret (Creuse) | 755 | Rodez (Aveyron) | 834 |
| Saint-Claude (Jura) | 760 | Marvejols (Lozère) | 853 |
| Épinal (Vosges) | 771 | Aurillac (Cantal) | 858 |
| Saint-Julien (Haute-Savoie) | 774 | Le Puy (Haute-Loire) | 929 |
| Thonon (Haute-Savoie) | 783 | Baume-les-Dames (Doubs) | 934 |
| Nantua (Ain) | 789 | Mende (Lozère) | 951 |
| Lunéville (Meurthe) | 791 | Gap (Hautes-Alpes) | 964 |
| Florac (Lozère) | 800 | Gex (Ain) | 967 |
| Verdun (Meuse) | 803 | |  |

Si l'on étudie ce tableau, on verra d'abord que la climature diffère souvent dans les arrondissements d'un même département, au point de réclamer, d'exiger même, pour la viticulture, des cépages précoces et de première ou deuxième époque, alors que ceux de troisième, de quatrième, de cinquième et de sixième y sont seuls cultivés. On se contente de constater que les vignes réussissent dans une partie du département et ne réussissent pas dans l'autre; cette partie demeure ainsi privée et de sa plus riche production, ou bien ne cultive que des ceps à très-mauvais vin, tandis qu'elle pourrait donner d'excellents produits, bien supérieurs à ceux des autres parties, si les espèces qui conviennent à sa climature y étaient cultivées. On verra aussi que des départements limitrophes, offrant une climature très-différente, cultivent néanmoins les mêmes cépages, qui ne peuvent leur convenir également.

Une bonne étude des diverses climatures de la France, avec la désignation des espèces qui leur conviennent le mieux, serait donc une œuvre précieuse. Je n'ai pas eu le temps de faire cette étude suffisamment bonne : je constate ici seulement son importance, par un spécimen à peine ébauché, afin que l'idée ne soit point oubliée et que d'autres la perfectionnent.

L'EXPOSITION a une part considérable à la quantité et à la qualité des raisins produits par les divers cépages en tout climat, mais plus dans les climats du Centre que dans ceux du Midi, plus encore dans le Nord que dans le Centre. Dans les régions du Nord, la bonne exposition est même indispensable au succès de la vigne. La meilleure de toutes est celle du sud-est, puis vient celle du sud, puis celle de l'est, qui dans le Midi, et même vers le Centre, est souvent meilleure que celle du sud ; et enfin celle du sud-ouest : l'exposition ouest est la moins bonne. Les expositions du nord, du nord-est et du nord-ouest peuvent quelquefois être avantageuses pour corriger l'excès de la chaleur, mais dans les régions du Sud, du Centre, de l'Est et de l'Ouest seulement.

LES PENTES, à mesure qu'on s'approche du midi, sont d'autant plus favorables, qu'elles sont plus douces et s'élèvent moins au-dessus de 10 degrés. On observe le contraire à mesure qu'on avance vers le nord ; toutefois les meilleures pentes pour la vigne ne doivent pas dépasser 30 degrés.

Dans les vallées étroites, le bas des rampes ne vaut pas

le milieu des coteaux, qui vaut mieux aussi que les sommets : dans les bas, les gelées sont à craindre; vers les sommets, la maturité est plus tardive et moins parfaite. Dans les régions centrales et méridionales, les plateaux peu élevés, balayés par le vent, valent mieux que le fond des vallées étroites, surtout s'ils surmontent les coteaux à vignes : l'abri des montagnes, des rochers et même des forêts élevées, à l'ouest et au nord, est très-favorable.

Les terrains différents sont plus ou moins faciles à échauffer, à s'imprégner de chaleur et à la garder; c'est dans ce sens qu'on a pu dire qu'ils sont plus ou moins chauds. Les plus chauds et les plus capables d'ajouter à la chaleur climatérique sont : 1° les terrains volcaniques, la pouzzolane, les cendres, les laves, les basaltes, plus ou moins fragmentés et plus ou moins mélangés aux autres terrains; 2° les terrains jurassiques, à terres calcaires et argilo-calcaires, superposés aux stratifications de pierres lamellaires, à failles et à lits; 3° les sables perméables, purs ou mélangés à des cailloux ou à des galets; 4° les terrains crétacés perméables; 5° les vieux grès rouges et les granits délités et graveleux; 6° les schistes délités sur roches fendillées.

Les terrains granitiques et schisteux compactes, les glaises et argiles pures, les marnes argileuses, toutes les terres imperméables à l'eau, qu'elles retiennent *intus* et *extra*, et se durcissant à la chaleur et à la sécheresse, passent généralement pour les sols les plus froids.

Les terres mélangées de galets, de fragments pierreux, de graves calcaires ou siliceux, sont d'autant plus chaudes, et conviennent d'autant mieux à la végétation de la vigne,

qu'elles contiennent une plus grande proportion de fragments solides : on a le plus grand tort d'enlever les pierres,
cailloux ou galets d'une vigne, toutes les fois qu'ils ne sont
pas assez gros pour entraver la culture.

LES MERS ET LES LACS tempèrent la climature des terres
voisines en diminuant les chaleurs et les froids extrêmes, et
surtout en modérant le refroidissement des nuits : les vignes
gèlent bien rarement au bord de la mer et des grands lacs;
en retour de cette immunité, la mer maintient dans le Nord
une température uniforme qui ne s'élève point assez pour
mûrir les raisins les plus précoces au delà du cinquantième degré de latitude : la vigne ne mûrit pas seulement
par une somme moyenne de degrés de chaleur produits
dans la saison, c'est aussi par l'élévation de la température bien au-dessus de la moyenne à certains moments.
Aussi les bords de la mer et des grands lacs, dans le Nord,
ne sont-ils pas favorables à sa culture, alors même que la
latitude et l'altitude semblent donner une bonne climature.
L'Océan, par sa masse, son flux et son reflux, tempère et
refroidit beaucoup plus la climature que la Méditerranée
et les lacs : il en épouse moins les extrêmes chaleurs, si
nécessaires au raisin. Aussi semble-t-il incliner la limite de
la viticulture d'environ un degré de Beauvais sur Brest et
tempérer le climat des contrées qui limitent le golfe de Gascogne.

Les vallées parcourues par les fleuves et rivières et par
les larges courants d'air correspondants ont une climature
mieux réglée, plus favorable à la viticulture, que les petites vallées où séjournent les vapeurs du matin et du soir.

Les pays couverts de forêts ou de prairies irriguées, de

bruyères et de marais, sont plus froids que leur climature, leur site et leur sol ne le comportent : l'humidité du sol et de l'atmosphère peut transformer un climat qui serait excellent pour la vigne en un climat où la vigne ne peut prospérer.

Mais c'est surtout l'humidité permanente du sol et du sous-sol qui refroidit la climature : la Sologne, les Dombes, la Bresse, la Double, les Landes, à étangs disséminés, à sous-sol imperméable et à sol imprégné d'eau, sont les pays les plus admirables pour la culture de la vigne; les Landes surtout, qui seraient un vaste Médoc si le niveau des eaux du sol était seulement descendu à un mètre et demi. Croira-t-on jamais, dans cinquante ans, qu'à notre époque de savants, d'ingénieurs, de spéculateurs, personne n'ait songé à cet abaissement et ne l'ait pratiqué, alors qu'il aurait mis à nu les richesses après lesquels la plupart courent comme des forcenés ?

Nature du sol. — Plus le climat est favorable, plus le chiffre de la climature est bas, moins la vigne est difficile sur la nature du sol qu'on lui destine; elle prospère alors dans tous les sols cultivables connus. Plus ce chiffre s'élève, plus le climat devient froid, plus la vigne exige des terrains chauds pour bien réussir. Les terrains légers et perméables, volcaniques, calcaires, jurassiques et crétacés, sableux et siliceux à cailloux, galets, pierres fragmentaires et graves, plus ou moins abondants, sont les meilleurs, à la condition d'être assez profonds et assez riches en principes végétaux dans le Nord : car si dans les pays chauds, et même dans les régions centrales, la vigne peut réussir sur les terrains les plus dénudés et qui ne semblent propres à aucune végétation, c'est que la chaleur est le stimulant le plus énergique de la vigne : vigueur, fécondité, durée, elle assure tout cela; il n'en est pas ainsi là où la vigne n'obtient que la chaleur la plus indispensable.

Les plaines désolées de la Crau, les pierres et roches, presque sans terre, des garrigues des Pyrénées-Orientales, de la Drôme, de l'Hérault, les pierrières dénudées des environs de Bourges, de Châteauroux, de Poitiers, portent des vignes luxuriantes là où il n'y avait pas une herbe; elles ne produiraient rien de pareil dans les Ardennes, dans l'Oise, dans la Meuse ni dans la Moselle.

Aussitôt qu'une terre est couverte d'arbres, de bruyères, de petits chênes rabougris, d'une végétation quelconque, on peut être assuré que la vigne y viendra forte et fertile pendant quarante ou cinquante ans au moins; surtout si, sous la surface d'un sol sans profondeur, se trouvent des roches fendillées ou se délitant, des bancs de cailloux ou de galets. Les terrains rouges et rougeâtres semblent mieux convenir à la vigne que les terrains jaunes, et surtout que les terrains blancs.

Certains cépages réussissent mieux dans un terrain que dans l'autre : la syra, les petits gamays du Beaujolais, s'accommodent mieux des terrains schisteux et granitiques; les meuniers, les carbenets, les cots, les chasselas, préfèrent les terrains siliceux et silico-argileux; les pineaux, la mondeuse, les gros gamays, les plants vert et vert-doré de la Champagne, réussissent mieux dans les terrains à base calcaire. Cette étude des rapports des cépages aux terrains n'est point encore suffisamment faite; heureusement les préférences n'ont rien de plus absolu, pour la vigne, que pour tous les autres arbres fruitiers, pour les céréales, les fourrages, les racines, les légumes, qui viennent plus ou moins bien en toute terre et en tout pays. C'est donc à l'observation et à l'expérience qu'il faut surtout s'en rapporter pour déterminer les cépages qui conviennent le mieux à tel ou tel sol, à tel ou tel site, à tel ou tel climat; et les vignobles de France présentent toutes les bases d'une bonne décision à prendre à cet égard.

Ces notions, fournies par l'observation et l'expérience, ont deux origines : les collections, comme celle du Luxembourg, dans la Seine, et celle du comte Odart, dans Indre-et-Loire, d'une part; et, d'autre part, l'ensemble de tous les vignobles. Je préfère l'observation et l'expérience de la grande pratique aux études concentrées et locales, études qui ne s'accordent pas toujours entre elles et renferment bien des causes d'interversion d'époque de maturité d'abord, puis des synonymies plus que douteuses, puis une foule de variétés qui jouent un rôle inaperçu ou tout à fait étranger à la grande production des vins de France. Ces collections, qui ont pour objet de réunir toutes les variétés de raisin, de les classer par époque de maturité, d'en faire ressortir les qualités et souvent la nouveauté, sont très-utiles à la science ampélographique; mais elles ne peuvent qu'égarer la pratique et compromettre la fortune privée et publique si, profitant des grands et rapides moyens de la publicité, les prôneurs et inventeurs s'efforcent de faire adopter leurs aperçus à à peine sortis de leur imagination. Il en est absolument de même de la recherche de cépages nouveaux, soit par semis, soit par croisement : tout cela est du domaine des amours-propres et intérêts privés ou de la science abstraite et ne doit pénétrer dans la pratique qu'après des faits rendus incontestables par leur nombre et leur durée.

Si l'on ajoute à ces considérations que, de temps immémorial, tous les vins de France, depuis les plus distingués jusqu'aux plus communs, ont pour base chacun un très-petit nombre de variétés, et que chacun de ces bons vins, soit de luxe, soit de consommation générale, n'est jamais constitué que par une, deux ou trois variétés, on concevra que toute l'attention des praticiens doit se porter sur ces variétés, pour déterminer celles qui conviennent au lieu où elles doivent être cultivées.

Je vais donc énumérer, dans l'ordre de leur précocité, les différents cépages constituant d'importants vignobles de temps immémorial, en partant de l'extrême nord pour aboutir à l'extrême sud.

1. Morillon noir hâtif (Eure, Eure-et-Loir, Oise).
2. Morillon ou pineau à queue verte (Ardennes, Lorraine, Alsace).
3. Meunier ou fernaise (Ardennes, Lorraine, Alsace, Eure, etc.).
4. Pineau gris, dit beurot, malvoisie (tout l'extrême Nord-Est).
5. Silvaner (Alsace).
6. Gentil duret, aromatique rouge, gris, blanc (Haut- et Bas-Rhin).
7. Aubain blanc (Lorraine, Toul).
8. Vert-doré (Champagne, Lorraine, Aisne, Ardennes).
9. Épinette blanche (Marne, Aisne, Ardennes).
10. Riesling blanc (Alsace, Bavière et Prusse rhénanes).
11. Petit mielleux (Alsace).
12. Traminer rose (Alsace, Bavière, Prusse).
13. Chasselas (tout l'extrême Nord-Est et surtout l'Alsace).
14. Meslier blanc (Ardennes, Aisne, Marne, Loiret, etc.).
15. Gamays noirs à grains ovales (Lorraine).
16. Pineau noir à queue tendre (tout le Nord-Est).
17. Pineau noir à queue dure ou noirien (Nord-Est et Centre-Nord).
18. Petit et gros béclan (Jura).
19. Liverdun (Lorraine et Centre-Nord).

20. Gouais noir et blanc (Lorraine, Champagne, etc.).

21. Cortaillaud ou plant de la Dôle (Jura, Neuchâtel).

22. Savagnin jaune (Franche-Comté, Jura).

23. Pulsart (Franche-Comté, Jura).

24. Trousseau ou tresseau (Jura, Doubs, Yonne).

25. Melon ou gamay blanc (Jura).

26. Pineau blanc ou chardenet (Côte-d'Or, Saône-et-Loire).

27. Arnoison blanc (Yonne, Chablis).

28. Teinturier ou gros noir (Loir-et-Cher, Cher, Loiret, etc.).

29. Feuille ronde (Côte-d'Or, Franche-Comté).

30. Cots à queue rouge et à queue verte (Savoie, Loiret, Loir-et-Cher, Cher, Indre-et-Loire, Lot, Gironde, etc.).

31. Mondeuse ou persaigne (Savoie, Jura, Ain, Indre).

32. Gros et menu pineau blanc de la Loire (Indre-et-Loire, Maine-et-Loire, Sarthe).

33. Breton (Indre-et-Loire, Maine-et-Loire, Nièvre, Sarthe).

34. Grollot (Indre-et-Loire).

35. Petit gamay à grains ronds (Beaujolais, Mâconnais, Loire).

36. Muscadet (Loire-Inférieure, Vendée).

37. Olwer (Alsace).

38. Folle blanche, (Loir-et-Cher, Indre-et-Loire, Loire-Inférieure, Vendée, Deux-Sèvres, Charentes, Gers, etc.).

39. Persan (Savoie, Isère).

40. Balzac (morved) (Vendée, Deux-Sèvres, Charentes).

41. Sérine (Isère, côtes du Rhône).

42. Vionnier (Isère, côtes du Rhône).

43. Carbenet-sauvignon, carmenère (Dordogne, Gironde).

44. Sémillon blanc (Gironde, Dordogne, Charente, etc.).

45. Sauvignon blanc (Gironde, Dordogne).

46. Muscadelle (Bergerac, Sauterne).

47. Merlot (Gironde, Dordogne).

48. Syra petite (Isère, Drôme, Ardèche).

49. Syra grosse (Isère, Drôme, Ardèche).

50. Roussane (Isère, Drôme, Ardèche).

51. Marsanne (Isère, Drôme, Ardèche).

52. Mollard (Hautes-Alpes).

53. Bouchy (Basses-Pyrénées).
54. Tannat (Basses-Pyrénées).
55. Jurançon, plant quillard (Landes, Gers, Basses-Pyrénées).
56. Mansenc (Basses-Pyrénées).
57. Arroyat (Basses-Pyrénées).
58. Chalosse (Landes, Basses-Pyrénées).
59. Plant de dame, plant de Grèce, picpoule blanc (Landes, Hautes-Pyrénées, Basses-Pyrénées, Gers).
60. Mozac noir, rose et blanc (Haute-Garonne).
61. Negret (Haute-Garonne, Tarn).
62. Bouissalès (Haute-Garonne).
63. Blanquette (Aude, Limoux).
64. Clairette (tout le Sud, l'Est et l'Ouest).
65. Fert servadou (Tarn-et-Garonne).
66. Pascal blanc (Provence).
67. Ulliade (Languedoc, Pyrénées).
68. Mourastel (Provence).
69. Téoulié, mayorquin (Provence).
70. Bouteillan (Provence).
71. Brun fourca (Languedoc).
72. Ugni blanc (Provence).
73. Morved (Provence).
74. Araignan (Provence).
75. Rousselet (Provence).
76. Braquet (Alpes-Maritimes).
77. Fuella (Alpes-Maritimes).
78. Picpoule noir (Pyrénées, Languedoc, Provence).
79. Teret noir (Languedoc).
80. Piran (Languedoc).
81. Carignan (Pyrénées-Orientales).
82. Grenache (Pyrénées-Orientales, Languedoc, Provence, Vaucluse).
83. Macabéo (Pyrénées-Orientales).
84. Malvoisie (Pyrénées-Orientales).
85. Furmint-Tokay (Gard).
86. Muscat (Pyrénées-Orientales, Hérault).

87. Aramon (Languedoc).
88. Teret-bouret (Languedoc).
89. Panse (Languedoc, Provence).

Cette liste renferme les véritables bases de tous nos vignobles et de tous nos vins; elle ne comprend pas les variétés de raisin, peu nombreuses d'ailleurs, qui n'entrent dans la composition des vignes que par hasard ou par minimes fractions; leur classification repose sur leur prospérité séculaire, constatée sous le climat de leurs circonscriptions. On pourrait ajouter à cette liste, pour les recommander aux tentatives de conquêtes vers le nord, le précoce blanc, le précoce musqué de Courtillers et le blanc de Malaingre, comme les plus hâtifs de tous les raisins; mais ils n'ont constitué aucun vignoble jusqu'à présent.

Parmi ces quatre-vingt-neuf espèces, dix au moins font double emploi par synonymie et vingt entrent pour une fraction insignifiante dans la confection des vins. Toutes sont loin d'être également recommandables.

A l'extrème nord-est et nord-ouest, et pour les essayer, même au delà des limites actuelles de la viticulture, je recommanderai, comme fertiles et donnant de bons vins : le morillon noir hâtif, le pineau à queue verte, le meunier ou fernaise, les gentils, le traminer, le pineau gris, l'aubain blanc, le vert-doré, l'épinette blanche, le cortaillaud, tous les pineaux noirs et le riesling; pour les vins communs, les plus hâtifs parmi les gamays noirs, puis le meslier blanc et les chasselas précoces. Je recommanderai également ces cépages pour les altitudes des Alpes, des Pyrénées, des Cévennes, de l'Auvergne, de la Lozère et du Jura, pouvant convenir à la culture des espèces de vigne les plus précoces. Je les recommanderai aussi pour les parties de la Bretagne, de la Normandie et de la Picardie les plus favorablement disposées pour des essais de viticulture.

Le savagnin jaune, le pulsart, le melon, le chardenet, le trousseau, l'arnoison blanc, le petit et le gros pineau blanc de la Loire, le muscadet, les cots rouges et verts, les petits gamays du Beaujolais, le persan, la mondeuse, le breton et le carbenet-sauvignon ne peuvent guère dépasser leurs limites actuelles de climature vers le nord (si ce n'est le dernier, qui prospère dans l'Indre et dans la Nièvre); mais tous peuvent gagner, de même que les espèces de la première série, en s'avançant au midi, dont ils peuvent garnir avantageusement les sites les moins chauds. Tous les cépages de cette seconde série donnent de très-bons vins, et en quantité suffisante, aussitôt qu'ils sont conduits selon leur nature. Toutefois les cots rouges et verts, purs, donnent des vins ordinaires s'ils ne sont pas associés aux pineaux ou au carbenet-sauvignon. La mondeuse exige aussi, pour donner de bons vins, toutes les conditions réunies d'une parfaite maturité. Le grollot, les gouais, la folle, les gros gamays, le balzac, produisent les vins communs correspondant à cette deuxième série.

La sérine, le vionnier, le sémillon, le sauvignon blanc, la muscadelle, la petite syra, la roussane, le mansenc blanc, le bouchy, l'arroyat, le mozac, le negret et la blanquette donnent la troisième série des fins cépages; et la grosse syra, la marsanne, le mollard, le tannat, le jurançon, la chalosse, le picpoule blanc ou folle blanche, la série correspondante des vins communs et à eau-de-vie.

Dans la quatrième série, celle du sud et de l'extrême sud, les vins fins d'entremets et de rôti sont fournis par le braquet, le fuella, la clairette, le picpoule noir, le teret noir, le piran, le carignan, le grenache et l'œillade; les vins de liqueur, par les muscats, le grenache, le malvoisie, le macabéo, le furmint; les vins de coupage, par le carignan, le grenache, le fert servadou, le sinsaou, le bouteillan et le morved associés; le morved seul donne les vins ordinaires de la Provence, et l'aramon ainsi que le teret-bouret, les vins de chaudière du Languedoc.

Chacun des cépages de la quatrième série perd en proportion de son déplacement vers le nord et de l'altitude où on le transporte; mais, en revanche, tous les cépages à bons vins de la troisième et même de la deuxième série acquièrent dans le Centre et dans le Sud des qualités supérieures. Le carbenet-sauvignon, les cots rouges, la syra, la roussane, la mondeuse et même les pineaux seront un jour la gloire et la fortune du Midi. De ces quatre séries, les bons et fins cépages méritent seuls l'intérêt des vrais viticulteurs, qui, en les adoptant et en leur donnant la conduite qui leur convient, feront disparaître en peu d'années les cépages médiocres, et surtout mauvais, par les produits meilleurs et aussi abondants qu'ils sauront tirer des premiers.

Pour constituer une vigne ou un vignoble, il ne faut jamais cultiver plus de trois variétés, dont deux même ne sont le plus souvent que des accessoires, et une seule constitue le fond. Aucun vin, depuis le plus commun jusqu'au plus distingué, ne résulte d'un plus grand nombre de cépages; et aucun n'a acquis de réputation s'il résulte de six, huit ou dix variétés. Le bourgogne rouge, le bourgogne blanc, le vin de Chablis, celui du Beaujolais, les vins blancs de Vouvray, de Saumur, les vins rouges de Bourgueil, les vins fins rouges de la Savoie, le grenache, le malvoisie, le macabéo, le tokay, les muscats, sont constitués par un seul cépage;

les vins de Champagne, des côtes du Rhône, de l'Hermitage,
sont constitués par deux, et les vins du Médoc, des graves,
de Sauterne, tous les grands vins du Midi, par trois, quatre
au plus, dont un domine toujours.

**MOYENS DE SE PROCURER LES PLANTS.** — Avant de préparer
le terrain de la vigne à créer, il faut avoir choisi son cépage et
s'être assuré des moyens de se le procurer ; le meilleur moyen
est d'acheter les sarments de la taille des vignes ou des cépages que l'on veut reproduire, en s'adressant au propriétaire même. Il ne s'agit point d'acheter des plants enracinés,
point de choisir des sarments avec du vieux bois ou des
crossettes ; le sarment de la taille, le simple sarment en
fagots, voilà le meilleur et le meilleur marché, pourvu
que les fagots arrivent à destination dans les huit jours qui
suivent la taille. Toutefois, si les vignes dont on veut les
boutures sont composées de diverses variétés, il faut s'entendre avec le propriétaire, et surtout avec le vigneron, en
les rémunérant, pour n'avoir que les sarments de l'espèce
qu'on veut reproduire ; s'ils veulent pousser la complai-
sance plus loin et ne choisir que les beaux et bons sarments, la rémunération doit être plus élevée. Enfin, s'ils
veulent bien marquer les souches les plus fertiles avant la
vendange, couper les sarments de ces souches et les expé-
dier aussitôt après la chute des feuilles, c'est encore un prix
un peu plus élevé : le premier prix étant de cinq francs les
500 sarments, le second sera de dix francs, le troisième
de quinze francs, et le quatrième de vingt francs. Chaque
sarment pourra fournir trois boutures ; la bouture choisie
reviendra donc à un centime ou à un centime un tiers, prise
sur place.

**L**A BOUTURE AVEC VIEUX BOIS EST LA MOINS BONNE. — L'expérience a montré que, sur un sarment de 1 mètre de long, bien formé et bien mûr, le sommet est plus précoce, plus vigoureux et plus fertile que le milieu, et le milieu l'emporte également sur la partie la plus rapprochée de la vieille souche. Il n'y a donc aucun inconvénient à couper, à la chute des feuilles, à 20 centimètres au-dessus de la souche tous les sarments qui ne sont pas destinés à une longue taille, et il y a tout avantage pour celui qui achète; l'essentiel, c'est que celui-ci soit assuré que les sarments proviennent de souches très-fertiles et qu'ils ont porté raisin : ce que la queue du fruit peut prouver suffisamment sur chaque sarment.

**S**TRATIFICATION DES SARMENTS. — Aussitôt la réception des sarments, on peut les mettre, pendant vingt-quatre heures, les pieds dans l'eau si leur fraîcheur est douteuse; puis les coucher horizontalement et les enfouir, à 30 ou 40 centimètres sous terre, dans un sol frais et sain, pour attendre leur emploi, du 1er au 30 mai dans le Centre, du 15 avril au 15 mai dans le Sud et du 15 mai au 15 juin dans le Nord.

Les pépinières et les vignes en boutures ne doivent pas être plantées avant ces époques où l'atmosphère est chaude et où la bouture entre de suite en végétation, sans craindre les intempéries.

**C**RÉATION ET CONDUITE DES VIGNES À VIN. — Je suppose qu'avant tout on possède le terrain convenable par sa nature, son site et son climat. On doit choisir, de préférence, un sol à très-bon marché et peu capable de produire en céréales, fourrages, racines, légumes ou fruits, des avantages équivalents ou même approchant de ceux de la vigne.

Le premier bénéfice, et souvent le plus grand, de la création des vignes, c'est l'augmentation de la valeur du sol, puis l'utilisation d'un terrain sans occupation ou mal occupé. Par la même raison, il faut choisir ce terrain perméable, plus ou moins léger, sur roches fendillées, cailloux, galets, graviers, tufs ou alios, et dénudé de broussailles, ronces, chiendent, etc., pour en éviter le défrichement ou le défoncement; car ces opérations dispendieuses peuvent s'élever à 1,000 et à 2,000 francs par hectare.

Défoncement. — S'il s'agit de terrains couverts de bois, de broussailles, de bruyères, il faut les défricher, et l'expérience montre qu'on peut les planter sans délai; si les terrains sont froids, compactes, imperméables et solidement agrégés, s'ils ont porté longtemps des vignes, il faut les défoncer à 5o ou 6o centimètres : cette profondeur suffit.

La végétation luxuriante que l'on obtient pendant quelques années après un défoncement a fait considérer d'abord le défoncement comme utile en toute condition de terrain, et bientôt on l'a cru nécessaire ; il n'en est rien : c'est d'abord la végétation ligneuse qui profite du défoncement, presque toujours aux dépens de la fructification ; mais bientôt cette fougue d'arborescence s'éteint et est remplacé par une sorte de langueur, dans le même temps que la vigne à côté, plantée sans défoncement, est dans toute sa vigueur, ayant été féconde dès le début.

Le défoncement du terrain est une nécessité à subir et non un précepte pour la plantation de la vigne; la plantation sur simple culture de propreté, à 1o ou 15 centimètres de profondeur, est la meilleure pour toute vigne à grande, à moyenne ou à petite arborescence.

Pépinière. — Il n'en est pas de même pour la pépinière, qui doit être établie dans une terre fraîche et bien remuée, en bon état d'engrais, par planches de 1^m,30, séparées par des sentiers pour le sarclage et l'épamprage de quatre rangs à 25 centimètres; les boutures, piquées verticalement, à 5 centimètres au plus dans le rang, doivent être plantées au cordeau et à jauge ouverte, deux yeux dans terre et un troisième œil sur terre; cet œil est recouvert lui-même, soit par la terre du sol si elle est assez meuble, soit par une terre qui ne se durcisse pas à la pluie ni au soleil. Le sol doit être fortement tassé autour de la bouture, préalablement à sa couverture, qui doit rester meuble (voir t. I, p. 137, 159, 265; t. II, p. 85, 86, 162, 446; et t. III, p. 79, 80, 415 et 416).

Plantation des vignes. — Dans les vignes, la bouture doit être plantée verticalement au plantoir, deux yeux sous le sol et un à fleur; mais ici, dans les sols à roches, à cailloux, à galets, on doit souvent avoir recours au pal ou barre de fer, à pointe d'acier, et dans tout sol maigre on doit suppléer à ce qui pourrait manquer à la terre pour assurer la reprise et la vigoureuse végétation de la bouture : car manquer la plantation d'une vigne, c'est une perte con-sidérable de temps et d'argent; n'obtenir qu'une végétation de quelques centimètres de longueur, sur deux ou trois millimètres de diamètre, c'est encore une année de retard pour la récolte.

Il faut donc, à tout prix, faire réussir la plantation d'une vigne dès la première année; et j'appelle seulement réussir, obtenir de chaque bouture un ou deux sarments, d'au moins 6 à 8 millimètres de diamètre et de 75 centimètres à un mètre de longueur, lesquels, taillés convenablement, devront donner une récolte qui paye les façons et les intérêts dès la seconde année et préparer les récoltes rémunératrices à partir de la troisième.

La vigne est tellement vivace qu'elle végète plus ou moins sous tous les modes de plantation, même les plus opposés aux lois de la végétation; mais, sous tel ou tel mode, elle exige quatre, cinq, six et jusqu'à huit ans pour donner sa première récolte rémunératrice. Créer une vigne productive à deux et trois ans, c'est créer la richesse, c'est rendre la culture de la vigne praticable à tous les agriculteurs, c'est rendre son extension ou sa suppression aussi faciles que celle des autres cultures; créer la vigne à cinq ou six ans d'échéance, c'est la ruine ou l'impossibilité pour la plupart des propriétaires du sol : le Beaujolais, le Languedoc et les Charentes réussissent admirablement leurs plantations de vigne, précisément par les moyens les plus simples, les plus pratiques et les plus économiques.

Si la terre de la plantation est bonne et *séveuse*, le trou vertical fait au plantoir, de bois ou de fer, ne doit pas descendre à plus de 20 centimètres de profondeur : la bouture coupée, au sécateur, à 2 millimètres au-dessous de l'œil le plus bas, est introduite dans ce trou jusqu'à ce que le troisième ou le quatrième œil soit à fleur du sol; on glisse alors de la terre fine dans le trou et on la tasse fortement autour du sarment, jusqu'à ce que le trou soit rempli, en laissant seulement apercevoir l'œil supérieur, au-dessus duquel on coupe alors le sarment à un centimètre. Si le sol est léger et n'est pas susceptible de se durcir à la pluie ou à la sécheresse, on en recouvre l'œil supérieur de 2 ou 3 centimètres d'épaisseur, sans tasser; dans le cas où le sol ne serait pas convenable, et c'est là le cas le plus fréquent, il faut avoir une terre légère de bruyère, du sable ou du terreau pour recouvrir cet œil et le mettre ainsi dans la position d'une graine dont le germe pourra ouvrir le sol.

Mais si le sol n'est pas *séveux*, s'il laisse quelque doute sur la reprise de la bouture, il faut que le plantoir descende à plus de 20 centimètres et ouvre un trou, de 4 à 5 centimètres de diamètre, qui doit être rempli d'une terre riche ou enrichie par moitié de terreau : 15 centilitres de cendres de houille, 10 centilitres de cendres de bois, versés au fond du trou, assurent une prompte reprise et une belle végétation; il en est de même de l'arrosement du plant, mis en place, avec 25 centilitres de purin ou avec la solution de 2 grammes de nitrate de potasse dans 25 centilitres d'eau ; enfin l'enlèvement d'une partie de l'épiderme de l'entre-nœud inférieur facilite le développement des racines.

Une plantation faite avec ces précautions donnera les meilleurs résultats possibles; toutefois, certains terrains exigent l'usage du plant enraciné.

La bouture vaut mieux que le plant d'un an ; le plant d'un an vaut mieux que celui de deux ans; le plant de trois ans ne vaut plus rien.

PROFONDEUR DE LA PLANTATION. — Plus la bouture est plantée profondément, plus la récolte se fait attendre : à 15 ou 20 centimètres, la vigne produit à la deuxième année; de 30 à 40, à la troisième; de 50 à 60, à la quatrième; de 70 à 80, à la cinquième : c'est là un fait démontré pour un même cépage, dans un même lieu, et pour un même mode de plantation. En effet, la vigne ne se constitue à l'état normal que là où tous les végétaux se forment, soit par graine, soit par plant, c'est-à-dire tout près de la surface du sol : toutes les racines qui *naissent* profondément sont nuisibles à son évolution, en Corse comme dans les Ardennes.

Tous les trainages et toutes les courbes imposés au sarment sous le sol engendrent de mauvais plant, des couchis de branches; jamais un arbrisseau normal.

Époque de la plantation. — La plantation des boutures, soit pour pépinières, soit pour vignes, ne doit jamais se faire qu'en plein essor de la végétation et après le temps des gelées; elle réunit ainsi toutes les conditions de la serre chaude, à l'abri des intempéries et sous l'action immédiate d'une bonne température. L'objection tirée de la chaleur et de la sécheresse d'un pays n'a aucune valeur ni pour justifier la profondeur de la plantation, ni pour que la plantation soit faite avant la végétation. L'expérience a prononcé : nulle part le mode de plantation indiqué ci-dessus ne donne de plus beaux résultats que dans l'extrême Midi.

Première taille et dressement de la vigne. — Quelle que soit la forme, la hauteur ou l'étendue que l'on veuille donner à la tige et à la charpente de la vigne, il faut la tailler, dès la première année, dans le sens où l'on veut la dresser. Toute mutilation de ses premières pousses, faite sous le prétexte de fortifier le pied ou les racines, est contraire au but qu'on se propose d'atteindre; et plus cette mutilation est rapprochée du tronc et répétée durant plusieurs périodes de végétation, plus la vitalité présente et à venir du cep est compromise.

Pourtant il faut tailler, non pour refouler la séve et fortifier les racines, mais pour atteindre, le plus vite et le mieux possible, la disposition définitive que l'on veut donner au cep : par exemple, si l'on adopte le dressement du Beaujolais, de l'Hérault, du Lot, c'est-à-dire une courte tige surmontée de trois, quatre ou cinq bras, près de terre ; si la bouture offre trois beaux sarments, bien placés, il faut les conserver tous trois et les tailler à deux yeux francs dès la première taille, pour constituer trois bras ; s'il n'y a que deux bons sarments, on les rogne à trois yeux chacun, en pinçant plus tard le bourgeon supérieur ; et s'il n'y a qu'un sarment, on peut le tailler à quatre yeux, en s'imposant de pincer les deux supérieurs aussitôt que les grappes seront visibles. Ainsi disposé, le cep pourra donner de bons bois et de beaux fruits à sa deuxième pousse ; dès la troisième année, il faudra ajouter un quatrième, un cinquième et même un sixième sarment, taillé à deux yeux, pour compléter le cep sans délai, si les sarments se présentent convenablement disposés.

S'il s'agit de dresser une vigne à un courson et à une verge, on ne gardera que les deux plus beaux sarments, dont le plus bas sera rogné à deux yeux et le plus haut à six et dix yeux, selon sa force, pour être piqué en terre ou palissé horizontalement. Si la bouture porte un seul beau sarment, il faut le tailler à six ou dix yeux, le piquer en terre et pincer tous les bourgeons, sauf les deux plus rapprochés du tronc. Ces deux sarments, non pincés, donneront l'année suivante, le plus bas, la branche à bois, le plus haut, la branche à fruit.

C'est par ce dressement généreux et immédiat que la tige et les racines de la vigne se fortifieront le plus et offriront des canaux séveux non interrompus par une foule de tailles et de broches successives.

Pourtant, si la bouture n'offrait que des pousses rachitiques, il faudrait jeter bas les plus petites, n'en garder qu'une ou deux et les tailler à deux yeux; mais c'est une année perdue pour attendre de bons sarments.

S'il s'agit de dresser une vigne à cordons, à 20, 30 ou 40 centimètres de terre, et qu'on ait des sarments d'un mètre, on peut, à la rigueur, les attacher au palis verticalement, puis abaisser horizontalement une longueur de 30 à 40 centimètres dont on garde tous les yeux du dessus, en détruisant ceux du dessous et en faisant disparaître tous ceux de la partie verticale; mais généralement il convient mieux de rabattre le plus beau sarment à deux yeux pour obtenir des jets de 2 ou 3 mètres de longueur et plus, pour monter d'un seul jet les cordons, treillons et treilles à leur hauteur; puis d'attacher horizontalement au palis une longueur d'un à deux mètres pour constituer le cordon, tous les yeux de la partie verticale étant détruits. Les cordons, treillons ou treilles ainsi formés auront une vigueur, une durée et une fécondité que ceux formés par cinq, six, dix tailles successives, en autant d'années, n'atteindront jamais.

En un mot, le dressement le plus rapide possible est le meilleur pour la vigne naine, pour la vigne à tige moyenne et pour la vigne à grande arborescence.

Que dirait-on d'un arboriculteur qui taillerait pendant quatre à cinq ans ses groseilliers, ses cerisiers, ses pruniers, pêchers, pommiers et poiriers près de terre et contre le tronc, sous prétexte de fortifier les racines de ses arbres, avant de leur donner une tige? On dirait avec raison qu'il manque d'observation, d'instruction et de jugement : il en est tout à fait de même du vigneron qui traite la vigne ainsi.

Toutes les vignes doivent être plantées et maintenues rigoureusement et perpétuellement en lignes parfaites, soit qu'elles doivent être cultivées à la main, soit qu'on se propose de les cultiver aux animaux de trait ; les lignes doivent, autant que possible, être dirigées du midi au nord.

Cet alignement assure à chaque cep une portion égale du sol, un aérage parfait, une action de la lumière et de la chaleur solaires plus complète et plus efficace. Il donne aux cultures une grande facilité et permet de les accomplir plus promptement et avec plus de régularité; il facilite la distribution des terres et des engrais et permet de vérifier, d'un coup d'œil, si toutes les parties et toutes les opérations de la vigne sont bien traitées ou négligées. Un propriétaire est maître de son vigneron dans sa vigne en ligne; dans la vigne en foule, le vigneron est le maître du propriétaire. La taille, le palissage, les ébourgeonnages, pinçages, liages, rognages, vendanges, entretien et réparations, tout se fait plus vite et mieux en ligne qu'en foule; la nature aussi travaille mieux : les raisins sont plus beaux, plus abondants, et mûrissent plutôt en ligne, toutes choses égales d'ailleurs.

La vigne doit être plantée et maintenue de franc pied. — La vigne doit recevoir tous ses plants à la plantation : ceux qui manquent à la reprise doivent être remplacés par boutures, par *pourette* ou plant d'un an, ou par plant de deux ans; mais chaque cep doit rester franc de pied, c'est-à-dire constituer un arbrisseau isolé, à tige limitée permanente, comme celle de tous les arbrisseaux et arbres fruitiers, jusqu'à ce qu'il cesse de donner suffisamment de fruits.

RAPPORT DE LA TIGE AU TERRAIN. — L'étendue de la tige laissée à chaque cep doit toujours être proportionnée à l'espace de terrain qui lui est consacré : ainsi pour un mètre carré chaque cep devra porter, dans les sols des moins aux plus fertiles, de 12 à 24 yeux de végétation, de 24 à 48 pour deux mètres, de 48 à 96 yeux pour quatre mètres carrés. Dans le premier cas, il y aura 10,000 ceps par hectare, dans le second 5,000 et dans le troisième 2,500.

FORME ET DIRECTION DES SOUCHES. — La forme à donner à la tige des ceps doit toujours être dans le plan de l'alignement, en éventail, en cordon et palmette unilatérale ou bilatérale : c'est la seule disposition qui permette toutes les tailles, qui facilite toutes les cultures, qui s'adapte aux palissages les plus économiques, qui assure aux pampres un soutenement régulier et dégage les interlignes pour l'air et le soleil, soit que les ceps soient à petite, à moyenne ou à grande arborescence, soit que les tailles doivent être courtes ou longues.

DISTANCE DE LA TIGE AU SOL. — Plus les ceps sont rapprochés de la terre, mieux ils mûrissent leurs fruits, plus leurs fruits ont de finesse et de sucre, moins les soutenements ou palissages sont coûteux. Mais aussi ce rapprochement extrême du sol favorise les gelées de printemps, la brûlure d'été et la pourriture d'automne. On peut donc, là où les gelées tardives et l'humidité du sol ne sont pas à redouter, rapprocher la tête du cep ou sa charpente à 30, à 20 et à 15 centimètres du sol; mais, dans les cas contraires, il faut les élever à 40, à 50 et même à 70 centimètres. La culture en cordon doit, comme celle en ceps, s'approcher ou s'éloigner du sol suivant les circonstances : sur les terrains perméables, caillouteux, pierreux, graveleux, au penchant des coteaux, sur les plateaux sains et battus par les vents, la situation la plus rapprochée du sol est la meilleure; dans les fonds des vallées, dans les plaines humides, on doit élever plus ou moins les bras ou les cordons de la vigne.

Pour tenir la vigne plus loin du sol, la dépense de soutenement devient beaucoup plus grande, et la taille, les épamprages, les palissages et les vendanges coûtent aussi davantage. Mais dans les régions extrêmes de la culture de la vigne, les cordons ou treilles, soutenues à 2 ou 3 mètres, échappent aux gelées dans l'extrême nord et donnent des produits plus fins dans l'extrême midi : dans les deux cas, la vigne haute, à grande arborescence et à taille mixte, peut ouvrir des horizons nouveaux et rendre de grands services à la viticulture; car la constance et l'abondance de sa production peuvent compenser, et au delà, l'excédant de la dépense due à l'élévation : excédant, d'ailleurs, déjà compensé par les moindres exigences de culture et d'engrais et par les cultures intercalaires, devenues inoffensives pour les treilles élevées.

Application des diverses tailles aux diverses tiges. — La taille courte, la taille mixte et la taille longue s'appliquent également bien à la petite, à la moyenne et à la grande arborescence, suivant la nature des ceps qui se trouvent mieux de l'une ou de l'autre.

Le dressement en cordon, près de terre, réunit tous les avantages de la souche basse et en offre beaucoup d'autres : d'abord celui de pouvoir donner à la vigne une arborescence aussi grande que sa nature et la qualité du sol le comportent, par conséquent d'augmenter la vigueur, la fécondité et la durée du cep; ensuite de se renfermer, mieux encore que la souche, dans le plan du palissage; puis de garder toujours la même distance du sol; et enfin, de pouvoir se rajeunir sans cesse et sans difficulté, en remplaçant le vieux cordon stérilisé par un jeune sarment choisi plus ou moins près de la souche.

Ainsi l'expérience montre que les grappes de chasselas, de muscat, sont aussi belles et aussi bonnes le long d'un cordon près de terre que sur un simple cep; il en est absolument de même pour le gamay : la taille est courte, plus courte sur le cordon de chasselas, de muscat, de gamay, que sur le cep, et pourtant le cordon est plus fertile que le cep. La taille courte sur cordon donne les mêmes qualités que la taille courte sur la souche : tous les cépages qui sont fertiles à la taille courte, tels que l'*aramon*, le *grenache*, le *morved*, l'*ugni blanc*, la *chalosse*, le *jurançon*, le *mollard*, la *roussane*, les *petits* et les *gros gamays*, les *chasselas*, les *muscats*, le *furmint*, l'*arnoison blanc*, le *traminer*, le *carignan*, le *malvoisie*, etc. pourraient donc jouir des avantages de la culture en cordon, près de terre, selon les méthodes de Clerc, de Georges et de Thomery.

D'un autre côté, tous les cépages qui demandent la taille longue, tous les *pineaux noirs*, *gris* et *blancs*, le *morillon noir*, le *meunier*, le *riesling*, le *gentil duret*, le *vert-doré*, le *gros* et *menu pineau de la Loire*, le *muscadet*, le *pulsart*, le *trousseau*, le *breton* et le *carbenet*, les *cots rouges* et *verts*, la *petite syra*, le *bouchy*, l'*arroyat*, le *mansenc blanc*, la *clairette*, le *braquet*, le *fuella*, les *picpoules noirs* et *blancs*, les *spirans*, etc., participeraient aux mêmes avantages du cordon à longue taille, mais surtout par la méthode représentée tome II, page 325, figure 185. Cette dernière méthode a plusieurs avantages : 1° de n'exiger que deux fils de fer au lieu de trois; 2° de modérer la dépense de la séve par l'arqûre et la position déclive de la branche à fruit; 3° de donner plus de fruits par cette position pendante, qui favorise surtout les raisins; et enfin de n'imposer aucune limite de longueur à la branche à fruit, dont la position pendante règle elle-même la végétation. On peut ajouter que la branche à fruit, ainsi disposée, laisse aux pampres de la branche à bois toute leur vigueur, ce qui n'est point dans la méthode Cazenave, où le dressement ascendant de la branche à fruit emporte, le plus souvent, toute la séve du courson à bois.

Quant à la disposition de la taille longue sur souche, elle peut être unilatérale, comme dans les côtes du Rhône, ou bilatérale, comme dans le Médoc. Le dressement unilatéral est préférable pour les treilles, pour les cordons comme pour la souche, parce qu'il n'offre qu'un cours de séve, plus facile à former, à équilibrer et à entretenir que le dressement bilatéral. La souche à longue taille unilatérale ne doit occuper qu'un mètre de terrain; celle à verge bilatérale doit en occuper deux (voir t. I, p. 14; t. II, p. 177, 259, 297, 676; t. III, p. 70, 281, 337, 416 et suivantes).

La taille courte, en éventail ou unilatérale, est encore plus facile à disposer : deux bras dans le plan de la ligne (t. I, fig. 63, p. 163; et t. II, fig. 339, p. 623), portant chacun quatre souchets, équivalent parfaitement à huit bras en gobelet et se comportent absolument de même. Ces bras peuvent être disposés, comme dans la figure 339 (tome II, page 623), dans le plan du palissage.

Toutes les vignes peuvent donc et doivent être plantées et maintenues en ligne ; elles doivent rester de franc pied, et le remplacement des souches stériles ou mortes doit toujours se faire par bouture ou par plant enraciné, rapporté avec terre nouvelle et amendement. Dans les vignes bien tenues, toute souche qui reste deux ans stérile, quand les autres sont fertiles, doit être impitoyablement arrachée ; c'est une vache sans lait dans une étable de laiterie.

Le provignage, soit de remplacement, soit de rajeunissement, doit être absolument proscrit ; et quand la vigne ne produit plus assez par l'âge, il faut l'arracher et la planter à nouveau, après cinq ans de repos ou plutôt d'autres cultures. Les meilleures sont : première année, un blé sur fumure ; deuxième, une plante sarclée sur demi-fumure ; troisième, une avoine ou une orge avec prairie artificielle ; quatrième et cinquième, prairie artificielle, sainfoin et luzerne. Alors la vigne peut être replantée en toute sécurité, sans se préoccuper des phosphates, des potasses et autres éléments que la terre peut contenir ; elle parcourra une nouvelle période d'assolement de 25, 30, 40, 50 ou 60 ans, suivant le pays et suivant son arborescence plus ou moins étendue, et pendant cette période elle donnera des bois et des fruits en abondance.


Les palissages des vignes sont indispensables dans le nord et dans le centre de la France, et partout où l'humidité du sol peut faire craindre la pourriture des fruits ; mais on peut dire que partout ils sont le complément nécessaire de toute bonne culture de la vigne. Pour avoir toute sa vigueur et toute sa fécondité, la vigne a besoin de soutien; souvent elle ne se charge de fruits qu'à la condition de les soutenir et de les suspendre par des vrilles; il en est pour certains cépages comme des haricots et des petits pois grimpants, qui ne donneraient presque aucun fruit sans rames. Les palissages servent en outre à dresser et à favoriser les bois de remplacement, à assurer la circulation de l'air, de la lumière et de la chaleur, à faciliter toutes les cultures et les opérations de taille, d'épamprage, de vendange, etc.

Le palissage fixe, en ligne et en fil de fer, est sans contredit le meilleur et le plus économique de tous; le piquage, l'enlèvement, l'épointage des échalas mobiles est extrêmement coûteux; la fourniture et l'entretien n'en sont pas moins onéreux. Aujourd'hui les palissages en fil de fer ont été suffisamment expérimentés pour qu'il soit permis de les recommander à l'exclusion de tous autres.

Deux cours de fil de fer suffisent pour toutes les arborescences de la vigne à vin, pour les treilles, les cordons et les souches; car l'expérience prouve que, contrairement aux besoins de la vigne de jardin ou de table, la vigne à vin ne doit jamais avoir qu'un étage. Or le fil inférieur servant d'attache à la souche, au cordon, à la treille, et en même temps aux branches à fruit, il n'est besoin que d'un fil au-dessus pour attacher les pampres, surtout si, comme dans la figure 185 (t. II, p. 325), les branches à fruit sont fortement arquées en bas et leurs sarments pendants au-dessous du premier fil de fer; car les bourgeons chargés de fruits n'ont besoin que d'être pincés, le sarment les soutenant suffisamment.

Les échalas ou pieux destinés à porter et à maintenir tendus les fils de fer doivent seuls varier en hauteur, en force et en nombre. S'il s'agit d'une vigne à souches basses, le plus haut fil de fer à 5o centimètres et le plus bas à 2o centimètres de terre, des pieux ou de simples échalas de 1 mètre, disposés à 3 mètres les uns des autres, suffisent parfaitement; s'il s'agit de treillons ou cordons à 6o centimètres de terre, les échalas doivent être plus forts et mesurer 1$^m$,6o, dont 4o centimètres enfoncés en terre; les pieux de tête seront amarrés ou contre-boutés, comme l'indiquent les figures 62 et 63 du tome III, page 115, et distants de 4 à 6 mètres les uns des autres. Mais pour soutenir des treilles à 2 mètres de hauteur il faut de véritables poteaux, de 1o à 15 centimètres de diamètre, fortement plantés dans le sol et dont la distance peut être de 8 à 1o mètres. Les fils de fer, qui pouvaient être du n° 12, galvanisé, pour les souches et cordons bas, doivent être du n° 14 pour les treillons à 6o centimètres et du n° 16 pour les treilles à 2 mètres. La dépense de ces divers palissages est comprise entre 4oo et 6oo francs par hectare. Dans les vignes basses, à petite souche et à taille longue, il vaut cependant mieux donner un échalas de 1 mètre à 1$^m$,2o hors de terre, à chaque souche, pour y attacher les bourgeons de la branche à bois; c'est le seul point faisant défaut au Médoc, qui, par cela même, manque souvent d'astes de remplacement.

Il est pourtant un cas où le palissage ne serait pas nécessaire : c'est celui où la vigne pourrait ramper ou s'étendre sur la roche nue ou sur des amas de pierres, cailloux ou galets sans végétation; alors la vigne, sans soutien, est dans les meilleures conditions de végétation et de bonne fructification. J'ai observé ce fait sur les mergers de la Maurienne. Sur les terrains secs et sains, dans la Provence, dans le Languedoc, dans le Gers, dans les deux Charentes, etc., on n'emploie ni palissages ni échalas : ce n'est pas le meilleur moyen de produire de bons vins.

ÉPAMPRAGES. — Toutes les vignes doivent être épamprées, c'est-à-dire ébourgeonnées, pincées, rognées et palissées, dans le Midi comme dans le Nord.

L'ÉBOURGEONNAGE, qui doit avoir lieu dans la première quinzaine de la végétation, consiste à jeter bas, avec la main, tous les bourgeons sortis du vieux bois, tous ceux qui ne portent pas fruits, excepté ceux destinés à la taille de l'année suivante. Il a pour objet et pour effet : 1° d'éviter le détournement de la séve au profit de bois gourmands ou inutiles; 2° d'éviter des plaies et des chicots nuisibles à la circulation de la séve, à la taille de l'année suivante; 3° de rendre cette taille plus rapide et plus économique.

LE PINCEMENT, qui consiste à supprimer, à deux ou quatre feuilles au-dessus de la plus haute grappe, la cime des bourgeons à fruit, se pratique en même temps que l'ébourgeonnage et ne doit point s'appliquer aux bourgeons à bois destinés à la taille prochaine. Il a pour objet et pour effet de concentrer la séve au profit des fruits et d'empêcher la coulure. Il peut être pratiqué et répété jusqu'à la fleur; mais au delà il serait dangereux de détruire les repousses du sommet, parce que ce sont elles, à partir du mois de juillet, qui assurent la montée de la séve nécessaire à la nourriture du raisin, à la perfection de ses qualités et de sa maturité prompte et complète.

Le rognage consiste dans la suppression du prolongement des bourgeons à bois, à 1 mètre, 1$^m$,20 de la souche, après la défloraison, et il a pour objet de fortifier les sarments de taille, en reportant la séve sur leur partie conservée, de mieux nourrir les bourgeons de l'année suivante et d'en assurer ainsi la vigueur et la fécondité futures. Les pincements et les rognages, en diminuant les feuilles et par conséquent la surface d'évaporation, diminuent et même font disparaître la brûlure des raisins, le jaunissement et la chute des feuilles rapprochées de la souche.

Les cultures des vignes doivent se faire toutes à plat et toutes doivent toujours être très-superficielles : le guéret ne doit pas excéder 10 centimètres d'épaisseur, à moins qu'il ne s'agisse d'extirper des plantes parasites qui ne seraient pas atteintes à cette profondeur. La vigne n'admet ni les chaussages ni les déchaussages, qui dérangent la température et l'hygrométrie de ses chevelus; elle aime un terrain ferme et même dur; elle vient mieux le long des sentiers battus, et l'expérience montre qu'elle se stérilise en proportion de la profondeur des cultures qu'on lui-impose. La théorie récente des cultures profondes, qui peut convenir aux carottes, aux betteraves et aux luzernes, ne s'applique pas plus à la vigne qu'elle ne s'appliquerait aux forêts : les cultures *profondes* troublent *profondément* la vigne, voilà ce que l'observation a démontré. Tenir la terre meuble et nue à la surface pour recueillir les produits azotés de l'atmosphère et absorber les rosées, puis détruire entièrement les herbes, ce sont les seuls points utiles à la vigne.

Une première culture après la taille, une autre au milieu de mai, une troisième à la fleur ou aussitôt après la fleur, une quatrième à la véraison, constituent un excellent entretien de la vigne. « Un binage vaut un arrosage, » disent les vignerons, et c'est la vérité : la terre remuée absorbe l'humidité des nuits et la rosée du matin avec énergie. A ces quatre cultures il convient d'en joindre une cinquième dans les avents de Noël : un antivernage détruit plus de mauvaises herbes que deux binages d'été.

Si ces cultures peuvent être faites à la houe ou aux ratissoires à cheval, c'est là un grand avantage qu'il faut rechercher dans toute plantation et dans toute culture de vigne, plus encore pour la rapidité du nettoyage des vignes que pour l'économie de la main-d'œuvre, qui a aussi son avantage, surtout si la main-d'œuvre est répartie sur les opérations délicates de la vigne, les palissages, les épamprages, etc.

Pour cultiver la vigne aux animaux de trait, la meilleure distance des lignes est à 1 mètre dans le Nord, à $1^m,10$ dans le Centre et à $1^m,20$ dans le Midi. A ces distances, et à peu de profondeur, si la terre est tenue en bonne culture, un seul cheval bine deux hectares dans un seul jour.

Époque de la taille. — La vigne doit être taillée dans la quinzaine qui précède son entrée en végétation, et il vaut mieux être en retard qu'en avance pour cette opération : la première végétation n'épuise point la vigne; elle prépare, au contraire, une pousse vigoureuse au profit des bourgeons restants, quand on en supprime l'excédant par la taille tardive. C'est ce que M. Fleury-Lacoste, président de la Société d'agriculture de la Savoie, démontre sur une large échelle depuis dix ans.

Toute taille faite avant ou pendant l'hiver donne aux bourgeons restants une activité qui les fatigue et fait couler souvent leurs fruits : chacun sait que la taille avance la végétation, ce qui est un grave inconvénient; mais ce que tout le monde n'a pas remarqué, c'est que, par les alternatives de chaud et de froid de l'hiver, la séve se meut et s'arrête alternativement : ces oscillations sont funestes au petit fruit qui est déjà dans le bourgeon.

ENTRETIEN DES VIGNES. — J'ai dit que la perpétuation de la vigne par provignages était une ruine : la vigne, comme tous les arbres fruitiers, a son temps de fécondité et de décadence, décadence qu'il ne faut pas attendre et que rien ne peut conjurer que l'assolement; mais son entretien pendant sa jeunesse et sa virilité par replantation, engrais et amendements, mérite un examen sérieux.

FUMURES. — Autrefois on ne fumait jamais les vignes; beaucoup de vignes encore ne sont jamais fumées, dans des vignobles fort étendus et sur des terrains de peu de profondeur et de très-médiocre fécondité. En tous terrains vierges de vignes, la vigne, sauf à la plantation et pour favoriser sa reprise, n'exige en aucune façon l'emploi du fumier. Est-ce l'ancienneté de cette culture sur un même sol, est-ce l'âge des ceps sans cesse provignés, est-ce la mode et l'engouement des théories des remplacements pour les cultures de fermes, qui a réagi sur la culture des vignes et fait considérer le fumier et même des quantités de fumier comme indispensables à cette culture? Je l'ignore; mais avant de déterminer l'utilité des fumures, je vais examiner les meilleures conditions de la végétation de la vigne.

La première condition de la vitalité de la vigne, de sa

fertilité et de sa durée, c'est son arborescence : plus la tige de la vigne est étendue, moins elle exige d'amendements, d'engrais et même de culture. C'est à cette vérité, quoique méconnue, que les provignages à outrance ont dû leur faveur et leur succès. La vigne provignée, c'est la vigne d'abord naine, passant bientôt à la moyenne, puis arrivant sous terre à la grande arborescence. Le provignage rendait donc, par expansion, la vigne fertile et durable. Mais avec quelles peines, à quel prix et dans quelle mesure? Avec plus de dépense et moins de profit qu'une replantation tous les quinze ans : la vigne assolée seulement à trente ans, sans provignage, rapporte le double et coûte moitié moins.

Terrage. — On demanda bientôt au provignage plus que l'expansion dont on ignorait le bienfait, on demanda le terrage en creusant des fosses plus profondes et en répandant les terres extraites sur les ceps environnants : alors on remonta les terres du pied des vignes au sommet; puis on rapporta des terres étrangères pour faire des chevets ou sommets de vignes en côtes; puis on terra la surface des vignes avec des terres rapportées, ce dont on se trouva fort bien, et enfin on arriva à l'emploi du fumier, ce qui n'empêcha point d'être obligé de recourir à des assolements radicaux et complets.

De ces faits appuyés sur de nombreux et vastes spécimens, je conclus : 1° qu'il faut d'abord donner à la jeune vigne toutes les dispositions qui permettent l'expansion de sa tige sur terre, sans nuire aux alignements, à l'aérage, à l'insolation ni aux cultures, et l'entretenir par de jeunes plants rapportés; 2° qu'il faut rechercher toutes les terres vierges convenables pour les planter, parce que la vigne y prospérera de franc pied, sans exiger de terrages ni de fumures, pendant une longue période d'années; 3° qu'il faut planter ses vignes au voisinage de riches terrières que l'on puisse exploiter au besoin, et, à défaut, qu'il faut laisser dans les vignes mêmes de larges routes dont on lèvera successivement les terres afin de soutenir le vignoble au fur et à mesure du besoin : chacun peut faire ses calculs sur cette donnée qu'avec 250 mètres cubes par hectare, tous les cinq ans, la vigne est largement pourvue.

MARNAGES. — Les marnes et les craies répandues, dans une proportion moitié moindre, sur les sols argileux, siliceux et alumineux, et même sur les terres calcaires, valent autant que le fumier; les argiles délitées et hivernées sont également bonnes à la vigne sur les terrains calcaires et sablo-siliceux.

FUMURE ET TERRAGE COMPARÉS. — Enfin, dans les terres les plus ingrates, un kilogramme de fumier de ferme par mètre carré et par an, s'il y a dix mille ceps à l'hectare, deux tiers de kilogramme par mètre carré si la vigne est à cinq mille ceps, et un tiers si la vigne est à deux mille cinq cents ceps, suffisent largement à son entretien de bonne production.

Cette fumure doit se faire de trois en trois ans, et par conséquent à triples rations de 30,000, 20,000 et 10,000 kilogrammes. C'est une dépense de 450, 300 et 150 francs, à diviser par trois; tandis que les terrages ne reviennent pas à 50 francs par an si l'on estime à 1 franc le mètre cube de terre, fouillé, chargé et répandu.

Les engrais doivent être enfouis, de novembre en février, à 25 centimètres sous terre, au milieu des rangs, dans une rigole faite à la main ou au buttoir à double versoir, s'il y a lieu : toutefois une fumure en couverture, pratiquée en mai et juin, dans des vignes maigres chargées de fleurs, empêche la coulure et sauve une récolte qui paye largement la dépense; une fumure en couverture protége également les raisins contre le brûlis.

Les herbes, pailles, roseaux, laîches et foins avariés, les broussailles, les buis, les tiges d'arbres verts, les brandes, les fougères, les fagots de ramilles d'arbrisseaux et d'arbres quelconques, et surtout les sarments de la vigne enfouis dans des rigoles, à 30 ou 40 centimètres sous le sol, dans le milieu des lignes, sont plus durables dans leurs bons effets et valent mieux que les fumiers.

Tous les terrages, marnages et gazons de pelouse se répandent uniformément sur le sol.

Mise en ligne des vignes en foule. — Peut-on remettre en lignes les vignes en foule qui produisent peu et coûtent beaucoup, qu'elles soient jeunes ou vieilles ? Oui, et c'est là une opération peu coûteuse et très-lucrative; de grandes et nombreuses expériences ont mis cette vérité hors de doute. Il suffit d'ouvrir, au cordeau, à 1 mètre, $1^m,10$ ou $1^m,20$, des rigoles parallèles, de 25 centimètres de largeur et de profondeur; de déchausser avec soin les souches qui s'y rencontrent, après les avoir taillées et réduites à leur plus beau sarment, conservé seul de toute sa longueur; de tailler de même toutes les souches à côté des rigoles, de les déchausser avec soin, et de les amener dans la rigole, en les couchant dans une petite tranchée de même profondeur, au pied d'échalas ou de carassons plantés de mètre en mètre, ou du moins à égale distance dans la ligne : le sarment de la souche est attaché et relevé verticalement le long de ce tuteur, puis la souche est recouverte et la rigole remplie avec un peu de fumier et avec la terre sortie. Les souches surabondantes sont supprimées. Au printemps suivant, les sarments rognés à 5o, 8o centimètres ou à 1 mètre, suivant leurs forces, sont piqués en terre, dans le même sens et dans la ligne ; la première récolte sera des plus rémunératrices et payera, en outre, les frais faits; puis la vigne, traitée désormais comme une jeune vigne, soit à taille courte en cordon, soit à long bois unilatéral, avec palissage, donnera des récoltes de plus en plus rémunératrices, jusqu'à épuisement.

TAILLE RENDUE PLUS GÉNÉREUSE. — Mais sans rien changer à la disposition des vignes faites, on les rendra toujours plus fécondes et plus durables en donnant aux cépages qui comportent la taille longue des verges ou branches à fruit, d'une part, et, d'autre part, en augmentant le nombre des bras et des coursons des cépages à taille courte et en augmentant le nombre des yeux de chaque courson jusqu'à trois ou quatre; mais, dans le second cas, il convient de pincer avant le milieu de mai les bourgeons des yeux supérieurs, en ne laissant que le plus bas sans le pincer, et, dans le premier, il faudra de même pincer tous les bourgeons des branches à fruit. Le vigneron ne devra jamais oublier que les racines ne vivent que par la tige, qu'elles lui sont toujours proportionnées, et qu'en la mutilant il diminue toutes les forces vitales de l'arbrisseau.

En résumé, soit à la taille courte, soit à la taille longue, un cep qui occupe un mètre carré de sol doit porter sur sa tige douze bourgeons à fruit au moins et vingt-quatre au plus, suivant la qualité du sol et la bonté de la climature.

Un problème à résoudre, un progrès à tenter, serait de faire produire une récolte à la vigne dès la première année de sa plantation : l'emploi du versadi (voir les figures 64 et 236, t. I, p. 167 et 561, et t. II, p. 485, fig. 260 et suivantes) et celui des plants obtenus par le procédé du docteur Esquot (voir les figures et explications t. III, p. 162 et 299, fig. 100, 190 et suivantes) pourraient conduire des viticulteurs soigneux et intelligents à ce résultat, surtout dans les bons sites et dans les meilleures terres à vignes du Centre et du Midi.

Accidents et maladies de la vigne. — La vigne est en butte à divers fléaux et intempéries atmosphériques : elle est attaquée dans ses ceps par les gelées d'hiver; dans sa première végétation, par les gelées tardives du printemps; dans sa fécondation, par les froids et les pluies de mai et de juin; dans ses verjus, par les sécheresses et les excès de chaleur de juillet et d'août; dans ses raisins mûrissants et mûrs, par l'humidité et les froids de septembre et d'octobre, qui pourrissent les fruits et font tomber prématurément les feuilles; enfin, elle peut être atteinte par la grêle dans tout le cours de sa végétation.

Gelées d'hiver. — Le moins fréquent et le moins redoutable de ces fléaux est, sans contredit, la gelée des ceps par les froids excessifs et subits de l'hiver : ce n'est qu'à de longs et rares intervalles, et sur des espaces très-circonscrits, que la gelée d'hiver fait périr les ceps; les moyens préventifs à lui opposer coûteraient, à la longue, beaucoup plus cher que les dommages qu'elle cause; pourtant dans quelques parties des vignobles du Jura on enterre la moitié des ceps en hiver, comme on les enterre tous en Crimée.

Gelées de printemps. — Par opposition aux gelées d'hiver, les gelées de printemps sont le fléau le plus fréquent et le plus redoutable des vignobles dans toute la France : plus dans le Nord que dans le Centre, plus dans le Centre que dans le Sud ; mais partout elles détruisent une partie, souvent la moitié, parfois la totalité des récoltes.

Paillassons. — J'ai fait personnellement bien des efforts pour préserver les vignes des gelées de printemps : j'ai créé une fabrique de paillassons longs et étroits, revenant à 15 centimes le mètre ; pendant trois ans j'en ai recouvert 5 hectares de vignes, dans un lieu où les gelées sévissent à tous les printemps, et le succès a été complet et incontestable (voir t. III, p. 420 et suiv.).

Mais l'emploi des paillassons, des toiles, cartons, papiers, et même des rameaux d'arbres verts, superposés aux bourgeons, tous moyens qui réussissent plus ou moins bien, entraîne à des dépenses ou à des difficultés peu compatibles avec la grande culture. J'ai enterré des sarments jusqu'au 30 mai ; mais, à leur extraction du sol, les bourgeons étaient promptement flétris, ou si quelques-uns résistaient à l'action de l'air et de la lumière, les boutons à fruit disparaissaient complétement.

Fumée. — J'ai enfin essayé en grand, et à plusieurs reprises, l'action de la fumée ; mais les pluies et les vents ont constamment déjoué les dispositions que j'avais prises, et je n'ai pu maintenir la fumée que sur une faible fraction de 34 hectares. Aujourd'hui, grâce aux moyens rapides et économiques de développer une fumée abondante et épaisse par la combustion des huiles lourdes, grâce aux lampions portatifs employés et indiqués par M. Gaston Bazille, de l'Hérault, d'abord, puis essayés avec succès par M. le vicomte de la Loyère et par d'autres viticulteurs, la fumée pourra rendre de grands services; mais tous ces services seront dus aux faits signalés et recommandés avec persévérance à l'attention publique par M. Boussingault, membre de l'Académie des sciences. Toutefois, à côté de succès précieux, il y a lieu de redouter encore de bien grandes déceptions.

**SARMENT DE PRÉCAUTION.** — Aussi je signalerai comme le meilleur et le plus sûr moyen d'échapper aux effets désastreux des gelées de printemps, ou d'en atténuer au moins la gravité, l'emploi du *sarment de précaution;* procédé économique, facile et tout à fait innocent dans son application. Il s'agit simplement de laisser à chaque souche à taille courte, en dehors et en sus de la taille ordinaire, un long sarment, de petit diamètre et ayant le plus grand nombre d'yeux possible; ce sarment doit être fixé à terre ou dans la position la plus déclive relativement à la souche. Si la gelée n'atteint pas les bourgeons normaux de la souche, ce sarment doit être jeté bas, sans hésitation, au 30 mai; si les bourgeons de la taille normale ont été gelés, le sarment de précaution repoussera des bourgeons à fruits en quantité suffisante pour une bonne récolte : ce sarment devra donc, dans ce cas, être conservé et piqué en terre, ou bien attaché en couronne à la souche.

**LONGUES TAILLES.** — Si les souches sont à longues tailles, le sarment de précaution est inutile; il suffit, pour le suppléer, de laisser aux branches à fruit toute la longueur des

sarments qui doivent les constituer, de les fixer horizontalement ou dans une position inclinée vers la terre, et d'attendre, pour les rogner à leur longueur normale, que le
temps des gelées soit passé : on aura toujours des fruits à
choisir sur ces longues tailles, même après les gelées de
printemps.

Coulure. — La coulure des fleurs et même des raisins
déjà noués reconnaît plusieurs causes ; la plus générale paraît résider dans les froidures et les pluies persistantes au
moment de la floraison : celle-là peut difficilement être con-
jurée; la seconde est la maigreur du sol et la surabondance des fleurs : les fumures en couverture, la suppression des fleurs, le pincement de l'extrémité des grappes
conservées et des bourgeons porte-fruits, empêchent facilement les fleurs conservées et pincées de couler; la troisième est l'exubérance de végétation des bourgeons, résultant soit d'un terrain trop généreux, soit d'une taille trop
courte, soit de l'extrême vigueur de certains cépages : alors
le bois mange le fruit. On ne peut empêcher ses effets qu'en
donnant, à la taille sèche, une extension proportionnée à la
nature du cep, à sa vigueur et à la fertilité du terrain.

L'incision annulaire, pratiquée un peu avant la floraison,
est un moyen très-efficace de conjurer à peu près toutes
les causes de la coulure; elle augmente le volume des
grappes et en avance la maturité. C'est un moyen éprouvé
et qui prendra un rang distingué dans la viticulture progressive.

La brûlure, le brûlis ou brûlé des raisins est combattu par

le rognage des bourgeons, à 1 mètre de la souche, pratiqué à la fin de juin ou dans les premiers jours de juillet; il diminue la surface d'évaporation des feuilles, reporte la séve sur les raisins et sur les feuilles rapprochées de la souche, favorise la formation de jeunes feuilles au centre et prépare la fécondité des yeux inférieurs pour l'année suivante, en y concentrant les matières amylacées et saccharoïdes produites à la séve d'août, lesquelles se seraient déposées de préférence aux nœuds supérieurs des sarments si le rognage n'avait pas été pratiqué.

La pourriture est singulièrement diminuée par la culture des vignes en lignes et à plat, par les palissages et les épamprages, qui assurent les courants d'air, l'insolation, et n'offrent aucun refuge à l'humidité.

Les paillassons et les toiles peuvent conjurer la pourriture par les pluies et la chute prématurée des feuilles par les gelées d'automne; ces moyens sont employés avec succès à Thomery et dans les jardins, mais ils sont peu praticables en grande viticulture.

La grêle. — Quant à la grêle, rien ne peut prévenir ses terribles effets; les assurances seules pourraient en réparer les désastres : mais aujourd'hui les assurances sont trop souvent des agences de procédure qui rendent difficile, incomplète et parfois problématique la perception des indemnités. Pour éviter ces difficultés, il vaut donc mieux être soi-même son assureur, c'est-à-dire, par une sage économie dans les bonnes années, se mettre en mesure de supporter un sinistre. Malheureusement la grêle atteint la vigne non-seulement pour une année, mais souvent pour deux, en altérant profondément la végétation de l'année suivante. Aussi, dès qu'une vigne vient d'être grêlée, si elle est jeune et vigoureuse, et que son sol promette une reprise de végétation, si l'époque du malheur précède le mois de juillet, il faut reconnaître les bourgeons sains, les plus rapprochés de la charpente de la souche, et les tailler à deux yeux, comme pour la taille d'hiver, en supprimant tout le reste : les yeux conservés donneront, le plus souvent, de beaux et bons sarments qui porteront fruit l'année suivante. Plus le sinistre se rapproche du commencement de la végétation, plus la vigne est vigoureuse, mieux l'opération réussit.

Maladies de la vigne. — Les maladies proprement dites de la vigne se réduisent à un très-petit nombre : le *jaune*, le *rougin* et le *cottis*.

Le jaune. — Lorsque, dans un temps de gelées, un labour intempestif a été donné, la vigne *pousse jaune;* à la suite d'un binage donné par les grandes chaleurs accompagnées de sécheresse, la vigne *prend le jaune;* enfin, dans quelques terrains maigres par nature ou par épuisement, les pampres et les feuilles de la vigne deviennent *jaunes.* Les deux premiers cas sont des accidents résultant de l'exposition des chevelus aux froidures ou à la chaleur, qui disparaissent spontanément à la végétation suivante; les terrages et les engrais remédient au troisième; pourtant dans les trois cas, en arrosant les ceps atteints du jaune avec une solution de 5 kilogrammes de sulfate de fer dans 100 kilogrammes d'eau, répandus à 2 litres par mètre, on en active singulièrement la guérison.

Le rougin, qui consiste dans l'étiolement des feuilles passant, en partie ou en totalité, à la couleur rouge sang, est aussi une maladie d'épuisement des ceps, soit par des tailles trop courtes, soit par l'insuffisance du sol : il guérit facilement par les fumures et les amendements, et surtout par une taille plus généreuse.

Le cottis, ou pousse en ortille, est une maladie beaucoup plus grave : elle réside dans les racines et la tige, et se manifeste d'abord par une végétation très-affaiblie d'une couleur vert bouteille, puis jaune, puis blanche, et la mort du cep, en un an ou deux, en est la conséquence inévitable. Si l'on arrache les ceps malades ou morts, on trouve leurs racines profondément altérées, pourries, sans consistance, et le bois de la tige désagrégé; des plaques de moisissures et des renflements humides et spongieux, couverts d'insectes microscopiques, se font alors remarquer aux grosses racines, les seules qui restent le plus souvent. Mais le fait le plus remarquable, c'est que cette maladie se propage du cep malade aux ceps environnants, comme une tache d'huile qui s'étend en cercle ou comme une nappe d'eau suivant une pente. Elle attaque de préférence certains cépages : le morved, le grenache en Provence, le balzac dans les Charentes, le gamay en Touraine, le cot rouge en Haute-Savoie, et surtout les cépages rouges; elle se manifeste principalement dans les jeunes vignes jusqu'à quinze ou seize ans et elle n'attaque que les vignes à taille courte. Elle a une certaine analogie avec ce qu'on appelle les *mourières*, plaques de terrains humides où périssent les ceps; pourtant le cottis se montre dans des terrains secs et sains.

Sa faculté de se propager de proche en proche semblerait indiquer que les insectes en sont la cause première et le mode de propagation.

Quoi qu'il en soit, les arrosements du sol avec une solution de 1 kilogramme de quadrisulfure de potasse (foie de soufre) et de 5 kilogrammes de sulfate de fer dans 100 kilogrammes d'eau, au taux de 5 litres de chacun par cep, accomplis une fois en février et mars et une seconde fois en juin et juillet, en ayant soin d'étendre l'arrosage à 1 ou 2 mètres au delà du sol infecté, paraissent réussir. La solution de sulfate de fer a donné de bons résultats entre les mains de plusieurs praticiens. L'extension donnée à la tige et à la taille paraît aussi préserver du mal les ceps environnant le foyer infecté : il semblerait que le refoulement de la séve, par une taille trop restreinte, détermine une turgescence des racines et une extravasation du suc végétal qui fournit ainsi aux insectes une base d'éclosion et un aliment; ils seraient l'effet et non la cause du mal.

Les parasites de la vigne sont très-nombreux, mais les plus redoutables sont au nombre de trois : l'eumolpe ou écrivain, la pyrale et l'oïdium. Les deux premiers sont des insectes, le troisième est un végétal cryptogamique.

L'eumolpe est un petit coléoptère assez semblable à un hanneton réduit au centième; on lui donne les noms de *gribouri, besin, berdin, écrivain*, etc. Il ronge les feuilles, coupe les grappes et les bourgeons et sa larve même infeste le raisin mûrissant; on ne connaît d'autre moyen de le détruire que celui de s'en emparer directement : pour y parvenir, il faut user de beaucoup de précautions; car, au moindre bruit, au moindre choc, l'insecte se laisse tomber sur terre et y fait le mort. On a construit dans l'Yonne (t. III, p. 151, fig. 93) et dans le Gard (t. I, p. 226, fig. 81) deux instruments analogues pour recueillir le plus possible de ces petits rongeurs de la vigne; mais, bien qu'on puisse en détruire ainsi des quantités énormes, il foisonne tellement, qu'on s'aperçoit à peine de l'effet obtenu par sa destruction partielle.

La PYRALE est bien plus redoutable encore que l'eumolpe ; sa chenille, petite, et restant engourdie pendant l'hiver dans les anfractuosités des ceps et des échalas, dévore toutes les parties vertes de la vigne dès le mois de mai : elle groupe et replie, en les contournant en cornet, les feuilles, les bourgeons et les fruits; vers le mois d'août son papillon dépose ses œufs sur les feuilles et les sarments et les y agglutine par un enduit très-solide. Ces œufs éclosent avant même la fin de la saison, et c'est ainsi que les petites chenilles sont en état de commencer leurs ravages dès le printemps. Deux moyens ont été proposés pour détruire la pyrale : l'un, par l'abbé Roberjot, qui consiste à allumer dans les vignes, pendant la nuit, des feux, à la lumière et aux flammes desquels viennent se brûler les papillons; et l'autre, plus efficace, inventé par M. Raclet, de Romanèche, l'échaudage des ceps à l'eau bouillante (voir t. III, p. 10).

L'OÏDIUM est, sans contredit, le plus terrible fléau qui soit venu depuis vingt-deux ans s'abattre sur la vigne. Les graines de ce cryptogame, aussi imperceptibles que les miasmes du choléra, semblent être suspendues en nombre infini dans l'atmosphère, n'attendant, comme des milliards d'autres germes de végétaux et d'animaux invisibles, que les conditions favorables pour se développer et exercer leurs ravages; heureusement le remède contre l'oïdium est trouvé, et son efficacité ne peut plus être contestée : ce remède est le soufre.

Mais on n'a pas assez précisé les conditions essentielles au semis, à la germination et à l'éclosion de l'oïdium ; on a moins précisé encore les conditions dans lesquelles le soufre le détruit ou ne le détruit pas. Il résulte de ces données, vagues et incertaines, que les viticulteurs du Centre et du Nord sont bien loin de réussir toujours dans la guérison du mal par les soufrages, ceux du Nord surtout; tandis que les mêmes opérations, dans le Midi, déterminent à peu près constamment la **guérison**. Ce succès du Midi n'est pas dû à **une connaissance** plus exacte de la marche de l'oïdium, ni des propriétés du soufre; il tient exclusivement à ce que le Midi jouit presque toujours d'une température *nécessaire* à l'efficacité des soufrages.

Je crois donc utile de résumer ici tout ce que j'ai appris de positif à l'égard de l'oïdium et de l'action du soufre.

1° L'oïdium a une période d'incubation, ou d'évolution organique, qui semble exiger trois jours et trois nuits d'une chaleur humide, constante, d'au moins 16 degrés centigrades au-dessus de zéro.

2° Les graines de l'oïdium ne peuvent germer, et constituer les premiers organes du parasite, que sur les surfaces jeunes et tendres de la vigne, savoir : au printemps, sur les jeunes bourgeons; en juin et juillet, sur les jeunes raisins et sur les repousses; en août et septembre, sur les raisins qui s'éclaircissent et s'attendrissent pour mûrir.

3° Lorsque la température nécessaire au développement de l'oïdium coïncidera avec l'état des organes de la vigne propre à favoriser ce développement, l'oïdium paraîtra : si cette coïncidence n'a lieu ni à la première pousse, ni à la floraison, ni à la véraison, l'oïdium ne se développera pas ; par contre, si la coïncidence se produit aux trois périodes, il y aura trois invasions du fléau.

4° Les latitudes, les altitudes, les expositions et les saisons sont les principales conditions de l'absence, de la fréquence et de l'époque de l'incubation et de l'évolution du parasite. Le voisinage des mers et des lacs les favorise singulièrement par le maintien d'une température suffisante pendant la nuit et par l'entretien d'une humidité nécessaire. Une certaine élévation des vignes au-dessus du sol, les pampres superposés et entrelacés, les berceaux, les abris des arbres, des toits, des serres, peuvent produire l'oïdium là et à des époques où il n'aurait pu se constituer sans leur concours.

Sur ces données, on comprendra sans peine que dans les vignobles de l'extrême midi, sur les bords de la Méditerranée et de l'Océan, l'oïdium se montre presque constamment à la *pousse*, à la *fleur* et à la *véraison;* qu'il n'apparaisse qu'à la *fleur* et à la *véraison* dans le centre de la France, et qu'il ne se produise dans le nord qu'à la *véraison*, parce que les conditions d'éclosion de l'oïdium ne se produisent qu'à partir du mois d'août dans le nord, en juin et juillet dans le centre, tandis qu'elles existent dès le mois d'avril dans le midi.

Si l'on joint à ces faits d'observation générale les bizarreries et les interversions des saisons, on comprendra que l'oïdium apparaisse une année et pas une autre, dans une saison ou dans une autre, qu'il attaque une localité et non une autre, une vigne ou une partie de vigne et non les vignes voisines, une exposition sud et non une exposition nord, sur la même treille; un berceau et non une treille verticale, une vigne non épamprée et non une vigne épamprée : tout cela devient très-rationnel aux yeux de celui qui connaît bien les conditions du développement de l'oïdium.

Le soufre a aussi ses conditions d'action curative très-tranchées. Ce n'est ni par son contact immédiat, ni par son action chimique, directe ou indirecte, que le soufre détruit l'oïdium à sa naissance; c'est par son action dynamique, par ses vibrations odorantes, par son odeur.

A une température inférieure à 20 degrés, le soufre, en canon ou en poudre, ne répand aucune odeur; à une température plus élevée, il devient plus odorant et en proportion de l'élévation de la température : et c'est seulement dans cet état dynamique, dans sa sphère d'activité odorante, qu'il désorganise le parasite. Le soufre, en puissance odorante, peut être comparé à l'oxygène en puissance électrique, à l'ozone, qui détermine une activité végétative qu'il n'appartient pas à l'oxygène anélectrique de déterminer.

On peut se faire une juste idée de la différence d'action de ce double état, actif ou passif, des corps en comparant un instrument de musique, un timbre, une cloche en pleines vibrations sonores, à ces mêmes instruments réduits au silence. Tous les corps varient, dans leurs propriétés de relation, suivant le mouvement vibratoire intérieur dont ils sont animés, sans que leur composition chimique ou leur état physique nous paraisse changer. C'est là toute une science nouvelle et positive dont j'ai donné le tableau dans mes Éléments de physique générale en 1832, et c'est par cette science que les causes et les différences des odeurs, des saveurs, des propriétés alimentaires ou vénéneuses des solides et des liquides qui entretiennent ou détruisent la vie, seront un jour connues, comme nous comprenons aujourd'hui la différence des sons et des couleurs; nous comprendrons de même l'électricité, les affinités et l'attraction qui ne sont que des formes, des antagonismes ou des équilibres vibratoires des corps. J'insiste sur ces notions parce que ce sont elles qui m'ont permis de juger sévèrement, contre la chimie et la physique vulgaires, les substitutions des alcools aux eaux-de-vie et aux vins.

SOUFRAGE PAR LA VOIE SÈCHE. — Quoi qu'il en soit, le soufre en activité odorante détruit seul l'oïdium, et le soufre broyé ou sublimé ne prend cette activité qu'à une température au-dessus de 20 degrés : d'où il suit que si le soufrage d'une vigne malade a lieu par un temps froid, persistant, l'action du soufre sera absolument nulle. Il ne faut donc soufrer que par un temps chaud et présumé devoir durer pendant deux ou trois jours.

Dans le Centre il ne faut point soufrer préventivement au printemps, et dans le Nord il ne faut soufrer ni au printemps ni à la fleur, mais seulement à l'époque où l'oïdium fait habituellement son apparition dans le pays.

Dans le Nord, la pratique des deux premiers soufrages, banalement indiqués, ayant été suivie d'une invasion complète à la véraison, a persuadé à un grand nombre de viticulteurs que le soufre n'avait aucune action.

La vérité est que le meilleur moment pour faire le soufrage est, comme l'a dit M. de Lavergne, celui où l'oïdium commence à se montrer sur quelques ceps les plus disposés à contracter la contagion : en dehors de cette indication, l'opération est toujours hasardée et souvent inutile.

Dès que les premiers symptômes de l'oïdium se manifestent, si la température et le temps sont favorables, il faut agir sans délai : relever d'abord les pampres, les attacher verticalement et supprimer leur excès ; puis projeter la fleur de soufre, préalablement étalée et chauffée au soleil sur un drap, sur tous les ceps, du haut, du bas, des côtés, sur les pampres verts et sur les raisins, soit au moyen des soufflets inventés dans ce but (le soufflet de Lavergne est le plus simple et le meilleur), soit au moyen de boîtes à mèches, soit même avec la main, puisant dans un tablier de semeur et projetant vigoureusement la fleur de soufre dans tous les sens. C'est là un excellent procédé que M. Forest, habile arboriculteur, l'un des premiers et des plus heureux soufreurs, a employé bien des fois avec plein succès.

Quand on doit pratiquer trois soufrages, 25 kilogrammes de fleur de soufre par hectare suffisent à chaque fois ; mais quand il s'agit du soufrage d'août seul, dans le Nord il faut en employer 33 kilogrammes et repasser au soufre, dans les huit jours, les parties de la vigne où le mal semble persister.

Soufrage par la voie humide. — Mais, malgré toutes les notions et toutes les précautions voulues, il arrive trop souvent dans le centre et le nord de la France, et parfois dans le midi, que le temps favorable à l'action prompte et certaine du soufre en poudre ne se présente qu'à de très-courts intervalles ou même ne se présente pas du tout. Il arrive aussi que la disposition des vignes, notamment celles des crosses d'Évian, celles des arbres des départements pyrénéens et celles des hautains de l'Aisne et de l'Oise, rend l'opération presque impraticable; comment en effet projeter la fleur de soufre autour, au-dessus et dans l'intérieur d'arbres de 6, 8 et 12 mètres de hauteur?

Dans cette double condition de chaleur insuffisante pour rendre le soufre odorant et d'arborescence défavorable au soufrage, il faut avoir recours aux eaux sulfureuses, fortement odorantes à toute température, et pouvant être projetées à toutes les hauteurs et à travers toutes les ramifications au moyen de bonnes pompes de jardin.

Ces eaux se produisent partout, et sans la moindre difficulté, avec les *foies de soufre*, à base de potasse ou de chaux (quadrisulfures de potasse ou de chaux), dissous dans l'eau froide commune à la dose de 1 kilogramme de foie de soufre pour 1,000 kilogrammes d'eau. 10 kilogrammes suffisent largement pour traiter un hectare de vignes et ne coûtent pas plus de 5 à 6 francs : c'est donc là un remède très-économique, et, je puis l'affirmer par expérience personnelle et par celle de viticulteurs positifs, très-efficace.

Les vendanges doivent se faire en pleine maturité et le plus tard possible dans le Nord et le Centre. Dans le Midi, et pour les vins communs, on s'est demandé s'il ne conviendrait pas de vendanger quand les moûts marquaient 9 ou 11 degrés glucométriques, plutôt que d'attendre la parfaite maturité, où ces mêmes moûts pourraient marquer 12 et 15 degrés, taux trop élevé pour l'usage alimentaire : après avoir partagé l'opinion qu'il valait mieux *vendanger sur le vert*, l'observation et l'expérience m'ont convaincu qu'il était préférable de recueillir les raisins à leur plus haut degré de maturité, puis de les additionner d'eau pour ramener leurs moûts à 10 ou 11 degrés et de les mettre à la cuve pour y subir une fermentation rapide ; cette addition d'eau favorise la fermentation et la rend complète et définitive. L'eau se charge en même temps de tanin, de matière colorante et des sels du vin ; et les vins ainsi faits sont plus solides que ceux qui résultent de la vendange sur le vert. Plus de vin, plus solide et meilleur, tel est le résultat de l'abaissement des moûts parfaitement mûrs.

En toutes latitudes, la vendange doit se faire par un temps sec, frais pour les vins blancs, chaud pour les vins rouges ; elle doit se faire rapidement, et s'il s'agit de vins rouges, de façon à remplir une cuve dans un jour au plus.

Excepté pour les vins de liqueur, la vendange doit se faire en une seule fois, les raisins étant triés avec soin pour les vins fins seulement.

Les vendanges sont de plus en plus chères, et de plus en plus difficiles à opérer par la rareté et le mauvais esprit de la main-d'œuvre : la coutume d'engager les troupes de vendangeurs à l'avance, de les coucher, de les bien nourrir, est plus humaine et plus profitable que celle d'aller, chaque nuit, choisir de nouveaux vendangeurs sur la place publique ; les déprédations, les émeutes et les exigences de ces troupeaux d'hommes, de femmes et d'enfants, sans asile autre que les cabarets et les champs, mettront un terme à cette pratique barbare.

Les bans de vendange et de grappillage disparaîtront bientôt aussi, et rendront enfin la liberté à la propriété et au propriétaire.

La vendange, recueillie et conduite à la vinée (cuvier, cellier, vendangeoir), doit être passée et foulée, au double cylindre cannelé, sur le pressoir ou près du pressoir s'il s'agit de faire du vin blanc, près de la cuve ou sur la cuve s'il s'agit de faire du vin rouge : en aucun cas elle n'a besoin d'être égrappée pour faire de bons vins de consommation, car pour le vin blanc la rafle est inoffensive, puisque le moût est immédiatement extrait des raisins, et pour le vin rouge de qualité ou de bonne consommation courante elle ne doit jamais rester en cuve plus de huit jours, dans les conditions les moins favorables à la fermentation; dans ce cas même, la présence de la rafle est utile pour donner au vin une partie de ses vertus toniques et une partie de sa solidité.

La vendange destinée aux vins blancs, une fois foulée et débarrassée de ses premiers jus, doit être soumise au pressoir dans le plus bref délai possible, et par la fraîcheur, si l'on veut éviter la couleur jaune au vin. Quatre presses et trois retailles des marcs suffisent à extraire tous les jus, qui doivent être mélangés et répartis de suite dans leurs vaisseaux vinaires, lesquels devraient être toujours les vaisseaux de vente et de livraison. Ces vaisseaux doivent être rangés en celliers chauds pour y accomplir leur fermentation, à bonde libre, jusqu'en décembre, où ils doivent être descendus en cave.

La vendange destinée aux vins rouges, après son foulage, doit être mise en cuve de 4o à 5o hectolitres au plus: la cuve doit être remplie en moins d'une journée jusqu'à o$^m$,2o ou o$^m$,25 au-dessous de son bord supérieur, recouverte d'un canevas, d'une toile ou de planches non jointives après qu'on aura égalisé le marc flottant; puis aucune autre opération ne doit être faite dans son intérieur jusqu'au tirage des vins, si ce n'est un foulage ou mélange général du marc flottant, renfoncé dans le vin, pour y délayer la couleur, douze heures avant le tirage, c'est-à-dire le temps nécessaire pour que le marc soit remonté sur le vin.

Si la température générale est de 18 degrés de chaleur, il ne sera pas nécessaire de chauffer la vinée; mais si elle est au-dessous, toute bonne vinée devra être munie d'un calo-rifère qui permette d'élever sa température à 20 degrés. Il serait même bon, par un temps froid, de répartir les raisins dans des baquets, des hottes ou paniers, dans la vinée ainsi chauffée, et de ne former la cuvée qu'avec des raisins chauffés à 15 ou à 20 degrés.

La plus grande partie des qualités des vins rouges dépend de la promptitude, de la perfection et du degré élevé de la fermentation en cuve.

La cuve emplie et couverte, il ne s'agit plus que de laisser s'accomplir l'opération et de la suivre attentivement. Si les raisins et la vinée sont à 15 ou à 20 degrés au moment de l'emplissage, 24 heures ne se passeront pas sans que la fermentation s'annonce par un bruit d'abord semblable à celui de la pluie, bruit qu'on ne saisit qu'en appliquant l'oreille à la cuve, mais qui ne tarde pas à se faire entendre dans toute la vinée; en 48 ou 72 heures il se transforme en un bouillonnement assez semblable à celui d'une potée de choux en pleine ébullition : c'est ce qu'on appelle le gros bouillon. En même temps le marc, soulevé par l'acide carbonique qui se développe dans son intérieur, monte de façon à ne plus laisser que 10 à 15 centimètres de vide dans la cuve; mais bientôt le bruit diminue et le marc baisse : c'est le moment d'enfoncer le marc dans le vin et de l'y laver, pour ainsi dire, afin d'y distribuer la couleur dissoute dans le marc en proportion du degré de chaleur auquel s'est élevée sa température intérieure; douze heures suffisent à la remontée du marc. C'est le moment de tirer le vin de la cuve ; on l'entonne à mesure dans des tonneaux neufs d'expédition, disposés dans la vinée ou dans un cellier chaud très-rapproché : on ne les emplit d'abord qu'aux trois quarts, réservant ainsi l'espace nécessaire à la répartition égale des vins de pressoir, qui s'élèvent, en moyenne, au quart environ de la totalité des jus.

Aussitôt le vin trouble et chaud tiré de la cuve, on porte le marc au pressoir, où il subit trois retailles et quatre serres ; ce sont les jus résultant de ces pressées qui doivent être également répartis dans les jus de la cuve, parce qu'ils contiennent plus de sucre, plus de couleur, plus de tanin et plus de sels nécessaires au complément des qualités du vin. Si la cuvaison s'est accomplie en moins de sept jours, les vins de presse ne contiennent que des éléments utiles aux vins de cuve.

Le vin achève sa fermentation dans les tonneaux, dont on laisse la bonde ouverte : les grains, les pellicules, le tartre excédant, sortent pendant plusieurs jours, et l'on remplit pour favoriser cette purification. C'est ainsi que se font les meilleurs vins rouges, les plus colorés, les plus brillants et les plus généreux : à cuve *ouverte*, à marc *flottant*, tirés *troubles et chauds*, perfectionnés dans leur tonneau.

Esprit, couleur, durée des vins. — Plus la fermentation est lente et prolongée, moins les vins sont généreux, moins ils sont colorés, moins ils vivent longtemps : tout le temps qui excède la fermentation tumultueuse, ou le gros bouillon, est un temps de *macération ;* plus la macération est prolongée, plus le vin s'appauvrit en esprit, plus la couleur devient fausse et terne, plus le vin est lourd, indigeste et tué.

Dans tous les vignobles comme dans la Haute-Marne, dans l'Aube, dans la Touraine, dans l'Indre et dans vingt autres départements, où l'on fait avec les mêmes raisins, des mêmes vignes et à la même époque, des vins blancs, des vins rosés et des vins rouges macérés, les vins blancs sont vifs, légers, généreux; les vins rosés, qui sont des vins cuvés seulement pendant douze ou vingt-quatre heures, sont remarquablement bons, hygiéniquement et sensuellement parlant, et ces deux sortes de vins se conservent indéfiniment : les vins rouges macérés sont lourds, ternes, plats, et le plus souvent ne vivent pas longtemps sans tourner.

Si l'on jette un coup d'œil sur l'ensemble des vins rouges délicats et renommés, on constate que tous, ou du moins à très-peu d'exceptions près, sont le produit d'une fermentation qui n'excède pas huit jours; tandis que tous les vins de commerce, de mélange, de coupages, sont le produit de la macération ou d'une fermentation prolongée de deux à quatre semaines et plus . tous ces vins sont achetés par les fabricants de vin et sont d'ailleurs, le plus souvent, faits pour eux et à leur demande.

L'expérience et l'étude approfondie montrent d'ailleurs :

1° Que plus un vin a fermenté sur son marc, moins il a d'esprit; l'analyse des vins blancs, des vins rosés et des vins rouges ne laisse aucun doute à cet égard. C'est, du reste, un fait général. établi dans la science : tout corps spongieux plongé dans un liquide alcoolique s'empare d'une partie de l'alcool aux dépens du liquide; le marc s'empare de l'esprit du vin, comme les cerises, le cassis, les prunes, s'emparent de l'esprit de l'eau-de-vie;

2° Que la coloration du vin n'est point en raison de la

durée de la fermentation et de la macération, mais seulement en raison de l'élévation du degré de la fermentation. Ainsi, après avoir tiré le vin de la cuve et pressuré le marc, si l'on verse sur le marc autant d'eau qu'on a tiré de vin, additionnée d'autant d'esprit que le vin en contenait, et qu'on laisse macérer pendant un mois, on n'obtiendra qu'un liquide ayant une teinte fausse, lie de vin et peu intense; mais si au lieu d'esprit on ajoute à l'eau autant de sucre que le moût en contenait, une fermentation rapide et chaude se développera et le liquide aura une couleur aussi foncée et aussi brillante que le premier vin;

3° Que le vin se garde d'autant moins qu'il a macéré plus longtemps à qualités égales de raisins, de sol et de climat : ceci est démontré, dans tous les vignobles de France, par la durée respective des vins non cuvés, des vins demi-cuvés et des vins trop cuvés, c'est-à-dire des vins blancs, roses et rouges.

Cuves fermées. — Je n'ai vu que des inconvénients, jusqu'à ce jour, dans les cuvaisons à cuves fermées, suivant les méthodes plus ou moins semblables à celle de M<sup>lle</sup> Gervais, et à marc plongeant ou étagé. Le marc flottant est celui dont la fermentation atteint le plus haut et le meilleur degré pour activer la fermentation et rendre la couleur soluble. Tous les vignerons savent que le marc flottant est très-chaud et que le liquide sous-jacent est très-froid : en plongeant le solide sous le liquide, on abaisse donc nécessairement la chaleur du marc; à plus forte raison si l'on divise le marc par étages. Quel résultat obtiendrait un cultivateur descendant ses fumiers sous l'eau? Est-ce qu'ils s'échaufferaient autant que dessus? Le résultat serait bien pis s'il l'y divisait par étages.

**Cuvaisons prolongées.** — Je n'ai rencontré que de très-mauvais résultats des cuvaisons prolongées et des vins tirés clairs et froids de la cuve; il n'est pas un vin qui n'en soit gravement amoindri, même pour ceux qui ne cherchent point les qualités du vin, mais seulement la couleur et *la mâche* (en argot de marchands de vins, *la mâche* s'entend de toutes les impressions astringentes, acerbes et dures produites par le vin à l'avant et à l'arrière-bouche).

Les vins rouges doivent être laissés en celliers, pour y achever leur fermentation, jusqu'au 15 novembre, ayant leur bonde d'abord ouverte, puis simplement couverte sans scellement. Du 15 novembre au 1er décembre, ils doivent être descendus en caves ou en celliers frais, à température invariable, à 10 et 12 degrés au-dessus de zéro.

**Caves.** — Sans caves ou sans chais à température constante il n'y a pas de bons vins de consommation courante. Ces retraites, essentielles aux vins de 10 à 12 degrés d'esprit, sont beaucoup plus nécessaires dans le Midi que dans le Nord; et pourtant le Nord même ne peut avoir de bons vins sans de bonnes caves. Il est telles caves où le vin tourne toujours mal et telles autres où il se conduit toujours bien, dans le même pays : c'est que les premières sont à température variable et trop élevée au-dessus de 12 degrés. Mais si le Languedoc, la Provence, les Pyrénées et les Alpes veulent produire de bons vins ordinaires à 9 ou 10 degrés, et même à 12 et 13, ils n'y réussiront jamais s'ils ne se décident à avoir des chais ou des caves à température fixe et basse.

Vaisseaux vinaires. — Dans tous les pays habitués à produire et à vendre des vins naturels de grande consommation alimentaire, la Côte-d'Or, le Mâconnais, le Beaujolais, la Gironde, etc. la question des vaisseaux à loger le vin est parfaitement entendue et traitée : ces vaisseaux n'excèdent point les dimensions compatibles avec une facile expédition; la plus grande partie de ceux destinés à recevoir les vins nouveaux sont neufs ou d'une pureté d'odeur et de goût irréprochable. Tandis que dans la plupart des autres pays l'usage de tonneaux de dimensions considérables, c'est-à-dire de 10 à 200 hectolitres, ou bien celui de vaisseaux plus petits, mais immeubles par destination et logeant toutes les récoltes successives pendant un grand nombre d'années, sans recevoir les soins minutieux et difficiles qui assurent leur parfait état, entraînent des pertes considérables et des détériorations qui déprécient singulièrement les produits. Plus les vaisseaux sont grands, plus la *pique*, la *pousse*, l'*amer* et les diverses fermentations maladives s'y développent avec facilité, avec rapidité, avec force; plus les pertes sont sensibles. Les vieux vaisseaux mal nettoyés, mal soufrés, mal fermés, petits ou grands, déterminent aussi ces maladies, et en outre ils communiquent aux vins des goûts de fûts très-variés.

Goût de terroir. — Il est un goût surtout qui tient au vieux tartre, devenu rance comme le vieux lard, qu'on s'obstine presque partout à baptiser du nom de *goût de terroir*. Des pays entiers en sont infectés. Il n'y a pas de goût de terroir, il n'y a que des goûts de raisin, qui sont partout les mêmes, et des goûts de vieux tartre, qui sont plus ou moins intenses, mais qui se ressemblent aussi partout.

Partout où l'on avoue le goût de terroir, le vin est logé en vieux vaisseaux.

OUILLAGES. — Une fois mis en lieux frais, les vaisseaux vinaires doivent être remplis avec soin; chaque semaine d'abord, chaque quinzaine ensuite, puis chaque mois. L'exclusion de l'air du tonneau est un des moyens les plus nécessaires de la conservation des vins : aussi non-seulement les vaisseaux devraient être toujours pleins, mais leurs vins devraient encore être maintenus constamment sous une certaine pression au moyen d'un tube de verre surmontant le plus haut point du vase de 10 à 20 centimètres. Ce tube, à 1 ou 2 centimètres de diamètre, indiquerait constamment la plénitude ou la pression intérieure, par la petite colonne de vin toujours visible, et serait la seule voie de remplissage, fermée par un simple bouchon de liége (voir t. III, p. 109, fig. 58).

SOUTIRAGE. — On indique généralement le mois de mars comme époque des soutirages, dans beaucoup de contrées : c'est la plus mauvaise. Le meilleur moment pour soutirer les vins est de décembre en février, par les temps froids et secs : c'est alors que les liquides, surmontant les lies, sont les plus limpides et ne sont tourmentés par aucun mouvement de séve.

CONSERVATION DES VINS. — Trois moyens principaux de conserver les vins faibles de constitution et de qualité agitent et divisent aujourd'hui les esprits : le vinage, le plâtrage et le chauffage.

LE VINAGE aux alcools rectifiés est le moyen le plus dangereux et le moins tolérable dans une société civilisée, qui n'entend pas livrer la santé publique à l'avidité d'un commerce frauduleux. Ces alcools sont des produits chimiques fixes, dépouillés de toute propriété alimentaire et conservant toutes leurs propriétés abrutissantes et vénéneuses, comme l'éther, le chloroforme et l'acide prussique : ils conservent les vins comme ils conservent les reptiles, les poissons et les petits animaux dans les bocaux d'un cabinet d'histoire naturelle; comme l'arsenic, le sublimé corrosif et le sulfate de zinc conservent les cadavres. L'addition d'eau ne transforme l'alcool ni en vin ni en eau-de-vie; ainsi délayé, il reste ce qu'il est, un poison plus ou moins actif, suivant sa concentration.

Les plàtrages ne sont guère moins redoutables : les eaux plâtreuses ou séléniteuses sont repoussées de la consommation, comme malsaines, par les populations les plus pauvres, qui les ont pour rien et qui préfèrent pourtant en acheter d'autres. Il est donc impossible de comprendre comment les vins plâtreux ou séléniteux acquièrent, de par les tribunaux, la faculté d'être vendus comme étant parfaitement sains.

Le chauffage des vins, pratiqué au hasard depuis longtemps, appliqué sérieusement par Appert, étudié et expérimenté avec soin par M. de Vergnette-Lamotte, puis enfin approfondi scientifiquement par M. Pasteur, qui lui a attribué un rôle spécial, celui de tuer les micodermes et leurs gemmes, n'est pas encore admis comme excellent, ni comme bien précis dans ses effets et dans leur durée; mais il a le mérite d'être inoffensif, à moins qu'il ne paralyse en partie les propriétés hygiéniques des vins, en détruisant leur vitalité intestine, ainsi qu'il arriverait à un poisson fumé qui n'aurait plus à craindre les vers, mais qui ne jouirait plus des mêmes qualités alimentaires que le poisson frais.

PRODUCTION DES EAUX-DE-VIE. — Beaucoup de vins sont destinés à la distillation : dans le département de l'Hérault pour les trois-six bon goût, dans ceux du Gers, des Landes et d'autres vignobles voisins pour faire les eaux-de-vie dites d'Armagnac, enfin dans les deux Charentes pour la production des eaux-de-vie dites de Cognac. Les moûts destinés à la production de ces vins, provenant des raisins foulés au double cylindre cannelé et pressés au pressoir, sont mis en cuve ou en grands tonneaux pour y subir la fermentation comme tous les autres vins blancs; mais, comme dans tous les autres vins blancs, l'observation et l'expérience ont montré que tout le sucre du moût n'était point transformé en esprit par cette première fermentation, et que cette quantité de sucre non transformé était d'autant plus grande que le degré du moût était plus élevé : d'où il suit que les propriétaires producteurs d'eaux-de-vie ou d'esprits de vin subissent des pertes, en esprit, d'autant plus considérables que leurs propriétés s'approchent plus du midi et que les raisins de leurs vignes sont plus riches en sucre, soit par leur nature, soit par les saisons, soit par le climat.

Un autre fait d'observation non moins important a été constaté : c'est que plus les eaux-de-vie provenaient d'années généreuses, moins elles étaient fines, et que les cépages à degré glucométrique le moins élevé donnaient les meilleures eaux-de-vie : le teret-bouret, l'aramon, la folle blanche, entre autres.

En effet, la quantité d'eau-de-vie obtenue ni ses qualités ne correspondent au degré glucométrique des moûts. L'excès de sucre ne fermente pas et par conséquent ne donne pas d'eau-de-vie; tandis que les vins chargés de ce sucre, en s'évaporant, déposent autour des chaudières les matières sucrées qui, se décomposant très-facilement à la chaleur du cuivre sec du haut de la chaudière, mêlent à l'eau-de-vie leurs empyreumes. L'expérience, en petit et en grand, prouve qu'en faisant disparaître cet excès de sucre par une addition d'eau qui descende les moûts à 6 ou 7 degrés du glucomètre de Beaumé, les eaux-de-vie obtenues sont plus abondantes et leur qualité bien supérieure.

Par ce simple procédé d'abaissement des moûts des vins à eaux-de-vie, je ne serais pas surpris que l'Hérault, le Gers et les Landes disputassent un jour la palme aux eaux-de-vie des Charentes. Toutefois, il faudrait y joindre une autre condition : ce serait de ne jamais distiller au-dessus de 55 degrés, taux maximum où les eaux-de-vie conservent toute leur finesse, toute leur douceur et tout leur parfum de raisin; il faudrait encore n'y jamais mêler de caramel, ni aucune matière colorante, et les loger simplement dans des fûts de chêne neuf de 1 ou 2 hectolitres.

L'appareil continu du docteur Chambardel, qui se construit et se vend aujourd'hui à la Rochelle, donne un degré constant entre 48 et 55 degrés et les eaux-de-vie les plus parfaites (voir t. II, p. 494, fig. 267).

Emploi des marcs. — Les marcs des vins blancs cèdent tout leur sucre, et par conséquent toute l'eau-de-vie qu'ils pourraient produire, par le procédé suivant : aussitôt la quatrième presse égouttée, une heure à peine après qu'elle est donnée, il faut relever le mouton du pressoir et étaler le marc divisé sur toute la maie, dont on bouche avec soin les trous ou gouttières d'écoulement; puis, avec des seaux ou des arrosoirs de jardin, on arrose le marc avec une quantité d'eau égale à celle du moût qu'on en a extrait : le marc baigne alors dans l'eau. Puis, avec des râteaux ou des racloires à gâcher le mortier, on agite le marc dans l'eau pendant une demi-heure; on ouvre les trous d'écoulement et on recueille l'eau qui s'écoule, chargée de 2 à 3 p. o/o de sucre; on reforme le marc et on lui donne une pressée; on répète l'opération, mais avec moitié de l'eau employée la première fois; on procède de même pour cette seconde et dernière pressée, qui rend une eau chargée de sucre à 1 ou 1 1/2 p. o/o. Ces eaux de lavage réunies entrent promptement en fermentation et donnent une eau-de-vie excellente, en aussi grande quantité qu'on en obtiendrait de mauvaise par la distillation des marcs.

S'il s'agit de marcs de vins rouges qui ont fermenté et dont les rafles et les pellicules retiennent fortement l'esprit, il faut les mettre en cuve à loisir, sans les tasser, au contraire en les émiettant, puis, au moment d'opérer la distillation, remplir la cuve d'eau. Après deux jours de macération, l'eau chargée d'esprit est extraite et distillée, pendant qu'une seconde dose d'eau succède à la première pour être aussi distillée après deux jours. Ces deux lavages suffisent pour extraire non pas toute l'eau-de-vie contenue dans le marc, mais les neuf dixièmes, et le dixième restant n'eût point été obtenu par la distillation directe. L'eau-de-vie extraite ainsi est aussi bonne que celle du vin, et la dépense pour l'extraire ne s'élève pas au quart de celle qu'aurait exigée la distillation des marcs, surtout si les eaux de lavage sont passées à l'appareil du docteur Chambardel.

EMPLOI DES MARCS À LA NOURRITURE DU BÉTAIL. — Les marcs passés directement à la chaudière sont un excellent engrais. Les marcs lavés ne sont bons qu'à joindre aux fumiers d'étable pour y subir une fermentation qui les approprie à la même destination; mais que le marc ait été lavé ou qu'il ait été distillé directement, son meilleur emploi est l'alimentation du bétail, qu'il engraisse, tout en augmentant considérablement les fumiers. Le marc cru ou cuit est un très-bon aliment pour les moutons, les porcs, l'espèce bovine, les chèvres, les ânes, les mulets et même les chevaux. Un tas de marc, dans une basse-cour, constitue une provision de graines dont la plupart des volailles, mais surtout les dindons, sont très-avides. Il suffit, pour conserver les marcs à donner au bétail, de les tasser par couches dans des cuves en bois ou en maçonnerie, dans des silos, ou même dans de simples fosses. Le marc se garde mieux et il est plus appétissant lorsqu'il est salé, à la dose de 150 grammes de sel par mètre carré et par lits de 15 à 20 centimètres d'épaisseur.

Nous avons vu dans le Gard en 1863, chez MM. Causse-Nègre et Molines-Ducros, prime d'honneur, les meilleures dispositions prises pour conserver les marcs et les meilleurs effets de leur emploi à la nourriture du bétail; dans la Charente-Inférieure, chez M. Bouscasse, directeur de la ferme-école de Puilboreau et chez M. le baron de Chassiron, sénateur. Mais il est acquis, du reste, à peu près partout aujourd'hui que le marc de raisin est une nourriture saine pour tous les animaux de ferme.

La France produit 23,860,000 quintaux métriques de marc, pouvant donner 1,193,000 hectolitres d'eau-de-vie et 80,000,000 de rations de tête de gros bétail (à 25 kilog.) pouvant engraisser pendant cent jours 800,000 têtes de gros bétail pour moitié de la nourriture, et créer ainsi 80 millions de kilogrammes de bonne viande, trentième partie des aliments animaux consommés en France, et 2,790,000 mètres cubes de fumier pouvant entretenir en bon état d'engrais 116,000 hectares de terre, à 25 mètres par hectare et par an, la 465ᵉ partie du sol de la France : il importe donc d'employer partout à la nourriture du bétail tous les marcs distillés ou lavés.

Travaux des vignes. Main-d'oeuvre. — Les faits les plus nombreux et les mieux observés montrent, dans la plupart des vignobles de France : 1° que la vigne cultivée par les mains de son propriétaire donne les résultats les plus avantageux à la famille; 2° que la vigne cultivée par journaliers ou tâcherons, sous la direction permanente et active du propriétaire, bon viticulteur, peut atteindre aux mêmes résultats, mais avec plus de frais; 3° enfin, que la vigne cultivée à la tâche et à la journée, hors de la présence ou de l'influence suffisante du propriétaire sur les vignerons, compense à peine ses frais, toujours croissants, par ses récoltes, qui vont toujours en diminuant.

Dans ces trois cas, c'est toujours la main du vigneron qui façonne la vigne; mais son corps, son cœur et son intelligence ne sont engagés au travail que dans le premier cas, par l'intérêt et par l'attrait au drame rural : dans le second cas comme dans le troisième, cet intérêt et cet attrait lui manquent absolument. Aussi, sous une surveillance habile et inflexible, le vigneron fait encore bien les façons, en y consacrant plus de temps et en exigeant un prix plus élevé; mais, hors de cette surveillance exceptionnelle, il façonne mal et à la hâte pour trouver une rémunération double et triple dans un même prix fait.

D'un autre côté, l'expérience a prouvé qu'une part à la récolte ou une prime proportionnée, accordée au vigneron tâcheron en dehors et en sus de son salaire fixe, diminue sensiblement et souvent fait disparaître toute différence de récolte, toute difficulté et tout abus de main-d'œuvre. Aussi est-il indispensable, à la moyenne et à la grande propriété, d'accorder au plus tôt cette part ou cette prime, sous peine de pertes de plus en plus grandes dans les récoltes et d'absorption définitive par la petite propriété.

Association de la propriété et de la main-d'œuvre rurales. — Cette association du travail et de la propriété rurale est absolument nécessaire pour retenir la main-d'œuvre, qui déserte, et pour la refaire à nouveau, car elle existe à peine et ne peut vivre dans les conditions actuelles.

L'association peut prendre diverses formes pour atteindre le même but : *assurer l'existence aisée de la famille agricole et réaliser ainsi, par elle, le maximum de production, aux moindres frais possible.* Cette association doit reposer sur des principes et des règles solides, dégagés de toute obscurité.

Valeur des familles rurales. — Un ouvrier rural ordinaire, en fonction de production agricole, représente un capital d'une valeur facile à déterminer : à 2 francs par jour, et pendant 300 jours, il est payé 600 francs par an, somme qui, à 5 p. o/o, est le produit d'un capital de 12,000 francs, valeur personnelle du moindre ouvrier;

une ouvrière à 1 franc par jour, pendant 300 jours, reçoit 300 francs et vaut 6,000 francs; deux enfants moyens, à 25 centimes par jour, valent 3,000 francs la paire. En somme, une famille agricole moyenne vaudrait au moins 21,000 francs si on l'achetait au marché, ou bien elle apporte un capital actif de 21,000 francs, en offrant de s'associer à la propriété : c'est là une première vérité fondamentale. En voici une seconde.

LE CAPITAL EST LE PRODUIT EXCLUSIF DE L'OUVRIER. — L'ouvrier producteur des objets de consommation *nécessaire*, *utile* ou même *agréable* engendre SEUL l'excès de produits qu'on est convenu d'appeler capital. Le capital réalisé ne peut s'augmenter ni se reproduire qu'en repassant par la consommation et par le travail de l'ouvrier producteur et reproducteur de produits réels : tout collecteur, commissionnaire, marchand, prêteur et spéculateur en capital, vit sur le capital, qu'il diminue sans jamais pouvoir l'augmenter.

Entre le capital actif, *cœur*, *tête* et *bras* (*21,000 francs famille*), et le capital passif (*21,000 francs argent*), offerts à l'agriculture, il y a toute la différence de l'aisance et de la prospérité solidement assises à la gêne et à la ruine assurée, puisque le capital argent, pour être restitué avec ses prélèvements et ses intérêts, devra se fondre dans la famille reproductive et ressortir intégralement de son labeur.

DIFFÉRENCE ENTRE LA FAMILLE ASSOCIÉE ET LA FAMILLE PAYÉE. — Or, entre la famille associée et la famille payée pour le travail de la terre, l'expérience a prononcé partout : la différence est du double au simple produit. Dans le premier cas, il faut que la famille, associée et non payée, crée son nécessaire sous peine de mort, et qu'elle en crée le double, puisqu'elle partage avec la propriété : si son nécessaire est de 1,000 francs, il faut qu'elle en produise 2,000, dont 1,000 reviennent au propriétaire. Dans le second cas, la famille, payée et non associée, reçoit son salaire fixe et son existence est assurée, indépendamment de ses produits, qui appartiennent tous au propriétaire : or, ces produits ne dépassent guère 1,000 francs, montant du salaire de la famille payée; jamais ils n'atteindront l'intérêt à 5 p. o/o de 21,000 francs, valeur de la métairie, en sus du salaire et surtout de l'argent emprunté : d'où la gêne et la ruine, tandis que les 1,000 francs nets reçus de la famille associée assurent l'aisance et la richesse du propriétaire. En tout cas, ne reçût-il que 500 francs, il est toujours assuré d'un produit; quant à son capital métairie, rien ne peut le lui ôter.

**Le partage à moitié est de droit strict.** — En associant la famille agricole à une valeur égale de terres cultivables, de bâtiments, d'outillage et de bétail, on donne la vie et la valeur à un capital passif et improductif; et en partageant par moitié le produit des deux valeurs réunies, on demeure dans les limites de la stricte justice et de la véritable économie rurale.

Aussi est-ce l'exploitation du sol à moitié fruits qui a le plus, le mieux, et la première, étendu l'agriculture, développé les populations et donné les produits les plus économiques et les plus abondants à la consommation.

**Métayage de la vigne seule.** — Le métayage de la vigne est avantageux au propriétaire et au vigneron quand la culture locale est fondée sur de bonnes bases, bien adaptée aux espèces et au climat, de façon à donner des récoltes dont la moitié offre une valeur égale, au moins, aux besoins du métayer, sur une superficie qui ne dépasse point ses forces, et dont l'autre moitié arrive intégralement aux mains du propriétaire. La vigne à moitié fruits, sur deux à trois hectares par vigneronnage, offre ces excellentes conditions réunies dans le Rhône, dans le Mâconnais, dans l'Allier, dans le Jura et dans le canton de Vaud, en Suisse.

Le métayage de la vigne est mauvais pour le propriétaire lorsque la culture routinière du pays est mal entendue, lorsque les cépages et leur conduite sont mal adaptés au climat, et lorsque le vigneron, corrompu par des coutumes peu scrupuleuses, ne remet pas au patron la part qui lui revient : les Alpes-Maritimes et presque toute la Provence offrent ces irrégularités.

Enfin, quand les intempéries d'un climat peuvent anéantir les récoltes de la vigne pendant trois ou quatre années consécutives, le métayage de la vigne seule est impossible pour le vigneron : c'est sous les coups de semblables périodes que ce métayage a succombé dans la Moselle.

La vigne associée à la métairie. — Ces alternatives ne s'appliquent qu'à l'exploitation de la vigne seule; mais si la vigne n'occupe qu'un quart de la métairie, 1 hectare 1/2 sur 6, 2 hectares sur 8, la vie matérielle de la famille rurale étant assurée par les autres cultures, la vigne à moitié fruits reprend tous ses avantages dans tous les pays, même avec deux ou trois années de mauvaises récoltes, car ce n'est plus qu'un temps à attendre les compensations données par les moyennes rémunérations.

Ainsi 1 hectare 1/2 de vignes donneront, en moyenne,

60 hectolitres de vin à 20 francs ou 1,200 francs à partager ; 2 hectares donneront 80 hectolitres ou 1,600 francs, 800 francs pour le vigneron et 800 francs pour le propriétaire ; et il reste 4 hectares 1/2 ou 6 hectares en pommes de terres, betteraves, carottes, choux, en céréales et en fourrages, qui rendront facilement la même somme à partager, soit directement, soit en gros et menu bétail ; le métayer ayant en outre son petit jardin, son verger de 6 à 10 ares et son habitation, possède la plus belle position qu'une famille ouvrière agricole puisse envier et donne le plus riche produit que jamais propriétaire puisse obtenir.

Obstacles au rétablissement du métayage. — Mais à travers les étranges théories agricoles qui dominent aujourd'hui dans le milieu où nous sommes, de gens affolés par la mobilisation, le crédit et la spéculation, il n'est pas facile de rétablir cette exploitation du sol, aussi simple dans sa forme qu'heureuse et grandiose dans ses résultats.

Et d'abord elle ne peut réussir que sous la direction de propriétaires intelligents, instruits, et habiles agriculteurs : elle exige la fermeté, la dignité, la justice et la bienveillance paternelle dans celui qui associe les familles agricoles à sa propriété, d'une part ; et d'autre part, s'il est vrai que la moindre famille agricole, moyenne, vaille plus de 20,000 francs, il est vrai également qu'elle ne les vaut que par sa bonne volonté, son activité, sa persévérance, et surtout par son travail opiniâtre et efficace ; elle peut être paresseuse, nonchalante, versatile et malveillante.

En l'associant à sa propriété, le père de famille la suppose pourvue des qualités indispensables, ou susceptible au moins de les acquérir ; il doit donc rester maître de s'en débarasser aussitôt qu'il a constaté que le capital famille est inférieur au capital métairie.

De même, la famille ouvrière peut rencontrer un mauvais patron ou une ingrate métairie : elle doit donc être libre, de son côté, d'échapper à une exploitation qui ne saurait répondre à son travail ni à sa propre valeur.

Liberté de séparation chaque année. — Point d'engagement réciproque au delà d'un an : telle est la première condition du succès du métayage; tel est le frein le plus puissant à opposer aux mauvais ouvriers, le plus efficace contre le mauvais patron. Dès que l'un tient l'autre par un long engagement, les abus, les procès et la ruine commencent; tandis que si les deux contractants sont libres après la période annuelle de végétation, ils cèdent et supportent tout ce qu'il est possible de céder et de supporter; ils se comprennent, s'accommodent et se séparent rarement, sans les motifs les plus sérieux. D'ailleurs, le *Pater familias* doit garder l'autorité chez lui et l'ouvrier garder sa liberté. Les conventions d'un an doivent seules être arrêtées, écrites et signées des deux parties. Le propriétaire doit fournir la terre, les bâtiments, les outils, le cheptel, et le métayer doit toute la main-d'œuvre, moyennant partage égal de tous les produits : c'est ainsi seulement que les deux parties peuvent se séparer tous les ans, du 1er au 15 novembre, sans aucun autre compte que le partage des produits réalisés.

La direction appartient au propriétaire. — Un autre point non moins essentiel, c'est que le propriétaire dispose le plan de culture et qu'il en garde la surveillance et la direction.

Evidemment le propriétaire doit mieux connaître sa propriété, ses aptitudes, ses défauts, ses besoins, ses ressources, que la famille admise à la travailler; il est aussi à supposer qu'il est plus instruit et plus au courant des progrès agricoles; d'ailleurs sa rémunération, consistant dans la moitié des produits, est une garantie contre toute mauvaise intention de sa part, et une assurance qu'il consultera son métayer sur le concours qu'il peut en attendre.

La métairie doit, avant tout, nourrir le métayer. — Toutefois il doit toujours être entendu que la métairie produira d'abord tout ce qui est indispensable à la nourriture et à l'aisance de la famille agricole; car la plus grande économie, et souvent le plus sûr bénéfice de la petite culture, est de n'avoir rien à acheter. De cette façon elle échappe aux spéculations, à l'usure et aux fraudes du commerce : ainsi, sur une métairie de 6 hectares, on doit compter 1 hectare 1/2 de blé, seigle, orge ou maïs; 1 hectare 1/2 de pommes de terre, choux, carottes, betteraves, etc. 1 hectare 1/2 de plantes fourragères en vert et en sec, enfin 1 hectare 1/2 de vignes. Avec les pampres et les marcs de ces dernières, les fourrages, les racines, les choux et les pailles, deux vaches, quatre porcs, un âne ou une mule ou même un petit cheval peuvent être tenus en bon état, outre un clapier et une petite basse-cour.

Équilibre entre la valeur de la métairie et la valeur de sa main-d'œuvre. — Jamais la valeur de la métairie ne doit dépasser la valeur de la famille; jamais l'étendue du sol ne doit dépasser ses forces. 2 hectares par adulte, 1 hectare 1/2 par individu de tout âge, sont des maximums. Plus la proportion du terrain s'élève, plus la métairie devient paresseuse, improductive, misérable. Ce n'est plus la culture ajustée à la famille, c'est la grande culture confiée à de petites forces. Que dirait-on d'un propriétaire qui donnerait 10 hectares à tenir en jardin à un seul jardinier? Une métairie de 20, de 30, de 50 hectares n'est point une métairie : c'est une grande exploitation par entreprise, comme une ferme, à moins que les trois quarts ou la moitié soit mis en pacage, en bois ou en non-valeur quelconque. Dès que la famille rurale est obligée de recourir à la main-d'œuvre étrangère pour ses cultures, elle est perdue; toutefois un domestique et une fille à l'année, nourris, logés et à petits gages, peuvent encore l'aider avantageusement.

École et pépinière des métayers. — Lorsqu'un grand propriétaire possède assez d'instruction, d'activité de cœur et de tête, et il lui en faut beaucoup, pour se livrer à l'exploitation directe d'une réserve, il doit le faire par domestiques, garçons et filles, qu'il dresse ou fait dresser aux diverses cultures et aux soins domestiques des hommes et des animaux : c'est là la meilleure pépinière de métayers; aussitôt qu'un mariage doit se faire et constituer un bon ménage, c'est une métairie qui devient sa dotation : c'est la méthode de M. de Glavenas en Beaujolais. Mais, à défaut de cette ressource, il faut appeler au métayage les familles indigènes et étrangères et les fixer à force d'égards, de soins, et surtout en leur montrant à réaliser une existence aisée et des profits réels : voilà la belle et noble agriculture.

Étendue et proportion de la vigne en métayage. — La

vigne dont le sol doit être cultivé à la main ne comporte que 3 hectares au plus à soigner par famille; elle en admet jusqu'à six si les cultures de la terre sont faites aux animaux de trait. Associée aux autres cultures en petite, en moyenne ou en grande propriété, sa meilleure proportion est d'un quart de la superficie cultivée.

TAUX DU SALAIRE ET DE LA PRIME À DÉFAUT DU MÉTAYAGE. — Il n'est pas toujours, ni partout, possible de donner la vigne à métayage; les habitudes prises et les valeurs engagées en dehors du travail et du sol, surtout dans les très-chers et très-fins vignobles, s'y opposent; mais il est toujours et partout possible d'ajouter au prix fait une prime, en argent ou en nature, proportionnée à la récolte. Le taux du prix fait doit être tel, qu'une famille qui se livre à la culture exclusive de la vigne y trouve son budget annuel, c'est-à-dire environ 1,000 francs; et le taux de la prime, par hectolitre de vin récolté, doit être tel, que le salaire en soit augmenté de moitié au moins, et porté au plus au double, dans les années moyennes. Grâce à cette prime, les récoltes s'élèveront de plus d'un quart et les profits du propriétaire dépasseront de deux ou trois fois la valeur de la prime, tout en donnant au prolétariat agricole une aisance et un attrait à la culture indispensables à l'harmonie et à la prospérité de la propriété et du travail agricoles.

Mais qu'on ait recours au partage des fruits ou à la prime proportionnée à la récolte, il est urgent d'intéresser la famille agricole aux produits de son travail pour repeupler les campagnes et pour sauver la moyenne et la grande propriété, qui sont indispensables aux progrès sociaux, dans l'ordre moral comme dans l'ordre matériel.

DES INTERMÉDIAIRES À LA PRODUCTION ET À LA CONSOMMATION.——
Malheureusement les idées erronées sur le mode d'exploitation du sol et sur l'association du travail à la propriété
rurale sont loin d'être les seules causes des embarras et de
la dépopulation des campagnes. Une de ces causes, la plus
funeste, réside dans la multiplicité des intermédiaires.

Dans le cours de nos études et dans nos conférences viticoles, on m'a demandé bien souvent comment on pourrait
judicieusement et justement apprécier la part de rémunération qui revient aux agents intermédiaires à la production et à la consommation; les produits de la vigne surtout semblant souffrir plus que tous les autres produits de
l'agriculture d'un parasitisme effroyable, on n'admettait pas
que j'eusse négligé cette question; je répondais donc ainsi,
d'une manière générale :

LE TRAVAIL UTILE DÉPENSÉ EST LA MESURE DE LA VALEUR. ——
La valeur d'un *produit utile* agricole étant représentée par
la somme de *travail utile* qui l'a engendrée, cette valeur ne
peut et ne doit jamais être augmentée que de la somme
d'*utilité réelle* que l'intermédiaire y ajoute par son *travail utile*.
Si l'intermédiaire demande plus que la représentation de
son travail utile, c'est-à-dire de son travail augmentant réellement la valeur du produit, il pratique l'usure commerciale; il se fait payer un prix auquel il n'a aucun droit, et,
par conséquent, il vit aux dépens de la fortune privée et
publique.

Nous ne pouvons nous rendre bien compte des services
ou des dommages apportés à la valeur des produits réels par
les intermédiaires, qu'en supposant ces produits tous réunis
et versés en une masse commune; là il faut encore les voir

représentés, à leur entrée et à leur sortie du trésor commun, par une contre-marque, un cachet, une valeur monétaire quelconque (métal ou papier), exactement proportionnelle à la somme de travail utile dépensé à leur production.

Il est évident que, dans cette double hypothèse, chaque producteur recevant du trésor un prix égal à son produit utile versé, chaque consommateur devra rendre à ce trésor, en monnaie équivalente, une valeur égale au produit qui lui est délivré ; et cette monnaie, il l'aura lui-même reçue contre les produits utiles de son propre travail.

De cette façon, la péréquation de la population, de la consommation et de la monnaie, laquelle représente tous les produits et tous les travaux utiles qui les engendrent, les perfectionnent, les transportent, etc. est complète et parfaite. La circulation est ainsi assurée dans sa justice et dans sa perpétuité ; car une somme de travail utile remboursant toujours une somme pareille de travail utile, l'épuisement du trésor commun est impossible.

La monnaie n'est point une marchandise. — Que la monnaie ou la contre-marque du travail utile, représentant la valeur réelle du produit utile, soit de métal ou de papier, peu importerait si elle était toujours le signe exact de la valeur. Mais la monnaie n'est point une marchandise : c'est une simple contre-marque ; elle n'est pas plus un produit utile qu'un billet de théâtre n'est le spectacle, qu'un cachet de table d'hôte n'est le dîner : elle peut donc être frauduleusement multipliée si elle est en papier. Il n'en est pas de même si elle est en métal précieux : avec le métal chacun est assuré de sa place au spectacle ou au banquet ; avec le papier, beaucoup restent dehors, beaucoup sont volés.

Or, le créateur, le producteur de produits réels et utiles ne peut jamais frauder le trésor commun, ni les particuliers, puisqu'il ne fait pas les contre-marques et puisqu'au contraire il les reçoit. Ce sont les intermédiaires seuls, fabricants de contre-marques en papier, qui ruinent les producteurs, les consommateurs et l'État : l'État lui-même se fait parfois fabricant ou patron de fausses contre-marques (assignats, bons de Law).

Effets de la fausse monnaie à l'égard des produits réels. — Chacun concevra facilement, en effet, que si le quart, le tiers ou la moitié des sociétaires ont la faculté de puiser au trésor commun en y versant des contre-marques fausses ou inférieures au travail utile qu'elles sont censées représenter, il arrivera que le travail utile des autres sociétaires ne pourra plus recevoir qu'une rétribution moindre de sa valeur réelle; cette rétribution pourra même être nulle.

Plus le travail improducteur se fait payer cher par le trésor commun, avec ou sans fausses contre-marques, moins le travail producteur et ses produits peuvent être rémunérés, puisqu'il reste de moins en moins de monnaie vraie pour en représenter chaque unité; quelles que soient l'habileté et l'énergie avec lesquelles le producteur multipliera ses produits réels, il n'aura jamais que le *restant en caisse* pour en coter la valeur : c'est une banqueroute au marc le franc; plus il y aura de produits, moins le prix en sera élevé, puisque la masse à partager entre les produits réels, après les prélèvements des intermédiaires, reste la même : cela est évident pour tout le monde.

Abus des intermédiaires, usure, jeu, fraude. — Les abus

des intermédiaires s'accomplissent de trois façons, qui correspondent à trois degrés de culpabilité : 1° par l'exigence d'une rémunération excessive et dépassant la valeur du travail utile ou du service rendu (*usure*); 2° par le travail inutile se faisant rétribuer par les produits utiles (*sinécures, jeu, spéculation*); 3° par le travail nuisible, exigeant la même rétribution que le travail utile (*exactions, fraudes, falsifications*).

Les produits de la vigne sont écrasés sous la pression des nombreux intermédiaires qui se livrent à l'usure, au jeu et à la spéculation, aux fraudes et aux falsifications des vins et des eaux-de-vie. La plupart des denrées alimentaires sont, il est vrai, comme les boissons, grevées d'un nombre infini d'intermédiaires qui, par leur multiplicité même, cessent de fournir un travail utile, puisqu'ils entourent et pressurent le consommateur, au lieu de mettre simplement les produits à sa portée.

Effets de la concurrence et de la coalition. — On pense et l'on dit partout que cette surabondance d'intermédiaires fait jouir le consommateur des bénéfices de la concurrence : c'est là une erreur qui ne supporte pas l'examen. Un boulanger a besoin de 10 francs de bénéfice par jour pour payer son loyer, nourrir sa famille et entretenir le mouvement de sa profession; il dessert seul une commune qui lui achète 1,000 livres de pain par jour et lui donne 1 centime de bénéfice par livre de pain, ce qui lui fait ses dix francs : ce boulanger apporte un travail utile à la communauté et il en reçoit le juste prix. Survient un second boulanger, qui se ruinera ou ruinera son concurrent, même en vendant le pain le même prix. S'il prend la moitié de la clientèle, ils se ruineront tous deux, ou bien ils s'entendront pour demander 2 centimes par livre, ce qui leur rendra à chacun leurs 10 francs nécessaires par jour : c'est ce qu'ils ne manqueront pas de faire, et personne ne saurait les en blâmer, puisque, avant tout, il faut vivre; seulement, le travail utile restant le même, il sera payé le double de sa valeur. Survient un troisième boulanger : l'augmentation du pain n'étant plus possible, chacun des boulangers devra mêler à la farine de froment des farines de seigle, d'orge, de maïs, de féveroles, de pommes de terre, etc. C'est ainsi que la concurrence, au lieu de donner le bon marché, se transforme nécessairement en coalition et entraîne l'augmentation des prix et les falsifications. Si la concurrence persistait, au contraire par le bon marché elle ruinerait forcément les boulangers, dont le travail utile ne serait pas même rétribué, et constituerait ainsi une lutte aussi injuste et aussi immorale que la coalition. Donc concurrence et coalition sont deux moyens aussi préjudiciables l'un que l'autre, en ce qu'ils n'ont, ni l'un ni l'autre, aucun rapport avec la valeur réelle du travail utile ni de ses produits.

Répression des abus, suppression du parasitisme. — Réprimer l'usure, le jeu et la fraude, tel est le premier moyen d'atteindre la parasitisme social; le second consiste à ne plus protéger le faux crédit, le crédit usurpé.

Pour s'établir commerçant, ne faut-il pas avoir acquis un capital auparavant, c'est-à-dire avoir déjà par soi-même, ou par ses auteurs, accompli une somme de travail et créé des produits utiles qui représentent ce travail? Si oui, chacun est libre de se constituer commerçant avec son avoir réel, et rien ne peut limiter le nombre des intermédiaires.

Le mal serait nul, d'ailleurs, puisque chacun userait ses valeurs réelles. Mais s'il n'en est pas ainsi, si ce sont les lois qui mettent entre les mains du premier venu un capital que ce premier venu n'a jamais produit et auquel il n'a aucune espèce de droit, rien n'est plus facile que d'anéantir le parasitisme, fléau de la production, de la consommation et des intermédiaires utiles.

Ce premier venu (souvent fruit sec de toute profession et vierge de tout travail producteur) médite un jeu, une spéculation sur un produit utile donné : il constate qu'il peut acheter à prix très-faible et qu'il peut vendre à prix très-fort ; il fait partager sa conviction d'abord à un associé, puis à un banquier, qui, moyennant commission, consent à mettre sa signature au bas de celle des deux souscripteurs ; et, grâce à cet accord, la Banque de France (trésor commun) avance le capital nécessaire. Si le jeu réussit, le commerçant gagne un bénéfice bien supérieur à son travail utile personnel ; s'il ne réussit pas, il se met en faillite. Ayant bien tenu ses livres, il obtient un concordat, il est libéré ; et, le lendemain, il recommence ; c'est-à-dire qu'il a pris à la société un capital réel, au moyen de fausses contre-marques, et qu'il épuise le trésor commun de presque tout son gain, s'il gagne, de tout le capital emprunté, s'il perd. Voilà le privilége incroyable dont le producteur et le consommateur sont privés, et qui multiplie à l'infini les intermédiaires : bénéfice sans produit et sans travail utiles, jeu sans risques, liquidation sans pertes possibles ; il ne s'agit, pour exercer la profession d'intermédiaire, sans capital ou avec un quart, un huitième du capital mis en mouvement, que de connaître le jeu des papiers-monnaies et d'avoir une conscience qui ne s'émeut pas de risquer la fortune des autres pour faire la sienne.

Ce sont les priviléges et les immunités de ces intermédiaires qui ruinent en réalité l'agriculture, alors qu'en apparence ils semblent fort utiles à l'augmentation de la valeur et à l'écoulement des produits. L'abolition de la contrainte par corps, heureusement, implique l'abolition de la circulation des billets individuels et de la faillite. Alors, mais seulement alors, les sources de la fortune seront dans les produits utiles, réels, et l'agriculture sera la plus riche de toutes les industries et la plus recherchée.

**PERVERSION SOCIALE, CONSÉQUENCE DES FORTUNES FAITES PAR L'AGIO.** — Tout le monde reconnaît que dans les professions sociales régulières qui exigent le plus de travail, d'intelligence, d'instruction, de dévouement et d'abnégation, personne ne peut et ne doit faire fortune; tout le monde pourrait reconnaître qu'il en est absolument de même dans la vie régulière des familles rurales, propriétaires, fermiers, métayers, colons, dans toutes les familles d'artisans et de producteurs de produits palpables et sérieux. Pour couvrir ou expliquer cette infériorité de valeur attribuée aux plus méritants de la société, on a coutume de dire que la vie paisible et sans risques des champs, des villes, des positions civiles et militaires, la considération, l'estime, l'honneur, attachés aux professions stables, compensent, et au delà, les avantages d'argent laissés aux joueurs de marchandises, aux spéculateurs armés d'emprunts sans prêteurs, de monnaie créée par eux, de capitaux fictifs qu'ils échangent contre des capitaux réels. Il n'en est absolument rien : une fois munis des capitaux réels pris aux vrais propriétaires, aux vrais producteurs, ces parasites, ces déprédateurs sociaux, non-seulement s'emparent des honneurs, de la considération, de l'estime publique et des positions les plus avantageuses, mais encore ils dressent les sociétaires au mépris, à la répulsion et à l'oppression des vrais producteurs qui ne font pas fortune; ils découragent le vrai travail et jettent ainsi le trouble et la démoralisation dans toutes les consciences et dans presque toutes les actions.

LE CRÉDIT COMMERCIAL ET L'AGRICULTURE. — Il y a donc deux sortes d'intermédiaires à la production et à la consommation : ceux qui risquent leurs valeurs réelles, créées par un travail utile correspondant, et ceux qui ne risquent que les valeurs d'autrui, privées et publiques, en les simulant par de simples contre-marques qu'ils mettent en circulation. Les premiers existent de droit et sont utiles, et même nécessaires; les seconds existent contre toute justice et doivent disparaître avec la circulation des effets de commerce et avec leur liquidation ridicule, la faillite.

Ces deux priviléges, aussi injustes qu'odieux, sont la ruine de toute production réelle et palpable, et notamment de la production agricole, qui n'a aucun moyen de se défendre contre eux.

Le crédit usurpé, ou les capitaux fictifs, permettent à l'industrie, et au commerce surtout, d'opérer avec quatre, douze et cinquante-deux fois leur capital réel, suivant qu'ils renouvellent leurs ventes et leurs achats par semaine, par mois ou par quatre-vingt-dix jours : cette dernière période est la plus adoptée. Elle procure un bénéfice illégitime de quatre capitaux pour un et tient la société sous la menace perpétuelle d'une faillite de 75 p. o/o du papier de commerce en circulation.

Le commerce, n'agissant que sur des produits tout faits,

et l'industrie, travaillant des matières premières constantes,
peuvent produire, vendre et réaliser autant de fois par an
que leur activité le permet : ils peuvent donc contracter des
engagements de payer à époque fixe et à terme, aussi courts
que leurs opérations, lesquelles ne dépendent que de leur
volonté.

Mais l'agriculture ne peut rien entreprendre de pareil :
l'agriculteur qui possède ou qui loue le sol qu'il travaille
ne peut en obtenir son remboursement qu'une seule fois
par an, et même, par les accidents météorologiques et les
fléaux naturels, que rien ne peut faire prévoir ni conjurer,
ce n'est souvent qu'à des périodes de trois, quatre et cinq
années qu'il peut rentrer dans ses avances et compter son
bénéfice, toujours très-limité : or jamais ses encaissements
n'ont lieu que contre la livraison de produits réels, créés
par un travail utile, accompli pendant un temps relativement très-long et toujours incertain dans sa limite; il ne
peut donc travailler qu'avec son capital réel, c'est-à-dire
avec ses propres forces, son bétail et sa terre. S'il a le malheur de recourir au capital fictif, c'est-à-dire de souscrire
l'engagement de payer à quatre-vingt-dix jours, à six mois,
à un an, il pourra, par hasard, faire une fois *honneur* à sa
signature, c'est-à-dire ne pas tromper, ne pas voler la
société; mais il manquera à ses engagements trois fois
sur cinq. C'est dire assez que non-seulement l'agriculture
ne peut user du crédit, mais que le crédit est sa ruine
assurée.

On parle de combinaisons de mutualité, à petits intérêts
et à longues échéances, au profit des agriculteurs : ce sont
des leurres présentés par ceux qui convoitent les positions
de directeurs, d'agents et d'employés, bien rétribuées. Mais

l'agriculture ne peut rien obtenir de ces combinaisons que des facilités pour dissimuler sa ruine un moment et tomber plus tard, et tout à coup, avec plus d'éclat. Qui fera d'ailleurs les fonds à petits intérêts et à longs termes? les amants de l'agriculture, disposés à lui faire la charité? Mais il y aura deux dupes au lieu d'une, les prêteurs et les emprunteurs, au profit des agences.

Les idées de bénéfices rapides, d'opérations à l'exemple de l'industrie et du commerce, ont déjà fait trop de mal et causé trop de déceptions à l'agriculture pour qu'il soit permis de l'y enfoncer plus avant.

L'AGRICULTURE N'EST NI UNE INDUSTRIE NI UN COMMERCE. — Non, l'agriculture n'est point assimilable à l'industrie; non, elle ne ressemble en rien au commerce. Servi par l'industrie normale et par le bon et loyal commerce, qui vivent de la transformation, du transport ou de l'échange de ses produits, l'agriculteur crée le nécessaire et le superflu de sa propre existence et de celle d'autrui, comme l'abeille crée le miel; l'agriculteur obéit aux lois de la nature, qu'il étudie, qu'il interprète, qu'il suit; le marchand et le fabricant, eux, n'obéissent qu'aux calculs et aux combinaisons artificielles d'une circonstance, d'une époque, d'une société donnée. Les produits de l'agriculteur sont le blé, le raisin, le bétail; les produits de l'industriel et du marchand sont les chèques, les billets, les écus. Qu'y a-t-il de commun entre ces deux voies, entre ces existences opposées?

Si l'on rattache la vie pastorale à l'agriculture, il n'existe que trois sources de la vie humaine : la chasse, la pêche et l'agriculture. Qu'y a-t-il de commun entre le pêcheur en mer, entre le chasseur des prairies et des forêts, l'industriel et le commerçant? L'agriculteur, c'est le pêcheur battu par la tempête ou bercé par le beau temps; c'est le chasseur gravissant les rochers, déchiré par les épines, mourant de soif et de faim, à la suite d'une insaisissable proie, ou choisissant à loisir son gibier, dans les plaines où il séjourne, et pourvoyant abondamment sa famille. Telle est avant tout l'agriculture, le plus bel instinct, la plus belle gymnastique, la plus noble passion humaine, parce qu'elle est cent fois plus féconde en hommes et en produits que la pêche, mille fois plus que la chasse.

De même que le chasseur livre à l'industrie et au commerce ses pelleteries, son ivoire, contre sa poudre et son plomb et se hâte de retourner à ses forêts; de même que le pêcheur leur livre, au port, les produits de sa pêche, impatient de refaire et de retendre ses filets : ainsi l'agriculteur n'a ou ne doit avoir qu'un moment de contact avec les industriels et les marchands. celui de leur livrer ses produits, sans s'embarrasser de leurs conseils ni de leurs propos, qui le perdraient, comme ils perdraient le pêcheur et le chasseur; mais s'il se fait industriel et commerçant, il devient incapable de comprendre et indigne de pratiquer l'agriculture; il sort des voies de la nature pour entrer dans celles des aventures et des risques des grands chemins : ce n'est plus un agriculteur, c'est un braconnier à l'affût, un colporteur interlope, un agioteur des choses de l'agriculture : telle est la transformation agricole que l'on tente aujourd'hui. Il n'y a pas cinquante ans que le commerce et l'industrie couraient les greniers, les caves et les étables, que le cultivateur n'ouvrait qu'aux propositions sérieuses et contre argent comptant; aujourd'hui, l'agriculture est aux ordres ou aux genoux de ses anciens solliciteurs :

elle est devenue l'esclave et le baudet du commerce, de l'industrie et des cités.

Jusqu'à présent l'agriculture semble s'être constituée et étendue, comme la plupart des grandes pratiques indispensables à l'existence humaine, par instinct et par inspiration beaucoup plus que par l'étude et par l'appréciation raisonnées. Jamais son importance, relative aux autres labeurs sociaux, n'a été établie; jamais la grandeur de son rôle ni son véritable rang n'ont été reconnus.

Rôle et rang de l'agriculture. — Base et principe de la vie et de la prospérité des nations, créatrice des hommes qui les constituent et des produits qui les entretiennent, l'agriculture précède et domine toutes les professions, tous les arts et toutes les sciences, qui devraient s'incliner humblement devant elle et la servir à l'envi : car elle tient dans ses puissantes mains toutes leurs facultés physiques, intellectuelles et morales. L'homme est sorti du limon de la terre et de ce limon seul jaillissent les sources de son existence, aujourd'hui comme au jour de la création.

L'agriculture méconnue. — Mais l'agriculture, bonne et féconde mère, a été méconnue et foulée aux pieds par ses enfants aventureux et rebelles, qui ont déserté ses indispensables et nobles travaux, pour tenter le sort et la fortune de l'industrie, du commerce et des armes; semblables à ces échappés des écoles dont les études n'ont été qu'un prétexte pour mépriser leurs familles, tout en vivant de leurs sueurs, ces fils marrons ou affranchis de l'agriculture se sont proclamés supérieurs à leurs auteurs et les ont réduits à les servir et à leur payer tribut.

Aveuglés par la puissance dévastatrice des armées qu'on appelait *honneur et gloire*, par les vanteries de l'industrie qu'on appelait *conquêtes de la science humaine* et par les exactions du commerce que l'on appelait *richesses*, les législateurs ont consacré le servage et les charges de la terre cultivée, alors que les plus riches marchands, les plus gros fabricants, les plus fiers conquérants, se traîneraient à deux genoux aux pieds de l'agriculteur pour soutenir leur vie par un morceau de pain, par une tasse de lait, par un verre de vin.

L'AGRICULTURE TROUBLÉE PAR LES CITÉS. —Tous ces déserteurs du sol, fuyant sa rude gymnastique, impatients de sa lenteur à répondre aux fatigues, épouvantés des batailles à livrer aux éléments et aux intempéries pour leur arracher, une fois par an seulement, les nécessités de la vie de toute une nation, ont formé des agglomérations, des villes, des cités, des capitales bien approvisionnées; où le travail est abrité; où les gains sont faciles et peuvent se renouveler chaque saison, chaque mois, chaque semaine, chaque jour; où les clientèles sont nombreuses, les salaires et les bénéfices élevés, et où sont réunis toutes les commodités, tous les agréments, toutes les jouissances, tout le luxe et toutes les débauches de la vie aisée, oiseuse et dépravée : d'où la nécessité d'un budget municipal pour créer et entretenir cet ensemble.

Il semble que chacun de ceux qui veulent participer aux avantages de ces agglomérations, depuis le commissionnaire qui vient pour y gagner 6 francs par jour, au lieu de 2, jusqu'au boutiquier qui veut y quadrupler le chiffre de ses affaires, jusqu'au médecin qui y cherche une clientèle de

3o,ooo francs au lieu de 3,ooo, et au banquier qui espère y gagner un million, devrait contribuer au chiffre total de ce budget par une cote proportionnée à son ambition, d'une part, et au chiffre de la dépense commune, de l'autre. Il semble même qu'une forte part de ce budget devrait être attribuée, en prime et en octroi, aux pères nourriciers tenant la campagne, pour y produire les matières premières et indispensables de cette existence privilégiée.

Il n'en est point ainsi : le colon, le métayer, le fermier, le propriétaire habitant et cultivant les champs, tout à fait étrangers aux avantages et aux agréments des villes, sont obligés à faire les *avances* de la plus grande partie de leurs frais. Les lois ont autorisé les villes à imposer les produits .de la campagne, à troubler profondément la liberté et l'égalité de leur production, à encourager la fraude et la falsification par la prime à gagner de l'octroi, à établir à leurs portes des lieux de débauche, de dissolution des familles, et des écoles de luxure, de rixes, de vol et de meurtre.

FUNESTES EFFETS DES OCTROIS. — Ce sont, dit-on, les citadins qui, en définitive, soldent les octrois par la consommation ; mais tout réside dans l'avance : l'avance, c'est l'impuissance pour qui n'a pas, c'est la ruine et la mort pour qui n'a que son produit à échanger pour vivre. L'argent est dans les villes et les produits sont dans les champs : faire faire l'avance par les producteurs, c'est les accabler ; c'est les jeter aux mains des prêteurs, des entrepositaires, des spéculateurs ; c'est les soumettre à une autre taxe pire que celle de l'octroi et que, cette fois, personne ne remboursera ; c'est, de plus, la nuit faite entre le producteur et le consommateur, qui ne se connaissent plus, qui ne peuvent plus apprécier ni les qualités des personnes ni celles des choses, qui sont doublement dupes et profondément troublés dans la simplicité, dans la loyauté et dans le bon marché de leurs rapports; et s'il plaît aux prêteurs, aux marchands et aux spéculateurs exploitant le crédit public de s'effrayer ou de feindre l'effroi, à la moindre agitation financière, sociale ou politique, ils cessent tout à coup d'opérer; alors le producteur, séparé du consommateur, qu'il ne connaît pas, est obligé de garder ses produits ou de les donner à vil prix, tandis que le consommateur achète ces mêmes produits, grevés des intérêts, des frais, des octrois et du vide fait sur les marchés, à un taux hors de toute justice et de toute raison. Que devrait-on penser d'un propriétaire qui forcerait les gens lui apportant à boire et à manger dans sa maison de payer préalablement, à sa porte, un impôt proportionné au service à lui rendu, pour entretenir cette même maison, sous prétexte qu'il remboursera plus tard l'impôt préalablement perçu?

Les entrées et les octrois des villes jettent dans la plus grande perturbation la production et la consommation des campagnes; ils en quadruplent les charges, et ceux qui les votent, très-capables de comprendre les avantages, les agréments et le luxe de leurs villes, n'ont rien qui puisse les éclairer sur les troubles qu'ils causent ni sur l'étendue du mal qu'ils font à l'agriculture.

L'AUTORITÉ N'EST POUR RIEN DANS CETTE SITUATION. — Pour expliquer ce renversement de toute logique et de toute justice, on dit que l'autorité préfère l'impôt indirect à l'impôt direct, parce que le premier est sans contrôle et sans limites absolues, et parce que les populations refuseraient de payer *directement* ce qu'on oblige facilement chaque individu à payer *indirectement* au moment où il a besoin de vendre ou d'acheter. C'est là une appréciation doublement erronée : d'abord, les administrations supérieures et municipales font connaître tous les ans, et très-exactement, le produit et l'emploi des impôts indirects, des douanes et des octrois; ensuite, une autorité qui aurait le pouvoir de maintenir des taxes indirectes reconnues pour être vexatoires, injustes et subreptices par les populations, serait, à plus forte raison, toute-puissante à les remplacer par des impôts nécessaires, équitablement et rationnellement assis. Quiconque connaît les sentiments et les passions des masses, en France, ne peut ignorer qu'aucune charge ne leur pèse, qu'aucun sacrifice ne leur coûte, s'ils sont exigés avec justice et avec raison. Si donc certains impôts directs et indirects, au profit de l'État ou au profit des villes, nuisent en effet profondément à l'essor de l'agriculture et au développement de la richesse agricole, c'est que cette funeste influence n'est encore ni démontrée ni admise, non-seulement par le pouvoir exécutif, mais encore par les mandataires de la nation au Corps législatif. Il s'agit donc simplement de faire la lumière sur ces questions et de former l'opinion publique à leur égard.

Les aliments ne doivent pas être imposés. — Ainsi peuvent se défendre très-bien le monopole des tabacs et les impôts élevés sur la consommation des alcools, parce que l'usage de ces deux drogues est, comme celui de l'opium, une peste sociale; mais il n'en serait plus ainsi pour les sucres, les bières, les cidres, les vins, les huiles, les viandes, etc. qui sont des aliments aussi nécessaires que le pain. Aucun impôt direct ou indirect, de municipalité ou d'État, ne devrait atteindre ces sources de la vie; les matières premières de la vie humaine devraient être au contraire encouragées dans leur production, dans leur circulation et dans leur consommation avant tout, car elles sont l'origine et la cause de tout travail humain, de toute force et de toute richesse, et tout ce qui les atteint entrave le développement de la population. Comment un père de famille peut-il avoir six, neuf, douze enfants, puisqu'il payera six, neuf, douze impôts forcés, pour les aliments? Mais les économistes sont arrivés à cette conclusion, que toutes les formes d'impôt étaient, en définitive, payées par la consommation : cela est vrai, en grande partie. Mais il fallait démontrer, en même temps, qu'avant de travailler pour produire on devait d'abord en avoir acquis la force par les aliments, de même qu'il faut l'avoine au cheval, le charbon à la locomotive, avant de les faire travailler; on aurait compris alors que consommer, puis payer, c'est la vie pratique; tandis que payer pour consommer c'est la mort à qui ne peut. C'est là, en effet, une simple question d'avance. Les aliments étant le principe de la vie, l'impôt à avancer pour les obtenir arrête la vie dans son principe : il restreint la famille aisée, il tue le prolétariat, en même temps qu'il trouble et entrave la circulation et la production agricoles.

ADMISSION EN FRANCHISE DES PRODUITS DU SOL ÉTRANGER. — L'admission en franchise des produits des sols étrangers semble causer un notable préjudice à notre agriculture et à la population agricole. Le libre échange est un beau et bon principe; mais il faut que ses applications internationales soient sincères et réciproques.

Si la France admet en toute franchise les cotons des États-Unis d'Amérique, les populations françaises qui les achètent, les cardent, les filent et les tissent sont commanditaires de l'agriculture américaine. Mais si les États-Unis refusent nos vins et nos eaux-de-vie, ou les frappent de droits tels que leur consommation par les Américains soit réduite au quart, à la moitié, aux trois quarts, les États-Unis refusent de commanditer l'agriculture française; c'est ce qui a lieu : aussi leur population et leur richesse agricoles augmentent, tandis que les nôtres diminuent. Aussi plantent-ils des vignes sur tous les points de leur territoire, tandis que nous abandonnons nos chanvres et nos lins. Il existe entre l'agriculture, l'industrie et le commerce d'une nation une solidarité d'où dépend la prospérité générale; il y a une agriculture nationale, une industrie nationale qui travaille ses produits, et un commerce national qui les place et qui les exporte : c'est là seulement ce qui mérite l'attention, les enseignements et les encouragements de la nation. A Dieu ne plaise que j'entende appeler la proscription sur aucune industrie et aucun commerce des produits de l'agriculture étrangère! mais je dis qu'en les respectant dans leur existence et dans leur liberté, chaque nation ne doit son intérêt qu'à ses propres produits. La France seule, parmi toutes les nations, semble avoir oublié cette juste réserve. C'est, surtout l'inégalité des droits perçus à notre détriment par la France et par l'étranger sur les produits similaires, sur les vins par exemple, qui demeure inexplicable. Ce n'est pas là le libre échange.

MUTATIONS DU SOL. — Les droits perçus par l'enregistrement sur les transmissions, les mutations et les acquisitions du sol sont encore un des plus lourds fardeaux imposés à l'agriculture et un des plus grands obstacles à sa prospérité ; ajoutons que le cultivateur et le propriétaire de la terre sont tenus, pendant toute leur vie, des dettes que le commerce et l'industrie peuvent effacer si facilement et parfois si fructueusement par la faillite : et nous aurons un faible aperçu du martyrologe de l'agriculture.

DÉPRESSION DE L'AGRICULTURE PAR LES CONTINGENTS. — Malgré les beaux discours de tout le monde et le bon vouloir réel et évident du Souverain en faveur de l'agriculture, malgré les mises en scène si brillantes de ses concours, malgré les récompenses, les primes, les médailles qui lui sont prodiguées de tout cœur, l'agriculture n'est donc pas comprise dans son rôle ; elle n'est pas mise à son rang ; elle est écrasée par les priviléges du commerce, de l'industrie, des cités, et par les droits de mutation, en même temps qu'elle est affaiblie, chaque année, par un mal, hélas! trop souvent et trop longtemps nécessaire, par le contingent des armées, dont elle fournit les deux tiers. 66,000 hommes par an représentent son instrument de travail le plus productif et le plus puissant, d'une valeur de 792 millions, à 12,000 francs par homme, et de 3,960,000,000 francs pour les cinq contingents pareils tenus chaque année en dehors de ses travaux.

VOEUX SUPRÊMES EN FAVEUR DE L'AGRICULTURE. — Plaise à Dieu qu'un jour l'agriculture puisse dire du soldat :

> Quand des tyrans ligués la horde fut vaincue,
> Il déposa son arme et reprit la charrue!

Plaise à Dieu que le commerce et l'industrie soient toujours tenus de leurs dettes, et qu'ils cessent d'exploiter la société avec les 22,250,000,000 qui n'existent que sur leur papier et par le jeu des banques d'État!

Plaise à Dieu que les citadins avancent et soldent leurs frais de cité!

Plaise à Dieu que les étrangers commanditent notre agriculture et nos populations agricoles aussi largement que nous commanditons les leurs!

Plaise à Dieu que les mutations du sol ne soient pas plus onéreuses que celles des autres valeurs!

Plaise à Dieu que le *travail utile*, qui crée, perfectionne, transporte et place les produits, soit la seule *mesure de leur valeur* admise par la loi!

Plaise à Dieu que l'*usure des produits* soit flétrie et réprimée comme celle *de l'argent!*

Plaise à Dieu que les agriculteurs n'aient jamais recours aux institutions de crédit!

Si ces vœux sont exaucés, l'agriculture doublera la force et la richesse de la France, et la viticulture sera le plus beau et le plus précieux diamant de sa couronne.

FIN DU TOME TROISIÈME ET DERNIER.

# TABLE DES MATIÈRES.

---

## RÉGION DU NORD-OUEST

### OU RÉGION LIMITE DE LA VIGNE A VIN.

FIN DE LA TABLE.